嵌入式系统译丛

嵌入式实时系统
——调度、分析和验证

Real-Time Systems：Scheduling，Analysis，and Verification

［美］Albert M. K. Cheng　著

周　强　李　峭　杨昕欣　译

北京航空航天大学出版社

内 容 简 介

本书面向嵌入式实时系统，较系统地论述基本的实时调度算法、调度性分析方法，说明引入形式化方法的必要性，并为实时系统设计提供一个清晰的形式化方法基础。其核心是面向实时系统的形式化分析(formal analysis)及验证。全书特别列举了大量关于安全关键系统的工程实例，从简单系统(如温度控制系统、面包机和电饭煲)到高度复杂系统(如飞机和航天飞机)，通过将上述形式化方法成功应用于这些工程项目，有助于加深读者对嵌入式实时系统分析和验证方法的理解和运用。

本书面向高等院校本科生和研究生，作为"嵌入式系统"、"实时系统"相关专业课程教材或教学参考书使用；也可面向业界从业者和研究人员，作为参考书使用。

图书在版编目(CIP)数据

嵌入式实时系统 : 调度、分析和验证 / (美)阿尔伯特陈著 ; 周强，李峭，杨昕欣译. -- 北京 : 北京航空航天大学出版社，2015.9

书名原文：Real-Time Systems：Scheduling，Analysis，and Verification

ISBN 978-7-5124-1871-4

Ⅰ. ①嵌… Ⅱ. ①阿… ②周… ③李… ④杨… Ⅲ. ①微型计算机—系统设计 Ⅳ. ①TP360.21

中国版本图书馆 CIP 数据核字(2015)第 202572 号

嵌入式实时系统——调度、分析和验证
Real-Time Systems：Scheduling，Analysis，and Verification
[美]Albert M. K. Cheng 著
周强 李峭 杨昕欣 译
责任编辑 梅栾芳
*
北京航空航天大学出版社出版发行
北京市海淀区学院路 37 号(邮编 100191) http://www.buaapress.com.cn
发行部电话：(010)82317024 传真：(010)82328026
读者信箱：emsbook@buaacm.com.cn 邮购电话：(010)82316936
涿州市新华印刷有限公司印装 各地书店经销
*
开本：710×1 000 1/16 印张：26.25 字数：559 千字
2015 年 12 月第 1 版 2015 年 12 月第 1 次印刷 印数：2 000 册
ISBN 978-7-5124-1871-4 定价：69.00 元

若本书有倒页、脱页、缺页等印装质量问题，请与本社发行部联系调换。联系电话：(010)82317024

译者序

安全关键应用需求的不断发展，对嵌入式实时系统的性能提出了更高的要求，面向中小型简单系统的传统分析及评价方法（测试、仿真）不再适用于大型复杂的先进嵌入式实时系统，必须采用更为有效的方法——形式化方法来实现安全关键领域实时系统的分析和验证，以确保系统满足所需的要求。

不同于大多数嵌入式系统的书籍仅着重于嵌入式技术的应用，也不同于一些实时系统的文献仅着重于模型、体系架构或者系统的实现，本书对不同实时系统的分析和验证方法进行了论述，对不同结果进行了系统讨论或分析，尽可能展现业界最有意义的发展趋势，并结合大量工程实例，给予更多教学指导，从而帮助读者在实际中加以利用。

原书作者 Albert M. K. Cheng 教授是国际上实时系统领域的著名学者，是 IEEE Transactions on Computers 期刊的副编辑、IEEE 高级会员、INSTICC 荣誉会员和 IOP 会员，研究方向涵盖实时系统、安全关键系统、CPS 物理信息融合系统和形式化验证方法，在国际期刊和会议上发表了 180 余篇论文，承担了多项美国自然科学基金项目，与美国著名公司 WindRiver 有着长期深度的合作，其实时系统方面的研究成果被广泛应用于工程领域。本书原著是其多年来在嵌入式实时系统领域进行研究和教学工作的产物，在嵌入式实时系统的分析和验证方法方面具有很强的系统性，书中讨论了现有技术和工具在各种工业领域的应用，所结合的工程项目（来源于 NASA 航天、航空、火车、汽车等安全关键应用领域）具有很强的实用性。此书出版后被国际多所大学的教授采纳为相关专业本科生和研究生课程教材，这些教授包括 Prof Dino Mandrioli (Politecnico di Milano, Italy), Prof Pedro Mejia-Alvarez (InstitutoTecnologico Nacional, Mexico), Prof Sudarshan K Dhall (University of Oklahoma, Norman, USA), Prof Bernardo A Leon de la Barra (University of Technology, Sydney (UTS), Australia), Prof BinoyRavindran (Virginia Tech, USA), and Prof FarokhBastani (University of Texas, Dallas, USA), Prof AloisFerscha (University of Linz, Austria), Prof Miguel Ceballos (Universidad Autonoma de Queretaro, Mexico)和 Prof Hugh Anderson (National University of Singapore)。

本书围绕嵌入式实时系统的调度、分析和验证，分为 12 章。第 1 章介绍了实时系统，定义了时间概念及其测量方法；第 2 章采用符号逻辑和自动机理论方法论述了非实时系统的分析和验证；第 3 章讨论了实时调度方法和调度性分析；第 4 章论述了有限状态系统的模型检测；第 5 章讨论了以 Statecharts、Statemate 为代表的可视化形式化方法；第 6 章讨论了实时逻辑 Real-Time Logic(RTL)、图论分析和 Modechart；第 7 章讨论了时间自动机方法；第 8 章讨论了时间无关(untimed) Petri 网和时间/定时 Petri 网；第 9 章讨论了进程代数(process-algebraic)方法；第 10 章讨论了基于命题逻辑规则系统的设计与时间分析；第 11 章讨论了基于谓词逻辑规则系统的时间分析；第 12 章讨论了基于规则系统的优化。每章在组织上都具有共同之处，包括设计、分析和验证工具，历史回顾和相关文献，总结和习题。

周强博士负责本书的前言、第 1、3、11、12 章及整体翻译工作，李峭博士主译了第 7～10 章，杨昕欣博士主译了第 2、4～6 章。此外，参与本书翻译工作的还有杨子坤、吴莹、杨骏峰、刘学斌、张安逸、孙永磊、姜宇、张娜、于正泉等。

每当看到优秀的原版书籍并认为可以给国内相关领域作借鉴时，总希望国内业界同仁也能一睹原作芳容。在休斯顿访学期间我接触了原书作者 Albert M. K. Cheng 教授，并与其探讨了专业领域的一些问题，在译书过程中更得到教授本人的帮助，也得到其他很多人的帮助。希望此译书能有益于国内嵌入式实时系统领域的发展。限于译者的水平和经验，译文中难免存在不当之处，恳请读者提出宝贵意见。

本书出版受到北京自然科学基金“基于交换式互连的响应式卫星综合电子系统体系架构研究”(4133089)、国家自然科学基金“分布交换式互连系统的有界活性在线测试方法研究”(61073012)、中央高校基本科研业务费专项资金 YMF－12－LZGF－057、YWF－14－DZXY－018/023 和 YWF－15－GJSYS－055 和国家留学基金(201303070189)的资助。

译　者

2015 年 8 月

前　言

本著作主要来源于两种素材：(1)我在莱斯大学和休斯敦大学给计算机科学和电气工程专业的高年级本科生和研究生授课的课程讲义；(2)自20世纪80年代后期，我在实时系统(特别是基于规则的嵌入式系统)领域进行的时间分析及验证的研究工作。书中的关键概念凝炼自我在许多重要的国际会议上所做的教程和报告，其核心是面向实时系统的形式分析(formal analysis)及验证。本书系统地、完整地论述了基础的实时调度算法、调度性分析方法，描述了为深入理解问题使用逻辑(logic)和自动机(automata)理论的必要性，为实时系统设计提供了一个清晰的形式化方法基础。

现代社会中的许多系统必须具有正确、及时响应的能力。这些系统越来越多地被嵌入了计算机系统，并作为整体来实现监视和控制功能。通常，这些嵌入式系统的应用环境需要有安全性的考虑，比如从简单系统(如气候控制系统、面包机和电饭煲)到高度复杂系统(如飞机和航天飞机)，其他相关的例子包括医院病人监视设备和汽车刹车控制器等。为了确保这些安全关键系统(safety-critical system)按照设计需求正确操作，必须提出合理的方法，并应用相应的工具对目标系统进行分析和验证。

目前，关于实时系统形式化分析和验证的讨论多见于技术文献，这些技术文献通常假定读者已具有较深的数学知识，而且许多文献的论述倾向于较窄的范围，仅对模型、体系架构或者相关的实施进行讨论。虽然这些文献给出了一些及时、有益的结果，但是并没有对这些不同的结果进行系统讨论或者相关性分析，因而不能有效地在实际中加以利用。此外，这些文献假定读者具有同领域相关知识，行文中采用了大量的符号和证明，由于需要及时报道研究结果，这些文献的作者没有时间及篇幅去展示过多的例子或给予更多的教学引导。当前也有一些关于实时系统分析和验证方面的著作，但主要是以技术文献(有时会带有简介)合集的形式进行罗列。

本书面向高年级本科生(大三和大四)和(第一年)研究生，可作为教材使用；也可面向业界从业者和研究人员，作为参考书使用(书中按照主题提供了大量的文献清单及出处)。本书对不同的分析和验证方法进行了统一处理，通过比较这些方法，给出了方法之间的联系，以便于读者在使用时的选择。本书不试图做到全方位的描述相关问题，而是尽可能展现业界最有意义的发展趋势，并希望能够抛砖引玉激发读者的兴趣，去正确或有效地解决许多难题。

EXAMPLES (例子)

本书讨论了现有技术和工具在各种工业领域的应用。为便于参考,主要例子如下:

- 自动空调和加热单元(第 2 章);
- 简化的汽车控制系统(第 2、4、7 章);
- 交通路口的智能交通灯系统(第 2、8 章);
- 火车岔道系统(第 4、6 章);
- 进程间互斥问题(第 5 章);
- NASA X-38 机组返回舱航空电子系统(第 6 章);
- NASA 火星奥德赛轨道器 Mars Odyssey Orbiter(第 5 章);
- 消息发送和确认(第 7 章);
- 机场雷达系统(第 9 章);
- 目标探测(第 9 章);
- 航天飞机低温氢气压力故障程序(第 10 章);
- 燃料电池专家系统(第 10 章);
- 综合状态评价专家系统(第 10、11、12 章);
- 座位分配(第 11 章);
- 用 2D 画线方法表示 3D 目标的分析(第 11 章);
- 航天飞机轨道机动与反应控制系统阀门和开关分类专家系统(第 11 章)。

组织结构

每章的共同之处,都如下展开描述:设计、分析和验证工具,历史回顾和相关研究,总结和习题。

第 1 章介绍实时系统,定义时间概念及其测量方法,给出一系列分析技术的理论,包括仿真、测试、验证和运行时期监视,并给出面向实时系统研究和设计的相关文献的出处。

第 2 章采用符号逻辑和自动机理论方法论述非实时系统的分析和验证。内容涵盖命题逻辑(采用解析过程实现满足性问题的证明)、谓词逻辑、前束范式、斯柯伦范式(采用海尔勃朗和解析过程实现非满足性问题的证明)、语言及其表示、有限自动机和非时间系统的定义和验证。

第 3 章讨论实时调度方法和调度性分析。内容涵盖计算时间预测、单处理器调度、抢夺性独立任务的调度、固定优先级调度器、速率单调 RM 和时限单调 DM 算法、动态优先级调度器、最先到达时限优先 EDF 算法、最小松弛度优先 LL 算法、非抢夺性突发任务的调度、先后顺序条件下非抢夺性任务的调度、先后顺序条件下周期任务、相互通信的周期任务、确定性交会(rendezvous)模型、含关键区域的周期任务、内核化的监视模型、多处理器调度、调度表示(schedule representations)、游戏板调度、无冲突任务集调度的充分条件、在多处理器平台(PERTS、PerfoRMAx、Time-

Wiz)和实时操作系统(RTOSs)下的周期任务调度。

第4章论述有限状态系统的模型检测。内容涵盖系统定义、Clarke-Emerson-Sistla模型检测器、CTL、用C实现的完整的CTL模型检测器、符号化的模型检测、二元决策图(binary decision diagrams)、实时CTL、最小和最大延迟、最小和最大数发生次数(condition occurrences)、无单位转移时间的状态图。

第5章讨论以Statecharts、Statemate为代表的可视化的形式化方法。内容涵盖基础Statecharts特性(包括OR分解、AND分解、延迟和超时、条件和入口选择和簇取消unclustering)、活动表、模块表、Statechart语义和代码执行与分析。

第6章讨论实时逻辑Real-Time logic(RTL)、图论分析和Modechart。内容涵盖定义和安全性断言、事件-动作模型、限制条件的RTL公式、限制图构建、不满足性检测、复杂性和优化分析、NASA X-38机组返回舱航空电子系统体系架构、Modechart、Modechart定义的系统的时间特性验证、系统计算和计算图。本章给出了查找端点之间(包括两种情况——排除端点和间隔,以及包含端点和间隔)最小和最大距离的方法。

第7章讨论采用时间自动机实现验证的方法。内容涵盖Lynch-Vaandrager自动机理论方法、定时执行、定时轨迹(traces)、时间自动机的构成、MMT自动机(采用仿真方法验证时间边界)、Alur-Dill自动机理论方法、时间无关轨迹(traces)、定时轨迹(traces)、Alur-Dill自动机、Alur-Dill区域自动机和验证和时钟区域clock regions。

第8章讨论时间无关untimed Petri网和时间/定时Petri网。内容涵盖激发产生变迁(transitions)的条件、环境/关系网、高级时间Petri网(HLTPNs)、时间ER网、强和弱时间模型、高级Petri网特性、面向TPNs的Berthomieu-Diaz分析算法、激发产生变迁条件的确定、可达类的推导、Milano Group对HLTPN的分析方法和TRIO分析。

第9章讨论用于验证的进程——代数(process-algebraic)方法。内容涵盖时间无关进程代数、面向通信系统的Milner微积分(CCS)、行为程序直接等价、行为程序的相合性(congruence)、等价关系、互模拟(bisimulation)、时间进程代数、面向通信共享资源的代数(ACSR)、ACSR的语法和语义、以及操作性规则、分析和VERSA。

第10章讨论基于命题逻辑规则系统的设计与时间分析。内容涵盖实时决策系统、实时专家系统、EQL语言、状态空间表示、计算机辅助设计工具、响应时间分析、有限域、特殊型special form、通用分析策略、综合问题、基于规则方程式程序的调度复杂性、拉格朗日乘子法、Estella中终止条件的明确、行为级限制条件断言、Estella的语法和语义、Estella特殊型的明确、Estella上下文无关的语法、Estella通用分析工具、独立规则集的选择、相关图的构建和检测、兼容性条件的检测、循环—中断cycle-breaking条件的检测、定量时间分析算法、互斥性和兼容性、高级相关图和规则相关图。

第11章讨论基于谓词逻辑规则系统的时间分析。内容涵盖OPS5语言、Rete

网、Cheng-Tsai 时间分析方法、OPS5 中控制路径(control paths)的静态分析、中断分析、中断检测、循环 cycle 使能条件、循环避免条件、程序精细化(refinement)、冗余条件、额外的冗余规则、时间分析、规则激发次数的预测、WM 产生、最大匹配时间、最大规则激发次数、降低复杂度和减小空间、初始 WMEs 的排序、Cheng-Chen 时间分析方法、OPS5 程序分类、maximal numbers of new matching WMEs number of comparisons、循环程序类和在程序员帮助下消除循环。

第 12 章讨论了基于规则系统的优化。内容涵盖基于状态空间表示的实时决策系统的执行模型，一些优化算法、一种优化状态空间图的推导、一种优化 EQL(B)程序的综合、无循环 EQL(B)程序、有循环 EQL(B)程序、优化方法的定性比较、EAL 语言用于优化的限制条件以及其他基于规则实时系统的优化。

致 谢

在这里，我要向编辑 Andrew J Smith、高级编辑 Philip Meyler 和匿名的审阅者表达最诚挚的感谢，Smith 最初邀请我开始这本书的构思，Meyler 给予了很大支持和相对灵活的时限，其他审阅者提出了很多建设性的意见。我要感谢我的博士生 Mark T. I. Huang，他绘制了大多数的图表；感谢副主编 AngiolineLoredo 和 Kirsten Rohsted，以及其他编辑人员，他们给予我专业的编辑工作；最后，我要感谢我的家庭和朋友，他们给予我一如既往的鼓励和支持。

Albert M. K. Cheng
得克萨斯州 休斯敦

目　录

第1章

简介

在现代社会中，很多系统和设备的正确性不仅取决于系统产生的影响或结果，而且还取决于这些结果产生的时间。这些实时系统的应用范围从汽车防抱死控制系统到医院重症病房的生命体征监测系统。例如，当汽车司机踩下制动器后，嵌入式的防抱死系统能够在几分之一秒内分析当前环境（车速、路面状况和行驶方向）并且以适当的频率激活制动。要确保汽车、司机和乘客的安全，结果（激活制动）和产生结果的时间都是十分重要的。

近年来，计算机硬件和软件越来越多地被嵌入到实时系统中，以实现对操作的监视和控制。这些计算机系统被称为嵌入式系统、实时计算机系统，或者简称实时系统。不同于传统的、非实时的计算机系统，实时计算机系统能够与所监测控制的环境紧密结合。实时系统包括：制动控制器和生命体征监测系统、新一代飞机和宇宙飞船的航空电子系统、正在计划中的空间站控制软件、高性能网络和电话交换系统、多媒体工具、虚拟现实系统、机器人控制器、电池供电器、无线通信设备（如移动电话、PDAs）、天文望远镜自适应光学系统和许多安全性至关重要（safety-critical）的工业应用。除了要满足功能正确性的要求之外，这些嵌入式系统还必须满足严格的时间和可靠性约束。

图1.1给出了一个实时系统的模型。该实时系统有一个决策组件（方框D部分），决策组件嵌入外部环境并与其实现交互（方框A部分表示外部环境约束）。

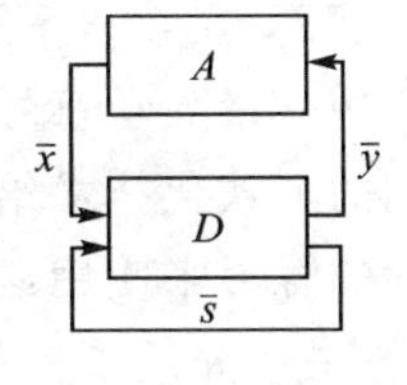

图1.1　实时系统

决策组件通过传感器读取数据，并基于传感器读数和存储状态信息计算出控制决策。这个实时系统模型可以分成七个部分：

(1) 传感器向量 $\bar{x} \in X$；

(2) 决策向量 $\bar{y} \in Y$；

(3) 系统状态向量 $\bar{s} \in S$；

(4) 一组环境约束 A；

(5) 决策映射 $D, D: S \times X \rightarrow S \times Y$；

(6) 一组时序约束 T；

(7) 一组完整性约束 I。

在这个模型中，X 是传感器输入值空间，Y 是决策值空间，S 是系统状态值空间。用 $\bar{x}(t)$ 表示传感器在 t 时刻的输入值 $\bar{x}$，其他表示以此类推。

环境约束 A 是 X、Y 和 S 之间的关系，也是对外部环境控制决策所产生效果的声明(assertions)，外部环境反过来对传感器随后的输入值产生影响。环境约束通常由实时决策系统功能所处的物理环境决定。

决策映射 D 把 $\bar{y}(t+1)$、$\bar{s}(t+1)$ 和 $\bar{x}(t)$、$\bar{s}(t)$ 联系起来，也就是说，给出当前系统的状态和传感器输入，D 将决定后续的决策和系统状态值。决策映射可以通过计算机硬件和软件组件来实现。一个决策系统不必是集中式的，可能是由一个网络协调器组成的分布式监控/决策组件。

由 D 指定的决策必须符合一组完整性(安全性)的约束。完整性约束是 X、Y 和 S 之间的关系，也是对决策映射 D 必须满足确保物理系统可控且安全运行的声明。决策映射 D 的实现受到时序约束 T 的影响，时序约束声明了决策映射必须以多快的速度执行。此外，为了在环境(外部决策系统)中实现正确的功能，必须满足这个环境的时序约束。

有两种方法可以确保系统的安全性和可靠性。一种方法是首先采用工程技术(包括软件和硬件技术)，比如结构化编程原则，将实现中的错误降到最少，然后利用测试技术来发现实现中的错误。另一种方法是使用形式分析和验证技术来确保所实现的系统在给定的所有假设条件下满足所需的安全约束。在实时系统中，不仅要满足严格的时间要求，同时也要防止一个不完美的执行环境，因为它有可能违反预运行时期(pre-runtime)的设计假设。因为测试并不能保证系统是无差错的[Dahl, Dijkstra, and Hoare, 1972]，所以第一种方法只能增加系统正确性的可信度。而第二种方法能够保证一个经过验证的系统总能满足安全性能检查，因此，第二种方法也是本书的重点。

然而，在教学系统中被证明的先进技术往往难于理解和应用于现实系统，而且，一个用大量数学符号提出的技术，其实用性也很难确定。本书的目的是对当前实际使用的形式化技术给出一个更具可读性的介绍。在介绍理论基础的同时，通过一些实际的练习来使用这些先进技术对实时系统的不同模块进行构建、分析和验证。此外，本书还介绍了一些可用的规范分析和验证工具，以用于实时系统的设计和分析。

1.1 什么是时间

在实时系统中，时间是一个重要的概念。为了确保系统的正确操作，必须使用精确的时钟来维护时间。主要的时间源是巴黎的国际原子时间(TAI)，它是世界上几个实验室原子钟时间的平均。由于地球的旋转速度，每天会减缓几毫秒，因此就出现了另一个时间源，叫做国际协调时间(UTC)，它对国际原子时间(TAI)执行减缓修正(leap corrections)以保持其准确性，同时保持每个太阳日时间恒定[Allan, Ash-

by, and Hodge, 1998]。

UTC被用作世界时间,UTC时间信号由在科罗拉多州柯林斯堡的美国国家标准与技术研究所(NIST) WWVB电台和其他的UTC电台发送,由专门的接收器接收。一些特定的收音机、时钟接收机(receiver-clocks)、电话应答系统,甚至某些录像机都能够接收UTC信号以保持精确的时钟。一些计算机拥有能够接收UTC信号的接收机,因此能够提供像UTC一样准确的内部时钟。需要注意的是,由于不同的时钟接收机所处的位置不同,接收到的UTC信号会有延迟。比如,UTC信号从科罗拉多州柯林斯堡WWVB电台发出,到德克萨斯州休斯敦大学的实时系统实验室接收,整个过程需要消耗5 ms。

对于由石英钟保持时间的计算机,必须确保其时间是定期同步的以维护与UTC的有界时漂(bounded drift)。软件或逻辑时钟可以来源于计算机时钟[Lamport, 1978]。在本书中,如果提到挂钟或者绝对时间,则都是指有界时漂计算机时钟或者UTC所提供的标准时间。因此,存在一个映射时钟:实际时间→标准时钟时间。

1.2 仿 真

仿真包括构建一个现有系统或者即将被建立系统的模型,然后在这个模型中执行操作。模型可以是一个物理实体(比如一个粘土飞机模型)或者一个计算机模型。计算机模型往往比物理模型花费低,不仅能够表示一个非计算机实体(比如一架飞机或者一个飞机组件),也能够表示一个计算机实体(比如计算机系统或者计算机程序),还能表示一个既有计算机组件又有非计算机组件的系统(比如带有控制变速与刹车嵌入式系统的汽车)。

这种物理模型或者计算机模型被称为实际系统的模拟器。模拟器可以实现所模拟系统的执行模拟,并且显示这些执行的结果。飞机物理模型的风动模拟表明了所模拟飞机的飞行动力学结果和真实飞机的结果很相近。单处理器系统上的软件模拟器表明了个人计算机工作站在高网络流量情况下的网络性能。软件模拟器也能被设计用于模拟汽车的撞车行为,并且显示其对模拟驾驶者的影响。有时候,模拟器指的是一种工具,它可以被编程或者非编程控制,用于模拟在不同系统下的事件和动作。模拟器可以是基于计算机的(软件、硬件或者两者均有)或者非计算机的。

仿真是研究所模拟系统行为的一种便宜方式,也是研究实际系统不同实现方法的便宜方式。如果检测到的行为或事件与规范和安全声明不一致,则可以修改模型以利于实际系统的建立。在考虑多个模型来实现实际系统的时候,可以通过仿真选择满足规范和安全声明的最优模型,然后把它作为实际模型来实现。

实际系统不同层次的细节(也叫目标系统)可以通过建模并用模拟器来模拟系统的事件,这使得可以只研究和观察目标系统的相关部分。例如,当设计和模拟飞机的驾驶舱时,可以限定需要注意的特定组件,即只模拟驾驶舱与其他飞机组件的输入和输出,而不用模拟整个飞机的行为。在实时多媒体通信系统的设计和仿真中，如果性能不受底层信号的处理（如编码和传输过程）的影响，则可以只模拟工作站之间的交通模式而不必模拟底层信号的处理过程。由于能够模拟目标系统的不同细节层次或者仅模拟其组件的某个子集，因此降低了仿真所需的资源，也减少了仿真分析的复杂性。

目前有多个仿真技术在使用，比如实时事件仿真和离散事件仿真。实时事件仿真器如同一个物理尺度模型，实时地执行动作，并且实时地记录观察到的事件，汽车物理模型的碰撞测试就是一个实时事件仿真的例子。这样的一个仿真要求仪器能够实时地记录事件。当物理模型实际上成为所实现的目标系统的时候，就不再是模拟，而是一个实际系统的测试，有关测试的内容将在后面讨论。

与实时事件仿真器不同，一个离散事件仿真器通常需要使用基于软件的逻辑时钟。由于仿真动作和事件不是实时发生的，因此离散事件仿真器能够表示各种各样的系统，并且不受仿真器硬件执行速率的限制。相反，它依据仿真器硬件的速度和仿真程序指令来执行。离散事件仿真包括：单处理器计算机构成的网络系统的仿真；设计新一代个人计算机微处理器时，在低速处理器中采用高速微处理器的仿真。在离散事件仿真中，根据过去和当前的仿真动作和事件，可以在一个特定的逻辑时间（目标系统是实时的）引发适当的动作和事件。本书主要是讲述离散事件仿真。

多种仿真方法中也包含混合仿真，即仿真器可作为目标系统未实现的部分，与目标系统已实现的部分一起运行。在只使用一个仿真器的情况下，一旦目标系统完全实现，仿真器便能够预测目标系统的性能和行为。

当分析与验证实时系统和其他系统时，仿真技术的主要缺点是不能模拟目标系统所有可能的事件-动作（event-action）序列，这是因为可观察事件的可能序列的定义域是无限的。即使定义域是有限的，也会由于可能事件的数量太大而导致最强大的计算机资源或物理工具都无法跟踪目标系统中所有可能的事件序列。

1.3 测 试

测试也许是最早用于检测软件、硬件及非计算机系统错误或问题的方法。对于非计算机系统的测试，通过执行或操作被测系统来实现：向被测系统输入一组有限的激励，然后根据规范来检查相应的输出或者行为的正确性。要测试一个实时系统，输入值和输入时间是同等重要的。同样，也必须检查输出值及其时间的正确性。

有许多测试方法用于测试软件、硬件以及非计算机系统。最简单的方法就是执行耗尽（exhaustive）的测试，即运行系统所有可能的输入，然后检查相应的输出是否都正确。除了用于输入有限的小型系统，其他场合使用这种测试方法是不切实际的。对于大型系统，使用这种测试方法所需要的时间会非常长。对于一个输入可能无限的系统，这种方法当然也是不可行的。由于工业领域的测试人员通常几乎不需训练，就可以进行测试，因此测试方法被广泛使用。

当前有三种常见的软件测试技术:功能测试、结构测试和代码阅读。功能测试(functional testing)是一种"黑盒"测试法,程序员根据程序规范,使用单个或者组合技术(比如边界值分析、等价划分)来创建测试数据。然后以这些测试数据作为输入以执行程序,并将相应的程序行为和输出与程序规范相比较。如果程序行为或者输出偏离了规范,程序员就要尝试着识别程序中的错误部分并且改正它。分区测试(partition testing)被普遍用于测试数据的选择,它把程序的输入域分成子集(称为子域),从每个子域中选择一个或多个代表子域作为测试输入。随机测试是一种退化的分区测试,因为它在整个程序中只有一个子域。

结构性测试(structural testing)是一种"白盒"测试法,程序员检查源代码,然后根据程序执行语句的百分比来对执行程序创建测试数据。

逐步抽象的代码阅读(code reading by stepwise abstraction)要求程序员辨别程序的主要模块,确定其功能,并组合这些功能来确定整个程序的总体功能。然后,程序员需要根据程序规范中的功能描述,对导出功能和预期功能进行比较。

1.4 验 证

前面提到的两种方法有利于发现仿真系统或者实际系统的错误,但是并不能保证系统满足需求。要使用形式化验证方法,必须先详细定义系统的需求,然后用一种明确规范的语言来描述系统的实现。由于应用领域专家(程序员或者系统设计员)通常并不擅长形式化方法,因此系统需求和规范的制定需要形式化方法专家和程序专家一起合作完成。两方面的专家通过紧密合作,以确保系统规范能够反映真实的系统需求和行为。

一旦编写了系统规范,形式化方法专家就能够用其擅长的形式验证方法和工具验证系统规范是否满足系统的需求。这些形式化方法和工具能够给出结论:是否满足所有需求,或不能满足某个需求。同时也能确定优化区域(pinpoint areas)以进一步提高效率。这些结果会传达给应用领域专家,由他们修改系统规范甚至系统需求。接着,改进形式化的规范以反映其变化,然后由形式化方法专家再次对其进行分析。一直重复这些步骤,直到应用领域专家和形式化方法专家都认同系统已经满足指定的需求。

1.5 运行时期监测

即使采用最先进的(state-of-the-art)技术对实时系统进行静态或预运行时期(pre-run-time)的分析和验证,也经常会有一些无法预期的系统行为。这些行为产生的可能原因如下:静态分析工具无法对某些事件或者行为建模;对实时系统进行简化假设的结果。因此,有必要在运行时期监测实时系统的执行,当发现其行为违反所规定的安全与进度约束时，做出适当的调整。即使实时系统在运行时期能够满足规定的安全和进度约束，监测也能够提供一些信息以提高被监测系统的性能和可靠性。

在这里被监测的实时系统是指目标系统及其组件。比如程序，叫做目标程序。监测系统是一个监测并记录目标系统行为的系统，它由监测设备程序、监测设备硬件和其他监测模块组成。通常，监测系统记录感兴趣的目标系统行为并生成事件轨迹(event traces)。这些事件轨迹可能被用作实时控制器的在线(on-line)反馈，或者被用于离线(off-line)分析以确定目标系统是否需要进一步优化。

监测技术有两大类型：介入型和非介入型。介入型监测(intrusive monitoring)使用目标系统的资源来记录其行为，从而有可能改变目标系统的实际行为。一个简单的例子：在目标程序中插入打印语句以显示目标变量的值。另一个例子：在程序的计算节点额外插入语句，以记录节点状态和这些状态变量在分布式实时系统快照的交换情况。一个非计算机的例子：汽车使用加速度传感器以及冲击力传感器来记录其性能。在这些监测情况下，监测系统对目标系统资源(处理器、内存、电力、燃料)的使用可能会改变目标系统的行为。不同的监测系统被介入程度不同，而不同的目标系统能接受的监测系统被介入和干扰的程度也是不同的。

与之相反，非介入型监测(nonintrusive monitoring)并不影响目标系统事件的时间和顺序。在实时系统监测中，事件时间和顺序对实时系统的安全性至关重要。一个例子：使用额外的处理器运行监测程序，然后在一个实时环境中记录目标系统的行为。

监测系统的有效性并不意味着可以放松对目标系统任务在预运行时期(pre-run-time)的严格分析和验证。相反地，监测应该作为安全关键(safety-critical)目标实时系统的安全性和可靠性的额外保证。

1.6 相关资源

非定时(untimed)系统和实时系统在规范、分析和验证方面形式化方法的详细列表，可在如下网站查到：http://www.afm.sbu.ac.uk

IEEE 计算机学会实时系统委员会(CS TC-RTS)的网站 http://cs-www.bu.edu:80/pub/ieee-rts/包含了实时系统各个方面的有用信息——资源、会议和出版物。

实时系统领域的主要会议论文集包括：

- Proceedings of the Annual IEEE-CS Real-Time Systems Symposium (RTSS)
- Proceedings of the Annual IEEE-CS Real-Time Technology and Application Symposium (RTAS)
- Proceedings of the Annual Euromicro Conference on Real-Time Systems

(ECRTS)
- Proceedings of the ACM SIGPLAN Workshop on Languages, Compilers, and Tools for Embedded Systems
- Proceedings of the International Conference on Real-Time Computing Systems and Applications (RTCSA)

形式化验证领域的主要会议论文集包括:
- Proceedings of the Conference on Computer Aided Verification (CAV)
- Proceedings of the Conference on Automated Deduction (CADE)
- Proceedings of the Formal MethodsEurope (FME) Conference
- Proceedings of the IEEE Symposium on Logic in Computer Science (LICS)
- Proceedings of the Conference on Rewriting Techniques and Applications (RTA)
- Proceedings of the Conference on Automated Reasoning with Analytic Tableaux and Related Methods (TABLEAUX)
- Proceedings of the International Conference on Logic Programming (ICLP)
- Proceedings of the Conference on Formal Techniques for Networked and Distributed Systems (FORTE)

发表实时系统文章的主要期刊有:
- Journal of Real-Time Systems (JRTS)
- IEEE Transactions on Computers (TC)
- IEEE Transactions on Software Engineering (TSE)
- IEEE Transactions on Parallel and Distributed Systems (TPDS)

嵌入式和实时系统领域,面向产品和实践的杂志有:
- Dedicated Systems
- Embedded Developers Journal
- Embedded Systems Programming
- Embedded Linux Journal
- Embedded Edge
- Microsoft Journal for Developers MSDN
- IEEE Software

第2章

非实时系统的分析与验证

有大量的技术和工具可用于非实时系统的推理、分析和验证。本章探讨这些技术的基础，包括符号逻辑、自动机、规范语言和状态转移系统。许多用于实时系统的分析和验证技术是基于这些非定时(untimed)的方法，这将在后面的章节中看到。本章不涉及数学证明的情况下，简明介绍其中的一些非定时方法，并描述了它们在几个简单实时系统非定时情况下的应用。

2.1 符号逻辑

符号逻辑(symbolic logic)是使用符号来表示事实、事件和动作，并为符号推理提供规则的语言集合。如果系统及其理想属性集的规范都可以用逻辑公式写出，那么就可以尝试证明这些理想属性是否为这些规范的逻辑结果。在本节中，介绍了命题逻辑(也叫命题演算、零阶逻辑、数字逻辑或布尔逻辑，是最简单的符号逻辑)、谓词逻辑(也叫谓词演算或一阶逻辑)和几个证明技巧。

2.1.1 命题逻辑

所谓命题逻辑(propositional logic)，是指具有真假意义的陈述句，命题可为真(记为T)或者假(记为F)，但不能同时为真和假。通常采用大写字母或字母串来表示命题逻辑。

例2.1：

P 表示“汽车刹车踏板被踩下”；

Q 表示“汽车在5 s内停止”；

R 表示“汽车避免碰撞”。

符号 P、Q 和 R 用来表示命题，被称为原子公式(atomic formulas)或简称原子(atoms)。为了表示更为复杂的命题可使用逻辑连接词，例如符号“→”表示：“如果-则(if-then)”，或者“蕴含(imply)”。对于复合命题：“如果汽车刹车板被踩下，则汽车在5 s内停止。”用命题逻辑表示为：

$$P \rightarrow Q$$

同样，命题：“如果汽车在5 s内停止，则汽车可以避免碰撞。”可以表示为：

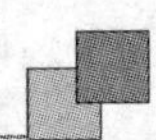

$$Q \rightarrow R$$

给定这两个命题，可以很容易得出 $P \rightarrow R$，即："如果汽车刹车板被踩下，那么汽车可以避免碰撞。"

合式公式：可以结合命题和逻辑联结词组成复杂的公式。合式公式（well-formed formula）是指一个命题或者由以下规则形成的复合命题。命题逻辑中的合式公式有以下递归的定义：

（1）一个原子是一个合式公式。

（2）如果 F 是一个合式公式，那么 $(\neg F)$ 也是一个合式公式，这里 $\neg$ 是取否运算符（not）。

（3）如果 F 和 G 是合式公式，那么 $(F \wedge G)$、$(F \vee G)$、$(F \rightarrow G)$、$(F \leftrightarrow G)$ 也是合式公式。（$\wedge$ 是与运算符，$\vee$ 是或运算符，$\leftrightarrow$ 表示当且仅当）

（4）由以上规则产生的所有公式都是合式公式。

在没有歧义的情况下，可以删除公式中的括号以简化公式。

解释（interpretation）：一个命题公式 G 的解释就是为 G 中原子 $A_1, \cdots, A_n$ 赋真值，每个 A_i 可被唯一赋值为 T 或 F。

当且仅当公式 G 在这个解释被评价为真时，公式 G 在一个解释上为真，否则 G 在该解释上为假。真值表（truth table）列出了公式 G 所有可能解释的真值。对于含有 n 个不同原子的公式 G，将会有 2^n 个不同的解释。表 2.1 列出了 $P \rightarrow Q$ 的真值表。表 2.2 列出了几个简单公式的真值表。

表 2.1　$P \rightarrow Q$ 的真值表

P	Q	$P \rightarrow Q$
F	F	T
F	T	T
T	F	F
T	T	T

表 2.2　简单公式的真值表

P	Q	$\neg P$	$P \vee Q$	$P \wedge Q$	$P \rightarrow Q$	$P \leftrightarrow Q$
F	F	T	F	F	T	T
F	T	T	T	F	T	F
T	F	F	T	F	F	F
T	T	F	T	T	T	T

当且仅当一个公式在所有的解释下都是真的，则它是有效性的（valid），当且仅当一个公式不是有效的，它是无效的（invalid）。当且仅当一个公式在所有的解释下都是假的，则它是不可满足的（也称为不一致的）。当且仅当一个公式不是不可满足的，一个公式是可满足的（也称为一致的）。

文字是一个原子公式或一个原子公式的否定。如果一个公式是文字析取的合取，并可以被写成如下形式：

$$(\wedge_{i=1}^{n}(\vee_{j=1}^{mi} L_{i,j}))$$

则该公式为合取范式（Conjunctive Normal Form，CNF）。这里 $n \geqslant 1, m_1, \cdots, m_n \geqslant 1$，且每个 $L_{i,j}$ 都是一个文字。

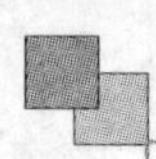

如果一个公式是文字合取的析取，并可以被书写成如下形式：

$$(\vee_{i=1}^{n}(\wedge_{j=1}^{m_i}L_{i,j}))$$

则该公式为析取范式(Disjunctive Normal Form，DNF)。这里 $n\geqslant 1, m_1, \cdots, m_n\geqslant 1$，且每个 $L_{i,j}$ 都是一个文字。

这两种范式能够简化逻辑公式的证明。

表2.3列出了一些常用的等价公式，这些等价准则对于公式的转化和处理非常有用。

表2.3 等价公式

公 式	描 述
等幂律	$(P\vee P)=P$ $(P\wedge P)=P$
蕴含律	$P\rightarrow Q=\neg P\vee Q$
交换律	$(P\vee Q)=(Q\vee P)$ $(P\wedge Q)=(Q\wedge P)$ $(P\leftrightarrow Q)=(Q\leftrightarrow P)$
结合律	$((P\vee Q)\vee R)=(P\vee(Q\vee R))$ $((P\wedge Q)\wedge R)=(P\wedge(Q\wedge R))$
吸收律	$(P\vee(P\wedge Q))=P$ $(P\wedge(P\vee Q))=P$
分配律	$(P\vee(Q\wedge R))=((P\vee Q)\wedge(P\wedge R))$ $(P\wedge(Q\vee R))=((P\wedge Q)\vee(P\wedge R))$
对合律(双重否定)	$\neg\neg P=P$
德.摩根律	$\neg(P\vee Q)=(\neg P\wedge\neg Q)$ $\neg(P\wedge Q)=(\neg P\vee\neg Q)$
同一律	$(P\vee Q)=P$ if P is a tautology (true) $(P\wedge Q)=Q$ if P is a tautology (true)
不满足律	$(P\vee Q)=Q$ if P is unsatisfiable (false) $(P\wedge Q)=P$ if P is a unsatisfiable (false)

为了证明一条语句在逻辑上服从另一条语句，首先要定义逻辑推论(logical consequence)。当且仅当公式 G 的每一个解释 $F_1\wedge\cdots\wedge F_n$ 为真时，公式 G 是 $F_1, \cdots, F_n$ 的逻辑推论，即 $(F_1\wedge\cdots\wedge F_n\rightarrow G)$。这时，$(F_1\wedge\cdots\wedge F_n\rightarrow G)$ 就是一个有效性命题。

可以使用消解原理(resolution principle)来建立逻辑推论，这个原理可以表述如下。首先定义子句(clause)，它可以是一个文字的有限集(包括空集)，也可以是含有零或多个文字的有限析取，空子句由"□"表示。子句集(clause set)是子句的集合。

单元子句(unit clause)包含一个文字。

消解原理： 对于任意两个子句C_1和C_2，如果C_1和C_2中分别含有文字L_1和L_2，使得$L_1 \wedge L_2$为假，那么C_1和C_2的消解式分别为C_1和C_2中除去L_1和L_2后剩余的合取组成的子句。容易证明，两个子句的消解式分别为这两个子句的逻辑推论。

例 2.2： 假设有两个子句C_1和C_2分别为

$$C_1: P \vee Q$$

$$C_2: \neg Q \vee R \vee \neg S$$

由于C_1中的Q和C_2中的$\neg Q$是互补的(它们的合取是假的)，因此可以将这两个文字从对应的子句中删除，并通过余下的子句构建出消解式：$P \vee R \vee \neg S$。

对于两个单元子句，如果其消解式存在，那么只能是空子句“□”。如果子句的集合S是不可满足的，那么可以使用消解原理在S中产生“□”。

例 2.3： 考虑下面一个简化版的自动环境控制系统(空调和加热系统)，室内温度为以下三种情况之一：

舒适：室内温度在舒适的范围内，即 68～78°F。

热：室内温度在 78°F 以上。

冷：室内温度在 68°F 以下。

假设

H＝室内温度为热

C＝室内温度为冷

M＝室内温度为舒适

A＝空调打开

G＝暖气打开

现在用英语来定义这个环境控制系统。如果室内温度为热，那么打开空调(F_1)；如果室内温度为冷，那么打开暖气(F_2)；如果室内温度不冷也不热，那么室内温度是舒适的(F_3)。根据上述条件，能证明如下表述吗？即：如果空调和暖气都没有打开，那么室内温度是舒适的(F_4)。

$$F_1 = H \rightarrow A$$

$$F_2 = C \rightarrow G$$

$$F_3 = \neg(H \vee C) \rightarrow M$$

证明： $F_4 = \neg(A \vee G) \rightarrow M$

首先用真值表证明这个命题，如表 2.4 所列。该方法耗尽地检查了公式F_4的每一个解释，来确定公式值是否为 T。真值表说明F_4的每一个解释都是 T，那么F_4是有效的。

表 2.4　证明F_4的真值表

H	A	C	G	M	F_1	F_2	F_3	F_4	$(F_1 \wedge F_2 \wedge F_3) \to F_4$
F	F	F	F	F	T	T	F	F	T
F	F	F	F	T	T	T	T	T	T
F	F	F	T	F	T	T	T	T	T
F	F	F	T	T	T	T	T	T	T
F	F	T	F	F	T	F	T	F	T
F	F	T	F	T	T	F	T	T	T
F	F	T	T	F	T	T	T	T	T
F	F	T	T	T	T	T	T	T	T
F	T	F	F	F	T	T	F	T	T
F	T	F	F	T	T	T	T	T	T
F	T	F	T	F	T	T	F	T	T
F	T	F	T	T	T	T	T	T	T
F	T	T	F	F	T	F	T	T	T
F	T	T	F	T	T	F	T	T	T
F	T	T	T	F	T	T	T	T	T
F	T	T	T	T	T	T	T	T	T
T	F	F	F	F	F	T	T	F	T
T	F	F	F	T	F	T	T	T	T
T	F	F	T	F	F	T	T	T	T
T	F	F	T	T	F	T	T	T	T
T	F	T	F	F	F	F	T	F	T
T	F	T	F	T	F	F	T	T	T
T	F	T	T	F	F	T	T	T	T
T	F	T	T	T	F	T	T	T	T
T	T	F	F	F	T	T	T	T	T
T	T	F	F	T	T	T	T	T	T
T	T	F	T	F	T	T	T	T	T
T	T	F	T	T	T	T	T	T	T
T	T	T	F	F	T	F	T	T	T
T	T	T	F	T	T	F	T	T	T
T	T	T	T	F	T	T	T	T	T
T	T	T	T	T	T	T	T	T	T

接下来采用等效公式证明该命题。

证明： $\neg(A \lor G) \to M$ 的前提是 $F_1 \land F_2 \land F_3$，即

$(H \to A) \land (C \to G) \land (\neg(H \lor C) \to M)$

$= (\neg H \lor A) \land (\neg C \lor G) \land (\neg\neg(H \lor C) \lor M)$（蕴含律）

$= (\neg H \lor A) \land (\neg C \lor G) \land ((H \lor C) \lor M)$（双重否定）

$= A \lor G \lor M$（两次消解）

$= (A \lor G) \lor M$（结合律）

$= \neg(A \lor G) \to M$（蕴含律）

因此得出结论：如果空调和暖气都不打开，那么室内温度是舒适的。但是，不能由此得出结论：如果室内温度是舒适的，那么空调和暖气都没打开，即 $M \to \neg(A \lor G)$。

使用消解步骤证明命题的满足性：

现在详细描述使用消解原理建立有效性的方法。当命题公式转化成合取范式时，可以改变由 $\land$ 和 $\lor$ 构成的子公式的顺序，而不改变公式的含义。

如果两个子句集在任意赋值时都有相同的真值结果，那么这两个子句集是等价的。

下面用消解方法来确定各个命题满足性的步骤：

(1) 将给定的公式转化成合取范式(CNF)；

(2) 用子句的形式书写该 CNF：子句集 S 中的每一个子句都是文字的析取；

(3) 计算 $R(S), R^2(S), \cdots$ 直到 $R^i(S) = R^{i+1}(S)$；

(4) 如果 $\square \in R^i(S)$，那么 S 是不可满足的，否则是可满足的。

设 S 是一个子句集，定义为 $R(S) = S \cup \{T: T$ 是 S 中两个子句的消解式$\}$。该算法采用耗尽方式，因为它构造了所有可能的解（尽管只有这些解中的一个子集才能导出空子句）。其复杂度是指数型的（相对于子句集 S 的原规模）。

下面为了得到消解式，定义推论(deduction)的概念。给定一个子句集 S，S 的一个推论可由一系列子句 $C_1, \cdots, C_n$ 组成，这里 $C_i \in S$，或者对于 a、$b < i$ 时，C_i 是 C_a 和 C_b 的一个消解式。

消解定理： 当且仅当 S 中存在空子句"$\square$"的推论时，子句集 S 是不可满足的。

例 2.4： 再次考虑自动环境控制系统的例子。现在用消解定理证明 $F_1 \land F_2 \land F_3 \to F_4$。只需证明这个公式的否定式是不可满足的。该公式的否定式为：

$$\neg(F_1 \land F_2 \land F_3 \to F_4)$$
$$= \neg(\neg(F_1 \land F_2 \land F_3) \lor F_4)$$
$$= (F_1 \land F_2 \land F_3) \lor F_4$$

用原始符号代替 F_1、F_2、F_3、F_4，将此公式转化成 CNF：

$$(\neg H \lor A) \land (\neg C \lor G) \land (H \lor C \lor M) \land \neg A \land \neg G \land \neg M$$

然后将此 CNF 公式转化成子句形式：

$$S = \{\{\neg H, A\}, \{\neg C, G\}, \{H, C, M\}, \{\neg A\}, \{\neg G\}, \{\neg M\}\}$$

通过下面的步骤，将从 S 中的子句出发得到一个□的推论：

$C1 = \{\neg H, A\}$，属于 S
$C2 = \{\neg C, G\}$，属于 S
$C3 = \{H, C, M\}$，属于 S
$C4 = \{\neg A\}$，属于 S
$C5 = \{\neg G\}$，属于 S
$C6 = \{\neg M\}$，属于 S
$C7 = \{\neg H\}$，C1 和 C4 的消解式
$C8 = \{\neg C\}$，C3 和 C4 的消解式
$C9 = \{H, C\}$，C5 和 C6 的消解式
$C10 = \{H\}$，C8 和 C9 的消解式
C11 = □，C7 和 C10 的消解式

因此，该子句集（$F_1 \wedge F_2 \wedge F_3 \rightarrow F_4$ 的否定式）是不可满足的。所以原公式（$F_1 \wedge F_2 \wedge F_3 \rightarrow F_4$）是有效的。

图 2.1 和 2.2 分别表示了 CNF 形式和子句形式的推导树。

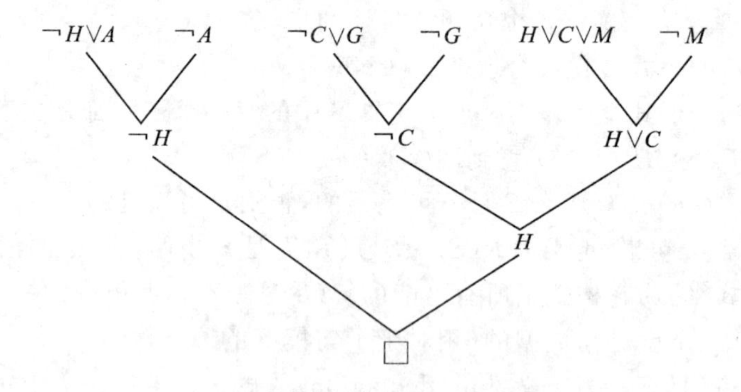

图 2.1　CNF 形式的推导树

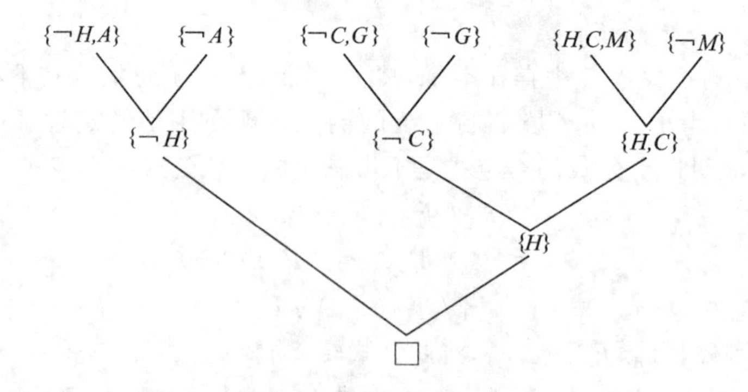

图 2.2　子句形式的推导树

消解定理构成了确定命题逻辑公式满足性的大部分软件工具的基础。然而，这

些工具的复杂度仍是(原始子句集规模的)指数型。第 4 章将介绍二元决策图(BDDs),它能更有效地表示布尔公式,并允许在一些实际情况下快速处理公式。第 6 章讨论在判定树中使用启发式算法重新排序,以减少确定不可满足性时的搜索时间。

2.1.2　谓词逻辑

命题逻辑没有使用定量概念,能表达简单的逻辑观点,也能较好的描述数字逻辑电路。但是,对于更复杂的逻辑观点,命题逻辑是不够用的,如下所示。

例 2.5:汽车司机每次踩下汽车刹车板时,汽车在 8 s 内停止。因为奔驰 E320 属于汽车,不管奔驰 E320 的司机什么时候踩下刹车板,它都会在 8 s 内停止。

P 表示"司机每次踩下汽车刹车板,汽车在 8 s 内停止";

Q 表示"奔驰 E320 是一辆汽车";

R 表示"不管奔驰 E320 的司机什么时候踩下刹车板,奔驰 E320 都在 8 s 内停止"。

然而,在命题逻辑的框架中,R 不是 P 和 Q 的逻辑结果。为了处理这些语句,引入谓词逻辑,它含有项、谓词和量词的概念。首先定义函数和项。

函数:函数是从一个常量列表到另一个常量的映射。

项:项(terms)的定义归纳如下:

(1) 每个常量或变量是一个项。

(2) 如果 f 是一个 n 维函数符号,且 $x_1,\cdots,x_n$ 为项,那么 $f(x_1,\cdots,x_n)$ 是一个项。

(3) 所有项都由以上规则产生。

接下来定义谓词和原子。

谓词:谓词是从一个常量列表到 T 或 F 的映射。

原子或原子公式:如果 P 是一个 n 维谓词符号,且 $x_1,\cdots,x_n$ 是项,那么 $P(x_1,\cdots,x_n)$ 是一个原子或原子公式。

符号 $\forall$ 是全称量词,$\exists$ 是存在量词。如果 x 是一个变量,那么 $\forall x$ 表示"对于所有的 x"(或者对于每个 x),$\exists x$ 表示"存在一个 x"。

还需要定义有界变量、自由变量及其变量发生的概念。

有界变量和自由变量的发生:给定一个公式,当且仅当一个变量 x 发生在该变量的量词范围内或者紧跟着这个量词发生时(即 x 出现在形如 $\forall x(F)$ 或 $\exists x(F)$ 的子公式中),称该变量的发生是一个有界发生。给定一个公式,当且仅当一个变量的发生是无界时,称该变量的发生是自由发生。

在实际使用中,经常会省略量词或量词变量周围的括号。

有界变量和自由变量:给定一个公式,当且仅当至少有一个变量的发生是有界时,该变量是有界的。给定一个公式,当且仅当至少有一个变量的发生是自由时,该变量是自由的。

下面用谓词逻辑来定义公式。

合式公式：谓词逻辑中的合式公式定义如下：

(1) 一个原子是一个公式。

(2) 如果 F 是一个公式，那么 $\neg F$ 也是一个公式。

(3) 如果 F 和 G 是公式，那么 $(F \text{ op } G)$ 也是一个公式，这里 op 为 $\wedge$、$\vee$、$\rightarrow$ 或 $\leftrightarrow$。

(4) 如果 F 是一个公式且 x 是 F 中的自由变量，那么 $x(\forall x)F$、$(\exists x)F$ 也是公式。

(5) 所有公式都是由上述有限个规则产生的。

例 2.6：考虑上述例子。让 BRAKE_STOP 表示"汽车司机每次踩下刹车板，汽车都在 8 s 内停止"，则有以下谓词逻辑公式：

$(\forall x)$CAR$(x)\rightarrow$BRAKE_STOP(x)

CAR(MercedesBenzE320)

因为$(\forall x)$CAR$(x)\rightarrow$BRAKE_STOP(x))对于所有 x 都是正确的，用"MercedesBenzE320"替代 x，则

(CAR(MercedesBenzE320)$\rightarrow$BRAKE_STOP(MercedesBenzE320))是正确的。

这意味着：

$\neg$(CAR (MercedesBenzE320)) $\vee$ BRAKE_STOP(MercedesBenzE320) 为真，因 CAR(MercedesBenzE320)为真，故 $\neg$(CAR (MercedesBenzE320))为假。因此，BRAKE_STOP(MercedesBenzE320)一定为真。

在命题逻辑中，公式的解释是为原子赋真值。而对于谓词逻辑，由于其公式可能包含变量，因此，为了定义一个解释，需要指定域、常数分配、函数符号和谓词符号。

解释：谓词逻辑(一阶)公式 F 的解释是在非空域 D 中为 F 中的每个常量、函数符号和谓词符号赋值，并满足以下规则：

(1) D 中的元素赋值给 F 中的每个常数。

(2) $D^n=\{(x_1,\cdots,x_n)\mid \text{each } x_i\in D\}$ 到 D 的一个映射分配给 F 中的每个 n 维函数符号。

(3) D^n 到 $\{T,F\}$ 的映射分配给 F 中的每个 n 维谓词符号。

在域 D 上给定的解释，可以计算出一个公式为真或假，如下所示：

(1) 由逻辑连接词连接 P 和 Q 构成的公式，其真值可以由上节中的命题逻辑真值表来计算。

(2) 如果对于 D 中的每一元素，P 的真值为真，那么$(\forall x)P$ 为真，否则为假。

(3) 如果对于 D 中至少有一个元素，P 的真值为真，那么$(\exists x)P$ 为真，否则为假。

例 2.7：假设有以下公式：

$$(\forall x)\text{IsAutomobile}(x)$$
$$(\exists x)\neg\text{IsAutomobile}(x)$$

一个解释为：

域：$D=\{\text{MercedesBenzE320}, \text{HondaAccord}, \text{FordTaurus}, \text{Boeing777}\}$

赋值：

IsAutomobile(MercedesBenzE320)＝T

IsAutomobile(HondaAccord)＝T

IsAutomobile(FordTaurus)＝T

IsAutomobile(Boeing777)＝F

在这个解释中，$(\forall x)\text{IsAutomobile}(x)$为 F，因为对于 x＝Boeing777，IsAutomobile(x)不为 T。$(\exists x)\neg\text{IsAutomobile}(x)$为 T，因为$\neg$IsAutomobile(Boeing777)为 T。

封闭公式(closed formula)：封闭公式中没有变量的自由发生。不含自由变量的公式称为封闭公式或者语句(sentence)，含自由变量的公式称为开放公式(open formula)或者句型(sentential form)。(注：封闭公式表示一个语义完整的句子，而开放公式表示一个等待填空的句型，没有确定的语义。)

可满足公式和有效性公式的定义与命题逻辑中公式的定义类似。

可满足和不可满足公式：当且仅当至少有一个解释 I 使得 G 被评估为 T 时，公式 G 是可满足的(一致的)。该解释 I 被认为是满足 G 且为 G 的一个模型。当且仅当不存在解释 I 使得公式 G 被评估为 T 时，公式 G 是不可满足(不一致)的。

有效性公式：当且仅当 G 中的每一个解释都满足 G 时，公式 G 是有效性的。

为了简化一阶逻辑公式的证明步骤，首先将这些公式转换成标准形式：前束范式和 Skolem 标准形式。

在文献[Davis and Putnam，1960]中，介绍了一种标准形式，它使用前束范式、合取范式和 Skolem 函数来解决一阶逻辑公式问题。该形式更易于逻辑公式的机械操作和分析。一个一阶逻辑公式能被转化成所有量词都在最左边的前束范式。

前束范式：当且仅当公式 F 能被写成如下形式时：

$$(Q_1 v_1)\cdots(Q_n v_n)(\boldsymbol{M})$$

F 是前束范式(prenex normal form)。

这里每个$(Q_i v_i)(i=1,\cdots,n)$为$(\forall v_i)$或$(\exists v_i)$，且 $\boldsymbol{M}$ 为不含量词的公式。$(Q_1 v_1)\cdots(Q_n v_n)$为前缀，$\boldsymbol{M}$ 为 F 的矩阵。该矩阵能够被转化成合取范式(CNF)。

通过 Skolem 函数去掉存在量词可将 CNF 前束范式转化成 Skolem 标准形式。这将简化证明过程，因为含有存在量词的公式只在特定值时成立。存在量词的减少也便于去掉全称量词。

在前缀$(Q_1 v_1)\cdots(Q_n v_n)(1\leqslant i\leqslant n)$中，假设$Q_i$为存在量词。如果$Q_i$中没有全称量词，则所有矩阵 $\boldsymbol{M}$ 中的v_i可用一个新的常数 c 来代替(该常数 c 不同于 $\boldsymbol{M}$ 中的其

他常数)，并去掉前缀中的$(Q_i v_i)$。

如果$(Q_{u1} \cdots Q_{um})$为全称量词，这里$1 \leqslant u_1 < u_2 \cdots < u_m < i$，则可以用一个不同于矩阵$\boldsymbol{M}$中的$m$元函数$f(v_{u1}, v_{u2}, \cdots, v_{um})$来替换所有的$v_i$，并去掉前缀中的$(Q_i v_i)$。去掉所有存在量词后的公式是一个Skolem标准形式。用来替代存在量词的常数和函数分别被称为Skolem常数和Skolem函数。

例2.8：将下列公式转化成标准形式：

$$(\exists x)(\forall y)(\forall z)(\exists u)(P(x,z,u) \vee (Q(x,y) \wedge \neg R(x,z)))$$

首先，将矩阵转化成CNF：

$$(\exists x)(\forall y)(\forall z)(\exists u)((P(x,z,u) \vee Q(x,y)) \wedge (P(x,z,u) \vee \neg R(x,z)))$$

然后，用Skolem常数和函数来替代存在量词。从最左边的存在量词开始，用常量a来替换变量x：

$$(\forall y)(\forall z)(\exists u)((P(a,z,u) \vee Q(a,y)) \wedge (P(a,z,u) \vee \neg R(a,z)))$$

接下来，用2元函数$f(y,z)$来取代存在变量u，这样，就得到了一个标准形式：

$$(\forall y)(\forall z)((P(a,z,f(y,z)) \vee Q(a,y)) \wedge (P(a,z,f(y,z)) \vee \neg R(a,z)))$$

用Herbrand过程证明一个子句集的不可满足性：可以将命题逻辑作为谓词逻辑的一个特例。通过将0元谓词符号看作命题逻辑的原子公式，谓词逻辑公式就变成了不含变量、函数符号和量词的命题逻辑公式。这样，命题逻辑公式就可转化成对应的谓词逻辑公式。

然而反过来，通常不能将谓词逻辑公式化简为单一的命题逻辑公式。但是，可以系统地将一个谓词逻辑公式F化简为一个不含量词或变量的可数公式集。这个公式集就是F的Herbrand扩展(expansion)，记为$E(F)$。

当且仅当子句集S在所有域中的所有解释下都为假时，该子句集S是不可满足的。不幸的是，不可能找出所有域下的所有解释。但是，存在一个叫做Herbrand全域(universe)的特殊域，使得当且仅当S在该域中的所有解释下都为假时，S是不可满足的。

Herbrand全域：公式F的Herbrand全域是一个从常数a到函数名f建立起来的项集合，即$\{a, f(a), f(f(a)), \cdots\}$。更正式的描述是：如果子句集$S$中没有常数，则$H_0 = \{a\}$；否则$H_0$是$S$中的一个常数集。对$S$中所有的$n$元函数$f^n$而言，$H_{i+1}(i \geqslant 0)$是$H_i$和$f^n(x_{1,\dots,}x_n)$所有项集的并，其中每个$x_j \in H_i$。$H_i$是$S$中的$i$级常数集，$H_\infty$为$S$的Herbrand全域。

例2.9：$S = \{P(x) \vee Q(x), \neg R(y) \vee T(y) \vee \neg T(y)\}$

因为S中没有常数，所以$H_0 = \{a\}$。又因为S中没有函数符号，所以$H = H_0 = H_1 = \cdots = \{a\}$。

基本实例(ground instance)：给定一个子句集S，一个子句C的基本实例是由S的Herbrand全域H中的成员来替代C中的每个变量得到的。

原子集(atom set)：设$h_1, \cdots, h_n$为H中的元素。S的原子集是S中每个n元谓

词逻辑基本原子集，形式为$P^n(h_1,\cdots,h_n)$.

H-解释：一个子句集S的H-解释满足以下条件：

(1) S中的每个常量映射到它自身。

(2) 每个n元函数符f被赋予了一个函数，使H^n中的元素映射到H中的元素，即从$(h_1,\cdots,h_n)$映射到$f(h_1,\cdots,h_n)$。

设S中的原子集A为$\{A_1,\cdots,A_n,\cdots\}$。一个$H$-解释可以写成如下集合：

$$I=\{e_1,\cdots,e_n,\cdots\}$$

这里e_i为A_i或$\neg A_i$，$i\geqslant 1$。e_i为A_i时，表示A_i被赋值为真，否则为假。

当且仅当子句集S在所有H-解释下为假时，S是不可满足的。为了系统地列出所有解释，使用了语义树[Robinson，1968；Kowalski and Hayes，1969]。S语义树的构建（不管是采用手动方式还是采用机械方式）是证明S可满足性的基础。实际上，为S构建语义树等价于为S找到一个证明。

语义树(semantic tree)：子句集S的语义树是一个树T，它的每个边都连接着S中的一个有限原子（或否原子）集，使得：

(1) 每个节点v只有有限个输出边$e_1,\cdots,e_n$。假设C_i为所有与边e_i相连的文字的合取，那么这些C_i的析取是一个有效性命题公式。

(2) 假设$I(v)$为所有连接到分支T的边集的并，且包含v，那么$I(v)$不包含任何互补文字对（互为否的文字，如集合$\{A,\neg A\}$）。

例2.10：设S中的原子集A为$\{A_1,\cdots,A_n,\cdots\}$。一个完整的语义树是指，对于它的每个叶节点$L$，使得$I(L)$包含$A_i$或$\neg A_i(i=1,2,\cdots)$。

如果$I(N)$伪造S中子句的基本实例且对于N的每个先继节点N'、$I(N')$没有伪造任何基本实例，那么语义树中的节点N是一个故障节点(failure node)。

封闭语义树(closed semantic tree)：封闭语义树是指，它的每个分支都以一个故障节点结束。

Herbrand定理(采用语义树的概念)：当且仅当子句集S中每个完整语义树都存在对应的封闭语义树时，S是不可满足的。

Herbrand定理：当且仅当子句集S存在有限个不可满足基本实例集S'时，S是不可满足的。

给定一个不可满足集S，如果一个机械过程可以逐渐产生集合$S'_1,S'_2,\cdots$，并能检测S'_i的不可满足性，那么可以找到一个有界数n，使得S'_n是不可满足的。

Gilmore的计算机程序[Gilmore，1960]依据上述策略得到了S_i，并用i级常数集H_i中的常数来替换S中的变量。由于不可满足性是基本子句（不含量词）的合取，因此在命题逻辑中使用乘法（用于导出空子句）来测试每个S'_i的不可满足性。

使用消解原理证明子句集的不可满足性：

以上基于Herbrand定理的证明方法有一个主要缺点，即它需要生成子句中的基本实例集，且这些集合中元素的数量呈指数型增长。这里提出的消解原理[Robinson, 1965],可以应用到任何子句集中(不管是否是基本的)来测试它的不可满足性。下面还需要一些附加定义。

取代(substitution):取代是一个$\{t_1/v_1,\cdots,t_n/v_n\}$形式的有限集,这里$v_i$是不同的变量,$t_i$是不同于$v_i$的项,$n$是取代组件的数目。每个$v_i$可被对应的$t_i$替换。如果$t_i$是基本项,那么该取代就是一个基本取代。用希腊字母来表示取代。

例2.11:$\theta_1=\{a/y\}$是具有一个组件的取代,$\theta_2=\{a/y,f(x)/x,g(f(b))/z\}$是具有三个组件的取代。

变形(variant):子句C的一个变形(也成为副本或实例)表示为$C\theta$,它是从C中通过取代θ所指定变量的一对一替换而得到的任何子句。换句话说,一个变形C是其本身或变量重新命名后的C。

例2.12:在例2.11中,假设$C=(\neg(R(x)\wedge O(y))\vee D(x,y))$,那么$C\theta=\neg(R(x)\wedge O(a))\vee D(x,a)$.

分离取代:对于子句对C_1和C_2的一对取代θ_1和θ_2,如果$C_1\theta_1$和$C_2\theta_2$分别是C_1和C_2的变形,且$C_1\theta_1$和$C_2\theta_2$中没有共同的变量,那么θ_1和θ_2称为分离的(separating)。

合一:当且仅当$C_1\theta=\cdots=C_n\theta$时,取代$\theta$是集合$C=\{C_1,\cdots,C_n\}$的一个合一(unifier)。如果集合$C$含有合一,那么$C$是合一的。对于$C$中的每个合一$\rho$,当且仅当存在取代$\lambda$,使得$\rho=\theta^\circ\lambda$时,那么集合$C$的合一是一个最普遍合一(most general unifier,MGU)。

例2.13:设$S=\{P(a,x,z),P(y,f(b),g(c))\}$,因为取代$\theta=\{a/y,f(b)/x,g(c)/z\}$是一个$S$的合一,所以$S$也是合一的。

合一定理:任何子句或表达式集都含有一个最普遍合一。

下面描述的算法,用于为非空表达式有限集C查找最普遍合一。该算法也能确定集合是否为合一的。

合一算法:

(1) $i:=0,\rho_i:=\in,C_i:=C$。

(2) 如果$|C_i|=1$,那么C是合一的(unifiable),且返回ρ_i(作为C中的最普遍合一(unifier));否则,找出C_i中的异议集(disagreement set)D_i。

(3) 如果D_i中存在元素x_i和y_i,使得y_i中不含x_i,则转到步骤(4);否则返回"C不是合一的"。

(4) $\rho_{i+1}:=\rho_i\{x_i/y_i\}$,$C_{i+1}:=C_i\{y_i/x_i\}$,$i:=i+1$,转到步骤(2)。注意$C_{i+1}=C_{\rho_{i+1}}$。

消解式(Resolvent):设C_1和C_2为不含共同变量的两个子句,且分别含有分离取代θ_1和θ_2。设B_1和B_2为两个非空子集(文字),$B_1\in C_1$,$B_2\in C_2$,使得$B_1\theta_1$和$\neg B_2\theta_2$含有一个最普遍合一。那么,子句$((C_1-B_1)\cup(C_2-B_2))\rho$是$C_1$和$C_2$的二进制消解式,子句$((C_1-B_1)\theta_1\cup(C_2-B_2)\theta_2)\rho$是$C_1$和$C_2$的消解式。

给定子句集S,$R(S)$包含S和S中所有子句的消解式,即$R(S)=S\cup\{T:T$是

S 中两个子句的消解式}。对于每个 $i \geqslant 0, R^0(S)=S, R^{i+1}(S)=R(R^i(S)), R^*(S)=\bigcup\{R^i(S) \mid i \geqslant 0\}$。

例 2.14：设 $C_1=\neg A(x) \vee O(x), C_2=\neg O(a)$，$C_1$ 和 C_2 的一个消解式解为 $\neg A(a)$。

设 $C_3=\neg R(x) \vee \neg O(a) \vee D(x,a), C_4=R(b)$，那么 C_3 和 C_4 的一个消解式为 $\neg O(a) \vee D(b, a)$。

下面提出谓词逻辑的消解定理。

消解定理：当且仅当子句集 S 中存在空子句"□"（即 $\square \in R^*(S)$）的推论时，子句集 S 是不可满足的。

消解定理和合一算法构成了大多数计算机测试谓词逻辑公式满足性的基础。消解是完整的，所以它经常从一个不可满足公式（子句集）中产生空子句。

例 2.15：下面通过一对前提和结论的关系来说明上述方法。前提：飞机是物体，导弹是物体，雷达可以探测到物体。结论：雷达可以探测到飞机和导弹。证明：前提蕴含了结论。

设 $A(x)$ 表示"x 是一架飞机"，$M(x)$ 表示"x 是一个导弹"，$O(x)$ 表示"x 是一个物体"，$R(x)$ 表示"x 是一个雷达"，$O(x,y)$ 表示"x 能检测到 y"。下面用谓词逻辑公式表示前提和结论。

前提：

$$(\forall x)(A(x) \to O(x))$$
$$(\forall x)(M(x) \to O(x))$$
$$(\forall x)(\exists y)(R(x) \wedge O(y) \to D(x,y))$$

结论：$(\forall x)(\exists y)(R(x) \wedge (A(y) \vee M(y)) \to D(x,y))$

然后，否定这个结论。接下来将这些公式转化成前束范式 CNF。

前提：

(1) $\neg A(x) \vee O(x)$

(2) $\neg M(x) \vee O(x)$

(3) $\exists y(\neg R(x) \wedge O(y) \vee D(x,y))$

$=\neg R(x) \wedge O(a) \vee D(x,a)$

$=\neg R(x) \vee \neg O(a) \vee D(x,a)$

结论的否定：

$\neg(\forall x)(\exists y)(R(x) \wedge (A(y) \vee M(y)) \to D(x,y))$

$=(\exists x)(\forall y)\neg(\neg(R(x) \wedge (A(y) \vee M(y))) \vee D(x,y))$

$=(\exists x)(R(x) \wedge (A(y) \vee M(y)) \vee \neg D(x,y))$

$=R(b) \wedge (A(y) \vee M(y)) \vee \neg D(b,y)$

因此有三个子句：

(4) $R(b)$

(5) $A(y) \vee M(y)$

(6) $\neg D(b,y)$

可以轻易地将这些子句转化成子句集，但是这里使用这些子句的消解式开始证明。

(7) $\neg O(a) \vee D(b,a)$ (3)和 (4)的消解式

(8) $\neg O(a)$ (6)和(7)的消解式

(9) $\neg A(a)$ (1)和 (8)的消解式

(10) $\neg M(a)$ (2)和(8)的消解式

(11) $M(a)$ (5) 和(9)的消解式

(12) □ (10) 和(11)的消解式

这样就证明了原始公式的有效性。

在第 6 章将应用这些概念分析与实时逻辑(Real-Time Logic, RTL)有关的安全性声明。RTL 是一阶逻辑，允许公式来指定事件或动作的绝对发生时间。

2.2 自动机和语言

自动机(automaton)能够确定一系列词语是否属于特定的语言，这种语言包含一组由有限字母组成的词。根据所使用自动机的类型，词语序列可以是有限或无限的。如果这些词语对应相应的事件或动作，就可以构造一个自动机来接受系统中事件或动作的正确顺序，并解决验证问题。

随着更多概念的引入，可以使用自动机来表示一个进程或系统。更准确地说，用特定的自动机表示系统理想的规范，且用一种自动机的实现来模拟试图满足给定规范的实现。目标是验证该实现是否满足该规范。这个问题可被看作是语言包含问题(也称为语言兼容问题)，即确定实施自动机所接受的语言是否是规范自动机接受的语言的一个子集。

本节介绍几种典型的自动机及其所能接受的语言。这些自动机包括确定性有限自动机和非确定性有限自动机。语言包括正则语言。

2.2.1 语言和表示

首先定义语言术语系统。字母表(alphabet) Σ 是一个有限符号集，它可以是罗马字母、数字、事件、动作或任何对象。超过一个字母的字符串是从该字母表中选出的有限序列符号。一个空字符串不含符号并用 e 表示。字母表 Σ 中所有字符串的集合用 Σ^* 表示。字符串长度为它含有符号的数量。同一符号会位于字符串中的不同位置，称为该符号的出现(occurrence)，就如同计算机系统中同一进程的实例(instance)(或迭代)一样，可被多次调用。

两个字符串 x_1、x_2 的联结(concatenation)，是指 x_2 紧跟在 x_1 的后面，记为 x_1x_2。字符串 x 的子串是 x 的子序列。语言是 Σ^* 的任意子集。由于语言是集合，所以可

以使用“互补”、“并”和“交”运算符。语言 L 中的语言操作符 Kleene star（也称作闭合(closure)），是由 L 中零或多个字符串联而成的字符串集，记为L^*。

现在描述如何用字符串表示语言。因为字母表 Σ 上的字符串集 Σ^* 是无穷的，所以语言的表示也是无穷的。因为给定字母表的所有可能语言集是无穷的，所以有限的表示不能够用来表示所有的语言。因此，下面将集中描述能够被有限表示的语言。一个正则表达式(regular expression)通过含有单符号 $\emptyset$、括号()、符号$\cup$和 $*$ 的有限字符串来指定语言。下面给出正则表达式定义。

正则表达式：字母表 Σ 上的一个正则表达式是并集“$\Sigma \cup \{(),(\emptyset, \cup, *\}$”上的一个字符串，其定义如下：

(1) Σ 中的每个成员和 $\emptyset$ 都是正则表达式。

(2) 如果 α、β 是正则表达式，那么$(\alpha\cup\beta)$也是正则表达式。

(3) 如果 α、β 是正则表达式，那么$(\alpha\beta)$也是正则表达式。

(4) 如果 α 是正则表达式，那么α^* 也是正则表达式。

(5) 所有正则表达式必须满足以上规则。

因为每个正则表达式表示一个语言，所以可将函数 L 定义为从字符串到语言的映射，使得对任何正则表达式 α，$L(\alpha)$是由 α 表示的语言，其特性如下：

(1) 对于每个 $\alpha\in\Sigma$，$L(\alpha)=\{\alpha\}$且 $L(\emptyset)=\emptyset$。

(2) 如果 α、β 是正则表达式，那么 $L(\alpha\cup\beta)=L(\alpha)\cup L(\beta)$。

(3) 如果 α、β 是正则表达式，那么 $L((\alpha\beta))=L(\alpha)L(\beta)$。

(4) 如果 α 是正则表达式，那么 $L(\alpha^*)=L(\alpha)^*$。

2.2.2 有限自动机

确定性有限自动机(Deterministic Finite Automaton, DFA)是有限自动机中特殊的一类，它们的运行完全取决于输入，如下所述。DFA 可被看作是一个简单的语言识别装置。

一个输入磁盘(被分成若干个方块)包含一个符号串，每个磁盘方块内含有一个符号。有限控制部件是这个机器的核心，其内部状态可以被指定为有限个状态之一。通过可移动探头，有限控制部件可以感知到磁盘中任何位置的符号。探头最初指向磁盘最左边的方块且有限控制部件被设置为初始状态。自动机每隔一定的时间间隔在磁盘上读取一个符号，之后探头向右移动到下一个符号。接着，自动机进入到一个依赖于当前状态和已读取符号的新状态。重复这些步骤，直到探头到达输入字符串的结尾。如果在读取整个字符串后达到指定的最终状态，则自动机被认为是接受了该输入字符串。自动机接受的字符串集就是其所接受的语言。下面定义 DFA。

确定性有限自动机：确定性有限自动机 A 是一个五元组 (Σ,S,S_0,F,δ)，其中：Σ 是一个有限字母表；S 是一个有限状态集；$S_0\in S$ 是初始状态；$F\subseteq S$ 是最终状态集；δ 是从 $S\times\Sigma$ 到 S 的转移函数。

可以通过一个叫做转移表(transition table)的表格来表示一个自动机。例如,表2.5所列的转移表表示一个自动机,它能够接受$\{a,b\}^*$中含有奇数个b的字符串。其中,ρ是当前输入符号,s是自动机当前状态。

一种能更清晰表示自动机的图形方式是状态转移图(state transition diagram)(或简称状态图),它是一个标记有向图。表2.5中,节点表示状态;边表示转移(或箭头),用从状态s到状态s'的符号ρ来标记,这里$\delta(s,\rho)=s'$。初始状态由“>”或“→”指示。最终状态也称固定点,由双圆圈表示。图2.3表示了上述自动机的状态转移图。表2.6表示能够接受$\{a,b\}^*$中(含有零或奇数个b之后紧跟零或偶数个a)字符串的一个自动机的转移表。图2.4表示对应的自动机。

表2.5 转移表1

s	ρ	$\delta(s,\rho)$
s_0	a	s_0
s_0	b	s_1
s_1	a	s_1
s_1	b	s_0

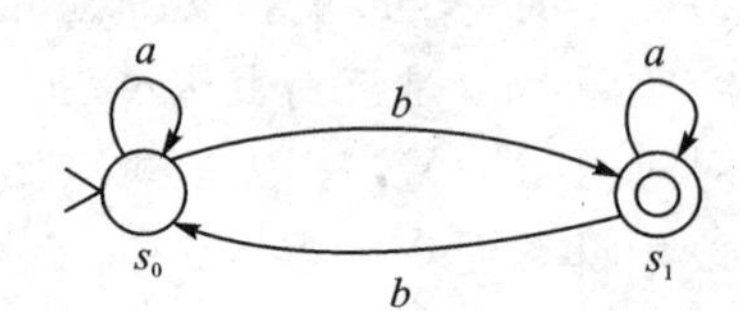

图2.3 自动机A1

表2.6 转移表2

s	ρ	$\delta(s,\rho)$	s	ρ	$\delta(s,\rho)$
s_0	a	s_1	s_2	b	s_2
s_0	b	s_3	s_3	a	s_1
s_1	a	s_0	s_3	b	s_4
s_1	b	s_2	s_4	a	s_2
s_2	a	s_2	s_4	b	s_3

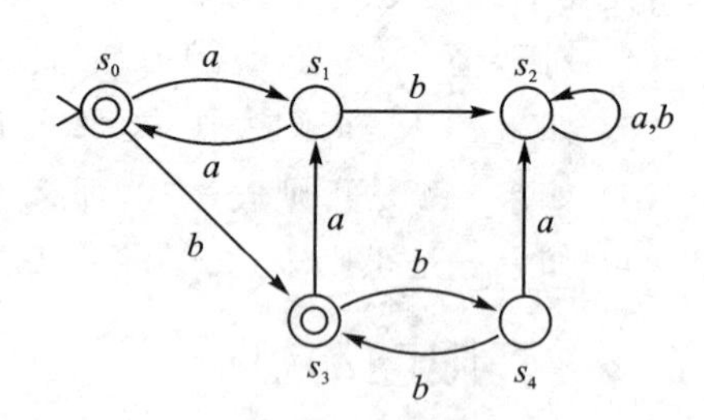

图2.4 自动机A2

下面引入非确定性有限自动机(Nondeterministic Finite Automaton,NFA)的概念。在一个NFA中,状态的改变可唯一由当前状态和输入符号决定,且给定当前状态的下一状态可能有多个。可以证明:每一个NFA等价于一个确定性有限自动机DFA。而所对应的DFA通常含有较多的状态和转移。因此,非确定性有限自动机可以简化对语言识别器的描述。

非确定性有限自动机:非确定性有限自动机A是一个五元组(Σ,S,S_0,F,Δ),其中,Σ是一个有限字母表;S是一个有限状态集;$S_0\in S$是初始状态;$F\subseteq S$是最终状态集;转换关系Δ是一个$S\times\Sigma^*\rightarrow S$的有限子集。

在联结、并集、互补、交集和Kleene star下,有限自动机所接受的语言类别是封闭的。可以通过从给定的一个或两个有限自动机构建一个有限自动机α来证明上述每一种情况。当且仅当一个语言能被有限自动机接受时,该语言是正则的。设$L(\alpha)$、$L(\alpha_1)$、$L(\alpha_2)$分别为自动机α、α_1、α_2所接受的语言。

(1) $L(\alpha)=L(\alpha_1)^\circ L(\alpha_2)$

(2) $L(\alpha)=L(\alpha_1)\cup L(\alpha_2)$

(3) $\Sigma^*-L(\alpha)$是确定性有限自动机α'所接受的互补语言，除了相互交换的最终和非最终状态之外，α'和α相同。

(4) $L(\alpha_1)\cap L(\alpha_2)=\Sigma^*-((\Sigma^*-L(\alpha_1))\cup(\Sigma^*-L(\alpha_2)))$

(5) $L(\alpha)=L(\alpha_1)^*$

有限自动机可以用来表述一些重要问题，通过使用上述封闭性质可以得到这些问题的解决方法。这些问题如下：

(1) 给定一个有限自动机α：

(a) 字符串$t\in L(\alpha)$?

(b) $L(\alpha)=\emptyset$?

(c) $L(\alpha)=\Sigma^*$?

(2) 给定两个有限自动机α和β：

(a) $L(\alpha)\subseteq L(\beta)$?

(b) $L(\alpha)=L(\beta)$?

解决以上问题的算法如下。由于非确定性有限自动机能被转化为确定性的，因此，这里假设自动机α是确定性的。

算法 1a　在输入为t的自动机α上执行l步(l为t的长度)，因为α的每一步读取一个输入符号，自动机经过l步后的状态决定了t是否被接受。

算法 1b　尝试在表示自动机的(有限)状态转移图中找到从初始状态到最终状态的零或多个边。如果不存在这样的路径，则$L(\alpha)=\emptyset$。

算法 1c　用算法1b检测被α的补集所接受的语言是否为空集，即

$$L(\alpha')=\emptyset\text{，这里 } L(\alpha')=\Sigma^*-L(\alpha)\text{。}$$

算法 2a　使用封闭性质和算法1b的交集来确定$L(\alpha)\cap(\Sigma^*-L(\beta))=\emptyset$是否成立。如果成立，则$L(\alpha)\subseteq L(\beta)$。

算法 2b　两次采用算法2a来确定$L(\alpha)\subseteq L(\beta)$和$L(\beta)\subseteq L(\alpha)$。

通过有效的仿真方法，可以从一个或多个相同类型的自动机来构建一个新的自动机，该自动机能够部分模拟这些同类自动机的行为。例如，可以通过确定性有限自动机来模拟非确定性有限自动机。互模拟(bisimulation)是检测等价性的另一证明方法，对于自动机而言，两个自动机等价是指它们的行为是相同的。在第7章，将描述自动机理论方法来验证实时系统的正确性。

2.2.3　非定时系统的规范指定和验证

现在讨论自动机是怎样指定一个物理系统或一系列进程的，并确定一系列事件或动作是否被这个特定系统所接受。语言的字母表包含了指定系统事件或动作的名称。该字母表称为指定系统的事件集。然后可以构建一个接受指定系统所有许可事

件序列(字符串)的自动机。许可事件序列的集合就是该自动机接受的语言。下面,通过指定简化版的自动环境控制系统来说明这些概念。

例 2.16: 自动环境控制系统自动机的事件集(字母表 Σ)为{comfort, hot, cold, turn_on_ ac, turn_off_ac, turn_on_heater, turn_off_heater},这些事件的含义如下:

comfort:温度传感器检测到室内温度在舒适的范围内,即为 68～78°F。

hot:温度传感器检测到室内温度高于 78 °F。

cold:温度传感器检测到室内温度低于 68 °F。

turn_on_ ac:打开空调(制冷)。

turn_off_ac:关闭空调(制冷)。

turn_on_heater:打开加热器。

turn_off_heater:关闭加热器。

使用算法 1a 可以方便地显示出事件序列能否被指定的系统接受(见图 2.5)。例如:

序列 1a. comfort hot turn_on_ac comfort turn_off_ac

序列 1b. cold turn_on_heater comfort turn_off_heater

都能被自动机 α 接受。序列 1a 指出当传感器检测到温度过高时,系统会打开空调,直到到达一个舒适的温度,然后关闭空调。序列 1b 指出当传感器检测到温度过冷时,系统打开加热器,直到到达一个舒适的温度,然后关闭加热器。然而,

序列 2a　comfort hot turn_on_heater comfort turn_off_heater

序列 2b　cold turn_on_heater comfort

不能被自动机 α 接受。序列 2a 指出当传感器检测到温度过高时,系统激活加热器,直到到达一个舒适的温度,然后关闭加热器。显然这是不应该被允许的,因为启动加热器会使温度变得更热。序列 2b 指出当传感器检测到温度过冷时,系统激活加热器,直到到达一个舒适的温度,但是不关闭加热器,这可能使得温度过高。

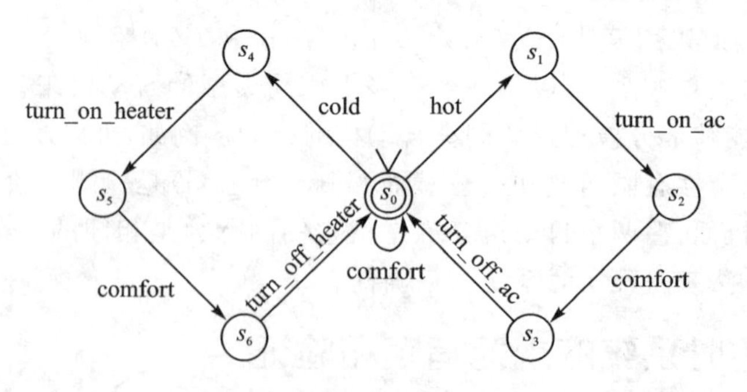

图 2.5　用于自动环境温度控制系统的自动机 α

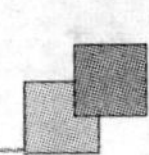

注意：自动机只能指定序列中事件的相对顺序，但不能指定事件的绝对时间。在该例子中，不能指定事件 turn_on_ac 在事件 hot 的 5 s 内发生。为了解决绝对时间问题，需要使用时间自动机（timed automata），这将在第 7 章介绍。

接下来考虑一个更复杂系统的规范指定与验证：一个交叉路口处的智能交通灯系统。

例 2.17：该系统有四部分，均由自动机来指定：行人（Pedestrian）、传感器控制器（Sensor_Controller）、汽车交通灯（Car_Traffic_Light）和行人交通灯（Pedestrian_Traffic_Light）。

当行人接近交叉路口处的人行横道时，他/她被传感器控制器检测到。这时传感器控制器发送一个信号给汽车交通灯。汽车交通灯变成黄色，然后变为红色，并反过来将信号发送给行人交通灯，使其打开“步行（walk）”标志，该标志必须在行人穿过交叉路口之前打开。因此，要么“步行”标志到来的时间间隔（从行人被传感器检测到开始计算）小于行人开始穿越交叉路口的时间间隔（同样地，从行人被传感器检测到开始计算），要么行人在通过交叉路口前等待“步行”标志的到来。当传感器检测到行人已通过交叉路口时，传感器控制器向行人交通灯发送一个信号，使它变成“停止步行（don’t walk）”。然后行人交通灯变成“停止步行”，并向汽车交通灯发送一个信号使它变成绿色。

行人自动机通过事件 new_pedestrian 与传感器控制器自动机通信来表明行人正接近交叉路口。事件 crossing 和 end_crossing 表示行人在路口的开始和结束。Idle 表示什么事件都没发生。传感器控制器自动机通过事件 turn_red 与汽车交通灯自动机通信，使它变为红色。注意，汽车交通灯在变红之前先变黄。汽车交通灯自动机通过事件 is_red 与行人交通灯自动机通信，表示汽车必须已经停止且使行人交通灯变为“步行”。

当行人经过路口后，行人自动机通过事件 no_pedestrian 与传感器控制器通信，表明行人已经离开了交叉路口。传感器控制器自动机通过事件 turn_don’t_walk 与行人交通灯自动机通信，表明要“停止步行”。行人交通灯自动机通过事件 is_don’t_walk 与汽车交通灯自动机通信，表明行人离开了路口并使它变为绿色。整个系统如图 2.6 所示。图 2.7 所示的自动机代表了一个理想的“安全属性”，它是系统行为的一个要求。图 2.8 所示为改进的行人自动机，来保证系统满足其安全属性。

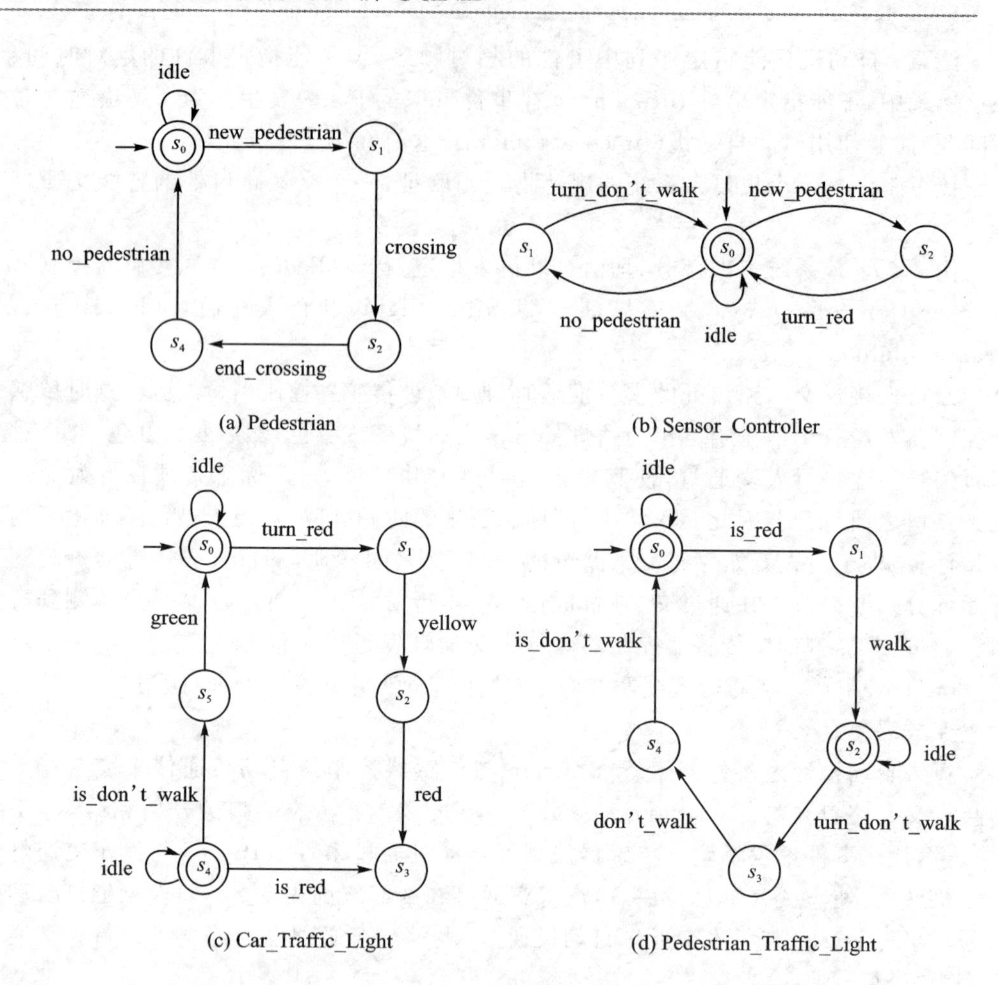

图 2.6　智能交通灯系统

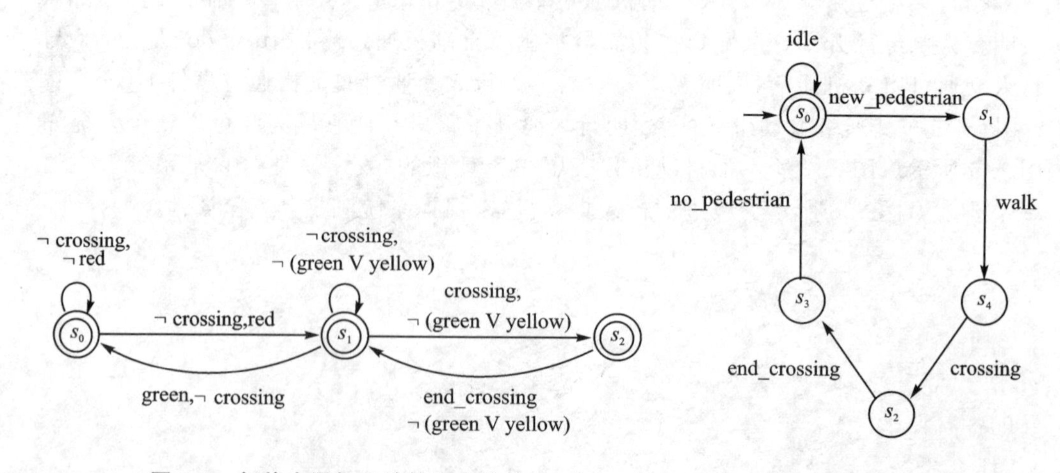

图 2.7　智能交通灯系统的安全特性

图 2.8　改进的行人自动机

2.3 历史回顾和相关研究

几个世纪以来,数学家和哲学家已经尝试为验证逻辑公式的有效性和不一致性而开发了一种通用决策过程。莱布尼兹 Leibniz(1646—1716)[Davis, 1983]——微积分的创始人之一,他首先尝试开发这样一个过程。20 世纪初的皮亚诺 Peano [Peano, 1889]和 20 世纪 20 年代的希尔伯特[Hilbert, 1927]再次研究了这个问题,但没有找到这样的过程。1936 年,邱奇[Church, 1936]和图灵[Turing, 1936]分别独立证明了确定一阶逻辑公式可靠性问题是不可判定的,即该问题没有通用决策过程存在。

图灵在 1936 年发明了图灵机[Turing, 1936],规范化了算法概念,并研究上述一阶逻辑的满足性问题是否可解。图灵机有一个双向无穷的磁盘和一个探头。1936 年,Post 独立构思了一个类似的模型[Post, 1936]。1955 年,米利[Mealy, 1955]和 1956 年摩尔[Moore, 1956]率先开发了有限自动机,称为米利-摩尔机,是一种简化的图灵机。1956 年,克莱尼[Kleene, 1956]证明了有限自动机能够接受正则语言。奥丁格[Oettinger, 1961]介绍了另一种简化的图灵机:下推自动机。

1930 年,Herbrand[Herbrand,1930]提出了一种算法,可以找到一个解释使得特定的一阶逻辑公式为假。一个有效性公式在所有的解释下都为真。如果公式被检测是有效的,那么 Herbrand 算法将不能找到一个伪造的解释,并在有限的步数内终止。它的算法是自动证明程序或机械定理证明的第一步。

1960 年,吉尔摩[Gilmore, 1960]将 Herbrand 算法应用到计算机上来确定公式的否定是否为不可满足或不一致的。这是反证法,因为当且仅当一个公式的否定是不一致时,该公式才是有效的。该算法对大多数公式是非常低效的。戴维斯和 Putnam[Davis and Putnam, 1960]改进了吉尔摩的算法,但对于许多公式仍然是不切实际的。罗宾逊[Robinson,1965]引入了消解原理,使得机械定理证明的有效执行成为可能。

随后出现了几种改进的消解方法。Slagle[Slagle, 1967]提出了语义解析,它是一种将超消解(hyper-resolution)、可重命名(renamable)消解和支持集(set-of-support)策略三者统一起来的方法。Boyer [Boyer, 1971]介绍了一种非常有效的锁(lock)消解。Loveland [Loveland, 1970]和 Luckham [Luckham,1970]分别独立研发了线性消解。Chang [Chang, 1970]表明,输入消解是线性消解的一种特例,它与单位消解(unitresolution)是等价的。

Chang 和 Lee 的教科书[Chang and Lee, 1973]很好地介绍了符号逻辑(命题和谓词)和机器定理证明。文献[Hopcroft and Ullman, 1979]是一本经典的教科书,介绍了自动机、语言和计算理论。教科书[Lewis and Papadimitriou, 1981]中更为简化地介绍了自动机、语言和计算理论。第二版[Lewis and Papadimitriou,1998]对符号逻辑进行了更清晰的介绍。

2.4 总 结

本章探讨了符号逻辑、自动机、规则语言和状态转移系统的基础。这些概念能用于辨别、分析和验证非实时系统的正确性。许多实时系统的分析与验证技巧都是以这些非定时方法为基础。

符号逻辑是一个使用符号来表示事实、事件、动作并为符号推理提供规则的语言集合。如果系统及其理想属性集的规范都可以用逻辑公式写出，那么就可以尝试证明这些理想属性是否为这些规范的逻辑结果。两种常用的逻辑是命题逻辑（也叫命题演算或零阶逻辑，是最简单的符号逻辑）和谓词逻辑（也叫谓词演算或一阶逻辑）。

所谓命题逻辑，是指具有真假意义的陈述句，命题可为真（记为 T）或者假（记为 F），但不能同时为真和假。通常采用大写字母或字母串来表示命题逻辑。

消解原理：对于任意两个子句C_1和C_2，如果C_1和C_2中分别含有文字L_1和L_2，使得$L_1 \wedge L_2$为假，那么C_1和C_2的消解式分别为C_1和C_2中除去L_1和L_2后剩余的合取组成的子句。

命题逻辑没有使用定量概念，能表达简单的逻辑观点，也能较好地描述数字逻辑电路。但是，对于更复杂的逻辑观点，命题逻辑是不够用的，因此需要谓词逻辑。谓词逻辑允许使用量词来指定一个公式是否成立。

消解定理：当且仅当子句集 S 中存在空子句“□”（即$\square \in R^*(S)$）的推论时，子句集 S 是不可满足的。

消解定理和合一算法构成了大多数计算机测试谓词逻辑公式满足性的基础。消解是完整的，所以它经常从一个不可满足公式（子句集）中产生空子句。

自动机能够确定一系列词语是否属于特定的语言，这种语言包含一组由有限字母组成的词。根据所使用自动机的类型，词语序列可以是有限或无限的。如果这些词语对应相应的事件或动作，就可以构造一个自动机来接受系统中事件或动作的正确顺序，并解决验证问题。

随着更多概念的引入，可以使用自动机来表示一个进程或系统。更准确地说，是用特定的自动机表示系统理想的规范，且用一种自动机的实现来模拟试图满足给定规范的实现。目标是验证该实现是否满足该规范。这个问题可被看作是语言包含问题（也称为语言兼容问题），即确定实施自动机所接受的语言是否是规范自动机接受的语言的一个子集。

确定性有限自动机（DFA）是有限自动机中特殊的一类，它们的运行完全取决于输入。DFA 可以被看作是一个简单的语言识别装置。

在非确定性有限自动机（NFA）中，状态的改变可唯一由当前状态和输入符号决定，且给定当前状态的下一状态可能有多个。可以证明：每一个 NFA 等价于一个确定性有限自动机DFA。而所对应的DFA通常含有较多的状态和转移。因此，非确定性有限自动机可以简化对语言识别器的描述。

自动机能够指定一个物理系统或一系列进程，并确定一系列事件或动作是否被这个特定系统所接受。语言的字母表中包含了指定系统事件或动作的名称。称该字母表为指定系统的事件集。然后可以构建一个接受指定系统所有许可事件序列（字符串）的自动机。许可事件序列的集合就是该自动机接受的语言。

习　题

1. 用命题逻辑公式来指定以下表述：

(a) 交通灯系统：如果汽车交通灯变红，那么行人交通标志将从“禁止步行”变为“步行”。如果行人“步行”标志打开，则行人穿过马路；否则行人在人行道上等待。

(b) 门控制器：建筑物的门保持闭合，除非该门控制器从无线或有线发射器接收到一个“开放门”的信号。

(c) 管道阀门：当且仅当管道的压力为20～50磅/in^2之间时，标有“A”的阀门被封闭。

2. 考虑题1(a)中的指定。使用等价公式和真值表证明：如果汽车交通灯变红，那么行人穿过马路。

3. 用命题逻辑公式指定下述的汽车自动巡航系统：

汽车自动巡航系统：如果“自动巡航”按钮亮起，则自动巡航系统打开，否则被关闭。按下一次“自动巡航打开”按钮，则它的指示灯打开。按下一次“自动巡航关闭”按钮，则“自动巡航打开”的指示灯关闭。如果汽车和前面障碍物的距离小于安全距离d，则自动巡航系统使用刹车快速减速；如果汽车和前面障碍物的距离小于安全距离e，则自动巡航系统使用刹车快速减速，并打开“不安全距离”的警示灯；如果汽车和前面障碍物的距离为d或更大，则自动巡航系统什么也不做，并处于监测模式，否则，它将处于监测和控制模式。

4. 假设$R(x)$表示“任务x是RM可调度的”，$E(x)$表示“任务x是EDF可调度的”。用谓词逻辑公式指定以下表述：

(a) 由RM可调度的每个程序能由EDF调度。

(b) 不是每个任务都可由EDF调度。

(c) 有些不能由RM调度的任务可以由EDF调度。

5. 使用题4(a) (b) (c)中的指定，证明以下表述的有效性：如果一个任务不能由EDF调度，那么它不能由RM调度。

6. 用消解方法证明以下子句是否可满足：

$A, B, C, D, E, F \vee G, \neg F \vee \neg G, \neg B \vee \neg D \vee \neg F, \neg A \vee \neg C \vee \neg G \vee \neg E$

7. 表明DFA是如何接受由以下正则表达式表示的语言：(message ack)*。

8. 描述确定性有限自动机和非确定性有限自动机的不同。它们在表达能力方面是否相同?

9. 考虑图 2.6 中的智能交通灯系统和图 2.7 中的安全属性。指出该安全属性为什么是不可满足的。描述图 2.8 修正后的行人自动机怎样纠正该问题。

10. 考虑汽车中的智能安全气囊系统。检测驾驶员和方向盘之间距离的传感器附着在驾驶员座椅上。这个距离取决于驾驶员的身材,以及方向盘的位置。根据该距离,气囊计算机确定安全气囊膨胀的力量以尽量减小对驾驶员的伤害。当车速超过 30 mile/h 发生碰撞时,安全气囊将打开,否则将不会打开。如果距离远(大于 1.5 ft),安全气囊将膨胀到最大力量;如果距离近(小于 1.0 ft),安全气囊将会膨胀到最小力量。用确定性有限自动机指定此系统。

第 3 章

实时调度和调度性分析

就像在日常生活中安排每天要处理的任务一样，调度一组计算机任务（也称为进程）是决定何时执行哪个任务，从而确定这些任务的执行顺序。在多处理器或分布式系统的情况下，调度是确定把这些任务如何分配给特定的处理器。这里的任务分配类似于在一个团队中把任务分配给特定的人。任务调度是计算机系统的核心动作，通常由操作系统来完成。任务调度在很多非计算机系统中也是必需的，比如装配线。

在非实时系统中，调度的典型目标是最大化平均吞吐量（单位时间内完成的任务数量）和/或最小化任务平均等待时间。在实时系统中，调度的目标是满足每个任务的截止期限（deadline），以确保每个任务在其指定的截止期限内完成。截止期限来源于应用环境限制。

调度性分析是确定一组特定的任务（或一组满足某些约束的任务）能否在特定调度器中实现调度（在规定的截止期限之前完成每个任务的执行）。

调度性测试（Schedulability Test）：调度性测试是用来验证所给定的应用在特定的调度算法下能否满足其规定的截止期限。

调度性测试通常在计算机系统及其任务开始执行之前的编译阶段完成。如果测试可以有效的执行，那么它也可以作为在线（on-line）测试在运行期间（run-time）完成。

可调度利用率（Schedulable Utilization）：可调度利用率是保证任务集可被调度（feasible scheduling）的最大利用率。

硬实时系统要求每个任务或任务实例在其截止期限之前完成，否则任意一个任务或者任务实例的超限都可能导致灾难性的后果。软实时系统允许某些任务或任务实例超过截止期限，但是一个任务或者任务实例错过截止期限可能导致输出质量变低。

有两种基本类型的调度器：编译时期（静态）调度器和运行期间（在线或动态）调度器。

最优调度器（Optimal Scheduler）：最优调度器是指这样一类调度器：当所有其他调度器都无法满足任务截止期限时，最优调度器才可能出现超限情况。

需要注意的是，在实时调度中，“最优”并不一定意味着“平均响应时间最快”或者“平均等待时间最短”。

一个任务 T 有以下特征参数：

S：开始、释放、就绪或到达时间；

c：(最大)计算时间；

d：相对截止期限(相对于任务开始时间的截止期限)；

D：绝对截止期限(标准时间截止期限)。

任务类型主要有三种。单实例(single-instance)任务只执行一次。周期性(periodic)任务有多个实例(也称为作业(job))，并且连续释放的两个实例之间有固定的周期。例如，一个周期性任务每 2 s 处理一次雷达扫描信号，所以这个任务的周期就是 2 s。偶发(sporadic)任务有零或多个实例，并且连续释放的两个实例之间有一个最小间隔。例如，偶发任务可能在飞机紧急按钮被按下时执行应急操作，但是要求两个应急请求之间的最小间隔为 20 s。非周期(aperiodic)任务是有软截止期限或者没有截止期限的偶发任务。因此，对于周期任务和偶发任务，如果任务包含多个实例，则任务也包含如下参数：

p：表示周期(对于周期任务)；表示最小间隔(对于偶发任务)。

在下述附加约束下，有截止期限的任务调度可能会变得复杂：

(1) 任务定期服务请求的频率；

(2) 任务(子任务)之间的前后次序关系；

(3) 任务的共享资源；

(4) 是否允许任务抢占(preemption)。

如果任务是可抢占的，那么除非特别说明，通常假定任务只能在离散(整数)时刻被抢占。

3.1 确定计算时间

实时系统及其环境是确定任务的起始时间、截止期限和周期的主要因素。任务的计算时间(或执行时间)依赖于它的源代码、目标代码、执行体系、内存管理策略以及页面错误和 I/O(输入/输出)设备的实际数量。

在实时调度的分析中，通常把最坏情况下的执行(或计算)时间(Worst-Case Execution Time, WCET)记为 c。这个时间不仅包括一个没有中断的任务代码的执行上界，还必须包含中央处理器(CPU)执行非任务代码的时间(比如处理任务页面错误的代码)以及 I/O 请求所消耗的磁盘队列时间(磁盘排队会导致任务页面的丢失)。

在实时系统中，确定进程(process)的计算时间对于该进程的成功调度是至关重要的。对计算时间的过度悲观估计会导致 CPU 资源的浪费，而过度乐观的估计(欠逼近(under-approximation))则会导致错过截止期限。

逼近 WCET(最坏情况下执行时间)的方法之一是对系统的任务进行测试，然后以测试期间所得到的最大计算时间作为 WCET。然而，该方法最大的问题是测试所

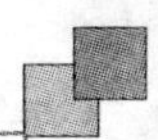

得的最大值可能不是实际工作中系统所观测到的最大值。

另一个确定进程计算时间的典型方法是源代码分析[Harmon，Baker，and Whalley,1994；Park，1992；Park,1993；Park and Shaw，1990；Shaw，1989；Puschner and Koza，1989；Nielsen，1987；Chapman，Burns，and Wellings，1996；Lundqvist and Stenstrvm，1999；Sun andLiu，1996]。尽管所用的分析技术是安全的,但是采用过度简化的 CPU 模型会导致悲观估计(过逼近(over-approximating))计算时间[Healy and Whalley,1999b；Healy et al.，1999]。现代的处理器是超标量体系(superscalar),并且是流水线式的,它们可以不按顺序执行甚至并行执行指令,这样就大大减少了进程的计算时间。分析技术不考虑这一事实将导致悲观预测 WCET。

目前,一些研究[Ferdinand and Wilhelm，1999；Healy and Whalley，1999a；White et al. 1999]尝试用多级内存组件来描绘程序在系统运行时的响应时间特性,比如缓存和内存。这些研究可以分析某些页面置换(page replacements)以及写策略的行为,但其模型有限制,所以该分析技术仅适用于满足约束条件的系统。因此在把类似的分析策略应用到复杂计算机系统之前,需要做更多的工作。

另一个可替代的方法,是采用概率模型来研究进程的 WCET [Burns and Edgar，2000；Edgar and Burns,2001]。该方法对计算时间的分布进行建模,并用其来计算任何给定计算时间的置信水平(confidence level)。例如,在一个软实时系统中,如果设计者想要 99%的 WCET 置信水平,可以从概率模型中决定使用哪个 WCET 模型。而如果设计者想要 99.9%的概率,可以通过选取不同 WCET 模型来实现。第 10 章和第 11 章将介绍基于规则系统的 WCET 确定技术。

3.2　单处理器调度

本节讨论单处理器系统的任务调度问题。首先,描述无前后次序或资源共享限制的独立可抢占任务的调度器。然后,研究带约束的任务调度,并且描述如何扩展基本调度器来实现这些任务的调度。

3.2.1　独立可抢占任务的调度

为了简化对基本调度器的讨论,假设被调度的任务都是独立并且可抢占的(preemptable)。可抢占的任务能够在其执行期间的任意时刻被打断,之后可以恢复执行。同时,假设上下文环境切换(context-switching)不需要时间。在实践当中,任务的计算时间可以包含一个上下文切换时间的上界。当没有抢占(preempting)任务被执行(或被释放)时,一个独立的任务一旦准备就绪(或者被释放),就能够被调度执行。它不需等待其他任务完成(因为无前后次序限制)或者等待共享资源的释放(因为无资源共享限制)。同时,假设调度器的执行不占用处理器资源,也就是说调度器在另一个专用处理器上运行。如果没有专用处理器，那么调度器的执行时间就必须包含在任务集的总执行时间中。

在讨论了基本调度策略以后，下面将扩展这些技术以处理更多实际约束的任务。

1. 固定优先级调度器：速率单调算法和截止期限单调算法

一个普遍采用的实时调度策略就是速率单调调度器(Rate-Monotonic)(RMS)，它使用任务的(固定的)周期来确定任务优先级，是一个固定(静态)优先级调度器。在任何时候，RMS可以立即执行具有最短周期的就绪任务实例。如果两个或者两个以上任务具有相同的周期，那么RMS随机选择一个执行。

例3.1： 三个周期任务的到达时间、计算时间和周期(等于各自的相对截止期限)分别如下：

$$J_1: S_1=0, c_1=2, p_1=d_1=5,$$
$$J_2: S_2=1, c_2=1, p_2=d_2=4,$$
$$J_3: S_3=2, c_3=2, p_3=d_3=20。$$

RMS产生一个可行的调度：在时刻0，J_1是唯一就绪的任务，因此被调度执行。在时刻1，J_2到达。由于$p_2<p_1$，J_2有较高的优先级，因此J_1被抢占，J_2开始执行。在时刻2，J_2完成执行且同时J_3到达。由于$p_3>p_1$，J_1目前有较高优先级，因此恢复执行，在时刻3，J_1完成执行，此时J_3是唯一就绪的任务，因此开始执行。在时刻4，J_3依旧是唯一的任务，所以它继续执行且在时刻5执行完成。在时刻5，J_1和J_2的第二个实例就绪，由于$p_2<p_1$，J_2有较高优先级，因此J_2开始执行。在时刻6，J_2的第二个实例完成执行。此时J_1的第二个实例是唯一就绪的任务，因此开始执行，并且在时刻8完成执行。此任务集的RM调度时序图如图3.1所示。

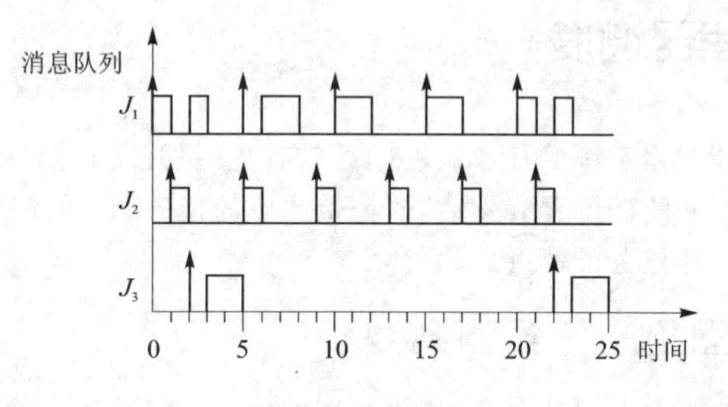

图3.1　RM调度

由于存在RM不可调度的任务集，因此一般情况下RM调度算法并不是最优的。然而，存在特殊的周期性任务集，当采用RM调度时是最优的。

可调度性测试1

给定一组n个独立可抢占周期性的单处理器任务，其相对截止期限大于或等于各自的周期，它们的周期两两分别为各自的整数倍数。令U为这个任务集的总利用

率。此任务集可调度的充分必要条件为

$$U=\sum_{i=1}^{n}\frac{c_i}{p_i}\leqslant 1$$

(注:当 $U>1$ 时,任务集不可调度。)

例 3.2:三个周期任务的到达时间、计算时间和周期(等于各自的相对截止期限)如下:

$$J_1:S_1=0,c_1=1,p_1=4,$$
$$J_2:S_2=0,c_2=1,p_2=2,$$
$$J_3:S_3=0,c_3=2,p_3=8。$$

由于任务周期是各自的整数倍($p_1<p_2<p_3,p_1=2p_2,p_3=4p_2=2p_1$),这个任务集就是可调度性测试 1 中所设定的一类任务。由于 $U=\frac{1}{4}+\frac{1}{2}+\frac{2}{8}=1\leqslant 1$,故这个任务集是 RM 可调度的。

对于一组任意周期的任务而言,下面的可调度性测试 2 给出了 RM 调度的充分非必要条件 [Liu and Layland, 1973]。

可调度性测试 2

给定一组 n 个独立可抢占周期性的单处理器任务,令 U 为任务集的总利用率,任务集可行(feasible)调度的一个充分条件为 $U\leqslant n(2^{1/n}-1)$。

然而,使用这个简单调度性测试可能降低计算机系统利用率,因为一个任务集的利用率超过上述约束仍然可能是 RM 可调度的。因此,进一步得到 RM 调度的充分必要条件。假设有三个任务,且都从时刻 0 开始。任务 J_1 周期最小,其次是 J_2,然后是 J_3。可以很直观地看出对 J_1 是可行调度,因此其计算时间必须小于或等于其周期,所以必有以下充要条件:

$$c_1\leqslant p_1$$

若 J_2 是可行调度,则需要在区间$[0,p_2]$有足够未被 J_1 使用的空闲时间。假设 J_2 在时刻 t 完成执行,那么 J_1 在区间$[0,t]$的总执行次数为$\left\lceil\frac{t}{p_1}\right\rceil$。为了保证 J_2 在时刻 t 能够完成执行,J_1 在时间$[0,t]$的每次迭代执行必须完成,并且要为 J_2 留下足够的空闲时间。空闲时间用 c_2 表示。因此,

$$t=\left\lceil\frac{t}{p_1}\right\rceil c_1+c_2$$

同样,如果 J_3 是可行调度,那么在完成 J_1 和 J_2 调度之后,必须留有足够的处理器时间来执行 J_3:

$$t=\left\lceil\frac{t}{p_1}\right\rceil c_1+\left\lceil\frac{t}{p_2}\right\rceil c_2+c_3$$

接下来的问题是确认是否存在时间 t 使得一个任务集可行调度。注意到,如果假设时间是离散的,那么在每个间隔就有无穷多个点。然而,取值的上限,比如$\left\lceil\frac{t}{p_1}\right\rceil$

仅在 p_1 的倍数时刻发生改变，并使 c_1 增加。因此只需要表明存在一个正整数 k，使得

$$kp_1 \geqslant kc_1 + c_2 \text{ 且 } kp_1 \leqslant p_2$$

因此，需要检查 $t \geqslant \left\lceil \frac{t}{p_1} \right\rceil c_1 + c_2$ 是否存在某个 t，它等于 p_1 的倍数，使得 $t \leqslant p_2$。存在这个 t，是 J_2 可采用 RM 算法调度的充分必要条件。这种检查是有限的，因为只有有限个 p_1 的倍数满足小于或等于 p_2。同样，对于 J_3 需要检查一下不等式是否满足：

$$t \geqslant \left\lceil \frac{t}{p_1} \right\rceil c_1 + \left\lceil \frac{t}{p_2} \right\rceil c_2 + c_3$$

接下来要提出的是周期性任务可行调度的充分必要条件。

可调度性测试 3

令

$$w_i(t) = \sum_{k=1}^{i} c_k \left\lceil \frac{t}{p_k} \right\rceil, 0 < t \leqslant p_i$$

当且仅当任务 J_i 是 RM 可调度的，对于任意的 t，按照如下取值：

$$t = kp_j,\ j = 1, \cdots, i,\ k = 1, \cdots, \left\lfloor \frac{p_i}{p_j} \right\rfloor$$

不等式 $w_i(t) \leqslant t$ 总是成立的。

如果 $d_i \neq p_i$，那就用 $\min(d_i, p_i)$ 替换上述表达式中的 p_i。

下面的例子采用这个充分必要条件来检查四个任务的 RM 可调度性。

例 3.3：假定下述四个周期任务的到达时刻都为 0，且每个任务的周期等于其相对截止期限。

$$J_1: c_1 = 10, p_1 = 50,$$
$$J_2: c_2 = 15, p_2 = 80,$$
$$J_3: c_3 = 40, p_3 = 110,$$
$$J_4: c_4 = 50, p_4 = 190。$$

按照调度性测试 3 的方法，从周期最小的任务开始，依次检查每个任务是否 RM 可调度。

对 J_1 而言，$i=1, j=1, \cdots, i=1$，所以

$$k = 1, \cdots, \left\lfloor \frac{p_i}{p_j} \right\rfloor = 1, \cdots, \left\lfloor \frac{50}{50} \right\rfloor = 1$$

因此，$t = kp_j = 1(50) = 50$。当且仅当 $c_1 \leqslant 50$，任务 J_1 是 RM 可调度的。因为 $c_1 = 10 \leqslant 50$，所以 J_1 是 RM 可调度的。

对 J_2 而言，$i=2, j=1, \cdots, i=1,2$，所以

$$k = 1, \cdots, \left\lfloor \frac{p_i}{p_j} \right\rfloor = 1, \cdots, \left\lfloor \frac{80}{50} \right\rfloor = 1$$

因此，$t=1p_1=1(50)=50$ 或者 $t=1p_2=1(80)=80$。当且仅当 $c_1+c_2\leqslant 50$ 或者 $2c_1+c_2\leqslant 80$，任务 J_2 是RM可调度的。因为 $c_1=10$ 且 $c_2=15$，$10+15\leqslant 50$（或者 $2(10)+15\leqslant 80$），因此 J_2 和 J_1 一起是RM可调度的。

对 J_3 而言，$i=3$，$j=1,\cdots,i=1,2,3$，所以

$$k=1,\cdots,\left\lfloor\frac{p_i}{p_j}\right\rfloor=1,\cdots,\left\lfloor\frac{110}{50}\right\rfloor=1,2$$

因此，$t=1p_1=1(50)=50$，或 $t=1p_2=1(80)=80$，或 $t=1p_3=1(110)=110$，或 $t=2p_1=2(50)=100$。当且仅当

$$c_1+c_2+c_3\leqslant 50$$

或
$$2c_1+c_2+c_3\leqslant 80$$

或
$$2c_1+2c_2+c_3\leqslant 100$$

或
$$3c_1+2c_2+c_3\leqslant 110$$

任务是RM可调度的。因为 $c_1=10$，$c_2=15$，且 $c_3=40$，所以 $2(10)+15+40\leqslant 80$（或 $2(10)+2(15)+40\leqslant 100$，或 $3(10)+2(15)+40\leqslant 110$）。因此 J_3 同 J_1 和 J_2 一起是RM可调度的。

对 J_4 而言，$i=4$，$j=1,\cdots,i=1,2,3,4$，所以

$$k=1,\cdots,\left\lfloor\frac{p_i}{p_j}\right\rfloor=1,\cdots,\left\lfloor\frac{190}{50}\right\rfloor=1,2,3$$

因此，$t=1p_1=1(50)=50$，或 $t=1p_2=1(80)=80$，或 $t=1p_3=1(110)=110$，或 $t=1p_4=1(190)=190$，或 $t=2p_1=2(50)=100$，或 $t=2p_2=2(80)=160$，或 $t=3p_1=3(50)=150$。任务 J_4 是RM可调度的，当且仅当

$$c_1+c_2+c_3+c_4\leqslant 50$$

或
$$2c_1+c_2+c_3+c_4\leqslant 80$$

或
$$2c_1+2c_2+c_3+c_4\leqslant 100$$

或
$$3c_1+2c_2+c_3+c_4\leqslant 110$$

或
$$3c_1+2c_2+2c_3+c_4\leqslant 150$$

或
$$4c_1+2c_2+2c_3+c_4\leqslant 160$$

或
$$4c_1+3c_2+2c_3+c_4\leqslant 190$$

因为这些不等式都不满足，所以 J_4 和 J_1、J_2 和 J_3 一起不是RM可调度的。实际上可以得出，

$$U=\frac{10}{50}+\frac{15}{80}+\frac{40}{110}+\frac{50}{190}=1.014>1$$

因此，没有调度器能够完成对上述任务的调度。忽略任务 J_4，利用率为 $U=0.75$，满足调度性测试2中所指出的简单调度利用率。前三个任务的RM调度如图3.2所示。

另一个固定优先级调度器是截止期限单调（Deadline-Monotonic，DM）调度算法，它给相对截止期限较短的任务分配更高的优先级。可以很直观地看到，如果每个

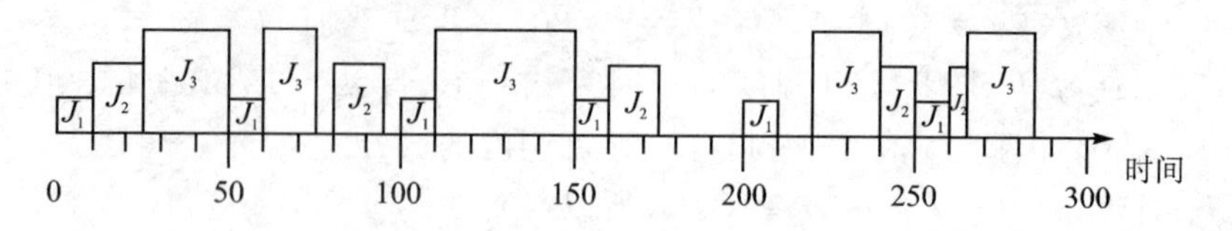

图 3.2 RM 调度

任务的周期和它的截止期限相同,那么 RM 和 DM 调度算法是等价的。一般来说,如果每个任务的截止期限是一个常数 k 和其周期的乘积,即 $d_i = kp_i$,那么 RM 和 DM 算法是等价的。

注意:某些文献[Krishna and Shin, 1997]认为截止期限优先是最早截止期限优先(Earliest-Deadline-First, EDF)调度器的另一个名字,实际上最早截止期限优先调度器是一个动态优先级调度器,这具体将在下面描述。

2. 动态优先级调度器:最早截止期限优先和最小松弛度优先

最优的运行时调度程序是最早截止期限优先(EDF 或者 ED)算法,它在每个有最早绝对(接近或者最近的)截止期限优先的任务就绪的时刻运行。任务的绝对截止期限等于其到达时间加上其相对截止期限。如果任务具有相同的绝对截止期限,那么 EDF 算法随机地选择一个执行。EDF 是动态优先级调度器,因为任务在运行的时候其优先级可能会根据其绝对截止期限的临近而改变。一些作者[Krishna and Shin, 1997]把 EDF 叫做截止期限单调(DM)调度算法,而另一些文献[Liu, 2000]把 DM 算法定义为固定优先级调度器,即给较短相对截止期限的任务分配较高优先级。这里使用 EDF 指代这个动态优先级调度算法。接下来通过一个例子来介绍。

例 3.4:有四个单实例任务,其到达时间、计算时间和绝对截止期限如下:

$$J_1: S_1 = 0, c_1 = 4, D_1 = 15,$$
$$J_2: S_2 = 0, c_2 = 3, D_2 = 12,$$
$$J_3: S_3 = 2, c_3 = 5, D_3 = 9,$$
$$J_4: S_4 = 5, c_4 = 2, D_4 = 8。$$

采用先入先出(FIFO 或 FCFS)调度器(通常在非实时操作系统当中使用),则不能提供可行调度,如图 3.3 所示。任务按照其到达顺序执行,而不考虑截止期限。因此,任务 J_3 在时刻 9 之后任务错过其截止期限,任务 J_4 在时刻 8 之后错过其截止期限,即在其被调度运行之前就错过了截止期限。

然而,EDF 调度器能够提供可行调度,如图 3.4 所示。在时刻 0,任务 J_1 和 J_2 到达,由于 $D_1 > D_2$(J_2 的绝对截止期限早于 J_1 的绝对截止期限),J_2 具有较高优先级并开始运行。在时刻 2,任务 J_3 到达,由于 $D_3 < D_2$,J_2 被抢占且 J_3 开始执行。在时刻 5,任务 J_4 到达,由于 $D_4 < D_3$,J_3 被抢占且 J_4 开始执行。

在时刻 7,J_4 比其截止期限时刻 8 早一个时间单元执行完成,此时,$D_3 < D_2 < D_1$,因此 J_3 有最高优先级并且继续执行。在时刻 9,J_3 执行完成,且在此时刚好达

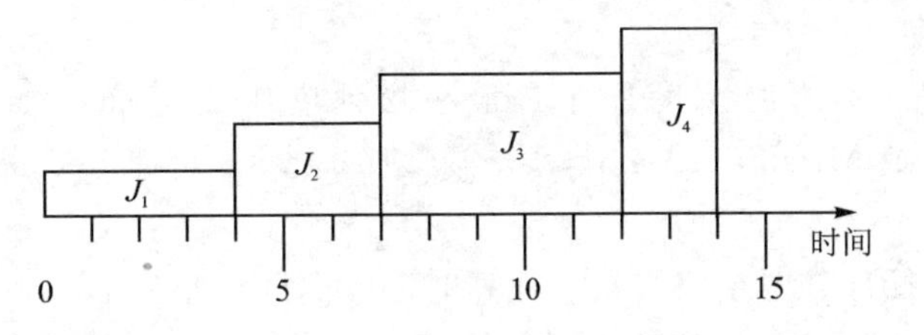

图 3.3　FIFO 调度

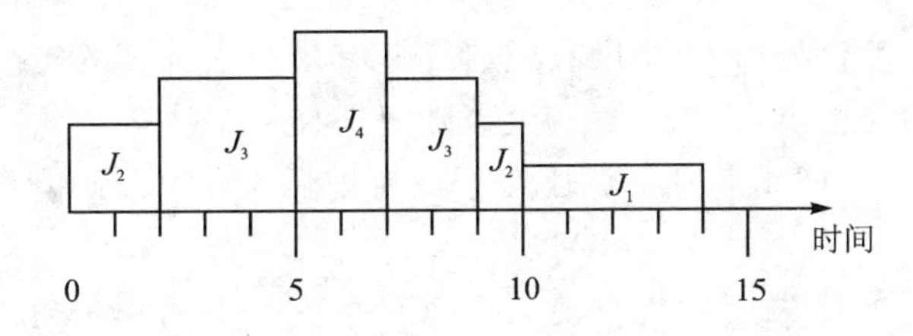

图 3.4　EDF 调度

到截止期限，此时，J_2 有最高优先级并且继续执行。在时刻 10，J_2 早于其截止期限（时刻 12）两个时间单元执行完成，此时，J_1 是唯一剩下的任务并开始执行，并在时刻 14 完成执行，在时刻 15 到达截止期限。

根据第一章介绍的最优概念，EDF 算法是调度单处理器系统上一组独立可抢占任务的最优算法。

定理（EDF 最优性）：给定单处理器上一组独立可抢占任务 S，且 S 具有任意开始时间和截止期限，当且仅当 S 具有可行调度时，EDF 算法可实现对 S 的可行调度。

因此，EDF 算法不能调度上述约束任务集的前提是：其他调度器都不能对任务集提供可行调度。EDF 最优性的证明基于以下事实：任何非 EDF 调度都能够被转换成为 EDF 调度。

证明：单处理器上不同的独立可抢占任务块是可互换的。给定单处理器上的一个任务集 S 的非 EDF 可行调度，令 J_1 和 J_2 为两个区块对应两个不同的任务（或这些任务的一部分），以使 J_2 的截止期限早于 J_1。但是在这个非 EDF 调度当中，J_1 较早被调度。

如果 J_2 的开始时间晚于 J_1 的完成时间，那么这两个任务块就不能互换。实际上，这两个任务块都遵循 EDF 算法，否则，在不违反其截止期限的情况下，这两个任务块总是可以互换的。现在，J_2 在 J_1 之前被调度，由于 J_2 的早于 J_1 的截止期限，这个块交换当然能够使得 J_2 达到其截止期限，因为当前调度早于非 EDF 调度的情况。

从最初的可行非 EDF 调度可以知道 J_1 的截止期限不比原来 J_2 的完成时间早，因为 J_2 的早于 J_1 的截止期限。因此，在 J_1 交换任务块之后也能够满足其截止期限。

这样就为两个不满足 EDF 算法的任务块执行了交换处理，处理结果所产生的调度就是 EDF 调度。

另一个最优的运行时调度程序是最小松弛度优先（Least-Laxity-First，LL 或 LLF）算法（也叫做 Minimum-Laxity-First (MLF)算法或者 Least-Slack-Time-First (LST)算法）。

令 $c(i)$ 表示任务在时刻 i 的剩余计算时间，在任务到达时刻，$c(i)$ 等于任务的计算时间。令 $d(i)$ 表示任务相对于时刻 i 的截止期限。那么，任务在时刻 i 的松弛度就是 $d(i)-c(i)$。因此，任务的松弛度是任务能够延迟执行而不错过截止期限的最长时间。最小松弛度优先（LL）调度在就绪任务有最小松弛度的每个时刻执行，如果多个任务有相同的松弛度，那么 LL 调度器随机选择一个执行。

对单处理器而言，EDF 和 LL 调度对于没有前后次序、资源和互斥约束的可抢占任务是最优的。

对于一组独立可抢占周期性任务的调度，存在一个简单的充分必要条件[Liu and Layland, 1973]。见可调度性测试 4。

可调度性测试 4

令 c_i 表示任务 J_i 的计算时间。对一组 n 个周期性任务，且每个任务的相对截止期限大于或等于各自的周期 $p_i(d_i \geqslant p_i)$。这个任务集在单处理器上可行调度的充分必要条件是任务集的总利用率小于或等于 1，即：

$$U = \sum_{i=1}^{n} \frac{c_i}{p_i} \leqslant 1$$

有一些任务的相对截止期限小于各自的周期，对于这种任务集，不存在简单调度性测试的充分必要条件。然而，一组截止期限等于或小于各自周期的任务存在 EDF 调度的充分条件，该充分条件的调度性测试可由可调度性测试 4 的充分条件推广而来（见可调度性测试 5）。

可调度性测试 5

一组单处理器上的独立可抢占周期性任务，可行调度的充分条件是

$$\sum_{i=1}^{n} \frac{c_i}{\min(d_i, p_i)} \leqslant 1$$

其中 $c_i/\min(d_i, p_i)$ 表示任务 J_i 的密度（density）。注意，如果每个任务的截止期限和各自的周期相等（$d_i = p_i$），那么调度性测试 5 和调度性测试 4 是等价的。

由于这仅仅是一个充分条件，一个不满足此条件的任务集可能是也可能不是 EDF 可调度的。一般来说，可以使用下面的调度性测试来确定一组任务是否是 EDF 可调度的。

可调度性测试 6

给定一组单处理器上的 n 个独立可抢占周期性任务，令 U 为调度性测试 4 中定义的利用率 $\left(U = \sum_{i=1}^{n} \frac{c_i}{p_i}\right)$，$d_{\max}$ 为所有任务截止期限中的最大值，P 为任务周期的最小公倍数（LCM），且 $s(t)$ 为绝对截止期限小于 t 的所有任务计算时间的总和。当

且仅当以下两个条件中任一个成立，这个任务集不是 EDF 可调度的：

$$U > 1$$

或

$$\exists t < \min\left(P + d_{\max}, \left(\frac{U}{1-U}\right)\max_{1\leqslant i\leqslant n}(p_i - d_i)\right)$$

这样会导致 $s(t) > t$。这个测试的证明概要见[Krishna and Shin，1997]。

3. 固定优先级和动态优先级调度器的比较

RM 和 DM 算法是固定优先级调度算法，而 EDF 和 LL 算法是动态优先级调度算法。固定优先级调度器给所有相同任务的实例分配相同的优先级，因此每个任务相对于其他任务的优先级是固定的。然而，动态优先级调度器可能对相同任务的不同实例分配不同的优先级，因此随着新任务实例的到来或完成，每个任务相对于其他任务的优先级可能会改变。

总的来说，由于总能找到一组可调度的任务不能被所给出的固定优先级算法调度，所以不存在最优固定优先级调度算法。另一方面，EDF 和 LL 算法都是最优动态优先级调度器。下面的例子讨论使用 RM 和 EDF 调度。

例 3.5： 给定两个周期任务的到达时间、计算时间和周期（等于其截止期限）如下：

$$J_1: S_1 = 0, c_1 = 5, p_1 = 10(\text{也表示成}(5,10))$$

$$J_2: S_2 = 0, c_2 = 12, p_2 = 25(\text{也表示成}(12,25))$$

因为 $U = 5/10 + 12/25 = 0.98 < 1$，满足可调度性测试 4，因此可以用 EDF 算法实现上述任务的可行调度，如图 3.5 所示。

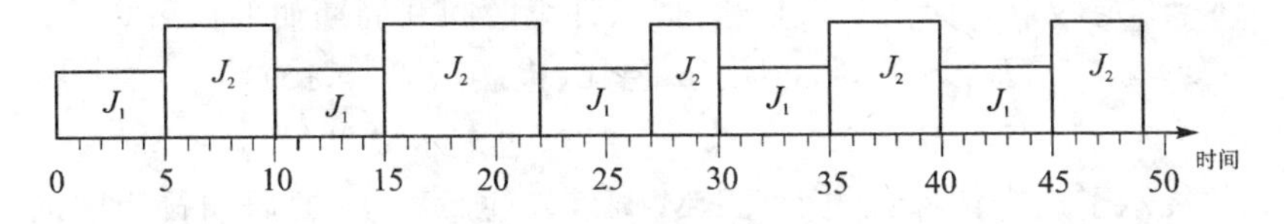

图 3.5 EDF 调度

这里选择调度的时间间隔等于周期的最小公倍数（LCM(10,25)），即 50。绝对截止期限就是相对截止期限（此处等于其周期）加上到达时间。在时刻 0，两个任务都已经就绪，而且 J_1 的绝对截止期限(10)小于 J_2 的绝对截止期限(25)（$D_1 < D_2$），因此 J_1 有较高的优先级并开始执行，且在时刻 5 执行完成。在此时，J_2 是唯一就绪的任务并开始执行。时刻 10，J_1 的第二个实例到达。现在对绝对截止期限进行比较，$D_1 = 20 < D_2 = 25$，J_1 因此有较高优先级，J_2 被抢占且 J_1 开始执行，并且在时刻 15 执行完成。此时，J_2 是唯一就绪的任务并继续执行。

在时刻 20，J_1 的第三个实例到达。对绝对截止期限进行比较，$D_1 = 30 > D_2 = 25$，所以 J_2 此时有较高的优先级并继续运行。在时刻 22，J_2 的第一个实例执行完成

且 J_1 的第三个实例开始执行。在时刻 25，J_2 的第二个实例到达。对绝对截止期限进行比较，$D_1=30<D_2=50$，因此 J_1 有较高优先级并继续执行。在时刻 27，J_1 的第三个实例执行完成且 J_2 的第二个实例开始执行。在时刻 30，J_1 的第四个实例到达。对绝对截止期限进行比较，$D_1=40<D_2=50$，因此 J_1 有较高优先级，J_2 被抢占且 J_1 的第四个实例开始执行，在时刻 35 执行完成。此时，J_2 的第二个实例是唯一就绪的任务，因此它继续执行。

在时刻 40，J_1 的第五个实例到达。对绝对截止期限进行比较，$D_1=D_2=50$，因此两个任务有相同的优先级，任意选择一个任务执行（此处选择 J_1）。在时刻 45，J_1 的第五个实例完成执行且 J_2 的第二个实例继续执行，在时刻 49 执行完成。注意，为了减小上下文环境切换（context switching），在时刻 40 选择 J_2 继续执行直到它完成会更好。

尝试使用 RM 调度这两个任务是不可行的。如图 3.6 所示，因为 J_1 的周期较短，因此有较高优先级，且它永远先被调度。而 J_2 的第一个实例在其截止期限 25 之前只分配有 10 个时间单元，因此它在时刻 27 才执行完成，而导致其错过了最后截止期限时刻 25。

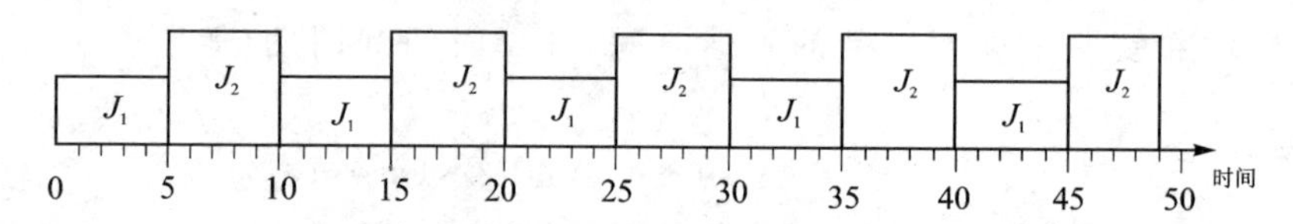

图 3.6 不可行 RM 调度

接下来考虑另一个例子，两个任务都是 RM 和 EDF 可调度的。

例 3.6： 给定两个周期任务的到达时间、计算时间和周期如下：

J_1：$S_1=0, c_1=4, p_1=10$（也表示成(4,10)）

J_2：$S_2=0, c_2=13, p_2=25$（也表示成(13,25)）

图 3.7 展示了这个任务集的可行 RM 调度。注意到 J_1 的周期较短因而优先级较高，在分配处理器时间给 J_1 之后，在其第一个周期内还留有足够的处理器时间给 J_2，这就不同于之前例子当中的任务集（导致 J_1 在第一个周期内错过了其截止期限）。

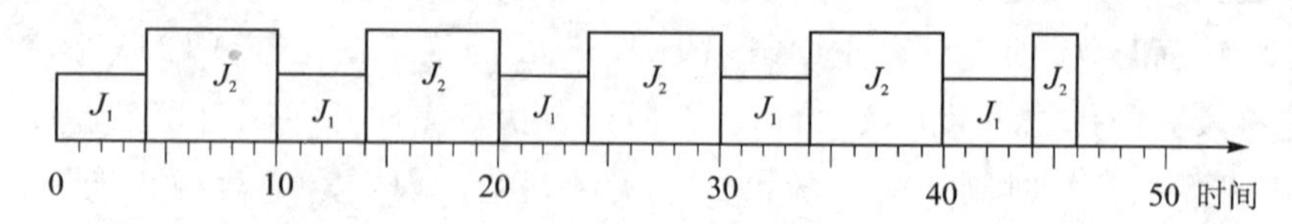

图 3.7 RM 调度

由于 $U=4/10+13/25=0.92$，以上任务是 EDF 可调度的，如图 3.8 所示。这里调度的可行性时间间隔等于周期的最小公倍数（LCM(10,25)），即 50，绝对截止期限就等于相对截止期限（此处等于其周期）加上到达时间。在时刻 0，两个任务都就绪

且 J_1 的绝对截止期限(10)小于 J_2 的绝对截止期限(25)($D_1 < D_2$)，因此 J_1 有较高的优先级并开始执行，且在时刻 4 执行完成。此时，J_2 是唯一就绪的任务，因此 J_2 开始执行。在时刻 10，J_1 的第二个实例到达，对绝对截止期限进行比较，$D_1=20<D_2=25$，因此 J_1 有较高的优先级，J_2 被抢占，J_1 开始执行并在时刻 14 执行完成。在此时，J_2 是唯一就绪的任务，因此 J_2 继续执行。

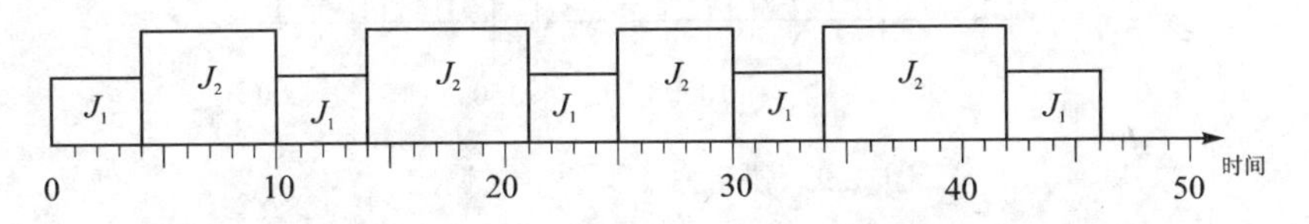

图 3.8 EDF 调度

在时刻 20，J_1 的第三个实例到达。对绝对截止期限进行比较，$D_1=30>D_2=25$，因此 J_2 有较高的优先级并继续运行。在时刻 21，J_2 的第一个实例执行完成，然后 J_1 的第三个实例开始执行，并在时刻 25 执行完成。此时，J_2 的第二个实例到达且是唯一就绪的任务，因此 J_2 开始执行。在时刻 30，J_1 的第四个实例到达，对绝对截止期限进行比较，$D_1=40<D_2=50$，因此 J_1 有较高的优先级并开始执行。

在时刻 34，J_1 的第四个实例执行完成，然后 J_2 的第二个实例继续执行。在时刻 40，J_1 的第五个实例到达。对绝对截止期限进行比较，$D_1=D_2=50$，因此两个任务有相同的优先级，随机选择一个执行。为了减少上下文切换，J_2 的第二个实例继续执行，直到它到时刻 42 执行完成。此时，J_1 的第五个实例开始执行，且在时刻 46 执行完成。

接下来考虑同时调度偶发任务和周期任务的情况。

偶发任务　可能在任何时刻被释放，但是同一偶发任务的连续实例释放之间有最小时间间隔(minimum separation)。为了调度可抢占偶发任务，可能需要尝试开发新的策略，或者重用已有的策略。下面提出了一种将偶发任务转换为等价的周期任务的方法。这使得其可以运用前面介绍的周期性任务的调度策略。

调度偶发任务的第一种方法(方法 1)是把偶发任务作为以最小间隔时间为周期的周期任务。然后，采用前述的调度算法来调度这些周期任务(与偶发任务等价)。不同于周期性任务，偶发任务的释放是不规则的或者根本不释放。因此，即使调度器(比如 RM 调度算法)为等价的周期任务分配一个时间片，实际上偶发任务也可能未被释放。如果这个偶发任务没有请求服务，那么处理器在这个时间片仍然保持空闲。当偶发任务请求服务的时候，如果它的释放时间在对应的时间片内，那么它就立即运行。否则，直到下一次等价周期的调度时间片到来，方可运行。

例 3.7：考虑一个系统有两个周期性任务 J_1 和 J_2，且两个任务都在时刻 0 到达，一个偶发任务 J_3 的参数如下：

$$J_1: c_1=10, p_1=50,$$

$$J_2: c_2=15, p_2=80,$$

$$J_3: c_3=20, p_3=60。$$

任务 J_3 的两个连续实例之间的最小时间间隔是 60，此处把它作为偶发任务等价周期任务的周期。

使用方法 1 的 RM 调度如图 3.9 所示。

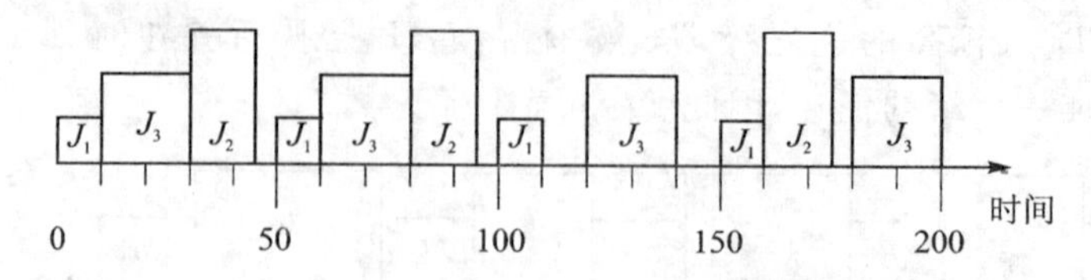

图 3.9 使用方法 1 的 RM 调度

偶发任务的第二种调度方法（方法 2）是把所有偶发任务当作一个周期任务 J_S，J_S 有最高的优先级，同时一个时间段被选择用于容纳此偶发任务集合的最小时间间隔和计算时间需求。此外，调度器用来在处理器上给每个任务（包括 J_S）分配时间片。任何偶发任务都可能在分配给 J_S 的时间片内运行，而其他（周期）任务在该时间片之外运行。

例 3.8：考虑一个既有周期任务也有偶发任务的系统。为偶发任务集创建一个周期任务 J_S，且 $c_S=20$，$p_S=60$。使用方法 2 的 RM 调度如图 3.10 所示。

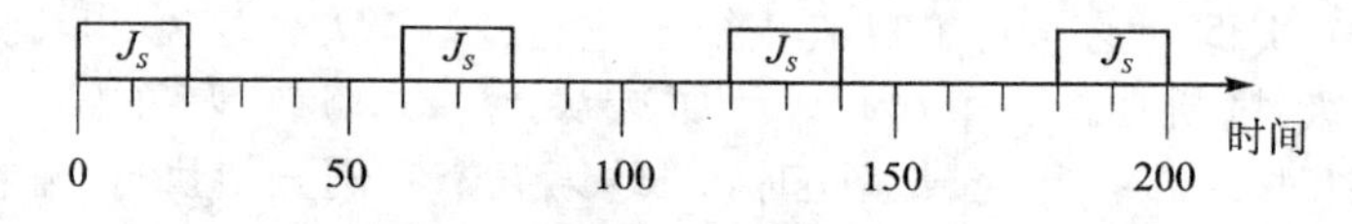

图 3.10 使用方法 2 的 RM 调度

偶发任务的第三种调度方法（方法 3）叫做延期服务器（Deferred Server，DS）[Lehoczky，Sha，and Strosnider，1987]，这种方法对第二种方法做了如下修改：如果在分配给偶发任务的时间片内没有偶发任务等待服务，那么处理器将运行其他（周期）任务；如果偶发任务被释放，那么处理器就抢占当前运行的周期任务来运行偶发任务，直到运行时间间隔达到分配给偶发任务的总时间片。

例 3.9：考虑一个有周期任务和偶发任务的系统。创建一个与偶发任务集对应的周期任务 J_S，且 $c_S=20$，$p_S=60$。因此，每 60 个时间单元给偶发任务分配 20 个时间单元。

一个偶发任务 J_1 的 $c_1=30$，任务在时刻 20 到达。由于第一个 60 个时间单元的周期内有 20 个时间单元是可用的，因此任务立刻被调度运行 20 个时间单元。在时刻 40，这个任务被抢占且运行其他（周期）任务。然后在 60 时刻，此时是第二个 60 时间单元的周期的开始，J_1 被调度运行 10 个时间单元，从而完成了其 30 个时间单元的计算时间需求。

一个偶发任务 J_2 的 $c_2=50$，任务在时刻 100 到达。由于第一个 60 个时间单元的周期内有 10 个时间单元时可用的，因此任务立即被调度运行 10 个时间单元。在时刻 110，这个任务被抢占且其他（周期）任务可运行。在时刻 120，此时是第三个 60

时间单元周期的开始，J_2 被调度运行 20 个时间单元之后被抢占。最后在时刻 180，此时是第四个 60 单元周期的开始，J_2 被调度运行 20 个时间单元，从而完成了其 50 个时间单元的计算时间需求。使用方法 3 的调度情况见图 3.11。

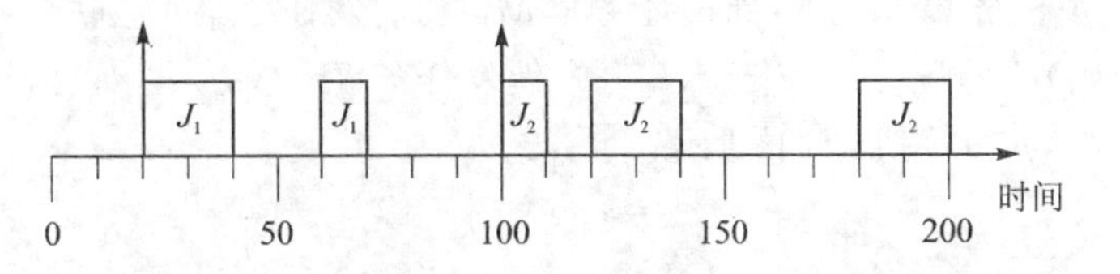

图 3.11　使用方法 3(延期服务器)的调度

对于使用 RM 算法来调度系统中具有任意优先级的延期服务器，不存在某个利用率可以确保系统的调度可行性。然而，如果延期服务器在所有任务中有最短周期(即延期服务器有最高优先级)，那么在这种特殊情况下，存在某个可调度利用率以保证系统是可行调度[Lehoczky，Sha，and Strosnider，1987；Strosnider，Lehoczky，and Sha，1995]。见可调度性测试 7。

可调度性测试 7

令 p_S 和 c_S 分别为延期服务器的周期和分配时间，$U_S=c_S/p_S$ 为服务器的利用率。一个由 n 个独立可抢占周期性单处理器任务组成的任务集，任务的相对截止期限等于对应的周期，以使周期满足 $p_S<p_1<p_2<\cdots<p_n<2p_S$ 且 $p_n>p_S+c_S$。该任务集合是 RM 可调度的条件是：任务集的总利用率(包括 DS)不超过

$$U(n)=(n-1)\left[\left(\frac{U_S+2}{U_S+1}\right)^{\frac{1}{n-1}}-1\right]$$

3.2.2　不可抢占任务的调度

到目前为止，一直假设任务可以在任何整数时刻被抢占。在实践当中，任务可能包含不能被打断的临界区域(critical sections)。这些临界区域需要访问和修改共享变量或者使用共享资源，如磁盘。现在考虑调度不可抢占任务和包含不可抢占子任务的任务。其中一个重要的目标是：减少任务等待时间和减少上下文环境切换时间[Lee and Cheng，1994]。使用固定优先级算法调度实时任务，可能潜在地导致优先级反转(priority inversion)的问题[Sha，Rajkumar，and Lehoczky，1990]，这种情况发生在带有临界区域的低优先级任务一直或长时间阻断高优先级任务时。

如果任务是不可抢占的，那么 EDF 和 LL 算法将不再是最优的。例如，没有抢占就不能交换不同的任务计算块，就不能把一个可行的非 EDF 调度转换为 EDF 调度，进而不能证明 EDF 的最优性。这也就意味着尽管有其他调度器可以提供该任务集的可行调度，但 EDF 算法可能也无法满足任务集的截止期限。实际上，对于不可抢占的单处理器上的任务，当开始时间、计算时间以及截止期限任意时，没有基于优先级的调度算法是最优的[Mok，1984]。

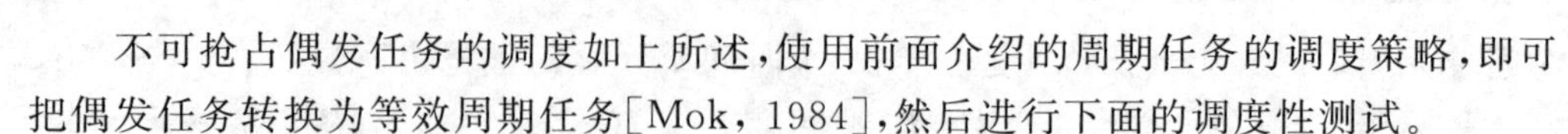

不可抢占偶发任务的调度如上所述，使用前面介绍的周期任务的调度策略，即可把偶发任务转换为等效周期任务［Mok，1984］，然后进行下面的调度性测试。

可调度性测试 8

假设有一个任务集 M 是由周期任务集 M_P 和偶发任务集 M_S 联合而成。令任务 T_i 的标称（初始）松弛度 l_i 为 d_i-c_i。每个偶发任务 $T_i=(c_i,d_i,p_i)$ 由等价的周期任务 $T'_i=(c'_i,d'_i,p'_i)$ 替换，如下所示：

$$c'_i=c_i$$

$$p'_i=\min(p_i,l_i+1)$$

$$d'_i=c_i$$

如果可以找到最终的周期任务集（包含被转换的偶发任务）M' 的可行调度，那么就能够调度原始的任务集 M 而不需要预先知道 M_S 的开始（释放或请求）时间。

一个偶发任务 (c,d,p) 能够被转换成周期任务 (c',d',p') 且以周期任务方式调度需要满足一些条件：(1) $d\geqslant d'\geqslant c$；(2) $c'=c$；(3) $p'\leqslant d-d'+1$。证明见［Mok，1984］。

3.2.3 带前后次序约束的不可抢占任务

到目前为止，已经描述了独立可抢占任务的调度策略。现在讨论在单处理器上的单实例任务（既不是周期任务也不是偶发任务）引入前后次序和互斥（非优先）约束后的调度问题。

任务前后次序图（task precedence graph，也叫任务图（task graph）或前后次序图（precedence graph））展示了一组任务所需的执行顺序。一个节点表示一个任务（或子任务），有向边表示了任务之间的前后次序关系。符号 $T_i\rightarrow T_j$ 是指 T_i 必须在 T_j 开始执行之前完成。对任务 T_i 而言，从前任任务指向它的箭头表示所有的前任任务必须在 T_i 能够开始执行之前完成；从 T_i 指向后继任务的箭头表示 T_i 必须在后继任务能够开始执行之前完成；任务前后次序图中的拓扑顺序显示了这些任务允许执行的顺序。

假设有一组 n 个单实例有截止期限的任务，任务都在时刻 0 就绪，且带有前后次序约束，任务间的前后次序关系由前后次序图描述。那么可以通过以下算法 A 在单处理器上调度这个任务集。

算法 A：

(1) 在任务前后次序图中按照拓扑次序对任务进行排序（确保没有箭头指向的任务最先列出）。如果两个或者更多的任务满足排序条件，则选择有最早截止期限的；如果其中仍有多个任务截止期限也相同，那么任意选择一个。

(2) 按照拓扑顺序一次执行一个任务。一旦处理器可用，该算法就执行一个其前任任务已经执行完成的就绪任务。

例 3.10： 考虑下面有前后次序约束的任务：

$$T_1 \rightarrow T_2$$
$$T_1 \rightarrow T_3$$
$$T_2 \rightarrow T_4$$
$$T_2 \rightarrow T_6$$
$$T_3 \rightarrow T_4$$
$$T_3 \rightarrow T_5$$
$$T_4 \rightarrow T_6$$

任务前后次序图如图3.12所示。任务的计算时间和截止期限如下：

$$T_1: c_1=2, d_1=5,$$
$$T_2: c_2=3, d_2=7,$$
$$T_3: c_3=2, d_3=10,$$
$$T_4: c_4=8, d_4=18,$$
$$T_5: c_5=6, d_5=25,$$
$$T_6: c_6=4, d_6=28.$$

在上述算法的基础上进行下面的修改可以得到以下算法B:通过考虑最早截止期限优先的任务并把整个调度移到时刻0来实现调度：

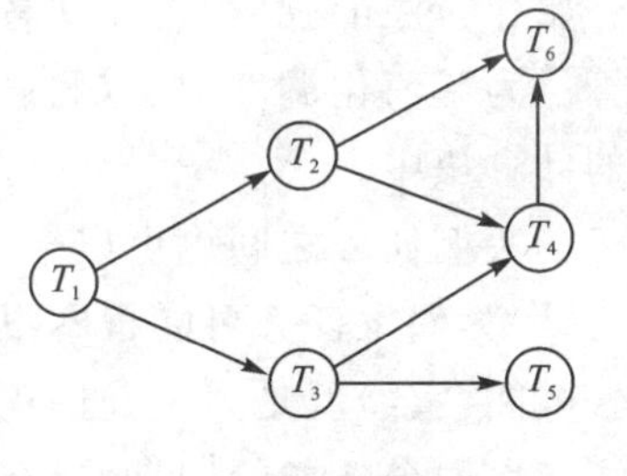

图3.12　任务前后次序图

算法B:

(1) 把任务按截止期限非减的顺序排列,并按这样标记:$d_1 \leqslant d_2 \leqslant \cdots \leqslant d_n$。

(2) 在时间间隔$[d_n - c_n, d_n]$内调度任务T_n。

(3) 当有任务被调度时：

假设S是所有未被调度的任务集,且其后继任务已被调度。在任务集S中尽可能晚地调度截止期限最后的任务。

(4) 保持步骤(3)的执行顺序,并将任务移到时刻0。

算法A的第一步是将任务拓扑排序:T_1、T_2、T_3、T_4、T_5、T_6。注意到任务T_2和T_3是并发的,因此组成一组,同时把T_4和T_5以及T_5和T_6分别组成一组。算法的第二步对任务进行调度,见图3.13。

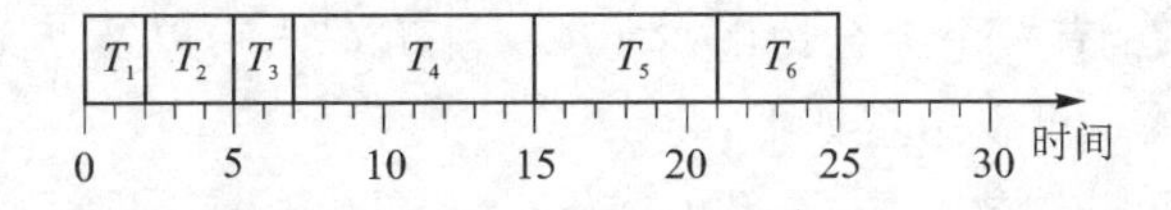

图3.13　移动后的前后次序约束任务调度

使用算法B,在移动任务之前获得可行调度,如图3.14所示。图3.13显示了调度器把任务移动到0时刻之后产生的可行调度。

注:算法A和算法B最终都能得到如图3.13所示的任务调度。算法A直接生

成，而算法B先生成如图3.13所示的移动前的任务调度。

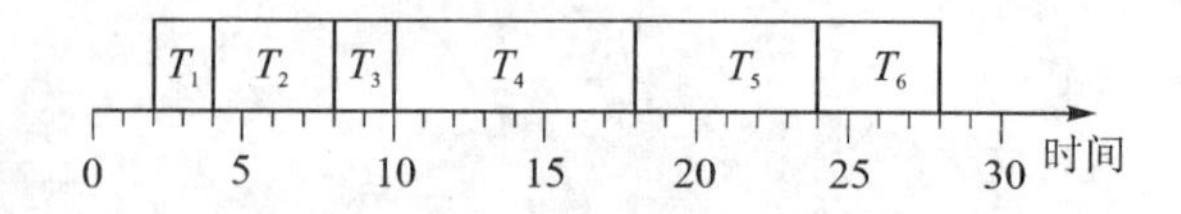

图3.14　前后次序约束任务的调度

3.2.4　周期任务间的通信：确定的会合模型

允许任务间相互通信导致任务调度问题变得复杂。实际上，进程间通信不仅导致了任务之间的前后次序约束，还导致了任务块之间的前后次序约束。例如，Ada编程语言提供了一个原语(primitive)——会合(rendezvous)，允许不同任务在运行期间的特定点进行通信。Ada被用于实现各种嵌入式实时系统，包括飞机航空电子设备等。如果任务A想和进程B通信，那么，首先任务A执行rendezvous(B)，然后任务A等待任务B执行相应的rendezvous(A)。因此，rendezvous(A)和rendezvous(B)对A和B之间的计算加上了前后次序约束，即要求：在任务A和任务B中的会合开始执行之前，必须首先在各自对应的任务B和任务A中完成会合点之前的所有计算。为了简化调度策略，假设会合原语的执行时间为0，或者执行时间已包含在前面的计算块中。

单实例任务之间也可以会合。然而允许周期性任务和偶发任务会合是有语义错误的，因为偶发任务可能根本没有运行，导致周期任务一直等待会合匹配。两个周期任务可能会合，但是为了确保正确性，需要对周期长度加以限制。

如果两个任务的周期是倍数关系，则称两个任务是相容的(compatible)。如果允许两个(周期)任务以任何形式通信，那么它们必须是相容的。一种研究尝试对相容且通信中的任务进行调度，该方法使用EDF调度器来运行截止期限最近的就绪任务，因为会合的存在而不会有堵塞。

上述调度问题的解决方法[Mok, 1984]是：首先要为运行期间的调度器建立一个数据库，以便EDF算法能被用于动态分配任务的截止期限，令L为最长的周期。由于通信中的任务是相容的，L和这些任务的周期的最小公倍数相同。任务T_i在时间间隔$[0,L]$内产生一连串的调度块，按时间顺序表示为$T_i(1), T_i(2), \cdots, T_i(m_i)$

如果T_i针对T_j有一个会合约束在$T_i(k)$和$T_i(k+1)$以及$T_j(l)$和$T_j(l+1)$之间，那么前后次序关系可以指定如下：

$$T_i(k) \rightarrow T_j(l+1)$$
$$T_j(l) \rightarrow T_i(k+1)$$

在每个任务之内，前后次序约束关系为

$$T_i(1) \rightarrow T_i(2) \rightarrow \cdots \rightarrow T_i(m_i)$$

和约束关系一致的任务前后次序图生成以后，使用以下算法来修改截止期限。

(1) 按相反的拓扑顺序排序[0,L]间的调度块，于是截止期限最晚的块最早出现。

(2) 把 $T_{i,j}$ 的第 k 个实例的截止期限初始化为 $(k-1)p_i+d_i$。

(3) 令 S 和 S' 为调度块；S 的计算时间和截止期限分别表示为 c_S 和 d_S。考虑调度块的反向拓扑顺序，修改对应的截止期限为 $d_S=\min(d_S,\{d'_S-c'_S: S\rightarrow S'\})$。

(4) 根据修改后的截止期限用 EDF 调度器调度任务块。

例 3.11：考虑下面的三个周期任务：

$T_1: c_1=1, d_1=p_1=12$

$T_2: c_{2,1}=1, c_{2,2}=2, d_2=5, p_2=6$

$T_3: c_{3,1}=2, c_{3,2}=3, d_3=12, p_3=12$

T_2 在第一个调度块之后必须与 T_3 会合。

T_3 在第一个和第二个调度块之后必须与 T_2 会合。此处最长的周期为 12，也是三个周期的最小公倍数。因此，得到以下调度块：

$$T_1(1)$$

$$T_2(1), T_2(2), T_2(3), T_2(4)$$

$$T_3(1), T_3(2)$$

现在指定块之间的会合约束：

$$T_2(1)\rightarrow T_3(2)$$

$$T_3(1)\rightarrow T_2(2)$$

$$T_2(3)\rightarrow T_3(3)$$

$$T_3(2)\rightarrow T_2(4)$$

如果不修改截止期限，那么 EDF 算法无法产生可行调度，如图 3.15 所示。而修改截止期限之后，EDF 算法产生的调度见图 3.16。

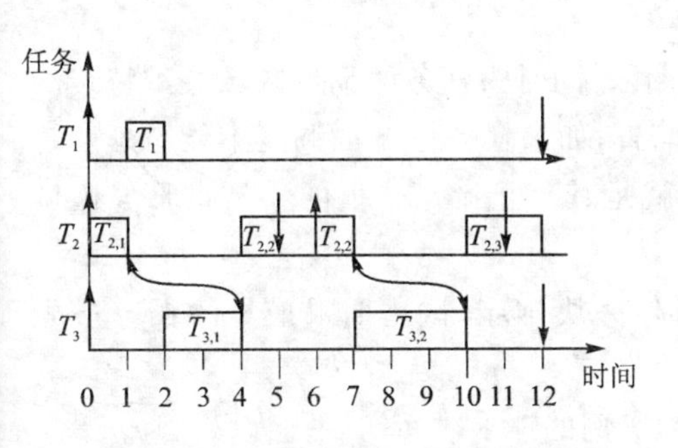

图 3.15 会合约束任务的不可行 EDF 调度

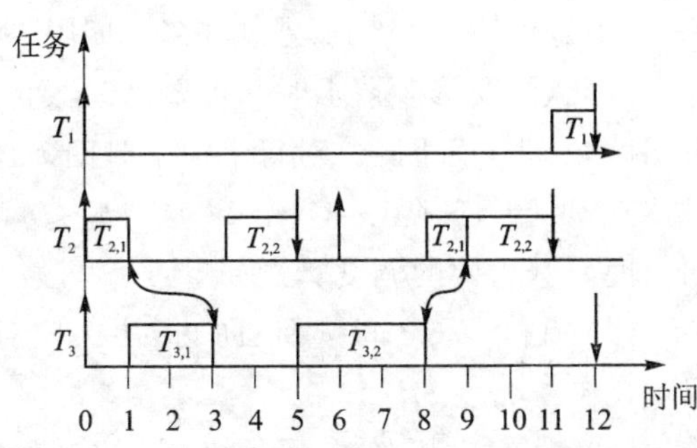

图 3.16 修改截止期限后会合约束任务的 EDF 可行调度

3.2.5 带临界区域的周期任务：核心化监测模型

下面讨论包含临界区域的周期任务的调度问题。一般来说，一组周期任务，如果仅仅通过使用信号量(semaphores)来执行临界区，那么其调度问题是非确定多项式时间(polynomial-time)可决定的,即NP-难的(NP-hard)[Mok,1984]。文献[Mok,1984]给出了一个当任务的临界区域长度固定时的解决方法。满足这个约束(临界区域长度固定)的系统就是核心化监测模型,一个普通的任务通过尝试与监测器会合而请求服务。如果两个或者更多任务向监测器获取服务,调度器会随机选择一个任务与监控会合。即使监测器没有明确的时间约束,它也必须满足服务于任务的当前截止期限。

例 3.12:考虑以下两个周期任务:

$$T_1: c_{1,1}=4, c_{1,2}=4, d_1=20, p_1=20$$

$$T_2: c_2=4, d_2=4, p_2=10$$

T_1 的第二个调度块和 T_2 的调度块是临界区域。

如果使用EDF算法时没有考虑临界区域,那么产生的调度将不会满足截止期限,如图3.17所示。

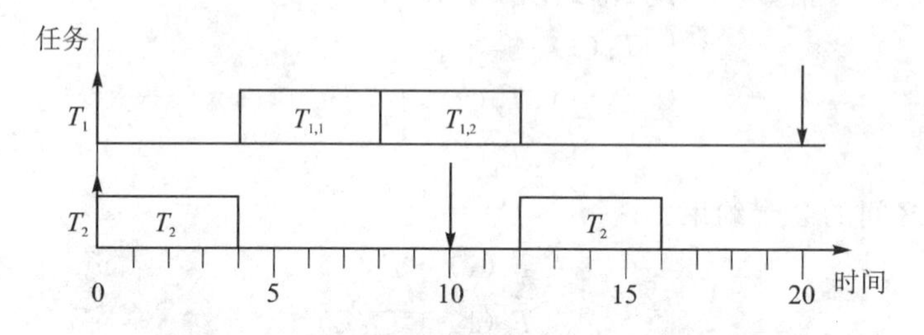

图 3.17 带临界区域任务的不可行EDF调度

在时刻8,T_1 的第一个任务块已经执行完成而 T_2 的第二个实例还未到达,因此EDF算法执行下一个就绪的截止期限最早的任务,即 T_1 的第二个任务块。当 T_2 的第二个实例到达,T_1 仍在执行其临界区域(第二个任务块)而不能被抢占。T_2 在时刻12被调度,在时刻14错过其截止期限。

因此,既要修改请求时间也要修改截止期限,同时为任务的临界区域分配特定的时间区域作为禁止区。对每个请求时间 r_S 而言,如果任务块 S 的调度不能被延期超过 k_S+q 以上,间隔 $(k_S, r_S)(0 \leqslant r_S-k_S<q)$ 就是其禁止区。这里的 q 是指临界区域的长度。基于此的调度算法如下:

(1) 在 $[0,L]$ 之间按(正向)拓扑次序对任务块排序,截止期限最早的任务最先出现。

(2) 把 $[0,L]$ 内每个任务块 $T_{i,j}$ 的第 k 个实例的请求时间初始化为 $(k-1)p_i$。

(3) 令 S 和 S' 为 $[0,L]$ 内的调度块,S 的计算时间和截止期限分别表示为 c_S 和 d_S。考虑调度块的(正向)拓扑顺序,修改对应的请求时间为 $r_S=\max(r_S, \{r_{S'}+q: S' \rightarrow S\})$。

(4) 在 $[0,L]$ 内,按反向拓扑次序对任务块排序,截止期限最晚的任务最先出现。

(5) 把 T_i 的每个调度块的第 k 个实例的截止期限初始化为 $(k-1)p_i+d_i$。

(6) 令 S 和 S' 为调度块，S 的计算时间和截止期限分别表示为 c_S 和 d_S。考虑调度块的反向拓扑顺序，修改对应的截止期限为 $d_S=\min(d_S,\{d'_S-q:S\rightarrow S'\})$。

(7) 根据修改后的请求时间和截止期限，使用 EDF 调度任务块。如果当前时刻处于禁止区就不调度任何任务块。

例 3.13：对于例 3.12 的两个任务，此算法可以产生可行调度，如图 3.18 所示。

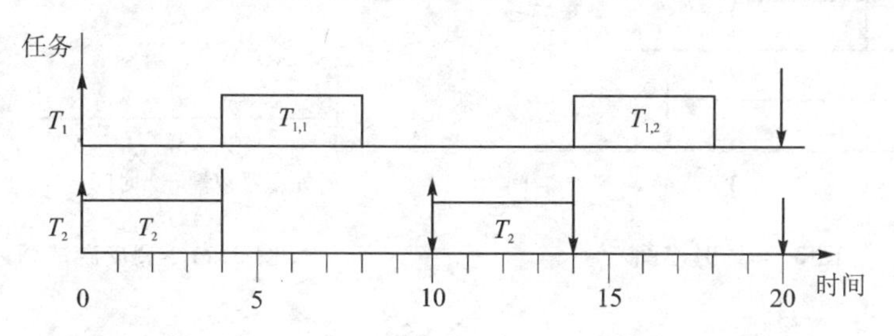

图 3.18 带临界区域的任务调度

3.3 多处理器调度

由于多处理器系统需要解决特定处理器上的任务分配问题，因此调度问题从单处理器系统向多处理器系统推广大大增加了问题的复杂性。事实上，对于两个或两个以上的处理器，确定最佳调度算法必须要有这些先验知识：(1)任务截止期限；(2)任务计算时间；(3)任务开始时间。

3.3.1 调度表示

除了像时序图或者甘特图(gantt charts)这样的任务调度表示之外，多处理器系统中还采用一种简洁的、动态的任务表示，称之为调度游戏板(scheduling game board)[Dertouzos and Mok，1989]。这种动态图形表示，直观显示了每个任务在给定时刻的状态(剩余计算时间和松弛度)。

例 3.14：考虑一个双处理器系统($n=2$)以及三个单实例任务，其到达时间、计算时间和绝对截止期限如下：

$$J_1:S_1=0,c_1=1,D_1=2,$$
$$J_2:S_2=0,c_2=2,D_2=3,$$
$$J_3:S_3=0,c_3=4,D_3=4。$$

图 3.19 显示了这个任务集的可行调度的甘特图。图 3.20 显示了这个任务集的相同调度的时序图。图 3.21 显示了在时刻 $i=0$ 时该任务集的调度游戏板表示，其中 x 轴代表任务的松弛度，y 轴代表任务的剩余计算时间。

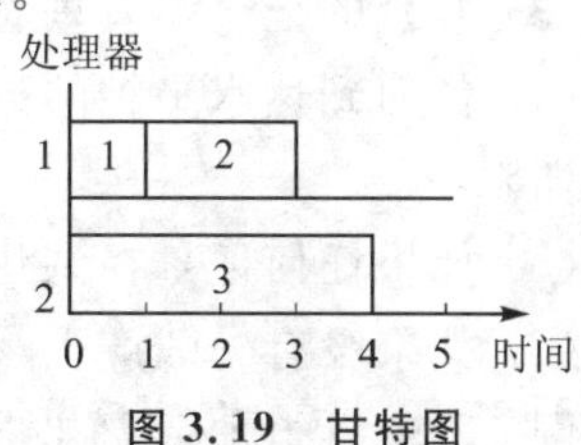

图 3.19 甘特图

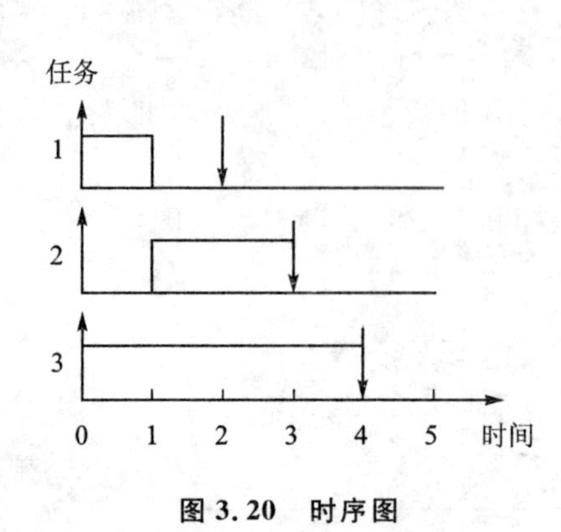

图 3.20　时序图

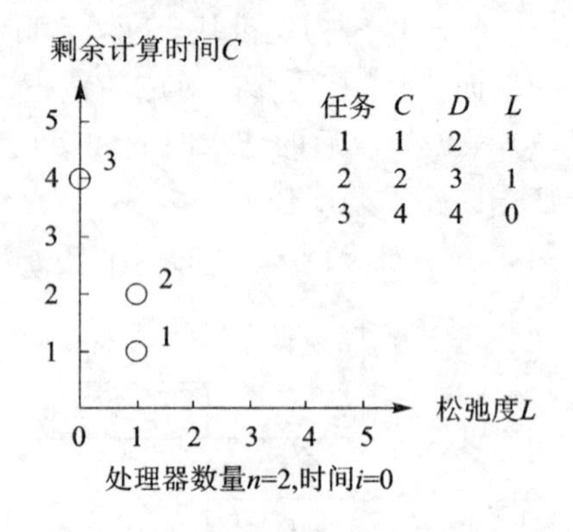

图 3.21　调度游戏板

3.3.2　单实例任务调度

在时刻 i，给定 n 个相同的处理器以及 m 个任务，$m>n$，调度的目标是保证所有的任务在各自的截止期限之前完成执行。如果 $m \leqslant n$（任务的数量没有超过处理器的数量），因为每个任务都有自己的处理器，那么这个问题就微不足道了。

令 $C(i)$ 表示一个任务在时刻 i 的剩余计算时间，$L(i)$ 表示一个任务在 i 时刻的松弛度。在调度游戏板的 $L-C$ 坐标平面上，并行执行 m 个任务中的任意 n 个，对应于：最多把 m 个记号中的 n 个按平行于 C 轴的方向向下移动一个单位（时间单元）。因此，对于执行后的任务：

$$L(i+1)=L(i)$$
$$C(i+1)=C(i)-1$$

对应于其他没有执行的任务，其记号是沿垂直于 C 轴的方向向左移动。因此，对于未执行的任务：

$$L(i+1)=L(i)-1$$
$$C(i+1)=C(i)$$

调度游戏板的规则：在 $L-C$ 平面上，每一个记号的配置代表了在一个时间点的调度问题。调度游戏板（对应于调度问题）的规则为：

(1) 首先，$L-C$ 平面的初始配置（用记号表示被调度的任务）是给定的。

(2) 在游戏的每一步，调度器可以把 n 个记号向下沿着水平轴移动一个刻度。

(3) 其余的记号朝着垂直轴向左移动。

(4) 任何到达水平轴的记号都可以被忽略，也就是说它已经执行完成且满足其截止期限。

(5) 如果任何记号在到达水平轴之前穿过垂直轴进入第二象限，那么调度失败。

(6) 如果没有失败产生，那么调度成功。

例 3.15：采用调度游戏板来展示上面例子中任务的可行调度。假设使用 EDF

调度器来调度这个任务集。在时刻0，由于 J_1 和 J_2 有较早的绝对截止期限，因此将被分配两个可用的处理器并开始运行。它们对应的记号按照调度游戏板规则(2)向下移动。此时，J_3 没有被调度，因此它对应的记号根据调度游戏板规则(3)开始向左移动。在时刻1，如图3.22所示，J_1 执行完成且 J_2 还需要执行一个时间单元，但是 J_3 现在到了 C 轴的左边且其松弛度为负值，也就是说它将会错过其截止期限。

图3.23显示的是这个任务的一个可行调度。此处使用LL调度而不使用EDF调度。在0时刻，由于 J_3 有最小松弛度，将被分配一个可用的处理器并开始执行。因为 J_1 和 J_2 有相同的松弛度，因此随机选择一个(J_1)在剩下的可用处理器上执行。它们对应的记号根据调度游戏板规则(2)向下移动。此时，J_2 没有被调度，因此其对应的记号根据调度游戏板规则(3)向左移动。

在时刻1，J_1 执行完成。J_2 和 J_3 是就绪的任务，因此继续被调度运行，其对应的记号根据调度游戏板规则(2)向下移动。J_2 在 $i=3$ 时刻执行完成，J_3 在 $i=4$ 时刻执行完成。

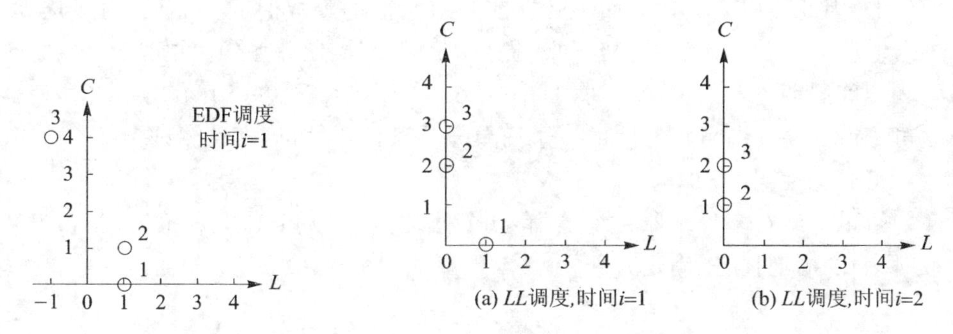

图3.22 游戏板显示错过了截止期限

图3.23 游戏板显示的可行调度

无冲突任务集的充分条件：对于两个或两个以上的处理器，如果没有任务的截止期限、计算时间和开始时间的先验知识，那么通常没有最优调度算法。如果没有这样的先验知识，那么只有当任务集的子集不相互发生冲突时，才有可能存在最优调度[Dertouzos and Mok，1989]。一个特例是：当所有任务的计算时间是单位时间时，那么，就算在多处理器情况下，EDF调度算法也是最优的。

为了推导多处理器调度单实例任务的充分条件，引入以下符号表达：

$$R_1(k)=\{J_j:D_j\leqslant k\}$$

$$R_2(k)=\{J_j:L_j\leqslant k\wedge D_j>k\}$$

$$R_3(k)=\{J_j:L_j>k\}$$

这些符号把调度游戏板划分为3个分离区域，其中正整数 k 表示时间片的长度。然后，定义以下函数[Dertouzos and Mok，1989]。

剩余计算能力函数(surplus computing power function)：对于每一个正整数 k，定义

$$F(k,i) = kn - \sum_{R_1} C_j - \sum_{R_2} (k - L_j)$$

该函数根据给定时刻 i 和将来 k 个时间单元内的可用处理器时间，来衡量一个多处理器系统的剩余计算能力。那么，开始时间相同（在 $i=0$ 时刻）的任务集可行调度的必要条件是：对于所有的 $k>0$，满足 $F(k,0)\geqslant 0$。

可调度性测试 9

对于一个多处理器系统，如果一组开始时间相同的单实例任务能被调度，那么即使其开始时间不同且先验条件未知，该任务集也能在运行时被调度。对于最小松弛度优先算法调度，只需知道预先分配的截止期限和计算时间就足够了。

以上调度性测试的证明见[Dertouzos and Mok，1989]。

3.3.3　周期任务调度

前面讨论的部分表明：对于一组满足充分条件的单实例任务而言，LL 调度器是最优的，因此可以调度任务而不必提前知道它们的释放时间。然而，对于周期任务，LL 调度器不再是最优的。接下来，提出一个调度周期任务的简单充分条件。

调度周期任务的简单条件[Dertouzos and Mok，1989]中给出了多处理器上独立可抢占周期任务可行调度的一个简单充分条件，见可调度性测试 10。

可调度性测试 10

给定一组在多处理器系统上（有 n 个处理器）的 k 个独立可抢占（抢占发生在离散时刻）的周期任务，满足

$$U = \sum_{i=1}^{k} \frac{c_i}{p_i} \leqslant n$$

令

$$T = \mathrm{GCD}(p_1, \cdots, p_k) \quad (\text{GCD 为最大公约数})$$

$$t = \mathrm{GCD}\left(T, T\left(\frac{c_1}{p_1}\right), \cdots, T\left(\frac{c_k}{p_k}\right)\right)$$

这个任务集是可行调度的充分条件是：t 是整数。

如果一个任务集满足可调度性测试 10，则它可以按如下方式调度。在每个从 0 时刻开始的 T 个时间单元内，从任务 J_1 开始，对每个任务 J_i 调度 $T(c_i/p_i)$ 个时间单元。因此，在任务 J_i 的一个周期之内，此任务执行了 $\left(\frac{p_i}{T}\right)T\left(\frac{c_i}{p_i}\right)=c_i$ 个时间单元，即 J_i 的计算时间。根据对 T 的定义，可知每个时间片段 p_i/T 的长度是一个整数。开始之后给处理器 1 分配任务并"填充"，直到遇到一个任务在该处理器上无法调度为止。然后给处理器 2 分配任务。如果处理器 1 仍有可用时间，就检查是否能够把下一个任务分配给它。然后为剩下的任务和处理器重复这个过程。

例 3.16：考虑以下一组周期任务（周期等于截止期限）：

$$J_1: c_1=32, p_1=40$$
$$J_2: c_2=3, p_2=10$$
$$J_3: c_3=4, p_3=20$$
$$J_4: c_4=7, p_4=10$$

假设有两个可用的处理器用于调度这些任务，是否有可能调度这四个任务而不错过截止期限？

由于任务集的利用率为

$$U=\sum_{i=1}^{4}\frac{c_i}{p_i}=\frac{32}{40}+\frac{3}{10}+\frac{4}{20}+\frac{7}{10}=2\leqslant n=2$$

满足调度的必要条件。然后用可调度性测试10中的充分条件来检查此任务集是否是可调度的，如下：

$$T=\mathrm{GCD}(40,10,20,10)=10$$
$$t=\mathrm{GCD}\left(10,10\left(\frac{32}{40}\right),10\left(\frac{3}{10}\right),10\left(\frac{4}{10}\right),10\left(\frac{7}{10}\right)\right)$$
$$=\mathrm{GCD}(10,8,3,2,7)=1$$

由于1是整数，因此此任务集存在可行调度。一个可行调度如图3.24所示。

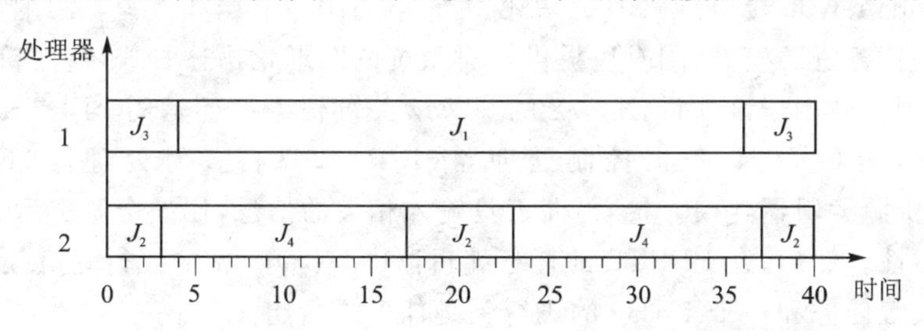

图3.24 双处理器上实现4个周期任务的调度

在研究文献[Lee and Cheng, 1994]中，考虑到了任务在不同处理器之间迁移的开销，表明了$U\leqslant n$是这种任务集可行调度的充分必要条件。

3.4 可用的调度工具

有很多种工具可用于实时任务的调度和调度性分析。这里回顾三种这样的工具，它们被用于调度美国航空航天局/国际空间站X-38机组返回舱航空电子设备(NASA/International Space Station X-38 Crew Return Vehicle avionic)的任务[Rice and Cheng, 1999]。现有的商业调度工具不能很好支持X-38静态任务(没有偶发或者异步事件)的调度策略，因此，需要一种工具来表示系统的时序关系、截止期限、"假设"分析和工作量调整。针对这类特定项目的需要，下面简要地评价以下工具：(1) PERTS(现改名为RAPID RMA)；(2) PerfoRMAx；(3) TimeWiz。

首先，列出调度工具评估的一般标准和要求，并对每个工具的评价标准进行

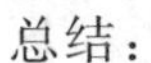

总结：

(1) 具有对系统进行表示/模拟的能力。

(2) 能够对不断变化的工作负载进行调度性的“假设”分析，并实现截止期限的可视化分析。

(3) 能够为时间线表示的系统提供硬拷贝报告。

(4) 成本。

(5) 易用性。

(6) 完备性。

3.4.1　PERTS/RAPID RMA

这里检测了一个 30 天全功能测试版本的 PERTS(Prototyping Environment for Real-Time Systems 实时系统原型环境)，可从 Tri-Pacific 软件公司下载，网址为 http://www.tripac.com，可安装在 SunOS5.1 系统的计算机上。PERTS 现在改名为 RAPID RMA，它提供公共对象请求代理体系结构(Common Object Request Broker Architecture，CORBA)映射功能以及 ObjectTime 工具的接口和风河公司软件逻辑分析仪 WindView 的接口。PERTS 提供了完整的用户文档和教程。PERTS 工具集中于系统的任务资源模型，同时还提供了对系统的图形化描述方式，这些符合 X-38 项目特点，因此被用于该项目，X-38 的 50 Hz 关键任务循环是用 PERTS 工具来建模的。首先，CPU 资源、仪器控制处理器(ICP)和飞行关键处理器(FCP)通过 PERTS 的资源编辑器建模。接着，向工具输入相关的信息，比如资源类型、处理速度以及可抢占性。然后，在 PERTS 的任务编辑器中，对 50 Hz 的飞行关键任务、50 Hz 的非飞行关键任务和一个 10 Hz 的飞行关键任务进行定义。

每个任务的属性也被定义，比如任务名称、就绪时间、截止期限、周期、工作负载和资源利用率。即使一些任务使用不同 CPU 资源(例如在 X-38 中用来确保任务排序)，任务之间的依赖关系也很容易进行图形化表示。X-38 任务系统建模只需该工具提供一个两节点之间的固定优先级周期任务调度策略，该工具还能够提供健壮的调度、偶发服务器以及资源共享策略。因为系统有确定的任务执行时间需求，所以工具所提供调度算法的效率并未被全部利用。为了确保任务的执行顺序，任务优先级和开始时间的相移可由手动分配。

PERTS 提供了多资源间单节点和多节点调度性分析的能力，这也正是 X-38 系统所需要的。PERTS 工具能够支持两个处理器(飞行关键底架(Flight Critical Chassis，FCC)上的 ICP 和 FCP)之间的调度，能够表示不同任务(运行在不同资源上)的相关性。工具通过运行上述任务集实现了对单节点的分析，并通过图形化的方式表明 FCP 具有 50%的 CPU 利用率，这个结果和期望值相符。在运行一个调度周期之后，会产生一个包括所有资源和任务的时间表并展示出来。

在所有的评估工具当中，PERTS 提供的任务-资源(task-resource)模型对于 X-

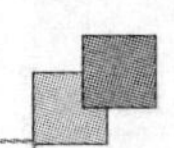

38 系统的建模尤其有用。通过增加工作负载或者改变开始时间,可以验证 PERTS 工具满足调度性分析的要求。同样,不可调度的任务也能被清晰地鉴别。时间表给出了一个清晰的框图,但是没有提供团队沟通所必需的硬拷贝或报告能力,只有一个屏幕打印可用于硬拷贝输出。该工具非常直观,并提供丰富的分析能力,最大地满足了上面列出的调度器工具评估标准,因此被作为实际上最成熟的评估工具。

3.4.2 PerfoRMAx

本小节检测了从 AONIX 网站 http://www.aonix.com 下载的 PerfoRMAx 的评估版本,并在装有 Windows95 系统的计算机上运行。由于评估版本不提供"保存"的功能,所以没有对 X-38 任务系统进行建模,这里通过分析示例程序和完整的教程来评估这个工具的功能。通过对该工具所提供的 X-38 类比项目模板来分析其能否用于代替 X-38 的任务结构。工具提供了列表式的(而非图形化)界面来说明系统,因此系统可视化具有局限性。PerfoRMAx 为调度任务提供事件-动作-资源(event-action-resource)模型。因为 X-38 系统的任务不是偶发的,更确切地说,是基于一个时间片的循环,所以,此工具所使用的事件-动作-资源模型没有 PERTS 提供的任务-资源模型直观。要使用这个工具,用户必须首先定义系统的事件、动作和资源,同时还要定义它们的特性。事件被触发以后会启动一个特定的动作(任务)。

由于 X-38 系统没有偶发事件,只有定时事件启动任务执行,所以,为了对 X-38 系统建模,需要人为定义每个任务的触发事件,或者(基于定时器)定义能引发整个任务列表的事件。如果选择了第一种方法,即每个任务由不同的事件来触发,那么为了保证确定的任务顺序,此工具不会提供直观的方法来捕获事件和任务之间的依赖关系。对于第二种方法,如果使用一个事件引发某个动作链,那么此工具限制链动作的数量必须小于这个项目的需求。由于工具仅产生了基于事件的时间表,所以单个事件触发大量任务只会以一个条目的形式出现在时间表中。

X-38 系统通常需要在时间表中查看每个任务及其开始和结束时间。仅把系统建模为一个或多个的动作链并不直观,而且会禁止系统所需的单动作或单任务的时序分析。然而,此工具并不提供多资源上的顺序相关性表示,因此不能满足系统所需的调度性分析需求。这是因为 X-38 系统需要特定的任务执行顺序,而此工具不允许相位信息的输入。尽管每个任务可表示成事件-动作对,但也很难预先确定任务的开始时间和理想的调度结果。此工具提供了较少的调度算法和事件-动作的规范属性,很难捕获任务的时序关系,在整个屏幕显示的时间表中也没有可用的硬拷贝输出。

此外,它提供健壮的在线帮助和状态信息,并具有可扩展能力。

3.4.3 TimeWiz

本小节检测了从 TimeSys 公司(http://www.timesys.com)获取的 TimeWiz 评

估版本,它安装在Window 95的计算机上。就像PerfoRMAx一样,此评估版本不提供"保存"功能,因此X-38系统无法被建模。所以,通过分析示例程序、完整的教程和健壮的在线帮助来评估这个工具的功能。此外,来自TimeSys的代表访问了X-38的设计地——美国航空航天局约翰逊航天中心(NASA Johnson Space Center),并提供了X-38系统如何最好建模的信息咨询。

与PerfoRMAx类似,TimeWiz利用了事件-动作-资源模型进行任务调度,但此模型对于这个项目不够直观。TimeWiz提供了更广泛和健壮的用户界面以及图形表示功能,但是大多数信息是以表格的形式输入和查看的。虽然X-38系统所需的仅仅是一个简单的用户定义优先级调度算法,但工具提供了一组丰富的单节点调度方法和资源共享范例,它提供许多对象属性以记录系统的各个方面。同PerfoRMAx一样,时间表显示所描述的是事件而不是动作,因此,为了得到所需的时间表显示,就需要人工地为每个任务匹配同名事件。然而,不同于PerfoRMAx,这个工具已经开始提供捕获事件之间的相关性以及(或者)优先级关系,称之为"用户定义的内部事件"。但是,由于这些相关性还没有同调度引擎集成,因此不能够满足X-38目标系统调度性分析的需求。

尽管该工具所提供的调度器不能对相同和不同资源上动作之间的相关性进行建模,但其调度器仍能够设计出一个(动作在期望序列之外)有效的调度。它可以手动输入开始时间(相位)和优先级,因此可以生成所需的确定性调度。它没有提供X-38项目所需的系统时间表(用于显示事件(在所有资源上)的开始/结束时间)。其所提供的时间表是基于单资源的,不包含截止期限/开始时间的注释,只是显示(触发的)事件而不是动作,同时其硬拷贝功能也被限制。在众多的评估产品中,这个工具可能是最初步的,但是它正在快速演进以满足用户的特殊需求,同时也获得了较多用户的支持。此工具的其他特性还包括支持应用程序接口(Application Programming Interface,API)和某些综合报告功能。

3.5　可用的实时操作系统

传统非实时操作系统的目标是:为用户提供一个与计算机硬件的方便接口,最大化平均吞吐量,最小化任务平均等待时间,并确保公平和正确的共享资源。然而,非实时系统在调度决策的时候通常不考虑单个任务的截止期限,因此满足任务的截止期限不是非实时系统的重要目标。

实时系统应用要求必须满足任务的截止期限,因此必须使用实时操作系统(RTOS),RTOS通常带有适合的调度器以调度时间约束任务。从20世纪80年代末以来,一些实验性和商业性的实时操作系统被开发出来,其中大部分是对现有的操作系统进行扩展和修改得到的,比如UNIX。目前,大多数实时操作系统符合IEEE POSIX标准及其实时扩展。商业的实时操作系统包括LynxOS、RTMX O/S、Vx-

Works 以及 pSOSystem。

LynxOS 是 LynuxWorks 基于 Linux 操作系统的硬实时操作系统。它是可扩展的，兼容 Linux，具有高度的确定性。可以从以下网址获取 http://www.lynx.com/。

LynuxWorks 也提供 BlueCat Linux，BlueCat 是一款用于快速嵌入式系统开发和部署的开源 Linux。

RTMX O/S 支持 X11、M68K 的 Motif、MIPS、SPARC 和 PowerPC 处理器，可以从以下网址获取：

http://www.rtmx.com/。

VxWorks 和 pSOSystem 是 Wind River 的实时操作系统，它们具有灵活的、可扩展的、稳定可靠的架构，可用于大多数 CPU 平台。具体细节见 http://www.windriver.com/products/html/os.html。

3.6　历史回顾和相关研究

实时任务的调度问题已经被广泛研究，任务的截止期限必须被满足，这是实时调度和非实时调度的不同之处，非实时调度把整个任务集看作一个总体，并认为吞吐量之类的整体性能更重要。实时调度领域最早的基础研究之一是 Liu 和 Layland 的开创性论文[Liu and Layland, 1973]，它为单处理器使用 RM 算法调度以及基于截止期限的技术奠定了基础。

Lehoczky，Sha 和 Ding 在[Lehoczky，Sha, and Ding, 1989]一文中给出了 RM 调度器的确切描述并提出了 RM 可调度性的充分必要条件。Lehoczky 在[Lehoczky，1990]中提出了截止期限不等于周期时的周期任务的 RM 调度方法。Mok [Mok, 1984]提出了调度周期任务的确定性会合模型和核心化监控模型。

Lehoczky，Sha 和 Strosnider 提出了用于调度系统中（含周期任务）偶发任务的延期服务器（DS）算法[Lehoczky，Sha, and Strosnider, 1987]。对于延期服务器在所有任务中有最短周期（即 DS 有最高优先级）的情况，提出了可调度利用率的概念[Lehoczky, Sha, and Strosnider, 1987; Strosnider, Lehoczky, and Sha, 1995]。EDF 可调度性检查的方法在[Baruah, Mok, and Rosier, 1990]中给出。Xu 和 Parnas [Xu and Parnas, 1990]描述了前后次序约束任务的调度算法。Sha 等人[Sha, Rajkumar, and Lehoczky, 1990]提出了解决优先级反转问题的框架。

Lin 等人[Lin, Liu, and Natarajan, 1987]提出了非精确计算的概念，它允许对任务运行输出质量与处理器分配时间进行权衡。Wang 和 Cheng[Wang and Cheng, 2002]介绍了一个新的调度性测试和非精确计算的补偿策略。这种不精确计算的应用包括：Huang 和 Cheng [Huang and Cheng, 1995]以及 Cheng 和 Rao [Cheng and Rao, 2002]提出的视频传输作业，Wong 和 Cheng [Wong and Cheng, 1997]提出的

TIFF图像在ATM网络中的传输。

现有几本通用的有关实时调度的教材。参考文献[Liu,2000]描述了许多调度算法并指出了实时通信和操作系统中的问题。参考文献[Krishna and Shin, 1997]也讨论了调度问题,较为简短且有更多的教程,它还包括实时编程语言、数据库、容错和可靠性问题。参考文献[Burns and Wellings, 1990; Burns and Wellings, 1996]中主要关注实时系统的编程语言。参考文献[Shaw, 2001]中描述了实时软件的设计、实时操作系统、实时编程语言和预测执行时间的技术。

3.7　总　结

调度一组任务(进程)是决定何时执行哪个任务,从而确定这些任务的执行顺序。在多处理器或者分布式系统的情况下,调度是确定把这些任务如何分配给特定的处理器。这里的任务分配类似于在一个团队中把任务分配给特定的人。任务调度是计算机系统的核心动作,通常由操作系统来完成。任务调度在很多非计算机系统当中也是必须的,比如装配线。

在非实时系统中,调度的典型目标是最大化平均吞吐量(单位时间内完成任务的数量)和(或)最小化任务平均等待时间。在实时系统中,调度的目标是满足每个任务的截止期限,以确保每个任务可以在其指定的截止期限内完成。截止期限来源于应用环境限制。

调度性分析是确定一组特定的任务(或一组满足某些约束的任务)能否在特定调度器中实现调度(在规定的截止期限之前完成每个任务)。调度性测试是用来验证所给定的应用在特定调度算法下能否满足其特定的截止期限。调度性测试通常在计算机系统及其任务开始执行之前的编译阶段完成。如果测试可以有效地执行,那么它也可以作为在线(on-line)测试在运行期间(run-time)完成。可调度利用率是保证任务集可被调度(feasible scheduling)的最大利用率。

硬实时系统要求每个任务或任务实例在其截止期限之前完成,否则任意一个任务或者任务实例的超限都可能导致灾难性的后果。软实时系统允许某些任务或任务实例超过截止期限,但是一个任务或者任务实例错过截止期限可能导致输出质量变低。

有两种基本类型的调度器:编译时期(静态)调度器和运行期间(在线或动态)调度器。

最优调度器: 最优调度器是指这样一类调度器:当所有其他调度器都无法满足任务截止期限时,最优调度器才可能出现超限情况。

需要注意的是,实时系统中的“最优”并不一定意味着“平均响应时间最快”或者“平均等待时间最短”。

一个任务 T 有以下特征参数:

S：开始、释放、就绪或到达时间；

c：（最大）计算时间；

d：相对截止期限（相对于任务开始时间的截止期限）；

D：绝对截止期限（标准时间截止期限）。

任务类型主要有三种。单实例任务只执行一次；周期性任务有许多实例，并且连续释放的两个实例之间有固定的周期；偶发任务有零或多个实例，并且连续释放的两个实例之间有一个最小间隔；非周期任务是有软截止期限或者没有截止期限的偶发任务。因此对于周期任务和偶发任务，如果任务包含多个实例，任务也包含如下参数：

p：周期（对于周期任务）；最小间隔（对于偶发任务）。

在下述附加约束下，有截止期限的任务调度可能会变得复杂：

（1）任务定期服务请求的频率；

（2）任务（子任务）之间的前后次序关系；

（3）任务的共享资源；

（4）是否允许任务抢占（preemption）。

如果任务是可抢占的，那么除非特别说明，通常假定任务只能在离散（整数）时刻被抢占。

实时系统及其环境是确定任务的起始时间、截止期限和周期的主要因素。任务的计算时间（或执行时间）依赖于它的源代码、目标代码、执行体系、内存管理策略以及页面错误和I/O（输入/输出）设备的实际数量。

在实时调度的分析中，通常把最坏情况下的执行（或计算）时间（Worst-Case Execution Time，WCET）记为c。这个时间不仅包括一个没有中断的任务代码的执行上界，还必须包含中央处理器（CPU）执行非任务代码的时间（比如处理任务页面错误的代码）以及I/O请求所消耗的磁盘队列时间（磁盘排队会导致任务页面的丢失）。

在实时系统中，确定进程（process）的计算时间对于该进程的成功调度是至关重要的。对计算时间的过度悲观估计会导致CPU资源的浪费，而过度乐观的估计（欠逼近（under-approximation））则会导致错过截止期限。

逼近WCET（最坏情况下执行时间）的方法之一是对系统的任务进行测试，然后以测试期间所得到的最大计算时间作为WCET。另一个确定进程计算时间的典型方法是源代码分析[Harmon，Baker，and Whalley，1994；Park，1992；Park，1993；Park and Shaw，1990；Shaw，1989；Puschner and Koza，1989；Nielsen，1987；Chapman，Burns，and Wellings，1996；Lundqvist and Stenstrvm，1999；Sun and-Liu，1996]。另一个可替代的方法是按照Burns和Edgar[Burns and Edgar，2000]中的建议，采用概率模型来研究进程的WCET。该方法对计算时间的分布进行建模，并用其来计算任何给定计算时间的置信水平（confidence level）。

一个普遍采用的实时调度策略就是速率单调(Rate-Monotonic, RM)调度器(RMS),它使用任务的(固定的)周期来确定任务优先级,是一个固定(静态)优先级调度器。在任何时候,RMS可以立即执行具有最短周期的就绪任务实例。如果两个或者两个以上任务具有相同的周期,那么RMS随机选择一个执行。由于存在RM不可调度的任务集,因此一般情况下RM调度算法并不是最优的。然而,存在特殊的周期性任务集,当采用RM调度时是最优的。

可调度性测试1: 给定一组 n 个独立可抢占周期性的单处理器任务,其相对截止期限大于或等于各自的周期,它们的周期两两分别为各自的整数倍数。令 U 为这个任务集的总利用率。此任务集可调度的充分必要条件为

$$U = \sum_{i=1}^{n} \frac{c_i}{p_i} \leqslant 1$$

可调度性测试2: 给定一组 n 个独立可抢占周期性的单处理器任务,令 U 为任务集的总利用率,任务集可行(feasible)调度的一个充分条件为:

$$U \leqslant n(2^{1/n} - 1)$$

可调度性测试3: 令

$$w_i(t) = \sum_{k=1}^{i} c_k \left\lceil \frac{t}{p_k} \right\rceil, 0 < t \leqslant p_i$$

当且仅当任务 J_i 是RM可调度的,对于任意的 t,按照如下取值:

$$t = kp_j, j = 1, \cdots, i, k = 1, \cdots, \left\lfloor \frac{p_i}{p_j} \right\rfloor$$

不等式 $w_i(t) \leqslant t$ 总是成立的。如果 $d_i \neq p_i$,那就用 $\min(d_i, p_i)$ 替换上述表达式中的 p_i。

另一个固定优先级调度器是截止期限单调(Deadline-Monotonic, DM)调度算法,它给相对截止期限较短的任务分配更高的优先级。如果每个任务的周期和它的截止期限相同,那么RM和DM调度算法是等价的。一般来说,如果每个任务的截止期限是一个常数 k 和其周期的乘积,即 $d_i = kp_i$,那么RM和DM算法是等价的。

最优的运行时调度程序是最早截止期限优先(EDF或者ED)算法,它在每个有最早绝对(接近或者最近的)截止期限优先的任务就绪的时刻运行。如果任务具有相同的截止期限,则EDF算法随机地选择一个执行。EDF是动态优先级调度器,因为任务在运行的时候其优先级可能会根据其绝对截止期限的临近而改变。一些作者[Krishna and Shin, 1997]把EDF叫作截止期限单调(DM)调度算法,而另一些[Liu, 2000]把DM算法定义为固定优先级调度器,即给较短相对截止期限的任务分配较高优先级。

另一个最优的运行时调度程序是最小松弛度优先(Least-Laxity-First, LL)算法。令 $c(i)$ 表示任务在时刻 i 的剩余计算时间。在任务的到达时间,$c(i)$ 是任务的计算时间。令 $d(i)$ 表示任务相对于当期时刻 i 的截止期限,那么,任务在时刻 i 的松弛

度就是 $d(i)-c(i)$。因此，任务的松弛度是任务能够延迟执行而不错过截止期限的最长时间。LL 调度在就绪任务有最小松弛度的每个时刻执行。如果多个任务有相同的松弛度，那么 LL 调度器随机选择一个执行。

对单处理器而言，EDF 和 LL 调度对于没有前后次序、资源和互斥约束的可抢占任务是最优的。

对于一组独立可抢占的周期性任务的调度，存在一个简单的充分必要条件[Liu and Layland，1973]。

可调度性测试 4： 令 c_i 表示任务 J_i 的计算时间。对一组 n 个周期性任务，且每个任务的相对截止期限等于或大于各自的周期 $p_i(d_i \geqslant p_i)$。这个任务集在单处理器上可行调度的充分必要条件是任务集的总利用率小于或等于 1：

$$U=\sum_{i=1}^{n}\frac{c_i}{p_i}\leqslant 1$$

可调度性测试 5： 一组单处理器上的独立可抢占周期性任务，可行调度的充分条件是

$$\sum_{i=1}^{n}\frac{c_i}{\min(d_i,p_i)}\leqslant 1$$

其中 $c_i/\min(d_i,p_i)$ 表示任务 J_i 的密度(density)。

可调度性测试 6： 给定一组单处理器上的 n 个独立可抢占周期性任务，令 U 为调度性测试 4 中定义的利用率($U=\sum_{i=1}^{n}\frac{c_i}{p_i}$)，$d_{\max}$ 为所有任务的截止期限中的最大值，P 为任务周期的最小公倍数(LCM)，且 $s(t)$ 为绝对截止期限小于 t 的所有任务计算时间的总和。当且仅当以下两个条件中任一个成立，这个任务集不是 EDF 可调度：

$$U>1$$

或

$$\exists\, t<\min(P+d_{\max},(\frac{U}{1-U})\max_{1\leqslant i\leqslant n}(p_i-d_i))$$

这样会导致 $s(t)>t$。

固定优先级调度器给所有相同任务的实例分配相同的优先级，因此每个任务相对于其他任务的优先级是固定的。然而，动态优先级调度器可能对相同任务的不同实例分配不同的优先级，因此随着新任务实例的到来或完成，每个任务相对于其他任务的优先级可能会改变。

总的来说，由于总能找到一组可调度的任务不能被所给出的固定优先级算法调度，所以不存在最优固定优先级调度算法。另一方面，EDF 和 LL 算法都是最优动态优先级调度器。

但是同一偶发任务的连续实例释放之间有最小时间间隔(minimum separation)。为了调度可抢占偶发任务，可以将偶发任务转换为等价的周期任务。这使得

它可以运用前面介绍的周期性任务的调度策略。

调度偶发任务的第一种方法(方法1)是把偶发任务作为以最小间隔时间为周期的周期任务。然后,采用前述的调度算法来调度这些周期任务(与偶发任务等价)。不同于周期性任务,偶发任务的释放是不规则的或者根本不释放。因此,即使调度器(比如RM调度算法)为等价的周期任务分配一个时间片,实际上偶发任务也可能未被释放。如果这个偶发任务没有请求服务的话,处理器在这个时间片仍然保持空闲。当偶发任务请求服务的时候,如果它的释放时间在对应的时间片内,它就立即运行。否则,就直到下一次等价周期的调度时间片到来,方可运行。

偶发任务的第二种调度方法(方法2)是把所有偶发任务当作一个周期任务 J_S,J_S 有最高的优先级,同时一个时间段被选择用于容纳此偶发任务集合的最小时间间隔和计算时间需求。此外,调度器是用来在处理器上给每个任务(包括 J_S)分配时间片的。任何偶发任务都可能在分配给 J_S 的时间片内运行,而其他(周期)任务在时间片之外运行。

偶发任务的第三种调度方法叫作延期服务器(deferred server,DS)[Lehoczky, Sha, and Strosnider, 1987],这种方法对第二种方法作了如下修改:如果在分配给偶发任务的时间片内没有偶发任务等待服务,那么处理器将运行其他(周期)任务;如果偶发任务被释放,处理器就抢占当前运行的周期任务来运行偶发任务,直到运行时间间隔达到分配给偶发任务的总时间片。

对于使用RM算法来调度系统中具有任意优先级的延期服务器,不存在某个利用率可以确保系统的调度可行性。然而,如果延期服务器在所有任务中有最短周期(即延期服务器有最高优先级),那么在这种特殊情况下,存在某个可调度利用率以保证系统是可行调度[Lehoczky, Sha, and Strosnider, 1987; Strosnider, Lehoczky, and Sha, 1995]。

可调度性测试7: 令 p_S 和 c_S 分别为延期服务器的周期和分配时间,$U_S=c_i/p_S$ 为服务器的利用率。一个由 n 个独立可抢占周期性单处理器任务组成的任务集,任务的相对截止期限等于对应的周期,以使周期满足 $p_S<p_1<p_2<\cdots<p_n<2p_S$ 且 $p_n>p_S+c_S$。该任务集合是RM可调度的条件是:任务集的总利用率(包括DS)不超过

$$U(n)=(n-1)\left[\left(\frac{U_S+2}{U_S+1}\right)^{\frac{1}{n-1}}-1\right]$$

可调度性测试8: 假设有一个任务集 M 是由周期任务集 M_P 和偶发任务集 M_S 联合而成。令任务 T_i 的标称(初始)松弛度 l_i 为 d_i-c_i。每个偶发任务 $T_i=(c_i,d_i,p_i)$ 由等价的周期任务 $T'_i=(c'_i,d'_i,p'_i)$ 替换,如下所示:

$$c_i'=c_i$$

$$p'_i=\min(p_i,l_i+1)$$

$$d'_i=c_i$$

如果可以找到最终的周期任务集（包含转换之后的偶发任务）M'的可行调度，那么就能够调度原始的任务集 M 而不需要预先知道偶发任务集 M_S 的开始（释放或请求）时间。

一个偶发任务(c,d,p)能够被转换成周期任务(c',d',p')且以周期任务方式调度需要满足一些条件：(1)$d \geqslant d' \geqslant c$；(2)$c'=c$；(3)$p' \leqslant d-d'+1$。

任务前后次序图(task precedence graph，也叫任务图(task graph)或前后次序图(precedence graph))展示了所需的一组任务的执行顺序。一个节点代表一个任务（或子任务），有向边表示了任务之间的前后次序关系，符号 $T_i \rightarrow T_j$ 是指 T_i 必须在 T_j 开始执行之前完成。

可调度性测试9：对于一个多处理器系统，如果一组开始时间相同的单实例任务能被调度，那么即使其开始时间不同且先验条件未知，该任务集也能在运行时被调度。对于最小松弛度优先算法调度，只需知道预先分配的截止期限和计算时间就足够了。

基于 EDF 的调度算法可用于使用确定性会合模型的通信任务以及带有临界区域的使用核心化监控模型的周期任务。

由于多处理器系统需要解决特定处理器上的任务分配问题，因此调度问题从单处理器系统向多处理器系统推广大大增加了问题的复杂性。事实上，对于两个或两个以上的处理器，确定最佳调度算法必须要有这些先验知识：(1)任务截止期限；(2)任务计算时间；(3)任务开始时间。

可调度性测试10：给定一组在多处理器系统上（有 n 个处理器）的 k 个独立可抢占（抢占发生在离散时刻）的周期任务

$$U = \sum_{i=1}^{k} \frac{c_i}{p_i} \leqslant n$$

令

$$T = \mathrm{GCD}(p_1, \cdots, p_k) \quad (\text{GCD 为最大公约数})$$

$$t = \mathrm{GCD}\left(T, T\left(\frac{c_1}{p_1}\right), \cdots, T\left(\frac{c_k}{p_k}\right)\right)$$

这个任务集是可行调度的充分条件是：t 是整数。

习　题

1. 假设一个任务由 n 个子任务 J_i 组成，每个子任务的计算时间为 c_i，$i=1,\cdots,n$。此任务在 k 时刻请求服务且绝对截止期限为 D。给出一个公式，计算执行完成每个子任务以至整个任务的截止期限能够被满足的最晚的截止期限。

2. 一个调度器被称为满足堆栈规律，即调度时如果任务 A 被任务 B 抢占，则任务 A 在任务 B 执行完成之前无法继续运行。一个随机调度器随机地选择一个任务在每个时间单元执行。那么随机调度器是否满足堆栈规律？如果满足，给出具体证明，否则举出反例。

3. 采用速率单调调度算法给下列任务集分配优先级。所有任务在时刻0到达。

任务	周期	计算时间
A	30	1
B	10	1
C	6	1
D	5	1
E	2	1

(a) 给出具体的调度。每个任务的最大响应时间是多少？写出具体的计算过程。

(b) 如果任务集当中任务的周期都是基本时间单元(比如4)的倍数，对这个任务集而言，固定优先级调度器和最早截止期限优先调度器效果一样吗？给出证明或者举出反例。

4. 判断以下任务集是否是RM可调度的。如果是，给出具体的RM调度。所有的任务在时刻0到达。

任务	周期	计算时间
A	50	8
B	20	3
C	35	15
D	10	2

5. 使用FIFO(FCFS)调度器调度习题3中的任务集。请问调度可行吗？

6. 使用EDF调度器调度习题3中的任务集。

7. 使用LL调度器调度习题3中的任务集。

8. 给出三个不满足简单可调度利用率(可调度性测试2)但是RM可调度的的周期性任务。

9. 构造一组能够被EDF算法调度而不能被RM算法调度的周期任务(列出开始时间、计算时间和周期)。

10. 证明LL算法在一组独立可抢占单处理器任务的最优性。

11. 在什么条件下RM算法和EDF算法等价？

12. 存在最优的优先级调度算法，可以调度不可抢占的具有任意开始时间、计算时间和截止期限的单处理器任务。假设任务集中所有任务的开始时间为0。对于这个任务集而言，EDF算法和LL算法哪个是最优的？证明你的答案。

13. 考虑以下三个周期任务：

T_1：$c_{1,1}=1, c_{1,2}=2, c_{1,3}=3, d_1=p_1=18$。

T_2：$c_{2,1}=1, c_{2,2}=2, d_2=5, p_2=6$。

T_3：$c_3=1, d_3=p_3=18$。

T_1 在第一、二、三个调度块之后必须与 T_2 交会。

T_2 在第一个调度块之后必须与 T_1 交会。

构造此任务集的调度。

14. 是否可以找到一组 n^3 个任务，能够在有 n 个处理器的多处理器系统中被调度？证明你的答案。

15. 以图形的方式在调度游戏板上显示 3.3.2 节中定义的三个区域（$R_1(k)$、$R_2(k)$、$R_3(k)$）。描述每个区域任务的状况。

16. 调度游戏板是一种表示在某个特殊时刻调度问题的简洁方式。如果任务不是独立的，即它们有前后次序约束，那么现有的游戏板表示和文件中定义的执行规则是不恰当的。此外，调度任务的充分必要条件不再适用。给出一个游戏板的扩展和规则的扩展以处理前后次序约束，并提出一种新的技术和（或者）一个新的充要调度条件。

17. 解释一下当多处理器调度独立任务的时候为什么会有“冲突集”，而单处理器调度则没有。

18. 考虑调度一组周期任务的充分条件：t 必须是整数。如果一组周期任务的 t 不再是整数，而 U（总利用率）小于 n（处理器数量），那么它还是可调度的吗？证明你的结论。如果是，给出一个任务集以及其调度。

第 4 章

有限状态系统的模型检测

一种用来表明程序或系统能否满足设计规范的方法是:用演绎系统的公理和推理规则来构造证明,如采用时序逻辑(一种能够表达事件相对顺序的一阶逻辑)。由于这种传统的手工方法对于并发程序(即使是小程序)的验证是繁琐的且易于出错。因此,对于有限状态并发系统,可以使用模型检查,而不是构造证明方法来检查其规格的正确性。

在模型检验的方法中,可将并发系统表示为有限状态图,即它可以被看作是一个有限 Kripke 结构。规范或安全声明可由命题时态逻辑公式表示。然后,可以使用称为模型检查器的算法,来检查系统是否满足其规格。换句话说,模型检查器决定 Kripke 结构是否是一个公式模型。目前存在几种模型检查器,其代码和运行复杂性各不相同。在这里,描述了由文献[Clarke,Emerson,and Sistla,1986]提出的第一种模型检查器,以及由伯奇等之后发展而来的更高效的符号模型检查器。

在文献[Clarke,Emerson,and Sistla,1986]的方法中,通过标记有限状态图来表示待检查的系统,并通过分支时序命题逻辑(称为运算树逻辑(CTL))来书写规范。这里没有选择可以表达公平性的线性时序逻辑,原因是由于其模型检测器(如逻辑)具有很高的复杂度。但是,公平性要求被植入到 CTL 的语义中。在本章中,术语“程序”和“系统”是可以互换的。

4.1 系统规范

对于给定的并发程序,当构造其相应的有限状态图时,必须完全理解程序,并确定程序中每个语句和动作的作用。如果该程序中用到流程图或控制图,则可以用它来确定每条语句的作用。构造有限状态图的一种方式是用所有程序变量和属性的初始值标记初始状态,这里叫做标签(labels)。然后,执行每个可能的下一条语句,并检查程序变量是否发生改变。如果它与已有的状态不同,则构造一个新状态。需要注意的是,有时需要构造一个新状态,即使它的标签与那些在已有状态的标签是相同的,这是因为导致当前状态与导致已有状态的动作顺序不同。从当前状态到新状态构建了一个有向边。对于每个新状态,重复这种状态和边的构建步骤,直到没有新状态产生为止。4.4.1 小节的示例程序给出了邻接矩阵形式的有限状态图。

对于其他非计算机系统，也可以进行类似的图构建过程。首先，确定与系统相关的在CTL结构中标示的状态属性。

例4.1：在铁路道口，列车有几种可能的位置：BEFORE－APPROACH表示列车没有被路口传感器检测到，所以它是远离交叉口的；APPROACH表示列车已经被路口传感器检测到并正向路口靠近；BEFORE－CROSSING表示列车接近路口但没有到达；CROSSING表示列车到达路口并正通过交叉路口；AFTER－CROSSING表示列车已经离开了路口。因此，在一个给定的时间或状态，列车位置的状态属性只能为以上五个值中的一个。接下来，模拟（或实际执行）系统中可能的动作，并采用与执行程序语句类似的方法，来观察状态属性和程序变量的变化。可以构建上述相同的有限状态图，如图4.1所示。

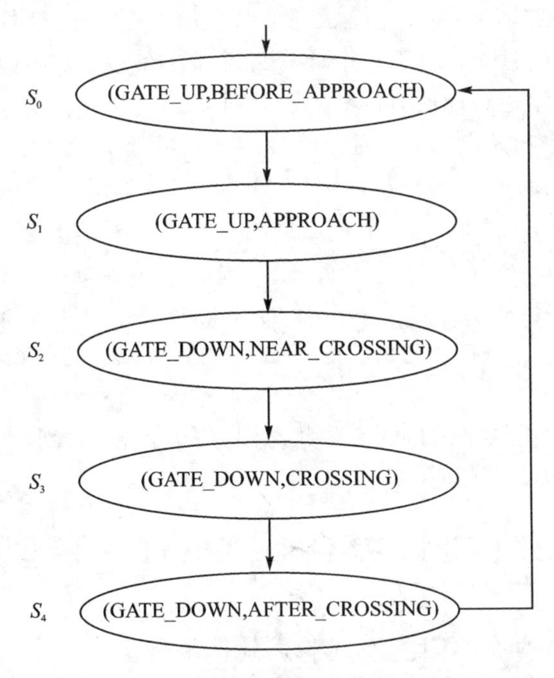

图4.1　铁路道口CTL结构

注意到，给定一个特定的系统，可以根据需要的细节程度来模拟它。在以上例子中，列车的每个可能位置可进一步划分为更精确的数值坐标，这必然使得CTL结构中需要更多的状态和转化，从而使得分析更为复杂。

因为模型检测的正确性依赖于能否正确地捕获状态图中的并发程序，所以状态图的构建非常重要。文献[Clarke，Emerson，and Sistla，1986]没有讨论这种构建方法。但是，文献[Cheng et al.，1993；Zupan andCheng，1994b]给出了一个易于执行的构建算法（见第10、12章）。下面，首先正式定义CTL结构。

CTL结构：从形式上看，CTL结构（状态图）是一个三元组$M=(S,R,P)$，其中：

（1）S是一个有限状态集；

(2) R 是 S 上的二元关系，给出了状态之间的可能转移；

(3) P 为原子命题集中的每个状态分配"真"。

下一步指定 CTL 中的说明或安全声明。

CTL 由原子命题中的一组 AP 组成，它们可以是属性，如 C1(进程 1 中的关键部分)，程序变量值 $C=1$(变量 C 具有值 1)或者铁路道口场景中的 BEFORE - CROSS。每个原子命题都是一个 CTL 公式，更复杂的 CTL 公式可以由运算符 NOT、AND、AX、EX、AU 和 EU 来构造，运算符 NOT 和 AND 有它们通用的含义。要定义其余的运算符，需要定义一个路径作为一个无限、指定的 CTL 结构中的状态(其中一些可以是相同的)序列。

符号 X 为下一次操作符，公式 AX f_1 意味着 f_1 持有当前程序状态的每一个直接后继，另外，EX f_1 意味着 f_1 持有当前状态的某些直接后继。符号 U 是"直到"运算符。公式 A[f_1 U f_2]意味着对于每个计算路径都存在一个初始前缀，f_2 拥有前缀的最后状态，f_1 拥有前缀的其他所有的状态。另外，公式 E [f_1 U f_2]意味着对于某些计算路径都存在一个初始前缀，f_2 拥有前缀的最后状态，f_1 拥有前缀的其他所有状态。为了简化说明，使用了下列缩写：AF(f)表示 A [True U f]：f 拥有从初始状态 s_0 开始的每一条路径，所以 f 是不可避免的。EF(f)表示 E [True U f]：f 拥有从初始状态 s_0 开始的一些路径的某一个状态，所以 f 可能成立。EG(f) 表示 NOT AF(NOT f)：f 拥有从初始状态 s_0 开始的某些路径的所有状态。AG(f) 表示 NOT EF(NOT f)：f 拥有从初始状态开始的每条路径上的每个状态，所以 f 是全局的。

图 4.1 表示了简单铁路道口的有限状态图，每个状态包含两个变量(道口门的位置、列车的位置)。初始状态是 s_0。

4.2 CLARKE - EMERSON - SISTLA 模型检测器

Clarke-Emerson-Sistla (CES)模型检测器能够确定在给定的 CTL 结构中，由 CTL 书写的公式 f_0 是否正确。它使用成分划分的方法来分析并分步执行。第一步，检查 f_0 中长度为 1 的所有子公式，即所有的原子命题。状态中的这些原子命题含有标签，用来识别这些命题。第二步，根据第一步中的结果检查所有长度为 2 的子公式，并为每个状态标记对应的子公式标签等。接着，在经过 i 步后，每个状态被标记上长度小于等于 i 的一组子公式标签。最后，模型检测器已经检查了长度为 n 的所有公式。

下面的数据结构和函数被用于访问标签，并与每个状态联系在一起。变量数 arg1 和 arg2 分别代表了二元时序运算符的第一和第二参数。如果状态 s 被标记上公式序号为 f 的标签，则变量 labeled[s][f]是真的，否则为假。函数 labeled 通过修改数组 addlabel(s,f,labeled)把公式 f 添加到状态 s 当前的标签中。为了简化 CTL

公式和内部进程的输入，使用前缀符号来书写公式。目前，公式的长度等于公式里面操作数和运算符的总数。假设公式 f 被赋值为整数 i，若 f 是一元的（例如 $F=$ NOT f_1），则将整数 $i+1$ 到 $i+\text{length}(f_1)$ 赋值给 f_1 的子公式。如果 f 是二元的（例如 $F=$ AU $f_1 f_2$），则将整数 $i+1$ 到 $i+\text{length}(f_1)$ 赋值给 f_1 的子公式，将整数 $i+\text{length}(f_1)+1$ 到 $i+\text{length}(f_1)+\text{length}(f_2)$ 赋值给 f_2 的子公式。通过这种赋值，可以建立两个数组：$nf[\text{length}(f)]$ 和 $sf[\text{length}(f)]$，这里 $nf[i]$ 为如上编号 f 的第 i 个子公式，$sf[i]$ 为赋给第 i 个公式的直接子公式的一组值。在例子中，如果 $f=$(AU (NOT CROSSING) GATE-DOWN)，那么 nf 和 sf 为

$nf[1]$ (AU (NOT CROSSING) GATE-DOWN)　　$sf[1]$ (2 4)

$nf[2]$ (NOT CROSSING)　　$sf[2]$ (3)

$nf[3]$ CROSSING　　$sf[3]$ nil

$nf[4]$ GATE-DOWN　　$sf[4]$ nil

因此，可以在常数时间内，根据公式 f 中的数字确定其运算符和赋给参数的序号，以有效执行 labelgraph 函数。使用数组 array labeled[][]和初始数组 array init-labeled[][]，而不是[Clarke, Emerson, and Sistla, 1986]中的函数 labeled，使得访问和更新更快。如果状态 s 被标记公式序号为 a 的标签，那么 labeled[s][a]是真的。

为了处理任意公式 f，将 labelgraph 函数应用到 f 的每个子公式中，从最高编号（最简单的）公式开始并反向排序。请注意，在下面的 C 代码中索引从 0 而不是 1 开始，因为在 C 语言中，数组从 0 开始索引。

```
for (fi = flength; fi >= 1; fi--)
        labelgraph(fi,s,&correct);
```

下面的 C 函数 labelgraph(f_i, s, b)用于确定 f_i 是否拥有状态 s。注意，它可以处理以下 7 种实例：f_i 是原子或者它含有以下运算符中的一个（NOT、AND、AX、EX、AU 或 EU）。

```
/* ============================================ */
/* function labelgraph */
/* ============================================ */
/* procedure labelgraph (fi,s,b) */
labelgraph (fi,s,b)
short fi, s;
Boolean *b;
{
    shorti;
    switch(nf[fi-1][0].opcode)
        {
        case atomic:
            atf(fi,s,b);
```

```
                break;
            casent:
                ntf(fi,s,b);
                break;
            case ad:
                adf(fi,s,b);
                break;
            case ax:
                axf(fi,s,b);
                break;
            case ex:
                exf(fi,s,b);
                break;
            case au:
                for (i = 0; i< = numstates; i++ )
                        marked[i] = false;
                for (i = 0; i< = numstates; i++ )
                  if (! marked[i])
                    auf(fi,s,b);
                    break;
            caseeu:
                euf(fi,s,b);
                break;
        }
    }/ * labelgraph * /
```


下面的递归C函数function auf(f_i,s,b)用于确定f_i是否在状态s中含有运算符AU,初始化代码和含有其他六种运算符的公式处理代码在4.5节列出。

```
/ * ============================================= * /
/ *  function auf  * /
/ *  In : fi =  input formula number  * /
/ *  s  =  state of the transition graph at which f is to be proved  * /
/ *  Out : b = true if formula f is true at state s  * /
/ *  Description: * /
/ *  Use DFS to determine whether (au arg1 arg2) is true in state s  * /
/ * ================================================ * /
/ *  procedure auf (fi,s,b)  * /
auf (fi,s,b)
short fi, s;
Boolean * b;
{
    short a1, a2, s1;
    Boolean b1;
    a1  =  sf[fi - 1].arg1;
```

```
    a2 = sf[fi - 1].arg2;
  * b = true;
  /*
  # ----------------------------------------------------------------
  # If s is marked, check to see if s is labeled with fi; return true
  # if it is, else false.
  # ----------------------------------------------------------------
  */
  if ( marked[s] )
      {
          if ( labeled[s][fi - 1] )
              * b = true;
          else * b = false;
          }
  else
      /*
      # ------------------------------------------------------------
      # If the state has not been visited (marked), mark it and check to see
      # if it is labeled with the argument 2.
      # ------------------------------------------------------------
      */ {
          marked[s] = true;
          if ( labeled[s][a2 - 1] || initlabeled( s,nf[a2 - 1] ) )
              {
                addlabel(s,fi,labeled);
                * b = true;
              }
          else if (! (labeled[s][a1 - 1] || initlabeled(s,nf[a1 - 1])))
              {
                  * b = false;
              }
          else {
                /*
                # -------------------------------------------------
                # For all successor states of s, check to see if f is true.
                # -------------------------------------------------
                */
                s1 = 0;
                while ( * b && (s1 <= numstates))
                    {
                        if ((s != s1) && (e[s][s1] == 1))
                            {
                                auf(fi,s1,&b1);
                                if (! b1)
                                 * b = false;
                            }
                        s1 = s1 + 1;
                    }
                if ( * b)
                    addlabel(s,fi,labeled);
```

```
        }
    }
}
/ * auf * /
```

函数 auf 从 CTL 结构的状态 s 开始，执行了深度优先搜索。它检查从 s 开始的每一个路径是否含有(附有 AU 第一个参数标签，并最终达到附有 AU 第二个参数标签的状态的)前缀。它通过标记满足公式 f 的状态 s 和 s 的后继状态，然后递归调用函数本身来执行相同的检查。只要未标记的第一个参数的状态先于已被标记第二个参数的状态到达，则函数返回 false。

分析复杂度：如果 CTL 结构中的状态都被正确标记了 f 中的 arg1 和 arg2 标签，则函数 auf 需要时间 O(CTL 结构中的状态数＋状态转换数)。因为每经历一次主循环耗时 O(CTL 结构中的状态数＋状态转换数)，所以整个模块检测器需要时间 O(leng(f) * (CTL 结构中的状态数＋状态转换数))。

4.3　CTL 的扩展

CTL 扩展用来解决公平执行序列的正确性验证，它明确事件的绝对时间而不是相对顺序。这里讨论如何通过扩展 CTL 来解决公平性。例如，一个基于规则的实时系统，其执行路径(规则触发序列)中已启用的规则也同样可能被选定用于执行，也就是说，这是一个公平的调度。同样，对于并发进程集，只考虑其中的计算路径，在路径中每个进程被无限地执行。一般情况下，一个请求服务的公平条件声明是通常充分可满足的[Garbay et al]。许多定义中都存在“请求”和“通常充分”的表述。在这里，如果一条路径上每个状态中的事件都可能同样发生，就说这条路径是公平的。

CTL 不能表达公平执行的正确性。更精确地说，一些命题 P 最终所拥有的公平性执行的属性不能由 CTL 来指定。为了解决公平性，同时保持高效的模型检测算法，修改了 CTL[Clarke, Emerson, and Sistla, 1986]的语义，产生了一种新的逻辑：CTL－F。它具有相同的语法，但结构是一个四元组(S,R,P,F)，这里 S,R,P 具有如前面所述的相同的含义且 F 是 S 上所有谓语的集合。当且仅当对任意 $g \subseteq F$ 且路径上有无穷多个状态满足 g 时，这个路径是公平 F。在 CTL－F 中，所有的路径量词都在公平性路径范围内，而语义与 CTL 中的保持一样。对于任何给定的有限结构 $M=(S,R,P)$，集合 $F=G_1,\cdots,G_n$ 为 S 的子集，状态 $s_0 \in S$，当且仅当图 M 中存在一个强连接分量 C 时，例如(1)从 s_0 到状态 $t \in C$ 之间存在一个有限路径，(2)对于每个状态 G_i 存在状态 $t_i \in C \cap G_i$，则图 M 中存在一个始于 s_0 的公平 F 路径。

4.4　应　用

模型检查器的一个应用是判断程序是否会终止，也就是说，在所有条件下能否达到一个固定点。例如,模块 mcf [Browne, Cheng, and Mok, 1988](在第10章描述)是一个基于 Clarke-Emerson-Sistla 算法的时序逻辑模型检测器,用于检查是否满足用 CTL 书写的时序逻辑公式。假设模型检测器中调度器观察到较强的公平性,也就是说,那些无限制的、经常被使能的规则最终将触发。在这种假设下,状态空间图中的一个循环(至少含有一个边可从该循环退出)足以使程序达到固定点。由于与退出边相关的规则最终必然被触发,程序将离开循环中的状态。但是,模型检测器将向设计者告警,程序可能需要有限无界次的迭代以最终到达固定点。

现在来描述用模型检测器确定一个用 EQL(等式逻辑)语言(在第10章描述)书写的程序是否能最终终止。下面程序的目的是确定在每个监控周期内对象是否被检测到。该系统包括两个进程和一个外部警告时钟,通过周期性设置变量 wakeup 为 true 来调用程序。

```
(* Example EQL Program *)
PROGRAM distributed;
CONST
false = 0;
true = 1;
a = 0;
b = 1;
VAR
synca,
syncb,
wakeup,
objectdetected : BOOLEAN;
arbiter : INTEGER;
INPUTVAR
sensora,
sensorb : INTEGER;
INIT
synca := true,
syncb := true,
wakeup := true,
objectdetected := false,
arbiter := a
RULES
(* process A *)
objectdetected := true ! synca := false
IF (sensora = 1) AND (arbiter = a) AND (synca = true)
[] objectdetected := false ! synca := false
IF (sensora = 0) AND (arbiter = a) AND (synca = true)
[] arbiter := b ! synca := true ! wakeup := false
```

```
IF (arbiter = a) AND (synca = false) AND (wakeup = true)
( * process B * )
[] objectdetected := true ! syncb := false
IF (sensorb = 1) AND (arbiter = b) AND (syncb = true)
AND (wakeup = true)
[] objectdetected := false ! syncb := false
IF (sensorb = 0) AND (arbiter = b) AND (syncb = true)
AND (wakeup = true)
[] arbiter := a ! syncb := true ! wakeup := false
IF (arbiter = b) AND (syncb = false) AND (wakeup = true)
TRACE objectdetected
PRINT synca, syncb, wakeup, objectdetected, arbiter, sensora,
sensorb
END.
```

在这个例子中，输入变量为 sensora 和 sensorb，程序变量为 objectdetected、synca、syncb、arbiter 和 wakeup。符号"[]"是一个规则分隔符，符号"!"分隔同一规则中的并行赋值。

每个进程运行时与其他的进程独立。程序外部警告时钟用于在某些特定的时间后调用程序。当使能条件为真时，通过执行赋值语句触发规则。在这个例子中，共享变量 arbiter 用作同步控制变量，它用于实现共享变量的互斥访问，如不同进程中的 objectdetected。变量 synca 和 syncb 分别为进程 A 和进程 B 中的同步控制变量。需要注意的是，对于每个进程，在控制被转移到其他的进程之前，至多有两个规则被触发。在开始阶段，假定进程 A 互斥访问变量 objectdetected 和 synca。该 EQL 程序与初始输入值可以通过一个有限状态-空间图形来表示。文献[Cheng et al., 1993].中给出了一个用于此目的的自动图形产生器。

```
Finite State Space Graph Corresponding to Input Program:
------------------------------------------------------------------
state next states
-----------------
rule # 1 2 3 4 5 6
0: 1 0 0 0 0 0
1: 1 1 2 1 1 1
2: 2 2 2 2 2 2
State Labels:
-------------
state (synca, syncb, wakeup, objectdetected, arbiter, sensora, sensorb)

0 1 1 1 0 0 1 0
1 0 1 1 1 0 1 0
```

```
2 1 1 0 1 1 1 0
```

接下来，写出CTL时序逻辑公式，来检查这个程序能否在有限的时间内，从初始输入和程序变量值对应的初始状态到达一个固定点。该公式和被标记的状态-空间图就是模型检测器和时间分析仪的输入。

```
3
1 1 0
0 1 1
0 0 1
0 n1 ;
1 n1 ;
2 f1 ;
(au n1 f1)
0
```

通过分析给定状态下的有限状态-空间图，该时序逻辑模型检测器能够检测在有限的迭代次数内是否到达一个固定点。为了验证程序在任何初始状态下能到达固定点，模型检测器必须分析该图中的每一个初始状态。该EQL程序示例中的完整状态-空间图包含8个独立的有限可达图，分别对应每个不同的初始状态。例如，带有初始状态$(t,t,t,-,a,0,1)$的图，对应于输入值和初始程序值，将是$2^3=8$中可能的图中的一个，而模型检测器必须对所有情况进行检查。

一般情况下，对于一个含有n个输入值和m个程序变量的有限域EQL程序，在最坏情况下(即输入值和初始程序值的所有组合都是可能的)，要被检测的可行图的数量是$\prod_{i=1}^{n}|X_i|\prod_{j=1}^{m}|S_j|$，这里$|X_i|$、$|S_j|$分别为第$i$个输入域和第$j$个程序变量域的大小。如果所有变量都是二进制的，那么这个数为2^{n+m}。实际上，要被检查的可行图的数量要少得多，因为许多输入值和初始程序值的组合不能构成初始状态。

4.5 用C实现的完整的CTL模型检测器程序

```
/* ============================================================= */
/*                                                               */
/*     Program Model Checker                    Albert Mo Kim Cheng */
/*                                                               */
/*     Description of the Program:                               */
/*                                                               */
/*     This program implements the Clarke - Emerson - Sistla algorithm */
/*   for verifying finite - state concurrent systems using temporal logic */
/*   specifications.                                             */
```

```
/*                                                                              */
/*     程序说明：*/
/*这个程序实现了 Clarke-Emerson-Sistla 算法,通过时态逻辑规范验证有限状态并发系统*/
/*----------------------------------------------------------------------------  */
/*                                                                              */
/*     Input:                                                                   */
/*           1. global state transition graph e                                 */
/*           2. initial labels flabel                                           */
/*           3. temporal logic formula to be proved                             */
/*           4. state at which formula is to be proved                          */
/*
                                                                                */
/*     Output:                                                                  */
/*           1. labeled global state transition graph                           */
/*            2. formula proved to be true or false                             */
/*
                                                                                */
/*----------------------------------------------------------------------------  */
/*
                                                                                */
/*      Functions:                                                              */
/* 1. typeoperator - returns type of operator when given a code                 */
/* 2. empty - true if the stack is empty                                        */
/* 3. initlabeled - true if state s is initially labeled with f                 */
/*
                                                                                */
/*      Procedures:                                                             */
/* 1. readgraph - read in the global state transition graph                     */
/* 2. push - push item into stack                                               */
/* 3. pop - pop item from stack                                                 */
/* 4. readf - reads temporal logic formula                                      */
/* 5. buildnfsf - builds arrays nf and sf                                       */
/* 6. addlabel - adds label to state s                                          */
/* 7. initsystem - initializes the proof system                                 */
/* 8. initlabeled - true if s is initially labeled with f                       */
/* 9. atf - procedure for processing atomic proposition                         */
/* 10. ntf - procedure for processing NOT operator                              */
/* 11. adf - procedure for processing AND operator                              */
/* 12. axf - procedure for processing AX operator                               */
/* 13. exf - procedure for processing EX operator                               */
/* 14. auf - procedure for processing AU operator                               */
/* 15. euf - procedure for processing EU operator                               */
/* 16. labelgraph - labels the state transition graph                           */
/* 17. readlabel - reads in the initial labels of the graph                     */
/* 18. printheading - prints program heading                                    */
```

```
/* 19. printoutput - prints labeled graph and proof result                    */
/*
                                                                              */
/* ========================================================================== */

/* program modelchecker */

#include <stdio.h>
#include <local/ptc.h>

#define maxstates 100 /* maximum number of states in the global */
/* state transition graph */
#define maxflength 100 /* maximum length of the input formula */

/* ------------------------------------------------------------------------*/
#define atomic 0
#define nt 1
#define ad 2
#define ax 3
#define ex 4
#define au 5
#define eu 6
typedef byte operatortype;
typedef struct item *itemptr;
struct item
      {
         short ip;
         itemptr next;
      };
typedef char codetype[2];
struct optype
      {
         short p;
         operatortype opcode;
         codetype op;
      };
typedef byte graphtype[maxstates+1][maxstates+1];
typedef struct optype ftype[maxflength];
typedef codetype fcode[maxflength+1];
typedef fcode flabeltype[maxstates+1];
typedef Boolean labeltype[maxflength][maxstates+1];
struct flist
      {
         short arg1, arg2;
      };
```

```
typedef ftype nftype[maxflength];
typedef struct flist sftype[maxflength];
typedef Boolean marktype[maxstates + 1];
/* ------------------------------------------------------------------ */
graphtype e; /* global state transition graph */
labeltype labeled; /* indicates which formulas are */
/* labeled in each state */
nftype nf; /* array of subformulas numbered */
/* in the order they appear in */
/* the original formula */
sftype sf; /* gives the list of arguments, if */
/* any, of each subformula operator */
short fi, /* number corresponding to a subformula */
      s,/* state at which formula is to be */
   /* proved true or false */
      numstates, /* number of states in the graph */
      flength; /* length of the input formula */
ftype formula; /* input formula to be proved */
marktype marked; /* indicates which states in the */
/* state transition graph have been */
/* visited in procedure labelgraph */
Boolean correct; /* true if formula is true at state s */
flabeltype flabel; /* set of initial labels in character */
/* form    */
/* ================================================================= */
/* function typeoperator                    */
/* In : op = two letter code representing an operator or variable     */
/* Out : typeoperator = type of operator              */
/* ================================================================= */
/* function typeoperator (op) */
operatortype typeoperator (_op)
codetype _op;
{
   codetype op;
   operatortype _typeoperator;
   ARRAYcopy(_op,op,sizeof(op));

if ((op[0] != 'a') && (op[0] != 'e') && (op[0] != 'n'))
      _typeoperator = atomic;
else {
        switch(op[0])
            {
                case 'a':
                                if ((op[1] != 'd') && (op[1] != 'u') && (op[1] != 'x'))
                                      _typeoperator = atomic;
```

```
                else {
                        switch(op[1])
                            {
                                case 'd':
                                        _typeoperator = ad;
                                        break;
                                case 'u':
                                        _typeoperator = au;
                                        break;
                                case 'x':
                                        _typeoperator = ax;
                                        break;
                            }
                        }
                break;
            /*
            #--------------------------------------------
            */ case 'e':
                if (op[1] == 'u')
                    _typeoperator = eu;
                else if (op[1] == 'x')
                    _typeoperator = ex;
                else _typeoperator = atomic;
                break;
            /*
            #--------------------------------------------
            */ case 'n':
                if (op[1] == 't')
                    _typeoperator = nt;
                else _typeoperator = atomic;
                break;
        }
    }
return(_typeoperator);
}
/* typeoperator */
/* ========================================================== */
/* procedure readgraph */
/* Out : e= graph */
/* numstates = number of states in the graph */
/* ========================================================== */
/* procedure readgraph (e,numstates) */
readgraph (e,numstates)
graphtype e;
short *numstates;
```

```
{
   short i, j;
   fprintf(stdout," Please enter the number of states in the graph:");
   writeln(stdout);
   writeln(stdout);
   fscanf(stdin," % d",numstates);
   readln(stdin);
   * numstates =  * numstates - 1;
   fprintf(stdout," Please enter graph in adjacency matrix form:");
   writeln(stdout);
   writeln(stdout);
   for (i = 0; i <=  maxstates; i++ )
      for (j = 0; j <=  maxstates; j++ )
         e[i][j] = 0;
   for (i = 0; i <=  * numstates; i++ )
      {
         for (j = 0; j <=  * numstates; j++ )
            fscanf(stdin," % d",&e[i][j]);
         readln(stdin);
      }
   fprintf(stdout,"");
   for (i = 0; i <=  * numstates; i++ )
      fprintf(stdout," % 3d",i);
   writeln(stdout);
   for (i = 0; i <=  * numstates; i++ )
      {
         fprintf(stdout," % 3d",i);
         for (j = 0; j <=  * numstates; j++ )
            fprintf(stdout," % 3d",e[i][j]);
         writeln(stdout);

   }
writeln(stdout);
}
/ * readgraph * /
/ * =========================================================== * /
/ *  procedure readlabel * /
/ *  Out : flabel =  initial labels of the graph * /
/ * =========================================================== * /
/ * procedure readlabel (flabel) * /
readlabel (flabel)
flabeltype flabel;
{
   char symbol;
   short i, j, s;
```

```
    fprintf(stdout," Please enter the initial labels in the following form: ");
    writeln(stdout);
    fprintf(stdout," state numberlabel1 label2 ... labeln ; ");
    writeln(stdout);
    writeln(stdout);
  /*
    # -----------------------------------------------------------
    # 读入每个状态的初始标记
    # -----------------------------------------------------------
    */

    for (s = 0; s <= numstates; s++ )
      {
          fscanf(stdin," % d",&i);
          symbol = getc(stdin);
          j = 1;
          while (symbol != ';')
                {
                    if (symbol != ' ')
                       {
                           flabel[s][j][0] = symbol;
                           flabel[s][j][1] = getc(stdin);
                           j = j + 1;
                       }
                    symbol = getc(stdin);
                }
          readln(stdin);
          writeln(stdout);
          fprintf(stdout," % 3d ",s);
          j = 1;
          while (flabel[s][j][0] != ' ')
                {
                    putc(flabel[s][j][0],stdout);
                    fprintf(stdout," % c ",flabel[s][j][1]);
                    j = j + 1;
                }
      }
writeln(stdout);
writeln(stdout);

}
/* readlabel */
/* ========================================================= */
/* procedure printheading */
/* ========================================================= */
```

```
/* procedure printheading */
printheading ()
{
   fprintf(stdout," Program Model Checker by Albert Mo Kim Cheng");
   writeln(stdout);
   fprintf(stdout," --------------------------------------------");
   writeln(stdout);
   writeln(stdout);
}
/* printheading */
/* ========================================================== */
/* procedure printoutput */
/* ========================================================== */
/* procedure printoutput */
printoutput ()
{
   short i, j;
   /*
   # First, print out the numbered input formula.
   # ---------------------------------------------------------
    */

   /*
   # ---------------------------------------------------------
   # 首先,打印出编号了的输入公式
   # ---------------------------------------------------------
    */
   writeln(stdout);
   fprintf(stdout," --------------------------------------------");
   writeln(stdout);
   writeln(stdout);
   fprintf(stdout," Temporal Logic Formula: ");
   writeln(stdout);
   fprintf(stdout," -------------------------------------------");
   writeln(stdout);
   writeln(stdout);
   for (i=1; i<= flength; i++)
      fprintf(stdout,"%3d",i);
   writeln(stdout);
   putc(' ',stdout);
   for (i=1; i<= flength; i++)
 {
putc(formula[i-1].op[0],stdout);
fprintf(stdout,"%c ",formula[i-1].op[1]);
 }
```

```
writeln(stdout);
writeln(stdout);
/*
#---------------------------------------------------------
#打印出标记转换图
#---------------------------------------------------------
*/

fprintf(stdout," Labeled State Transition Graph: ");
writeln(stdout);
fprintf(stdout,"--------------------------------");
writeln(stdout);
writeln(stdout);
fprintf(stdout," State  Labels ");
writeln(stdout);
fprintf(stdout," -------------    ---------------- ");
writeln(stdout);
for (i = 0; i <= numstates; i++ )
   {
       fprintf(stdout," %4d",i);
       for (j = 1; j <= flength; j++ )
          if (labeled[i][j - 1])
             fprintf(stdout," %3d",j);
       writeln(stdout);
   }
writeln(stdout);
fprintf(stdout,"-----------------------------------------------");
writeln(stdout);
writeln(stdout);
if (correct)
    {
        fprintf(stdout," The formula is proved to be true. ");
        writeln(stdout);
    }
else {
        fprintf(stdout," The formula is proved to be false. ");
        writeln(stdout);
    }

}
/* printoutput */
/* ====================================================== */
/* procedure push */
/* In : p = integer */
/* top = top of stack */
```

```
/ * Out : top = top of stack * /
/ * ========================================================= * /
/ * procedure push (p,top) * /
push (p,top)
short p;
itemptr * top;
{
   itemptr node;
   node = (itemptr)malloc(sizeof(struct item));
   node->ip = p;
   node->next = * top;
   * top = node;
}
/ * push * /
/ * ========================================================= * /
/ * procedure pop * /
/ * In : top = top of the stack * /
/ * Out : p = integer * /
/ * top = top of the stack * /
/ * ========================================================= * /
/ * procedure pop (p,top) * /
pop (p,top)
short * p;
itemptr * top;
{
   itemptr temp;
   * p = ( * top)->ip;
   temp = * top;
   * top = ( * top)->next;
   free(temp);
}
/ * pop * /
/ * ========================================================= * /
/ * function empty * /
/ * In : top = top of the stack * /
/ * Out : empty = true if the stack top points to is empty * /
/ * ========================================================= * /
/ * function empty (top) * /
Boolean empty (top)
itemptr top;
{
   Boolean _empty;
if (top == (itemptr)(NULL))
      _empty = true;
else _empty = false;
```

```
    return(_empty);
}
/* empty */
/* =========================================================== */
/* procedure readf */
/* Out : f = formula */
/* flength = length of the formula */
/* =========================================================== */
/* procedure readf (f,flength,s) */
readf (f,flength,s)
ftype f;
short *flength, *s;
{
    itemptr ptop; /* top of the stack of numbers corresponding */
     /* to parentheses found in the input formula */
    short i, j, ip, lp; /* number of left parentheses read */
    char lastsymbol, symbol; /* the input character */
    fprintf(stdout," Please enter the formula to be in proved in prefix form:");
    writeln(stdout);
    writeln(stdout);
    ptop = (itemptr)(NULL);
    for (i=1; i <= maxflength; i++)
        {
            f[i-1].p = 0;
            f[i-1].opcode = atomic;
            for (j=1; j <= 2; j++)
                f[i-1].op[j-1] = '';
        }
    i = 1;
    symbol = getc(stdin);
    /*
    # ----------------------------------------------------------
    # 如果公式不是原子的,那么下面的程序保证所有的子公式将被正确地读取
    # ----------------------------------------------------------
    */

    if (symbol == '(')
        {
            lp = 1;
            f[i-1].p = lp;
            push(lp,&ptop);
            while (! empty(ptop))
                {
                    if (symbol != '')
                        lastsymbol = symbol;
```

```
                    symbol = getc(stdin);
                    if (symbol == '(')
                        {
                          lp = lp + 1;
                          f[i-1].p = lp;
                          push(lp,&ptop);
                            }
                          else if (symbol == ')')
                            {
                               if (lastsymbol != ')')
                                 i = i - 1;
                               pop(&ip,&ptop);
                               f[i-1].p = ip;
                            }
                          else if (symbol != ' ')
                            {
                              f[i-1].op[0] = symbol;
                              symbol = getc(stdin);
                              if (((symbol >= 'a') && (symbol <= 'z')) ||
                              ((symbol >=
                                '0')&&(symbol <= '9')))
                                f[i-1].op[1] = symbol;
                              f[i-1].opcode = typeoperator(f[i-1].op);
                              i = i + 1;
                            }

                          }
                      * flength = i;
                      }
                    else
     # ------------------------------------------------------------------
     # 如果公式是原子的,则表明它的长度是 1
     # ------------------------------------------------------------------
  */

  {
      f[i-1].op[0] = symbol;
      symbol = getc(stdin);
      if (((symbol >= 'a') && (symbol <= 'z')) || ((symbol >= '0') &&
        (symbol <= '9')))
        f[i-1].op[1] = symbol;
      * flength = 1;
    }
readln(stdin);
fprintf(stdout," Please enter the state at which the formula is to be
```

```
  proved:");
writeln(stdout);
writeln(stdout);
fscanf(stdin," %d",s);
readln(stdin);
for (i=1; i <= *flength; i++)
   {
      putc(f[i-1].op[0],stdout);
      fprintf(stdout," %c ",f[i-1].op[1]);
   }
writeln(stdout);
fprintf(stdout,"state =  %d", *s);
writeln(stdout);
writeln(stdout);

}
/*readf*/
/* ====================================================== */
/* procedure buildnfsf */
/* In : f = input formula */
/*fl = length of input formula */
/* Out : nf = list of numbered subformulas */
/*sf = list of arguments for each subformula operator */
/* ====================================================== */
/* procedure buildnfsf (f,fl,nf,sf) */
buildnfsf (_f,fl,nf,sf)
ftype _f;
short fl;
nftype nf;
sftype sf;
{
   ftype f;
   short fi, lp, i, j;
   ARRAYcopy(_f,f,sizeof(f));
for (fi=1; fi <= maxflength; fi++)
   {
      for (i=1; i <= maxflength; i++)
         {
            nf[fi-1][i-1].op[0] = '';
            nf[fi-1][i-1].op[1] = '';
            nf[fi-1][i-1].p = 0;
            nf[fi-1][i-1].opcode = atomic;
         }
      sf[fi-1].arg1 = 0;
      sf[fi-1].arg2 = 0;
```

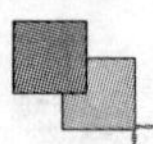


```
    }
/*
# -------------------------------------------------------------------
# 在程序循环的一次执行中,使用 f[i].p(其中的括号用于确定一个公式的作用域)中的标
# 记来计算数组 nf 和 sf 中的所有值
# -------------------------------------------------------------------
*/
for (fi=1; fi <= fl; fi++)
    {
        nf[fi-1][0].op[0] = f[fi-1].op[0];
        nf[fi-1][0].op[1] = f[fi-1].op[1];
        nf[fi-1][0].opcode = f[fi-1].opcode;
        nf[fi-1][0].p = f[fi-1].p;
        lp = f[fi-1].p;
        i = fi;
        j = 1;
  /*
        # -------------------------------------------------------------
        # 如果操作码不是原子的,说明它是一个操作符,那么必须找到操作数子公式的结尾
        # 部分,这样就可以通过搜索与括号相匹配的数字来操作这些操作码
        # -------------------------------------------------------------
 */

if (f[fi-1].opcode != atomic)
    {
        do {
            j = j + 1;
            i = i + 1;
            nf[fi-1][j-1].op[0] = f[i-1].op[0];
            nf[fi-1][j-1].op[1] = f[i-1].op[1];
            nf[fi-1][j-1].opcode = f[i-1].opcode;
            nf[fi-1][j-1].p = f[i-1].p;
        } while (! (f[i-1].p <= lp));
/*
        # -------------------------------------------------------------
        #现在计算数组 sf 的值,这些数值对应于操作符 f[fi].opecode 参数的数目。如
        #果该操作符是一元操作(如 nt、ax 和 ex),那么只有一个参数数目是确定的
        # -------------------------------------------------------------
 */

        i = fi + 1;
        sf[fi-1].arg1 = i;
        if ((f[fi-1].opcode != nt) && (f[fi-1].opcode != ax) &&
            (f[fi-1].opcode != ex))
            {
```

```
            if (f[i-1].opcode == atomic)
                sf[fi-1].arg2 = i + 1;
            else {
                lp = f[i-1].p;
                do {
                    i = i + 1;
                } while (! (f[i-1].p <= lp));
                sf[fi-1].arg2 = i + 1;
                }
        }
    }
}
/* do */
writeln(stdout);
fprintf(stdout," Array sf:");
writeln(stdout);
for (i=1; i <= fl; i++)
   {
    fprintf(stdout," %3d %4d %4d",i,sf[i-1].arg1,sf[i-1].arg2);
     writeln(stdout);
   }
writeln(stdout);
}
/* buildnfsf */
/* ================================================================ */
/* function initlabeled */
/* In : s = state of the transition graph */
/* f = subformula */
/* Out : initlabeled = true if state s is initially labeled with f */
/* Description: */
/* Determine if state s is labeled with subformula f. */
/* ================================================================ */
/* function initlabeled (s,f) */
Boolean initlabeled (s,_f)
short s;
ftype _f;
{
   ftype f;
   Boolean _initlabeled;
   short i;
   Boolean b;
   ARRAYcopy(_f,f,sizeof(f));
/*
# ---------------------------------------------------------------
#如果操作码是原子的,说明它是一个单原子命题,则只需要通过检查 flabel(初始标记是
```

```
#字符形式的数组)来确定它是否在状态 s 中。如果存在,则 b 设置为 true,否则设置为 false。
# ---------------------------------------------------------------------------
*/

if (f[0].opcode == atomic)
    {
       b = false;
       i = 0;
       while ((! b) && (flabel[s][i][0] != ''))
             {
               if ((flabel[s][i][0] == f[0].op[0]) && (flabel[s][i][1] ==
                  f[0].op[1]))
                  b = true;
               i = i + 1;
             }
    }
/*
# ---------------------------------------------------------------------------
# 如果操作码不是原子的,那么必须搜索整个 flabel 数组来确定输入标记是否存在。如果
# 存在,则 b 设置为 false,否则 b 设置为 true
# ---------------------------------------------------------------------------
*/

 else if (f[0].opcode == nt)
    {
       b = true;
       i = 0;
       while (b && (flabel[s][i][0] != ''))
           {
           if ((flabel[s][i][0] == f[0].op[0]) && (flabel[s][i][1] ==
              f[0].op[1]))
              b = false;
           i = i + 1;
           }
    }
else b = false;
return(b);
}
/* initlabeled */
/* ============================================================= */
/* procedure addlabel */
/* In : s = state of the transition graph */
/* fi = number corresponding to a subformula */
/* Out : label = state s is labeled with nf[fi] */
/* Description: */
```

```
/* Label state s with label nf[fi] by setting the boolean */
/* value labeled[s,fi] to true. */
/* ============================================================ */
/* procedure addlabel (s,fi,labeled) */
addlabel (s,fi,labeled)
short s, fi;
labeltype labeled;
{
  labeled[s][fi-1] = true;
}
/* ============================================================ */
/* procedure initsystem */
/* Description: */
/* Initialize the proof system: the initial labels and bit */
/* array labeled. */
/* ============================================================ */
/* procedure initsystem */
initsystem ()
{
  short i, s;
  for (s=0; s<= maxstates; s++)
     {
   /*
       #-----------------------------------------------
       # 给每个状态都标记为t(true)
       #-----------------------------------------------
       */

       flabel[s][0][0] = 't';
       flabel[s][0][1] = ' ';
       for (i=1; i<= maxflength; i++)
          {
            labeled[s][i-1] = false;
            flabel[s][i][0] = ' ';
            flabel[s][i][1] = ' ';
          }
     }
}
/* initsystem */
/* ============================================================ */
/* procedure atf */
/* In : fi = input formula number */
/*s = state of the transition graph at which f is to be proved */
/* Out : b = true if formula f is true at state s */
/* Description: */
```

```
/* If state s is labeled with nf[fi], then return true, else */
/* false. */
/* ================================================== */
/* procedure atf (fi,s,b) */
atf (fi,s,b)
short fi, s;
Boolean *b;
{
   short s1;
   for (s1 = 0; s1 <= numstates; s1++)
      if (labeled[s1][fi-1] || initlabeled(s1,nf[fi-1]))
         if (! labeled[s1][fi-1])
            addlabel(s1,fi,labeled);
   if (labeled[s][fi-1])
         *b = true;
   else *b = false;
}
/* atf */
/* ================================================== */
/* procedure ntf */
/* In : fi = input formula number */
/* s = state of the transition graph at which f is to be proved */
/* Out : b = true if formula f is true at state s */
/* Description: */
/* If state s is not labeled with arg1, then label state s */
/* (nt arg1) and return true, else false. */
/* ================================================== */
/* procedure ntf (fi,s,b) */
ntf (fi,s,b)
short fi, s;
Boolean *b;
{
short s1, a1;
a1 = sf[fi-1].arg1;
for (s1 = 0; s1 <= numstates; s1++)
   if (! (labeled[s1][a1-1]) || initlabeled(s1,nf[a1-1]))
      addlabel(s1,fi,labeled);
if (labeled[s][fi-1])
      *b = true;
else *b = false;
}
/* ntf */
/* ================================================== */
/* procedure adf */
/* In : fi = input formula number */
```

```
/ * s = state of the transition graph at which f is to be proved * /
/ * Out : b = true if formula f is true at state s * /
/ * Description: * /
/ * If both arguments are labeled in state s, then label * /
/ * state s (ad arg1 arg2) and return true, else false. * /
/ * ============================================================ * /
/ * procedure adf (fi,s,b) * /
adf (fi,s,b)
short fi, s;
Boolean * b;
{
   short s1, a1, a2;
   a1 = sf[fi - 1].arg1;
   a2 = sf[fi - 1].arg2;
   for (s1 = 0; s1 <= numstates; s1 ++ )
      if (labeled[s1][a1 - 1] || initlabeled(s1,nf[a1 - 1]))
         if (labeled[s1][a2 - 1] || initlabeled(s1,nf[a2 - 1]))
            addlabel(s1,fi,labeled);
   if (labeled[s][fi - 1])
         * b = true;
   else * b = false;
}
/ * adf * /
/ * ============================================================ * /
/ * procedure axf * /
/ * In : fi = input formula number * /
/ * s = state of the transition graph at which f is to be proved * /
/ * Out : b = true if formula f is true at state s * /
/ * Description: * /
/ * If all successor states of state s are labeled with arg1, * /
/ * then label state s with (ax arg1) and return true, else false. * /
/ * ============================================================ * /
/ * procedure axf (fi,s,b) * /
axf (fi,s,b)
short fi, s;
Boolean * b;
{
   Boolean b1;
   short s1, s2, a1;
   a1 = sf[fi - 1].arg1;
   for (s1 = 0; s1 <= numstates; s1 ++ )
      {
         b1 = true;
         s2 = 0;
         while (b1 && (s2 <= numstates))
```

```
                {
                    if ((s1 ! = s2) && (e[s1][s2] == 1))
                        if (! (labeled[s2][a1 - 1] || initlabeled(s2,nf[a1 - 1])))
                            * b = false;
                    s2 = s2 + 1;
                }
            if (b1)
                addlabel(s1,fi,labeled);
        }
    if (labeled[s][fi - 1])
            * b = true;
    else * b = false;
}
/ * axf * /
/ * ============================================================ * /
/ * procedure exf * /
/ * In : fi = input formula number * /
/ * s = state of the transition graph at which f is to be proved * /
/ * Out : b = true if formula f is true at state s * /
/ * Description: * /
/ * If at least one successor state of state s are labeled with * /
/ * arg1, then label state s with (ex arg1) and return true, else false. * /
/ * ============================================================ * /
/ * procedure exf (fi,s,b) * /
exf (fi,s,b)
short fi, s;
Boolean * b;
{
    Boolean b1;
    short s1, s2, a1;
    a1 = sf[fi - 1].arg1;
    for (s1 = 0; s1 < = numstates; s1 ++ )
        {
            b1 = false;
            s2 = 0;
            while ((! b1) && (s2 < = numstates))
                {
                    if ((s1 ! = s2) && (e[s1][s2] == 1))
                        if (labeled[s][a1 - 1] || initlabeled(s,nf[a1 - 1]))
                            {
                                b1 = true;
                                addlabel(s2,fi,labeled);
                            }
                    s2 = s2 + 1;
                        }
```

```
            }
        if (labeled[s][fi - 1])
            * b = true;
        else * b = false;
        }
/ * exf * /
/ * ----------------------------------------------------------------- * /
/ * procedure dfs            * /
/ * Description:             * /
/ * First label the given state s2 with (eu arg1 arg2); then          * /
/ * for all immediate predecessors of s2 which are labeled with arg1,        * /
/ * perform a DFS. When this procedure terminates, all states in paths        * /
/ * in which the prefix is arg1 (all consecutive states are labeled with        * /
/ * arg1 and the end state is labeled with arg2) are labeled with * /
/ * (eu arg1 arg2).          * /
/ * ----------------------------------------------------------------- * /
/ * procedure dfs (s2,f1) * /
dfs (s2,f1)
short s2, f1;
{
   short s1;
   addlabel(s2,fi,labeled);
   for (s1 = 0; s1 <= numstates; s1++ )
      if ((s1 != s2) && (e[s1][s2] == 1))
         if (labeled[s1][a1 - 1] || initlabeled(s1,nf[a1 - 1]))
            if (! labeled[s1][fi - 1])
               dfs(s1);
}
/ * dfs * /
/ * ================================================================ * /
/ * procedure euf * /
/ * In : fi = input formula number * /
/ * s = state of the transition graph at which f is to be proved * /
/ * Out : b = true if formula f is true at state s * /
/ * Description: * /
/ * Use DFS to label all states at which (eu arg1 arg2) is * /
/ * true. euf returns b = true if state s is labeled (eu arg1 arg2). * /
/ * ================================================================ * /
/ * procedure euf (fi,s,b) * /
euf (fi,s,b)
short fi, s;
Boolean * b;
{
   short s2, a1, a2;
/ *
```

```
    # ------------------------------------------------------------------
    # 所有标记为 arg2 的状态,都用深度优先搜索来标记路径中的所有状态,这些状态有前
    # 缀 arg1 并以 arg2 结束,如果状态 s 被标记为(eu arg1 arg2),那么 b 返回值 = true,
    # 否则为 false
    # ------------------------------------------------------------------
    */

   a1 = sf[fi - 1].arg1;
   a2 = sf[fi - 1].arg2;
   for (s2 = 0; s2 <= numstates; s2++)
      if (labeled[s2][a2 - 1] || initlabeled(s2,nf[a2 - 1]))
         dfs(s2,fi);
   if (labeled[s][fi - 1])
         *b = true;
   else *b = false;
}
/* euf */
/* ================================================================= */
/* procedure auf - shown above */
/* ================================================================= */
/* ================================================================= */
/* procedure labelgraph - shown above */
/* ================================================================= */
/* ================================================================= */
/* Main program */
/* First, initialize the system and print out a pretty heading. */
/* Then, read in the global state transition graph, the set of */
/* initial labels of the graph, and the formula to be proved. */
/* Next, construct the arrays nf and sf as described in Clarke */
/* et al. paper. Finally, for each subformula, label the state */
/* transition graph and determine whether the input formula is true */
/* or not. */
/* ================================================================= */
main(argc, argv)
int argc;
char **argv;
{
   printheading();
   initsystem();
   readgraph(e,&numstates);
   readlabel(flabel);
   readf(formula,&flength,&s);
   buildnfsf(formula,flength,nf,sf);
   for (fi = flength; fi >= 1; fi--)
   labelgraph(fi,s,&correct);
```

```
    printoutput();
}
/* modelchecker */
```

4.6 符号化模型检测

CES 模型检测器和其他早期的模型检测器都是显式-状态模型检测器。它们使用邻接表来表示有限状态图并显式地列出图中的状态。因为许多模型具有指数型数量级的状态，显式-状态模型检测器面临状态空间爆炸问题，并且对于许多实际系统的验证是不切实际的。为了缓解此问题，本节介绍了符号化模型检测[Burch et al.，1990a]，为了减少图中的冗余，它使用布尔公式表示状态和转移。然后，这些布尔公式用更为精简的二元决策图 BDD 来表示[Lee，1959；Akers，1978]，二元决策图可用非常高效的算法来实施[Bryant，1986]。因此，在验证较大系统时，符号化模型检测比显式-状态模型检测更实用。

4.6.1 二元决策图 BDDs

二元决策图 BDDs(Binary Decision Diagrams)是布尔逻辑公式的简洁图形表示。布尔逻辑公式可以通过真值表、卡诺图或积和(sum-of-products)规范形式来表示，但是这些表示含有冗余信息，从而导致产生指数数量的状态或实体。

作为减少这种冗余的第一次尝试，采用二元决策树代表布尔公式。节点代表变量，每个节点的两个输出边代表变量值是假(0)或真(1)。叶节点标记为 0 或 1，对应于给定公式的变量赋值。

从根到叶遍历给定的树(对应于公式)，可根据给定变量的值确定公式的值。从标有变量的根节点开始，如果值为 0，则沿着标记为 0 的边到下一节点；如果值为 1，则沿着标记为 1 的边到下一节点。如果下一节点是叶，那么公式的值标记为真。否则，从此节点重复该步骤，直到到达一个叶节点。

要注意的是，二元决策树有很多相同的子树。通过删除带有冗余信息的子树，BDDs 可被推导。所得到的结构是一个有向无环图，其中每个节点(除叶子)具有至多 2 个入边和最多两个出边。叶子结点可以有两个以上的入边。BDD 中的节点也是从根到叶遍历，但是 BDD 强调序列中变量的总排序，因此 BDDs 也被称为顺序 BDD，以强调它的排序功能。Bryant [Bryant，1986]在 BDD 的变量排序中新增了一些限制以允许高效的处理算法。现在正式定义 Bryant 的顺序 BDDs。

顺序二元决策图(OBDD)： 布尔公式可由一个功能图(OBDD)表示，它是一个含有两类顶点、从根节点开始的有向无环图。一个非终端顶点 v 含有两个子节点 low(v)与 high(v)，v 是$\{1,\cdots,n\}$中的索引 index(v)。一个终端顶点(叶子)的值是 0 或 1。如果 low(v)为非终端顶点，那么 index(v) < index(low(v))。同样，如果

high(v)为非终端顶点，那么 index(v)<index(high(v))。

例 4.2：由图 4.2 中的 BDD 表示公式$(p \wedge q) \vee (r \wedge s) \vee (t \wedge u)$。这个无环有向图清楚地给出了从根到叶的变量的完整顺序：index(p)<index(q)<index(r)<index(s)<index(t)<index(u)，或者更非正式地记为 $p<q<r<s<t<u$。

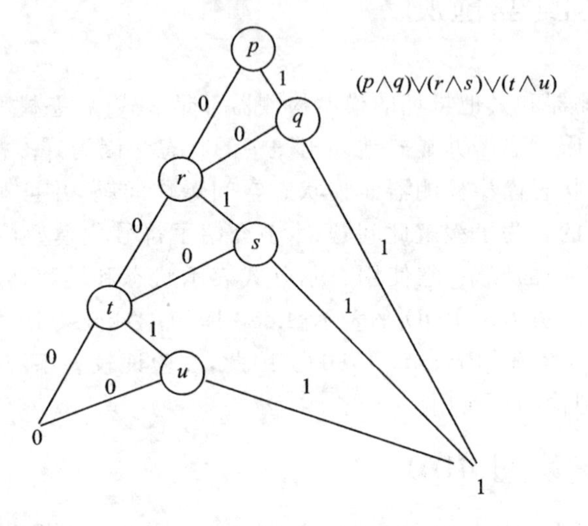

图 4.2 公式$(p \wedge q) \vee (r \wedge s) \vee (t \wedge u)$的 BDD

例 4.3：图 4.3 中的 BDD 表示公式$(p \vee q) \wedge (r \vee s) \wedge (t \vee u)$。这个无环有向图清楚地给出了从根到叶的变量的完整顺序：index(p)<index(q)<index(r)<index(s)<index(t)<index(u)，或者更非正式地记为 $p<q<r<s<t<u$。

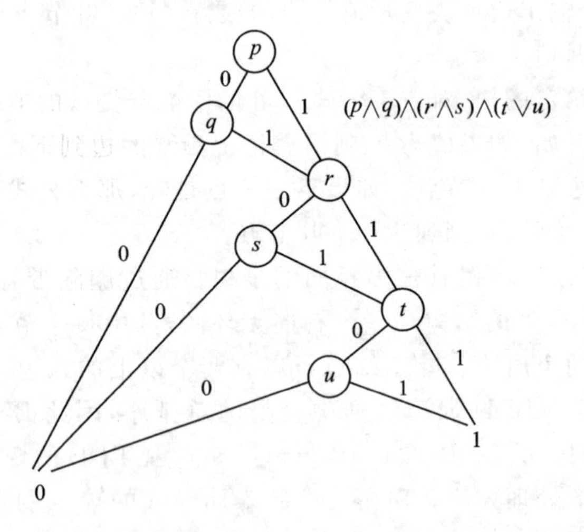

图 4.3 公式$(p \vee q) \wedge (r \vee s) \wedge (t \vee u)$的 BDD

顺序 BDD 除了比其他表示更简洁外，也是布尔公式的规范表示。该属性意味着每个含有特定变量顺序的布尔公式都具有唯一最小的 BDD 表示。实际上，BDDs 可以被看作确定性有限自动机(DFA),见第2章讨论。因此,可以通过检测两个布尔公式是否有同构表示,即它们的结构和属性是否完全匹配,来判定两个公式是否等价。此外,确定公式的可满足性,只需要将它的BDD与常数函数false(0)比较。

从现在起,当说到BDD时,指的是最小BDD。BDD的大小依赖于所选择的变量顺序,它在最坏的情况下,是指数型数量级的。然而,对于许多实际的布尔公式,一个好的变量顺序存在于(通常由专家确定)大小为线性的BDD中。需要注意的是,确定一个最佳变量排序,本身就是一个非确定性、多项式-时间决定的(NP)-完全问题。

BDD的同构: 给定两个顺序BDD(功能图),G_1和G_2分别含有顶点集V_1和V_2。如果存在一个从V_1到V_2的一对一函数h,使得对任意顶点$v_1 \in V_1$满足$h(v_1) = v_2 (\in V_2)$,或者以下条件:(1)v_1,v_2是终端顶点且value(v_1)=value(v_2),(2)v_1,v_2是非终端顶点且index(v_1)=index(v_2),$h(\text{low}(v_1))=\text{low}(v_2)$,$h(\text{high}(v_1))=\text{high}(v_2)$,其中一个成立,则$G_1$、$G_2$是同构的。

给定对应于布尔公式f和g的BDD,文献[Bryant,1986]提出了有效的算法,用于计算$\neg f$、$f \wedge g$的BDD,并且用值为0或1的变量x来限定f。

该模型检测算法还需要两个其他操作:布尔变量的量化(quantificationover Boolean variables, QBF)和变量名称的替换。文献[Bryant,1986]没有提出这两个操作的算法,但是,这里可以使用约束算法求出一个QBF公式的BDD。下面首先描述约束符号。约束算法如下:

```
Algorithm Restrict:
Input: BDD representing Boolean formula f , variable x, value b (either 0 or 1).
Output: BDD with the above restriction.
while (not visited(v)) do
if v = x then
if b = 0
then change pointer to v to point to low(v)
else change pointer to v to point to high(v)
reduce BDD and assign unique identifiers to the vertices
End Restrict
```

约束: 符号$f|_{x=0}$表示用值为0的变量x来约束f;同样,符号$f|_{x=1}$表示用值为1的变量x来约束f。

约束算法将一个布尔函数f的BDD转化成一个代表特定变量集的f表示,并对应于一个特定的值。

量化算法基于以下的定义。

布尔公式存在量化: 给定一个布尔公式f和一个布尔变量x,

$$\exists x[f] = f|_{x=0} \vee f|_{x=1}$$

布尔公式全称量化: 给定一个布尔公式f和一个布尔变量x,

$$\forall x[f] = \neg \exists x[\neg f]$$

使用下面的符号量化更多变量。

布尔公式一般量化：给定一个布尔变量向量 $x=\langle x_1,\cdots,x_n\rangle$，符号 $Q\bar{x}[f]$ 表示 $Qx_1[\cdots Qx_n[f]\cdots]$，这里 Q 为 $\exists$ 或 $\forall$。

现在可以使用以上量化算法来完成变量名的取代。

变量名的取代：假设一个公式 f 中的变量 y 不是自由变量，则变量 x 可由变量 y 来替代，即 $f\langle x\leftarrow y\rangle=\exists x[(x\leftrightarrow y)\wedge f]$。

由于符号模型检测器频繁执行这些操作，[Burch et al., 1990]中的验证工具中使用了更高效的算法。

符号模型检测算法：

输入：BDDs 和 CTL 公式 f 表示模型 M。

输出：是否满足 f。

让 $f\langle s\rangle$ 指代状态 s 下公式 f 的值。

如果公式 f：

原子命题 P：返回 P 的 BDD。

$\neg f_1$ 或 $f_1\wedge f_2$：为布尔连接词执行 Bryant 算法[Bryant, 1986]。

EXf：当且仅当存在一个后继状态 s' 使得 $f\langle s'\rangle=$true，即 $\exists s'[f\langle s'\rangle\wedge N(s,s')]$时，返回 $f\langle s\rangle=$true。

E[f_1 U f_2]：通过迭代 E[f_1 U f_2]$=f_2\vee(f_1\wedge$EXE[f_1 U f_2]$)$

来构建 BDD(表示 f 拥有的状态)。

EGf：通过找出最大固定点 EGf 和迭代 EG$f=f\wedge$EX EG f 来构建 BDD。

可以使用以上运算符表述其他 CTL 运算符。

4.6.2 符号模型检测器

针对一个标记状态转移系统或 Kripke 结构的模型，并不是明确地列举出模型中所有的状态，而是采用符号化方法将其表示为 BDDs，因此就得到了所谓的符号模型检测器(Symbolic Model Checker，SMC)[Burch et al., 1990a]。必须找到一种方法将模型翻译成 BDDs。假设系统的当前状态由布尔变量的矢量 $S=\{s_0,\cdots,s_{n-1}\}$ 表示，系统的下一状态由布尔变量的矢量 $S'=\{s'_0,\cdots,s'_{n-1}\}$ 表示。当前状态和下一状态变量值之间的转移关系可由布尔公式 $N=(s_0,\cdots,s_{n-1},s'_0,\cdots,s'_{n-1})$ 表示。需要注意的是，有限域的非布尔变量可以很容易转化成一个布尔变量的矢量。在第 12 章给出了这个转换的例子。

转移图中的每个转移都模拟了一个单位时间的通路。如果没有进一步扩展，那么非单元以及非确定性的转移时间能够由单元转移序列来模拟。可以很容易地将该转移图扩展成一个更强的模型，称为定时转移图(timed transitiongraph)[Campos et al., 1994]。

上述符号模型检测器把 BDDs 表示的模型 M 和被验证的公式 f(M 的初始状态

中)作为输入。对于 S 中的每个原子命题,它输出一个包含一个布尔变量的 BDD,使得当且仅当一个状态中 f 为真时,该 BDD 为真。

4.7　实时 CTL

CTL 能够指定一个有限状态系统中事件或动作的相对顺序,但不能直接表达这些事件或动作何时发生。一个可以指定某些事件在未来固定数量的时间单元内发生的笨拙方法就是嵌套使用运算符 EX 或 AX。实时系统给事件或动作的响应时间强加了界限。为了解决带有这些量化限制的属性,CTL 在许多方面被扩展。这里描述其中的一种扩展[Emerson et al., 1990],它为 CTL 的时序运算符增加了时间间隔,并且引入了运算符 $U[x, y]$。

在给定状态中,公式 $E[f_1 U[x, y] f_2]$表示该状态开始存在一条路径,通向f_2所拥有的一个未来状态,f_1拥有从开始状态到该未来状态之间的每一个状态,且开始状态到该未来状态之间的距离小于间隔$[x,y]$。现在将这个定义形式化。

存在有界直到运算符: 状态s_0中的公式 $E[f_1 U[x,y] f_2]$ 表示在s_0的开始存在一条路径和某个 i,使得 $x\leqslant i\leqslant y$,f_2拥有状态s_i,且 $\forall j<i$,f_1拥有状态s_j。

例 4.4: 令f_1表示无线电话机的电池电量在“低”位置,f_2表示这个无线电话机是“关闭”。那么 $E[f_1 U[5, 18] f_2]$表示存在一条执行路径,使得电话的电池电量在“低”的位置时,电话将在 5～18 时间单元内的时间间隔内“关闭”,并且在“关闭”状态之前,电话的电池电量处于“低”的位置。

状态s_0中的公式 $EG[x,y]f$ 表示在s_0的开始存在一条路径且 $\forall i$, $x\leqslant i\leqslant y$, f 拥有状态s_i。

4.7.1　最小和最大延迟

下面描述寻找两个事件之间最小和最大延迟的算法[Campos et al., 1994]。由于这些算法计算系统中事件的数字时间信息,而不只是事件的相对顺序,因此也称为量化算法。它们用来验证给定实时系统的时序约束是否得到满足,并预测系统的性能,辨别系统给定时序约束的执行情况。这些算法从满足第一个事件的状态开始,探索所有可能的执行路径,并且在满足第二个事件的状态到达时终止。

最小延迟算法以分别满足第一个和第二个事件的状态 start_set 和状态 final_set 作为输入。如果 start_set 中的状态可以到达 final_set 中的某个状态,则它返回的长度值为从前者到后者的最短路径中的边的数量;如果 final_set 中没有状态可到达,则算法返回无穷大。例如,第一个事件可以是实时进程使用非共享资源时的请求,第二个事件可以是为该进程分配资源,因此最小延迟算法找出该进程获取资源的最小等待时间。

函数 successors_set(S)返回状态 S 的后继状态集合,并定义为 successors_set

$(S)=\{s' \mid N(s,s')$对某个 $s \in S$ 为真$\}$。该函数、状态集 R 和 R' 以及交集和并集运算，都使用 BDDs 来执行。最小延迟算法如下：

```
procedure min_ delay(start _set, final_ set)
i := 0;
R: = start_set;
R := successors_set(R) ∪ R;
while R'≠R ∧ R' ∩ final_set = Ø do
    i := i + 1;
    R := R';
    R': = successors_set(R') ∪ R';
    if R ∩ final_set≠Ø
    then return i ;
    else return ∞ ;
```

接下来描述最大延迟算法，它也是以分别满足第一个和第二个事件的状态 start_set 和状态 final_set 作为输入。如果 start_set 中的状态可以到达 final_set 中的某个状态，则它返回的长度值为从前者到后者的最长路径中的边的数量。如果存在一条无穷路径使 start_set 中的状态不能够到达 final_set 中的状态，那么算法返回无穷大。再例如，第一个事件可以是实时进程使用非共享资源的请求，第二个事件可以是为该进程分配资源，所以最大延迟算法找到该进程获得资源的最大等待时间。如果为该进程分配资源强加一个期限(相对于该进程资源请求时间)，则最大延迟算法表明该期限是否得到满足。

集合 not_final_set 表示不属于集合 final_set 的状态的集合。函数 predecessors_set(S')返回 S 的前继状态的集合并定义为 predecessors_set$(S')=\{s' \mid N(s,s')$对某些 $s' \in S'$为真$\}$。与最小延迟算法一样，该 predecessor 函数、状态集 R 和 R' 以及交集运算，都使用 BDDs 来执行。这里，需要一个后向搜索来确定最长路径。最大延迟算法如下：

```
procedure max_ delay(start _set, final_ set)
i := 0;
R: = true;
R': = not _final_set;
while R'≠R ∧ R' ∩ start_set = Ø do
    i := i + 1;
    R := R';
    R': = predecessors _set(R') ∪ not _final_set;
if R ∩ R'
    then return ∞ ;
    else return i;
```

量化算法的有效性来源于两方面的原因。首先，布尔公式用来表示满足特定事

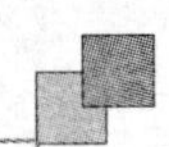

件的状态集合，并且这些公式在执行时由 BDD 表示。因为集合是由 BDD 表示的，因此这些集合中的运算操作在执行时如同前面描述的 BDD 一样高效。其次，这些运算操作能被应用到许多状态集合中，而不仅是个别的状态，从而能显著减少寻找状态空间的时间。

4.7.2 条件发生的最小和最大数量

路径上满足给定条件的状态的数量是研究兴趣所在，例如，列车能多少次到达并通过铁路道口？这里，描述两个条件计数算法[Campos et al., 1994]，它能够计算出从 start_set 中的状态到 final_set 中的状态所有有限路径上满足给定条件的最小和最大状态数，然后确定这些状态之间所有有限路径上条件发生的最小和最大数目。

与最小和最大延迟算法类似，这些量化算法从满足第一个事件的状态开始，寻找所有可能的执行路径并计算满足给定条件的状态数，当满足第二个事件的状态到达时终止。在运行条件计数算法之前，首先使用上述最大延迟算法，来计算状态转移图中从 start_set 中的状态到 final_set 中的状态之间是否存在一个有限路径。

需要在每个状态中引入计数变量，来记住整条路径上满足给定条件的状态数。为了有计划地做到这一点，引入了一个新的状态转移系统，它的每个状态含有一个原状态和一个正整数计数器。设 N 为自然数集，则状态集为 $S_a = S \times N$。

扩充转移关系：给定含有转移关系 $N \subseteq S \times S$ 的初始状态转移图，对应的扩充转移关系 $N_a \subseteq S_a \times S_a$ 定义为

$$N_a(<s,k>,<s',k'>) = N(s,s') \land (s' \in \text{条件} \land k' = k+1 \lor s' \notin \text{条件} \land k' = k)。$$

这表示在条件转移关系 N_a 中，当且仅当在原始转移关系 N 中存在一个从状态 s 到状态 s' 的转移时，存在一个从 $<s,k>$ 到 $<s',k'>$ 的转移，其中 s' 属于条件且计数器 k' 为 $k+1$，或者 s' 不属于条件且计数器 k' 为 k。因此只有状态 s 满足条件时，状态 s 中的条件计数器 k 才能递增。

设 $T \subseteq S_a$，函数 successors_set(T)返回状态 S 的前继状态集，并定义为 successors_set(T) = $\{t' \mid N(t,t')$ 对某些 $t \in T$ 为真$\}$。最小计数算法描述如下：

```
Procedure min_count ( start_set, condition, final_set )
current_min: = ∞;
R = {<s,1>|s∈start_set ∩ condition } ∪{<s,0>|s∈start_set∩c̅o̅n̅d̅i̅t̅i̅o̅n̅}
loop
    reached_final_set : = R∩final_set;
    if reached_final_set≠Ø then
    begin
        m: = min{k|<s, k>∈ reached_final_set};
        if m <current_minthencurrent_min: = m
    end
    R′: = R ∩ not_final_set;
```

```
    if R′ = Ø then return current_min;
    R: = successors_set (R′);
endloop;
```

在以上算法中,变量 current_ min 给出了所有之前迭代的最小计数。集合 R 是当前迭代循环中到达S_a的状态集。该算法检测第 i 次迭代时含有 i 个状态的路径的终点。如果这些状态在 final_set 中(意思是它们是路径的最终状态),则计数器的值用来计算路径的最小计数并更新当前最小计数。如果这些状态不在 final_set 中(意思是它们是路径的最终状态),则在得到这些非最终状态的后继状态后,继续该循环。当所有的状态都在 final_set 中时,算法返回当前最小值作为最小计数值。

可以通过反转不等式并将 max 代替 min 得到最大条件计数算法如下:

```
Procedure max_count ( start_set, condition, final_set )
current_max: =  - ∞ ;
R = {<s,1>|s∈ start_set ∩ condition } ∪ { <s,0>|s ∈ start_set ∩ ¬condition}
loop
    reached_final_set : =  R ∩ final_set;
    if reached_final_set ≠Ø then
    begin
        m: =  max{k|<s, k>∈ reached_final_set};
        if m > current_min thencurrent_min: =  m
    end
    R′: = R ∩ not_final_set;
    if R′ =  Ø then return current_min;
    R: = successors_set(R′);
endloop;
```


4.7.3　非单位转移时间

实时系统中事件的发生可能需要不同的时间,导致了模拟该实时系统的状态转移系统中两个状态间会产生非单位转移时间。此外,两个特定状态间的转移时间也可能因为同一事件的不同实例而改变。然而,早前提出的状态转移系统假设每个转移需要一个单位时间。处理非单位转移时间的一个方法就是将单位时间状态转移图扩展为定时转移图[Campos and Clarke, 1993]。

定时转移图(TTG):定时转移图模型将一对自然数的离散时间间隔[lower_bound, upper_bound]附着到有限状态转移图中的每个状态中。

符号 $N(s$, lower_bound, upper_bound,$s')$表示从状态 s 到状态 s'的转移可能不确定地需要 lower_bound 和 upper_bound 之间的任何时间单位。采用与条件计数算法中的扩展条件转移图模型相同的方法,这里为每个状态增加一个时间计数器,表示转移出此状态所需的时间单位。

定时转移关系(TTR)：给定一个具有转移关系 $N \subseteq S \times S$ 的原始状态转移图，对应的扩充转移关系 $N_a \subseteq S_a \times S_a$ 定义为

$$N_a(<s,k>,<s',k'>) = N(s,\delta,s') \wedge t' = t+\delta$$

即在扩充转移关系 N_a 中，当且仅当原始转移关系 N 中存在从状态 s 到状态 s' 的转移时，这里 N 可能需要 δ 的单位时间，$t'=t+\delta$，且 lower_bound $\leqslant \delta \leqslant$ upper_bound，则存在一个转移从 $<s,k>$ 到 $<s',k'>$。

现在讨论如何在 TTG 模型中确定所指定实时系统的定量性质。为了计算两事件中两个状态集之间的最小和最大延迟，可以使用前述相同的最小和最大延迟算法，并附加了额外步骤，如下所示为 TTG 最小延迟算法：

```
procedure TTG_ min_delay(start_set, final_set)
time_counter: = 0 for every <s,time_counter>∈start_set;
reachable_set: = set of states <s, t>reachable from start_set in t time units;
min_delay(start_set, final_set);
```

同时，也可以将没有修正过的条件计数算法运用到 TTG 中，首先将前述的单位时间转移系统中的扩充转移关系扩展为扩充定时转移关系。

扩充定时转移关系(ATTR)：给定一个具有转移关系 $N \subseteq S \times S$ 的原始状态转移图，对应的扩充定时转移关系 $N_a \subseteq S_a \times S_a$ 定义为

$$N_a(<s,k>,<s',k'>) = N(s,\delta,s') \wedge (s \in 条件 \wedge t' = t+\delta \vee s \notin 条件 \wedge t' = t)$$

即在扩充转移关系 N_a 中，当且仅当在原始转移关系 N 中存在一个从状态 s 到状态 s' 的转移时，则存在一个从 $<s,k>$ 到 $<s',k'>$ 的转移，其中 s 属于条件且计数器 t' 为 $t+d$，或 s 不属于条件且计数器 t' 为 t。只有状态 s 满足条件时，条件转移关系中的时间计数器才增加。因此，如果一个扩充状态 $<s,t>$ 能从 start_set 到达时，状态中存在一条需要 t 时间单元的路径，这些状态属于从 start_set 中的状态到状态 s 之间路径上的条件。

4.8　可用的工具

有多个可行的 SMV(符号模型验证器)版本，其中两个分别来源于卡耐基梅隆大学(CMU)模型检查组和 Cadence 伯克利实验室，网站如下：

http://www.cs.cmu.edu/~modelcheck/smv.html

http://www-cad.eecs.berkeley.edu/~kenmcmil/smv/

CMU 的 SMV 是第一个基于 BDDs 的模型检查器，它将含有多个模块的规范(称为程序)作为输入。一个模块是在该模型中可能被多次实例化的描述。每个 SMV 规范具有一个不含正式参数的主模块，它组成了模型层次的根基。主模块是根据给定的描述来构建有限状态模型的起始点。声明 MODULE process($p1,\cdots,pn$)，将 process 定义为含有 n 个正式变量的模块。

在一个模块中，可以声明局部变量。局部变量的值可以是布尔型、枚举型或整数的子范围。例如，以下局部变量 state 1 可以是 gate_up 或 gate_down：

```
VAR state1: gate_up, gate_down;
```

也可使用变量声明将模块实例化。一个模块可能包含其他模块的实例，允许构建一个结构层次。例如，主模块将变量 p0 声明为 proc 的实例：

```
VAR p0: proc(s0, s1, turn, 0);
```

函数 init 和 next 定义了每个状态中变量的值，如下所示(第 2 章图 2.5 所示的自动环境控制系统)：

```
init(state0) := comfort;
next(state0) := case
(state0 = comfort): {cold, hot, comfort};
(state0 = cold) :turn_on_heater;
(state0 = hot) :turn_on_ac;
⋮
esac;
```


上述代码将 state0 的初始值定义为 comfort，将下一状态中变量的值定义为当前状态中变量值的函数。如果 state0 的值为 comfort，那么在下一状态它的值可以是 cold、hot 或 comfort，并且是不确定的选择。如果 state0 的值为 cold，那么在下一状态它的值为 turn_on_heater。如果 state0 的值为 hot，那么在下一状态它的值为 turn_on_ac。能够使用运算符 &(与)和|(或)表达状态值更复杂的条件。

SyMP(符号模型证明器)是一个新的工具，将模型检测和定理结合在一起以方便验证。有关 SyM 的更多信息可在以下网址找到：

http://www.cs.cmu.edu/~modelcheck/symp.html

意大利 ITC - IRST 自动推理系统中的形式化方法组和卡耐基梅隆大学模型检测组之间的联合项目，最近开发了一种叫作 NuSMV 的新的模型检测器。NuSMV 是 SyMP 的重新实现和扩展，可以在以下网址找到：

http://nusmv.irst.itc.it/

NuSMV 模型检测的核心在于其开放式的体系结构，由此为基础开发了自定义验证工具，以实现工业设计与验证，并服务于形式化验证技术的测试平台。

4.9 历史回顾和相关研究

克拉克和爱默生首先开发了时序逻辑模型检测器的分析算法，则来验证被指定为有限状态机的非定时系统的理想特性[Clarke and Emerson, 1981; Clarke, Emerson, and Sistla, 1986]。为了减少模型检测的运行时间，Burch 等人[Burch et al. ,

1990a]和McMillan[McMillan, 1992]发明了符号模型检测算法,其中转移关系由二元决策图(BDD)表示[Lee, 1959; Akers,1978; Bryant, 1986],这使得不需要明确列举状态,从而显著减少了验证时间。BDDs首先由Lee[Lee, 1959]发明,后来Akers[Akers, 1978]加以改进。为了进一步解决大量规范的检测问题,Sokolsky和Smolka提出了增量模型检测[Sokolsky and Smolka, 1994]和局部模型检测[Sokolsky and Smolka,1995]。这些模型检测器只能探索状态空间中决定验证结果的那一部分。后来,Amla、Emerson、Kurshan和Namjoshi[Amla and Emerson, 2001]为同步时序图的高效模型检测提出了称为RTDT的前端平台。

Burch使用跟踪理论来模拟时序限制[Burch, 1989a],并通过CTL、跟踪理论和时序模型[Burch, 1989b]相结合,将定时规范能力增加到CTL中。Burch等人将符号模型检测应用到时序电路的验证[Burch et al., 1990a; Burch et al., 1994]和较大状态空间问题的研究[Burch et al., 1990a]中。McMillan[McMillan, 1992]使用SMV来检测了几个工业规范,包括IEEEFuturebus+和高速缓存协议[Clarke et al., 1993]。Cleaveland等人实现了一个叫作Concurrency Factory的集成工具集[Cleaveland et al., 1994]来指定和验证并发系统,这个工具集是以早期称做Concurrency Workbench[Cleaveland, Parrow, and Steffen, 1993]的工具集为基础。

为了进一步解决状态爆炸问题,文献[Henzinger, Kupferman, and Vardi,1996]为TCTL(CTL的实时扩展)模型检测提出了自动机理论方法,它将实时特性和空间效率模型检测方法结合在一起。该方法为TCTL产生了一个PSPACE实时模型检测算法。实时模型检测只探索了状态空间中用来确定规范满足性所必须的那一部分。空间效率模型检测使用额外的时间来重组信息,而不是使用额外的空间来存储它。

文献[Campos et al., 1994]通过引入量化算法将符号模型检测运用到实时系统中,该算法用于计算两个事件之间的最小和最大延迟,并用于计算给定条件下两个事件或状态集之间的最小和最大时间。一条路径的长度取决于它所含有的转移数。为了证明这些方法的性能,可运用这些方法来验证飞机控制的时间特性。文献[Campos and Clarke, 1993]在定时转移图中概括了该定义,允许对转移时间超过单位时间的通路进行建模。此外,在同一模拟系统中,不同的执行也可能使得转移所需要的时间不同。

文献[Iversen et al., 2000]使用模型检测来验证了实时控制程序。文献[Closse, et al., 2001]为开发和验证嵌入式实时系统提供了一个名为TAXYS的工具。文献[Havelund, Lowry, and Penix, 2001]使用SPIN工具,对航天器控制器提出了形式化的分析。

后来文献[Kupferman and Vardi, 2000]为模块化模型检测提出了自动机理论方法,并通过在分支时序公式中指定保证条件,来处理假设-保证(assume-guarantee)规范。模块验证中的模块规范,也称为假设-保证范式,它包含模块的保证行为和模块交互系统中的假设行为。提出了两种方法:一种是由分支时序公式来指定假设，另一种是由线性时序逻辑来指定假设。这两种方法都是在 CRL 和 CRL* 中指定保证。

文献［Browne，Cheng，and Mok，1988；Cheng and Wang，1990；Cheng et al.，1993］在分析工具 Estella(第 10 章描述)中开发并注册了一个修正的模型检测器，用来确定一个基于规则的实时系统是否具有有界响应时间。此修正的模型检查器还根据从起始状态到固定点的边数找出最长路径，来计算基于规则的系统在最坏情况下的响应时间。如果基于规则系统的响应时间是有界的，那么 Estella 也能找出最坏情况下的响应时间，所实施的模型检测器还使用了实时和空间效率技术。如果基于规则的系统满足一定的约束，那么由于 Estella 采用了基于语义的分析，就能避免模型检测，进而大大减少分析时间。

4.10 总 结

对于有限状态并发系统，可以使用模型检测方法，而不是构建证明方法，以检测其相关规范的正确性。在模型检测方法中，并发系统可表示为一个有限状态图，该图可被看作一个有限 Kripke 结构。规范或安全声明可由命题时态逻辑公式表示。然后，可以使用模型检测器的算法来检测模型是否满足规范。换句话说，该模型检测器确定了 Kripke 结构是否是一个公式模型。目前存在的几种模型检测器，它们的代码和运行复杂性各不相同。在这里，描述了由文献[Clarke，Emerson，and Sistla]提出的第一种模型检测器，以及由文献[Burch et al.，1990a]发展而来的更高效的符号模型检查器。

在 Clarke、Emerson 和 Sistla 的方法中，通过标记有限状态图来表示待检查的系统，而通过分支时序命题逻辑(称为运算树逻辑(CTL))来书写规范。这里没有选择可以表达公平性的线性时序逻辑，是由于其模型检测器(如逻辑)具有很高的复杂度。但是，公平性要求也被植入到 CTL 的语义中。

构建给定并发程序的有限状态图的一种方法就是首先用所有程序变量或属性的初始值标记初始状态，这里称为标签。然后，对于该语句每一条可能的下一条语句，执行该语句并检查程序变量是否发生改变。如果它与现有的状态不同，则构造一个新状态。需要注意的是，有时需要构造一个新状态，尽管它的标签与那些现有状态的标签是相同的，这是因为导致当前状态与导致已有状态的动作顺序不同。从当前考虑的状态到新状态构建了一个有向边。对于每个新状态，重复这种状态和边的构建步骤，直到没有新状态产生为止。

对于其他非计算机系统，也可以执行类似的图构建过程。首先，确定与系统相关的在 CTL 结构中标示的状态属性。

Clarke-Emerson-Sistla (CES)模型检测器能够确定在给定的 CTL 结构中，由 CTL 书写的公式f_0是否正确。它使用成分划分的方法来分析并分步执行。第一步，检查f_0中长度为 1 的所有子公式，即所有的原子命题。状态中的这些原子命题含有标签，用来识别这些命题。第二步,根据第一步中的结果检查所有长度为2的子公式,并为每个状态标记对应的子公式标签等。接着,在经过 i 步后,每个状态被标记上长度小于等于 i 的一组子公式标签。最后,模型检测器检查完长度为 n 的所有公式。

CES模型检测器和其他早期的模型检测器都是显式-状态模型检测器。它们使用邻接表来表示有限状态图并显式地列出图中的状态。因为许多模型具有指数型数量级的状态,显式-状态模型检测器面临状态空间爆炸问题,并且对于许多实际系统的验证是不切实际的。为了缓解此问题,引入了符号化模型检测[Burch et al., 1990a],为了减少图中的冗余,它使用布尔公式表示状态和转移,然后这些布尔公式用更为精简的二元决策图BDD来表示[Lee, 1959; Akers, 1978],二元决策图可用非常高效的算法来实施[Bryant, 1986]。因此,在验证较大系统时,符号化模型检测比显式-状态模型检测更实用。

二元决策图(BDDs)是布尔逻辑公式的简洁图形表示。布尔逻辑公式可以通过真值表、卡诺图或积和(sum-of-products)规范形式来表示,但是这些表示含有冗余信息,从而导致产生指数数量的状态或实体。

布尔公式可由一个功能图(OBDD)表示,它是一个含有两类顶点、从根节点开始的有向无环图。一个非终端顶点 v 含有两个子节点 low(v)与 high(v),v 是$\{1,\cdots,n\}$中的索引 index(v)。一个终端顶点(叶子)的值是0或1。如果 low(v)为非终端顶点,那么 index(v)<index(low(v))。同样,如果 high(v)为非终端顶点,那么 index(v)<index(high(v))。

顺序BDDs除了是更为紧凑的表示外,也是布尔公式的规范表示。该属性意味着每个含有特定变量顺序的布尔公式都具有唯一最小的BDD表示。实际上,BDDs可以被看作确定性有限自动机(DFA),见第2章讨论。因此,可以通过检测两个布尔公式是否有同构表示,即它们的结构和属性是否完全匹配,来判定两个公式是否等价。此外,确定公式的可满足性,只需要将它的BDD与常数函数false(0)比较。

针对一个标记状态转移系统或Kripke结构的模型,并不是明确地列举出模型中所有的状态,而是采用符号化方法将其表示为BDDs,因此就得到了所谓的符号模型检测器(Symbolic Model Checker,SMC)[Burch et al., 1990a]。必须找到一种方法将模型翻译成BDDs。假设系统的当前状态由布尔变量的矢量 $S=\{s_0,\cdots,s_{n-1}\}$ 表示,系统的下一状态由布尔变量的矢量 $S'=\{s_0',\cdots,s_{n-1}'\}$ 表示。当前状态和下一状态变量值之间的转移关系可由布尔公式 $N=(s_0,\cdots,s_{n-1},s_0',\cdots,s_{n-1}')$ 表示。需要注意的是,有限域的非布尔变量可以很容易转化成一个布尔变量的矢量。

转移图中的每个转移都模拟了一个单位时间的通路。如果没有进一步扩展,那么非单元以及非确定性的转移时间能够由单元转移序列来模拟。可以很容易地将该转移图扩展成一个更强的模型,称为定时转移图(timed transitiongraph)[Campos et al., 1994]。

符号模型检测器把BDDs表示的模型 M 和被验证的公式 f(M 的初始状态中)

作为输入。对于 S 中的每个原子命题，它输出一个包含一个布尔变量的 BDD，使得当且仅当一个状态中 f 为真时，该 BDD 为真。

CTL 可以指定一个有限状态的系统事件或动作的相对顺序，但不能直接表达这些事件或动作何时发生。一个可以指定某些事件在未来固定数量的时间单元内发生的笨拙方法就是嵌套使用运算符 EX 或 AX。实时系统给事件或动作的响应时间强加了界限。为了解决带有这些量化限制的属性，CTL 在许多方面被扩展。本章描述其中的一种扩展[Emerson et al., 1990]，它为 CTL 的时序运算符增加了时间间隔，并且引入了运算符 $U[x, y]$。

量化算法可以计算两个事件的以下值：(1)最小和最大延迟；(2)条件发生的最小和最大数目。另外，这些算法的扩展可用于解决非单位转移时间问题。

习　题

1. 表达以下 CTL 中的安全声明：医院重症监护室中，一旦脉冲/血压计、血氧传感器和呼吸传感器分别正确地连接到病人的手臂、食指和鼻子，则告警系统将被启用。如果下列任一条件为真时，警报响起且不停止，直到医生或护士到达并关闭警报。条件如下：脉搏每分钟超过 120 次；收缩压超过 180 mmHg；血氧计低于 80%；呼吸速率高于 35 次/min。

2. 考虑 CTL 的 CES 模型检测器。如果要模拟一个含有 n 个布尔变量和 m 个整数变量的程序的执行，m 和 n 的范围为 0～10(包括 10)，状态图中状态的最大数量是多少？

3. 考虑一个简单算法解决两个进程之间的互斥问题。为该算法构建状态转移图。首先通过 CTL 公式表达以下性质，然后尽可能按照 CES 模型检测器中的标记技术，来证明以下性质是否成立：

(a) 在任意时间，两个进程中只能有一个处于临界区。

(b) 这两个进程不会死锁。

4. 将习题 2 的状态图指定成 CMU 符号模型验证器(SMV)的描述。

5. 构造下面移动电话/娱乐系统的状态图：当移动电话/娱乐系统打开时，如果电话子系统在收音机、CD 或磁带播放器打开时接收到来电，那么电话子系统在收音机/CD/磁带播放器暂时关闭后响铃。收音机/CD/磁带播放器在以下任一情况发生后继续播放：电话响铃 12 次后没有用户按下“发送”按钮，或者在 12 次响铃之内按下“发送”按钮然后用户按下“结束”按钮结束通话。移动电话/娱乐系统被关闭时，电话子系统在接收到来电后不能响铃，在这种情况下，通话邮箱系统被激活来记录收到的消息。

6. 本题的目的是将 CES 模型检测算法应用到一个由 Attiya and Lynch 描述的[Attiya and Lynch, 1989]基于时间互斥算法的验证中。假设只有两个运算符(进程)。构建算法的状态转移图。首先通过 CTL 公式表达以下性质，然后尽可能根据

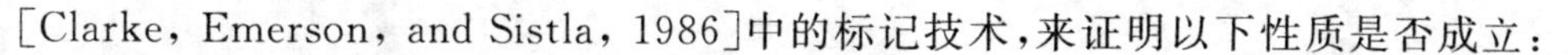

[Clarke, Emerson, and Sistla, 1986]中的标记技术,来证明以下性质是否成立:

(a) 在任意时间只有一个进程处于临界区。

(b) 进程不会死锁。

7. 将以下布尔公式表示为二元决策图(BDDs):

(a) $a \wedge (b \vee c)$;

(b) $a \vee (b \wedge (c \vee d))$;

(c) $(a \wedge b) \vee (c \wedge d)$。

8. 使用以下方法表示布尔公式,并比较它们的空间需求:

(a) 真值表(第2章描述);

(b) BDD。

9. 解释以下三类有限状态图与时序逻辑 CTL 是如何模拟带有时间限制的转移的:

(a) 含有非定时转移的图;

(b) 含有单位转移的图;

(c) 含有非单位转移的图。

10. 确定最小和最大延迟算法与最小和最大条件计数算法的运行时间复杂度。

11. 考虑汽车中的智能安全气囊系统。驾驶员座位上连接了传感器,来检测驾驶员和方向盘之间的距离。这个距离取决于驾驶员的体型以及方向盘的位置。根据该距离,气囊计算机确定如何使气囊充分膨胀。速度超过 30 mile/h 发生碰撞时,气囊启动;否则将不会启动。如果距离远(大于 1.5 ft),则气囊会在 50 ms 内完全启动。如果距离一般(1.0～1.5 ft 之间),则气囊会在 40 ms 内全面启动。如果该距离较近(小于 1.0 ft),则安全气囊会在 30 ms 内全面启动。将该系统指定为定时转移图(TTG)。

第5章

可视形式化、状态图和 STATEMATE

有限状态机(FSMs)已被广泛应用于计算机或非计算机系统的规范定义与性能分析,这些系统涵盖电子电路相关领域,甚至也延伸到经济领域。由于FSMs能够模拟系统的行为细节,因此,目前存在多种基于FSM的算法可用来实现系统分析。不幸的是,一些经典状态机(比如,在标准的明确-状态CTL模型检测方法[Clarke, Emerson, and Sistla, 1986]中所用到的状态机),通常缺乏模块化支持,且存在状态爆炸问题。当FSMs用于模拟包含相同子系统的复杂系统时,第一个问题(缺乏模块化支持)会经常出现。而第二个问题也是显而易见的,增加几个变量或组件会大量增加状态和转移的数量,从而增大FSM的规模。此外,经典FSMs也不能指定绝对时间和时间间隔,从而限制了其在实时系统规范上的应用。

为了解决前两个问题,可以在经典FSMs中引入了模块化和层次化特性。Harel等开发了一种称为状态图(statecharts)的可视形式化方法来解决这两个问题,同时,状态图方法也能够用于表示反应式系统(reactive systems)。反应式系统是一种包含复杂控制-驱动机制的系统,它与其所嵌环境中的离散事件进行交互。反应式系统的例子包括实时计算机系统、通信设备、控制设备、VLSI超大规模集成电路和机载航空电子设备。这些系统的反应式行为不能仅仅通过指定与每个输入集对应的输出来捕捉。这种行为必须通过指定输入、输出和系统状态之间的关系来描述,而且这些关系必须考虑系统和环境相关的时间限制和交互限制。

状态图语言提供了图形功能(标记箱)来表示状态(或状态集合)和状态之间的转移。当两个状态之间的相关事件和条件被使能时,这两个状态之间可以发生转移。状态可以通过精细化处理(refinement)而分解成较低级的状态,状态集也可通过聚类化处理(clustering)而聚合成较高级的状态。这种层级规范方法能够使得状态图规范的某一部分放大和缩小,从而部分解决了经典FSMs的指数型状态爆炸问题。此外,"与"和"或"的聚类关系、状态的独占性和正交性的概念,也易于支持系统的并发性和独立性。正如本章后面所述,由于这些特性不需考虑经典FSMs中的所有状态,因此,能够显著缓解状态爆炸问题。

为了开发一种不仅可用于系统规范同时也适用于行为描述的综合性工具,文献[Harel et al., 1990b]扩展了状态图,来导出结构和功能规范的高级语言。模块图(module-charts)语言用来描述系统组件的图形化结构视图。活动图(activity-charts)语言用来描述系统功能的图形化功能视图。工具中还增加了友好用户界面、模拟系统执行、动态分析、代码生成和快速原型机制。整个规范和开发环境被称为STATEMATE。

5.1 状态图

状态图[Harel, 1987]是经典有限状态机和状态转移图的延伸。这种可视化语言在表示反应式系统行为的方面,优于经典FSMs。它通过不同层次状态之间的即时广播通信,支持状态的"与"和"或"分解而得到子状态。因此,状态图将状态图、深度、正交性和广播通信的概念结合成一种规范语言。

5.1.1 状态图的基本功能

在状态图中,标记箱用于表示状态和有向边,来指明状态之间的转换。当满足相关事件(event)和条件(condition)时,发生转移。更确切地说,标记一个转移的表达式为:

event[condition]/action

其中,event是促使发生转移的事件,condition是促使发生转移的事件所持有的条件,action是当转移发生时所执行的动作。通常,如传统FSMs中那样,event和condition看作输入,action为输出。然而,转移标签中的这三部分是可选的。特殊的事件、条件和动作的选定列表如图5.1所示。对FSMs的扩展包括转移标签中变量的使用、条件中的逻辑比较和动作中的语句赋值。

例5.1: 以下转移标签表示:系统处于countdown状态,emergency状态不被激活,且触发事件started(ignition)发生,那么动作start(launch)和两个赋值("$a:=b+c+1$"和"$d:=a+2$")并行执行:

```
started(ignition)[in(countdown) and not active(emergency)]/start(launch);
a:= b + c + 1;d:= a + 2
```

注意,赋值运算符":="右边的表达式必须是无副作用(side-effect free)的。这些赋值的并行执行包括:使用赋值前变量的值来求所有表达式的值,然后根据相应表达式的值更新赋值运算符左边的变量。假设$a=1, b=2, c=3$,那么转移发生后:$a=6, d=3$。在第10章基于规则实时系统中,介绍了并行赋值的详细内容。

动作还与等级状态的入口和出口相关联。

在详细介绍状态图的语法和语义之前,用一个汽车的例子来阐述状态图的几个基本概念。

例5.2: 图5.2表示了汽车刹车踏板行为的两个规范状态图。这里,汽车的指定部分是specifiedsystem。这两种规范表示汽车可以处于三种状态:stop、move和slow。图5.2(a)表示:(1)当使用加速器时,从状态stop转移到状态speedup;(2)当

state S	entered(S) exited(S)	in(S)	
activity A	started(A) stopped(A)	active(A) hanging(A)	start(A) stop(A) suspend(A) resume(A)
data items $D1$,$D2$ condition C	read($D1$) written($D1$) true(C) false(C)	$D1 = D2$ $D1 < D2$ $D1 > D2$ …	$D1$:=expression make_true(C) make_false(C)
event E action A n time units	timeout(E,n)		schedule(A,n)

图 5.1 特殊的事件、条件和动作

使用刹车时,假设括号内的条件为真(未使用加速器),从状态 speedup 转移到状态 slow;(3)当使用加速器时,从状态 slow 转移到状态 speedup;(4)当使用手动刹车时,从状态 speedup 和 slow 转移到 stop。

或-分解:将状态 speedup 和 slow 聚类成新的状态 move,可以得到一个等价的规范,如图 5.2(b)所示。现在,如果说汽车处于状态 move,意味着汽车处于状态 speedup 或状态 slow。标有"使用手刹"从状态 move 离开的转移是一个更高级别的中断,并表示从状态 move 退出。无论汽车处于状态 speedup 或 slow 都没关系,该转移使系统从其中的一个状态转移到状态 stop。注意,从状态 stop 到状态 move 的外面标有 apply accelerator 的转移似乎是模糊的。但是,状态 speedup 上的内部缺省箭头表示,当标有 apply accelerator 的转移发生时,系统进入 speedup 状态。当系统设计者要在更高级水平控制汽车时,就没有必要查看 move 状态内部的细节。因此,规范和分析的复杂度可通过或-分解来简化。

与-分解:减少状态数量的另一种方法就是使用与-分解,如下面例子所示。

例 5.3:图 5.3 和图 5.4 表示用于解决两个进程互斥问题的两个等价状态图规范。任何一个正确的解决方案中,在给定时间下,关键部分($c1$ 或 $c2$)中只有一个进程被允许。第一个状态图规范如图 5.3 所示,类似于一个典型 FSM,而第二个状态图规范,如图 5.4 所示,使用与-分解来减少状态的数量。在第二个规范中,如果系统处于 mutex 状态,那么系统同时处于 process1($p1$)和 process2($p2$)。在第一个规范中,初始入口是进入到状态"$n1$,$n2$";在第二个规范中,通过进入到{$n1$,$n2$}的一对缺省箭头来决定进入 mutex 未指定的入口。

process1 和 process2 中的转移通过转移标签控制来实现并发发生。因此,如果 $p1$ requests 为真,系统将处于状态对{$t1$,$n2$};如果 $p2$ requests 同时为真,那么系统将处于状态对{$t1$,$t2$}。这里,process1 和 process2 称为通过与-分解得到的正交状

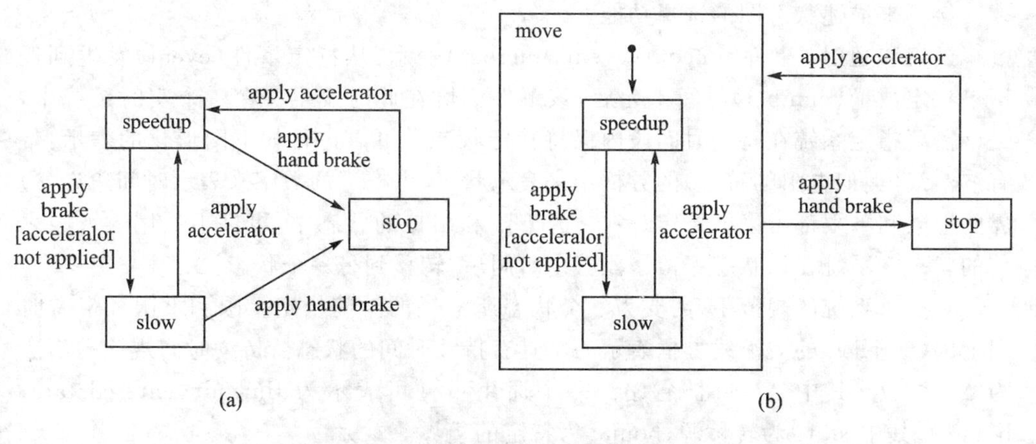

图 5.2　汽车刹车踏板行为的两个状态图

态组件。与-分解可被应用到任何级别的状态中，且比单级通信 FSMs 更方便。如例所示，正交性特性可以减小状态爆炸问题。

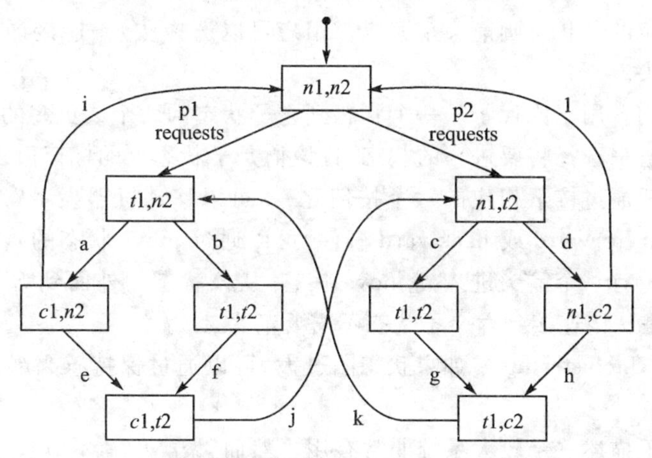

图 5.3　互斥问题解决方法的状态图 A

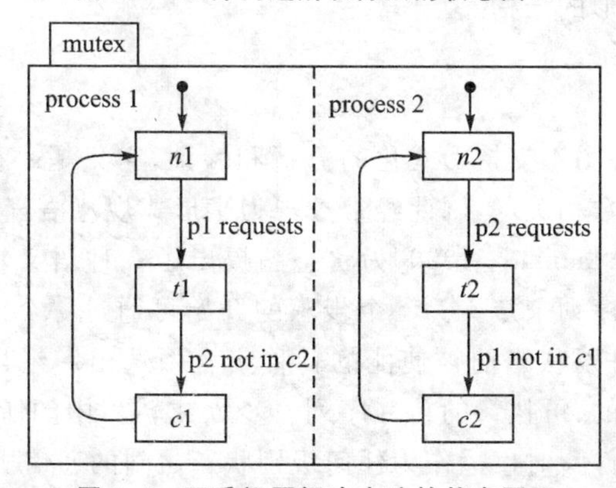

图 5.4　互斥问题解决方法的状态图 B

接下来描述状态图的选择功能。

延迟和超时：事件timeout(event,number)表示：从特定事件(event)发生到经历了特定数量(number)时间单元后，该事件恰恰在此时发生。在一个实时系统中，经常需要指定系统在特定时间段内保持特定状态。可以进行如下图形化的表示：带有波浪线(类似电阻的符号)的方框用来表示状态，方框旁的数字来表示时间边界，边界的上限和下限都可以被指定。在含有下限和出口的状态中，事件不适用于下限之前的状态。系统在该状态停留一段特定时间后，转移到另一个状态。

在实时系统的规范中，需要为一个状态所消耗的时间指定上限和下限。带有时间上限(或下限)的波浪线方框表示一个具有持续时间的状态。持续时间规范的语法为$\Delta t_1 < \Delta t_2$，其中Δt_i可被省略。一个通用事件可表示为timeout(enteredstate,bound)，其中state为转移源，bound为特定的边界。

条件和选择入口：为了减少子状态复杂入口处线条的数量，状态图采用了两个连接词(用圆圈表示)。条件连接词C取代了从一个状态到其子状态之间的两个或更多的箭头。通过从该状态到C-连接词(含有C的圆圈)画一个箭头，然后从该连接词到它们对应的子状态画箭头来完成。用户可以选择从C-连接词到它们对应状态所指定的箭头。

选择连接词S用于取代了从一个状态到它子状态的两个或更多的箭头。这里通过一般事件的值来选择将要进入的状态，且该值是子状态上的标记值之一。例如，机器人手臂操作者通过按下相应的六个按钮之一，可以移动机器人手臂使之产生up、down、left、right、forward或backward事件，可以通过move状态的六个子状态来模拟这六个事件。有一个箭头进入到move状态，从该状态的外面到*S*-连接词(含有*S*的圆圈)，但是从该连接到六个子状态不需要箭头。

聚类取消(Unclustering)：如果状态图过大，可以通过保持感兴趣的部分来实现聚类取消。

该方法对于描述一个较大系统非常有用。然而，聚类取消不应经常使用，因为它能够创建一个类似树形的结构。

5.1.2　语　义

在开发阶段，状态图不支持形式化的分析和验证，它只是一种纯粹的规范语言。它不与任何逻辑或代数相关联，因此经常被视为半形式式规范语言。

文献[Harel and Naamad, 1996]为状态图提出了一种语义，状态图的行为可通过模拟被允许的步骤序列来定义。一个步骤的开始可通过一个或多个事件来触发。给定当前的状态，就可以从当前被使能的转移集合中选出一组最大的复合转移集。复合转移是一个使能的、可执行的转移序列。步骤或转移中的所有执行都是并行实现的。状态图使用事件瞬时广播作为任何级别状态之间的通信机制。

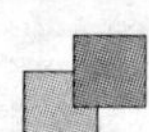

5.2　活动图

活动图语言描述了系统的功能化分解。它是一种概念化的建模语言，能以图形化方式表示直线型的活动或功能。实线箭头表示数据项的流程，而虚箭头表示控制项的流程。基本的（或原子的）活动不能分解为更低级的活动，可以被描述为编程语言中的代码，如C语言。高级活动中的细节由它更低级的活动来指定。活动处于激活状态时，需要输入项目并产生输出项目。

数据存储表示缓冲区，其中数据库或数据结构可被存储在一个活动中。控制活动在状态图中以空方框的形式出现，并显示了该系统的行为视图。一个控制活动可以通过感知和它相关活动的状态并给它们提供命令来控制这些活动。状态图的语言用于描述这些控制活动的内容。

5.3　模块图

模块图语言描述了系统模块（物理组件）、环境模块（外部的系统），以及这些模块之间的数据和控制信号流。因此，模块图提供了该系统的结构视图。直线矩形代表模块，虚线矩形代表存储模块。环境模块也由虚线矩形表示，它们处于指定系统之外。如同状态图中的状态，模块图中的子模块可能出现在一个模块的内部，并可能存在几个等级的封装。标记的箭头和超箭头（hyperarrows）表示模块之间的信息流。

图5.5表示一个简化汽车的模块图。CAR为主要部分，它被分解成几个子模块，其中两个是制动系统和动力系统。制动系统模块又进一步分解成三个子模块：信

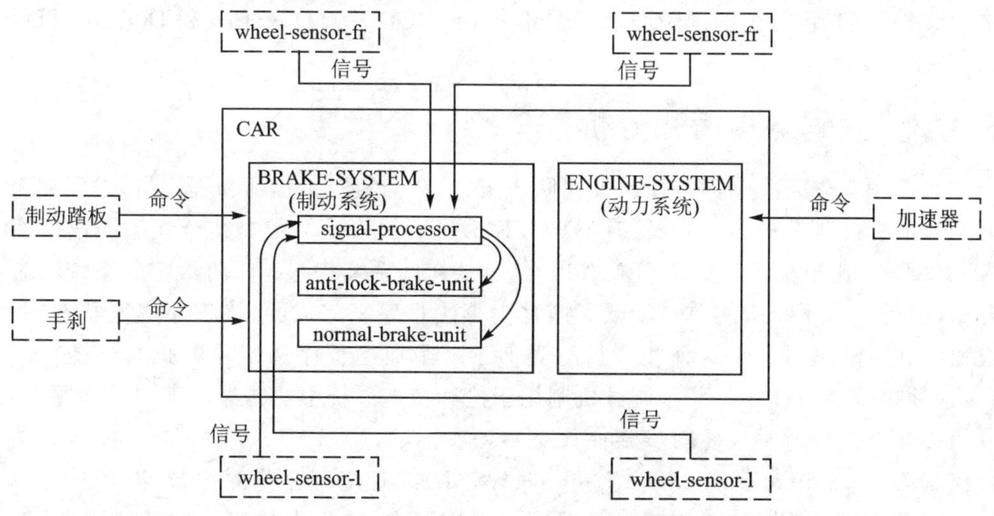

图5.5　简化的汽车的模块图

号处理器、防抱死制动单元和正常的制动单元。制动踏板、手刹、加速器和车轮传感器被视为外部或环境模块。

5.4 STATEMATE

STATEMATE [Harel et al., 1990a]是一种商业规范工具,它为设计师指定正在开发的系统(System Under Development,SUD)。该工具包含三个图形模块语言(状态图、活动图和模块图)和形式语言(Forms Language)。

5.4.1 形式语言

对于自然界中的非图形化信息,STATEMATE 提供了一种形式语言,并允许设计人员为规范的特定元素输入该信息。该信息包括:状态入口和出口相关的动作、数据项的类型/结构、复合事件和条件的定义。例如,数据项表单含有字段:名称、同义词、描述、定义、"包含"、"属性名"和"属性值"。"包含"字段用于将数据项构建成元件,"属性值"字段用于将属性与数据项相关联。

5.4.2 信息检索和文档

STATEMATE 为项目的信息获取和文档编制提供了工具。在大型产业项目的开发中,这两者都是团队/客户沟通所必需的。对象列表生成器是一个查询工具,用于访问满足数据库中用户标准的元素列表。可以编制多种类型的报告,包括数据字典、状态和活动的文本协议、接口图、N^2 -图以及不同层次版本树。文档生成语言(document generation language)允许用户生成定制文档,且生成的定制文档可遵循多个文档标准(包括美国国防部(US DoD)标准 DOD-STD-2167 和 DOD-STD-2167A)。

5.4.3 代码的执行和分析

状态图首先是一个为方便研发团队成员(客户、经理、工程师和程序员)之间交流而开发的标准规范语言。1987年,STATEMATE 的第一个版本结合状态图语言由AD CAD 完成并发行。STATEMATE 能够从初始系统状态或任何给定的系统状态开始,执行特定系统中的单一步骤。这是由算法程序来完成的,该程序遵循状态图、模块图和活动图语义。这种按步执行类似于一个典型程序调试器的执行步骤。因此,这种执行能力被作为一个调试机制用于检测特定系统中的错误或不一致问题。

交互地执行所感兴趣的步骤往往是不切实际的,所以 STATEMATE 提供了仿真控制语言(Simulation Control Language,SCL)来指定程序化的执行,即用户可以指定要采取步骤的顺序。该工具可以通过指定断点,使得在执行特定的步骤后,停止,然后等待用户的进一步指示。可以限制模拟执行的范围,而没有必要完整地指定整个系统。模拟执行的结果被记录在一个跟踪数据库中，并能生成仿真报告。

通过精心编写 SCL 程序，可以测试指定程序中包含错误或不一致的某些部分。可以为正在测试的程序加入看门狗，使得当特定情况发生时，该看门狗状态图进入一个特殊的状态。该方法有利于寻找条件为真的某些状态。然而，如 STATEMATE 执行者指出的那样，由于状态爆炸问题，即使对于小系统，测试所有的场景也是不切实际的。实际上，这样做等价于生成指定系统的整个 FSM 或可达图，而这正是状态图方法首先要避免的。此外，这种穷举测试不能被运用到具有无限数量状态的系统。STATEMATE 开发者计划针对时序逻辑公式提供验证规范能力，但是到目前为止，该工具本身不具有这种形式化分析能力。

STATEMATE 能将规范自动翻译成 Ada 或 C 原型代码。如果测试出生成的代码有错误，则修改相应的规范，并重新生成代码。该功能通过迭代生成模型修正代码，使得原型代码更接近于最终的软件，这个过程称作增量替换。

5.5　可用的工具

作为一个商业产品，STATEMATE（和状态图）已被用于更多应用中，而不是实验性的规范和分析工具中。第一个也是最显著、最广泛的应用，就是以色列飞机工业公司幼师战斗机上的特定任务航电系统。该航电系统的某一部分由状态图指定。其他已公布的应用包括巡航控制、进程建模和通信协议。

STATEMATE 是一个精心设计的工具，且具有方便的用户界面。它可用于小型项目的测试和有限可达性的分析。它优于非形式或半形式化的方法，但是缺少形式化的分析和新方法的验证能力，例如以逻辑和代数为基础的工具。由于在系统定义和设计的早期阶段，客户和开发者对于被设计系统必须有明确的交流，因此这一弱点限制了 STATEMATE 在该阶段的可用性。然而，该工具的新版本允许在状态图定义工具和基于时序逻辑的模型检测器之间有一个接口，来弥补上述问题。此外，该工具也可用于检测规范中的不一致或冲突。

更多关于 STATEMATE 的内容可在以下网址找到：

http://www.ilogix.com

I-Logix 中 STATEMATE 的当前版本被称作 Statemate MAGNUM。它是一种快速开发复杂嵌入式系统的综合化图形建模和仿真工具。使用该工具，用户可以创建一个完整的规范，从而成为系统需求和系统执行之间的正式步骤。此规范可被执行或通过图形化的仿真来探索“假设”场景，以确定系统元素之间的行为和交互是否正确。因此，用户可以检测和纠正早期设计过程中由于含糊不清的要求所导致的错误。

I-Logix 中的另一个可用工具是 Rhapsody，它是一个企业范围的可视化编程环境，为实时嵌入式系统和应用软件的开发和执行集成了状态图、活动表/图的定义工具。它基于统一建模语言 UML，并且适用于多种语言平台，包括 C、C++和 J。Rhapsody 结合功能化的分解和对象方法，允许对象行为的图形化设计。提供了实时行为语法、软件包、目标实时操作系统支持、模型/代码关联性、设计层次的调试和验证，以及产品质量定制代码生成。因此，Rhapsody 帮助开发者建造一个模型，即生成含有完整文档的应用程序代码。Rhapsody 集成了软件设计过程中的分析、设计、执行和测试阶段。它的构架是开放的和可配置的，以便于未来功能增强。Rhapsody 自带商用配置管理工具接口、需求跟踪工具、集成开发环境、测试工具以及人机界面的工具，将工作的重点从代码和调试转移到设计。Rhapsody 的其他功能包括模型/代码相关性、基于团队的开发、使用情况下的系统需求、组件间的协作、带有序列图的场景分析、带有对象模拟的构架模拟和系统范围的管理和视图。

使用 Rhapsody，一方面设计者可以完成和验证图形化模型的性能和行为特征，在设计阶段使用与模型设计相同的图调试应用程序，另一方面，还可以根据需要来开发和修正目标应用程序代码。这是可以实现的，因为代码是用所支持的编程语言来书写的真正代码，而不是应用程序的仿真模型。该工具允许在整个设计过程中将设计文档和执行相连接。

5.6　历史回顾和相关研究

状态图概括了经典 FSMs：米利[Mealy, 1955]有限自动机和摩尔[Moore,1956]有限自动机。从心理学的观点来看，状态图的语义与 Green [Green, 1982]调查文献中的流程图绘制技术相同。在该文献中，Green 展示了一个具有高等级状态的状态机，其中转移可以使任何级别的状态退出。同样，在状态图中，事件是从任何级别的状态产生的中断。

文献[Ward and Mellor, 1985]使用数据流图来指定实时系统。Alan Shaw 为指定实时系统引入了形式化方法，称为通信实时状态机(CRSMs)[Shaw, 1992]。虽然 CRSMs 更具限制性，它也是基于有限状态机，并从状态图中借用了一些概念，但是与状态图不同，它将事件的广播作为事件之间的通信机制，CRSMs 使用分布式的并发模型，通过组件间同步消息传递实现通信。

CRSMs 是一个有限状态机，它的转移附有如下形式的保护命令(guarded commands)标签：

guard→command[timing constraint]

guard 是一个 CRSM 变量的布尔表达式。如果将其省略，则假设为常量 true。command 可以是内部命令或输入/输出命令。内部命令可以是在一些编程语言中指定的一个计算，或者一些物理事件的一次发生。I/O 符号和语义借用了 Hoare 的顺序化通信进程(CSP) [Hoare, 1978; Hoare, 1985]，如第 9 章所述。

由 Mok 等人[Jahanian and Stuart, 1988; Jahanian and Mok, 1994] 引入的

Modechart 图形规范语言(第 6 章描述)是状态图/STATEMATE 的另一替代。此外,Modechart 声称能够弥补在处理绝对时间规范时状态图语言的弱点(特别对于其初始版本)。

如前面所讨论的,有限状态机或状态转移图能用来指定系统,但它们的大小和复杂度对于实际系统来说却令人望而却步。状态图的开发者指出,FSMs 不能够被轻易地转化成代码而用于原型构建、测试和执行。然而,程序优化和综合技术的发展提供了自动化的工具,用于将 FSM 转化成高级代码。由 Zupan 和 Cheng [Zupan and Cheng, 1994b; Zupan and Cheng, 1998]开发的优化工具能够自动地从一个状态转移图中综合成基于规则的程序。该工具在第 12 章描述。

5.7 总　结

有限状态机(FSMs)已被广泛应用于许多基于计算机和非计算机系统的规范与分析中。FSMs 可以模拟系统的详细行为,目前存在多种基于 FSM 的算法以实现系统分析。不幸的是,一些经典状态机(比如,在标准的明确-状态 CTL 模型检测方法[Clarke, Emerson, and Sistla, 1986]中所用到的状态机)缺乏模块化支持且面临状态爆炸问题。当 FSMs 用于模拟包含相同子系统的复杂系统时,这个问题(缺乏模块化支持)会经常出现。第二个问题是显而易见的,增加几个变量或组件会大量增加状态和转移的数量,从而增大 FSM。此外,不能指定绝对时间和时间间隔,因而限制了经典 FSMs 在实时系统规范上的应用。

为了解决前两个问题,可以在经典 FSMs 中引入了模块化和层次化特性。文献[Harel et al., 1987]开发了一种称为状态图的可视形式化方法来解决这两个问题,同时,状态图方法也能够用于表示反应式系统(Reactive systems)。反应式系统是一种包含复杂控制-驱动机制的系统,它与其所嵌环境中的离散事件进行交互。

这些系统的反应行为不能通过指定每个输入集对应的输出来捕捉,而必须通过指定输入和输出之间的关系来描述该行为。然而,该工具新的版本允许在状态图规范设备和基于时序逻辑的模型检测器之间有一个接口。

状态图语言提供了图形功能(标记箱)来表示状态(或状态集合)和状态之间的转移。当两个状态之间的相关事件和条件被使能时,这两个状态之间可以发生转移。状态可以通过精细化处理而分解成较低级的状态,状态集也可通过聚类化处理而聚合成较高级的状态。这种层级规范方法能够使得状态图规范的某一部分放大和缩小,从而部分弥补了经典 FSMs 指数型状态爆炸问题。此外,"与"和"或"的聚类关系、状态的独占性、正交性概念,易于支持系统的并发性和独立性。正如本章所述,这些特性并不考虑经典 FSMs 中的所有状态,进而显著地减小了状态爆炸问题。

为了开发一种不仅可用于系统规范同时也适用于行为描述的综合性工具,文献[Harel et al., 1990b]扩展了状态图,来导出结构和功能规范的高级语言。模块图

(module-charts)语言用来描述系统组件的图形化结构视图。活动图(activity-charts)语言用来描述系统功能的图形化功能视图。工具中还增加了友好用户界面、模拟系统执行、动态分析、代码生成和快速原型机制。整个规范和开发环境被称为 STATEMATE。

习 题

1. 与经典的有限状态转换系统相比,状态图有哪些优点,试描述之。

2. 描述状态图、活动图和模块图的使用。哪一个可以描述特定系统中最底层的细节?

3. "或-分解"和"与-分解"有哪些优点?它们适用于哪些场景?

4. SCL 的目的是什么?它如何帮助实现程序代码的正确开发?

5. 考虑图 5.3 和图 5.4 的状态图,可用于解决两个任务的互斥执行问题。状态图 A 基本上是一个经典有限状态机,而状态图 B 利用了状态图的特性。针对一个三任务系统,画出此两种对应的状态图。解释状态图 B(对于两个任务和三个任务系统)是如何避免状态图 A 中的状态爆炸问题的。

6. 为任意电子数码表的行为构建状态图。参照文献[Harel, 1987]所给出的例子。

7. 将第 4 章(习题 6)描述的智能安全气囊系统指定为一个状态图。比较状态图模型和定时转移图模型的表达能力和空间需求。

8. 考虑以下 2001 年 NASA(美国航空航天局)的火星奥德赛号人造卫星文献[Cass, 2001]的高级规范:在发射前和发射过程中,人造卫星被折叠成一个防护罩。发射后,太阳能板延伸,将太阳能转化成电能以用于导航。当人造卫星接近火星时,引擎点火,人造卫星进入火星轨道。制动后,人造卫星启动高增益天线。在发射后的任何时间,如果发生紧急情况(特定的监控计算机监测到预期的步骤没有得到执行),人造卫星跳过以上步骤,进入安全模式,并让任务控制器控制该人造卫星。用状态图表示该人造卫星的行为。

第6章

实时逻辑、图论分析与模式图

有两种方法可以用来描述实时系统。第一种方法，通过指定系统的机械、电气和电子组件对系统进行结构性和功能性的描述。这种方法中的规范说明了系统的组件、函数和运算的工作原理。第二种方法，从事件和动作的角度对系统的行为进行描述。该方法中的规范能告知系统所允许事件的顺序。例如，汽车实时防抱死系统的结构-功能性规范，描述了制动系统的组件和传感器之间的联系，以及每个组件的动作之间的相互影响。其中，该规范表明了怎样把车轮传感器连接到控制制动机构的中央决策计算机。

另一方面，行为性规范只表明了系统每个制动组件对应于内部或外部事件的响应，并没有描述如何构建这样的系统。例如，该规范表明了当车轮传感器检测到路面潮湿时，决策计算机将指示制动机构在100 ms内以更高的频率实施制动。系统的时序属性是关键所在。系统的功能性规范中，如果不含复杂结构性定义，通常它足以验证大多时序约束的满足性问题。另外，为降低规范和分析的复杂度，将限制规范语言只处理时序关系。这一思想来源于能够描述逻辑和时序关系的规范语言，例如实时CTL。

6.1 规范和安全声明

为了表明系统或程序满足一定的安全属性，可以将系统规范与代表理想安全属性的安全声明联系起来，这是假设系统的实际操作是符合该规范的。需要注意，尽管一个行为性规范并没有说明怎样建立特定的系统，但也的确表明了系统实现是建立在结构-功能性规范上，并能满足行为性规范的。

对规范和安全声明的分析会得出以下三种结论：

(1) 安全声明是从规范中推导出的一个定理，因此，从安全声明所表示的行为来说，系统是安全的。

(2) 规范中的安全声明是不可满足的，即，该规范将导致安全声明被侵犯，所以系统本质上是不安全的。

(3) 在一定条件下，安全声明的否定是可满足的，这意味着系统中要增加附加的约束，以确保系统的安全。

有多种语言可用来编写规范和安全声明。语言的选择会决定分析和验证的算法。下面讨论事件-动作模型和一阶逻辑(称为实时逻辑(RTL)[Jahanianand Mok, 1986])。

6.2 事件-动作模型

事件-动作模型[Heninger, 1980; Jahanian and Mok, 1986]用于捕获实时应用程序中数据的相关性和运算动作的时序,它们是在事件响应时必须要执行的。有四个基本概念如下:

(1) 动作(action)是一个可调度的工作单元,它可以是基本的或复合的。一个基本(primitive)动作是原子的,因为它不能或不需要被分解成子动作。它消耗有界的时间。复合(composite)动作是基本动作或其他复合动作的部分组合。在一个复合动作中,相同的动作可能出现多次。递归动作或动作的环链(链中的动作是它前继的子动作)是不允许的。

符号“A;B”表示动作B在动作A后顺序执行。例如,“TRAIN - APPROACH; DOWN - GATE”表示“列车首先接近铁道口传感器”,然后“道口闸移下”。符号“A ||B”表示动作A和动作B并行执行。例如“DOWN - GATE||RING - BELL”表示“道口闸移下”和“报警铃响起”同时发生。

(2) 状态谓词(state predicate)是关于指定系统中状态的声明。例如,当道口闸处于关闭位置时,GATE - IS - DOWN 为真。

(3) 事件(event)是一个时间标记,用于描述系统行为的重要时间点。有四种类型的事件:

(a) 外部事件是由系统外部的事件引起的。例如,APPLY - BRAKE 是一个外部事件,表示“司机或操作员按下制动踏板”。

(b) 开始事件标志着动作的开始。例如,DOWN - GATE 事件的开始。

(c) 停止事件标志着动作的结束。例如,DOWN - GATE 事件的结束。

(d) 转移事件标志着系统某个属性的改变。例如,当道口闸移动到关闭位置时,GATE - IS - DOWN 变为真。

(4) 时序约束(timing constraint)是对系统事件绝对时间的声明。

6.3 实时逻辑

引入实时逻辑(Real-Time Logic, RTL) [Jahanian and Mok, 1986]的动机是:事件-动作模型中的规范不易于计算机的操纵。RTL是一种具有特殊性质的一阶逻辑,它使规范易于被机械地操纵,同时也能捕捉系统中的时序要求。RTL具有特殊的吸引力而被引入的原因是,时序逻辑(temporal logic)虽然能够表达事件或动作的相对顺序[Heninger,1980; Bernstein and Harter, 1981],但它并没被扩展以表达绝对时间。

例如,传统的时序逻辑能够指定动作B在动作A之后,如在TRAIN-APPROACH之后有DOWN-GATE,但不能指定在TRAIN-APPROACH发生之后,DOWN-GATE将在一定的时间段内(例如5 s)发生。此外,时序逻辑使用交错计算模型来指定计算机系统中的并发性事件,但这种模型不能够表达真正的并行性。例如,时序逻辑模拟两个并行的动作时,其方式一个接着一个,或反之亦然,因此,从初始状态到结束状态有两条路径,对应于这些动作的两个顺序。

调度器通常是实时系统中的一个组成部分。实时系统的正确性取决于其调度器的正确性。然而,时序逻辑通常假定系统的资源和事件是公平调度的,这适用于非时间关键(non-time-critical)系统,但不能满足实时系统的分析需要。

RTL基于事件-动作模型,增加了一些特性,例如发生函数@,它为事件的发生赋时间值。@(TrainApproach,i)=x表示列车第i次到达是在时刻x发生的。有三种类型的RTL常量:动作、事件和整数。动作常量如事件-动作模型中的定义,且用大写字母表示,以与变量区分。复合动作A中的子动作B_i表示为$A.B_i$。事件常量用于时序标记,并分为以下几类:(1)开始事件,表示动作的开始,前面加上↑;(2)停止事件,表示动作的结束,前面加上↓;(3)转移事件,表示系统状态某些属性的改变;(4)外部事件,前面加上Ω;

例6.1:现在用RTL指定一个简单的铁路道口(只含单个列车轨道)。从现场环境测量,以及列车、列车传感器、闸控制器、闸的机械特性知识,可以得到以下规范。闸控制器的目标是确保当列车穿过道路交叉口时,没有汽车处于交叉口。在这个简化版本中,当列车穿过时,务必使闸处于关闭位置。

英文书写的规范:当列车接近列车传感器并被传感器检测到时,信号被发送到闸控制器,来启动铁路道口处的闸。

从列车接近并被传感器检测到后的30 s内,闸被移动到关闭位置。闸至少需要15 s下降到关闭位置。

英文书写的安全声明:如果列车从被传感器检测到的位置移动到铁路道口,至少需要45 s,且列车能从被传感器检测到的60 s内完成穿越道口的行为,那么必须要确保:在列车开始穿过时,闸已经移动到关闭位置,且闸关闭后的45 s内,列车离开铁路道口。

现在用RTL表示规范和安全声明。

RTL规范:

$\forall x @(\text{TrainApproach}, x) \leqslant @(\uparrow \text{Downgate}, x) \wedge$

$@(\downarrow \text{Downgate}, x) \leqslant @(\text{TrainApproach}, x) + 30$

$\forall y @(\uparrow \text{Downgate}, y) + 15 \leqslant @(\downarrow \text{Downgate}, y)$

嵌入式实时系统——调度、分析和验证

RTL 安全声明：

$\forall t \forall u @(\text{TrainApproach}, t) + 45 \leqslant @(\text{Crossing}, u) \wedge$
$@(\text{Crossing}, u) < @(\text{TrainApproach}, t) + 60 \rightarrow$
$@(\downarrow \text{Downgate}, t) \leqslant @(\text{Crossing}, u) \wedge$
$@(\text{Crossing}, u) \leqslant @(\downarrow \text{Downgate}, t) + 45$

为了使用现有方法来证明安全声明(SA)是从规范(SP)中导出的一个定理，需要将上述表达进一步翻译成 Presburger 算术公式。以下 Presburger 算术公式对应于描述 SP 和 SA 的 RTL 公式。

Presburger 算术公式形式的规范：

$\forall x f(x) \leqslant g_1(x) \wedge g_2(x) \leqslant f(x) + 30$
$\forall y g_1(y) + 15 \leqslant g_2(y)$

Presburger 算术公式形式的安全声明：

$\forall t \forall u f(t) + 45 \leqslant h(u) \wedge h(u) < f(t) + 60 \rightarrow$
$g_2(t) \leqslant h(u) \wedge h(u) \leqslant g_2(t) + 45$

在这些公式中，t、u、x 和 y 是变量，f、g_1、g_2 和 h 是未解释的整数型函数。f 对应于事件 TrainApproach 的发生函数，g_1 对应于动作 Downgate 开始的发生函数，g_2 对应于动作 Downgate 结束的发生函数，h 对应于事件 Crossing 的发生函数。

对于 RTL 公式的全体集合，确定 SP 蕴含 SA 的问题一般是不可判定的，所以并非所有这类问题都是能解决的。对于可判定的 RTL 公式子类，解决方案仍需要指数级的运行时间。

存在几种方法可用来提高分析的效率。方法一，可以使用近似方法得到一组简单的规范和安全声明，以用于系统的分析；方法二，可以集中分析规范中与安全声明有效性相关的部分；方法三，可以限制规范语言，使得可以运用普遍性不大但更有效的分析程序。这里推荐第三种方法。

6.4 限制性 RTL 公式

在许多实时系统规范中的实际需求激发出了一类限制性 RTL 公式[Jahanian and Mok，1987]：

(1) RTL 公式由包含两个术语和一个整数常量的算术不等式组成，其中术语是一个变量或函数；

(2) RTL 公式不含某类算术表达式，该类算术表达式具有一个将本身作为参数的函数。

这种受限制的 RTL 类将允许潜在地使用图论方法，以用于系统的分析。例如，可以使用单源最短路径算法解决简单整数规划问题，每个不等式的形式为$x_i - x_j \leqslant \pm a_{ij}$，其中$x_i$和$x_j$为变量，$a_{ij}$为整数常量。也可以使用约束图表示不等式集，其中，每个变量由图中的节点表示，且从x_i到x_j权重值为a_{ij}的有向边表示不等式$x_i \pm a_{ij} \leqslant x_j$。那么，当且仅当图中存在一个带有正权重值的环时，由该图表示的不等式集是不可满足的。

这种类型的 RTL 公式包含以下形式的算术不等式：

occurrence function±integerconstant≤occurrence function。

注意，$@(E_1,i) \pm I < @(E_2,j)$可以写为$@(E_1,i) \pm I+1 \leqslant @(E_2,j)$，

且$\neg(@(E_1,i) \pm I < @(E_2,j))$也可写作为$\neg(@(E_1,i) \pm I+1 \leqslant @(E_2,j))$。

在前述铁路道口的例子中，所有的公式都满足此约束，因此属于该 RTL 子类。然而，对于下面公式

$\forall t \exists u @(\text{TrainApproach},t)+u \leqslant @(\text{Crossing},t)$

没有出现在该例中，它不属于该限制 RTL 子类，这是由于"≤"的第一个参数是一个函数和一个变量的和。

为了便于分析，首先将 RTL 公式 F 转换成 Presburger 算术公式 F'。每个发生函数$@(e,i)$由函数$f_e(i)$代替，其中 e 是一个事件，i 是一个整数或变量。接下来，用子句形式 F''表示 F'，为系统分析作准备。F''是一个如下形式的公式：

$$C_1 \wedge C_2 \wedge \cdots \wedge C_n$$

每个C_i是一个析取子句：

$$L_1 \vee L_2 \vee \cdots \vee L_n$$

每个L_j是如下形式的文字：

$$v_1 \pm I \leqslant v_2$$

其中，v_1和v_2是对应于发生函数的未解释整型函数，I 是整数常量。

假定用限制 RTL 子类给出了系统规范 SP 和安全声明 SA，对系统分析的目的是，表明 SA 是可从 SP 导出的一个定理，即 SP→SA。等价于逆否命题，即 SP→SA 的否定（¬(SP→SA)）是不可满足的。因为 SP→SA 可以写为 ¬SP∨SA，分析就变为，证明公式 SP∧¬SA 是不可满足的。下面表示前例中规范和安全声明的否定。

例 6.2：考虑子句形式的 SP 和 ¬SA。T 和 U 分别是对应于变量 t 和 u 的 Skolem 常量。

子句形式的规范：

$$f(x) \leqslant g_1(x)$$
$$g_2(x) \leqslant f(x)+30$$
$$g_1(y)+15 \leqslant g_2(y)$$

重新书写公式，产生以下三个子句：

$$u(x) \leqslant g_1(x)$$

$$g_2(x) - 30 \leqslant f(x)$$

$$g_1(y) + 15 \leqslant g_2(y)$$

子句形式的安全声明的否定：

$\neg(\forall t \forall u f(t) + 45 \leqslant h(u) \wedge h(u) < f(t) + 60 \rightarrow g_2(t) \leqslant h(u) \wedge h(u) \leqslant g_2(t) + 45)$

等价于

$\neg(\forall t \forall u \neg(f(t) + 45 \leqslant h(u) \wedge h(u) < f(t) + 60) \vee (g_2(t) \leqslant h(u) \wedge h(u) \leqslant g_2(t) + 45))$

等价于

$\exists t \exists u (f(t) + 45 \leqslant h(u) \wedge h(u) < f(t) + 60) \wedge ((h(u) < g_2(t) \vee g_2(t) + 45 < h(u))$

等价于

$\exists t \exists u (f(t) + 45 \leqslant h(u) \wedge h(u) < f(t) + 60) \wedge ((h(u) + 1 \leqslant g_2(t) \vee g_2(t) + 46 \leqslant h(u))$。

重新书写子句形式的公式，得到以下三个子句：

① $f(T)+45 \leqslant h(U)$

② $h(U)-59 \leqslant f(T)$（它等价于$h(U)<f(T)+60$）

③ $h(U)+1 \leqslant g_2(T) \vee g_2(T)+46 \leqslant h(U)$

接下来构建对应于子句公式的约束图。

对于每个文字$v_1 \pm I \leqslant v_2$，构建一个带有标签v_1的节点、一个带有标签v_2的节点，以及一个带有从节点v_1到节点v_2的权重值为$\pm I$的边$<v_1, v_2>$。构建约束图的算法的框架如下[Jahanian and Mok，1987]：

构建图的算法：初始时，图G是空的。

对于每个子句C_i及其中的每个文字$v_1 \pm I \leqslant v_2$：

(1) 查找带有函数符号v_1的聚类。如果没找到，则创建一个新的聚类。

(2) 在步骤(1)中的聚类中搜索标有v_1的节点。如果未找到，则将标有v_1的节点添加到聚类中。（如果在步骤(1)中恰好创建了聚类，就没有必要再搜索，因为聚类是空的。）

(3) 为v_2重复步骤(1)和(2)。

(4) 创建一个带有从节点v_1到节点v_2的权重值为$\pm I$的有向边$<v_1, v_2>$。

图6.1显示了上述例子中规范和安全声明的否定所对应的约束图的构建。

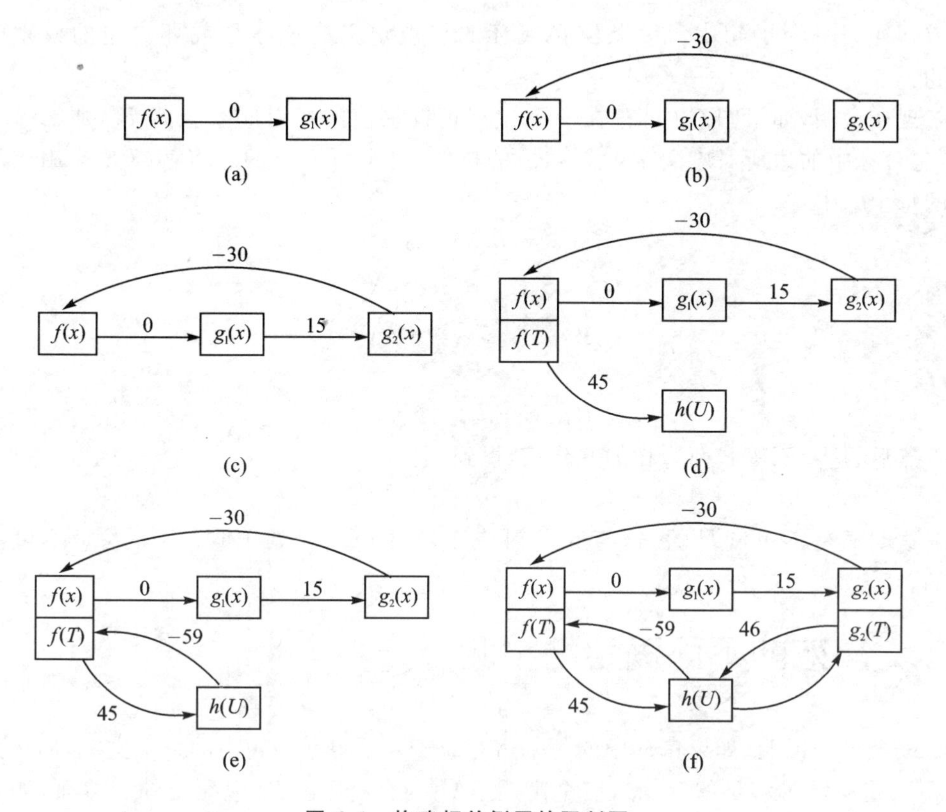

图 6.1　构建相关例子的限制图

6.5　不可满足性的检测

可以使用已构建的约束图 G 来表示 F''，通过识别 G 中含有正权重值的环，来确定 F''是否是不可满足的。为了做到这一点，首先定义合一（unification），然后为该类型的图重新定义路径和环的概念。

合一：如果存在一个替换 S(用一个术语替换另一个术语)，使得 $v_iS=v'_iS$，那么存在 v_i 和 v'_i 的合一。其中 v_iS 和 v'_iS 分别表示将 S 应用到 v_i 和 v'_i。

第 2 章有合一和相关概念的讨论，并给出了例子。

路径：如果存在一个边序列 $<v_0,v_1>,<v'_1,v_2>,<v'_2,v_3>,\cdots,<v'_{n-2},v_{n-1}>,<v'_{n-1},v_n>$和一个替换 S，使得对所有 $1\leqslant i<n$，存在 v_i 和 v'_i 的合一对，那么就说在图中从节点 v_0 到节点 v_n 之间存在一条路径。注意，每一对 v_i 和 v'_i，$1\leqslant i<n-1$，必须是相同的或在同一个子句中。

环：如果存在一个边序列 $<v_0,v_1>,<v'_1,v_2>,<v'_2,v_3>,\cdots,<v'_{n-2},v'_{n-1}>,<v'_{n-1},v_n>$和一个替换 S，使得在节点 v_0 到节点 v_n 之间存在一条路径，且含有替换 S 的 v_0 和 v_n 可以是合一的，则图 G 中存在一个环。再次注意，v_0 和 v_n 必须是相同

的或处在同一个子句中。一条路径或环的权重定义为该路径或环中边的权重的总和。

现在说明，如果图 G 中，存在一个含有正权重值的环对应着公式 F''，那么该公式，包含环中的边所对应文字（不等式）的析取，是不可满足的。将替换 S 应用到环中的每个 L_i 中：

$$
\begin{gathered}
v_0 S + I_0 \leqslant v_1 S \ \wedge \\
v'_1 S + I_1 \leqslant v_2 S \ \wedge \\
v'_2 S + I_2 \leqslant v_3 S \ \wedge \\
\vdots \\
v'_{n-1} S + I_{n-1} \leqslant v_n S
\end{gathered}
$$

然后，这些不等式两边相加并化简，得到

$$I_0 + I_1 + \cdots + I_{n-1} \leqslant 0$$

这明显是不可满足的，这意味着对应于这些边的原始 RTL 不等式是不可满足的。

6.6　高效的不可满足性检测

以上已经说明，如果正环中的每个边对应于一个单元子句中的一个文字，那么公式 F''一定是不可满足的，因此，安全声明 SA 是可从规范 SP 中导出的。然而，如果该环中的一条边对应于一个非单元子句中的某个文字，那么必须说明，该子句剩余的每个文字对应于不同的正环中的某条边。这背后的直观原因是，该子句是析取的。因此，为了说明整个子句是不可满足的（假的），则必须说明它的每个析取是不可满足的（假的）。在例子中，安全声明的否定包含子句：

$$h(U) + 1 \leqslant g_2(T) \ \vee \ g_2(T) + 46 \leqslant h(U)$$

如果正环中对应于 $h(U)+1 \leqslant g_2(T)$ 的一条边被识别，那么必须说明存在另一个正环，它的一条边对应第二个文字 $g_2(T)+46 \leqslant h(U)$。

显然，随着正环中边（对应于非单元子句中的文字）数量的增加，必须被识别的不同正环数也相应地增加。实际上，确定 F''不可满足性的问题是 NP 完全的。考虑到该问题的难度，为检测不可满足性，Jahanian 和 Mok 开发了一个更有效的算法，但运行时间仍是指数级的。

该算法使用以下观测结果。如前所述，公式 F''是一个 n 个子句的合取 $C_1 \wedge C_2 \wedge \cdots \wedge C_n$，其中每个 C_k 是一个析取子句 $L_{k,1} \vee L_{k,2} \vee \cdots \vee L_{k,m_k}$。注意，不同子句中的文字可以是相同的。使用以下符号表示不等式，对应于在第 i 个正环中的边：$X_{i,1}, X_{i,2}, \cdots, X_{i,n_i}$，其中 $X_{i,j}$ 为对应于第 i 个正环中第 j 条边的文字，且每个 $X_{i,j}$ 存在于至少一个 C_k 中。假设 $P_i = X_{i,1} \wedge X_{i,2} \wedge \cdots \wedge X_{i,n_i}$，

从以上讨论中，可以得出 P_i 是不可满足的。因此，当且仅当 $F'' \wedge \neg P_i$ 是可满足

的时，F''是可满足的。那么，正环的存在等价于将子句$\neg P_i = \neg X_{i,1} \wedge \neg X_{i,2} \wedge \cdots \wedge \neg X_{i,n_i}$添加到$F''$中，并使得可以使用$\neg P_i$来说明$F''$是不可满足的。

例 6.3：使用大写字母表示F''子句集S_1中的文字：

$$A = f(x) \leqslant g_1(x)$$
$$B = g_2(x) - 30 \leqslant f(x)$$
$$C = g_1(y) + 15 \leqslant g_2(y)$$
$$D = f(T) + 45 \leqslant h(U)$$
$$E = h(U) - 59 \leqslant f(T)$$
$$F \vee G = h(U) + 1 \leqslant g_2(T) \vee g_2(T) + 46 \leqslant h(U)$$

下面子句集S_2中的每个子句对应于一个正环：

$$\neg F \vee \neg G$$
$$\neg B \vee \neg D \vee \neg F$$
$$\neg A \vee \neg C \vee \neg G \vee \neg E$$

该不可满足性检测算法使用集合S_2中的子句建立一个搜索树，在建立的同时，确定子句集S_1和S_2中子句的不可满足性。树中每一级来源于在S_2中检测到的新的正环所对应的新子句。树中的每个节点是S_2子句中的一个文字或S_2不同子句中文字的合取。在例子中，第一级的节点对应于S_2第一个子句中的文字，即文字$\neg F$和$\neg G$。为了建立第二级，该算法将S_2的第二个子句中的文字，即$\neg B$、$\neg D$和$\neg F$，添加到以文字$\neg F$和$\neg G$为根的子树中。按照同样的操作，用该算法构建树中剩余的级。图 6.2显示了最差情况下集合S_2的搜索树。最坏情况下的树用于探索文字的所有合取。然而，实际上通过下面两种方法之一，大多数的节点不需要被构建：(1)当算法创建一个新节点的同时，检测不可满足性；(2)按照一定的试探法对S_2的子句重新排序，来减小树的大小。

为了证明S_1和S_2中子句的合取是不可满足的，需要说明树中的每个叶子节点满足以下两个条件之一：(1)叶节点中文字的合取，以及S_1中至少一个子句是假的；(2)叶节点中文字的合取本身就是不可满足的。

第一个条件遵循基本逻辑：$C_k \wedge \neg C_k$，其中C_k是集合S_1中的一个子句，$\neg C_k$是叶节点中文字的合取，即$(L_{k,1} \vee L_{k,2} \vee \cdots \vee L_{k,m_k}) \wedge (\neg L_{k,1} \vee \neg L_{k,2} \vee \cdots \vee \neg L_{k,m_k})$总是为假，使得$S_1$和$S_2$中的子句集是不可满足的。在例子中，树的最左边叶子节点是合取$\neg F \wedge \neg B \wedge \neg A$，该合取可与$S_1$的前两个子句之一(即$A$或$B$)进行"与"运算，使得合取为假。由于树的每个叶子节点中文字的合取使得S_1中的至少一个子句是不可满足的，因此可以得出结论：S_1和S_2中子句的集合是不可满足的。第二个条件遵循类似的推理。

下面进行复杂度与优化的分析。

在最坏情况下，即用检测到的所有正环来构建整个搜索树时，不可满足性检测算法的运行时间相对于正环数来说是指数级的。例如，如果存在n个正环且每个环具

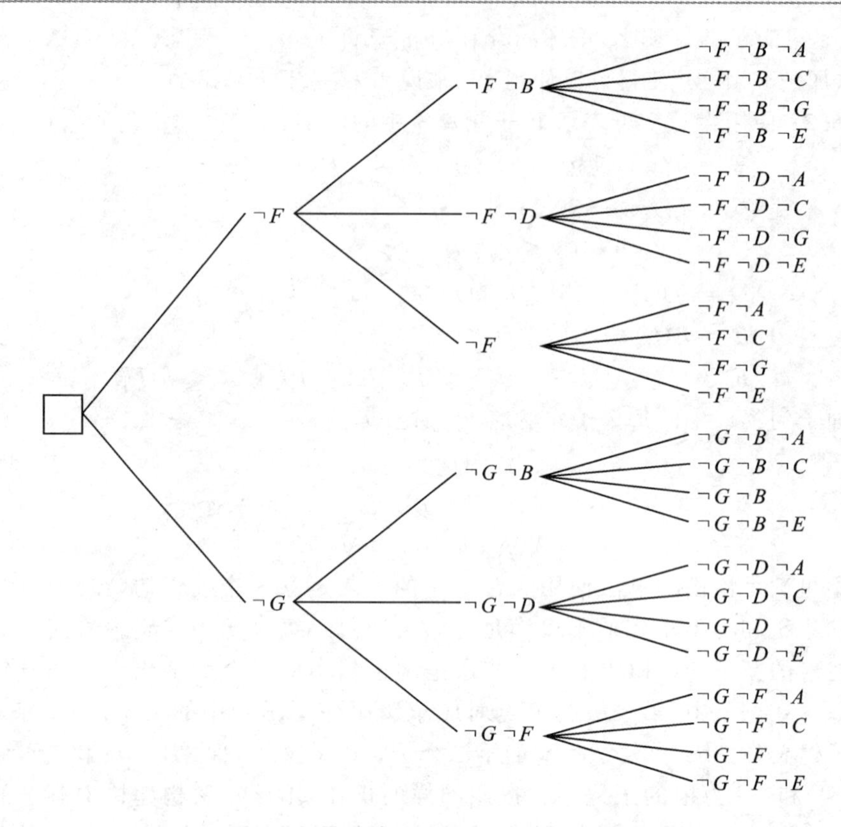

图 6.2　最差情形下集合 S_2 的搜索树

有 m 个边，则在每个子句中有 m 个文字只含有S_2中的否定文字。因此，在最坏情况下的搜索树中，有m^n个叶子节点（合取），从而运行时间与m^n成正比。

有几种方法可用来减少搜索树的大小，从而加速系统的分析。

第一种优化方法：如果一个节点标记为否定文字的合取，使得S_1是不可满足的，那么就停止该节点的扩展。如果树中新建节点具有一个否定文字的合取，且由其构成的S_1中的一个子句是不可满足的，那么以该节点为根的子树中的每个节点将具有相同的属性，从而不必被创建。在例子的搜索树中，对于以标有（¬F，¬B）的节点为根节点的子树而言，其子树中的节点不需要被创建。且由于该合取和第二个子句（S_1中的 B）是假的，因而该节点使得S_1是不可满足的。同样，对于以标有（¬F，¬D）的节点为根节点的子树而言，其子树中的节点也不需要被创建，且由于该合取和第四个子句（S_1中的 D）是假的，因而该节点使得S_1也是不可满足的。

第二种优化方法：对S_2的子句（对应于找到的正环）重新排序，使得第一种方法尽快被运用，即更靠近搜索树的根。这个过程可能需要通过撤销已创建的节点以实现回溯。在例子的搜索树中，标有（¬F，¬B）的节点使得S_1是不可满足的，这是因为，¬B 和第二个子句 B 是假的。注意，第一个否定文字¬F 和S_1的不可满足性无关。通过对第一和第二个子句重新排序（对应于已找到的第一和第二个正环），使得第二个子句首先出现。这种重新排序，使得可通过树的第一级中的两个节点¬B和¬D来确定S_1的不可满足性。该方法可以在许多条件下剪裁树，如图6.3所示。

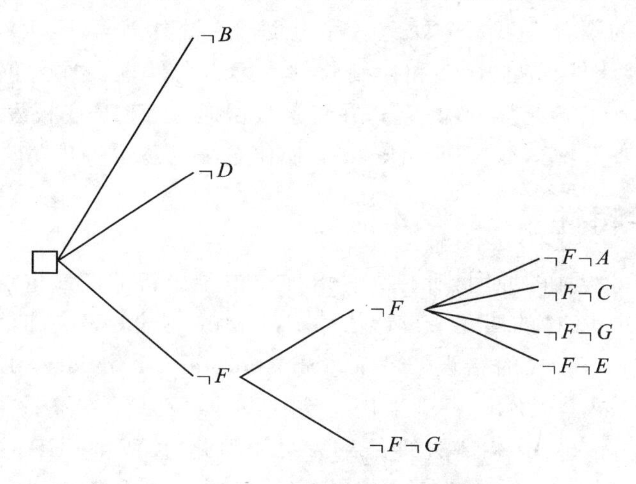

图6.3 通过正环重新梳理后的搜索树

第三种方法：(没有在文献[Jahanian and Mok，1987]中提出)重新使用已建节点的不可满足性，即，如果新建节点v的标签已被创建，那么v使得S_1是不可满足的。在例子中，最后一个节点(¬F，¬G)的标签与之前叶子节点相同。

6.7 工业例子：美国航空航天局X-38机组返回舱

现在使用RTL来指定和分析X-38上航空电子设备的时间特性，X-38是国际空间站(ISS)中机组返回舱(CRV)的增量开发原型系列。该CRV在2003年登上航天飞机，被连接到国际空间站，并在ISS紧急撤离时具有将七名宇航员自动、安全带回地球的能力。该CRV具有自动执行所有引导、导航和控制功能，完成脱轨燃烧和穿越大气层时的翼伞辅助滑行，并可在几个预定着陆点之一实现水平着陆。

1998年5月，X-38 131型号舱从B-52上成功进行了投掷测试，验证了机身设计和翼伞降落。X-38 132型号舱逐步采用增强的自动制导能力，并经受了一些大气投掷测试。CRV的直接前身，X-38 281型号舱已被设计并用于2001—2002年度航天飞机的在轨实施中。它能够无人地执行CRV的功能：自动引导、重新进入、滑翔和着陆。这里着重于X-38 201型号舱航空电子设备的设计。可以在文献[Rice and Cheng，1999]中找到X-38航空电子设备更详细的描述和分析。

6.7.1 X-38航空电子体系结构

这里重点研究四冗余航空电子控制单元的时间特性，该控制单元称为飞行关键计算机(FCC)1～4，它们是X-38 201中数据系统体系结构中的关键部分。这些单元接收所有传感器的输入值，提供所有嵌入式的引导、应用处理和控制驱动。每个FCC是由两个PowerPC处理器、输入/输出卡和一些Versa Module Europa（VME）总线设备所组成的集合。第一个处理器称为飞行关键处理器（FCP），管理所有的应用软件，例如制导软件、导航软件和控制软件。第二个处理器称为仪表控制处理器（ICP），负责打包所有传感器的输入值，并将该数据通过VME底板发送到FCP进行处理。这两款处理器都运行VxWorks实时操作系统以及专门开发的系统服务。

6.7.2　时序特性

出于安全和可验证的原因，所有X-38航空电子设备的设计重点都在于提高系统的确定性。四个FCC的四冗余设计依赖Byzantine协议（表决和消息传递协议），能容忍一个Byzantine式的错误[Pease，Shostak，and Lamport，1980；Lamport，Shostak，and Pease，1982]。由于采用了这种设计，所以任务需要在所有的处理器中同时运行，且每隔20 ms对其处理结果表决。因此，ICP和FCP处理器被同步于同一个20 ms处理帧中。一个类似的实时容错航空电子设备的例子，是Lockheed F-117A隐形战斗机中的四冗余线控（fly-by-wire）飞行控制系统。容错式航空电子设备的其他例子有波音777综合飞机信息管理系统[Yeh，1998]和空客340飞行告警系统。

下面考虑X-38中所预期任务的时序关系。最关键的控制环从18 ms开始进入处理时段，在该时段，ICP输入所有50 Hz的传感器数据。这些数据被传递到FCP，FCP读取这些数据，对其进行处理，并反过来为ICP提供输出执行器命令。ICP读取并发出这些命令，来控制执行器。为了实现系统的安全引导，整个处理环必须在10 ms内完成。为了确保这种类型的确定性处理，任务通常被赋予固定优先级，它基于第3章提出的单调速率调度算法，且通过循环执行的方式来完成调度。

6.7.3　使用RTL进行时序和安全分析

为了分析和验证系统的时序特性，这里使用RTL来指定X-38系统的关键安全特性。RTL允许时序和安全分析，它可被灵活地用于假定的场景以及生命周期系统的验证，且其扩展可用于表示X-38航空电子系统更广泛的特性。RTL对这两个X-38飞行关键控制环以及一个非飞行关键控制环和相关的安全声明进行模拟。将RTL表示转换为Presburger算术公式后，并最终转换成约束图，以分析验证安全声明的满足性。

6.7.4　RTL规范

本小节给出了X-38任务集的RTL规范表示。“工作负载和事件定义”所列出的每个任务，都包含有一个工作负载（以ms为单位）。任务名的命名方式为：前三个字符定义处理器；下一个字符指定I（输入）、P（进程）或O（输出）；每秒多少Hz或周期的数字用来识别处理的速度；接下来是关键性，如 FC(飞行-关键)或 NFC(非飞行关键)；最后是其他必要的信息，如数据类型。变量 i 表示循环次数或迭代次数。例如，飞行关键 50 Hz 控制环路的任务集合是所列出的前五个任务，如下所示：

```
; 50 Hz FC workloads
∀ i@( ↑ ICP_I50FC_SENSOR, i ) + 2 ⩾ @( ↓ ICP_I50FCSENSOR, i)
∀ i@( ↑ FCP_I50FC, i) + 1 ⩾ @( ↓ FCP_I50FC, i)
∀ i@( ↑ FCP_P50FC, i) + 5 ⩾ @( ↓ FCP_P50FC, i)
∀ i@( ↑ FCP_O50FC, i) + 1 ⩾ @( ↓ FCP_O50FC, i)
∀ i@( ↑ ICP_I50FC_CMDS, i) + 1 ⩾ @( ↓ ICP_I50FC_CMDS, i)
```

第一个任务被指定"仪表控制处理器(ICP)输入(I)50 Hz 的飞行关键(FC)传感器数据"，它的工作负载最大为 2 ms。以上任务表示：ICP 读入所有的 50 Hz 飞行关键传感器数据，例如机翼、尾舵的位置和全球定位系统的数据；将这些数据传到 FCP 作为输入；将输出传送到 ICP；产生 ICP 驱动命令。这个清单就是前两个飞行控制时序环，为了能安全控制系统，需要在 10 ms 内完成。同样，10 Hz 的飞行关键控制环需要在 50 ms 内完成，而不是 10 ms。在安全声明中，表示了该完成要求。非飞行关键任务仅接收传感器的输入，不产生命令输出，通常表示非安全关键应用下的任务。前后次序部分描述了任务必须执行的顺序。例如，为了正确地指定系统行为，必须指出：任何任务的结束不能在它开始之前执行。

```
∀ i@( ↑ ICP_I50FC_SENSOR, i ) ⩽ @( ↓ ICP_I50FC_SENSOR,i )
```

此外，下一个要执行任务的开始不能在该任务的前继结束之前发生。在这种情况下，FCP 中飞行关键数据的输入必须在 50 Hz 传感器扫描完成之后发生。

```
; 50 Hz FC precedence relations
∀ i@( ↓ ICP_I50FC_SENSOR, i) ⩽ @( ↑ FCP_I50FC, i)
```

此外，还必须表示后继任务开始和前继任务开始之间的前后次序关系。在这种情况下，FCP 中飞行关键数据的输入(后继任务)必须在 ICP 中的传感器扫描(前继任务)开始之后的一段时间内开始发生。

```
∀ i@( ↑ FCP_I50FC, i) - 2 ⩽ @( ↑ ICP_I50FC_SENSOR, i)
```

下面的优先级声明对单调速率调度模式进行了弱模拟，其中高速率任务的优先级高于低速率任务。例如，以下公式表示飞行关键 50 Hz 任务的优先级高于飞行关键 10 Hz 任务。

```
∀ i@( ↓ FCP_I50FC, i) ⩽ @( ↑ FCP_I10FC, i)
; 50 Hz FC 优先级高于 10 Hz FC
∀ i@( ↓ FCP_I50FC, i) ⩽@( ↑ FCP_I50NFC, i)
; 50 Hz FC 优先级高于 50 Hz NFC
```

声明的周期性部分，简单定义了任务执行的速率（以 ms 为单位），且在这种情况下，它们每 20 ms 或 10 ms 运行一次，每个周期任务表示为如下的不等式对：

∀ i@(↑ ICP_I50FC_SENSOR, i) + 20 ⩽ @(↑ ICP_I50FC_SENSOR, i + 1)

∀ i@(↑ ICP_I50FC_SENSOR, i + 1) - 20 ⩽ @(↑ ICP_I50FC_SENSOR, i)

最后，如下所示的安全声明指出了每个飞行关键控制循环，从最初的传感器读入命令驱动到执行结束，50 Hz 和 10 Hz 的任务必须分别在 10 ms 和 50 ms 内完成。

∀ i@((↓ ICP_I50FC_CMDS, i) ⩽@(↑ ICP_I50FC_SENSOR, i) + 10 ∧(↓ ICP_I10FC_CMDS, i) ⩽ @(↑ ICP_I10FC_SENSOR, i) + 50)

通过分析约束图，安全声明的否定最终可用于验证安全关键系统的性能。

RTL 系统规范表示：

工作负载和事件的描述：

; 50 Hz FCworkloads
∀ i@(↑ICP_I50FC_SENSOR, i) + 2 ⩾ @(↓ICP_I50FCSENSOR, i)
∀ i@(↑ FCP_I50FC, i) + 1 ⩾ @(↓ FCP_I50FC, i)
∀ i@(↑ FCP_P50FC, i) + 5 ⩾ @(↓ FCP_P50FC, i)
∀ i@(↑ FCP_O50FC, i) + 1 ⩾ @(↓ FC_ O50FC, i)
∀ i@(↑ ICP_I50FC_CMDS, i) + 1 ⩾ @(↓ ICP_I50FC_CMDS, i)
; 10 Hz FCworkloads
∀ i@(↑ICP_I10FC_SENSOR, i) + 2 ⩾ @(↓ICP_I10FCSENSOR, i)
∀ i@(↑ FCP_I10FC, i) + 1 ⩾ @(↓ FCP_I10FC, i)
∀ i@(↑ FCP_P10FC, i) + 40 ⩾ @(↓ FCP_P10FC, i)
∀ i@(↑ FCP_O10FC, i) + 1 ⩾ @(↓ FC_O10FC, i)
∀ i@(↑ ICP_I10FC_CMDS, i) + 1 ⩾ @(↓ICP_I10FC_CMDS, i)
; 50 Hz NFCworkloads
∀ i@(↑ICP_I50NFC_SENSOR, i) + 5 ⩾ @(↓ICP_I50NFCSENSOR, i)
∀ i@(↑ FCP_I50NFC, i) + 1 ⩾ @(↓ FCP_I50NFC, i)

前后次序关系：

;事件的开始和停止之间的关系
∀ i@(↑ ICP_I50FC_SENSOR, i) ⩽ @(↓CP_I50FCSENSOR, i)
∀ i@(↑ FCP_I50FC, i) ⩽ @(↓ FCP_I50FC, i)
∀ i@(↑ FCP_P50FC, i) ⩽ @(↓ FCP_P50FC, i)
∀ i@(↑ FCP_O50FC, i) ⩽ @(↓ FCP_O50FC, i)
∀ i@(↑ ICP_I50FC_CMDS, i) ⩽ @(↓ ICP_I50FC CMDS, i)
∀ i@(↑ ICP_I10FC_SENSOR, i) ⩽ @(↓ ICP_I10FCSENSOR, i)
∀ i@(↑ FCP_I10FC, i) ⩽ @(↓ FCP_I10FC, i)
∀ i@(↑ FCP_P10FC, i) ⩽ @(↓ FCP_P10FC, i)
∀ i@(↑ FCP O10FC, i) ⩽ @(↓ FCP_O10FC, i)
∀ i@(↑ ICP I10FC CMDS, i) ⩽ @(↓ ICP_I10FC_CMDS, i)

∀ i@(↑ ICP_I50NFC SENSOR, i) ≤ @(ICP_I50NFCSENSOR, i)
∀ i@(↑ FCP_I50NFC, i) ≤ @(FCP_I50NFC, i)
∀ i@(↑ FCP_P50NFC, i) ≤ @(FCP_P50NFC, i)
;当前任务结束和下一任务开始之间的关系
;50 Hz FC
∀ i@(↓ ICP_I50FC_SENSOR, i) ≤ @(↑ FCP_I50FC, i)
∀ i@(↓ FCP_I50FC, i) ≤ @(↑ FCP_P50FC, i)
∀ i@(↓ FCP_P50FC, i) ≤ @(↑ FCP_O50FC, i)
∀ i@(↓ FCP_O50FC, i) ≤ @(↑ ICP_I50FC_CMDS, i)
;10 Hz FC 优先级关系
∀ i@(↓ ICP_I10FC_SENSOR, i) ≤ @(↑ FCP_I10FC, i)
∀ i@(↓ FCP_I10FC, i) ≤ @(↑ FCP_P10FC, i)
∀ i@(↓ FCP_P10FC, i) ≤ @(↑ FCP_O10FC, i)
∀ i@(↓ FCP_O10FC, i) ≤ @(↑ ICP_I10FC_CMDS, i)
;50 Hz NFC 优先级关系
∀ i@(↓ ICP_I50NFC_SENSOR, i) ≤ @(↑ FCP_I50NFC, i)
∀ i@(↓ FCP_I50NFC, i) ≤ @(↑ FCP_P50NFC, i)
;前一任务开始和下一任务开始之间的关系
∀ i@(↑ FCP_I50FC, i) - 2 ≤ @(↑ ICP_I50FC_SENSOR, i)
∀ i@(↑ FCP_P50FC, i) - 1 ≤ @(↑ FCP_I50FC, i)
∀ i@(↑ FCP_O50FC, i) - 5 ≤ @(↑ FCP_P50FC, i)
∀ i@(↑ ICP_I50FC CMDS, i) - 1 ≤ @(↑ FCP_O50FC, i)
∀ i@(↑ FCP_I10FC, i) - 2 ≤ @(↑ ICP_I10FC_SENSOR, i)
∀ i@(↑ FCP_P10FC, i) - 1 ≤ @(↑ FCP_I10FC, i)
∀ i@(↑ FCP_O10FC, i) - 40 ≤ @(↑ FCP_P10FC, i)
∀ i@(↑ ICP_I10FC_CMDS, i) - 1 ≤ @(↑ FCP_O10FC, i)
∀ i@(↑ FCP_I50NFC, i) - 5 ≤ @(↑ ICP_I50NFC_SENSOR, i)
∀ i@(↑ FCP_P50NFC, i) - 1 ≤ @(↑ FCP_I50NFC, i)

优先级声明:

;50 Hz FC 的优先级高于 10 Hz FC 的优先级
　　∀ i@(FCP_I50FC, i) ≤ @(↑ FCP_I10FC, i)
;50 Hz FC 的优先级高于 50 Hz NFC 的优先级
　　∀ i@(FCP_I50FC, i) ≤ @(↑ FCP_I50NFC, i)

周期性:

;50 HZ FC 任务中,p = 20
∀ i@(↑ ICP_I50FC_SENSOR, i) + 20 ≤ @(↑ ICP_I50FC_SENSOR, i + 1)
∀ i@(↑ FCP_I50FC, i) + 20 ≤ @(↑ FCP_I50FC, i + 1)
∀ i@(↑ FCP_P50FC, i) + 20 ≤ @(↑ FCP_P50FC, i + 1)
∀ i@(↑ FCP_O50FC, i) + 20 ≤ @(↑ FCP_O50FC, i + 1)
∀ i@(↑ ICP_I50FC_CMDS, i) + 20 ≤ @(↑ ICP_I50FC_CMDS, i + 1)

∀ i@(↑ICP_I50FC_SENSOR, i +1) - 20 ≤ @(ICP_I50FC_SENSOR, i)
∀ i@(↑ FCP_I50FC, i +1) - 20 ≤ @(↑ FCP_I50FC, i)
∀ i@(↑ FCP_P50FC, i +1) - 20 ≤ @(↑ FCP_P50FC, i)
∀ i@(↑ FCP_O50FC, i +1) - 20 ≤ @(↑ FCP_O50FC, i)
∀ i@(↑ ICP_50FC_CMDS, i +1) - 20 ≤ @(↑ICP_I50FC_CMDS, i)
;10 Hz FC 任务中,p = 100
∀ i@(↑ICP_I10FC_SENSOR, i) + 100 ≤ @(↑ ICP_I10FC_SENSOR, i + 1)
∀ i@(↑ FCP_I10FC, i) + 100 ≤ @(↑ FCP_I10FC, i + 1)
∀ i@(↑ FCP_P10FC, i) +100 ≤ @(↑ FCP_P10FC, i + 1)
∀ i@(↑ FCP_O10FC, i) + 100 ≤ @(↑ FCP_O10FC, i + 1)
∀ i@(↑ICP_I10FC_CMDS, i) + 100 ≤ @(↑ICP_I10FC_CMDS, i + 1)
∀ i@(↑ICP_I10FC_SENSOR, i +1) - 100 ≤ @(ICP_I10FC_SENSOR, i)
∀ i@(↑ FCP_I10FC, i +1) - 100 ≤ @(↑ FCP_I10FC, i)
∀ i@(↑ FCP_P10FC, i +1) - 100 ≤ @(↑ FCP_P10FC, i)
∀ i@(↑ FCP_O10FC, i +1) - 100 ≤ @(↑ FCP_O10FC, i)
∀ i@(↑ ICP_10FC_CMDS, i +1) - 100 ≤ @(↑ICP_I10FC_CMDS, i)
;50 Hz NFC 任务
∀ i@(↑ ICP_I50NFC_SENSOR, i) + 20 ≤ @(↑ ICP_I50NFC_SENSOR, i + 1)
∀ i@(↑ FCP_I50NFC, i) + 20 ≤ @(↑ FCP_I50NFC, i + 1)
∀ i@(↑FCP_P50NFC, i) + 20 ≤ @(↑ FCP_P50NFC, i + 1)
∀ i@(↑ ICP_I50NFC_SENSOR, i +1) - 20 ≤ @(↑ ICP_I50NFC SENSOR, i)
∀ i@(↑ FCP_I50NFC, i +1) - 20 ≤ @(↑ FCP_I50NFC, i)
∀ i@(↑ FCP_P50NFC, i +1) - 20 ≤ @(↑ FCP_P50NFC, i)

安全声明：

∀ i@((↓ICP_I50FC_CMDS, i) ≤ @(↑ICP_I50FC_SENSOR, i) + 10 ∧
(↓ICP_I10FC_CMDS, i) ≤ @(↑ICP_I10FC_SENSOR, i) + 50)
;在传感器输入和效应器输出之间,50 Hz 和 10 Hz 的环必须分别保
;持最大为 10 ms 和 50 ms 的“传输滞后”

RTL 形式的安全声明的否定：

∃ i@((↑ICP_I50FC_SENSOR, i) + 10 <@(↓ICP_I50FC_CMDS, i) ∨ (↑ ICP_I10FC_SENSOR, i) + 50 <@(↓ IC_I10FC_CMDS, i))

6.7.5 将 RTL 表示转化成 Presburger 算术

现在将 RTL 公式转化成 Presburger 算术格式,以助于随后的图形化表示。使用“S_”或“E_”分别表示任务事件的开始或结束。

Presburger 算术表示：

工作负载：
;50 Hz FC workloads

```
E_ICP_I50FC_SENSOR(i) - 2 ≤ S_ICP_I50FC_SENSOR(i)
E_FCP_I50FC(i) - 1 ≤ S_FCP_I50FC(i)
E_FCP_P50FC(i) -5 ≤ S_FCP_P50FC(i)
E_FCP_O50FC(i)-1 ≤ S_FCP_O50FC(i)
E_ICP_I50FC_CMDS(i) -1 ≤ S_ICP_I50FC_CMDS(i)
;10 Hz FC workloads
E_ICP_I10FC_SENSOR(i) -2 ≤ S_ICP_I10FC_SENSOR(i)
E_FCP_I10FC(i) -1 ≤ S_FCP_I10FC(i)
E_FCP_P10FC(i) -5 ≤ S_FCP_P10FC(i)
E_FCP_O10FC(i)-1 ≤ S_FCP_O10FC(i)
E_ICP_I10FC_CMDS(i) -1 ≤ S_ICP_I10FC_CMDS(i)
;50 Hz NFC workloads
E_ICP_I50NF_SENSOR(i) -5 ≤ S_ICP_I50NFC_SENSOR(i)
E_FCP_I50NFC(i) -1 ≤ S_FCP_I50NFC(i)
E_FCP_P50NFC(i) -2 ≤ S_FCP_P50NFC(i)
```

前后次序关系：

```
;事件的开始和结束之间的关系
;50 Hz FC workloads
S_ICP_I50FC_SENSOR(i) ≤ E_ICP_I50FC_SENSOR(i)
S_FCP_I50FC(i) ≤ E_FCP_I50FC(i)
S_FCP_P50FC(i) ≤ E_FCP_P50FC(i)
S_FCP_O50FC(i) ≤ E_FCP_O50FC(i)
S_ICP_I50FC_CMDS(i) ≤ E_ICP_I50FC_CMDS(i)
;10 Hz FC workloads
S_ICP_I10FC_SENSOR(i) ≤ E_ICP_I10FC_SENSOR(i)
S_FCP_I10FC(i) ≤ E_FCP_I10FC(i)
S_FCP_P10FC(i) ≤ E_FCP_P10FC(i)
S_FCP_O10FC(i) ≤ E_FCP_O10FC(i)
S_ICP_I10FC_CMDS(i) ≤ E_ICP_I10FC_CMDS(i)
;50 Hz NFC workloads
S_ICP_I50NFC_SENSOR(i) ≤ E_ICP_I50NFC_SENSOR(i)
S_FCP_I50NFC(i) ≤ E_FCP_I50NFC(i)
S_FCP_P50NFC(i) ≤ E_FCP_P50NFC(i)
;第一个任务的结束和第二个任务的开始之间的关系
;50 Hz FC
E_ICP_I50FC_SENSOR(i) ≤ S_FCP_I50FC(i)
E_FCP_I50FC(i) ≤ S_FCP_P50FC(i)
E_FCP_P50FC(i) ≤ S_FCP_O50FC(i)
E_FCP_O50FC(i) ≤ S_ICP_I50FC_CMDS(i)
;10 Hz FC
E_ICP_I10FC_SENSOR(i) ≤ S_FCP_I10FC(i)
```

```
E_FCP_I10FC(i) ≤ S_FCP_P10FC(i)
E_FCP_P10FC(i) ≤ S_FCP_O10FC(i)
E_FCP_O10FC(i) ≤ S_ICP_I10FC_CMDS(i)
;50 Hz NFC
E_ICP_I50NFC_SENSOR(i) ≤ S_FCP_I50NFC(i)
E_FCP_I50NFC(i) ≤ S_FCP_P50NFC(i)
;前一任务的开始和下一任务的开始之间的关系
S_FCP_I50FC(i) - 2 ≤ S_ICP_I50FC_SENSOR(i)
S_FCP_P50FC(i) - 1 ≤ S_FCP_I50FC(i)
S_FCP_O50FC(i) - 5 ≤ S_FCP_P50FC(i)
S_ICP_I50FC_CMDS(i) - 1 ≤ S_FCP_O50FC(i)
S_FCP_I10FC(i) - 2 ≤ S_ICP_I10FC_SENSOR(i)
S_FCP_P10FC(i) - 1 ≤ S_FCP_I10FC(i)
S_FCP_O10FC(i) - 40 ≤ S_FCP_P10FC(i)
S_ICP_I10FC_CMDS(i) - 1 ≤ S_FCP_O10FC(i)
S_FCP_I50NFC(i) - 5 ≤ S_ICP_I50NFC_SENSOR(i)
S_FCP_P50NFC(i) - 1 ≤ S_FCP_I50NFC(i)
```

频率：


```
;50 Hz FC 任务中,p = 20
S_ICP_I50FC_SENSOR(i) + 20 ≤ S_ICP_I50FC_SENSOR(i + 1)
S_FCP_I50FC(i) + 20 ≤ S_FCP_I50FC(i + 1)
S_FCP_P50FC(i) + 20 ≤ S_FCP_P50FC(i + 1)
S_FCP_O50FC(i) + 20 ≤ S_FCP_O50FC(i + 1)
S_ICP_I50FC_CMDS(i) + 20 ≤ S_ICP_I50FC_CMDS(i + 1)
S_ICP_I50FC_SENSOR(i + 1) - 20 ≤ S_ICP_I50FC_SENSOR(i)
S_FCP_I50FC(i + 1) - 20 ≤ S_FCP_I50FC(i)
S_FCP_P50FC(i + 1) - 20 ≤ S_FCP_P50FC(i)
S_FCP_O50FC(i + 1) - 20 ≤ S_FCP_O50FC(i)
S_ICP_I50FC_CMDS(i + 1) - 20 ≤ S_ICP_I50FC_CMDS(i)
;10 Hz FC 任务,p = 100
S_ICP_I10FC_SENSOR(i) + 100 ≤ S_ICP_I10FC_SENSOR(i + 1)
S_FCP_I10FC(i) + 100 ≤ S_FCP_I10FC(i + 1)
S_FCP_P10FC(i) + 100 ≤ S_FCP_P10FC(i + 1)
S_FCP_O10FC(i) + 100 ≤ S_FCP_O10FC(i + 1)
S_ICP_I10FC_CMDS(i) + 100 ≤ S_ICP_I10FC_CMDS(i + 1)
S_ICP_I10FC_SENSOR(i + 1) - 100 ≤ S_ICP_I10FC_SENSOR(i)
S_FCP_I10FC(i + 1) - 100 ≤ S_FCP_I10FC(i)
S_FCP_P10FC(i + 1) - 100 ≤ S_FCP_P10FC(i)
S_FCP_O10FC(i + 1) - 100 ≤ S_FCP_O10FC(i)
S_ICP_I10FC_CMDS(i + 1) - 100 ≤ S_ICP_I10FC_CMDS(i)
;50 Hz NFC 任务
```

```
S_ICP_I50NFC_SENSOR(i) + 20 ≤ S_ICP_I50NFC_SENSOR(i + 1)
S_FCP_I50NFC(i) + 20 ≤ S_FCP_I50NFC(i + 1)
S_FCP_P50NFC(i) + 20 ≤ S_FCP_P50NFC(i + 1)
S_ICP_I50NFC_SENSOR(i + 1) - 20 ≤ S_ICP_I50NFC_SENSOR(i)
S_FCP_I50NFC(i + 1) - 20 ≤ S_FCP_I50NFC(i)
S_FCP_P50NFC(i + 1) - 20 ≤ S_FCP_P50NFC(i)
```

优先级声明：

```
E_FCP_I50FC(i) ≤ S_FCP_I10FC(i)
;50 Hz FC 的优先级高于 10 Hz FC
E_FCP_I50FC(i) ≤ S_FCP_I50NFC(i)
;50 Hz FC 的优先级高于 50 Hz NFC
```

安全声明的否定：

```
S_ICP_I50FC_SENSOR(i) + 11 ≤ E_ICP_I50FC_CMDS(I) ∨
S_ICP_I10FC_SENSOR(i) + 51 ≤ E_ICP_I10FC_CMDS(I)
```

6.7.6 约束图的分析

为了验证安全声明的满足性，在约束图[Rice and Cheng，1999]中表示了 Presburger 公式。系统规范单独产生了一个不含正环的图。然而，安全声明的否定产生边，即在聚类之间产生正环，从而验证系统的关键性能。例如，一个含有顶点 S_ICP_I50FC_SENSOR、E_ICP_I50FC CMDS、S_ICP_I50FC_CMDS、S_FCP_O50FC、S_FCP_P50FC、S_FCP_I50FC，并返回到顶点 S_ICP_I50FC SENSOR 的正环，产生了一个权重值为 1 的环。

6.8 模式图规范语言

尽管 RTL 语言能够指定实时系统的时间属性，但由于它的文本性质，使用它来指定实际系统是很乏味且容易出错的。为了解决这个问题，文献[Jahanian and Mok，1994]引入了一种称为模式图的层次图形规范语言。根据 RTL 给出了模式图的语义，允许将模式图规范翻译成对应的 RTL 公式。因为模式图是分层的，因此经过翻译后的 RTL 公式也是分层次的。

模式图规范将实时系统表示为模式（画成方框）和转移（画成模式之间的边）的集合。模式的集合表示特定系统的（控制）状态，转移表示特定系统的控制流[Stuart et al.，2001]。模式图规范也称作为模式图，模式图早期的定义[Jahanian and Stuart，1988]，把模式看成将结构强加在特定系统操作中的控制信息。

模式图使用的计算模型将计算看作一系列（部分序列）标记发生时间的事件集合。同一集合中所有的事件同时发生。模式图早期的定义[Jahanian and Stuart，

1988]强调,在这种计算模型中,没有状态的概念存在,尽管该语言是面向图形的,因此,不存在满足状态集合的不变量的概念。图6.4和图6.5显示了两个模式图。

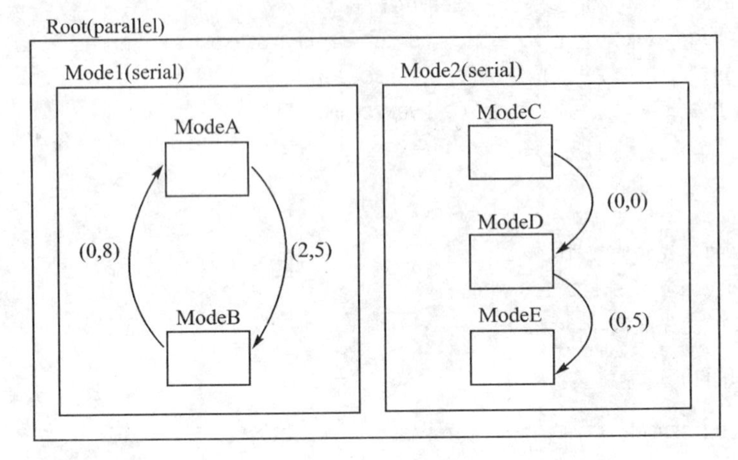

图6.4　模式图1

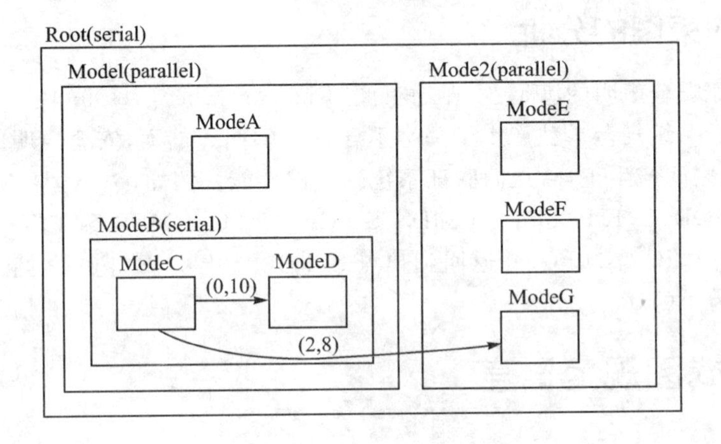

图6.5　模式图2

6.8.1　模　式

模式被画成方框,且它从进入到退出前的时间内处于激活状态。此外,在模式退出或进入的那一时刻,该模式同时处于激活和未激活状态。有三种类型的模式:原子、串行和并行。

原子模式没有内部结构,且表示系统的基本控制状态。原子模式是模式图规范的基本构架模块。在图6.4中,原子模式是模式A、模式B、模式C、模式D和模式E。在图6.5中,原子模式是模式A、模式C、模式D、模式E、模式F和模式G。

串行模式包含由转移依次连接在一起的一个或多个子模式,这些子模式被称作是串行的。因此,串行模式是其子模式的顺序组合。在图6.4中,串行模式为模式1

和模式2。在图6.5中，串行模式为根和模式B。当串行模式处于激活状态时，串行模式中的一个子模式在任何时刻也必须是处于激活状态的。这些子模式中的其中一个被标记为初始模式，它是当串行模式进入时要进入的模式。初始模式由带有加粗线的方框表示。在图6.4中，模式1中的初始模式为模式A；图6.5中，模式2的初始模式为模式C。然而，如果导致该模式的转移指向与初始模式不同的另一子模式M，那么当串行模式本身进入时，是进入模式M。

并行模式包含零个或多个不相连的子模式，这些子模式被称作是并行的。因此，并行模式是它的子模式的并行组合。在图6.4中，并行模式是根；在图6.5中，并行模式是模式1和模式2。当并行模式处于激活状态时，并行模式中的所有子模式在任何时刻也必须是处于激活状态。一个不含子模式的并行模式等价于原子模式。

在模式图规范中，根模式是最外层的模式，它没有双亲。计算是从0时刻进入根模式时开始。注意，根模式可以是以下的一个：原子、串行或并行。图6.4的模式图中的根模式与两个子模式是并行的，这两个子模式之间是串行的；另一方面，图6.5的模式图中的根模式与两个子模式是串行的，这两个子模式之间是并行的。

6.8.2 转 移

从一个模式到另一个模式之间的转移表示两个模式之间的控制流，并指示特定系统中控制信息的改变。转移被画成从源模式到目的模式之间的有向边，并表示控制离开源模式转移到目的模式。由于并行模式的子模式必须处于激活状态，故转移只能在串行模式之间发生。更精确地说，这些成对模式的双亲必须是一个串行模式，并且这些成对模式的第一个共同的上代必须是串行模式，或者该转移必须是一个自环。在图6.4中，存在模式A到模式B、模式C到模式D、模式D到模式E的转移。在图6.5中，存在模式C到模式D和模式C到模式G的转移。

模式转移是一个瞬间发生的事件(需要零单位时间)，如同RTL转移事件，表示为$M_s \to M_d$，其中M_s是源模式，M_d是目的模式。转移事件早期的表示符号[Jahanian and Mok，1994]是$M_s — M_d$。进入模式M的事件表示为$\to M$，从模式M退出的事件表示为$M\to$，这两个是瞬间发生的。注意，“模式处于激活态”不属于一个事件，因为根据定义事件在发生瞬时需要的时间是零。

由于模式图使用的运算模型将计算看作是一系列发生的事件集，因此每个运算是一系列的事件集(这些事件包括模式进入事件、模式退出事件和转移事件)。每个转移标有一个条件，当满足该条件时，此转移就会发生。用析取范式$c_1 \vee \cdots \vee c_k$表示条件，其中，每个析取c_i表示触发条件或时间条件。

合取范式$e_1 \wedge \cdots \wedge e_n$表示触发条件，每个合取是一个事件或谓词。为了满足触发条件，其中所有事件必须同时发生，或所有谓词必须同时成立。更精确地说，每个合取选自下列之一：

(1) 当进入模式M时，满足事件$\to M$。

(2) 当退出模式 M 时，满足事件 $M\rightarrow$。

(3) 当转移 $M_1\rightarrow M_2$ 发生时，满足事件 $M_1\rightarrow M_2$。

(4) 如果模式 M 处于激活态，满足谓词 $M==\text{true}$。

(5) 如果模式 M 处于非激活态，满足谓词 $M==\text{false}$。

(6) 如果模式谓词列表{$(M_1,\cdots,M_N)$}中的任何模式都处于激活态，则该列表被满足。

(7) 如果谓词列表{$(<M_1,\cdots,M_N)$}中的任何模式处于激活态，并在激活态保持至少一个单位时间后，该列表被满足。

时间条件是一个(r,d)形式的延迟和截止时间对，其中 $r\leqslant d$ 且这两个值都是非负整数。该时间条件也称为上/下界条件。符号(delay r)表示(r,∞)，(deadlined)表示$(0,d)$。(alarm r)表示(r,r)。在图 6.4 中，从模式 A 到模式 B 并带有触发条件(时间条件)(2,5)的转移表示：在进入模式 A 后的 2～5 个单位时间内，该转移发生。在图 6.5 中，从模式 C 到模式 D 并带有触发条件(0,10)的转移表示：在进入模式 C 的那一时刻到 10 个单位时间内，该转移发生。从模式 C 到模式 G 并带有触发条件(2,8)的转移表示：在进入模式 C 后 2～8 单位时间内，该转移发生。

6.9 验证模式图规范的时间属性

为了验证模式图的时间属性，首先在该规范中生成一个运算图[Jahanian and Stuart, 1988]，该运算图表示模式图规范所允许的所有行为。然后，将专门的决策程序[Jahanian and Stuart, 1988]和更具一般意义的模型检测算法[Clarke, Emerson, and Sistla, 1986]应用到运算图中，以确定给定的时间属性是否可满足。不管使用哪种方法，该运算图均看作指定系统的模型，且用 RTL 公式给出要检测的时间属性。然后，用决策程序或模型检测器来确定运算图是否满足该属性。

首先，描述特定系统的运算及其无限运算树表示形式。然后，说明如何将这个运算树转化成用于分析和验证的有限运算图。

6.9.1 系统运算

给定一个模式图规范，可以生成一个说明系统所有行为的运算树，即事件发生集合的所有可能的顺序。运算树是一个有根的有向树，规模可能是无限的，节点带有事件标签，边表示因果关系。该运算树与第 4 章模型检测中特定系统的状态图类似。然而，在运算树中，节点是事件发生时的时间点，且它不给谓词变量赋值。

因此，这里将运算树中的节点看为点，(由某条边指向的)点 P 代表事件的发生，这些事件是由从根到 P 路径上的事件所引起的。如果多个事件同时发生，则某个点会被标记上这些多个事件。由于在模式图规范中，模式之间的转移存在时序约束，即从根开始的路径上的两点之间的时间间隔(距离)有上/下界要求，因此会增加对应的运算树规模。

系统的运算是指：为从树根开始的某条路径上的事件分配时间值，这些时间值应符合上/下界要求。给定一对点 P_a 和 P_b，$a<b$，沿着一条路径（在该路径上 P_a 比 P_b 早出现），$P_a+I\leqslant P_b$ 表示下界分离要求，$P_b\leqslant P_a+I$ 表示上界分离要求，其中 I 为非负整数。

可以使用加权有向图，也称为分离图，来表示运算树中一条路径上的时间有界分离集合。在该图中，节点表示对应路径上的点，与边相关的权重值表示节点之间的时间间隔。

6.9.2 运算图

由于上述增加了上/下界要求的运算树通常是无限的，因此需要生成一个表示系统运算的有限运算图[Jahanian and Stuart, 1988]，使得它可以运用模型检测或类似的验证技术。为了从无限运算树中导出有限运算图，当P_a和P_b除了时间戳外都等价时，可以使用已生成的点P_a，而不用生成一个新点P_b（如在运算树的情况下）。换句话说，无限数量的等价点被组合成一个等价类。由于在模式图规范的点空间中，存在有限数量的等价类，因此可以通过在每个等价类中生成至多一个点来得到一个有限运算图。

运算图的构建算法首先生成根节点。然后，检测从根节点中激活模式开始的每个转移。如前所述，当转移满足其触发或时间条件时，该转移发生。此时，如果某点与根不在同一个等价类中，则该算法生成一个新点（根点的后继），该转移和这个新点被添加到运算图中。在宽度优先方法（breadth-first）中，重复以上步骤来探索每一个新点，直到没有新点为止。注意，这种构建方法和第 4 章描述的有限状态图生成方法相似。

6.9.3 时间属性

现在描述 RTL 形式的两个时间特性实用类，它们可以使用简单验证程序来检测其在运算树中的可满足性[Jahanian and Stuart, 1988]。需要以下定义来指定这些属性。

终点：给定一个事件 E、一个整数变量 i 和一个非负整数常数 k，具有@$(E,i\pm k)$形式发生函数的应用程序就是一个终点。

注意，在该形式中，表达式 $i\pm k$ 是这类发生函数的发生索引。

关联终点：如果在发生函数一对终点的发生索引中出现的整数变量是相同的，那么这两个终点是相关联的。

例如，@(E_1, x) 和@$(E_2, x+8)$是关联终点。

间隔：给定两个事件E_1和E_2、两个非负整数常数k_1和k_2以及一个整型变量 i，一对形式为@$(E_1,i\pm k_1)$和@$(E_2,i\pm k_2)$的关联终点称为间隔。

回顾前述内容，运算图使用一个点表示有限数量点的一个等价类，且这些点中发生的事件通常是同一事件的不同实例。因此，如果运算图中存在一个环，其环中的点标有与E_1和E_2的相同数字，那么通过标有E_1的点的发生次序，就可以将该环向前或向后遍历一定的次数，来定位表示事件E_2发生的点（这取决于E_2的发生是在事件E_1第i次发生之前还是之后）。

关联终点的保存：给点运算图G和具有事件E_1和E_2的一对关联终点，如果一个环中标有E_1的点与标有E_2的点的数量相同，那么该环将保存这对终点。

RTL 公式的保存：如果运算图中的每个环保存 RTL 公式中的每一对关联终点，那么该运算图将保存这个公式。

可以在多项式时间内检测两个终点是否被运算图保存，但也可在以下情况时简化检测的过程。如果以下情况之一成立，那么运算保存了包含事件E_1和E_2的一对终点：

(1) $E_1=E_2$，即它们是同一事件。

(2) $E_1=\rightarrow M, E_2=M\rightarrow$，即这些事件是同一模式的进入和退出事件。

(3) $E_1=(S:=\text{true}), E_2=(S:=\text{false})$，即这些事件是同一状态变量的转移事件。

(4) $E_1=\uparrow A, E_2=\downarrow A$，即这些事件是同一动作的开始和停止事件。

接下来描述运算图保存的两类 RTL 公式。存在简单程序来确定运算图是否满足其中某类的属性。

6.9.4 节点之间的最小和最大距离

这类时间属性指定了关联终点之间的相对和绝对顺序，以及时间间隔距离。给定两个关联终点e_1和e_2以及一个非负整数时间间隔k，表达这些时间属性的 RTL 公式的形式为$\exists xF$或$\forall xF$，其中F是一个自由量词公式，每个不等式的形式为

$$e_1 \pm k \leqslant e_2$$

每个不等式可以重写成以下形式以表明不同的意义：

(1) 两个终点之间的最小时间距离k：$k\leqslant e_2-e_1$。

(2) 两个终点之间的最大时间距离k：$e_1-e_2\leqslant k$。

现在提出两个终点的最小和最大距离算法。它们的功能和操作与第 4 章提出的最小和最大延迟算法[Campos et al.，1994]类似，但是这里需要环展开(cycle unrolling)，因为一个点可能对应于一个等价类，该等价类表示同一事件的不同时间发生点。

设G为运算图，F为指定终点之间最小距离的 RTL 公式。下面的算法确定G中的每个运算是否满足F中指定的最小时间间隔：

```
procedure check_min_distance(e1, e2, k, G, F)
find a point P labeled with Ej, where 1≤j≤n;
```

```
find all corresponding endpoints in F by unrolling each cycle a constantnumber of times;
d := shortest distance between e1 and e2 in unrolled G;
if k ≤ d then return true else return false;
```

下面的算法确定G中的每个运算是否满足F中指定的最大时间间隔：

```
procedure check_max_distance(e1, e2, k, G, F)
find a point P labeled with Ej, where 1 ≤ j ≤ n;
find all corresponding endpoints in F by unrolling each cycle a constant number of
times;
d := longest distance between e1 and e2 in unrolled G;
if d ≤ k then return true else return false;
```

如果 F 是普遍量化的，为了使 G 满足 F，则对于 G 中每个标有E_j的点，运行上述相应的算法时，每次运行都必须返回 true。否则，如果公式 F 是存在性量化的，那么为了使 G 满足 F，对于 G 中标有E_j的点，运行上述相应的算法时，至少有一次必须返回 true。

6.9.5 终点和间隔的排除与纳入

这类时间属性指定了在某时间间隔内，终点或间隔的排除与纳入。这里，为终点添加一个整数偏移量：$@(E, i \pm k) \pm c$。

给定带有终点e_1和e_2的间隔1和带有终点e_3和e_4的间隔2，表达该类时间属性的RTL公式是以下两种形式之一。

设Q_a和Q_b为间隔发生索引变量上的量词。第一种形式描述了一个区间包含另一个区间：

$$Q_a\, Q_b\, e_1 \leqslant e_3 \wedge e_4 \leqslant e_2$$

例如，该RTL公式表示，当模式PASSED处于激活态时，在进入该模式10 s后或更久以后，动作Upgate开始执行：

$$\forall x \exists y @(\rightarrow \text{PASSED}, x) + 10 \leqslant @(\uparrow \text{Upgate}, y) \wedge$$
$$@(\downarrow \text{Upgate}, y) \leqslant @(\text{PASSED} \rightarrow, x)$$

第二种形式描述了一个区间排除另一个区间：

$$Q_a\, Q_b\, e_4 \leqslant e_1 \vee e_2 \leqslant e_3$$

例如，该RTL公式表示，动作Upgate和Downgate是互斥的：

$$\forall x \forall y @(\downarrow \text{Downgate}, y) \leqslant @(\uparrow \text{Upgate}, x) \vee$$
$$@(\downarrow \text{Upgate}, x) \leqslant @(\uparrow \text{Downgate}, y)$$

确定一个运算图是否满足给定的RTL公式（定义时间属性），需要一个算法来实现。该算法取决于Q_a和Q_b中量词的组合，以及它是否是一个包含或排除属性。例如，假设要检测间隔I_1中的某个实例是否包含间隔I_2中的一个实例，则其算法实现如下：首先，在图中找到间隔I_2的一个实例。然后，检测间隔I_1中的一个实例是否包含在间隔I_2中，如果是，该算法返回 true。如果要检测间隔I_1中的每个实例是否包含在间隔I_2中，则需要在I_2的每次出现时重复以上步骤。同样的，可检测其他情况和量词的组合。

6.10 可用的工具

模式图 Toolset(MT)[Clements et al., 1993b]是工具的集合，它使用模式图语言进行实时嵌入式系统的定义、建模和分析。它支持模式图规范的创建、修改和存储，并允许使用一致、完整的检测器、仿真器和验证器来分析模式图规范。可以在文献[Rose, Perez, and Clements, 1994]中找到 MT 的用户手册。

XSVT [Stuart et al., 2001]是一个新的原型工具，它是 MT 的一部分，能结合仿真和验证技术来分析模式图规范。

6.11 历史回顾和相关研究

文献[Jahanian and Mok, 1986]开发了 RTL，它作为一种简洁的一阶逻辑语言来正式地指定实时系统及其绝对时间属性，提出了一种与系统规范和理想安全声明相关的分析框架。Bledsoe-Hines 决策程序用来检测和验证系统安全声明的满足性。然而，对于 RTL 而言，这种问题通常是不可判定的，或对于可判定的案例来说也需要指数级的时间。其他的实时逻辑包括最近[Mattolini and Nesi, 2001]开发的间隔逻辑(Interval Logic)。

为了得到更有效的分析算法，文献[Jahanian and Mok, 1987]定义了 RTL 公式的子类，它可用于一类实用的实时系统。其中用到的图论方法基于不等式和图分析，且不需要逻辑决策程序。

Mok 等人引入了模式图规范语言文献[Jahanian and Stuart, 1988; Jahanian and Mok, 1994]，以便于实时系统规范的研究，并可替代状态图和 STATEMATE。此外，模式图声称在解决绝对时间规范时，能弥补状态图的弱点。为了解决状态爆炸问题，文献[Stuart et al.,2001]将仿真和验证技术相结合，使得规范更易于理解，且加快了类 CTL 形式属性的验证。文献[Brockmeyer et al., 2000]为测试实时规范提供了一个灵活、可扩展的仿真环境。

文献[Rice and Cheng, 1999]使用 RTL 和约束图方法来指定和验证了 X-38 空间站机组返回舱航空电子设备的部分系统。

6.12 总　结

有两种方法可以用来指定实时系统。第一种方法，通过指定系统的机械、电气和电子组件，对系统进行结构性和功能性的描述。这种方法中的规范说明了系统的组件及其函数和运算的工作原理。第二种方法，从事件和动作的角度，对系统的行为进行描述。该方法中的规范能告知系统所容许事件的顺序。

为了表明系统或程序满足一定的安全属性，可以将系统规范与表示理想安全属性的安全声明联系起来。这是假设系统的实际执行是符合该规范的。需要注意，尽管一个行为性规范并没有说明如何建立特定的系统，但也的确表明了系统实现是建立在结构－功能性规范上，并能满足行为性规范。

对规范和安全声明的分析可能会导致以下三种情况：(1)安全声明是从规范中推导出的一个定理，因此，从安全声明所表示的行为来说，系统是安全的；(2)规范中的安全声明是不可满足的，即该规范将导致安全声明被侵犯，所以系统本质上是不安全的；(3)在一定条件下，安全声明的否定是可满足的，这意味着系统中要增加附加的约束，以确保系统的安全。

事件-动作模型[Heninger, 1980; Jahanian and Mok, 1986]用于捕获实时应用程序中的数据相关性和运算动作的时序，它们是在响应事件时必须要执行的。有四个基本概念如下：

(1) 动作(action)是一个可调度的工作单元，它可以是基本的或复合的。一个基本(primitive)动作是原子的，因为它不能或不需要被分解成子动作。它消耗有界的时间。复合(composite)动作是基本动作或其他复合动作的部分排列。在一个复合动作中，相同的动作可能出现多次。递归动作或动作的环链(链中的动作是它前继的子动作)是不允许的。

符号“*A*;*B*”表示动作 *B* 在动作 *A* 后顺序执行。例如，“TRAIN - APPROACH; DOWN - GATE”表示“列车首先接近铁道口传感器”，然后“道口闸移下”。符号“*A*||*B*”表示动作 *A* 和动作 *B* 并行执行。例如 DOWN - GATE||RING - BELL 表示“道口闸移下”和“报警铃响起”同时发生。

(2) 状态谓词(state predicate)是关于指定系统中状态的声明。例如，当道口闸处于关闭位置时，GATE - IS - DOWN 为真。

(3) 事件(event)是一个时间标记，用于描述系统行为的重要时间点。有四种类型的事件：

(a) 外部事件是由系统外部的事件引起的。例如，APPLY - BRAKE 是一个外部事件，表示“司机或操作员按下制动踏板”。

(b) 开始事件标志着动作的开始。例如，DOWN - GATE 事件的开始。

(c) 停止事件标志着动作的结束。例如，DOWN - GATE 事件的结束。

(d) 转移事件标志着系统某个属性的改变。例如，当道口闸移动到关闭位置时，GATE-IS-DOWN 变为真。

(4) 时序约束是对系统事件绝对时间的声明。

引入实时逻辑(Real-Time Logic, RTL) [Jahanian and Mok, 1986]的动机是：

事件-动作模型中的规范不易于计算机的操控。RTL是一种具有特殊性质的一阶逻辑，它使规范易于被机械地操控，同时也能捕捉系统中的时序要求。RTL被引入的原因是：时序逻辑（temporal logic）虽然能够表达事件或动作的相对顺序[Heninger, 1980; Bernstein and Harter, 1981]，但它并没有被扩展以表达绝对时间，而RTL则被扩展来表达时间。

此外，时序逻辑使用交错计算模型来指定计算机系统中的并发性，但这种模型不能够表达真正的并行性。例如，时序逻辑模拟两个并行的动作时，其方式一个接着一个，或反之亦然，因此，从初始状态s_0到状态s_1有两条路径，对应于这些动作的两个顺序。

调度器通常是实时系统中的一个组成部分。实时系统的正确性取决于其调度器的正确性。然而，时序逻辑通常假定系统的资源和事件是公平调度的。这适用于非时间关键（non-time-critical）系统，但不能满足实时系统的分析需要。

RTL基于事件-动作模型，增加了一些特性，例如发生函数@，它为事件的发生赋时间值。@(TrainApproach, i) = x 表示列车第i次到达是在时刻x发生的。

有三种类型的RTL常量：动作、事件和整数。动作常量如事件-动作模型中的定义，且用大写字母表示，以不同于变量。复合动作A中的子动作B_i表示为$A.B_i$。事件常量用于时序标记，并分为以下几类：(1)开始事件，表示动作的开始，前面加上↑；(2)停止事件，表示动作的结束，前面加上↓；(3)转移事件，表示系统状态某些属性的改变；(4)外部事件，前面加上Ω。

在许多实时系统规范中的实际需求激发了一类限制性RTL公式[Jahanian and Mok, 1987]：

(1) RTL公式由包含两个术语和一个整数常量的算术不等式组成，其中术语是一个变量或函数；

(2) RTL公式不含某类算术表达式，该类算术表达式具有一个将本身作为参数的函数。

这种受限制的RTL类将允许潜在地使用图论方法，以用于系统的分析。例如，可以使用单源最短路径算法解决简单整数规划问题，每个不等式的形式为$x_i - x_j \leqslant \pm a_{ij}$，其中$x_i$和$x_i$为变量，$a_{ij}$为整数常量。也可以使用约束图表示不等式集，其中，每个变量由图中的节点表示，且从x_i到x_j权重值为a_{ij}的有向边表示不等式$x_i \pm a_{ij} \leqslant x_j$。那么，当且仅当图中存在一个带有正权重值的环时，由该图表示的不等式集是不可满足的。

这种类型的RTL公式包含以下形式的算术不等式：

occurrence function ± integer constant ⩽ occurrence function

为了说明RTL规范和约束图分析方法的可行性，使用RTL来指定和分析X-38航空电子设备的时间属性，X-38是国际空间站（ISS）中机组返回舱（CRV）的增量开发原型系列。

模式图规范允许用户和分析工具之间有一个图形化接口。为了验证模式图的时间属性，首先在该规范中生成一个运算图[Jahanian and Stuart，1988]。该运算图表示模式图规范所允许的所有行为。然后，将专门的决策程序[Jahanian and Stuart，1988]和更具一般意义的模型检测算法[Clarke，Emerson，and Sistla，1986]应用到运算图中，以确定给定的时间属性是否可满足。不管使用哪种方法，该运算图均看作为指定系统的模型，且用 RTL 公式给出要检测的时间属性。然后，决策程序或模型检测器确定运算图是否满足该属性。

首先，描述一个特定系统的运算及其无限运算树表示。然后，说明如何将这个运算树转化成一个用于分析和验证的有限运算图。

运算图中保存了两类 RTL 公式：(1)终点之间的最小和最大距离；(2)节点和间隔的排除与纳入。

习 题

1. 用 RTL 表达以下安全声明：如果制动执行器在动作 TRANSMIT(将信号从制动器发送到制动执行器)完成后的 30 个单位时间内被激活(ACTIVATED)，则能够确定在踩下制动器(BRAKE)后的 100 个单位时间内，制动执行器被激活，在踩下制动器至少 40 个单位时间之后且在 120 个单位时间内，制动机制将被应用(STOP)。

2. 用 RTL 表达以下安全声明：在医院的重症监护室中，如果脉冲/血压计、血氧传感器和呼吸传感器分别被正确地安装到病人的手臂、食指和鼻子，则将启动报警功能，当任何一种下述情况为真时警报会响起，一直到护士或医生到达并关闭警报为止：脉搏持续 20 s 超过每分钟 120 次，收缩血压持续 60 s 高于 180 毫米汞柱，血氧计数持续 15 s 低于 80%，或呼吸速率持续 30 s 高于每分钟 35 次。

3. 比较状态图/STATEMATE(第 5 章描述)与模式图的时序规范特点。

4. 如果约束图 G 中的某个正环的所有边对应于单位子句内的文字，F''(子句形式为 $SP \wedge \neg SA$)必然是不可满足的。如果一条边对应于一个文字，该文字属于非单位析取子句 C_i，那么必须说明：C_i 中剩余的每个文字也处于一个不同的正环。解释这为什么是必要的。

5. 考虑以下不等式集：

(1) $t_1: C \leqslant A$

(2) $t_2: A - 15 \leqslant B$

(3) $t_3: B + 15 \leqslant C$

(4) $t_4 \vee t_6: C - 10 \leqslant D \vee B + 10 \leqslant D$

(5) $t_5 \vee t_7: D + 15 \leqslant C \vee D + 15 \leqslant B$

(6) $t_7 \vee t_8: D + 15 \leqslant B \vee D + 5 \leqslant D$

(a) 为这些不等式构建约束图。

(b) 列出正环。

(c) 使用这些正环，构建一个树来说明该不等式集是否为不可满足的。可能要检测叶子节点中的不等式本身是否为不可满足的。

6. 考虑图论分析中搜索树的生成技术。这种技术需要在某些情况下对子句重新排序，以减小搜索树的大小。这种重新排序是否总是能减小搜索树的大小？解释之。如果不是，给出反例。

7. 本题的目的是将基于 RTL 的形式化技术运用到基于时序互斥算法[Attiya and Lynch，1989]的规范与验证中。假设只有两个运算符（进程），构建一个 RTL 公式集来指定执行该算法进程的动作。使用图论技术证明互斥执行算法的安全性，并验证其响应时间。

8. 为模式图/运算图方法给出两类可判定的时间属性。然后为不能供解的模式图/运算图方法给出两类时间属性。

9. 再次考虑第 5 章中（习题 8）描述 2001 年 NASA 火星奥德赛人造卫星[Cass，2001]的规范，但现在要增加事件和动作的时序约束。

人造卫星在发射前处于准备模式。发射前和发射时，人造卫星被折叠成一个防护罩。发射的执行时间是 60 s。在人造卫星准备好 30 s 后且在 90 s 内，开始发射。

发射后，太阳能板在 120 s 内展开，将太阳能转化成导航需要的电能。18 个月后，当人造卫星接近火星时，引擎在 20 s 内点火，然后人造卫星进入火星轨道。

在引擎点火 50 s 后，开始制动，制动需要 20 s。制动后，人造卫星在 100 s 内布署高增益天线。发射后的任何时间，如果发生紧急情况（专门的监控计算机检测到预期的步骤没有执行），则人造卫星跳过以上步骤，在 10 s 内进入安全模式，并让任务控制器接管人造卫星的控制。使用以下方法来表示人造卫星的行为。

(a) RTL；

(b) 模式图。

10. 使用模式图指定两条路交叉口处的智能交通灯控制器，这两条路一条南北走向（NS），一条东西走向（EW）。NS 和 EW 都是四行道。每个行道都含有一个传感器，每 T 秒通知信号控制器是否有汽车接近交叉口或在交叉口等待交通灯改变。如果交通灯为绿色，则传感器也指示四条行道上汽车的速度（m/s）（如果行道上没有汽车接近交叉口，则速度为 0）。速度在距离交叉口 D 英尺的位置被监测。假设 $T=1/2$，$D=300$。每个传感器将其输出写入到缓存区。写入缓存区可能会出现覆盖的情况。每个写入缓存区的值自动加上时间戳，并在控制器中引起中断（该中断是可屏蔽的）。该信号控制器必须遵守以下约束：

(1) 以 NS 灯为绿色、EW 灯为红色作为起始，它运行在正常模式。其他模式还包括关电模式、降级模式和自动模式。这里只需定义下述的正常模式。

(2) 正常模式：如果 EW 或 NS 路上的灯恰恰刚变为绿色，则控制器在接下来的

40 s 忽略传感器的输入。然后检测缓存区里的时间戳。如果两个时间戳都不超过 $T/2$ 秒，则进入步骤(3)。如果其中的一个时间戳不超过 $T/2$ 秒，那么计入步骤 2a。否则，取消对传感器中断的屏蔽，并等待传感器的输入(最多等待 $T/2$ 秒)，在接收到一个输入时进入步骤(2a)。如果在 $T/2$ 秒内没有接收到值，它进入并运行自动模式。

(2a) 控制器取消对传感器中断的屏蔽，并等待其他传感器的输入(最多等待 $T/2$ 秒)。在接收到输入时进入步骤(3)。如果没有接收到输入，则它进入并运行自动模式。

(3) 控制器首先屏蔽传感器中断。如果传感器没有检测到汽车接近或停止，则控制器不执行任何操作。否则，如果只有一个传感器检测到汽车，则控制器从另一个方向将灯变为红色(无需经过中间的黄色)，然后将该传感器方向的灯变为绿色。如果传感器都检测到汽车，为方便起见，假设 NS 灯为绿色，EW 灯为红色。控制器计算 NS 传感器输入后的时间，记为 X。然后，计算出 NS 方向上最快的车在 $X+C$ 秒内走的距离(其中 C 为控制器作该计算所用的时间)，然后检测剩余的距离能否使汽车安全停止(使用表查询)。如果判定为安全的，则控制器返回到步骤(2)。否则，将绿灯变为黄灯(从表中读入，它取决于汽车的速度)，然后变为红色。然后，将 EW 上的红灯变为绿色，返回步骤(2)。

第 7 章

利用时间自动机进行验证

有限自动机和时态逻辑已被广泛应用于并发系统定性属性的形式化验证。这些属性包括“死锁-自由”或“活锁-自由”、某个事件的最终出现以及某个谓词逻辑的满足性。上述应用中，并发系统属性的正确性仅仅依赖于相关事件和动作的相对次序，因此不需要对绝对时间进行推理。这些自动机理论和时态逻辑技术采用有限状态图，在实践中用于解决不同的验证问题：网络协议、电子线路和并发程序。目前，一些研究人员已将这些技术从非定时系统扩展到定时或实时系统，并保留了其中许多的有用特性。

本章给出基于时间自动机的两种自动机理论方法。Lynch-Vaandrager 方法[Lynch and Vaandrager, 1991; Heimeyer and Lynch, 1994] 比较通用一些，能够处理有限或无限状态的系统，但缺少自动验证机制。即使对于相对较小规模的系统，它的规格说明也难以撰写和理解。Alur-Dill 方法 [Alur, Fix, and Henzinger, 1994] 基于有限状态机，其着眼点没有那么宏大，但它提供验证所需属性的自动化工具。它的稠密时间(dense-time)模型能够处理实数时间值，而离散时间(discrete-time)模型(例如在状态图(Statechart)和模式图(Modechart)的模型)只使用整数时间值。

7.1 Lynch - Vaandrager 自动机理论方法

文献[Heitmeyer and Lynch, 1994] 提倡使用两种规格说明，用来形式化描述实时系统。一个规格说明包括一个或多个时间自动机的描述。首先，原子(axiomatic)规格说明以描述性的和原子化的风格对系统进行说明，不展示系统是如何操作的。其次，操作性(operational)规格说明描述系统的操作。形式化证明展示原子规格说明是由操作规格说明实现的。

存在几种构造这种形式化证明的方法。文献[Lynch and Attiya, 1992; Lynch and Vaandrager, 1991] 已经将断言(assertional)技术用于非定时、并发和分布式系统，因此提出改进这些技术去验证实时系统属性的时间特性。特别地，仿真方法用于建立由相应时间自动机描述的两种规格说明之间的联系(例如实现)。这里，仿真的概念包括特定的案例，例如细化映射(refinement mapping)、后向和前向仿真(backward and forward simulation)，以及历史和预言映射(history and prophecy mapping)。

广义的时间自动机有几种定义。其中由 Lynch 和 Vaandrager 提出的一种定义如下[Lynch and Vaandrager, 1991]。

时间自动机：时间自动机 A 是一种广义的标签转移系统，具有以下四种组件：

states(A)是状态的集合。

start(A)是起始状态的非空集合。

acts(A)是动作的集合。动作可以是内部或外部的。内部动作在系统内，外部动作包括可视动作(输入或输出动作)和特定的时间流逝动作 $v(t)$，其中 t 为正实数。

steps(A)是步骤的集合(在其他的自动机定义中通常被称为转移)。

状态的数目可以是有限或无限的。为了增强可读性，采用 $s \xrightarrow{\pi}_A s'$ 表示法代替 $(s,\pi,s') \in \text{steps}(A)$，其中 A 是一个时间自动机，当不会有歧义出现时，脚标 A 常被省略。

7.1.1 定时执行

通过观察时间自动机从一个时间点到另一个时间的执行考虑它的行为。一次定时执行(timed execution)是内部动作、可见动作和时间流逝动作组成的一条序列，由它们相互牵扯的状态相联系，随着对每个时间流逝动作的轨迹的表示而扩展。这里的轨迹是指在时间流逝步骤期间的状态变化。为了形式化定义定时执行，先要定义定时执行片断的表达方法。

定时执行：一个定时执行片断是一条有限或无限的交替序列：

$$\alpha = \omega_0 \pi_1 \omega_1 \pi_2 \omega_2 \cdots$$

其中：(1)每个 ω_i 是一条轨迹，每个 π_i 是非时间流逝动作；(2)每个 π_{i+1} 将前驱轨迹 ω_i 的最终状态 s 与后继轨迹 ω_{i+1} 的初始状态 s' 连接起来，即：$s \xrightarrow{\pi_{i+1}} s'$。

如果某个定时执行片断的第一条轨迹 ω_0 的第一个状态是起始状态，则该片断是定时执行。

如果在时间自动机 A 的一些有限定时执行中，A 的某个状态是最终轨迹的最终状态，则该状态是可达的(reachable)。发生(occurrence)时间与定时执行中的某个状态或动作的每个实例有关。这由所有前驱时间流逝值相加而确定。注意，这里对于发生时间的概念与实时逻辑(Real-Time Logic，RTL)中发生时间的概念相近。

给定一个时间自动机 A，实用中关心的是允许(admissible)定时执行中的集合 atexecs(A)，在允许定时执行中，时间流逝的总和为∞。为了解决验证问题，我们定义定时轨迹(timed trace)以表示时间自动机的可见行为。

7.1.2 定时轨迹

任意定时执行的定时轨迹是在定时执行中出现的可见事件的序列，它们与发生时间成对记录。该序列具有如下的形式：

$$(\pi_1, t_1), (\pi_2, t_2), (\pi_3, t_3), \cdots$$

其中，π 是非时间流逝动作，t 是非负实数值的时间。

ttrace(α)表示定时执行 α 的定时轨迹。从某个时间自动机 A 的所有允许定时执行中得到的定时轨迹构成 A 的允许定时轨迹(admissible timed trace)的集合 attraces(A)。

例 7.1：考虑带有三种灯信号的交通信号灯。刚开始，当系统关闭的时候没有灯信号。一旦在时间 0 启动，事件 turn_green 使绿灯点亮。接下来，事件 turn_yellow 在 20 s 后出现，把绿灯关闭后使黄灯点亮。接着，事件 turn_red 在黄灯关闭 5 s 后出现，使红灯点亮。然后，事件 turn_green 在 15 s 后出现，把红灯关闭后点亮绿灯。一般上述序列无限地重复。该定时执行的定时轨迹为：

(turn_green, 0), (turn_yellow, 20), (turn_red, 25), (turn_green, 40),…

自动机的操作允许通过联合较为简单的自动机定义复杂的自动机，这些操作包括映射(projection)和并行组合(parallel composition)。

7.1.3　时间自动机的组合

对某个复杂系统进行建模，需要将表达系统不同部分的几个自动机组合起来。当且仅当它们没有共同的输出动作，并且 A 的内部动作与 B 不同，两个时间自动机 A 和 B 才是相容的(compatible)则 A 与 B 的组合，记为 $A\times B$，是具有如下属性的时间自动机：

$$\text{states}(A\times B)=\text{states}(A)\times\text{states}(B)$$

$$\text{start}(A\times B)=\text{start}(A)\times\text{start}(B)$$

$$\text{acts}(A\times B)=\text{acts}(A)\cup\text{acts}(B)$$

步骤$(s_A, s_B)\xrightarrow{\pi}_{A\times B}(s'_A, s'_B)$存在，当且仅当 $\pi\in\text{acts}(A)$ $s_A\xrightarrow{\pi}_A s'_A$(否则 $s_A=s'_A$)并且 $\pi\in\text{acts}(B)$时 $s_B\xrightarrow{\pi}_B s'_B$(否则 $s_B=s'_B$)。

这意味着 A 和 B 能够在共同的输入或时间流逝动作下联合执行，或者其中一个的输出是另一个的输入。

7.1.4　MMT 自动机

上述时间自动机的定义是非常一般性的。为了通过仿真得到更有效的验证，引进了一种更专业的自动机。Merritt-Modugno-Tuttle(MMT)自动机［Merritt, Modugno, and Tuttle, 1991］是以特定动作之间的时间上限和下限为参数的 I/O 自动机。MMT 自动机模型能够用于表示很多时间自动机的类型。I/O 自动机是用于表示非定时异步系统的标签转移系统。它的内部和输出动作被分组为任务。

I/O 自动机：I/O 自动机 A 具有如下构件：

states(A)是状态的集合；

start(A)是起始状态的非空子集；

acts(A)是动作的集合，动作可以是内部的或外部的，外部的动作可以是输入或输出动作；

steps(A)是步骤的集合(在其他文献中通常称为"转移")，这是 states(A)×acts(A)×states(A)的子集。

part(A)是本地所控制的(内部输出)动作的分区，该分区具有可数数量的相同等级。

注意，基本时间自动机的定义基本上是带有 steps(A)的时间概念扩展的I/O自动机。[Lynch and Attiya，1992；Lynch and Vaandrager，1991] 定义 MMT 自动机，是带有时间上限和下限信息扩展的I/O自动机模型。更精确地说，MMT自动机是具有唯一的有限多分区等级的I/O自动机，对于每个类 C，时间下限和上限被定义，并记为 lower(C)和 upper(C)，其中 $0 \leqslant \text{lower}(C) < \infty$ 并且 $0 < \text{upper}(C) \leqslant \infty$。换句话说，下限不能是无限的，并且上限不能为0。

因为 MMT 自动机表达建模系统或系统构件中给定动作之间的时间差别，因此 MMT 自动机的执行展示建模系统的行为随时间变化。MMT 自动机的定时执行是 $s_0, (\pi_1, t_1), s_1, \cdots$形式交替的序列，其中 π_S 可以是输入、输出或外部动作。对于每个 i，必须满足 $s_i \xrightarrow{\pi_{j+1}} s_{j+1}$，使得后继时间是非减的，并且需要满足特定的时间下限和上限的需求。

开始测量等级 C 的界限的点被称为初始指标(initial index)。指标 i 定义为状态 s_i 中使能的等级 C 的初始指标，并且下面的条件之一必须成立：$i=0$，C 在 s_{j-1} 中不被使能，或者 $\pi_i \in C$。根据该定义，对于每个等级 C 的初始指标 i，下列条件必须成立：

(1) 如果 $\text{upper} \neq \infty$，存在 $k > i$，使得 $t_k \leqslant t_i + \text{upper}(C)$，这样，要么 $\pi_k \in C$，要么 C 在状态 s_k 中都不被使能。

(2) 不存在 $k > i, t_k < t_i + \text{lower}(C)$，并且 $\pi_k \in C$。

条件(1)是上界需求；∞的上界意味着在相关类中的动作可能不会出现。条件(2)是下界需求。准许(admissibility)条件也必须满足，即：如果序列是无限的，动作的次数趋近∞。

7.1.5 验证技术

某个问题 P 能够被公式化描述为具有相应时间的有限或无限的动作序列的集合。随后，如果某个时间自动机 A 的所有的可允许定时轨迹都在 P 上，则自动机 A 被称为"solve P"。因为能够将 P 表达为另一个时间自动机 B 的可允许定时轨迹，故可允许定时轨迹的概念促成了一种时间自动机的前序关系。表示方法 $A \leqslant B$ 意味着

A 中可允许定时轨迹的集合是 B 中可允许定时轨迹的集合的子集。

例 7.2： 下面的 MMT 自动机描述一个简化的汽车踏板的行为，它曾在第 4 章以 Statechart 图规范描述过。汽车能够处于下列三种状态之一：停止（stop）、加速（speedup）或减速（slow）。输入为 apply_accelerator、apply_brake 和 apply_hand_brake。不平凡的时间界限是：speedup：$[0, t_{speedup}]$、slow：$[0, t_{slow}]$和 stop：$[0, t_{stop}]$，其中 $t_{speedup}$、t_{slow} 和 t_{stop} 相应是这辆车加速、减速和停止的时间上界。状态构件 now、latest(speedup)、latest(slow)和 latest(stop)也需要为每个状态加入定时规格说明。

正如在 Statecharts 规格说明中那样，MMT 自动机表示：(1)当使用加速踏板，出现从状态 stop 向状态 speedup 的转移；(2)当使用刹车踏板，出现从状态 speedup 向状态“slow”的转移；(3) 当使用加速踏板，出现从状态 speedup 和状态 slow 向状态 speedup 的转移；(4) 当使用手刹，出现从状态 slow 向状态 stop 的转移。

自动机 C：汽车的踏板系统

状态：

status ∈ stop，slow，speedup，初始为 stop

now，一个非负实数，初始值为 0

转移：

apply_accelerator

前提条件：

s. status ∈ stop，slow

效果：

s′. status＝to_speedup

s′. latest(speedup)＝now＋$t_{speedup}$

s′. latest(stop)＝∞

s′. latest(slow)＝∞

apply_brake

前提条件：

s. status ∈ speedup

效果：

s′. status＝to_{slow}

s′. latest(slow)＝now＋t_{slow}

s′. latest(speedup)＝∞

s′. latest(stop)＝∞

apply_hand_brake

前提条件：

s. status ∈ speedup，slow

效果：

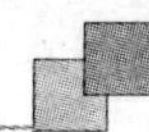

s′. status＝stop

s′. latest(stop)＝now＋t_{stop}

s′. latest(speedup)＝∞

s′. latest(slow)＝∞

speedup

前提条件：

s. status ∈ speedup_up

效果：

s′. status＝speeding_up

s′. latest(speedup)＝∞

slow

前提条件：

s. status ∈ slowing

效果：

s′. status＝slow

s′. latest(slow)＝∞

stop

前提条件：

s. status ∈ stopping

效果：

s′. status＝stop

s′. latest(stop)＝∞

7.1.6　通过仿真证明时间界限

通过在规范自动机的类中包含上界和下界，Larch Prover 工具[Garland and Guttag, 1991]能支持在规范自动机的类中包含上界和下界，它已经被用于简单的仿真证明，用以验证实时系统和分布式系统的时序属性。

7.2　Alur-Dill 自动机理论方法

为了验证系统的实现能否满足其规范，首先用 Buchi 自动机 A_S 对规范进行表示或编码，用 Buchi 自动机 A_I 对实现进行表示或编码。当且仅当 $L(A_I) \subseteq L(A_S)$，或是检查 $L(A_I) \cap L(A_S)^C$ 为空，即实现采用语言和规范补集（与规范相反的情况）采纳语言的交集为空时，实现才满足规范。

Alur和Dill采用实数值时钟的有限集合扩展时间自动机，用以表达非时钟变量的时序约束。时钟就像是定时器(或秒表)，这样能够被复位(被设置为时间0)。时钟值根据时间均匀地增长，即：在任意时刻，时钟的值等于从最后一次被复位后经过的时间。时间自动机中的每个转移被打上标签，除了输入符号，还带有时钟值赋值和时钟约束。只有在当前时钟的值满足时序约束的情况下，带有时钟约束的转移才被使能。下面研究非定时轨迹，并将它们扩展到定时轨迹。

7.2.1　非定时轨迹

轨迹(trace)是某个过程的可观测事件的线性序列。通常，每个过程具有一个可观测事件的集合，并且这个过程的行为能够被它的轨迹集合建模。例如，在交通信号灯系统中，交通灯变绿是一个事件，也是燃油系统中油门启动的开始。轨迹是Alur-Dill模型中事件的集合(set)。轨迹和过程的正规定义如下。

非定时轨迹：给定一个事件的集合E，非定时轨迹(或简称为轨迹)$\bar{\rho}=\rho_1\rho_2\rho_3\cdots$是在$E$的非空子集上的一个无限词(word)。

词也被称为串(string)，用于自动机和语言的描述(第2章)。

非定时过程：是一个集合对(E,S)，其中E是过程的可观测事件的集合，S是过程的可能轨迹的集合。

例7.3：考虑具有三种灯光信号的交通信号灯。初始绿灯(green)亮。接下来绿灯(green)灭，黄灯(yellow)亮。接着，黄灯(yellow)灭，红灯(red)亮。然后，红灯(red)灭，绿灯(green)亮。该序列通常无限地重复。考虑green、yellow和red作为事件，可能的路径是：

$\bar{\rho}_P=\{\text{green}\},\{\text{yellow}\},\{\text{red}\},\{\text{green}\},\{\text{yellow}\},\{\text{red}\},\cdots$

通过移去集合符号“{}”简化表达，该无限序列表示为：

green yellow red green yellow red$\cdots=$(green yellow red)$^\omega$

过程P表示为({green,yellow,red},(green yellow red)$^\omega$)。

操作过程的存在，使得可以通过简单过程的组合来定义复杂的过程。这些操作包括映射(projection)和并行组合(parallel composition)。

7.2.2　定时轨迹

在Alur-Dill模型中，实数时间值与一个词中每个符号相关，形成定时字(timed word)。

时间序列：时间序列(time sequence)$\bar{\tau}=\tau_1,\tau_2,\tau_3,\cdots$，其中$\tau_i$是正实数，是时间值的无限序列，这样存在两个条件：(1)序列严格单调增长；(2)对于每个实数，存在更大的值r_j。

注意，条件(2)保证在有限的时间周期内不会出现无限数量的事件。

定时字：在字母表Σ上的定时字(timed word)是$(\bar{p},\bar{r})$对，其中$\bar{\rho}$是一个无限

字，而 $\bar{\tau}$ 是一个时间序列。

定时语言：在字母表 Σ 上的定时语言(timed language)是在 Σ 上定时字的集合。

使用这些定义，如果每个符号 ρ_i 表示一个事件的出现，则相应的时间值 τ_i 表示这个事件出现的时间。

例 7.4：一个定时语言：给定一个带有两个事件的字母表{ok, timeout}，定义定时语言 L 包含所有的定时字$(\bar{p},\bar{\tau})$，这样在时间 10.5 之后没有 ok 事件，即：事件 timeout 确实在时间 10.5 变为真，或是在这个时间之前为真。形式化的描述语言为：

$$L=\{(\bar{p},\bar{\tau})\mid \forall\, i((\tau_i>10.5)\rightarrow(\rho_i=timeout))\}$$

与事件出现有关的时间值的概念类似于在实时逻辑(见第 6 章)中出现函数(occurrence function)给出的时间值，以及在时间 ER 网(见第 8 章)中的 chronos 变量。出现函数对事件实例的发生分配一个时间。变量 chronos 为 Petri 网中令牌的生成分配一个时间戳。

下面的非定时(Untime)操作是一个定时序列$(\bar{p},\bar{\tau})$在事件出现 $\bar{\rho}$ 序列的第一个构件上的投影。该操作有效地删除与事件出现符号有关的时间值，在不需要绝对时间值的时候是有用的。

非定时操作(Untime Operation)：给定一个在字母表 Σ 上的定时语言 L，Untime(L)是带有字 $\bar{\rho}$ 的 ω 语言，这样对一些时间序列 $\bar{\tau}$，满足$(\bar{p},\bar{\tau})\in L$。

例 7.5：对上述语言 L 采用 Untime 操作：

Untime(L)＝只包含许多有限个 ok 事件的字的 ω 语言。

定时轨迹：在事件集合 E 上的定时轨迹(timed trace)是$(\bar{p},\bar{\tau})$对，其中 $\bar{\rho}$ 是在集合 E 上的(非定时)轨迹，而 $\bar{\tau}$ 是时间序列。

定时过程：定时过程(timed process)是(E,L)对，其中 E 是事件的(有限)集合，L 是集合 E 上定时轨迹的集合。

例 7.6：定时过程：考虑图 2.5(见第 2 章)所示的气温控制系统。为了简化这个例子，只关注于加热器部分的事件。假设事件的初始实例以规定的次数发生，并且相关事件的后续实例以固定的时间间隔发生。事件 turn_on_heater 在事件 cold 出现后 10 s 发生，接下来 5 s 是事件 comfort，接下来 5 s 是事件 turn_off_heater，随后 30 s是事件 cold。假设事件 cold 第一次在时刻 0 出现。该过程以定时过程的方式表示为

$$P^T=(\{\text{cold},\text{turn\_on\_heater},\text{comfort},\text{turn\_off\_heater}\},\{\rho_P\})$$

并且该过程具有一条单时间轨迹：

$$\rho_P=(cold,0),(turn\_on\_heater,10),(comfort,15),(turn\_off\_heater,20),$$
$$(cold,50),(turn\_on\_heater,60),(comfort,65),(turn\_off\_heater,70),$$
$$(cold,100)\cdots$$

而且能够用 Untime 操作删除与事件相关的时间值。

过程的 Untime 操作： 给定一个定时过程 $P=(E,L)$，Untime$[(E,L)]$是非定时过程，其中 E 为事件集合，对于带有轨迹 $\bar{\rho}$ 的轨迹集合，使得对于某些序列 $\bar{\rho}$ 满足 $(\bar{p},\bar{\tau})\in L$。

例 7.7： 自动机 α_1：再次考虑第 2 章中自动化空调和加热系统中的例子(见图 2.5)，该例子规定了一个根据房间温度变化控制气温系统的操作。表示该系统的自动机只能规定事件的相对次序，而不能规定这些事件应该在什么时候出现。这样，它不能用于验证与时序有关的气温控制系统。现在引进对于这个自动机转移的定时约束，给出如图 7.1 所示的时间自动机。

在转移表中给出两个时钟(时钟变量)c_1 和 c_2。假设该自动机起始于状态 s_0，并且读入输入符号 cold，接着它发生转移(表示房间温度下降到低于 68°F)，并转移到状态 s_4。在这个转移上时钟 c_1 被复位(通过赋值 $c_1:=0$，被设为 0)。在状态 s_4，时钟 c_1 表示从读取输入符号 cold(事件 cold 发生)之后流逝的时间。

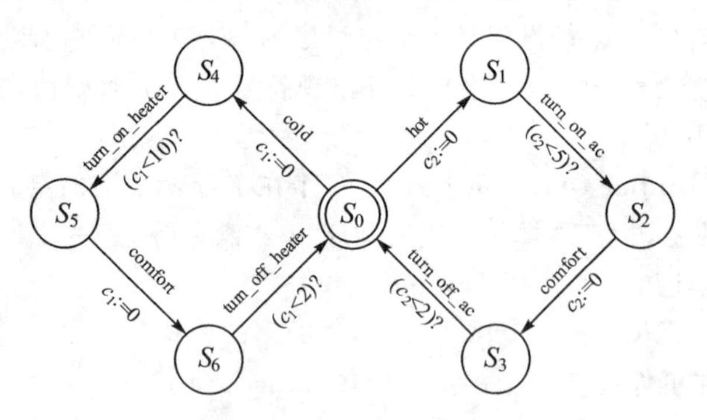

图 7.1　对于自动空调和加热系统的自动机 α_1

当且仅当时钟变量小于 10 s 时，自动机能够从状态 s_4 移动到状态 s_5。换句话说，当且仅当 $c_1<10$ 时(在转移上以$(c_1<10)$? 表示)，该转移被使能。该时序约束能够被认为是在检测到 cold 事件后 turn_on_heater 事件发生的最大延迟。这也说明从 cold 事件被检测起到 turn_on_heater 事件出现的截止期限小于 10。

在状态 s_5，如果自动机读取输入符号 comfort，则发生转移(表示室内温度至少 68°F)并到状态 s_6。时钟 c_1 在转移时又被复位(被赋值 $c_1:=0$ 设为 0)。在状态 s_6，时钟 c_1 表示从读取输入符号 comfort(出现事件 comfort)起流逝的时间。

当且仅当该时钟值小于 2 s 时，自动机能够从状态 s_6 返回到状态 s_0。换句话说，当且仅当 $c_1<2$ 时(在转移上以$(c_1<2)$? 表示)，该转移被使能。如前所述，该时序约束能够被认为是在检测到 comfort 事件后 turn_off_heater 事件发生的最大延迟。这也说明从 comfort 事件被检测起到 turn_off_heater 事件出现的截止期限小于 2。

如果输入符号 hot(表示室温高于 78 °F)被读入，那么从初始状态 s_0 开始的自动机的行为是类似的，除了空调将被开启，截止期限也是不同的。注意到不同的时钟能够以不同的次数被复位或重启，因此它们是独立的(不需要同步)。在这个例子中，能够用一个单一时钟实现这些时序约束，因为加热器和空调不会在同时被激活。该自动机接受的语言是：

$$L_1 = \{((\text{cold turn\_on\_heater comfort turn\_off\_heater} \cup \text{hot turn\_on\_ac comfort turn\_off\_ac})^{\omega}, \bar{\tau}) \mid \forall x((\tau_{4x+5} < \tau_{4x+4} + 10)(\tau_{4x+7} < \tau_{4x+6} + 2)(\tau_{4x+2} < \tau_{4x+1} + 5)(\tau_{4x+4} < \tau_{4x+3} + 2))\}$$

例 7.8：自动机 α_2：自动机(图 7.2)表示两个消息接收(msg1 和 msg2)和它们的相应响应(ack1 和 ack2)的定时转移表，ack1 必须在接收 msg1 之后 2 s 发送，ack2 必须在接收 msg2 的 5 s 内发送，ack1 必须在发送 ack2 之前发送。最后的条件的有效性要求 ack1 必须在收到 msg1 后 2 s 和接收 msg2 的 5 s 之内发出，这样，ack2 就能够在接收 msg2 的 5 s 内发送。自动机有两个时钟并接受以下语言：

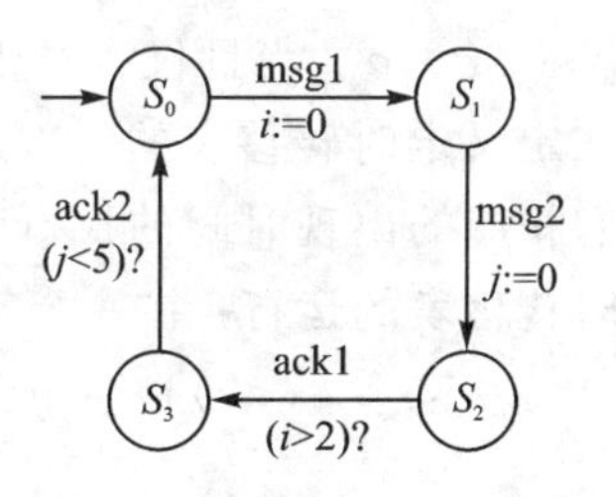

图 7.2 对于消息发送和响应的自动机 α_2

$$L_2 = \{((\text{msg1 msg2 ack1 ack2})^{\omega}, \bar{\tau}) \mid \forall x((\tau_{4x+3} > \tau_{4x+1} + 2)(\tau_{4x+4} < \tau_{4x+2} + 5))\}$$

描述了以上两个例子以后，现在定义一些可允许的对比类型，来规定时钟约束。

时钟约束：原子约束的形式为“c 运算符 t”，其中 c 是时钟变量，t 是时间常量(一个非负有理数)，运算符是“$<$”或“$\leqslant$”。一个时钟约束是一个原子约束，或是一些原子约束的合取(conjunction)。

下面定义对于时钟的赋值，被称为时钟解释(clock interpretation)。

时钟解释：一个时钟集合的时钟解释是为每个时钟赋以一个正实数值。一个时钟约束可能包含一个或多个时钟。对于时钟集合 C 的时钟解释 v，当且仅当在 v 中对这些时钟的赋值使 δ 成立时，被称为满足 C 上的时钟约束 δ。给定一个正实数 t，表达式 $v+t$ 是一个时钟解释，它对每个时钟 c 赋值为 $v(c)+t$。

现在定义带有时钟解释的扩展状态。

扩展状态：给定一个定时转移表，一个扩展状态 $\langle s, v\rangle$ 是带有关于 C 的时钟解释 v 的状态，其中 $s \in S$。

7.2.3 Alur - Dill 时间自动机

Alur 和 Dill 扩展 ω-自动机以接受定时字，解决定时规范语言的理论问题。时间 Buchi 自动机的定义基于带有一个有限的时钟和时钟约束集合扩展的 Buchi 自动机。

定时转移表：定时转移表 A 是一个五元组 $\langle \Sigma, S, S_0, E, C\rangle$，其中 Σ 是一个有限

的字母表，S 是状态的有限集合，$S_0 \subseteq S$ 是起始状态的集合，C 是时钟的有限集合，E 是转移的集合。输入符号 $\alpha\langle s,s',\alpha,\lambda,\delta\rangle$ 上的转移以从状态 s 到状态 s' 的边表示。λ 是被这个转移复位的时钟的有限集合。δ 是 C 集合上的时钟约束。

与一个定时转移表 $A=\langle\Sigma,S,S_0,C,E\rangle$ 相对应的域自动机(region automaton)$R(A)$是字母表Σ上的转移表。

$R(A)$的状态是成对出现的$\langle s,\alpha\rangle$，其中 $s\in S$，α 是时钟域。$R(A)$的初始状态是$\langle s,[v_0]\rangle$对，其中 $s_0\in S_0$，并且对所有 $x\in C$，有 $v_0(x)=0$。在 $R(A)$中存在一条边$\langle\langle s,\alpha\rangle,\langle s',\alpha'\rangle,a\rangle$，当且仅当对于某个 $v\in\alpha$ 和 $v'\in\alpha'$存在$\langle s,v\rangle\xrightarrow{a}\langle s',v'\rangle$。

现在定义定时转移表的一次运行(a run of a time transition table)为一条带有事件和它们相应的出现时间的执行路径。

定时转移表的运行：在一个定时字(timed work)$(\bar{\rho},\bar{\tau})$上的定时转移表(定义如上)的一次运行 $r=(\bar{s},\bar{v})$是一个无限序列：

$$r:\langle s_0,v_0\rangle\xrightarrow{\rho_1,\tau_1}\langle s_1,v_1\rangle\xrightarrow{\rho_2,\tau_2}\langle s_2,v_2\rangle\xrightarrow{\rho_3,\tau_3}\cdots$$

其中，对于所有 $i\geqslant 0$ 存在 $s_i\in S$，并且 v_i 是对于集合 C 的时钟解释，这样，

(1) $s_0\in S_0$，并且对于所有 $t\in C$，$v_0(t)=0$；

(2) 对于所有 $i\geqslant 1$，存在某条边 $E\langle s_{i-1},s_i,\rho_i,\lambda_i,\delta_i\rangle$使得$(v_{i-1}+\tau_i-\tau_{i-1})$满足 δ_i，并且 $v_i=[\lambda_i\rightarrow 0](v_{i-1}+\tau_i-\tau_{i-1})$。

例 7.9：定时转移表的运行：再次考虑上文中表示接收两条消息(msg1 和 msg2)及其相应响应(ack1 和 ack2)的定时转移表的例子。ack1 必须在接收 msg1 的 2 s 之后发出，ack2 必须在接收 msg2 的 5 s 之内发出。假设存在如下字：

(msg1, 1), (msg2, 2.6), (ack1, 4), (ack2, 5.8), …

注意到事件出现的时间值满足时钟约束。带有由值$[i,j]$给定的时钟解释，运行初始部分为：

$$r:\langle s_0,[0,0]\rangle\xrightarrow{\text{msg1},1}\langle s_1,[0,1]\rangle\xrightarrow{\text{msg2},2.6}\langle s_2,[1.6,0]\rangle$$
$$\xrightarrow{\text{ack1},4}\langle s_3,[3,1.4]\rangle\xrightarrow{\text{ack2},5.8}\langle s_4,[4.8,3.2]\rangle\cdots$$

初始时所有的时钟值都是 0。从状态 s_0 出发，自动机在时间 1 读取 msg1 进行转移，移动到状态 s_1。在这个转移上的时钟 i 被赋值为 0，而时钟 j 提升到 1，则在状态 s_1 的时钟解释是[0, 1]。

随后，在时间 2.6 读取 msg2，自动机转移到状态 s_2。在这个转移上的时钟 j 被赋值为 0，因为绝对时间已经超过 1.6 s(接收消息 msg1 和 msg2 之间的时间间隔)使时钟 i 提升到 1.6，故在状态 s_2 的时钟解释是[1.6, 0]。

接下来在时间 4 读取 ack1，自动机转移到状态 s_3。从读取 msg2 时间已经提升了 1.4 s，所以两个时钟都提升 1.4 s，这样在状态 s_3 的时钟解释是[3, 1.4]。注意，收到 msg1 之后这条转移的耗时超过 2 s。

最后，在时间 5.8 读取 ack2，自动机转移到状态 s_4。从读取 ack1 时间已经提升了 1.4 s，所以两个时钟都提升 1.8 s，这样在状态 s_4 的时钟解释是[4.8，3.2]。注意，在收到 msg2 之后的 5 s 以内这条转移发生。

下面准备通过组合时间转移表和接受准则来定义定时语言（timed language）和时间 Buchi 自动机。需要首先定义 inf 集合，inf(s)是 $s \in S$ 状态的集合，其中对于无限多的 $i \geqslant 0$ 有 $s = s_i$。

时间 Buchi 自动机：时间 Buchi 自动机（Timed Buchi Automation，TBA）是一个 6 元组 $\langle \Sigma, S, S_0, E, C, F \rangle$，其中最前面的 5 个元素形成一个定时转移表，最后的元素 F 是状态的接受集合。

接受运行(accepting run)：在定时字 $(\bar{\rho}, \bar{\tau})$ 上的 TBA 运行 $r = (\bar{s}, \bar{v})$ 是接受运行，当且仅当 $F \cap \inf(r) \neq \varnothing$。

令 $L(\alpha)$ 是被 TBAα 接受的定时字的语言。则 $L(\alpha)$ 是一个集合 $\{(\bar{\rho}, \bar{\tau}) \mid \alpha$ 在 $(\bar{\rho}, \bar{\tau})$ 上具有一次接受运行$\}$。

$L(\alpha)$ 属于被称为定时规则语言（timed regular language）中的一类。

定时规则语言：一种定时语言 L 是定时规则语言，当且仅当对于某个 TBAα，$L = L(\alpha)$。

现在正在接近通过发展某种策略使用时间自动机进行验证的工作。在非定时确定性有限自动机的情况下，只有一个单独的初始状态，自动机中的状态与下一个读到的输入符号一起确定唯一的下一个状态。这样，就能以同样的方法定义一种确定性时间自动机。当前的状态与下一个输入符号及其出现时间一起唯一地确定下一个状态。不同于非定时的 DFA，从一个给定状态出发，对于同样的输入符号，定时 DFA 可能具有多个离去（outgoing）转移。如果在这些转移上的时间约束是互斥的，则才是允许的，这样时间约束就不能在同一时刻同时成立。

确定性时间自动机：确定性时间自动机（DTA 或 DTFA）是一种带有一个确定性时间转移表的时间自动机。一个定时转移表 $\langle \Sigma, S, S_0, E, C \rangle$ 是确定的，当且仅当以下条件都成立：

(1) 它具有一个单独的初始状态；

(2) 时钟约束 δ_1 和 δ_1 对于所有的 $s \in S$、所有的 $a \in \Sigma$ 以及每一对边 $\langle s, -, a, -, \delta_1 \rangle$ 和 $\langle s, -, a, -, \delta_2 \rangle$ 是互斥的（不能同时成立）。

使用 DTA 的目的是它能够方便地求补（complemented），因为在每个给定的定时字上最多存在一次运行。当通过检查 $L(A_I) \cap L\,(A_S)^C$ 为空用以验证实现 A_I 符合规范 A_S 的时候，需要求补。$L(A_I) \cap L\,(A_S)^C$ 为空的含义是：被实现接受的语言和被规范的“补”（与规范相反的描述）接受的语言的交集为空。

7.3　Alur - Dill 域自动机和验证

为了证明被某个自动机接受的语言是非空的，需要说明在自动机的转移表中存

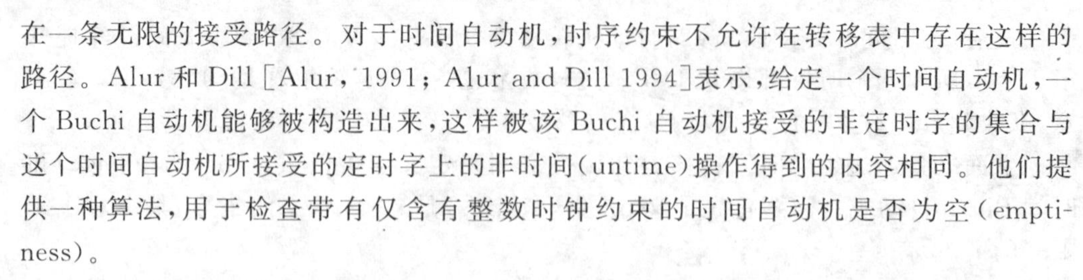
在一条无限的接受路径。对于时间自动机,时序约束不允许在转移表中存在这样的路径。Alur 和 Dill [Alur, 1991; Alur and Dill 1994]表示,给定一个时间自动机,一个 Buchi 自动机能够被构造出来,这样被该 Buchi 自动机接受的非定时字的集合与这个时间自动机所接受的定时字上的非时间(untime)操作得到的内容相同。他们提供一种算法,用于检查带有仅含有整数时钟约束的时间自动机是否为空(emptiness)。

对于包含有理数的时钟约束,找到自动机中时钟约束中所有约束分母的最小公倍数(LCM),通过每个约束乘以这个 LCM,可以将包含有理数的时钟约束转换为整数。

7.3.1 时钟域

因为时钟解释的数量是无限的,扩展状态的数量是无限和不可数的,因此,给定一个没有时钟解释的自动机,无法构造一个具有扩展状态的自动机。然而,为了验证两个自动机是等价的,例如,某个系统的实现(由自动机表达)满足该系统的规范(由另一个自动机表达),不得不找到某种方法建立相应的有限自动机。

在其他分析和验证技术中使用的一种方法是将扩展状态的一个无限集合聚合到一个状态或状态的有限集合。这里,通过将状态的无限集合分组 grouping 到一些有限数目的时钟域来实现,并且,如果它们的时钟值一致,则可表明从两个自动机从相同状态的运行(或执行路径)具有相似性。

假设这两个自动机中的两个扩展状态具有相同的非时钟组件。如果这些状态的时钟值的整数部分相同,并且时钟值的小数部分的次序相同,则来自这些扩展状态的运行是相同的。注意时钟值的整数部分可以是无界的。然而,我们只对小于等于出现在时钟约束的最大整数值 c 的值感兴趣,因为这些有界的值满足这些时间约束,并且有确定的执行路径。下面对这一思路进行形式化的描述。

一个正实数 t 能够被表达为$\lfloor t \rfloor + \text{fract}(t)$,具有两部分:整数部分$\lfloor t \rfloor$和分数部分 $\text{fract}(t)$。假设对于每个 $i \in C$,c_i 是使 i 在一些时钟约束中比较的最大整数。先定义一种等价关系,称为“时间-抽象互模拟”(time-abstract bisimulation)。

时间-抽象互模拟: 在对于 C 的时钟解释上的等价关系“$\sim$”(也叫做“时间-抽象互模拟”)定义为,$v \sim v'$ 当且仅当下面三个条件均成立:

(1) 对于所有 $i \in C$,$\lfloor v(i) \rfloor = \lfloor v'(i) \rfloor$或者 $v(i) > c_i$ 并且 $v'(i) > c_i$;

(2) 对于所有 $i, j \in C$,存在 $v(i) \leqslant c_i$ 并且 $v'(i) \leqslant c_i$,则 $\text{fract}(v(i)) \leqslant \text{fract}(v(j))$,当且仅当 $\text{fract}(v'(i)) \leqslant \text{fract}(v'(j))$;

(3) 对于所有 $i \in C$,存在 $v(i) \leqslant c_i$,则 $\text{fract}(v(i)) = 0$,当且仅当 $\text{fract}(v'(i)) = 0$。

时钟域(clock region): 对于自动机 α 的时钟域是由“$\sim$”诱导的时钟解释的等价类。

可以通过如下形式定义每个时钟域：

(1) 对于每个时钟 i，集合上时钟约束为：

$$\{i=c \mid c=0,\cdots,c_i\} \cup \{c-1<i<c \mid c=0,\cdots,c_i\} \cup \{i>c_i\}。$$

(2) 对于每对时钟 i 和 j，不论 fract(i)小于、等于或大于 fract(j)，对于 c 和 d，$c-1<i<c$ 且 $c-1<j<c$ 呈现于上一条的时间约束的时间约束中。

如上所述的这些时钟域的数量是有界的，但是它按照时钟约束的编码呈指数上升。某个时钟域 R 被称为满足(satisfy)某个时钟约束 δ，当且仅当在 R 上的每个时钟解释满足 δ。

对于一个时钟的有限集合 C，v 是一个时钟解释。记法$[v]$表示时钟域包含 v，即：v 属于时钟域$[v]$。更进一步，通过规定时钟约束的有限集合，对于满足这个集合的时钟域的特性进行唯一地描述。

例 7.10：一个时钟域： 假设存在定时转移表中的两个时钟(i 和 j)，$c_i=1$ 并且 $c_j=2$，则存在 8 个时钟域，如图 7.3 所示。

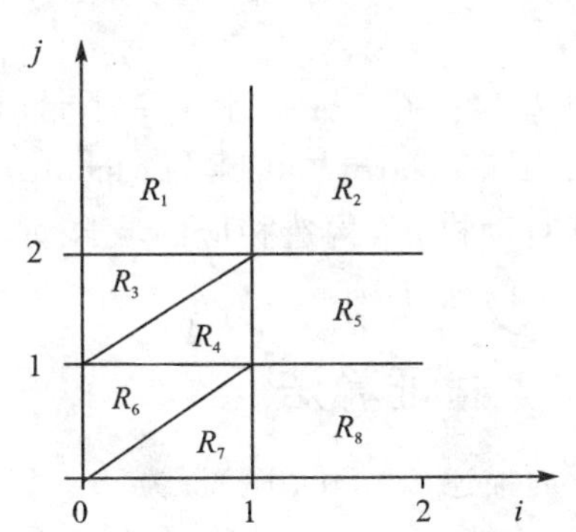

图 7.3 对于两个时钟 $c_i=1$ 和 $c_j=2$ 的时钟域

下面就可以发现，时钟域等价的表示方法对于将相关时钟解释分组到某个单独的时钟域非常重要，这样能够实现进一步的分析。接下来，在(时间)扩展状态上的“时间-抽象”转换关系(time-abstract transition relation over extended states)有助于说明域等价概念的意义。

扩展状态上的时间-抽象转换关系： 给定一个字母符号 a，对于两个扩展的状态$\langle s,v\rangle$和$\langle s',v'\rangle$，$\langle s,v\rangle \xrightarrow{a} \langle s',v'\rangle$，当且仅当存在一条边$\langle s,s',a,\lambda,\delta\rangle$和一个时间增量 t(一个正实数)，使得 $v+t$ 满足 δ 并且 $v'=[\lambda\to 0](v+t)$。

时间-抽象互模拟(等价关系“～”)的属性： 如果 $v_i \sim v_j$ 并且$\langle s,v_i\rangle \xrightarrow{a} \langle s',v_i'\rangle$，则某个时钟解释 v_j'存在，使得 $v_i' \sim v_j'$并且$\langle s,v_j\rangle \xrightarrow{a} \langle s',v_j'\rangle$。

给定带有某个时钟约束 δ 的自动机，如果两个时钟解释是等价的($v \sim v'$)，则 v 满足 δ，当且仅当 v'满足 δ。

7.3.2 域自动机

上面已经定义了时钟域(作为潜在的无限时钟解释的等价类)，现在将每组等价(时间)扩展状态聚合到一个单独的域状态。这将导出域自动机(region automation) $R(A)$的定义，其中 A 是原始的时间自动机。在域自动机中，每个状态$\langle s,p\rangle$包含相应时间自动机的状态 $s\in S$ 和时钟域 p，其中时钟域是当前时钟值的等价类。

域自动机通过下列规则模拟相应的时间自动机。如果 A 的扩展状态是 $\langle s,v\rangle$，则 $R(A)$ 的相应状态是 $\langle s,[v]\rangle$。在 $R(A)$ 中，存在从状态 $\langle s,p\rangle$ 到状态 $\langle s',p'\rangle$ 以 a 为标签的转移，当且仅当在 A 中存在从状态 $\langle s,v\rangle$ 到状态 $\langle s',v'\rangle$ 以 a 为标签的转移（其中 $v\in p,v'\in p'$）。

映射： 自动机 A 的运行 $r=(\bar{s},\bar{v})$ 具有如下的形式：

$$r:\langle s_0,v_0\rangle \xrightarrow{\rho_1,\tau_1} \langle s_1,v_1\rangle \xrightarrow{\rho_2,\tau_2} \langle s_2,v_2\rangle \xrightarrow{\rho_3,\tau_3} \cdots$$

其运行 r 的映射 $[r]=\langle \bar{s},[\bar{v}]\rangle$ 是如下的序列：

$$[r]:\langle s_0,[v_0]\rangle \xrightarrow{\rho_1} \langle s_1,[v_1]\rangle \xrightarrow{\rho_2} \langle s_2,[v_2]\rangle \xrightarrow{\rho_3} \cdots$$

进行性运行（progressive run）： 给定一个域自动机 $R(A)$，一个运行 $r=(\bar{s},\bar{p})$ 是进行性的，当且仅当对于每个时钟 $j\in C$ 存在一个无限数量的 $i(i\geqslant 0)$，使得 p_i 满足 $[(j=0)\vee(j>c_j)]$。

例 7.11： 图 7.4 展示了一个带有字母表 {alarm, false alarm, check, evacuate, return} 的时间自动机 α_3，构造相应的域自动机 $R(\alpha_3)$ 留到本章的练习中。

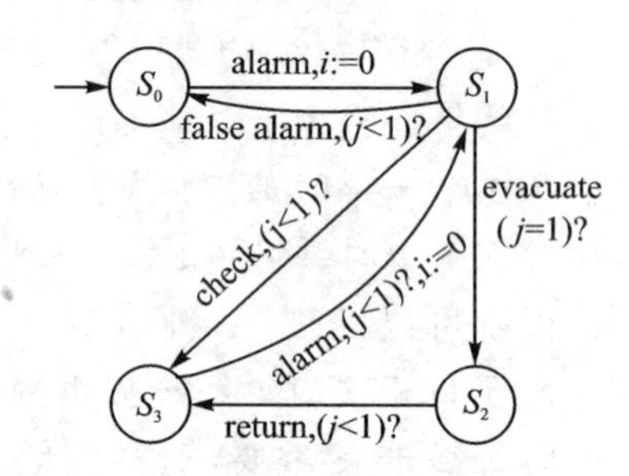

图 7.4　自动机 α_3

7.3.3　验证算法

下面描述 Alur-Dill 验证方法。到目前为止，已经给出了大量的理论与定义，但主要的思想如下所述。非定时自动机由转移上的时钟变量和时序约束实现扩展，产生时间 Buchi 自动机（TBA），该自动机能够表达定时规则过程（timed regular process）。接下来，通过引入相应的域自动机，来实现带有无限扩展状态的 TBA 分析。

下面描述的验证算法能够验证有限状态实时系统的正确性。TBA 对有限状态实时系统进行建模。目标是检查实时系统的实现是否符合该系统的规范。实现和规范首先都由 TBA 表示。然后，证明所期望的包含关系，即：被实现自动机接受的语言是被规范自动机接受语言的子集。

给定定时过程 (A,L)，其中 L 是在字母表 $P(A)$ 上的语言，如果 L 是定时规则语言，则这是一个由时间自动机表示的定时规则过程。通常，系统的实现由 TBA A_i 表示，该表示是 n 个构件的组合，每个构件由定时规则过程 $P_i=(A_i,L(A_i))$ 描述。系统规范由在字母表 $P(A)$ 上的定时规范语言 S 表示，其中 $A=A_1\cup\cdots\cup A_n$。当且仅当结论 $L(A_I)\subseteq S$ 被满足，系统被称为是正确的。验证算法如下所示。

算法验证：

设：n 个实现 TBA $A_i=\{P(A_i),S_i,S_{i_0},E_i,C_i,F_i)$ 以及

规范确定性 TBA $A_S=\{P(A),S_0,S_{0_0},E_0,C_0,F_0)$

构造 $R(A)$的转移表,A 是定时转移表 A_i 与 A_S 的积;

时钟的集合 $C=C_1\cup\cdots\cup C_n$;

状态$\{s_0,\cdots,s_n\}$,其中 $s_i\in S_i$;

每个初始状态具有形式$\{s_0,\cdots,s_n\}$,其中 $s_i\in S_i$;

转移由个体自动机中具有一致事件集合标签的转移耦合而成。

当且仅当在域自动机中,不存在满足如下所有条件的循环回路时,系统是正确的:

(1) 从 $R(A)$的初始状态出发,循环回路是可达的;

(2) 对于每个时钟 $j\in C$ 循环回路,具有一个或多个域满足$[(j=0)\vee(j>c_j)]$(进行性条件);

(3) 循环回路具有从自动机 A_i(对于每个 $i=1,\cdots,n$)的一条转移;

(4) 循环回路具有一个与第 i 个构件有关的状态,该构件属于接受集 F_i(所有实现自动机的公平性需求被满足);

(5) 循环回路没有与第 0 个构件有关的状态,该构件属于接受集 F_0(规范自动机的公平性需求不被满足)。

7.4 可用的工具

文献[Heitmeyer and Lynch, 1994]使用 Larch 证明器(Larch Prover,LP)[Garland and Guttag, 1991]实现了简单的仿真证明,验证以 MMT 自动机定义的实时和分布式系统的时序属性。

LP 是 MIT 的 Stephen J Garland 和 John V Guttag 以多序一阶逻辑(multisorted first-order logic)开发的一种交互式理论证明系统,用于并发算法、电路设计、硬件和软件的推理。LP 的目的是以推测(conjecture)的方法帮助用户在设计过程的早期阶段发现和更正缺陷。与其他大多数理论证明器不同,LP 致力于找到正确状态推测的自动证明方法。LP 具有一个便捷的用户接口,有效地处理大规模问题,能够不用培训就进行使用。LP 可以由如下网址获得:

http://nms.lcs.mit.edu/Larch/LP/overview.html

关于 Larch 语言的有用信息可以在如下网址获得:

http://www.sds.lcs.mit.edu/spd/larch/

http://www.research.compaq.com/SRC/larch/larch-home.html

还有几种工具允许以时间自动机对实时系统进行规范说明并执行验证。

COSPAN(COordinated SPecification ANalysis, COSPAN)[Courcoubetis et al., 1992a; Alur, Henzinger, and Ho, 1996]验证器能够支持带有时序约束并列过程的自动理论验证,它融入了多种启发式方法以提升性能。[Alur, Henzinger, and

Ho，1996]中给出了使用这种工具解决几个基准问题的实验性结果。更多有关商用工具 Formal Check（基于 COSPAN）的详细信息能够在如下网址得到：

http://www.cadence.com/datasheets/formalcheck.html

VIS（Verification Interacting with Synthesis）是集成验证、仿真和有限状态硬件系统综合的工具。它提供一个 Verilog 前端并支持公平 CTL 模型检查（fair CTL model checking，在第 4 章中描述）、语言判空（emptiness）检查、组合和顺序等价检查、基于循环的仿真和层次化综合。关于 VIS 的更多详细内容能够在如下网址找到：

http://www-cad.eecs.berkeley.edu/Respep/Research/vis/

HSIS [Aziz et al.，1994]是一种基于二叉决策树的对硬件系统进行形式化检查的工具。它采用一种简化的、表现力强的中间格式 BLIF-MV 来实现开放性的语言设计，支持 Verilog 的综合子集。它使用有效的基于 BDD 的算法（在第 4 章中描述），支持有效的公平约束、互模拟及其相似技术的状态缩减，支持单一环境中的模型检查和语言包含（language containment），对模型检查和语言包含都提供一种调试环境，以及对于早期的定量问题的自动化算法。关于 HSIS 更多的内容可以在如下网址中找到：

http://www-cad.eecs.berkeley.edu/Respep/Research/hsis/

Kronos [Yovine，1997]是一种使用时间自动机对实时系统构件进行建模的工具，正确的需求由实时时态逻辑 TCTL 说明。TCTL 对 CTL 时态逻辑（在第 4 章中描述）进行扩展，以提供在稠密时间上定量化的时态推理。该工具采用的模型检查算法允许通过线性约束集合对无限的状态空间进行符号表示。关于 Kronos 更多的内容可在如下网址找到：

http://www-verimag.imag.fr/TEMPORISE/kronos/

HyTech（Hybrid TECHnology Tool）[Alur，Henzinger，and Ho，1996；Henzinger，Ho，and Wong-Toi，1995；Henzinger，Ho，and Wong-Toi，1997]是一种通过连续变量（例如空气压力和温度）而不是时钟对嵌入式系统进行分析的工具。时间自动机模型被扩展到带有连续变量的混合自动机模型，这样就能够模拟带有所嵌入环境连续变量的离散控制器。这种工具能够导出线性混合系统满足某种时态需求的条件。它允许将带有离散和连续构件的自动机集合作为这些混合系统的规范说明，采用符号模型检查的方法对给定的时态需求进行检查。关于 HyTech 更多的内容可在如下网址找到：

http://www-cad.eecs.berkeley.edu/～tah/HyTech/

7.5 历史回顾和相关研究

文献[Mealy，1955]和[Moore，1956]最早研究和发表了将有限自动机用于电子线路建模的工作。

文献[Heimeyer, Jeffords, and Labaw, 1993]提出泛化的铁路交叉口(Generalized Railroad Crossing,GRC)问题,将它作为检查不同实时系统规范定义和验证方法的特殊能力和效率的基准。Lynch和Waandrager使用他们的时间自动机模型。

文献[Lynch and Vanndrager, 1991]、不变量和模拟映射技术,解决了GRC问题。这种解法的完整讨论在[Heitmeyer and Lynch, 1994]中给出。几项研究涉及对将大型问题分解为便于分析的小型子问题。这些结果的实例见参考文献[Abadi and Lamport, 1991; Lynch and Vaandrager, 1992; shaw, 1992]。

Lynch-Vaandrager自动机理论方法[Lynch and Vaandrager, 1991; Heimeyer and Lynch, 1994]是非常通用的,并能够处理有限和无限状态的系统,但它缺少自动验证机制。Alur-Dill方法[Alur, Fix, and Henzinger, 1994]基于有限自动机,它提供一个自动化工具,用以验证所期望的属性。为了对不是时钟的连续变量进行建模,例如速度和压力,文献[Alur et al., 1995a]对时间自动机模型进行了扩展,用以对混合自动机进行建模[Grossman et al., 1993],模拟嵌入在连续变化环境中的离散控制器和监视器。

文献[Henzinger et al., 1995]研究采用混合自动机解决问题的可判定类。[Henzinger, Ho, and Wong-Toi, 1997]发展了一种用于混合系统的模型检查器,称为HyTech。Henzinger和Majumdar[Henzinger and Majumdar, 2000]将符号化模型检查应用到矩形混合系统[Puri and Varajya, 1994]。其他关于混合自动机的工作见参考文献[Alur et al., 1995a; Grossman et al., 1993; Halbwachs, Raymond, and Proy, 1994; Henzinger and Ho, 1995; Ho, 1995; Kesten, Manna, and Pnueli, 1996; Manna and Pnueli, 1993; Maler, Manna, and Pnueli, 1992; Nicollin, Sifakis, and Yovine, 1993; Olibero, Sifakis, and Yovine, 1994; Vestal, 2000; Zhou, Hoare, and Hansen, 1993]。

文献[Abdeddaim and Maker, 2001]使用时间自动机解决车间调度(job-shop scheduling)问题。后来,文献[Larsen et al., 2001]研究了定价时间自动机(priced timed automata)的有效代价优化可达性分析问题。文献[Dang, 2001]调研了带有稠密时钟的下推式时间自动机(pushdown timed automata)的二元(binary)可达性分析问题。

7.6 总　结

有限自动机和时态逻辑已被广泛应用于并发系统定性属性的形式化验证。这些属性包括"死锁-自由"或"活锁-自由"、某个事件的最终出现以及某个谓词逻辑的满足性。上述应用中,并发系统属性的正确性仅仅依赖于相关事件和动作的相对次序,因此不需要对绝对时间进行推理。这些自动机理论和时态逻辑技术采用有限状态图,在实践中用于解决不同的验证问题:网络协议、电子线路和并发程序。目前,一些研究人员已将这些技术从非定时系统扩展到定时或实时系统,并保留了其中许多的有用特性。

这章提出了两种基于时间自动机的自动机理论方法。Lynch-Vaandrager 方法[Lynch and Vaandrager, 1991;Heitmeyer and Lynch, 1994]是一种更通用的方法,能够处理有限和无限状态的系统,但它缺乏自动验证机制。即使对于规模相对小的系统,其规范说明也难以撰写和理解。Alur-Dill 方法[Alur, Fix, and Henzinger, 1994]的着眼点没有那么宏大,它基于有限自动机,提供一种自动化工具验证所期望的属性。它的稠密时间模型能够处理从实数集合中选取的时间值,而离散事件模型,诸如状态图(statechart)和模式图(modechart)中的模型,只使用整数时间值。

文献[Heitmeyer and Lynch, 1994]提倡使用两种规范说明,以形式化地描述实时系统。一个规范说明包含一个或多个时间自动机的描述。首先,原子化(axiomatic)规范说明以描述性的和原子化的风格对系统进行说明,不显示系统是如何操作的。其次,操作性(operational)规范说明描述系统的操作。形式化证明用来展示操作性规范是对原子化规范的实现。Larch 证明器(LP)能够用于实现简单的仿真证明。

存在几种构造这种形式化证明的方法。文献[Lynch and Attiya, 1992; Lynch and Vaandrager, 1991] 已经将断言(assertional)技术用于非定时、并发和分布式系统,将这些技术用于实时系统属性的时间特性验证。此外,仿真方法用于建立由相应时间自动机描述的两种规格说明之间的联系(例如实现)。这里,仿真的概念包括特定的案例,例如细化映射(refinement mapping)、后向和前向仿真(backward and forward simulation),以及历史和预言映射(history and prophecy mapping)。

广义的时间自动机有几种定义。其中由 Lynch 和 Vaandrager 提出的一种定义如下[Lynch and Vaandrager, 1991]:

时间自动机: 时间自动机 A 是一种广义的标签转移系统,具有以下四种组件:

states(A)是状态的集合。

start(A)是初始状态的非空集合。

acts(A)是动作的集合。动作可以是内部或外部的。内部动作在系统内。外部动作包括可视动作(输入或输出动作)和特定的时间流逝动作 $v(t)$,其中 t 为正实数。

steps(A)是一个步骤的集合(也叫作“转移”)。

状态的数目可以是有限或无限的。为了增强可读性,采用 $s \xrightarrow{\pi}_A s'$ 表示法代替 $(s,\pi,s') \in \text{steps}(A)$,其中 A 是一个时间自动机,当不会有歧义出现时,脚标 A 常被省略。

通过观察时间自动机从一个时间点到另一个时间的执行,考虑它的行为。一次定时执行(timed execution)是内部动作、可见动作和时间流逝动作组成的一条序列,由它们相互牵扯的状态相联系，随着对于每个时间流逝动作的轨迹的表示而扩展。

给定一个时间自动机 A，实用中关心的是允许(admissible)定时执行中的集合 atexecs(A)，在允许定时执行中，时间流逝的总和为∞。为了解决验证问题，定义定时轨迹(timed trace)，以表示时间自动机的可见行为。

对某个复杂系统进行建模，需要将表达系统不同部分的几个自动机组合起来。两个时间自动机 A 和 B 是相容的(compatible)，当且仅当它们没有共同的输出动作，并且 A 的内部动作与 B 不同。

为了通过仿真进行更有效的验证，引进更特殊的自动机。Merritt-Modugno-Tuttle(MMT)自动机 [Merritt, Modugno, and Tuttle, 1991] 是以特定动作之间的时间上限和下限为参数的 I/O 自动机。MMT 自动机模型能够用于表示很多时间自动机的类型。I/O 自动机是用于表示非定时异步系统的标签转移系统。它的内部和输出动作被分组为任务。

Alur-Dill 自动机理论方法：为了验证系统的实现满足系统的规范，首先用 Buchi 自动机 A_S 对规范进行表示或编码，用 Buchi 自动机 A_I 对实现进行表示或编码。当且仅当 $L(A_I)\subseteq L(A_S)$ 时，检查实现是否满足规范，或是检查 $L(A_I)\cap L(A_S)^C$ 为空，即：实现采用的语言和规范补集(与规范相反的情况)采用的语言的交集为空。

Alur 和 Dill 采用实数值时钟的有限集合扩展时间自动机，以表达非时钟变量的时序约束。时钟就像是定时器(或秒表)，这样能够被复位(被设置为时间 0)。时钟值根据时间均匀地增长，即在任意时刻，时钟的值等于从最后一次被复位后经过的时间。时间自动机中的每个转移被打上标签，除了输入符号，还带有时钟值赋值和时钟约束。只有在当前时钟的值满足时序约束的情况下，带有时钟约束的转移才被使能。

Alur 和 Dill 扩展了 ω-自动机以接受定时字，解决定时规范语言的理论问题。

定时转移表： 定时转移表 A 是一个五元组 $\langle\Sigma,S,S_0,E,C\rangle$，其中 Σ 是一个有限的字母表，S 是状态的有限集合，$S_0\subseteq S$ 是起始状态的集合，C 是时钟的有限集合，E 是转移的集合。输入符号 $\alpha\langle s,s',\alpha,\lambda,\delta\rangle$ 上的转移以从状态 s 到状态 s' 的边表示。λ 是被这个转移复位的时钟的有限集合。δ 是 C 集合上的时钟约束。

与一个定时转移表 $A=\langle\Sigma,S,S_0,C,E\rangle$ 相对应的域自动机(region automaton) $R(A)$ 是字母表 Σ 上的转移表。

为了证明被某个自动机接受的语言是非空的，需要说明在自动机的转移表中存在一条无限的接受路径。对于时间自动机，时序约束不允许在转移表中存在这样的路径。Alur 和 Dill [Alur, 1991; Alur and Dill 1994]表示，给定一个时间自动机，一个 Buchi 自动机能够被构造出来，这样被该 Buchi 自动机接受的非定时字的集合与这个时间自动机所接受的定时字上的非时间(untime)操作得到的内容相同。他们提供一种算法，用于检查带有仅含有整数时钟约束的时间自动机是否为空(emptiness)。

非定时自动机由转移上的时钟变量和时序约束实现扩展，产生时间 Buchi 自动机(TBA)，该种自动机能够表达定时规则过程(timed regular process)。接下来，通过引入相应的域自动机来实现带有无限扩展状态的 TBA 分析。

验证算法能够验证有限状态实时系统的正确性。TBA 对有限状态实时系统进行建模。目标是检查实时系统的实现是否符合该系统的规范。实现和规范首先都由 TBA 表示。然后，证明所期望的包含关系，即：被实现自动机接受的语言是被规范自动机接受语言的子集。

给定定时过程(A,L)，其中 L 是在字母表 $P(A)$上的语言，如果 L 是定时规则语言，则这是一个由时间自动机表示的定时规则过程。通常，系统的实现由 TBA A_i 表示，该表示是 n 个构件的组合，每个构件由定时规则过程 $P_i=(A_i,L(A_i))$描述。系统规范由在字母表 $P(A)$上的定时规范语言 S 表示，其中 $A=A_1\cup\cdots\cup A_n$。当且仅当下列结论 $L(A_I)\sqsubseteq S$ 被满足，系统被称为是正确的。

习　题

1. 使用 MMT 自动机定义一个简单的铁路(单路轨)交叉路口问题，该问题在第 6 章中用 RTL 进行描述和定义。

2. 使用 Lynch - Vaandrager 方法的表述形式，表示习题 1 中自动机定时执行的定时轨迹。

3. 解释 Lynch - Vaandrager 时间自动机和 MMT 自动机的不同之处。

4. 使用一个单独的时钟重新定义图 7.1 中气候控制系统的例子。

5. 对于习题 2 中的自动机，展示其定时转移表的运行。

6. 假设在一个定时转移表中有两个时钟(i 和 j)，$c_i=2$ 和 $c_j=3$，表示所有的时钟域。

7. 为什么域自动机能够使以有限的表示方法表达无限数量的时间扩展状态成为可能？

8. 对图 7.4 中的自动机 α_3 构造域自动机。

9. 以 Alur-Dill 时间自动机定义第 6 章(习题 2)的医院集中护理单元监视子系统。

10. 以 Alur-Dill 时间自动机定义第 4 章(习题 6)中的智能气囊展开系统。对于时间自动机模型和定时转移图模型，比较两者的表达能力和空间需求。

第8章

时间相关的 Petri 网

Petri 网是一种定义非定时并发系统的操作性形式化方法，能够描述被建模系统不同部件之间的控制流和数据流，进而表达并发的动作。作为操作性的形式化方法，Petri 网通过使用令牌的迁移给出系统状态的动态表示。最初经典的非定时 Petri 网已经被成功用于不同工业系统的建模。后来，Petri 网的时间扩展也发展起来，并用于时间相关或实时系统的建模和分析。Petri 网能够在不同执行阶段或时间点表达系统的不同动态构件，这使得 Petri 网作为一种形式化方法，对于与外部环境交互的嵌入式系统的建模特别具有吸引力。

8.1 非定时 Petri 网

Petri 网，或称为"库所-变迁"网，包含四种基本的构件：库所(place)、变迁(transition)、有向弧(directed arcs)和令牌(token)。一个库所是所定义系统(或系统的一部分)中的一个状态。弧是变迁到库所或库所到变迁的连接。如果一条弧是从一个库所到一个变迁，则库所是这条变迁的输入，弧是这个变迁的输入弧。如果一条弧是从一个变迁到一个库所，则库所是这个变迁的输出，弧是从这个变迁的输出弧。从一个库所到一个变迁可以有多条弧，这表明输入库所的多重性(multiplicity)。库所可以是空的，或者包含一个或多个令牌。Petri 网的状态中每个库所中令牌的数量来定义，称为标识(marking)，并用一个标识矢量 M 表示。$M[i]$是库所 i 中的令牌数。

在图形中，圆圈表示库所，短杠表示变迁，箭头表示弧，圆点表示令牌。

作为操作性形式化方法，Petri 网表示系统的特定状态，并根据如下规则演化到下一个状态。给定一个标识，如果每个输入库所的令牌数至少为从库所到变迁的弧的数目 n_i，则变迁被使能。选择其中 n_i 个令牌作为使能令牌。

一个使能的变迁可以"发生"(fire)，并从它的输入库所去掉所有的使能令牌，而对于从变迁到输出库所的每个弧，则在其对应的每个输出库所中增加一个令牌。如果输入弧和输出弧的数目不同，则令牌将不会被保存。如果两个或多个变迁被使能，则任一变迁都有可能发生。选择下一个发生的变迁，是非确定性的。变迁的每次发生都会改变标识，从而产生新的系统状态。需要注意的是，一个使能的变迁可能发生，但并不是强制的(必需的)。

例 8.1：三进程(或任务)互斥问题： 图 8.1 给出了解决三进程(或任务)互斥问题的 Petri 网模型。这个网有 10 个库所，三个任务中，每个任务对应三个库所，余下一个库所可由三个任务“共享”。

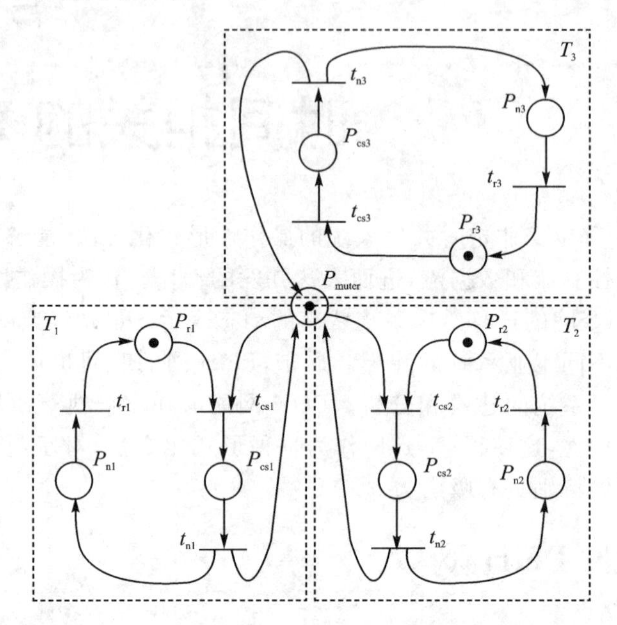

图 8.1　三进程互斥算法的 Petri 网

在库所 P_{ni} 中的圆点意味着任务 T_i 处于非临界区域，在库所 P_{ri} 中的圆点意味着任务 T_i 处于请求(尝试)区域，在库所 P_{csi} 中的圆点意味着任务 T_i 处于临界区域。在这个网中有 9 条变迁，对于三个任务，每个任务对应 3 个变迁。图 8.1 所表示的 Petri 网的状态中，所有三个任务请求进入临界区。该状态是由 P_{ni}、P_{ri} 和 P_{csi} 中的圆点来表示的。

在这个网中，有三个已使能的变迁，t_{cs1}、t_{cs2} 和 t_{cs3} 因为每个变迁的输入库所都含有令牌。在库所 P_{mutex} 中的圆点表示一个令牌(特权)是可用的，用来授权一个任务进入临界区并执行。选择获取令牌的任务是不确定的。设任务 T_1 被选定，则变迁 t_{cs1} 发生，去掉所有输入库所的令牌并在 P_{cs1} 的输出库所放入一个令牌，表示任务 T_1 在临界区执行。注意到变迁 t_{cs2} 和 t_{cs3} 当前不被使能，因为在库所 P_{mutex} 中的令牌已经在 t_{cs1} 的发生中被去除。

当任务 T_1 在临界区执行完以后，它将返回非临界区域。这由发生的变迁 t_{n1} 建模，去掉输入库所 P_{cs1} 中的令牌，并在变迁 t_{n1} 的输出库所 P_{n1} 和 P_{mutex} 各放入一个令牌。这时 T_2 和 T_3 可能被选定进入临界区，因为变迁 t_{cs2} 和 t_{cs3} 已被使能。

给定一个初始状态，Petri 网的可达集(reachability set)从这个初始状态出发经过一系列变迁发生能够达到的所有状态的集合。可以构造与可达集对应的可达图：一个节点表示每个状态，如果在状态 s_1 使能的变迁导致状态 s_2，则增加一条从状态 s_1

到 s_2 的有向边。

8.2　带有时间扩展的 Petri 网

经典的 Petri 网不能表达时间的流逝，诸如持续时间和超时。令牌也是匿名的(anonymous)，因此不能对命名的事项建模。它们也缺乏层次化的分解或抽象机制，不能用于大型系统的准确建模。为了对真实的实时系统进行建模，几种 Petri 网的扩展版本已经被提出，以处理时间约束。基本上分为两类方法：一类将变迁与时间概念关联，另一类将库所与时间值关联。

[Ramchandani, 1974]将有限的发生时间与经典 Petri 网中的每个变迁相关联，提出定时 Petri 网(Timed Petri Nets, TdPN)。更精确地说，此时变迁的发生会消耗时间，并且变迁必须在它使能后尽快发生。TdPN 主要用于性能评价。随后，文献[Merlin and Farber, 1976]提出了更为通用一类的网，叫作时间 Petri 网(Time Petri Nets, TPN)。这些 Petri 网带有以下标签：两个以实数表示的时间值 x 和 y 与每个变迁相关联，其中 $x<y$。x 是使能变迁发生之后的延迟，y 是使能变迁发生的截止期限。TPN 能够对 TdPN 建模，但反过来不可以。

8.2.1　定时 Petri 网

TdPN 由六元组(P, T, F, V, M_0, D)形式化定义，其中：

P 是库所的有限集合；

T 是变迁 t_1,…, t_m 有限且有序的集合；

B 是后向指示函数，$T\times P\rightarrow N$，N 是非负整数集；

V：$F\rightarrow(P, T, F)$是弧的重数(multiplicity)；

D：$T\rightarrow N$ 为每个变迁 t_i 赋予一个非负实数 N，N 表示 t_i 发生的持续时间；

M_0 是初始标识。

TdPN 遵循下列最早发生调度(earliest firing schedule)的变迁规则：如果没有冲突，在时刻 k 使能的变迁必须在该时刻发生。发生持续时间为 0 的变迁先发生(即：$D(t)=0$)。当变迁在时间 t 开始发生时，它在时间 t 时从它的输入库所去掉相应数目的令牌，并在时间 $k+D(t)$时在它的输出库所加入相应数目的令牌。并发使能的变迁的最大集(最大步骤 maximal step)在任意时间发生。

8.2.2　时间 Petri 网

TPN 由六元组(P, T, B, F, M_0, S)形式化定义，其中：

P 是库所的有限集合；

T 是变迁 t_1,t_2,…,t_m 的有限和有序集合；

B 是后向指示函数 B ：$T\times P\rightarrow N$，其中 N 是非负整数的集合；

F 是前向指示函数 $F: T \times P \rightarrow N$;

M_0 是初始的标识 $M_0: P \rightarrow N$;

S 是静态间隔映射,$S: P \rightarrow Q^* \times (Q^* \cup \infty)$,其中 Q^* 是正有理数的集合。

[Merlin and Farber, 1976]使用如下具有约束的静态有理数值,为一条变迁 t_i 指定时序约束。

静态发生间隔: 设 α_i^S 和 β_i^S 是有理数,则

$$S(t_i) = (\alpha_i^S, \beta_i^S)$$

其中,$0 \leqslant \alpha_i^S \leqslant \infty$,$0 \leqslant \beta_i^S \leqslant \infty$,并且,如果 $\beta_i^S \neq \infty$ 的时候 $\alpha_i^S < \beta_i^S$,或者如果 $\beta_i^S = \infty$ 的时候 $\alpha_i^S < \beta_i^S$。间隔(α_i^S, β_i^S)是变迁 t_i 的静态发生间隔,由上角标 S 表示,其中 α_i^S 是静态最早发生时间(Earliest Firing Time, EFT),β_i^S 是静态最晚发生时间(Latest Firing Time, LFT)。通常,对于除了初始状态的其他状态,在发生域中的发生间隔应该与静态间隔不同。它们的动态下界和上界分别由 α_i 和 β_i 表示,也分别被简称为 EFT 和 LFT。

静态和动态的上界和下界与 t_i 被使能的时刻有关。如果 t_i 在时刻 θ 被使能,则 t_i 持续地被使能,它必须且只能在时间间隔 $\theta+\alpha_i^S$(或 $\theta+\alpha_i$)和 $\theta+\beta_i^S$(或 $\theta+\beta_i$)之间发生。

对实时系统建模来说,EFT 与变迁能够发生之前的延迟有关,而 LFT 是变迁必须发生的截止期限。在 Merlin 的模型中,时间可以是离散的,也可以是稠密的。同样,变迁也可以在瞬时发生,即:对一个变迁发生不消耗时间。

如果一条变迁没有相应的时间间隔,那么这条变迁就是经典 Petri 网中的间隔,时间间隔可以定义为 $\alpha_i^S = 0$,$\beta_i^S = \infty$。这表示一条使能的变迁能够发生,但它并不必需强制地发生。所以,TPN 网是带有定时约束的 Petri 网。

TPN 状态: TPN 的状态 S 是一个(M, I)对,其中 M 是一个标识(marking),I 是发生间隔集合,它是可能发生时间的矢量。

对于每个标识为 M 的使能变迁,在 I 中以(EFT, LFT)的形式存在相应的入口。因为被使能的变迁数随着标识的改变而变化,因此在 I 中入口的数目也随着 Petri 网的运行而改变。如果使能的变迁在 I 中被排序(编号),则在 I 中的入口 i 是被 M 使能的变迁集合中的第 i 条变迁。

例 8.2: 对于图 8.1 中 Petri 网的例子,$M = P_{r1}(1), P_{r2}(1), P_{r3}(1), P_{\text{mutex}}(1)$。四个库所被标识,每个包含一个令牌。这里有三个使能的变迁:t_{cs1}、t_{cs2} 和 t_{cs3}。假设 I 具有下列三个时间间隔入口:(1,6)、(2,7)、(3,8)。变迁 t_{cs1} 可能在 1~6 之间的任意时间发生,变迁 t_{cs2} 可能在 2~7 之间的任意时间发生,变迁 t_{cs3} 可能在 3~8 之间的任意时间发生。注意,只要一个变迁发生,其他两个就不被使能。

使能变迁发生的条件: 假设当前 TPN 的状态 $S = (M, I)$,则所有使能的变迁集的子集可能由于在这些变迁上 EFT 和 LFT 时序约束而发生。正式地说,当且仅当下面两个条件都被满足时,从状态 S 出发的变迁 t_i 在时间 $\theta+\delta$ 是可以发生的:

(1) 在经典Petri网的通常使能条件下，在时间θ，标识为M的t_i被使能，即：$\forall p(M(p)\geqslant B(t_i,p))$；

(2) δ的取值最小为t_i的EFT，最大为所有被M使能的变迁的LFT中的最小值，即：(t_i的EFT)$\leqslant\delta\leqslant$min(被M使能的变迁的LFT)。

条件(2)的原理如下所述：设t_i是所有变迁中具有最小LFT的变迁，如果没有其他使能的变迁已经发生，则t_i必须在时间$\delta=\text{LFT}_j$发生，调整标识，然后调整TPN的状态。

在相对时间δ，变迁t_i的发生导致TPN到达一个新的状态$S'=(M',I')$，这可以根据如下的方法导出：

(1) 新标识M'可通过普通Petri网的规则导出：$\forall pM'(p)=M'(p)-B(t_i,p)+F(t_i,p)$。

(2) 为了导出新的时间间隔集合I'，首先从I中移除一些变迁(t_i发生后不被使能的变迁)的时间间隔。注意到t_i也在它发生之后不被使能。接下来，将剩下的时间间隔以δ向时间起点移动，如果必须得到非负值，则对它们进行截断。这相当于以δ增加时间。最后，往I中加入新使能变迁的静态间隔，得到I'。这样，新状态域是剩下的使能变迁和新使能变迁的时间间隔的乘积空间。

下式表示变迁t_i在时间δ从状态S是可以发生的，并且它的发生将导致状态变为S'：

$$S\xrightarrow{(t_i,\delta)}S'$$

发生规划：发生规划(firing schedule)是一系列参数对$(t_1,\delta_1)(t_2,\delta_2)\cdots(t_n,\delta_n)$。这种规划从状态$S$是可行的，当且仅当下式成立：

$$S\xrightarrow{(t_1,\delta_1)}S_1\xrightarrow{(t_2,\delta_2)}S_2\cdots\rightarrow S_{n-1}\xrightarrow{(t_n,\delta_n)}S_n$$

根据这些定义，能够构造可达图，以建立TPN的动作特征。然而，就像其他状态空间图，这种可达图可能具有无限数量的状态，因此不能在实际中构造。尽管一些提出的仿真技术不需要构造整个可达图，但它们不适用于对安全要求较高的实时系统的分析。下面针对一类TPN，描述一种有效的耗尽分析技术。

例8.3：对于图8.1中的Petri网例子，

$$M_0=P_{r1}(1),P_{r2}(1),P_{r3}(1),P_{\text{mutex}}(1)$$
$$I_0=(1,8)(2,7)(3,6)$$

这样，三种变迁t_{cs1}、t_{cs2}、t_{cs3}中的任意一种可能根据下列的时序约束发生。变迁t_{cs1}可能在相对时间1((1,8)的EFT)到相对时间6(三个使能变迁间隔的LFT值(6,7,8)中的最小值)的时间段内发生。同样的，变迁t_{cs2}可能在相对时间2((2,7)的EFT)到相对时间6的时间段内发生，变迁t_{cs3}可能在相对时间3((3,6)的EFT)到相对时间6的时间段内发生。选择哪条变迁发生是不确定的。

因此，在间隔(1,6)的任意时间δ_1具有无数个实数值，t_{cs1}发生导致状态$S_1=$

(M_1, I_1)：

$$M_1 = p_{cs1}(1), p_{r2}(1), p_{r3}(1), \text{并且 } I_1 = (1,2)$$

注意到变迁 t_{cs2} 和 t_{cs3} 已经由于 t_{cs1} 的发生而不使能，因而与它们关联的时间间隔也被从 I 中移除。同样，当 t_{cs1} 发生后，它自身也被不使能。变迁 t_{n1} 已经使能了 t_{cs1}，并且相关联的间隔(1,2)也被加入到 I 中。

接下来，这里只有一个使能的变迁发生。t_{n1} 的发生导致状态 $S_2=(M_2, I_2)$：

$$M_1 = p_{n1}(1), p_{r2}(1), p_{r3}(1) \text{ 并且 } I_1 = (2,4)$$

8.2.3　高阶定时 Petri 网

高阶定时 Petri 网(High-Level Timed Petri Net，HLTPN)或者时间环境/关系网(Time Environment/Relationship Net，TERN)[Ghezzi et al.，1991]，用于在同一模型中将功能和时态描述进行综合。特别是 HLTPN 能够精确模拟系统构件的标识、逻辑时序属性和相互关系，是对经典 Petri 网进行如下的特性扩展而来的。

对于每个库所，存在令牌类型的限制。例如，每个库所具有一个或多个类型的令牌。如果任意类型的令牌能够标识一个库所，则该库所就如同在传统 Petri 网中一样具有同样的含义。每个令牌具有一个时间戳，表示它的创建时间(或产生时间)和一个存储相关数据的数据结构。

每条变迁具有一个谓词，该谓词决定变迁什么时候和如何使能变迁。这与 TPN 中的变迁类似，但更加具体。在 HLTPN 中，该谓词用于表示某些值的约束条件，这些值来源于数据结构和输入库所令牌的时间戳。每个变迁也具有一个规定数据值的动作，该数据值与变迁发生所产生的令牌有关。该动作依赖于被移除令牌的数据和时间戳。最后，变迁具有一个时间函数，规定最小和最大发生时间，该函数也依赖于被移除令牌的数据和时间戳。在图中，变迁由一个方块或矩形表示。

环境/关系网： 首先更加形式化地描述没有时序扩展的环境/关系(Environment/Relationship，ER)网。在 ER 网中，令牌是与变量的值相关联的环境和函数。每个变迁具有一个相关联的动作，规定使能变迁的令牌类型，以及变迁发生所产生的令牌类型。更精确地说，在 ER 网中：

(1) 在 ID 和 V 上，令牌是环境或可能是部分函数(partial function)：$ID \rightarrow V$，其中 I 是标识的集合，V 是值的集合。$\mathrm{ENV}=V^{ID}$ 是所有环境的集合。

(2) 每个变迁 t 具有一个关联动作，它是一个关系：$\alpha(t) \subseteq \mathrm{ENV}^{k(t)} \times \mathrm{ENV}^{h(t)}$，其中 $k(t)$ 和 $h(t)$ 分别是变迁 t 的前置集和后置集的势，每条弧的权重是 1。另外，对于所有的 t，$h(t)>0$。变迁 t 的谓词，记为 $\pi(t)$，是 $\alpha(t)$ 在 $\mathrm{ENV}^{k(t)}$ 上的映射。

(3) 标识 M 是多个环境集合到库所的赋值。

(4) 在一个标识 M 中，变迁 t 是被使能的，当且仅当对于所有 t 的输出库所 p_i，至少有一个令牌 env_i 存在，进而使能元组 $\langle \mathrm{env}_1, \cdots, \mathrm{env}_{k(t)} \rangle \in \pi(t)$。变迁 t 可能存在多个使能元组，一个令牌也可能在多个使能元组中出现。

(5) 一次发生(fire)是一个三元组 $x=\langle \text{enab}, t, \text{prod}\rangle$，其中 enab 是输入元组，prob 是输出元组，并且 $\langle \text{enab}, t, \text{prod}\rangle \in \alpha(t)$。

(6) 在一个标识 M 中，$\langle \text{enab}, t, \text{prod}\rangle$ 发生时，会从变迁 t 的输入库所移除使能的元组 enab，并且在变迁的输出库所存储元组 prob，这样就产生一个新标识 M'。

(7) 一个发生序列从标识 M_0 开始，是一个发生的有限序列，

$$\ll \text{enab}_1, t_1, \text{prob}_1 >, \cdots, < \text{enab}_n, t_n, \text{prob}_n \gg$$

其中 t_1 在 M_0 中被 enab_1 使能，每个 $t_i (i=2, \cdots, n)$ 在 M_{i-1} 中由 $\langle \text{enab}_{i-1}, t_{i-1}, \text{prob}_{i-1}\rangle$ 发生而使能，并且这样的发生会产生 M_i。

例 8.4： 图 8.2 显示了一个 ER 网的例子，包含三个库所和一个带有动作的变迁：

$$\text{token}n_1 = \{\langle x, -1\rangle, \langle y, 2\rangle\}$$

$$\text{token}n_2 = \{\langle x, 2\rangle, \langle y, 2\rangle\}$$

$$\text{token}n_3 = \{\langle x, 1\rangle, \langle y, 2\rangle\}$$

$$\text{act} = \{\ll p_1, p_2\rangle, p_3 \mid p_1.x < p_2.x \land p_1.y = p_2.y \land p_3.x = p_1.x + p_2.x \land p_3.y = p_1.y >\}$$

因为 $-1<1$ 并且 $2=2$，所以只有令牌 $\text{token}n_1$ 和令牌 $\text{token}n_3$ 满足与变迁 t 有关的动作 act 上的谓词逻辑。因此从使能的变迁 t 出发只有这两个令牌。发生 t 在库所 p_3 产生了一个环境，其中 $p_3.x=-1+1=0$ 并且 $p_3.y=2$。

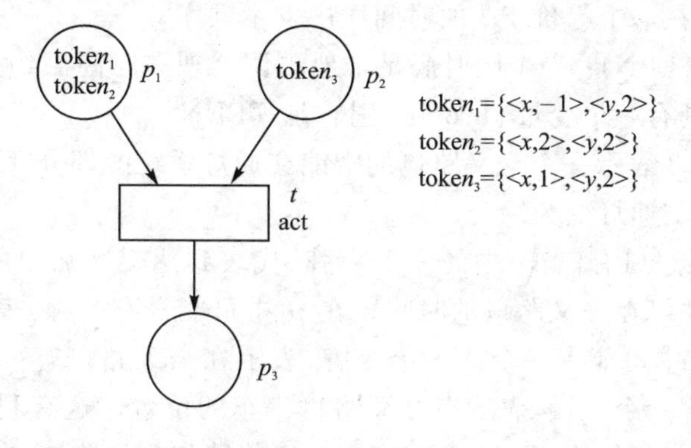

图 8.2　ER 网的例子

下一节详细描述时间 ER 网，并介绍三种时间扩展 Petri 网。

8.3　时间 ER 网

为了扩展 ER 网，使之能定义时间概念，文献[Ghezzi et al.，1991]引入了一种变量 chronos，用来表示在每个环境中令牌的时间戳，该时间戳给出令牌生成时间。放入输出库所的令牌的时间戳由与变迁相关的动作生成，并且基于所选定的输入使能元组的环境值。

在连续时间模型中，变量 chronos 能够使用非负实数；在离散时间模型中，变量 chronos 能够使用非负整数。令牌产生时赋予的时间戳的概念与由实时逻辑中发生函数给出的时间值相似，也与在时间语言和自动机中由时间值 τ 指示相应事件出现的时间相似。发生函数（occurrence function）为某个事件实例的发生赋予一个时间，在变量对 (ρ,τ) 中，τ 表示某个事件 ρ 的出现时间。

为了在 chronos 中强化时间规则的限制，需要如下的公理定义。

本地单调公理：令 c_1 是环境中被（以前）任意发生移除的 chronos 值，c_2 是环境中这次发生后生成的 chronos 值，则 $c_1 \leqslant c_2$。

时间戳约束公理：在任意发生 $x=\langle \text{enab}, t, \text{prob}\rangle$ 元组中，prob 所有元素的值等于 chronos。该发生的时间（time of the firing）记为 time(x)。

发生顺序单调性公理：在任意发生序列中，发生的时间根据它们的出现时间次序单调非减。

等价发生顺序：给定初始标识 M_0，当且仅当 s 是 s' 的一个排列时，两个发生序列 s 和 s' 是等价的。

时间排序(time-ordered)发生顺序：在某个 ER 网中，满足时间戳约束公理的发生顺序 $\langle t_1, \cdots, t_n\rangle$ 是时间排序的，当且仅当对于每个 i、j，有 $i<j \rightarrow \text{time}(t_i) \leqslant \text{time}(t_j)$。

在某个 ER 网中，对于具有初始标识 M_0 的发生顺序 s 满足本地单调公理和时间戳约束公理，则存在一个等价于 s 的时间次序发生顺序 s'。

时间 ER 网(TERN)：一个同时满足本地单调公理和时间戳约束公理的 ER 网，并在每个环境中具有一个变量 chronos，则它是 TERN。

例 8.5：图 8.3 表示一个交叉路口的智能交通灯系统的部分 TERN 网。当汽车到达交叉路口时，交通灯变为绿色。

库所 p_1（交叉路口有汽车）中的一个令牌，代表到达交叉路口的一辆汽车，时间戳表示汽车到达并停在交叉路口的时间。在 p_1 中可能没有令牌，表示没有汽车在交叉路口，否则在 p_1 中可能有一个或多个令牌，表示在交叉路口有一辆或多辆汽车出现。每个令牌包含一个变量，表示在交叉路口汽车的位置。这有利于确定哪个令牌（汽车）被选中而进行下一次移动，并确定它是否将跨越交叉路口。

在库所 p_2（无行人）中的一个令牌意味着没有行人跨过交叉路口，在这个库所最多有一个令牌。

变迁 t_1 的发生模拟车辆交通灯变绿色。如果灯已经是绿的，则这个变迁保持绿灯。当这个变迁发生并表明选定的汽车正在跨过交叉路口时，这个变迁从库所 p_1 移走一个令牌。该汽车必须是在交叉路口等待的汽车（由汽车令牌的位置变量表示）队列的头部，从当前时间到交通灯变绿的间隔不能超过 δ_1（这样路权不会被通过一条街的汽车所独占），δ_1 可以是常数，也可以是依赖于交叉路口繁忙情况和当天时段的函数。函数 f_1 表示汽车的状态，当交通灯变为绿色时，汽车被选定并进行进一步的

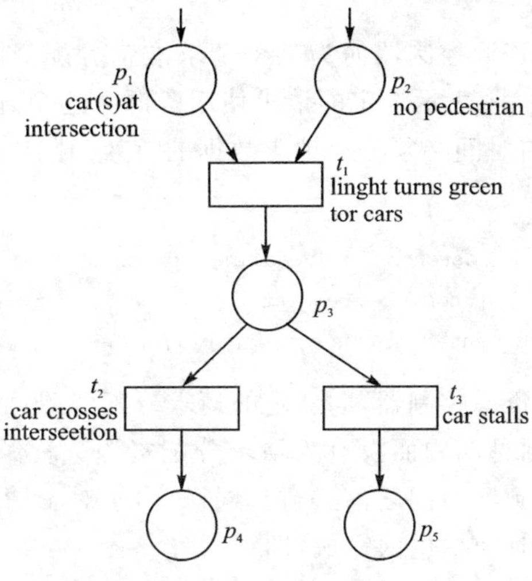

图 8.3　智能交通灯系统的部分 TERN 网

动作(司机准备松开制动,并踩加速踏板):

$\text{act}_1 = \{\langle\langle p_1, p_2\rangle, p_3\rangle \mid p_3.\text{chronos} - \text{turn\_green} \leqslant \delta_1$
$\wedge\, p_3.\text{car} = p_1.\text{car} \wedge p_3.\text{car\_status} = f_1(p_1, p_2)\}$

变迁 t_2 的发生模拟汽车向前开并跨越交叉路口,而变迁 t_3 的发生模拟汽车停在同一位置而没有跨越交叉路口。函数 f_2 和 f_3 模拟汽车的状态在这两个场景的变化,分别是:

$\text{act}_2 = \{\langle p_3, p_4\rangle \mid p_3.\text{chronos} \leqslant p_4.\text{chronos}$
$\leqslant \text{turn\_green} + \delta_1 \wedge p_4.\text{car\_status} = f_2(p_3)\}$
$\text{act}_3 = \{\langle p_3, p_5\rangle \mid p_5.\text{car\_status} = f_3(p_3)\}$

例 8.6: 假设一个部分 TERN 与图 8.3 所示的类似,但是使用了更多的时序特性。该 TERN 使用资源及其分配来模拟客户的请求。

库所 p_1(waiting_center)中的令牌,代表客户(或它的请求)到达等待中心,并附带一个时间戳表示客户请求到达的时间。在 p_1 中可能没有令牌,表示没有请求在等待中心,在 p_1 中存在一个或多个令牌,表示一个或多个请求在等待中心。每个令牌含有一个变量 deadline,表示完成对于请求服务的截止期限,还含有一个变量 valid_internal,表示该请求中数据的有效时间间隔。变量 deadline 表示响应请求服务之后的时间点不再可用。变量 valid_internal 表示在当前数据所在的时间间隔;在其有效间隔之后,数据过期。有效间隔的第二个终点是数据的过期时间。不论是否有分配的资源,这些变量的值都会决定哪个令牌(请求)将被选中进行下一次移动。第二种选择可以模拟由于没有预先发现的问题而导致没为这次请求分配资源的情况。

库所 p_2(resource_center)的一个令牌意味着单个的资源可以用于分配。这个库所最多只能有一个令牌。

变迁 t_1 的发生模拟资源控制器而为某个请求准备分配资源。这个变迁发生时，将从库所 p_1 移除一个令牌，表示选定的请求使用资源。这个选定请求的截止期限必须小于当前时间，且当前时间必须处于请求数据的有效间隔中（当前时间不能大于数据的过期时间）：

$$\text{act}_3 = \{\langle\langle p_3, p_4\rangle, p_3\rangle \mid p_3.\text{chronos} < p_1.\text{deadline} \wedge p_3.\text{chronos} \leqslant p_1.\text{expiration\_time} - p_1.\text{chronos} \wedge p_3.\text{request} = p_1.\text{request} \wedge p_3.\text{resource\_center\_status} = f_1(p_1, p_2)\}$$

变迁 t_2 的发生模拟资源控制器，向选定的请求分配资源；而变迁 t_3 的发生模拟资源控制器，由于其没有预见问题而没有为请求分配资源。资源的分配和使用必须在选定请求的截止期限和到期时间之前进行。同样，由于对于请求的缓冲限制，资源分配必须在选定请求后 δ 时间单位内完成，即：

$$\text{act}_2 = \{\langle p_3, p_4\rangle \mid p_4.\text{chronos} < p_3.\text{deadline} \wedge p_4.\text{chronos} \leqslant p_3.\text{expiration\_time} - p_3.\text{chronos} \wedge p_4.\text{request\_status} = f_2(p_3)\}$$

$$\text{act}_3 = \{\langle p_3, p_5\rangle \mid p_5.\text{request\_status} = f_3(p_3)\}$$

下面介绍强时间模型和弱时间模型

在非定时 Petri 网中，变迁是否能够发生依赖于它的输入库所。一个使能的变迁可以发生也可以不发生，并不要求它一定要发生。所以，发生决定是在本地作出的。这对于 TERN 网也是一样的。然而，某些变迁在被使能的一定时间段内必然发生，特别是对于实时系统，这些情况必须要定义。为了处理这种情况，Milano 的团队 [Ghezzi et al., 1991; Ghezzi, Morasca, and Pezze, 1994] 引入强时间模型（strong time model），其中使能的变迁必须发生。为了定义强 TERN，需要作出如下定义。

可能发生时间集：给定 TERN 网中输入令牌的元组 i 和变迁 t，对于 i 和 t 的发生时间集是：

$$\text{f\_time}(t, i) = \{x \mid \langle i, o\rangle \in \alpha(t), x = o.\text{chronos}\}$$

强发生顺序的下述定义表明使能的元组必须在一个约定时间发生，并且不存在其他发生阻碍它随后发生。

强发生顺序：设定 M_0 是某个 TERN 网的初始标识，$s=\langle s_1, \cdots, s_n\rangle$ 是一个发生序列，M_i 是由这个序列的第 i 次发生引起的标识，s 是“强”的当且仅当它是时间排序的，并且对于每个 $M_i(i=0,\cdots,n-1)$ 以及每个变迁 t'，没有元组 enab $'$ 使能 M_i 中的 t'，以至于时间 $(s_{i+1}) > \sup(\text{f\_time}(\text{enab}', t))$ 时，s 是“强”的。

强发生顺序公理：所有发生顺序是强的。

强时间 ER 网（STERN）：STERN 网是一种满足本地单调公理、时间戳约束公理，以及强发生顺序公理的 TERN 网。

事实上，STERN 网是 TERN 网的一种合理子集。TERN 网并不表达强时间模型，

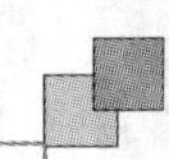

它适合表达弱时间模型。如果不特别说明某个 TERN 网是强的，则将它理解为弱时间模型，不用事先说明它是一个弱 TERN 网。弱 TERN 网不满足强发生顺序公理。

从任意给定的 TERN 网构造一个强 TERN 网是可能的。一种保持原有 TERN 网拓扑结构的方法是添加一种新的库所“仲裁器”(Arbiter，ARB)，它作为每个变迁的前置集和后置集的成员。ARB 环境记录网络的全局状态，动作(与依赖于 ARB 环境的变迁有关)被添加以满足强发生顺序公理。基本上，一个添加的约束在每个动作中出现，这样与之相关的变迁可以在原 TERN 网中所有可能最大发生时间最小值时或之前发生。

在 TERN 标识为强 TERN 时，为了避免可视复杂度，可以仅仅将它解释为强 TERN，不用每个动作画上新的库所 ARB 和加上上述约束。

8.4 高阶 Petri 网的属性

下面介绍高阶 Petri 网(ER 网)的几种属性，并对确定这些属性的难点作出说明。这些属性也适用于 TPN 网和 TERN 网。令 M_0 为初始标识。

可达属性： 一个标识 M_k 从标识 M_0 是可达的，当且仅当它们就是一个标识($M_k = M_0$)，或者至少存在一个发生顺序 $\ll \text{enab}_1, t_1, \text{prod}_1 >, \cdots, < \text{enab}_k, t_k, \text{prod}_k \gg$ (其中 $k>0$)，enab_i 在标识 M_{i-1} 被使能，且对于 $1 \leqslant i \leqslant k$，$\text{enab}_i$ 的发生得到标识 M_i。

使用这种可达性属性，能够规定网络应该进入的预期配置，并使用合适的分析策略(类似状态图可达性分析)检查这种属性是否被满足。类似地，能够规定一种不希望的配置，要求网络不应该进入该属性并检查其是否为真。

有界属性(boundedness property)： 高阶 Petri 网是“S-有界”(S-bounded)的，当且仅当在每个从 M_0 可达的标识中的令牌数目在每个库所中最多为 S 时。该网络是有界的，当且仅当一个非负整数 S 存在，使得该网络为“S-有界”。

使用这种有界属性，能够表达在某个库所中的令牌数是有界的还是无界的。因为令牌可以代表资源或进程的实例，因此这个属性对于规定终止和有界需求是非常有用的。例如，在智能交通灯系统的例子中，能够规定在交叉路口汽车的数目最多为 S。

弱有界属性： 高阶 Petri 网是“S-弱有界”(S-weakly bounded)的当且仅当作为一个使能元组的部分，在每个从 M_0 可达的标识中令牌的数目在每个库所中最多为 S。网络是弱有界的，当且仅当一个非负整数 S 存在，使得该网络为“S-弱有界”。

由于库所中的令牌可能具有有效时间间隔，之后令牌将过期，因此它们不能在过期时间之后使能变迁。因此，在特定应用中，库所积累的这些“死令牌”(dead token)可能不存在上界数目。不用考虑有效时间间隔或处于有效时间间隔的令牌是“活令牌”(live token)，能参与使变迁使能的操作。在很多应用中，只要网中每个库所的活令牌数是有界的，即使某个库所中令牌的总数是无界的，被建模的应用也是正确的。

该场景由弱有界属性描述。

如果某个网是弱有界的，则每个变迁具有有界数目的使能元组。注意，有界包含弱有界，但反过来不成立。例如，令牌可以表示触发某个系统响应的传感器信息，只有信息在当前有效时，才能实现触发。因此，不是当前有效的信息可以用死令牌表示，由此并不触发系统的响应。

变迁活性： ER 网是“变迁活性的”(transition live)，当且仅当对于每个变迁 t 和每个从 M_0 可达的标识 M，标识 M' 是从 M 可达的，并且在 M' 中 t 是使能的。

该属性规定了从任意标识出发的每条变迁导致达到另一个可达的标识。

令牌活性： ER 网是“令牌活性的”(token live)，当且仅当对于从 M_0 可达的任意标识 M 中的每个令牌 q，标识 M' 是从 M 可达的，并且 q 在 M' 的使能元组中。

该属性意味着在库所中每个令牌都是活的。

网活性属性： ER 网是“网活性的”(net live)，当且仅当对于从 M_0 可达的每个 M，至少存在一条使能的变迁。

该属性表明在网中至少有一条可以发生的变迁。

静态无冲突网络： ER 网是静态无冲突的(static-conflict free)，当且仅当对于任意两个不同的变迁 t_1 和 t_2，$i_1 \cap i_2 = \varnothing$。

动态无冲突网络： ER 网是动态无冲突的(dynamic-conflict free)，当且仅当对于任意可达的标识 M，不同参数对 $\langle enab_1, t_1 \rangle$、$\langle enab_2, t_2 \rangle$ 不会存在 M 中。这两个参数对的定义是：$enab_1$ 使能 t_1，$enab_2$ 使能 t_2，使用 $enab_1$ 的 t_1 的发生使得使用元组 $enab_2$ 的 t_2 的发生不被使能。

为了确定一个网是否为静态无冲突的，可以检查网拓扑。为了确定一个网是否动态无冲突，则必须获知网运行时的值。

在这些属性中，只有一个通用的关系存在：某个 ER 网具有变迁活性，蕴含着它具有网活性。通常，确定上述属性是否成立是不可判定问题。然而，如果不需很精确地构成 HLTPN 网或 TERN 网的规范，则能够检查上述规范的部分属性。

8.5　TPN 网的 Berthomieu-Diaz 分析算法

在 Petri 网分析中，确定状态的可达性是一个基础问题。对时间 Petri 网的分析也是如此。但是，即使对于传统的 Petri 网，可达性问题也是不可判定的。[Berthomieu and Diaz, 1991]发明了一种有效的枚举方法来分析 Petri 网，规定了变迁的静态 EFT 和 LFT 只用有理数，而且相关的状态被分组为状态类(state class)，以减少状态爆炸时间。

状态类： 状态类是一个参数对 $C=(M, D)$，其中 M 是一个标识，这样所有的状态具有同样的标识，D 是类的发生域，即类中所有状态的发生域的联合。

D 能够被表达为一个不等式系统的解集，这样对于每个被标识 M 使能的变迁，

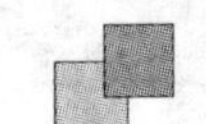

存在一个不同的变量：

$$\boldsymbol{D} = \boldsymbol{t} \mid \boldsymbol{A} \cdot \boldsymbol{t} \geqslant \boldsymbol{b}$$

其中 $\boldsymbol{A}$ 是一个矩阵，$\boldsymbol{b}$ 是一个常数矢量，$\boldsymbol{t}$ 是与使能变迁相关的变量的矢量。

一个状态类包含所有可能的发生时间，这些时间可能从一个给定的可达标识发生。根据状态类的定义，能够简洁地表达初始状态类的发生标识。初始类包含初始状态，并且表示初始标识和初始静态间隔。而状态的间隔表达是简单的，状态类域的表达代表了不同变迁发生时间之间的复杂关系。

8.5.1 从状态类出发的变迁的可发生性确定

由于一个状态类是许多相关状态的聚合，所以需要对从某个类出发的变迁的发生定义新的条件。假设变迁 $t(i)$是(由标识 M 使能的)第 i 条变迁，当且仅当下面的两个条件成立 $t(i)$从类 $C=(M,D)$出发是可发生的：

(1) $t(i)$是被标识 M 使能的，即：$\forall\, p(M(p)) \geqslant B(t(i),p)$。

(2) 与 $t(i)$相关的发生间隔必须满足下列不等式：

$$A \cdot t \geqslant b$$

$$t(i) \leqslant t(j) \quad (\text{对于所有 } j, j \neq i)$$

其中 $t(j)$也是与矢量 t 的第 j 个元素相关的发生间隔。

因此，$t(i)$的发生必须出现在(所有使能变迁有关的)全体 LFT 的最小值之前。不等式系统需要表达这种复杂关系，因为只采用变迁的 EFT 和 LFT 不能合理地表达条件(2)。

例 8.7： 图 8.1 中 Petri 网的例子，初始类 C_0 是：

$$M_0 = P_{r1}, P_{r2}, P_{r3}, P_{\text{mutex}}$$

$$D_0 = (\text{所有的解是})\, 1 \leqslant \delta_{cs1} \leqslant 8, 2 \leqslant \delta_{cs2} \leqslant 7, 3 \leqslant \delta_{cs3} \leqslant 6$$

而且，对于发生 t_{cs1}，下列的不等式必须成立：

$$\delta_{cs1} \leqslant \delta_{cs2}, \delta_{cs1} \leqslant \delta_{cs3}$$

同理，当下面的式子成立的时候，t_{cs2} 能够发生：

$$\delta_{cs2} \leqslant \delta_{cs1}, \delta_{cs2} \leqslant \delta_{cs3}$$

并且，当下面的式子成立的时候，t_{cs3} 能够发生：

$$\delta_{cs3} \leqslant \delta_{cs1}, \delta_{cs3} \leqslant \delta_{cs2}$$

设变迁 t_{cs1} 发生，则下一个类 C_1 是：

$$M_1 = P_{cs1}, P_{r2}, P_{r3}$$

$$D_1 = 1 \leqslant \delta_{n1} \leqslant 2$$

通过从增广系统的变迁中替换变量，就能够确定所有可能的变迁发生时间，包括那些在一次发生后仍然使能的变迁，其方法如下所述。设在相对时间 $\delta_{cs|F}$，t_{cs2} 发生。在 t_{cs1} 发生后，另外两个变迁 t_{cs2} 和 t_{cs3} 不被使能。为了阐述这种复杂的场景，假设 t_{cs2} 和 t_{cs3} 保持使能。这种情况在 P_{mutex} 原先有三个令牌的情况下可能出现。接着当相对

时间 $\delta_{cs|F}$ 流逝之后，t_{cs2} 和 t_{cs3} 保持使能。这样新时间值 δ'_{cs2} 和 δ'_{cs3} 能够用 $\delta_i=\delta'_i+\delta_{cs|F}$ 计算出来。由此，当 t_{cs1} 发生后，有：

$$2\leqslant\delta'_{cs2}+\delta_{cs|F}\leqslant 7 \tag{8.1}$$

$$3\leqslant\delta'_{cs3}+\delta_{cs|F}\leqslant 6 \tag{8.2}$$

或

$$2-\delta_{cs|F}\leqslant\delta'_{cs2}\leqslant 7-\delta_{cs|F} \tag{8.3}$$

$$3-\delta_{cs|F}\leqslant\delta'_{cs3}\leqslant 6-\delta_{cs|F} \tag{8.4}$$

其中

$$1\leqslant\delta_{cs|F}\leqslant 3 \tag{8.5}$$

不等式能够被重新写成：

$$2-\delta'_{cs2}\leqslant\delta_{cs|F}\leqslant 7-\delta'_{cs2} \tag{8.6}$$

$$3-\delta'_{cs3}\leqslant\delta_{cs|F}\leqslant 6-\delta'_{cs3} \tag{8.7}$$

为了导出下一个状态类的发生时间，并展示 t_{cs2} 和 t_{cs3} 发生时间之间的关系，从不等式(6)和(7)中删去 $\delta_{cs|F}$：

$$0\leqslant\delta'_{cs2}\leqslant 6\quad\text{（由(8.3)和(8.5)式得到）}$$

$$0\leqslant\delta'_{cs3}\leqslant 5\quad\text{（由(8.4)和(8.5)式得到）}$$

$$\delta'_{cs3}-\delta'_{cs2}\leqslant 1\quad\text{（由(8.6)和(8.7)式得到）}$$

$$\delta'_{cs2}-\delta'_{cs3}\leqslant 1\quad\text{（由(8.6)和(8.7)式得到）}$$

8.5.2　导出可达类

为了构造某个 Petri 网的类的可达图，而不仅仅是其简单的状态，首先描述从一个发生变迁的给定类导出下一个可达类的规则。

给定一个域 D，下列过程导出域 D'。

(1) 为变迁 $t(f)$ 添加可发生性条件到不等式系统（定义域 D），即：$A\cdot t\geqslant b$，得到下列的增广系统：

$$A\cdot t\geqslant b$$

$$t(f)\leqslant t(j)\text{（对于所有于所有 }j,j\neq f\text{）}$$

接下来，将所有与变量 $t(j)$ 有关的时间（其中 $j\neq f$）表示为发生变迁 $t(f)$ 的时间和一个新的变量 $t''(j)$ 之和，即：

$$t''(j)=t(j)-t(f)\text{（对于所有 }j,j\neq f\text{）}$$

并且如前所述，通过导出新的发生间隔和相应的约束关系，从系统中移除变量 $t(f)$。这种变量的改变得到下面的系统：

$$A''\cdot t''\geqslant b''$$

$$0\leqslant t''$$

变量 A'' 和 b'' 分别从 A 和 b 导出，这些式子定义新的变量。用 Fourier 方法消去变量 $t(f)$。

(2) 对于由于 $t(f)$ 发生不使能的变迁，移去所有与这些变迁有关的变量，采用与(1)相同的方法保持它们蕴含的关系。这些变迁被 M 使能，但在计算新的标识之前不被 $M(\cdot)-B(t(f),\cdot)$ 使能。

(3) 使用新变量增广不等式系统，这样，对于每个新使能的变迁都存在一个新变量。这些变量由它们所属的静态发生间隔定义。而这些新使能的变迁被 $M(\cdot)-B(t(f),\cdot)$ 使能，并被 M' 使能。最终的不等式系统为

$$A'\cdot t'\geqslant b'$$

对于每个变迁的一个变量，由标识 M' 使能，并且该系统的解集来定义 D'。

8.6　Milano 研究团队的 HLTPN 分析方法

Politecnico di Milano 的研究团队，带头人为 Ghezzi(原先成员为 Mandrioli、Morasca 和 Pezze，后来为 Morzenti、San Pietro 和 Silva)致力于开发完善用以规定和验证采用 HLTPN 描述的大型系统的工具。他们开发了一种逻辑，被称为 TRIO。

起初，文献[Ghezzi et al.，1991]并没有引进新的分析技术，而是声明 HLTPN 网和 TERN 网能够通过执行规范而被逐步分析。作为非定时 Petri 网，这首先要提供一个初始标识，随后执行一个给定的 HLTPN 规范以探寻网的行为。然而，这是一种规范测试，只能够暴露潜在的错误，但如果所有可能的路径不都被检查，就不能保证没有错误。而且，被搜索的状态数随着时间的引入急剧地增长，并有可能是无限的。

Ghezzi 等学者还建议通过首先定义网的通用属性进行协议分析，这些属性表明特定系统所期望的或不期望的动作，然后采用该规范来证明这些作为定理的属性成立(或不成立)。然而，这些属性大多数是不可判定的。

后来，Milano 研究团队开发了一种工具叫做 Cabernet，以支持基于 HLTPN 网的实时系统规格说明和验证。而它所依靠的分析机制仍旧主要基于规范的执行。与其他工具相比，Cabernet 是一种更加综合的工具，它支持采用 HLTPN 进行控制、数据、功能和时间的规范定义，使用 Cabernet 核心引擎设计者能够编辑、执行和分析 HLTPN 网。

Cabernet 能够通过搜索时间可达性树来实现定时可达性分析。为了避免潜在的无限状态可达性树搜索问题，它限制了搜索只达到给定的时间截止期限。使用公理(声明时间值始终会不断增长)和一系列符号执行技术，使得在时间可达性树中的状态集是有限的。这对于在实时系统中证明限定于有限时间间隔的安全性和活性属性方面很有实际意义。

为了使分析更加有效，Cabernet 能够聚焦于一种特定的发生模型，该模型可以忽略一个或多个特性，例如数据、功能和时间。状态图(statechart)/STATEMATE 也提供一种定义和分析状态系统的类似能力。这样，设计者就能够循序渐进地针对

给定应用对 Cabernet 进行定制。Cabernet 的另外一个特性是它提供网分解，允许设计者通过属性-保持变换，将高层规格说明细化到一些详细的说明。这些变换的正确性能够在固定的时间内被工具验证。

下面利用 TRIO 进行分析。

即使对于基本的时间 ER 网属性进行验证也是不可判定的，因此 Milano 研究团队[Ghezzi, Mandrioli, and Morzenti, 1990]引进一种称为 TRIO 的逻辑，以便进行分析。TRIO 是一种带有时态域扩展的一阶逻辑，允许基本的算术和时态算子 Dist。以此来考量 TRIO 类似于 Jahanian 和 Mok 提出的 RTL 逻辑，后者也是由出现函数(occurrence function)增强的一阶逻辑，该出现函数对于时间和动作赋予时间值。

给定一个公式 F，$\mathrm{Dist}(F,t)$ 意味着：从当前时间（当该声明开始时）开始，F 保持 t 个时间单位。如果该 Dist 算子没有在公式中被用到，则当前时间将被设定。能够基于 Dist 算子定义其他导出的时态算子。下面是导出时态算子的一个列表：

$\mathrm{Futr}(F,d)=d\geqslant 0\wedge \mathrm{Dist}(F,d)$ future。

$\mathrm{Past}(F,d)=d\geqslant 0\wedge \mathrm{Dist}(F,-d)$ past。

$\mathrm{Lasts}(F,d)=\forall d'(0<d'<d\rightarrow \mathrm{Dist}(F,d'))$ F 在长度为 d 的时间段上成立。

$\mathrm{Lasted}(F,d)=\forall d'(0<d'<d\rightarrow \mathrm{Dist}(F,-d'))$ F 过去在长度为 d 的时间段上成立。

$\mathrm{Until}(A1,A2)=\exists(t>0\wedge \mathrm{Futr}(A2,t)\wedge \mathrm{Lasts}(A1,t))$ $A1$ 在 $A2$ 成立之前保持成立。

$\mathrm{Alw}(F)=\forall d\mathrm{Dist}(F,d)$ F 总是成立。

$\mathrm{AlwF}(F)=\forall d(d>0\rightarrow \mathrm{Dist}(F,d))$ F 将总在未来成立。

$\mathrm{AlwP}(F)=\forall d(d<0\rightarrow \mathrm{Dist}(F,d))$ F 总在过去成立。

$\mathrm{SomP}(F)=\exists d(d<0\wedge \mathrm{Dist}(F,d))$ F 在过去的某些时刻成立。

$\mathrm{Som}(F)=\exists d\mathrm{Dist}(F,d)$ 有时 F 在过去成立或将在未来成立。

$\mathrm{UpToNow}(F)=\exists d(d>0\wedge \mathrm{Past}(F,d)\wedge \mathrm{Lasted}(F,d))$ F 过去在一段非零时间间隔内成立，该时间间隔终止于当前时间。

$\mathrm{Becomes}(F)=F\wedge \mathrm{UpToNow}(\neg F)$ F 在当前时刻成立，但它在当前时刻之间的一段非零时间间隔内并不成立。

$\mathrm{LastTime}(F,t)=\mathrm{Past}(F,t)\wedge(\mathrm{Lasted}(\neg F,t))$ F 出现于最后的 t 个时间单位之前。

Milano 研究团队提出了规格说明和验证的双语言方法(dual-language approach)，使用 TRIO 作为描述性形式化方法，Petri 网为操作性形式化方法。基本的思想是首先将操作(Petri 网)形式方法公理化(axiomatize)，即在这两种形式化方法的语法和语义之间声明一种形式化的联系。随后，公理化方法被用来证明由操作形式化模型描述的系统具有描述性形式化的属性。

8.7 可用的工具

TRIO 工具集是一套基于时态逻辑的集成工具，用于实时系统的规格说明、设计和验证，它能更有效分析 Petri 网定义的实时系统。进行的工作包括：为复杂的、高度结构化的系统的规范定义一组语言，并且定义一个集成工具集，用于撰写规范，采用分析和仿真的方法对它们进行确认，通过测试实例生成规划以验证系统实现。TRIO 研究团队也计划研究识别语言公式的类型，这些语言公式在算法上是可判定的。此外，改进了用户界面，包含实现一个历史检查器，一个历史半自动生成器，一个历史记录图形化编辑器和一个模型生成器。

更多关于 TRIO 工具集的内容，能够在如下网址获得：

http://www.elet.polimi.it/section/compeng/se/TRIO/

8.8 历史回顾和相关研究

Petri 发明了 Petri 网用以对并发系统建模。文献[Peterson 1981]是一个关于 Petri 网很好的介绍性文章。Peterson 还在[Peterson, 1977]中给出了一个教程。

Ramachandani [Ramchandani, 1974]首先将时序扩展引进传统 Petri 网而产生了 TdPN 网，它将固定的发生持续时间与每个变迁相关联。接着 Merlin [Merlin and Farber, 1976]发明了带有静态和动态发生间隔的 TPN 网。Merlin 的 TPN 网比 TdPN 网更加广义，所以 TdPN 网能够由 TPN 网建模，但反之不成立。

文献[Leveson and Stolzy, 1987]采用 Petri 网实现简单铁路交叉系统的安全性分析。在他们的研究中，系统的功能行为能够由 Petri 网建模，但在绝对时间方面不能充分地被模型表达。

Jensen 提出着色 Petri 网[Jensen, 1987]，Genrich 发明了谓词/变迁网[Genrich, 1987]，允许令牌带有数值，这样被令牌模型表示的项目就能够被逐个地识别。然而，这些网不能规定时序特性。

文献[Ghezzi et al., 1991]发展了 HLTPN 网(或 ER 网)，对时间要求较高的系统进行建模。HLTPN 提供了一个统一的框架将功能和时序描述集成为一体。他的研究团队文献[Felder, Mandrioli, and Morzenti, 1995] 提出的技术用于从 TRIO 逻辑语言编写的实时系统形式化规格说明中，自动生成功能测试案例。

文献[Bucci and Vicario, 1995]提出了在一种组合(compositional)方法中使用通信定时 Petri 网，以验证时间关键系统。后来，文献[Vicario, 2001]提出一种枚举技术，支持稠密时间依赖性(dense time-dependent)系统的可达性和及时性分析，等价类被用于状态空间的离散化和简化枚举。这项技术通过分析嵌入等价类的时序约束，找出状态之间的定时可达性属性。

文献[Jones, Landweber, and Lien, 1977]直接证明了 Petri 网的可达性和有界问题是不可判定的。文献[Berthomieu and Diaz, 1991]发展了一个有效的过程,验证定义 TPN 的属性。文献[Hulgaard and Burns, 1995]提出了使用代数技术实现一类 Petri 网的有效时序分析。文献[Yoneda et al., 1991]给出使用 TPN 网如何加快时序验证的方法。

[Holliday and Vernon, 1987]是最早提出广义定时 Petri 网并使之用于性能分析的文献之一。文献[Balaji et al., 1992]采用了一种基于 Petri 网的模型,评估实时调度算法的性能。文献[Tsai, Yang, and Chang, 1995]提出了使用时序约束 Petri 网实现实时系统规格说明的可调度性分析。

8.9 总　结

Petri 网是一种定义非定时并发系统的操作性形式化方法。它们能够描述被建模系统不同部件之间的控制流和数据流,进而表达并发的动作。作为操作性的形式化方法,Petri 网通过使用令牌的迁移给出系统状态的动态表示。最初经典的非定时 Petri 网已经被成功用于不同工业系统的建模。后来,Petri 网的时间扩展也发展起来,并用于时间相关或实时系统的建模和分析。

Petri 网,或称为“库所-变迁”网,包含四种基本的构件:库所(place)、变迁(transition)、有向弧(directed arcs)和令牌(token)。一个库所是所定义系统(或系统的一部分)中的一个状态。弧是变迁到库所或库所到变迁的连接。如果一条弧是从一个库所到一个变迁,则库所是这条变迁的输入,弧是这个变迁的输入弧。如果一条弧是从一个变迁到一个库所,库所是这个变迁的输出,弧是从这个变迁的输出弧。从一个库所到一个变迁可以有多条弧,这表明输入库所的多重性(multiplicity)。库所可以是空的,或者可以包含一个或多个令牌。Petri 网的状态以在每个库所的令牌数定义,被称为标识(marking),并用一个标识矢量 M 表示。$M[i]$是库所 i 中的令牌数。

在图形中,圆圈表示库所,短杠表示变迁,箭头表示弧,圆点表示令牌。

Petri 网表示系统的特定状态,并根据如下规则演化到下一个状态。

(1) 给定一个标识,如果每个输入库所的令牌数至少为从库所到变迁的弧的数目 n_i,则变迁被使能。选择其中 n_i 个令牌作为使能令牌。

(2) 一个使能的变迁可以“发生”(fire),并从它的输入库所去掉所有的使能令牌,而对于从变迁到输出库所的每个弧,则在其对应的每个输出库所中增加一个令牌。

(3) 如果输入弧和输出弧的数目不同,令牌的数目也将是变化的。

(4) 如果两个或多个变迁被使能,则任一变迁可能发生。选择下一个发生的变迁,是非确定性的。

(5) 变迁的每次发生都会改变标识,从而产生新的系统状态。

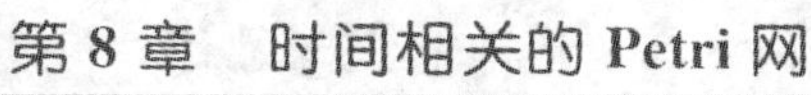

（6）一个使能的变迁可能发生，但这并不是强制的（必需）。

给定一个初始状态，Petri 网的可达集（reachability set）是从这个初始状态出发经过一系列变迁发生能够达到的所有状态的集合。可以构造与可达集相关的可达图：一个节点标识一个状态，如果在状态 s_1 使能的变迁导致状态 s_2，则增加一条从状态 s_1 到 s_2 的有向边。

传统的 Petri 网不能表达时间的流逝，例如持续时间和超时。令牌也是匿名的，因此不能模拟命名的事项。它们也缺乏层次化的分解或抽象机制，不能用于大型系统的准确建模。为了对真实的实时系统进行建模，几种 Petri 网的扩展版本被提出，以处理时间约束。基本上分为两类方法：一类将变迁与时间概念关联，另一类将库所与时间值关联。

文献[Ramchandani，1974]将有限的发生时间与经典 Petri 网中的每个变迁相关联，提出定时 Petri 网（Timed Petri Nets，TdPN）。更精确地说，现在变迁的发生会消耗时间，变迁必须在它使能后尽快发生。TdPN 主要用于性能评价。随后，[Merlin and Farber，1976]发展了更为通用一类的网，叫作时间 Petri 网（Time Petri Nets，TPN）。这些 Petri 网带有以下标签：两个以实数表示的时间值 x 和 y 与每个变迁相关联，其中 $x<y$。x 是使能变迁发生之后的延迟，y 是使能变迁发生的截止期限。TPN 能够对 TdPN 建模，但反过来不可以。

定时 Petri 网：TdPN 由六元组（P，T，F，V，M_0，D）形式化定义，其中：

P 是库所的有限集合；

T 是变迁 t_1，…，t_m 有限且有序的集合；

V：$F \rightarrow (P, T, F)$ 是弧的重数（multiplicity）；

D：$T \rightarrow N$ 为每个变迁 t_i 赋予一个非负实数 N，N 表示 t_i 发生的持续时间；

M_0 是初始标识。

TdPN 遵循下列最早发生调度（earliest firing schedule）的变迁规则：如果没有冲突，在时刻 k 使能的变迁必须在该时刻发生时。则发生持续时间为 0 的变迁先发生（即：$D(t)=0$）。当变迁在时间 t 开始发生时，则它在时间 t 从它的输入库所去掉相应数目的令牌，并在时间 $k+D(t)$ 时在它的输出库所加入相应数目的令牌。在任意时间，并发使能的变迁的最大集（最大步骤，maximal step）发生。

时间 Petri 网：TPN 由六元组（P，T，B，F，M_0，S）形式化定义，其中：

P 是库所的有限集合；

T 是变迁 t_1，…，t_m 有限且有序的集合；

B 是后向指示函数 $B: T \times P \rightarrow N$，其中 N 是非负整数集；

F 是先向指示函数 $F: T \times P \rightarrow N$；

M_0 是初始标识 $M_0: P \rightarrow N$；

S 是静态间隔映射 $S: T \rightarrow Q^* \times (Q^* \cup \infty)$，其中 Q^* 是正有理数的集合。

[Merlin and Farber，1976]使用如下具有约束的静态有理数值，规定了一条变

迁 t_i 上的时序约束。

静态发生间隔：设 α_i^S 和 β_i^S 是有理数，则：

$$S(t_i) = (\alpha_i^S, \beta_i^S)$$

其中 $0 \leqslant \alpha_i^S < \infty$，$0 \leqslant \beta_i^S < \infty$，并且如果 $\beta_i^S \neq \infty$ 时 $\alpha_i^S \leqslant \beta_i^S$，或是如果 $\beta_i^S = \infty$ 时 $\alpha_i^S < \beta_i^S$。

间隔 (α_i^S, β_i^S) 是对于变迁 t_i 的静态发生间隔，以上角标 S 表示，其中 α_i^S 是静态最早发生时间(EFT)，β_i^S 是静态最晚发生时间(LFT)。通常，对于除了初始状态的其他状态，在发生域中的发生间隔应该与静态间隔不同。它们的动态下界和上界分别由 α_i 和 β_i 表示，也分别被简称为 EFT 和 LFT。

静态和动态的上界和下界与 t_i 被使能的时刻有关。如果 t_i 在时刻 θ 被使能，则 t_i 持续地被使能，则它必须且只能在时间间隔 $\theta + \alpha_i^S$(或 $\theta + \alpha_i$)和 $\theta + \beta_i^S$(或 $\theta + \beta_i$)之间发生。

对实时系统建模来说，EFT 与变迁能够发生之前的延迟有关，而 LFT 是变迁必须发生的截止期限。在 Merlin 的模型中，时间可以是离散的，也可以是稠密的。同样，变迁在瞬时发生，即：对一个变迁发生不消耗时间。

如果一条变迁没有相应的时间间隔，那么这条变迁就是经典 Petri 网中的间隔，时间间隔可以定义为 $\alpha_i^S = 0$，$\beta_i^S = \infty$。所以说 TPN 网是带有定时约束的 Petri 网。

高阶定时 Petri 网：HLTPN 或时间环境/关系网(TERN)[Ghezzi et al., 1991]，用于在同一模型中将功能和时态描述进行综合。特别是，HLTPN 能够精确模拟系统构件的标识、逻辑时序属性和相互关系。

对于每个库所，存在令牌类型的限制。例如，每个库所具有一个或多个类型的令牌。如果任意类型的令牌能够标识一个库所，则该库所就如同在传统 Petri 网中一样具有同样的含义。每个令牌具有一个时间戳，表示它的创建时间(或产生时间)和一个存储相关数据的数据结构。

每条变迁具有一个谓词，该谓词决定变迁什么时候和如何使能变迁。该谓词用于表示某些值的约束条件，这些值来源于数据结构和输入库所令牌的时间戳。每个变迁也具有一个规定数据值的动作，该数据值与变迁发生所产生的令牌有关。该动作依赖于被移除令牌的数据和时间戳。最后，变迁具有一个时间函数，规定最小和最大发生时间。该函数也依赖于被移除令牌的数据和时间戳。

环境/关系网：在环境/关系(ER)网中，令牌是将值与变量相关联的环境和函数。每个变迁具有一个相关联的动作，规定使能变迁的令牌类型，以及变迁发生所产生的令牌类型。

为了扩展 ER 网，使之能定义时间概念，[Ghezzi et al., 1991]引进了一种变量 chronos，用来表示在每个环境中令牌的时间戳。该时间戳给出令牌生成时间。放入输出库所的令牌的时间戳由与变迁相关的动作生成，并且基于所选定的输入使能元组的环境值。

习　题

1. 解释非定时 Petri 网与定时/时间 Petri 网的不同之处。

2. 考虑如图 8.1 所示的模拟三个任务在临界区竞争执行的 Petri 网。存在 10 个库所，其中一个被所有三个任务共享，另外每个任务各有三个库所。如果要添加一个新任务，只需增加三个库所对新任务的内部时间进行建模。这样，Petri 网的规模将随着任务数目呈线性比例增长。然而，如果采用互斥解决方案进行建模，例如采用状态变迁图或 Kripke 结构(见第 4 章)，则状态图中状态数将随着任务数呈指数增长。解释为什么会出现这种情况。另外，Statechart 规格说明能够避免互斥问题建模中的状态爆炸(见第 5 章)。解释为什么会出现这种情况。

3. 解释强时间和弱时间 ER 网的不同：

(a) 在什么情况下，应该用到强时间 ER 网？

(b) 在什么情况下，应该用到弱时间 ER 网？

4. 考虑图 8.2 的 ER 网，规定一个替换的动作，该动作带有一个谓词，以满足：

(c) tokenn_2 和 tokenn_3。

(d) 所有三个令牌。

5. 采用时间 ER 网定义(如 MMT 自动机)描述的汽车踏板系统。

6. 采用时间 ER 网定义医院重症监护(ICU)子系统(见第 6 章习题 2)。

7. 针对带有客户请求的资源中心的例子(见 8.3 节)，构建相关的 TERN 网模型。

8. 用 TERN 定义智能气囊配置系统(见第 4 章习题 6)。比较 TERN 模型和定时变迁图模型的表达能力和空间需求。

9. Berthomieu-Diaz 分析算法的运行时间和存储空间的复杂性是怎样的？

第9章

进程代数

计算机进程是正在执行中的一个程序或一段程序(例如函数)。它可能处于下列状态之一:就绪、运行、等待和终止。进程代数是一种简化语言,用来描述计算机进程的可能执行步骤。它具有一系列算子和句法规则,可用简单的原子性组件对进程进行定义,通常不是一种基于逻辑的语言。

进程代数的核心概念是“等价(equivalence)”,用以表明两个进程具有同样的行为。目前,被完善建立的进程代数,例如 Hoare 的通信顺序进程(Communicating Sequential Process,CSP)[Hoare, 1978; Hoare, 1985]、Milner 的通信系统演算(Calculus of Communication Systems,CCS)[Milner, 1980; Milner, 1989],以及 Bergstra 和 Klop 提出的通信进程代数(Algebra of Communicating Processes,ACP)[Bergstra and Klop, 1985],已经被用于定义和分析带有交互进程通信的并发进程。这些都是非定时代数,因为它们只允许执行步骤和事件的相对次序的推理。

为了使用进程代数或进程代数方法规定或分析系统,可以采用抽象进程(abstract process)撰写系统需求规范,采用具体进程(detailed process)描述设计规范。然后表明这两个规范是等价的,这样说明设计规范是正确遵循了需求规范。这里,需求规范可能包含预期的安全属性。

9.1 非定时进程代数

进程代数具有四种基本组件:(1)简化语言(concise language),将系统规定为一个进程或进程集;(2)无歧义语义(unambiguous semantics),提供所规定进程行为的精确含义,表明这些进程可能的执行步骤;(3)等价关系或前序关系(equivalence or preorder relation),比较这些进程的行为;(4)代数法则集(set of algebraic laws),从语法上操纵进程规范。其中,可能存在多种等价关系的表述。通常,如果某个进程的每个执行步骤与另一个进程相同,并且反之亦然,则两个进程是等价的。如果某个进程的执行步骤的集合或行为是其他进程的子集,则在两个进程之间存在前序关系。

为了构造进程或原子组件以规定复杂系统,典型的进程代数具有下列算子集合。前缀(prefix)算子规定动作和事件的次序。选择(choice)或求和(summation)算子在几种可能的选项中选择其中之一。并行(parallel)或组合(composition)算子表示两个进程同时执行。隐藏(hiding)和限制(restriction)算子抽象出底层的细节(如通信步骤,以降低分析复杂度)。递归(recursion)算子描述可能的无限进程列表。注意,类似的算子也用于David Parnas的事件-动作模型语言(第6章描述)。本章描述非定时进程代数CCS和定时进程代数(也称为通信共享资源代数(Algebra of Communicating Shared Resources,ACSR)),说明如何能够将ACSR用于规定实时系统,这样就能够用语法和语义技术来分析它们。

9.2 Milner的通信系统演算

受到Dana Scott计算理论的启发,[Milner 1980]发明了一种进程代数(称为通信系统演算(Calculus of Communicating System,CCS)),用以定义非定时并发通信系统的行为。他提出了程序的观测等价性(observation equivalence)的概念,即一种全等关系(congruence relation)。

观测等价和全等: 当且仅当两段程序在观测上是无差别时,这两段程序是观测等价的。两段程序是观测全等的(observation congruent)当且仅当它们是观测等价的。

由于一种观测全等类(observation congruence class)被认为是一种行为,因此CCS是一种行为代数,每段程序代表它的全等类。CCS的语法包括:(1)值的表达;(2)标签(label)、类别(sort)和重新标记(relabling);(3)行为标识;(4)行为表达。

值的表达: 值的表达可构建于简单变量、定常符号,以及函数符号(表示值域上的已知所有函数)。标签(label)是$\Lambda=\Delta\cup\bar{\Delta}$和$\tau$。类别$L$是$\Lambda$的子集,每个行为表达$B$赋值为类别$L(B)$。假定$P$和$Q$是类别,$S:P\rightarrow Q$是从$P$到$Q$的重新标记,如果(1)它是一种双向单射(bijection),并且(2)它服从求补(即对于$a,\bar{a}\in L,\overline{S(a)}=S(\bar{a})$)。

每个行为标识具有一个预先赋值的参数数量(arity)$n(b)$,表示值的参数数量和一个类别$L(b)$。

行为表达: 通过参数行为标识(parameterizing behavior identifier)和条件(conditional)的描述,行为表达(behavior expression)可由六种类型的行为算子(behavior operator)构成。行为算子是:不动作(inaction)、求和、动作、合成、限制和重新标记。

不动作(inaction)算子NIL(null)不产生原子化动作。在$A+B$中,求和算子"+"表示将A和B相加的原子化动作,造成对A和B求和的动作。动作(action)算子"."用来表示公理。在$A|B$中,合成(composition)算子"|"表示在合成中A或B的动作产生一个合成动作,在这个合成上其他组件不受影响。在$A\backslash b$中,限制(restriction)算子"\"表示B是受限制的,以致于不存在b或$\bar{b}$动作。标识能够被参数化描述,如$b(E_1,\cdots,E_{n(b)})$。条件也可被描述成如下形式:"if E then B else B'"。在$X\stackrel{\text{def}}{=}P$中,定义算子"$\stackrel{\text{def}}{=}$"将进程$X$定义为一个更复杂的进程表达$P$。

例 9.1： 考虑带有两个进程的系统。令 N_i 为进程 i 的非临界区，T_i 是请求进入临界区的区域，C_i 是它的临界区。下面的 CCS 声明规定动作 P 是三个动作的求和，其中每个动作是两个动作的合成：

$$P \overset{\text{def}}{=} N_1 \mid N_2 + T_1 \mid N_2 + N_1 \mid T_2$$

更准确地说，系统的一种选择是两个进程都处于非临界区；第二种选择是进程 1 请求进入临界区，而进程 2 留在非临界区；第三种选择是进程 2 请求进入临界区，而进程 1 留在非临界区。

下面的 CCS 声明规定：动作 Q 需要选择执行进程 1 或进程 2 进入临界区。执行 C_1 时，C_2 是不被允许的；同理，执行 C_2 时，C_1 也是不被允许的。

$$Q \overset{\text{def}}{=} C_1 \backslash \{C_2\} + C_2 \backslash \{C_1\}$$

9.2.1　行为程序的直接等价

具有相同语义派生的行为程序能够被认为是等价的。事实上，这些程序服从一种等价或全等关系，这样，任意的程序能够在任何语境下被某个等价的程序代替，而不改变整体系统的行为。例如，程序 $A+A'$ 和 $A'+A$ 是不同的，但显然是可以互换的。例如其他的法则，包括 $A+(B+C)=(A+B)+C$、$A+\text{NIL}=A$ 和 $A+A=A$。

直接等价： 两个行为程序是直接等价的（directly equivalent），当且仅当对于每个输入，两个程序具有同样的行为，即生成同样的结果。

给定一个以 CCS 编写的规格说明，能够使用等式法则（equational laws）将它以期望的形式重写。为了展示两个规格说明是等价的，可以使用这些法则将它们重写以建立等价关系。表 9.1 总结了一些 CCS 法则，以供参考。

表 9.1　CCS 法则

动　作	表达式
求和 Sum ≡	$A+\text{NIL}=A$ $A+A=A$ $A+B=B+A$ $A+(B+C)=(A+B)+C$
动作 Act ≡	$\alpha\bar{x} \cdot A = \alpha\vec{y} \cdot A\{\vec{y}/\vec{x}\}$ 其中 y 是不在 A 中的不同变量的矢量
合成 Com ~	$A\|B=B\|A$ $A\|(B\|C)=(A\|B)\|C$ $A\|\text{NILI}=A$

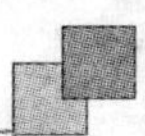

续表 9.1

动　作	表达式
限制 Res ≡	$NIL\backslash\alpha = NIL$ $(A+B)\backslash\alpha = A\backslash\alpha + B\backslash\alpha$ $(g.A)\backslash\alpha = NIL$ 如果 $\alpha = name(g)$，否则 $= g.(A\backslash\alpha)$
重标记 Rel ≡	$NIL[S] = NIL$ $(A+B)[S] = A[S] + B[S]$ $(g.B)[S] = S(g).(B[S])$
Rel ～	$A[I] = A$，$I:L \rightarrow L$ 是恒等映射 $A[S] = A[S']$ $A[S][S'] = A[S'oS]$ $A[S]\backslash\beta = A\backslash\alpha[S], \beta = name(S(\alpha))$ $(A\|B)[S] = A[S]\|B[S]$
条件	if true then A else $B = A$ if false then A else $B = B$
不可观动作 τ	$g.\tau.A = g.A$ $A + \tau.A = \tau.A$ $g.(A+\tau.B) + g.B = g.(A+\tau.B)$ $A + \tau.(A+B) = \tau.(A+B)$
观测等价	$A \approx \tau \cdot A$ $\neg(P \wedge Q) = (\neg P \vee \neg Q)$

9.2.2　行为程序的全等

直接等价程序的动作结果必须是相同的。为了使直接等价关系更加广义，引进全等关系(congruence relation)，它只需要结果是等价的。使用这种全等关系，代入等价的程序后，程序之间的等价仍然保持。

9.2.3　等价关系:互模拟

互模拟(bisimulation)的概念被用来建立两个进程之间的等价。互模拟比较这两个进程的执行树。存在两种常见类型的互模拟:强互模拟和弱互模拟[Milner, 1989]。

强互模拟: 二元关系 r 是对于给定转移“$\rightarrow$”的强互模拟，如果对于 $(P,Q)\in r$ 以及对于任意的动作或事件 a，满足以下两个条件:

(1) 如果 $P \xrightarrow{a} P'$，则 $\exists Q'$，$Q \xrightarrow{a} Q'$ 并且 $(P',Q')\in r$；

(2) 如果 $Q \xrightarrow{a} Q'$，则 $\exists P'$，$P \xrightarrow{a} P'$ 并且 $(P',Q')\in r$。

这里的基本含义是：如果 P(或 Q)能够在事件 a 下执行一步，则 Q(或 P)应该也能够在事件 a 下执行一步，这样二者的下一个状态也是互相似的。

弱互模拟： 二元关系 r 是对于给定转移"→"的弱互模拟，如果对于$(P,Q)\in r$ 以及对于任意的动作或事件 $a\in D$，满足以下两个条件：

(1) 如果 $P\xrightarrow{a}P'$，则 $\exists Q'$，$Q\overset{\hat{a}}{\Rightarrow}Q'$ 并且$(P',Q')\in r$；

(2) 如果 $Q\xrightarrow{a}Q'$，则 $\exists P'$，$P\overset{\hat{a}}{\Rightarrow}P'$ 并且$(P',Q')\in r$。

9.3 定时进程代数

将时间概念引入非定时进程代数，使之可用于定义和验证实时系统，同时保持其模块化验证的能力和单语言规格说明的优点。双语言规格说明包括模型检查和时间ER网/TRIO方法。例如，在模型检查中，被建模的系统由状态转移图定义，而被检查的属性由时态逻辑定义。

通过向原有的非定时算子集合中添加定时算子，可以进行定时扩展。根据这些定时扩展的不同，存在几种定时进程代数。这些实时进程代数能够根据绝对的时序间隔规定同步延迟和上界，但它们对于进程使用资源的建模方法有所不同。

资源建模领域中的一个极端假设，即假设各种类型的资源都是没有限制的，这样一个就绪的进程(如第3章讨论，不被通信约束阻塞)能够无延迟地执行。另一个极端假设，假设只有一个处理器，这样所有的进程交织地执行。在这两种极端假设之间，实时进程代数设定一定有限数量的资源。一种常见的定时进程代数 ACSR [Lee, Bremond - Gregoire, and Gerber, 1994]，它假定 n 个有限资源能执行 n 个动作。

9.4 通信共享资源的进程代数

ACSR 语言是一种基于 CCS(如前所述)的离散实时进程代数，可提供几种算子处理时序属性。这些算子可以被用于约束动作序列的执行时间(使之有界(bound))，可以用于将执行序列延迟(delay)一定的时间单位，也可以用于在等到特定的动作出现后报告超时(timeout)。能够在进程中的任意位置插入异常(exception)算子，使得当异常发生时，能立即交给外部的异常处理进程。就如同实时计算机进程中的异常处理机制一样。中断(interrupt)算子允许对异步动作或事件的响应和反应进行规定。ACSR 计算模型将实时系统看作一些竞争共享资源的通信进程集。每个执行步骤要么是动作(action)，要么是事件(event)。

动作： 动作是以相应的非负优先级等级 $p_1,\cdots,p_n$ 在时间单位内消耗的资源集$\{r_1,\cdots,r_n\}$。资源消耗以变量对的形式表示为(r_i,p_i)。

动作的执行受限于给定资源的可用性和竞争动作的优先级。例如,动作{(cpu1, 2)}表示:以优先级2在时间单位内使用资源cpu1,动作{(cpu1, 2), (disk2,1)}意味着:在时间单位内以优先级2使用资源cpu1,并且以优先级1使用资源disk2。动作∅表示空闲一个时间单位,即在这个时间单位没有资源的消耗。

事件(event)可作为两个进程之间的同步或通信机制,或是作为由系统外部实体提供的一个观测或监视步骤。

事件: 每个事件e_i具有一个相应的优先级p_i,以变量对(e_i, p_i)表示。

事件的执行是瞬间完成的,不消耗任何资源。如同动作的执行,优先级被用于确定多个就绪事件中哪个事件得以执行。如果两个进程中的匹配事件之间不存在同步约束,则它们的事件执行是异步的。

定时行为: 一个定时行为是一个可能的无限事件步骤序列。更精确地说,这个序列是动作的序列,其中零或多个事件可以在任意相邻动作之间出现,这些事件组成一个序列。

9.4.1 ACSR的语法

接下来详细描述不同类型ACSR进程的语法和语义。NIL是不执行任何动作的进程,并总是死锁的。这与CCS中的不动作(inaction)算子NIL相同,这种算子不会生成原子性动作。在“$A : P$”中,动作前缀算子“:”表示A在第一个时间单位中执行,接下来进程P运行。在$(a, n).P$中,事件前缀算子“.”表示事件立即执行(出现),没有经过任何时间,接下来进程P运行。在CCS中,“.”是用来表示公理的动作(action)算子。

在$P+Q$中,选择(choice)算子“+”基本上是“或”的关系,说明可以在进程P和Q中选择。这样的效果是,复合进程的行为可以像“P或Q”。在CCS中,“+”是求和(summation)算子,所以$A+B$是A和B的原子性动作相加,造成A和B的动作之和。在$P \| Q$中,并行(parallel)算子“$\|$”表示进程P和Q能够并行执行,这与CCS中的组合运算符“|”相似。

在$[P]_I$中,闭合(close)运算符“[]”创建一个只使用集合I中资源的进程。$P \backslash F$中的限制(restriction)算子“\”表示:当进程P正在执行时,带有标签F的事件不能执行,这与CCS中的限制算子相似(如:$A \backslash b$,表示B被限制,以致于不存在b或$\bar{b}$的动作)。在$P \backslash\backslash H$中,隐藏算子“\\”表示进程P中隐藏了集合H中的资源标识。recX. P表示进程P是递归的,P的描述行为是无限的。

下列算子使ACSR能够定义绝对的时序属性。记法$P\Delta^{a}{}_{t}(Q,R,S)$表示:时态范围与进程P绑定,被称为范围构建(scope construct)。t是非负整数时间界限。如果P通过执行事件α,使其在时间t之前成功结束,则控制被传递给Q,Q被称为成功处理程序(success-handler)。否则,如果P没有在t之前成功结束,则控制被传递给R,R被称为超时异常处理程序(timeout exception-handler)。S可以在t时间单位之

前中断 P，并打断 P 与这次时序范围的绑定，即：使 P 退出这次时态范围。

$X \stackrel{\text{def}}{=} P$ 中的算子“$\stackrel{\text{def}}{=}$”允许使用进程名 X 代替其更长更复杂的进程表达式 P。通常，脚标被用于表示被索引的进程和事件，如 P_2，以及 $(e_1, k).P$ 。记法 P^n 意味着 P 执行或出现 n 个时间单位，即：$P: P: \cdots : P$(其中有 n 个 P)。该记法类似于第 2 章描述的正则表达式(regular expression)。

注意，诸如“.”的算子具有隐含的时序规格说明。许多符号(算子)是借用于逻辑算子。

9.4.2　ACSR 的语义：操作规则

标签转移系统(以状态空间图表示)被用来描述和定义进程的执行。某个进程的标签转移系统是一个带有标签的有向图 $G=(V, E)$。V 是进程的状态集，E 是边的集合，每条边表示一个执行步骤或动作 e_i，这样边(P_i, P_j)连接状态 P_i 到状态 P_j，当且仅当存在某个步骤 e_i，它在状态 P_i 中被使能，并且执行 e_i 将改变进程的状态使之具有和状态 P_j 的元组同样的值。进程的一次调用能够被认为是遵循着标签转移系统中的某条路径。

在进程代数中，状态被某种具体的语法(某个进程)所描述。可以用一个有限的转移规则集来推断某个进程行为的执行步骤。可以用两种转移系统定义 ACSR 的语义：非约束(unconstrained)和优先级(prioritized)。

非约束转移系统： 在非约束转移系统中，$P \xrightarrow{e} P'$ 表示一个转移，没有给出有关优先级的信息提示，以用于对不可能执行步骤进行裁减。

优先级转移系统： 在优先级转移系统中，$P \xrightarrow{e}_{\pi} P'$ 表示一个转移，优先级信息被用来忽略不可能的执行步骤。

操作规则被用来定义 ACSR 算子的语义。一条操作规则定义一个与标签转移系统中相关的执行步骤。它描述某个进程的一种特殊行为。对于动作的前缀和事件的前缀，两个 ACSR 公理存在，这与 CCS 的前缀算子类似。

公　理

下面是对于动作前缀(action prefix)的公理：

ActT

$$\frac{\quad - \quad}{A: P \xrightarrow{A} P}$$

例 9.2： 考虑进程 $C_{1,j} \stackrel{\text{def}}{=} \emptyset : C_{1,j} + \{(\text{cpu1}, 1)\} : C_{1,j+1} + \{(\text{cpu2}, 1)\} : C_{1,j+1}$，$0 \leqslant j \leqslant c_1$。最后的分支$\{(\text{cpu2}, 1)\} : C_{1,j+1}$，$0 \leqslant j \leqslant c_1$ 意味着该进程能够以优先级 1 使用资源 cup2 一个时间单位，并转移到进程 $C_{1,j+1}$。

下面是对于事件(event)前缀的公理：

ActI

$$\frac{-}{A:(a,n).P \xrightarrow{(a,n)} P}$$

例 9.3：进程 $T_1 \stackrel{\text{def}}{=\!=} (s_1,1).C_{1,0}$ 能够执行事件 $(s_1,1)$，并到达进程 $C_{1,0}$。

选　择

选择(choice)法则允许在两种可能的选择中选取一种，并且对于动作和事件是相同的。选择算子与 CCS 中的求和算子 Sum 相同。

ChoiceL

$$\frac{P \xrightarrow{e} P'}{P+Q \xrightarrow{e} P'}$$

ChoiceR

$$\frac{Q \xrightarrow{e} Q'}{P+Q \xrightarrow{e} Q'}$$

例 9.4：进程 $C_{1,j} \stackrel{\text{def}}{=} \emptyset: C_{1,j} + \{(\text{cpu1},1)\}: C_{1,j+1} + \{(\text{cpu2},1)\}: C_{1,j+1}, 0 \leqslant j \leqslant c_1$ 可以从三个执行步骤中选择一个，这三个步骤是：空闲一个时间单位、使用资源 cpu1，或者使用资源 cpu2。

并行合成

并行算子 Par 被用来定义通信和并发性。在 CCS 中，并发算子 Par 被称为合成(composition)算子 Com。ParT 法则应用于两条同步的时间消耗转移。ParIL、ParIR 和 ParCom 法则应用于事件转移，它们可以是异步的。

ParT

$$\frac{P \xrightarrow{A_1} P', Q \xrightarrow{A_1} Q'}{P \parallel Q \xrightarrow{A_1 \cup A_2} P' \parallel Q'}$$

且有 $(s(A_1) \cap s(A_2) = \emptyset)$，其中 $s(A_1)$ 和 $s(A_2)$ 分别是动作 A_1 和 A_2 所使用的资源的集合。约束表明在一个时间步上只有一个进程能够使用特定的资源。

ParIL

$$\frac{P \xrightarrow{(a,n)} P'}{P \parallel Q \xrightarrow{(a,n)} P' \parallel Q}$$

PartIR

$$\frac{Q \xrightarrow{(a,n)} Q'}{P \parallel Q \xrightarrow{(a,n)} P \parallel Q'}$$

PartCom

$$\frac{P \xrightarrow{(a,n)} P', Q \xrightarrow{(\bar{a},m)} Q'}{P \parallel Q \xrightarrow{(\rho,n+m)} P' \parallel Q'}$$

例 9.5： 下列表达式表明 5 个进程的并行合成：

$$\text{Radar} \stackrel{\text{def}}{=\!=} [(\text{Scheduler} \parallel T_1 \parallel T_2 \parallel T_3 \parallel T_4) \backslash \{s_1, s_2, s_3, s_4\}]_{\{\text{cpu1, cpu2}\}}$$

范 围

范围(scope)算子被用来定义由时态范围归纳出来的行为。ScopeCT 和 ScopeCI 法则意味着：如果 $t>0$ 并且 P 不在事件 $\bar{b}$ 上执行，则 P 连续执行。"终止"(end) ScopeE 法则意味着：P 能够通过执行事件 $\bar{b}$ 退出时态范围。在退出时标签 $\bar{b}$ 成为身份(identity)标签 ρ。超时 ScopeT 法则意味着：如果 $t=0$，表示从范围超时，控制权被转给超时异常程序(timeout exception-handler)R。ScopeI 法则意味着：当范围是激活的时候，进程 S 可能终结（中断）进程 P。

ScopeCT

$$\frac{P \xrightarrow{(a,n)} P'}{P\Delta_t^b(Q,R,S) \xrightarrow{(a,n)} P'\Delta_t^b(Q,R,S)}, \text{其中 } t>0$$

ScopeCI

$$\frac{P \xrightarrow{(\bar{b},n)} P'}{P\Delta_t^b(Q,R,S) \xrightarrow{(\rho,n)} Q}, \text{其中 } \bar{a} \neq b, t>0$$

ScopeE

$$\frac{P \xrightarrow{(\bar{b},n)} P'}{P\Delta_t^b(Q,R,S) \xrightarrow{(\rho,n)} R'}, \text{其中 } t>0$$

ScopeT

$$\frac{R \xrightarrow{e} R'}{P\Delta_t^b(Q,R,S) \xrightarrow{e} R'}, \text{其中 } t=0$$

ScopeI

$$\frac{S \xrightarrow{e} S'}{P\Delta_t^b(Q,R,S) \xrightarrow{e} S'}, \text{其中 } t>0$$

限 制

限制(restriction)算子 Res 被用于规定一个由标签表示的事件的子集，该子集是不被系统行为允许的。这里，动作不受影响。这样，能够通过给定的标签只允许执行不在该子集的执行步骤。该算子与 CCS 的限制算子相同。

ResT

$$\frac{P \xrightarrow{A} P'}{P\backslash F \xrightarrow{A} P'\backslash F}$$

ResI

$$\frac{P \xrightarrow{(a,n)} P'}{P\backslash F \xrightarrow{(a,n)} P'\backslash F}$$

其中 $a,\bar{a} \notin F$。

例 9.6：下列进程说明限制算子：

$$\text{Radar} \stackrel{\text{def}}{=} [(\text{Scheduler} \parallel T_1 \parallel T_2 \parallel T_3 \parallel T_4)\backslash\{s_1, s_2, s_3, s_4\}]_{\{\text{cpu1},\text{cpu2}\}}$$

事件集 $\{s_1, s_2, s_3, s_4\}$ 是上述 5 个并行进程中排除的行为。

隐　藏

隐藏(hiding)算子 Hide 被用于从外部环境隐藏关于资源使用的信息。这里，事件不受影响。

HideT

$$\frac{P \xrightarrow{A} P'}{P\backslash\backslash H \longrightarrow P'\backslash\backslash H}, \text{其中 } A' = \{(r,n) \in A \mid r \notin H\}$$

HideI

$$\frac{P \xrightarrow{(a,n)} P'}{P\backslash H \xrightarrow{(a,n)} P'\backslash H}$$

封　闭

封闭算子被用于为进程赋予私有资源。

CloseT

$$\frac{P \xrightarrow{A_1} P'}{[P]_I \xrightarrow{A_1 \cup A_2} [P']_I}, \text{其中 } A_2 = \{(r,0) \mid r \in I - s(A_1)\}$$

CloseI

$$\frac{P \xrightarrow{(a,n)} P'}{[P]_I \xrightarrow{(a,n)} [P']_I}$$

迭　代

迭代(recursion)算子 Rec 被用于通过迭代定义无限的行为。

Rec

$$\frac{P[\text{rec}X.\,P/X] \xrightarrow{e} P'}{\text{rec}X.\,P \xrightarrow{e} P'}$$

算子 recX. P 表示迭代，并且 P[recX. P/X]意味着：在 P 中，每次 X 自由出现时，X 替代为 recX. P。算子被用于规定无限的行为，例如系统总是空闲或是系统永不死锁。

例 9.7：下列声明的第二部分规定系统永远不空闲。

$$\text{Radar}\backslash\backslash\{\text{cpu1, cpu2}\}\approx_{\pi}\text{rec}X.\,\emptyset:X$$

9.4.3 机场雷达系统的例子

机场雷达和信号处理系统是硬实时系统。这里使用 ACSR 规定和分析一个简化的雷达系统。在任意给定时间，4 架飞机正在接近机场跑道，被机场雷达检测并跟踪。这些飞机被认为在雷达的作用范围内。已着陆的飞机离开雷达跟踪范围。对于所有作用范围内被检测到的每架飞机，必须进行信号处理以计算关键数据，例如高度、飞机的速度，并在雷达屏幕上图形化显示。

对于每架被跟踪飞机的信号处理，通过相应的进程实现。显然，因为通常会有更繁忙的交通流量，更接近机场的飞机必须更频繁地被检查，以保证着陆安全。这样，一个负责处理更接近飞机的进程必须比负责处理更远飞机的进程以更加高的频度被执行。这意味着前者具有比后者更短的周期。这样对前者有关的进程赋予更高的优先级，而对与后者有关的进程赋予更低的优先级。

调度策略遵循速率单调原则(rate-monotonic policy，如第 3 章描述)，为进程设定静态的优先级，优先级与进程周期的倒数成比例，即：具有较短周期的进程具有较高的优先级。在更加现实的雷达系统中，信号处理的周期应该是动态的，并且随着被跟踪飞机靠近机场跑道的程度而递减。然而，为了简化，假设这些周期是固定的。实际上，后来的 ACSR 版本也不能处理动态优先级。在这种规格说明中，也假定由于进程抢占造成的场景切换不需要消耗时间，进程的实例在周期开始时已经就绪。现在准备讨论这种雷达系统的 ACSR 规格说明。

$$\text{Radar}\stackrel{\text{def}}{=}[(\text{Scheduler}\parallel T_1\parallel T_2\parallel T_3\parallel T_4)\backslash\{s_1,\ s_2,\ s_3,\ s_4\}]_{\{\text{cpu1},\text{cpu2}\}}$$

$$\text{Scheduler}\stackrel{\text{def}}{=}S_1\parallel\ S_2\parallel\ S_3\parallel\ S_4$$

$$S_1\stackrel{\text{def}}{=}(\overline{s_1},1).\ \emptyset^{p1}:S_1$$

$$S_2\stackrel{\text{def}}{=}(\overline{s_2},1).\ \emptyset^{p2}:S_2$$

$$S_3\stackrel{\text{def}}{=}(\overline{s_3},1).\ \emptyset^{p3}:S_3$$

$$S_4\stackrel{\text{def}}{=}(\overline{s_4},1).\ \emptyset^{p4}:S_4$$

$$T_1\stackrel{\text{def}}{=}(s_1,1).\,C_{1.0}$$

$$T_2\stackrel{\text{def}}{=}(s_2,1).\,C_{2.0}$$

$$T_3\stackrel{\text{def}}{=}(s_3,1).\,C_{3.0}$$

$T_4 \stackrel{\text{def}}{=} (s_4,1).C_{4,0}$

$C_{1,j} \stackrel{\text{def}}{=} \emptyset: C_{1,j} + \{(\text{cpu1},1)\}: C_{1,j+1} + \{(\text{cpu2},1)\}: C_{1,j+1} (0 \leqslant j < c_1)$

$C_{1,c_1} \stackrel{\text{def}}{=} \emptyset: C_{1,c_1} + T_1$

$C_{2,j} \stackrel{\text{def}}{=} \emptyset: C_{2,j} + \{(\text{cpu1},2)\}: C_{2,j+1} + \{(\text{cpu2},3)\}: C_{2,j+1} (0 \leqslant j < c_2)$

$C_{2,c_2} \stackrel{\text{def}}{=} \emptyset: C_{2,c_2} + T_2$

$C_{3,j} \stackrel{\text{def}}{=} \emptyset: C_{3,j} + \{(\text{cpu1},3)\}: C_{3,j+1} + \{(\text{cpu2},3)\}: C_{3,j+1} (0 \leqslant j < c_3)$

$C_{3,c_3} \stackrel{\text{def}}{=} \emptyset: C_{3,c3} + T_3$

$C_{4,j} \stackrel{\text{def}}{=} \emptyset: C_{4,j} + \{(\text{cpu1},4)\}: C_{4,j+1} + \{(\text{cpu2},4\}: C_{4,j+1} (0 \leqslant j < c_4)$

$C_{4,c_4} \stackrel{\text{def}}{=} \emptyset: C_{4,c_4} + T_4$

第一行(雷达)规定调度器和信号处理进程(Scheduler, T_1, T_2, T_3, T_4)只在{cpu1, cup2}中使用资源,即cpu1和cup2,还规定Scheduler的行为和这四个进程被事件{s_1, s_2, s_3, s_4}限定。下面5行(属于Scheduler)规定这四个信号处理进程的实例化情况。更确切地说,Scheduler周期地将一个进程T_i实例化,如下所述。首先,进程S_i向进程T_i发信号,通过发送事件$\overline{s_i}$启动(成为就绪状态)。接着,S_i在再次发送$\overline{s_i}$之前,以周期p_i处于空闲状态。接下去的4行规定四个进程根据速率单调算法使用单CPU时的优先级。对于其他类型的调度算法,这些优先级与动作相关联,且易于转换。只要信号启动,则每个进程T_i努力尝试使用CPU资源cpu1或cpu2并执行c_i个时间单位。

接下去8行展示某个进程可能处于空闲(不使用CPU)或者使用cpu1或cpu2之一。在第一种情况下,进程T_i空闲,执行$\emptyset: C_{1,j}$,也意味着T_i因处于较低的优先级而被抢占。在第二种情况下,进程$C_{i,j}$在每个CPU更新被进程T_i消耗的计算时间。每个进程C_{i,c_1}规定:在进程T_i完成执行后,它处于空闲状态,等待在下一个周期被实例化。

这里的关键点是:如果T_i没有在它的周期p_i内被分配c_i个时间单位的CPU资源,那么它将不能与调度器Scheduler同步,调度器在每个周期p_i发送一次启动事件$\overline{s_i}$。这将导致调度器的进程S_i死锁,进而导致整个雷达系统死锁。所以,系统中的死锁意味着无法成功地调度一个给定的信号处理进程集。这个例子展示了为了确定可调度性或其他可行条件,不得不采用某种方法对系统进行规定,这种方法使失效时满足的条件与死锁等价,这样接下来可以采用语法或形式化分析技术进行检查。

9.5 分析和验证

使用进程代数方法对照需求规范,从而验证系统设计是正确的,需要表明分别由这两种规范定义的进程是等价的。存在两种建立这种等价的方法：基于语法（syntax-based）和基于语义（semantics-based）的技术。基于语法的技术使用一套等式法则（equational laws）对两个进程的文本化表示进行操作，表明它们是等价的或是不等价的。这些等式法则与那些用在数学中的法则类似，用以表明两个表达式是等价的。另一方面，基于语义的技术用于比较两个表示这些进程的所有可能行为的优先级标签转移系统，以确定它们是否等价。这里，语义指进程的行为。

在 ACSR 法则集合中，很大一部分子集与 CCS 中的相同。ACSR 特有的法则包含：对于选择算子的三条新法则、对于并发（合成）算子 Par(Com) 的一条新法则、对于范围算子的六条新法则、对于限制算子的一条新法则，以及对于封闭算子的四条新法则。表 9.2 给出了这些法则。Rec 算子与 CCS 的动作算子 Act 类似，但 Rec 使用了略微不同的记法，与 Rec 有关的 ACSR 法则也在表 9.2 中列出。并行算子法则 Par(3) 使用求和符号 $\sum$（或加号"＋"）表示对于零或多个进程的选择。

表 9.2 ACSR 特有的法则

法 则	表达式
Choice(5) Choice(6) Choice(7)	$[P+Q]_I=[P]_I+[Q]_I$ $(a_1,n_1).P_1+(a_2,n_2).P_2=(a_2,n_2).P_2 \text{ if } (a_1,n_1)<(a_2,n_2)$ $A:P+(\tau,n).Q=(\tau,n).Q \text{ if } n>0$
Par(3)	$(\sum_{i\in I}A_i:P_i+\sum_{i\in J}(a_j,m_j).Q_j)\parallel(\sum_{k\in K}B_k:B_k+\sum_{i\in L}(b_l,n_l).S_l)$ $=\sum_{i\in I,k\in K,\rho(A_i)\cap\rho(B_k)=\varnothing}(A_i\cup B_k):(P_i\parallel K_k)+$ $\sum_{j\in J}(a_j,m_j).(Q_j\parallel(\sum_{k\in K}B_k:R_k+\sum_{l\in L}(b_l,n_l).S_l))+$ $\sum_{l\in L}(b_l,n_l).((\sum_{i\in I}A_i:P_i+\sum_{j\in J}(a_j,m_j).Q_j))\parallel S_l+$ $\sum_{j\in J,l\in L,a_j=b_l}(\tau,m_j+n_l).(Q_j\parallel S_l)$
Scope(1) Scope(2) Scope(3) Scope(4) Scope(5) Scope(6)	$A:P\Delta_t^b(Q,R,S)=A:P\Delta_{t-1}^b(Q,R,S)+S \text{ if } t>0$ $(a,n).P\Delta_t^b(Q,R,S)=(a,n).(P\Delta_t^b(Q,R,S)+S \text{ if } t>0\wedge \bar{a}\neq b$ $(a,n).P\Delta_t^b(Q,R,S)=(\tau,n).Q+S \text{ if } t>0\ \bar{a}=b$ $P\Delta_0^b(Q,R,S)=R$ $(P_1+P_2)\Delta_t^b(Q,R,S)=P_1\Delta_t^b(Q,R,S)+P_2\Delta_t^b(Q,R,S)$ $(\text{NIL})\Delta_t^b(Q,R,S)=S \text{ if } t>0$
Restriction Res	$(A:P)\backslash F=A:(P\backslash F)$
Close(1) Close(2) Close(3) Close(4)	$[\text{NIL}]_I=\text{NIL}$ $[P+Q]_I=[P]_I+[Q]_I$ $[A:P]_I=(A\cup B):[P]_I \text{ where } B=\{(r,0)\mid r\in I-\rho(A)\}$ $[(a,n).P]_I=(a,n).[P]_I$
Rec(1)	$\text{rec } X.P=P[\text{rec } X.P/X]$

这两种分析技术基于两种等价或互模拟关系[Park, 1981]。互模拟比较两个进程的执行树,以确定这些进程是否等价。它也被用来表明两个自动机是否等价(如第2章所述),或是两个时间自动机是否等价(如第7章所述)。存在两种常见的互模拟类型:强互模拟和弱互模拟[Milner, 1989],在CCS的论述中已给出描述。

在"$\longrightarrow$"上存在一种最大的互模拟"$\sim$"。在"$\longrightarrow_{\pi}$"上存在一种最大的强互模拟"$\sim_{\pi}$"。它是一种优先强等价(prioritized strong equivalence),或是简单强等价(simply strong equivalence)。

如同在CCS中的描述一样,并且不同于其他状态转换模型,一小部分等式法则能够被用于证明进程之间的强等价。等号"="被用于表明两个进程是强等价的。与常规数学中的使用相同,这些等式法则可以多次应用于进程或满足其形式的进程实例。

使用基于语义的分析方法来确定两个进程是否为互模拟。首先构造与这些进程相关的两个标签转移系统,接着将这些转移系统组合起来,最后为该组合的标签转移系统导出最大互模拟关系(the largest bisimulation relation)[Clements, 1993]。当尝试证明时序属性时,为了降低ACSR需求规范的复杂度,可以忽略资源的标识和(匹配事件与动作的)绝对优先级的信息,只需知道这些事件和动作的相对次序就足够了。

9.5.1 分析的例子

现在采用分析技术确定机场雷达系统例子中给定的进程集是否可调度。四个进程的最大计算时间是:$c_1=32, c_2=4, c_3=7, c_4=3$。它们相应的周期是:$p_1=40, p_2=20, p_3=10, p_4=10$。

由于根据进程及其表示来进行推理,因此,如果进程错过截止期限,表达法则ACSR规范所表达的含义就是:雷达系统将死锁。因此,为了检查一个进程集是否可调度,需要表明这个系统绝不会死锁。此外,ACSR规范还声明了资源是如何被使用的,进程是如何同步的,因此,能够通过忽略(或隐藏)这些关于资源使用和同步的信息以简化分析。这样,如果系统永远都是空闲的,则进程是可调度的。所以,确定可调度性意味着检验如下关系:

$$\text{Radar}\backslash\backslash\{\text{cpu1}, \text{cpu2}\} \approx_{\pi} \text{rec}\ X.\ \emptyset : X$$

如果存在一个可行的调度,则它的重复时间间隔的长度等于所有周期的最小公倍数(参见第3章),充分性证明如下:

$$\text{Radar}\backslash\backslash\{\text{cpu1}, \text{cpu2}\} \approx_{\pi} \emptyset^{40} : (\text{Radar}\backslash\backslash\{\text{cpu1}, \text{cpu2}\})$$

代入给定的数值,Radar模型变为

$$\text{Radar} \stackrel{\text{def}}{=} [(\text{Scheduler} \parallel T_1 \parallel T_2 \parallel T_3 \parallel T_4)\backslash\{s_1, s_2, s_3, s_4\}]_{\{\text{cpu1}, \text{cpu2}\}}$$

$$\stackrel{\text{def}}{=} [(\overline{s_1}, 1).\ \emptyset^{40} : (\overline{s_1}, 1).S_1 \parallel (\overline{s_2}, 1).\ \emptyset^{20} : (\overline{s_2}, 1).S_2 \parallel$$

$(\overline{s_3},1).\ \emptyset^{10}:(\overline{s_3},1).S_3 \parallel (\overline{s_4},1).\ \emptyset^{10}:(\overline{s_4},1).S_4 \parallel$

$(s_1,1).C_{1,0} \parallel (s_2,2).C_{2,0} \parallel (s_3,3).C_{3,0} \parallel (s_4,4).C_{4,0}$

$\backslash\{s_1,s_2,s_3,s_4\}]_{\{cpu1,cpu2\}}$

下一步,采用几种 ACSR 法则反复改写 Radar 模型,直到下式被证明:

$$\text{Radar}\backslash\backslash\{\text{cpu1},\text{cpu2}\}\approx_\pi \emptyset^{40}:(\text{Radar}\backslash\backslash\{\text{cpu1},\text{cpu2}\})$$

这个声明表示系统从不死锁:

$$\text{Radar}\backslash\backslash\{\text{cpu1},\text{cpu2}\}\approx_\pi \text{rec } X.\emptyset:X$$

很难决定采用哪个法则,这需要很多实践经验。工具集 VERSA[Clarke, Lee, and Xie, 1995]只有在用于直接规定一个特定预定义的 ACSR 法规时,才改写进程规范,它并不自动地构造证明。VERSA 等价测试器能够自动将一个 ACSR 进程规范转换为符号转移系统,但用户必须帮助这个工具裁剪掉由于转移系统的语义而不可达的转移。当检查死锁或等价时,这种裁剪对于减少分析时间是至关重要的。

9.5.2 VERSA 的使用

ACSR 的验证执行和改写系统(Verification Execution and Rewrite System, VERSA)[Clarke, Lee, and Xie, 1995]能够维持尽可能多的 ACSR 语法,可使用键盘输入的 ASCII 码以表示特殊的 ACSR 字符、脚标或脚标变量。其他分析工具也采取了类似的技术,例如对于计算树逻辑(CTL)的模型检查器[Clarke, Emerson, and Sistla, 1986]。VERSA 还加入了数学和编程语言的语法转换,并加入了利于规范大型系统的特性。表 9.3 总结了 ACSR 和 VERSA 记法的不同。

表 9.3 ACSR 和 VERSA 记法的区别

ACSR	VERSA
$\alpha,\bar{\alpha},\alpha',\alpha_i$	a, a', a', a[i]
τ	t or tau
NIL	NIL
$\parallel$	‖ or |
$P\Delta_t^a(Q,R,S)$	scope(P, a, t, Q, R, S)
∞	inf or infinite or infinity
$[P]I$	$[P]I$
$\emptyset$	{} or idle

VERSA 采用了 Mathematica 软件中(http://www.wolfram.com)的语法转换,用来定义索引的进程变量、资源名称和事件标签。规范可以被分解为逻辑组件,也可以使用文件包含重新组合到一起。采用类似于 C 编程语言中的#define 定义符号常量和宏。VERSA 还提供索引的合成和集构造算子,用以在索引的名称集上进行操作。

VERSA 具有一种查询方法，用户可用来查询标识符和进程变量的绑定关系，也可用来比较动作、进程是否相等。例如，查询语句"$T[1] == T[2]$?"比较进程 T_1 和 T_2 是否相等。一种经常用到的等价记法是关于优先级强等价。这里，VERSA 将这些进程的代数化描述转换为状态机，接着，采用一种状态缩减算法同时保证这两个状态机的强互模拟性质。如果最小的状态机包含带有两个原始状态机初始状态中的一个状态，则原状态机是强互模拟的。由于这种从相应代数化表达式所构造的状态机需要的状态空间随着表达式的长度指数化增长，因此对于优先级强等价的检查被限制于小规模状态机。

VERSA 及其图形化用户界面版本 X－VERSA 由 C＋＋编程语言实现。它使用 LEDA 类库、libg＋＋类库和 X/Motif 类库，具有更强的移植性。输入/输出接口由 Lex 和 Yacc 编译器构造工具所构建。为了提高分析效率，工具集使用低级编程语言、最新的状态空间构建方法和互模拟测试算法。X－VERSA 不支持索引化的名称。

9.5.3 实用性

最初，ACSR 及其工具集 VERSA 没有图形化输入/输出接口，因此与其他具有图形用户界面的工具相比，它难以使用。后来，图形化语言[Ben-Abdallah, Lee, and Choi, 1995; Ben-Abdallah, 1996; Ben-Abdallah and Lee, 1998]被引进，提供了一种较好的用户界面。与其他几种技术相比（例如 RTL），ACSR 或其他进程代数存在额外级别的进程抽象，因此其系统规范的撰写和理解看上去更为困难；而且一些符号也很繁琐。然而，ACSR 的时序算子已经用于表达几种实用的时序约束，使它可以更简洁地定义系统；而在其他规范定义语言中，这些时序约束必须被显式地撰写。由于进程代数本来就是被设计用于定义进程，它们的定时扩展特别适用于描述带有时序约束的资源共享进程。

9.6 与其他方法的关系

在 Jahanian 和 Mok 的 RTL 方法[Jahanian and Mok, 1986]中，抽象进程与安全性断言弱耦合地相关，且具体进程与系统的规范相关。确定这些进程的等价性类似于寻找规范和安全性断言之间的关系。系统的实现是否严格地遵循系统规范，或者规范是否真实地表示所实现的系统，在这些语境下，抽象进程与规范相关，而具体进程与实现相关。

为了实现语义分析，以确定在 ACSR 中两个进程的等价性，进程的行为被首先描述为（翻译为）一个优先级标签转移系统。该转移系统基本上就是一个状态空间图，就像在非定时自动机（参见第 2 章）、模型检查（参见第 4 章）、Statecharts（参见第 5 章）、RTL（参见第 6 章）和时间自动机（参见第 7 章）等其他方法中一样，它也遭遇状态空间爆炸问题。然而,这个转移系统仅描述知识分析中感兴趣的行为(如“死锁-自由”),因此通常规模较小。进程代数方法构造一种带有编码约束的系统规范,这样给定的安全性或时序属性无论何时被违反,进程都进入一个异常状态。分析内容包括:寻找可达状态集,及后续检查这个集合中是否有异常状态。

9.7　可用的工具

VERSA 是一个工具集,带有下列分析功能:

(1) 采用重写规则的方法,从 ACSR 规范推导系统属性;

(2) 生成并分析状态空间,以验证安全性属性,并测试不同进程公式的等价性;

(3) 进程规范的交互执行,以研究特定的系统行为。

VERSA 的基本版本具有一个面向命令行的接口界面,用于输入进程描述、标识符绑定和操作。VERSA 的图形界面版本提供了 X/Motif 用户界面,被称为 X-VERSA,它带有一个可以点击的界面。这明显地改善了代数术语重写功能的易用性。通过借用编程语言的一些记法,VERSA 扩展了 ACSR 的基本语法。VERSA 可以在下列网址得到:

http://www.cis.upenn.edu/~lee/duncan/versa.html

9.8　历史回顾和相关研究

起初的进程代数被用来定义和分析分布式系统中的并发进程,并没有绝对时序特性。这种代数包括 Hoare 的 CSP[Hoare, 1978; Hoare, 1985]、Milner 的 CCS [Milner, 1980; Milner, 1989],以及 Bergstra 和 Klop 的 ACP [Bergstra and Klop, 1985]。

因为它们能以简洁的形式规定系统和操作规范,后来的研究者对进程代数进行扩展,以用于表达实时系统。Reed 和 Roscoe 提出一种 CSP 的定时版本,称为定时 CSP[Reed and Roscoe, 1987]。ISO 规范标准 LOTOS [Bolognesi and Brinksma, 1987]是基于 CSP 的,并且其定时版本(称为定时 LOTOS)已经用于定义和规定很多工业系统。Baeten 和 Bergstra 扩展了 ACP,形成其定时版本文献[Baeten and Bergstra, 1991]。文献[Aceto and Murphy, 1993]也考虑在进程代数中添加时间表达。文献[Moller and Tofts, 1990]扩展了 CCS,用以求解一种通信系统时态演算(Temporal Calculus of Communicating Systems,TCCS)问题。文献[Nicollin and Sifakis, 1991]引进了定时进程代数(Algebra of Timed Processes,ATP)并展示它的应用。[Yi, 1991]将时间表达加入 CCS 并提出了一种交织模式来定义和验证实时系统。

Lee 的研究团队首先提出将时间概念引进进程,得到了一种不能表示资源和优先级的实时进程代数[Zwarico, 1988]。接下来,文献[Gerber and Lee, 1989; Gerber and Lee, 1990]扩展了 CCS 用以进行通信共享资源演算(Calculus of Communi-

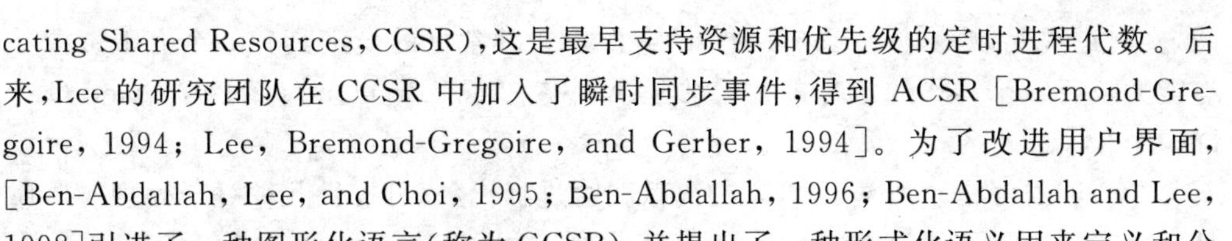

cating Shared Resources,CCSR),这是最早支持资源和优先级的定时进程代数。后来,Lee 的研究团队在 CCSR 中加入了瞬时同步事件,得到 ACSR [Bremond-Gregoire, 1994; Lee, Bremond-Gregoire, and Gerber, 1994]。为了改进用户界面,[Ben-Abdallah, Lee, and Choi, 1995; Ben-Abdallah, 1996; Ben-Abdallah and Lee, 1998]引进了一种图形化语言(称为 GCSR),并提出了一种形式化语义用来定义和分析实时系统。文献[Ben-Abdallah et al., 1998]和[Choi, Lee and Xie, 1995]还应用进程代数方法分析了实时系统的可调度性。

9.9 总　结

进程代数是一种简化语言(通常不是基于逻辑的),用来描述计算机进程的可能执行步骤。它具有一系列算子和句法规则,可用简单的原子性组件对进程进行定义。进程代数使用等价(equivalence)的概念,用来表明两个进程具有同样的行为。被完善建立的进程代数,例如 Hoare 的通信顺序进程(Communicating Sequential Processes,CSP)[Hoare, 1978; Hoare, 1985]、Milner 的通信系统演算(Calculus of Communicating Systems,CCS) [Milner, 1980; Milner, 1989],以及 Bergstra 和 Klop 的通信进程代数(Algebra of Communicating Processes,ACP) [Bergstra and Klop, 1985],已经用于定义和分析带有交互进程通信的并发进程。这些都是非定时代数,因为它们只允许执行步骤和事件相对次序的推理。

为了使用进程代数或进程代数方法规定或分析系统,可以采用抽象进程(abstract process)撰写系统需求规范,采用具体进程(detailed process)描述设计规范。然后表明这两个规范是等价的,这样说明设计规范是正确遵循了需求规范。这里,需求规范可能包含预期的安全属性。

进程代数具有四种基本组件:(1)简化语言(concise language),将系统规定为一个进程或进程集;(2)无歧义语义(unambiguous semantics),提供所规定的进程行为的精确含义,表明这些进程可能的执行步骤;(3)等价关系或前序关系(equivalence or preorder relation),比较这些进程的行为;(4)代数法则集(set of algebraic laws),从语法上操纵进程规范。

将时间概念引入非定时进程代数,使之可用于定义和验证实时系统,同时保持其模块化验证的能力和单语言规格说明的优点。通过向原有的非定时算子集合中添加定时算子,可以进行定时扩展。根据这些定时扩展的不同,存在几种定时进程代数。这些实时进程代数能够根据绝对的时序间隔规定同步延迟和上界,但它们对于进程使用资源的建模方法有所不同。

资源建模领域中的一个极端假设,即假设各种类型的资源都是没有限制的,这样一个就绪的进程(如第 3 章讨论,不被通信约束阻塞)就能够无延迟地执行。另一个极端假设,假设只有一个处理器,这样所有的进程交织地执行。在这两种极端假设之间,实时进程代数设定一定有限数量的资源。一种常见的设定具有 n 个有限资源并有能力执行 n 个动作的定时进程代数是 ACSR [Lee, Bremond-Gregoire, and Gerber, 1994]。

ACSR 语言是一种基于 CCS 的离散实时进程代数,可提供几种算子处理时序属性。有两种可用的建立等价的方法:基于语法(syntax-based)和基于语义(semantics-based)的技术。VERSA 系统[Clarke, Lee, and Xie, 1995] 能够维持尽可能多的 ACSR 语法,可使用键盘输入的 ASCII 码以表示特殊的 ACSR 字符、脚标或脚标变量。这里,VERSA 将这些进程的代数化进程描述转换为状态机,接着采用一种状态缩减算法,同时保证这两个状态机的强互模拟性质。如果最小的状态机包含带有两个原始状态机中的一个状态,则原状态机是强互模拟的。由于这种从相应代数化表达式所构造的状态机需要的状态空间随着表达式的长度指数化增长,因此对于优先强等价的检查被限制于小规模状态机的代数化表达式。

习 题

1. 基于 CCS 和 ACSR 的进程代数技术,不需搜索两个系统的状态表示(像有限状态机那样),如何就可以验证两个系统规范具有同样的行为?

2. 使用 CCS 法则判定下列两个声明是否等价:

(a) $((P+(Q+R))|(S+(T+V)))|(X+Y)$;

(b) $((Y+X)|((V+S)+T))|((P+Q)+R)$。

3. 使用 CCS 规定两个进程互斥问题的解决方案。

4. 使用定义(definition)算子,而不使用迭代(recursive)算子 rec,来规定一个迭代进程。

5. ACSR 是如何扩展 CCS,使得能够定义实时系统的规范的?描述与时序有关的算子。

6. 使用 ACSR 规定的雷达系统采用速率单调调度器为信号处理任务分配优先级。它还具有两个资源:cpu1 和 cpu2。

(a) 假设使用最小松弛度调度器替代原调度器为任务分配优先级,重写 ACSR 规范。

(b) 假设资源 cpu 和资源 disk 是可用的,一个信号处理任务必须在一段给定的时间内使用 cpu,随后在一段给定的时间内使用 disk。重写 ACSR 规范。

7. 解释语法分析和语义分析的不同。是否可能找到两个进程,无法使用语法分析说明它们的等价性,但能够使用语义分析证明它们的等价性?

8. 采用 ACSR 进程定义第 4 章描述的移动电话/娱乐系统(第 4 章习题 5)。

9. 采用 ACSR 进程定义智能安全气囊系统(第 4 章习题 6)。比较 ASCR 模型和定时转移图模型的表达能力和模型空间需求。

第10章 基于命题逻辑规则系统的设计与分析

实时决策系统属于必须响应外部环境事件的计算机控制系统，这种系统基于传感器输入和状态信息作出决策，并且充分快速地满足环境需要的时序约束。如果说过去没有出现这样的决策系统，那么它们现在被用于需要人类专家智能的应用中。人类容易被某种紧急情况引发的瞬态信息过载而搞垮，因此在很多环境中，越来越多的专家系统被用于辅助人类操作。随着工具和机器越来越复杂，更加智能、更为复杂的嵌入式决策系统将被发展和使用，用以监测和控制其所嵌入的环境。

由于许多决策问题的解决通常是非确定性的，或不能以算法的形式简单地表达的，因此这类应用越来越多地采用基于规则(或基于知识)的专家系统。近年来，这些系统也越来越多地用于监视和控制复杂安全关键性实时系统。本章通过描述这样一类基于命题逻辑规则的系统(该类系统以等式逻辑语言(Equational Logic Language，EQL)编写程序并进行决策计算)给出实时专家系统的介绍。

下面首先描述 EQL 及其相关的几个例子，随后介绍基于等式规则程序的状态空间表示方法。接下来介绍一系列分析工具的用法，这些已经实现的工具被用来进行基于实时等式规则程序的时序和安全性分析。然后给出相关分析和综合问题的理论公式和求解策略，这里也考虑了不同分析和综合问题的复杂性。接下来给出规范语言 Estella，以定制分析工具。最后，描述用于预测基于规则系统的时序性能的定量算法。

这些分析工具已经用于分析几种基于规则的系统，包括航天飞机压力控制系统中的低温氢压力故障处理中的部分子集[Helly，1984]，用来表明它们足以验证真正的实时决策系统。该故障处理用于向宇航员和操作者告警，表明压力控制系统可能出现的故障，并给出纠正可能故障有用的建议。

10.1 实时决策系统

一个实时决策系统与外部环境的交互是通过以下两个方面实现的：(1)系统从传感器获取外部环境数据；(2)基于这些数据和存储状态信息计算控制决策，并作用于外部环境。可以通过如下所示的含有七种参量的模型描述实时决策系统：

(1) 传感器向量 $\bar{x} \in X$；

(2) 决策向量 $\bar{y} \in Y$；

(3) 系统状态向量 $\bar{s} \in S$；

(4) 环境约束集合 A；

(5) 决策映射 D，$D: S \times X \rightarrow S \times Y$；

(6) 时序约束集合 T；

(7) 完整性约束集合 I。

在这个模型中，X 是传感器输入值的空间，Y 是决策值的空间，S 是系统状态值的空间。(使用 $\bar{x}(t)$ 表示传感器在时间 t 输入 $\bar{x}$ 的值。)

环境约束 A 与 X、Y、S 有关，而控制决策对外部世界的影响反过来也会影响到未来传感器的输入。环境约束通常来源于实时决策系统运行的物理环境。

决策映射 D 将 $\bar{y}(t+1)$、$\bar{s}(t+1)$ 与 $\bar{y}(t)$、$\bar{s}(t)$ 相关联，也就是说，在给定当前系统状态和传感器输入的前提下，D 决定下一个决策和系统状态值。这里的决策映射是由基于等式规则的程序实现的。

D 指定的决策必须符合一组完整性约束 I。完整性约束是在 X、Y、S 上的关系，并且是决策映射 D 必须满足的一些断言，以确保受控物理系统的安全操作。决策映射 D 的实现必须满足时序约束集 T，该集合是关于决策映射 D 必须多快执行的断言。图10.1说明了实时决策系统的模型。

考虑实时决策系统的一个简单例子。假设自动操控一辆玩具赛车，赛车可以自行围绕轨道尽可能快地行驶。传感器向量由表示汽车位置和到下个障碍距离的变量组成。决策向量包含两个变量：一个表明是否加速、减速或保持相同的速度，另一个表明是否左转、右转或保持向前行驶。系统状态向量由表示当前汽车速度和方向的变量组成。环境约束集合由表达物理定律的断言构成，在当前位置、速度和加速度已知的情况下，这些物理定律将决定汽车下一步的位置。完整性约束是一些断言，用于限制汽车的加速和方向，保证汽车处于赛道上而不会遇到障碍。决策映射由一些基于等式规则的程序实现。该程序的输入和决策变量分别是传感器向量和决策向量。时序约束包括一个程序监视-决策循环(monitor-decide cycle)的长度界限，即到达某个不动点之前的触发规则的最大数目。

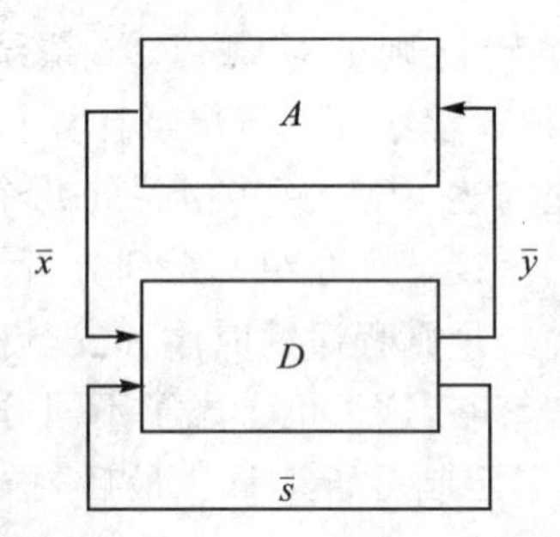

注：(1)环境约束：A 建立 $\bar{y}(t)$ 到 $\bar{x}(t+1)$ 的关系；
(2)决策系统：D 建立 $\bar{x}(t)$、$\bar{s}(t)$ 到 $\bar{y}(t+1)$、$\bar{s}(t+1)$ 的关系；
(3)D 受约束于：完整性约束 I(在 $\bar{y}$、$\bar{s}$ 上的断言)和时序约束 T

图10.1 一个实时决策系统

关于这个模型有两个有趣的实际问题：

(1) 分析问题：给定基于等式规则的程序是否能满足实时决策系统的完整性和

时序约束？

(2) 综合问题：给定一个基于等式规则的程序，它满足完整性约束但不够快，以致不能满足时序约束，是否能够将该程序转换为同时符合完整性和时间限制的程序？

为探讨这些问题，下面首先描述实时专家系统以及 EQL 语言，然后根据等式规则程序的状态空间表示准确阐述这些问题。

10.2　实时专家系统

实时监控计算机系统的操作和功能日益复杂，这些嵌入式系统包括飞机航空电子设备（例如飞行助手(Pilot Associate)驱动的飞机和导航系统[Bretz，2002]、自动飞行器控制系统[Bretz，2001；Hamilton et al.，2001；Gavrila et al.，2001；Jones et al.，2002]、空中客车 330/340/380 飞机和波音 777 飞机[Yeh，1998]的线传飞控系统）、智能机器人（例如自主着陆器和波音公司的 X45A 无人作战飞行器）、空间飞行器（例如无人驾驶宇宙飞船[Cass，2001]、NASA 的航天飞机和卫星[Paulson，2001]及国际空间站）、电力和通信网格监测中心、便携式无线设备[Smailagic，Siewiorek，and Reilly，2001；Want and Schilit，2001]，以及医院病人监测设备[Moore，2002]。

除了要验证系统功能/逻辑正确性的要求之外（对于非时间关键软件系统，此问题已经被更为彻底地研究），验证这些系统满足严格的响应时间要求同样重要。基于传感器的输入值，嵌入式专家系统必须在有限时间内作出决策以响应不断变化的外部环境；错过截止期限可能造成实时系统的严重损坏，甚至导致生命和财产损失。因此，在嵌入式专家系统投入使用之前，有必要准确地确定其执行时间上界。

时序要求增加了系统的复杂性，使其设计和维护更加困难。针对基于规则的系统能否在有界的时间(bounded time)内提供足够的性能，目前已经存在一些形式化的尝试。本章提供一个形式化的框架，用以应对这个重要的问题，还给出一种软件工具集的描述，该工具集的作用是确保在实时条件下计算复杂决策的程序能够满足其特殊的时序约束。

所探讨的这类实时程序被称为基于等式规则(EQL)的程序。一个 EQL 程序具有一个规则集，该规则集用于更新表示受控物理系统的状态变量。当规则触发时，会计算出一个或多个状态变量的新值，以反映外部环境的变化。传感器定期采样读数，每次传感器取得读数后，一系列规则的触发将引发状态变量的重新迭代计算，直到没有源于规则触发的变量变化为止。此时，EQL 程序就到达了某个不动点(fixed point)。直观地说，EQL 程序中的规则用来表达系统的约束，也表达控制器的目标。如果程序到达了某个不动点，则状态变量取得的一组值与规则所表达的约束和目标相一致。

在一些重要方面，EQL 不同于某些流行的专家系统语言（例如 OPS5）。这些差异反映了我们工作的目标并不是创造另一个专家系统框架(expert shell)，而是用于调查基于规则的程序是否能够(以及如何)用于实时执行安全关键功能。类似于OPS5的语言通常以认知-行动循环(recognize-act cycle)的形式被定义[Forgy,1981],而EQL的基本解释周期是由不动点收敛所定义的。EQL的不动点语义接近于Chandy和Misra开发的Unity语言。对于基于规则程序的响应时间的分析,采用"不动点的收敛时间"比采用"认知-行动循环长度"更具有针对性。更重要的是,对于导致某个不动点的规则,前者不要求它们被串行地触发;当规则不互相干扰时,它们也可以并行地触发。采用"不动点的收敛时间"来定义响应时间是独立于体系结构的,因此更具健壮性。

实时计算机开始日益依赖安全关键功能的执行,因此,在合理设定的输入质量条件下,必须确保基于规则的程序能够达到某种可接受的性能水平。

10.3 基于命题逻辑规则的程序——EQL语言

EQL程序的组织类似于下面的模型:


```
PROGRAM name;                 (* 程序  名字 *)
CONST declaration;            (* 常量  声明 *)
VAR declaration;              (* 变量  声明 *)
INPUTVAR declaration;         (* 输入型变量 声明 *)
INIT                          (* 初始化 *)
        statement,            (* 程序语句 *)
        statement,            (* 程序语句 *)
            ⋮
        statement             (* 程序语句 *)
INPUT                         (* 输入 *)
        READ variable_list    (* 读取  变量列表 *)
RULES                         (* 规则 *)
        rule                  (* 规则 *)
        [] rule               (* 规则 *)
            ⋮
        [] rule               (* 规则 *)
TRACE variable_list           (* 跟踪  变量列表 *)
PRINT variable_list           (* 打印  变量列表 *)
END.                          (* 结束 *)
```

一个EQL程序包括四个主要部分:声明部分、初始化部分、规则部分和输出部分。EQL的语法接近于Pascal语言。EQL程序具有完全的自由格式,对列或间隔没有限制。注释可以通过字符"(*"和"*)"括起来表示。

程序中的标识符用于命名变量、常量和程序名。标识符的规则如下:所有字母均是小写的;第一个字符必须是小写字母(a~z);后续字符必须是字母、数字或下划线字符(_);不允许使用特殊的字符或标点符号;也不允许嵌入空格。标识符的长度没有其他限定,只受系统中 EQL 实现的限制。

10.3.1　声明部分

EQL 程序的声明部分包括三种不同类型:常量(CONST)、变量(VAR)和输入型变量(INPUTVAR)。每种声明按上述顺序,最多只能出现一次。

1. 常量 CONST 的声明

CONST 声明为一个常数标量指定一个名称。EQL 中没有预定义的常量,因此在程序中使用的所有常量必须声明,包括布尔常量 true 和 false 的值。例如,四个常量的声明如下:

```
CONST
        false = 0 ;
        true = 1 ;
        bad = 2 ;
        good = 3 ;
```


2. 变量 VAR 的声明

除了输入型变量,程序中使用的其他所有变量都必须在 VAR 部分进行声明。输入型变量是指那些不出现在任何赋值语句左侧的变量。它们用于存储与外部环境相连的传感器读数值。例如,下面的变量(VAR)声明包括三个 BOOLEAN(布尔)类型的变量:

```
VAR
        sensor_a_status, sensor_b_status, object_detected : BOOLEAN ;
```

3. 输入型变量 INUTVAR 的声明

程序中使用的所有输入型变量必须在 INPUTVAR 部分进行声明。例如,下面的 INPUTVAR 部分声明了三个类型为 INTEGER(整形)的输入型变量:

```
INPUTVAR
        sensor_a, sensor_b, sensor_c : INTEGER ;
```

10.3.2　初始化部分——初始化 INIT 和输入 INPUT

在程序 RULES 部分的触发规则之前,所有非输入型变量在 INIT 部分被分配初始值或默认值。例如,下面的语句初始化了 sensor_a_status、sensor_b_status 和 object_detected 变量。

```
INIT
```

```
sensor_a_status := good,
sensor_b_status := good,
object_detected := false
```

在每次执行 EQL 程序的起始部分时，输入值作为输入型变量被读入，列写在 READ 语句中。

```
INPUT
        READ sensor_a, sensor_b
```

10.3.3 规则部分——RULES

规则(RULES)部分由一组有限的规则集合构成，其中每条规则的形式如下：

$a_1 := b_1 ! a_2 := b_2 ! \cdots ! a_m := b_m$ IF enabling condition

一条规则包含三个部分：

- VAR = 赋值语句左侧的变量集，即：若干 a_i；
- VAL = 赋值语句右侧的表达式，即：若干 b_i；
- EC = 使能条件(enabling condition)。

规则 y(带 m 个 VAR 变量)的一个子规则(subrule)具有如下形式：

$c_1 := d_1 ! c_2 := d_2 ! \cdots ! c_p := d_p$ IF enabling condition

其中每一个 c_i是规则 y 中的一个 VAR 变量，d_i是原有规则分配给变量 c_i 的表达式，且 $p \leqslant m$。规则 y 的单赋值子规则(single-assignment subrule)有如下形式：

$c := d$ IF enabling condition

其中 c 是规则 y 中的一个 VAR 变量，d 原始规则赋值给 c 变量的一个表达式。

使能条件是对程序中变量的谓词断言，如果规则的使能条件为真，那么该规则被使能。一条规则的触发是多重赋值语句的执行。只有当规则被使能时，它才具有可触发性，且一旦被触发，它将改变 VAR 中某个变量的值。多重赋值语句并行地为一个或多个变量赋值。VAL 表达式必须没有副作用。多重赋值语句的执行包含对所有 VAL 表达式求值，然后用相应表达式的值更新 VAR 中的变量。为便于讨论，定义了三组变量：

$$L = \{v \mid v \text{ 是 VAR 中出现的某个变量}\}$$
$$R = \{v \mid v \text{ 是 VAL 中出现的某个变量}\}$$
$$T = \{v \mid v \text{ 是 EC 中出现的某个变量}\}$$

EQL 程序的调用是规则触发(执行多重赋值语句，其使能条件为真)的序列。当启用两个或多个规则时，触发规则的选择是不确定的，或者由调度器来决定如何选择。

当没有规则可触发时，EQL 程序就被称为已经到达不动点。当且仅当 EQL 程序从初始状态到不动点所需规则触发数总是有一个固定的上界时，EQL程序总能在有限时间内到达不动点。该上界由性能约束强加而来。根据所触发的规则及其触发过程，程序从同一初始状态开始可以到达不同的不动点。这也许会表示程序的正确性被破坏，然而对于某些应用，这也是可以接受的。本章关注的是验证基于规则程序的时序需求。

EQL是一种基于等式规则的语言，已经在BSD UNIX* 环境下实现运行。目前的系统含有一个翻译器eqtc，它可以将EQL程序翻译成等价的C程序，以实现基于UNIX的机器编译和执行。模块eqtc和其他系统模块用C语言实现。例10.1所示为一个EQL程序。

例10.1：一个简单的目标检测程序的规则部分

```
(*1*) object_detected := true IF sensor a = 1 AND sensor_a_status = good
(*2*)[] object_detected := true IF sensor b = 1 AND sensor_b_status = good
(*3*)[] object_detected := false IF sensor a = 0 AND sensor_a_status = good
(*4*)[] object_detected := false IF sensor b = 0 AND sensor_b_status = good
```

如果sensor_a和sensor_b的读数值分别为1和0，那么上面的程序将永远不会到达不动点，这是因为变量object_detected将被规则(1)和规则(4)分别设置为true和false。如果规则的使能条件为真，则该规则被使能，当规则被使能时，它才具有可触发性，且一旦被触发，它将改变VAR中至少一个变量的值。因此，只要规则保持其可触发性，一条规则可以不止一次触发。第(1)和第(4)条规则是不相容的。同样，如果sensor_a和sensor_b分别读取的值为0和1，则上述程序将永远不会到达不动点，这是因为变量object_detected将被规则(2)和(3)交替地设置为true和false。这里规则(2)和规则(3)是不相容的。

实时系统的目标是：在有界的规则触发数量之内，决策程序收敛到一个不动点。在任一组传感器输入值的情况下，为了确保上述决策系统能够收敛到一个不动点，可能需要一些额外信息来解决传感器读数的冲突。例如，下面的规则可以被添加到上面的程序：

```
5. []sensor_a_status := bad IF sensor_a ≠ sensor_c AND sensor_b_status = good
6. []sensor_b_status := bad IF sensor_b ≠ sensor_c AND sensor_a_status = good
```

其中sensor_c是一个额外的输入变量。如果以上两个规则之一被触发，则两个测试(无论是测试(1)和(3)或测试(2)和(4)在规则(1)～(4)将被证伪，从而永久性地禁用这四个规则中的两个。相应地，由于规则(1)和(4)或规则(2)和(3)两者之一不能再交替触发，因此变量object_detected将得到一个稳定值。由于EQL的缺省调度程序将会最终触发一个被使能的规则，因此上述程序中的所有变量将在有限次(但

* UNIX是UNIX实验室的注册商标。

无界)迭代后收敛到稳定值。在 10.8 小节中将展示这个程序如何在有界的时间内收敛到稳定值。

上述例子很简单,略加思考就可以理解其行为,特别是对于不动点是否可达的问题。在一般情况下,由于没有明显的控制流,确定基于规则程序的行为并不是一件容易的事。即使对于小规模的基于规则程序,也需要做相当多的工作以便于理解,例如,实时系统的目标是:在有界的规则触发数量之内,使基于规则的程序收敛到某个不动点。想确定基于规则的程序是否将在有界数量的规则触发之内收敛到不动点。对于这种规模的程序,答案是显然的。然而,对于大型程序,问题却不是这么容易。在一般情况下,如果程序中的变量具有无限的取值域,那么确定基于规则的程序能否到达不动点的分析问题是不可判定的,也就是说,不存在解决决策问题所有实例的通用方法[Browne, Cheng, and Mok, 1988]。

10.3.4　输出部分

TRACE 语句表示按照每个周期中的触发规则打印指定的变量值。例如,表示根据任意规则的触发,打印变量 sensor_a_status、sensor_b_status 和 object_detected 的值。

```
TRAC Esensor_a_status, sensor_b_status, object_detected
```

在整个程序已经到达不动点后,PRINT 语句打印特定变量的值。例如,该程序已经到达了不动点后,下面的语句打印相同变量的值:

```
PRINT sensor_a_status, sensor_b_status, object_detected
```

现在展示一个更多样本的 EQL 程序,该程序用于确定在每个监视-决策周期内对象能否被检测到。该系统包括两个进程和一个外部报警时钟,该时钟通过定期设置变量 wake_up 为 true 实现对程序的调用。

例 10.2:对象检测

```
(* Example EQL Program *)
PROGRAM example2;
CONST
          false = 0;
          true = 1;
          a =0;
          b =1;
VAR
          sync_a,
          sync_b,
          wake_up,
          object_detected : BOOLEAN;
```

```
        arbiter : INTEGER;
INPUTVAR
        sensor_a,
        sensor_b : INTEGER;
INIT
        sync_a := true,
        sync_b := true,
        wake_up := true,
        object_detected := false,
        arbiter := a
INPUT
        READ sensor_a, sensor_b
RULES
(* process A *)
     object_detected := true ! sync_a := false
          IF (sensor_a = 1) AND (arbiter = a) AND (sync_a = true)
     []object_detected := false ! sync_a := false
          IF (sensor_a = 0) AND (arbiter = a) AND (sync_a = true)
     [] arbiter := b ! sync_a := true ! wake_up := false
          IF (arbiter = a) AND (sync_a = false) AND (wake_up = true)
(* process B *)
     []object_detected := true ! sync_b := false
          IF (sensor_b = 1) AND (arbiter = b) AND (sync_b = true)
             AND (wake_up = true)
     []object_detected := false ! sync_b := false
IF (sensor_b = 0) AND (arbiter = b) AND (sync_b = true)
          AND (wake_up = true)
     [] arbiter := a ! sync_b := true ! wake_up := false
          IF (arbiter = b) AND (sync_b = false) AND (wake_up = true)
TRACEobject_detected
PRINT sync_a, sync_b, wake_up,object_detected, arbiter, sensor_a, sensor_b
END.
```

在这个例子中,输入型变量为 sensor_a 和 sensor_b,程序变量为 objectdetected、sync_a、sync_b、arbiter 和 wake_up。三组变量 L、R、T 是:

$L=$ { objectdetected, sync_a, sync_b, arbiter, wake_up};

$R = \emptyset$;

$T =$ {sensor_a, sensor_b, arbiter, sync_a, sync_b, wake_up}。

每个过程相互独立地运行。程序外部的报警时钟用于在某些特定时间段后调用进程。规则以非分布式同样的方式被触发,即:当使能条件变为真时,执行赋值语句。在这个例子中,共享变量 arbiter 作为一个控制/同步变量,通过不同的进程,强制执行对共享变量(如 object_detected)的互斥访问。变量 sync_a 和 sync_b 分别用作进程 A 和进程 B 中的控制/同步变量。注意,对于每个过程,在控制被转移到其他进程之前,至多有两个规则将被触发。初始阶段,进程 A 互斥访问变量 object_detected 和变量 sync_a。

上面的例子难以理解,示例的目的是强调需要计算机辅助工具来设计这类程序。后续章节将讨论一组计算机辅助设计工具。但首先,需要更精确地了解基于等式规则的系统分类。然后,就可以在状态空间表示方面形式化描述相关的技术问题。

10.4　状态空间表示

基于等式规则程序的状态空间图是一个标签有向图 $G=(V, E)$。V 是一组顶点,其中每一个标记的元组$(x_1,\cdots,x_n, s_1,\cdots,s_p)$,其中 x_i是第 i 个输入传感器变量域的值, s_j是第 j 个程序变量域的值。当且仅当顶点 i 元组的变量值满足一个规则测试时,该规则在顶点 i 是使能的。E 是边的集合,其中每个边表示一个规则触发,使得边(i, j)连接顶点 i 到顶点 j,当且仅当有一个规则 R 在顶点 i 被使能时,且触发 R 将修改该程序变量,使之与顶点 j 的元组具有相同值。只要不存在混淆,状态和顶点的术语可互换。显然,如果程序中的所有变量域是有限的,则相应的状态空间图必然是有限的。注意,程序的状态空间图不需被连接。

状态空间图中的路径(path)是一个顶点序列 $v_1,\cdots,v_i,v_{i+1},\cdots$,这样对于每个 i 都存在一条连接 v_i至 v_{i+1}的边。路径可以有限或无限。有限路径 $v_1,\cdots,v_k$的长度为 $k-1$。一条简单路径(simple path)是指顶点出现不超过一次的路径。在状态空间图中的一个环(cycle)是一条路径 $v_1,\cdots,v_k$,使得 $v_1= v_k$。一条路径对应于程序中规则触发序列产生的状态序列。

在状态空间图中,如果顶点不具有任何输出边或者其所有输出边是自环(即环长度为 1),则该顶点称为不动点。显然,如果程序的执行已经到达了一个不动点,则每个规则要么不使能,要么其触发不会修改任何变量。

基于等式规则程序的调用可被认为是在状态空间图中跟踪某条路径。一个监视-决策周期开始于输入传感器变量的更新,并使该程序处于新的状态。一些规则触发将修改程序变量,直到程序到达一个不动点。根据不同的起始状态,一个监视-决策周期可能需要任意长的时间才能收敛到某个不动点。对于状态空间图的状态,如果从它开始的所有路径都将趋向某个不动点,则称它是稳定的。如果从它开始没有路径趋向不动点,则称它是不稳定的。根据定义可知,一个不动点是一个稳定的状态。这是很容易看到的,当且仅当从一个状态 s 的任何路径都是简单的,直到它在一个不动点结束,则状态 s 是稳定的。当且仅当一个状态要么从它开始的某个环是可到达的,要么从它开始有一个无限简单路径,则该状态是潜在不稳定的。

图 10.2 说明了这些概念。如果程序的当前状态为 A,则该程序可以通过路径

(A—D—F—H—FP2)，在这四个规则触发后，到达不动点 FP2 。如果采取路径(A—D—E—…—FP1)，则这个不动点 FP1 会在规则触发有限数量后到达。因此状态 A 是稳定的，因为从 A 开始的所有路径都将导致一个不动点。如果程序的当前状态是 B，则程序将永远迭代而不会到达一个不动点。所有状态$\{B, I, J, K\}$在循环(B, I, J, K, B)是不稳定的。请注意，没有输出边阻止在这个循环的任何状态。一旦程序进入这些状态中的一个，它就会重复下去。如果该程序的当前状态是 C，遵循路径(C—L—J—…)，则程序可进入并留在某个循环。如果采取路径(C—L—M—…)，可能会遇到循环(M—P—N—M)。当程序处于状态 P，如果在一段时间内调度器触发了从 P 到 FP3 的对应边，则该程序最终可到达不动点 FP3 。但是，要确保调度器必须遵守一个强公平(strong fairness)准则，即：如果一个规则被无限次使能时，它最终必将被触发。在这种情况下，从状态 C 到 FP3 路径是有限的，但它们的长度是无界的。C 是一个潜在不稳定状态。

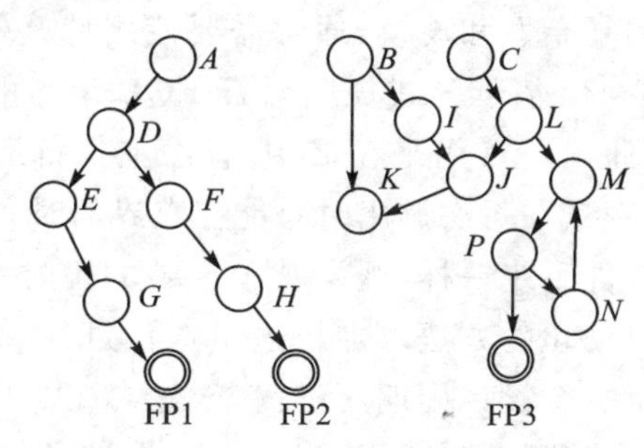

图 10.2 一个实时决策程序的状态空间图

在设计实时决策系统时，不能从不稳定状态调用一个基于等式规则的程序。只有当调度器总能选择足够短的路径而到达不动点时，潜在的不稳定状态才允许被使用。如果不动点是从 s 可达的，则该不动点称为状态 s 的终端点(end-point)。应当注意，对于由传感器输入和程序变量值组合而成的元组，不是每一个元组都能成为一个可调用程序的状态。当程序到达不动点后，它会一直保留，直到传感器的输入型变量被更新，并且程序随后将在这个新状态中被再次调用。一个可调用程序的状态被称为启动状态(launch states)。正式定义启动状态如下*：

(1) 程序的初始状态是一个启动状态。

(2) 通过用输入型变量值的任何组合替换输入型变量的分量，可以从一个启动状态的终端点(这是输入和程序变量的元组)获得一个元组，该元组是一个启动状态。

(3) 当且仅当一个状态可以从规则(1)和(2)中得到时，该状态是启动状态。

---

* 因为未来的传感器读数是由环境制约限制的，所以在构造启动状态时，并非需要考虑所有的输入变量组合，即，上述对于发射状态的定义是保守的。然而，由于环境的限制必然是对外部世界的近似。这里强调，有可能出于分析的目的，利用环境的约束而削减启动状态的数量。

本章中,时序约束的关键是截止期限,基于等式规则程序的每个监视-决策循环必须满足这个截止期限。在状态空间表示方面,时序约束给启动状态到不动点的路径强加了一个长度上限。对于启动状态的结束点,完整性约束断言必须成立。假如某个程序满足完整性约束,但却违反时序约束,那么综合问题在于如何对这个程序进行转换以满足时序约束。这可以通过程序转换技术和/或通过定制调度器选择性地触发规则来实现,以便总能触发(启动状态到终端点的)最短路径规则。

下一节将介绍一些已实现的工具,这些工具可用于在最坏情形下,确定监视-决策循环的上界能否得到满足。一些关于分析和综合的理论问题将在 10.6 节和 10.8 节中讨论。

10.5 计算机辅助设计工具

鉴于实时决策系统的复杂性和规模,通常需要使用计算机辅助设计工具。本节介绍一套分析工具,用以确保基于等式规则语言 EQL 编写的程序满足特定的时间和完整性约束。特别的,此工具可用来在 EQL 程序上执行运行前(pre-run-time)分析,以验证程序中的所有变量在每次调用时总能在有界的时间限制内收敛到稳定值。

如同设计最复杂的软件系统一样,开发基于规则的实时系统也是一个迭代的过程。目标是尽可能采用自动化的方法以加快这个迭代过程。图 10.3 表明了设计者与工具之间的交互。在每一个设计周期,分析基于等式规则的程序,用以确定其是否遵守时间和完整性约束。违背约束的行为将传递给设计者,并通过分析工具修改程序,直到程序满足所有约束。然而,应该强调,设计工具的目的并不是鼓励人们编写凌乱的程序并依靠工具来修复它们。设计工具对于基于规则的程序尤为必要,这是因为任何一个规则的添加和/或删除可能会彻底改变程序的行为,因此,防范因意外而干扰设计团队成员的工作是至关重要的。

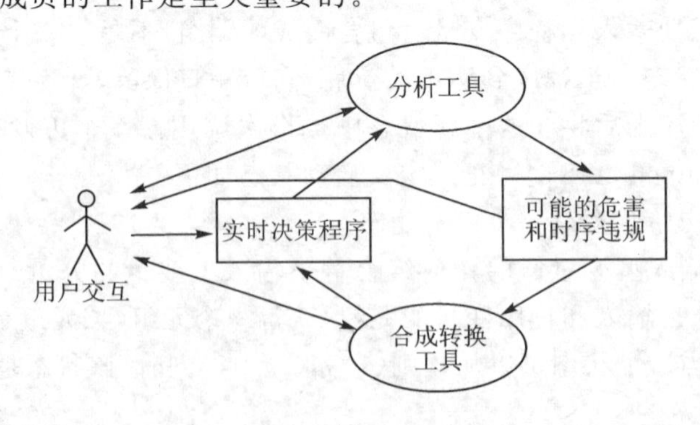

图 10.3 实时决策系统开发

本节的重点是介绍基于等式规则语言 EQL 的分析工具。为实现有效的执行,翻译器能将 EQL 程序翻译为 C 代码。由于 C 语言被广泛使用,且有高效的编译器,因此这里选择 C 作为目标语言。由于 EQL 的结构具有不确定性，因此翻译器会生成适当的 C 代码在串行执行的机器上模拟非确定性和并行性。

该软件工具提供：

(1) 一个翻译器，可将 EQL 程序转换为对应的状态空间图，如前节所述。状态空间图可用于程序开发的中间形式，并用于机器分析与综合。

(2) 一个时态逻辑的校验器，可检验 EQL 程序的完整性断言。(在当前实现中，这些断言可由时态逻辑表达，见第 4 章描述[Clarke，Emerson，Sistla，1986]中称为计算树逻辑。) 具体来说，对于任何启动状态，校验器能够确定以下内容：是否总能在有限次的迭代后到达不动点；这些可达的不动点是否是安全的？也就是说，其是否满足指定的完整性约束。如果给定的 EQL 程序不能从一个特定的启动状态到达不动点，则校验器会提醒设计者存在循环且没有从该循环退出的路径。

(3) 一个时序分析器，用来确定到达安全不动点的最大迭代数和从启动状态到不动点的状态遍历顺序(连同触发规则序列)。这有助于设计者精确了解可能导致性能瓶颈的规则集，从而集中精力对其进行优化。时序分析器还可以用来研究定制的调度器的行为，当多个规则被启用时，该调度器用于选择其中一个规则进行触发。

一套实用的原型工具已经在 Sun Microsystem* 工作站(UNIX 4.2 BSD 环境下)实现，并用于执行基于等式规则实时程序的时序和安全分析。虽然这些是分析工具的第一个版本，但它们仍然能够实际分析现实的实时决策系统。为了展示它的用途，使用这些工具来研究了航天飞机压力控制系统中的低温氢压力故障处理的部分子集，验证了在有限迭代次数后其能否从任何启动状态到达一个安全的不动点。

图 10.4 给出了工具系统中模块之间的相互关系，模块名称和功能描述如下：

(1) eqtc——EQL 到 C 的翻译器；

(2) ptf——EQL 到有限状态空间图的翻译器，用于启动状态；

(3) ptaf——EQL 到有限状态空间图的翻译器，用于所有启动状态；

(4) mcf ——CTL 模型检查器(扩展至公平性)；

(5) fptime——状态空间图的时序分析器。

模块 eqtc 将基于等式规则语言 EQL 编写的程序翻译成 C 程序以适于 UNIX 编译器 cc 的编译，如前所述。EQL 是一种带有非确定性调度规则和并行赋值语句的联合语言。

模块 ptf 将带有有限域(所有变量均具有有限的取值范围)的 EQL 程序翻译为一个有限状态空间图，该图包含可从启动状态到达的所有状态(与程序中的初始变量值相对应)。它还生成合适的时态逻辑公式，以检查程序能否到达某个不动点。ptf 产生一个名为 mc.in 的文件，此文件能够被公平性扩展的模型检查器 mcf 和时序分析器模块 fptime 读取。文件 mc.in 包含了相应 EQL 程序状态空间图的内部表示。

* SUN 是 SUN 微型系统公司的注册商标。

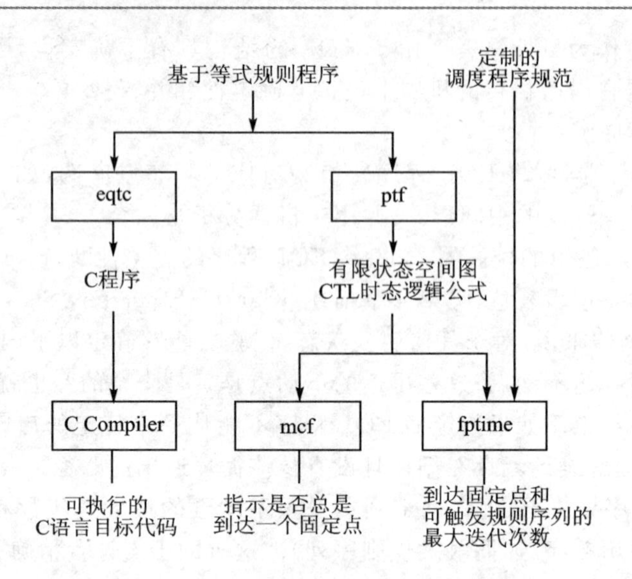

图 10.4　实时决策系统的计算机辅助设计工具

模块 ptaf 与模块 ptf 类似，不同之处在于，它能自动生成完整的状态空间图(即能够生成每个启动状态可达的所有状态)。模块 ptaf 调用模型检查器和时序分析器来确定程序从任意启动状态能否在经历有限次迭代后到达某个不动点。如果 EQL 程序从任何启动状态在经历有限次迭代后确实到达某个不动点，则 ptaf 会通知设计者。否则，ptaf 会停在第一个启动状态，从而通知设计者它是一个不稳定的启动状态。

模块 mcf 是一个基于 Clarke-Emerson-Sistla 算法的时态逻辑模型检查器，可检测 CTL 时态逻辑公式的可满足性[Clarke, Emerson, Sistla, 1986]。该模型检查器假设调度器具有强公平性，也就是说，被使能的规则总能被无限地触发。在这种假设下，如果状态空间图中的循环含有至少一条可从它退出的边，则在有限次迭代后，该循环将不足以导致程序无法到达不动点 (由于与退出边相关联的规则最终必将触发，程序将离开循环内的状态)。然而，模型检查器会提醒设计者，项目可能需要一个有限但无界的迭代次数到达某个不动点。调度器默认是公平的，它基于线性同余(linear-congruential)伪随机数字生成器。

模块 fptime 是一个时序分析器，当程序存在至少一个可达不动点时，它可计算程序到达不动点的最大迭代次数。此外，它还提供了从启动状态到达该不动点的规则触发次序，也可以计算其他不动点的迭代数量和相应的规则触发次序。如果想确定调度限制对规则触发数的影响，fptime 能够使设计者定义调度器的限制条件，这有益于分析定制调度器的性能。

下面分析一个例子。

现在假设工具可以应用于示例 10.2 的分布式 EQL 程序。用将 EQL 语言翻译为 C 语言的翻译器 eqtc，可以通过调用下述命令，将示例 10.2 中基于等式规则的程序转化为一个C程序：

```
eqtc < example2 > example2.c
```

用C编译器(UNIX的cc命令)对该程序进行编译。然后执行它,当在有限迭代次数内到达不动点时,程序可得到稳定的输出值。当前版本的eqtc可通过在任何规则被触发前初始化输入变量,来模拟外部传感器的读数。由eqtc翻译器生成的C程序如下：

```
#include <stdio.h>
#include "scheduler.c"
#define maxseq 24
#define false 0
#define true 1
#define a 0
#define b 1
int znext,
    randseq[maxseq],
    counter;

main() {
        extern int znext,
            randseq[maxseq],
            counter;
int i;
int sync_a, sync_b, wake_up, object_detected;
int arbiter;
int sensor_a, sensor_b;

    sync_a = true;
    sync_b = true;
    wake_up = true;
    arbiter = a;
    sensor_a = 1;
    sensor_b = 0;

init_random_seq(randseq, &znext, z0, &counter);
while (! fixed_point())
{ i = schedule(randseq, &znext, 6);
    switch(i) {
        case 1:
            if ((sensor_a == 1) && (arbiter == a)
                && (sync_a == true) &&
```

```
        (wake_up == true)) {
        object_detected = true;
        sync_a = false;
        }
        break;
    case 2:
        if ((sensor_a == 0) && (arbiter == a)
            && (sync_a == true) &&
        (wake_up == true)) {
        object_detected = false;
        sync_a = false;
        }
        break;
    case 3:
        if ((arbiter == a) && (sync_a == false)
            && (wake_up == true)) {
        arbiter = b;
        sync_a = true;
        wake_up = false;
        }
        break;
    case 4:
        if ((sensor_b == 1) && (arbiter == b)
            && (sync_b == true) &&
        (wake_up == true)) {
        object_detected = true;
        sync_b = false;
        }
        break;
    case 5:
        if ((sensor_b == 0) && (arbiter == b)
            && (sync_b == true) &&
        (wake_up == true)) {
        object_detected = false;
        sync_b = false;
        }
        break;
    case 6:
        if ((arbiter == b) && (sync_b == false)
            && (wake_up == true)) {
        arbiter = a;
        sync_b = true;
```

```
            wake_up = false;
            }
            break;
        }
        printf(" object_detected = %d\\n", object_detected);
    }
    printf(" object_detected = %d\\n", object_detected);
}
```

可以使用如下的 ptf 翻译器，将带有初始输入值的 EQL 程序翻译为一个有限状态空间图，运行指令为

```
ptf< example2
```

ptf 产生如下的输出供用户参考：

```
Finite State Space Graph Corresponding to Input Program:
-------------------------------------------------------------
state next states
----- -----------
rule # 1 2 3 4 5 6
0:     1 0 0 0 0 0
1:     1 1 2 1 1 1
2:     2 2 2 2 2 2
State Labels:
-------------
state (sync_a, sync_b, wake_up, object_detected, arbiter,
       sensor_a, sensor_b)
0     1 1 1 0 0 1 0
1     0 1 1 1 0 1 0
2     1 1 0 1 1 1 0
```

ptf 也能够产生一个 CTL 时态逻辑公式，以检查此程序能否在有限时间内从启动状态(与初始输入和程序变量值相关)到达不动点。这个公式被存在文件 mc.in 中，mc.in 文件作为模型检查器和时间分析器的输入，包含状态空间图的相邻矩阵表示。

```
3
1 1 0
0 1 1
0 0 1
0 n1 ;
1 n1 ;
2 f1 ;
```

```
(au n1 f1)
0
```

时态逻辑模型检查器 mcf 可以通过分析给定启动状态下的有限状态空间图，从而确定能否在有限次迭代后到达一个不动点：

```
mcf < mc.in
```

为了验证程序将从任何启动状态到达不动点，模型检查器必须分析每个启动状态的(有限的)可达性图。图 10.5 所示是一个 EQL 例程的完整状态空间图，它有 8 个独立的有限可达性图，每个对应一个不同的启动状态。启动状态为(3, 0)的图，对应于输入值和初始程序 C 程序中指定的值，存在 $2^3=8$ 种可能，必须被模型检查器检查。

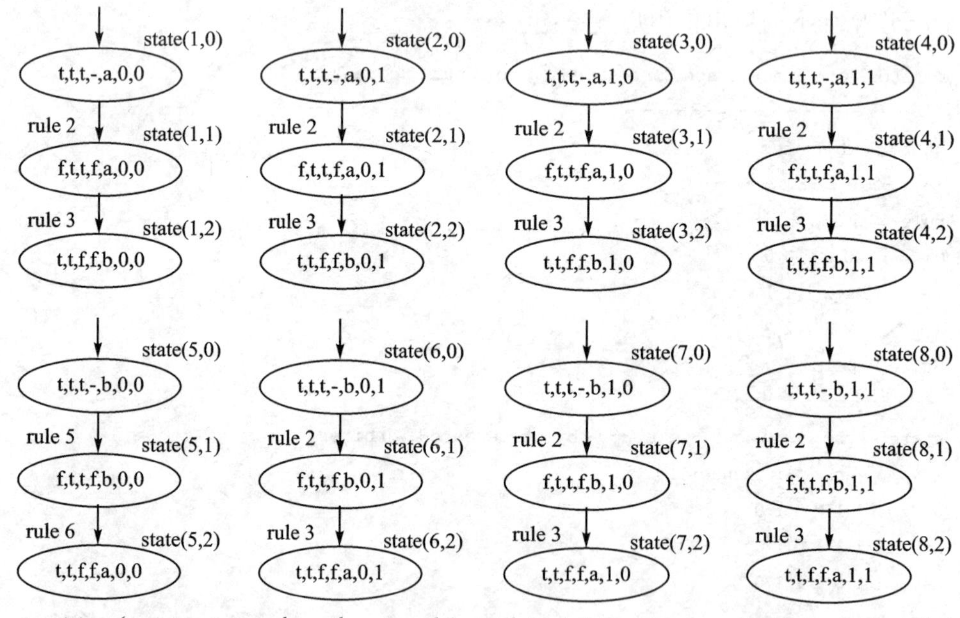

图 10.5　完整的有限状态空间图表示—程序例 10.2

一般来说，对于一个带有 n 输入型变量和 m 程序变量的有限域 EQL 程序，在最坏的情况下(即所有的组合输入和程序变量的值都是可能的)，必须被检查的可达性图的总数为

$$\left(\prod_{i=1}^{i=n}|X_i|\cdot\prod_{j=1}^{j=m}|S_j|\right)$$

其中，$|X_i|$ 和 $|S_j|$ 分别为代表第 i 个输入和第 j 个程序变量的域大小。如果所有的变量都是二进制的，那么数量为 2^{n+m}。事实上，必须检查的可达性图数量很少，这是

因为输入和程序变量值的许多组合不能构成启动状态。也存在一些不需要检查整个状态空间图的其他技术,这些技术将在下节中讨论。

最后,时序分析器 fptime 通过如下指令被调用,以确定到达某个不动点的触发规则的最长序列:

```
fptime < mc.in
```

对应启动状态(3, 0)的可达图,模块 fptimed 的部分输出如下:

```
>initial state:0
>fix-point state(s):
> 2
>initial state:0fix-point state: 2
>maximum number of iterations: 2
>path: 0 1 2
```

模块 ptaf 能够自动地对 EQL 程序的状态空间图进行翻译和分析,其指令如下:

```
ptaf< example2
```

产生如下信息:

```
> The program always reaches a fixed point in finite time.
> The maximum number of iterations to reach a fixed point is 2.
> 8 FSMs checked.
```

接下来的两小节将讨论基于等式规则实时程序的分析和综合的复杂性。在10.7小节中,通过分析一个“真实”的实时决策系统(航天飞机压力控制系统的低温氢压力故障处理[Helly,1984])来说明该工具的实用性。

10.6 分析问题

分析问题是确定一个给定基于等式规则的实时程序能否满足时间限制以及完整性约束。由于采用状态空间图对问题进行形式化的描述,因此采用的方法与时序逻辑的语义兼容,尽管时序逻辑有许多版本,但它们的语义通常都是基于“Kripke(状态空间)”结构定义的。因此,验证一个基于等式规则的程序能否满足一组完整性约束,可以直接地看作是一个时序逻辑问题。采用时序逻辑对程序进行验证很好理解,如上节所述,工具集中已经集成了 CTL 逻辑模型检查器[Clarke, Emerson, Sistla, 1986]。本章的重点是满足时间约束。

实时决策系统有许多类型的时间限制。基本要求是能够界定决策系统的响应时间。可以通过监视-决策循环的长度来捕获一个基于等式规则程序的响应时间,也就是所有程序变量到达稳定值所需的时间。从技术上讲,分析的重点在于:确定从启动状态经过任意充分长但有界的路径,是否总能到达不动点。一般来说,如果程序变量属于无限域，则该分析问题是不可判定的，也就是说，不存在一般的解决过程，用以解答所有实例的决策问题。

得到不可判定性的结果，是基于以下情况：任何双计数机(two-counter machine)可被一个基于等式规则程序编码，该程序只使用整数变量操作"＋"和"－"，以及原子性谓词操作 "＞"和"＝"，由此得出，当且仅当程序可到达初始条件下的一个不动点时，双计数机能接受一个输入，其中初始条件是由该输入决定的。由于双计数机可以模拟任意图灵机，因此分析问题就等价于图灵机停机问题。这一等价的正式证明直接且冗长，在此略之。这里通过展示双计数机(见图 10.6)和基于等式规则的程序来说明证明的思路。该双计数机接受整型输入，当且仅当该输入值为奇数时，将其存于第一个寄存器中。在下面的程序中，使用相同的输入整数初始化变量 c_1。变量 s 和 f 分别用于跟踪双计数机的当前状态和确保双计数机进入了一个接受状态(accepting state)。注意，当且仅当只有规则 5 被使能时，下述程序能到达一个不动点。

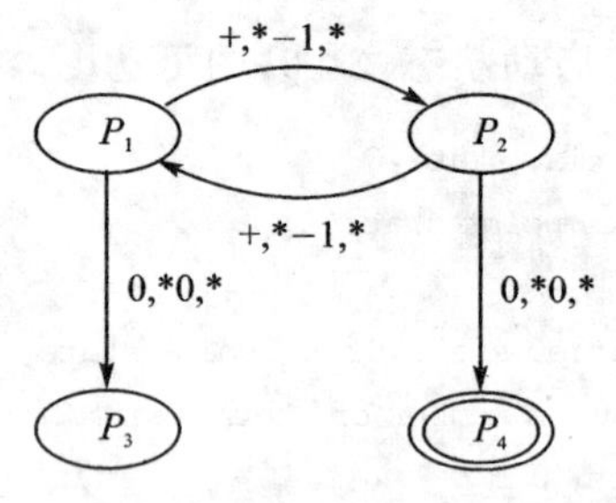

图 10.6　一个用于测试奇数输入的双计数机

模拟双计数机(如图 10.6 所示)的基于等式规则程序：

```
initially:s = 1, c1 = INPUT, c2 = 0, f = 0
1.s := 2 ! c1:= c1 - 1! f := f + 1 IF s = 1 AND c1> 0
2.[]s := 3 ! c1:= c1! f := f + 1 IF s = 1 AND c1 = 0
3.[]s := 3 ! c1:= c1! f := f + 1 IF s = 3
4.[]s := 4 ! c1:= c1! f := f + 1 IF s = 2 AND c1 = 0
5.[]s := 4 ! c1:= c1! f := f IF s = 4
6.[]s := 1 ! c1:= c1 - 1! f := f + 1 IF s = 2 AND c1> 0
```

10.6.1　有限域

尽管分析的问题通常是不可判定的，但事实上，如果基于等式规则程序中的所有变量都在有限域范围内，那么显然分析问题为可确定的。在这种情况下，程序的状态空间图必然是有限的，因此可以执行穷举的有限图检查算法来实现分析。10.5 节展现了一套工具，用于分析基于等式规则的程序。默认方法是：生成初始(启动)状态的可达性图，并使用模型检查器来确定从初始状态的任何路径是否总能到达不动点。(不动点是用原子性谓词表达的状态，该状态必须满足下列条件：当且仅当状态的所有出边引向状态自身时，状态为真。)当状态空间图的规模较小时，这种方法是可行的；但在最坏的情况下，可能需要随程序变量的数目指数形增长的计算时间。更准确地说，限定于有限图分析问题的计算复杂度是 PSPACE 完全的。

在实践中，通常没有必要检查完整的状态空间。在适当的条件下，采用简单的程序文本分析，可以有效减小状态空间的规模。特别是某些形式的规则总能确保在有限迭代次后到达不动点。下面介绍其中一种有用的特殊形式*。首先来介绍一些定义。

前面定义了基于等式规则程序的三个变量集合，如下所示：

$L=\{v \mid v$ 为等式左端出现的一个变量$\}$

$R=\{v \mid v$ 为等式右端出现的一个变量$\}$

$T=\{v \mid v$ 为使能条件中出现的一个变量$\}$

令 $T=\{v_1, v_2, \cdots, v_n\}$，$\bar{v}$ 是向量 $\{v_1, v_2, \cdots, v_n\}$。用这个定义，程序的每个测试(使能条件)可以被看作一个从空间 $\bar{v}$ 到集合{true,false}的函数 $f(\bar{v})$。令 f_a 是测试 a 的函数，V_a 是函数 f_a 映射到 true 的空间 $\bar{v}$ 的子集。当且仅当函数 f_a 和 f_b 的子集 V_a 和 V_b 是不相交的时，两个测试 a 和 b 是互斥的，显然，如果两个测试是互斥的，那么在每次只能有一个相应规则可以被使能。

一些规则易于确定两个测试是否互斥。例如，考虑如下形式的测试：

C_1　AND　C_1　AND　…　AND　C_m

其中，每个 C_i 是如下形式的谓词逻辑：

<变量> <关系算子><常量>

对于这种形式的测试 a，很容易看到，函数 f_a 映射到 true 的空间 $\bar{v}$ 的子集 V_a 可以表示为

$$V_{a,1}\times V_{a,1}\times\cdots\times V_{a,n}$$

使得当且仅当 $\bar{v}$ 的第 $i(i=1,2,\cdots n)$ 个分量在 $V_{a,i}$ 中时，函数 $f_a(\bar{v})$ 映射到 true。如果变量 v_k 不在测试 a 中出现，则 $V_{a,k}$ 就是 v_k 全部的集合。为了确定两种测试 a 和 b 是互斥的，需要找到至少一个变量 v_i，使得 $V_{a,i}\cap V_{b,i}=\emptyset$。如果找不到这样的 v_i，那么 a 和 b 就不是互斥的。

令 L_x 是规则 x 中左端(Left-Hand-Side,LHS)变量的集合，当且仅当至少下述一种情况成立时，两种规则 a 和 b 能相容(compatible)：

CR1：测试 a 和测试 b 互斥；

CR2：$L_a\cap L_b=\emptyset$；

CR3：设 $L_a\cap L_b\neq\emptyset$，则对于 $L_a\cap L_b$ 下的每一个 v，在规则 a 和规则 b 下，v 必然有相同的表达式。

下面给出一种特殊形式的规则，可有效地解决分析问题。

10.6.2　特殊形式：对于常量的相容性赋值，L 和 T 不相交

如果以下三个条件都成立，则规则的集合被称为特殊形式：

---

* 在特殊形式下，不必使用程序的所有规则，就能够缩小状态空间的规模。一些能够迭代应用于程序片断的技术，能够将整段程序转换为更简单的程序。

(1) 常量项被赋值给 L 中的所有变量,即 $R=\emptyset$。

(2) 所有规则是两两相容的。

(3) $L \cap T=\emptyset$。

可以断言:一个基于特殊形式的程序,将总能在有限次迭代后到达一个不动点。L 和 T 不相交,意味着:一旦获得了所有传感器的读数并将它们赋给输入型变量,则每次测试的逻辑值在调用中将保持恒定。条件(3)蕴含着,在程序的整个调用中,规则要么被使能,要么不被使能,所以只需关注被使能的规则集。如果条件 CR1 对于每对规则成立,则在任意的调用中最多有一条规则是被使能的,并且由于总是常数赋值,因此程序将在一次迭代后到达不动点。如果条件 CR2 成立,则每个变量在使能规则的左端(LHS)最多出现一次。这样,一个常量最多能够被赋给任意特定的变量一次,并且程序必然在所有使能规则都触发后到达一个不动点。如果两个或两个以上的规则能够被触发并赋给相同的变量,那么条件 CR3 保证它们将对这些变量赋予相同的值,并且程序必然在所有使能规则都触发后到达一个不动点。显然,到达不动点之前的迭代次数被程序中的规则数目所限定(这里设定,如果执行规则不改变变量,则调度器必然只能执行某条规则一次)。考虑其规则的测试是互斥的,故可能得到更紧的界限。

为了展示这种特殊形式的应用,考虑下面例 10.3 ~ 例 10.5 的程序。在例 10.3 中,尽管由于测试 1 和测试 2 的“$b=c=$true”都为真,它们不是互斥的;但是,所有左端(LHS)变量是不同的,使得规则相容(条件 CR2 被满足),并且这样充分保证了程序将在有限次迭代后到达一个不动点。

在例 10.4 中,测试 1 和测试 3 不是互斥的。然而,由 CR2 可得,规则(1)和规则(3)是相容的。规则(2)和规则(3)是相容的,这是因为它们的测试是互斥的,并且规则(1)和规则(2)也是这样。这样,该程序将在有限时间内到达一个不动点。

最后,考虑例 10.5,注意到同样的值(常量 true)被赋给变量 $a1$,$a1$ 出现在规则(1)和规则(2)的左端(LHS)。由此,条件 CR3 被满足并且规则是相容的,程序将被保证在有限时间内到达一个不动点。

例 10.3: 满足条件 CR1 的程序

```
input: read(b, c)
1.a1: = true IF b = true
2. []a2: = false IF c = true
```

例 10.4: 满足条件 CR2 的程序

```
input: read(b, c)
1.a1: = true IF b = true AND c = true
2. []a1: = false IF b = true AND c = false
3. []a2: = false IF c = true
```

例 10.5：满足条件 CR3 的程序

```
input：read(b, c)
1.a1：= true IF b = true
2. []a1：= false IF c = true
```

由于特殊形式的三个条件必须被程序的整个规则集所满足，因此这使得它们的使用看上去相当有限。然而，在分析工具中，特殊形式的主要应用并不是识别特殊情况的程序，它们的作用在于可以应用于规则的子集，并且断定一些变量必然在有限时间内获取稳定值。下一节将讨论通用策略中的特殊形式。

10.6.3　通用分析策略

通用策略如例 10.6 所示，该例子有助于很好地理解跟踪(tracking)分析问题的通用策略。

例 10.6：

```
input：read(b, c)
1.a1：= true IF b = true AND c = true
2. []a1：= true IF b = true AND c = false
3. []a2：= false IF c = true
4. []a3：= true IF a1 = true AND a2 = false
5. []a4：= true IF a1 = false AND a2 = false
6. []a4：= false IF a1 = false AND a2 = true
```

程序中，$L \cap T \neq \emptyset$，因此，这些规则并不是前面章节描述的特殊形式。然而，可以看到，规则(1)、(2)和(3)本身是特殊形式，并且这些规则中的所有变量均不出现在其他程序规则的 LHS 中，因此不会被它们所修改。(规则(1)、(2)和(3)实际是例 10.4 程序中的规则。)能够断定，变量 $a1$ 和 $a2$ 必然在有限时间内获得稳定值，并且这两个变量能够认为是规则(4)、(5)和(6)的常量(constant)。因此，能够利用这些观察的结果，将程序改写为简单的形式，如下所示：

```
input：read(a1, a2)
4.[]a3：= true IF a1 = true AND a2 = false
5. []a4：= true IF a1 = false AND a2 = false
6. []a4：= false IF a1 = false AND a2 = true
```

注意到 $a1$ 和 $a2$ 都被作为输入型变量。这个简化后的程序是特殊形式，这是因为所有的赋值都被赋为常数，L 和 T 是不相交的，并且所有的测试都是互斥的。所以，这个程序总能被保证在有限时间内到达不动点，这也保证了原始程序必然在有限时间内到达不动点。

实际上，以上的方式能够发现更多的特殊形式。解决和分析问题的通用策略如下：

(1) 识别规则的某些子集,这些子集具有特殊的形式(通过查找特殊形式的类型来判断),并且能够被独立地处理。改写程序(由于是特殊形式,因此一些变量能够被认为是常量)。

(2) 如果没有可用的特殊形式,则识别规则的独立子集并检查其状态空间以确定能否到达一个不动点。如果可能,则如(1)所述改写并简化程序(含更少规则)。

(3) 对于从(1)或(2)得到的每个程序进行分析。

10.7 节给出了航天飞机压力控制系统中低温氢压力故障处理的分析。通过在这个程序的子集上进行简单变换(改写),能够得到一个具有特殊形式的等价程序。只要测试不包含任何 LHS 的变量,变换就可用与测试变量相关的表达式来替换这些出现在 LHS 部分的测试变量。(一些测试变量的替换可能涉及多次的变量代入。)所以,变换后的程序满足特殊形式条件(3),而原始版本不满足。变换后程序中的所有规则是相容的,且总能保证在有限次迭代后到达一个不动点。

对于保证 EQL 程序将总是在有限时间内到达不动点的特殊形式,其更加详细全面的处理方法将在本章的后续部分给出。

10.7 工业例子:航天飞机压力控制系统的低温氢压力故障处理过程分析

本节使用分析工具来分析现实生活中的一个实时决策系统——航天飞机压力控制系统的低温氢压故障处理过程。它在每个监控-决策循环中被触发以诊断低温氢压控制系统,并为诊断出来的故障提供建议加以纠正。这个故障机制的完整 EQL 程序包含了 36 条指令、31 个传感器输入变量和 32 个程序变量。该分析工具证实了这个决策系统的一个大子集就能确保在有限次的迭代后到达一个安全的不动点。下面给出这个子集的 EQL 程序,它包含了 23 条指令、20 个传感器输入变量和 23 个程序变量。要读懂这些传感器输入变量和程序变量需要有压力控制系统的专业知识,但是这对于读懂下面的例子并不是必要的。

定义下面的传感器输入变量:

```
v63a1a    sensor H2 P Normal.                                   (* 传感器 H2压力正常 *)
v63a1b    sensor H2 P High.                                     (* 传感器 H2压力高 *)
v63a1c    sensor H2 P Low.                                      (* 传感器 H2压力低 *)
v63a3     sensor Press in all tks < 153 psia.        (* 传感器所有压力 tk<153psia *)
v63a5     sensor Both P and TK P of affected tk low.
                                                  (* 传感器 P 和受影响的 tk 的 TK P 低 *)
v63a8     sensor Received O2 PRESS Alarm and/or S68 CRYO H2 PRES and S68 CRY O2 PRES msg
lines.          (* 传感器接到 O2压力告警和/或 S68 低温 H2压力和 S68 低温 O2压力消息线 *)
v63a11    sensor TK3 and/or TK4 the affected tk.        (* 传感器 TK3 和/或 TK4 影响 tk *)
v63a12    sensor TK3 and TK4 depleted, QTY < 10%.
```

(＊传感器 TK3 和 TK4 减少,数量小于 10％＊)

v63a13　sensor a13.　(＊传感器 a13＊)

v63a16　sensor CNTLR cb of affected tk on Pnl ML868 open.

(＊传感器控制器 cb 在 Pnl ML868 开时影响 tk＊)

v63a17　sensor TK3 and TK4 Htrs cycle on when press in both tks = 217 - 223 psia.

(＊传感器 TK3 和 TK4 的 Htrs 循环开始,但它们的压力都 tk = 217～223 psia＊)

v63a22　sensor a22.　(＊传感器 a22＊)

v63a23　sensor TK3 and/or TK4 the affected tk.　(＊传感器 TK3 和/或 TK4 影响 tk＊)

v63a26　sensor TK3 and TK4 htrs were deactivated (all htrs switches in OFF when the problem occurred).　(＊传感器 TK3 和 TK4 htrs 被去活(当问题出现时,所有 htrs 开关关闭)＊)

v63a29　sensor Press in both TK3 and TK4 ＞ 293.8 psia.

(＊传感器 TK3 和 TK4 的压力都大于 293.8 psia＊)

v63a31　sensor Both P and TK P of affected tk high.

(＊传感器的 P 和受影响 tk 的 TK P 高＊)

v63a32　sensor MANF Ps agree with P and TK P of affected TK.

(＊传感器 MANF Ps 与 P 和受影响 TK 的 TK P 一致＊)

v63a34a　sensor P high.　(＊传感器 P 高＊)

v63a34b　sensor TK P high.　(＊传感器 TK P 高＊)

v63b7　sensor b7.　(＊传感器 b7＊)

定义下面的程序变量:

v63a2　diagnosis: C/W failure.　(＊诊断:C/W 失效＊)

v63a4　diagnosis: System leak. Execute ECLS SSR - 1(7).

(＊诊断:系统泄漏 执行 ECLS SSR - 1(7)＊)

v63a6　diagnosis: Leak between affected TK and check valve. Leak cannot be isolated.

(＊诊断:受影响的 TK 之间泄漏,并检查阀门,泄漏不能隔离＊)

v63a7　action: Deactivate htrs in affected tk.　(＊动作:在受影响的 tk 中去活 htrs＊)

v63a9　recovery: Reconfigure htrs per BUS LOSS SSR.

(＊恢复:对于每个 BUS LOSS SSR 重配置 htrs＊)

v63a10　temporary variable.　(＊临时变量＊)

v63a14　if true, then CNTLR cb of affected tk (TK1 and/or TKS) on Pnl 013 is open.

if false, then CNTLR cb of affected tk (TK1 and/or TK2) on Pnl 013 is closed.

(＊如果为真,则在 Pnl 013 受影响的 tk(TK1 和/或 TKS)的控制器 CNTLR cb 是开启的＊)

(＊如果为假,则在 Pnl 013 受影响的 tk(TK1 和/或 TKS)的控制器 CNTLR cb 是关闭的＊)

v63a15　diagnosis: Possible electrical problem. Do not attempt to reset circuit breaker.

(＊诊断:可能的电气问题。不要试图重启电路短路器＊)

v63a18　diagnosis: P 63a xduce failed low. Continue to operate TK3 and TK4 in AUTO.

(＊诊断:P 63a xduce 失效低。继续在自动 AUTO 状态操作 TK3 和 TK4＊)

v63a19　diagnosis: Possible electrical problem. Do not attempt to reset circuit breaker.

(＊诊断:可能的电气问题。不要试图重启电路短路器＊)

v63a20　diagnosis: PWR failure in affected HTR CNTLR.

(＊诊断:受影响的 HTR 控制器 CNTLR 的电源 PWR 失效＊)

v63a21　action：deactivate htrs in affected tk(s).
（＊动作：在受影响的一些 tk 中去活 htrs＊）

v63a24　diagnosis：P Xducer failed low. Continue to operate TK1 and TK2 in AUTO.
（＊诊断：P Xducer 失效低。继续在自动 AUTO 状态操作 TK1 和 TK2＊）

v63a25　diagnosis：PWR failure in affected HTR CNTLR.
（＊诊断：受影响的 HTR 控制器 CNTLR 的电源 PWR 失效＊）

v63a27　diagnosis：Instrumentation failure. No action required.
（＊诊断：仪器失效，不需任何动作＊）

v63a28　action：Operate TK1 and TK2 htrs in manual mode.
（＊动作：以手动模式操作 TK1 和 TK2 htrs＊）

v63a30　diagnosis：Auto pressure control failure.　（＊诊断：自动压力控制失效＊）

v63a33　diagnosis：Line blockage in tk reading high.
（＊诊断：在 tk 中线阻塞读数为高＊）

v63a35　diagnosis：Auto pressure control or RPC failure.
（＊诊断：自动压力控制或 RPC 失效＊）

v63a36　diagnosis：Instrumentation failure.　（＊诊断：仪器失效＊）

v63a37　action：Leave affected htrs deactivated until MCC develops consumables management plan.　（＊动作：离开，受影响的 htrs 去活，直到 MCC 发展消费管理计划＊）

v63a38　diagnosis：Instrumentation failure.　（＊诊断：仪器失效＊）

v63a39　action：Activate htrs.　（＊诊断：激活 htrs＊）

在常量和变量的定义方面 EQL 语法与 Pascal 语言相似。输入变量在 INPUTVAR 部分声明，INIT 部分实现程序变量和输入变量的初始化。如前所述，由于 EQL 是用来设计和分析实时决策系统的，因此当前版本可在调用任何一条指令之前，通过初始化输入变量来仿真外部传感器的读数。在一个实时决策系统的实际实现中，EQL 程序在每次调用指令集前应首先读入外部环境传感器的输入值。RULES 部分指定了程序的指令集，TRACE 声明用于在每条指令被触发后打印指定变量的值，PRINT 声明用于在程序到达一个不动点后打印出特定变量的值。

故障机制子集的 EQL 程序是：

```
PROGRAM cryov63a;
CONST
    true = 1;
    false = 0;
VAR
    v63a2, v63a4, v63a6, v63a7, v63a9, v63a10, v63a14, v63a15, v63a18, v63a19,
    v63a20, v63a21, v63a24, v63a25, v63a27, v63a28, v63a30, v63a33, v63a35,
    v63a36, v63a37, v63a38, v63a39 : BOOLEAN;
INPUTVAR
    v63a1a, v63a1b, v63a1c, v63a3, v63a5, v63a8, v63a11, v63a12, v63a13, v63a16,
    v63a17, v63a22, v63a23, v63a26, v63a29, v63a31, v63a32, v63a34a, v63a34b,
    v63b7 : BOOLEAN;
```

```
INIT
    v63a2 := false, v63a4 := false, v63a6 := false, v63a7 := false, v63a9 := false,
    v63a14 := false, v63a15 := false, v63a18 := false, v63a19 := false,
    v63a20 := false, v63a21 := false, v63a10 := false, v63a24 := false,
    v63a25 := false, v63a27 := false, v63a28 := false, v63a30 := false,
    v63a33 := false, v63a35 := false, v63a36 := false,
    v63a37 := false, v63a38 := false, v63a39 := false,
    v63a1a := true, v63a1b := true, v63a1c := true, v63a3 := true, v63a5 := true,
    v63a8 := true, v63a11 := true, v63a12 := true, v63a13 := true, v63a16 := true,
    v63a17 := true, v63a22 := true, v63a23 := false, v63a26 := true, v63a29 := false,
    v63a31 := true, v63a32 := false, v63a34a := true, v63a34b := true, v63b7 := true
RULES
    v63a2 := true IF (v63a1a = true)
    []v63a4 := true IF (v63a1c = true) AND (v63a3 = true)
    []v63a6 := true IF (v63a1c = true) AND (v63a3 = false) AND (v63a5 = true)
    []v63a7 := true IF (v63a6 = true)
    []v63a9 := true IF (v63a1c = true) AND (v63a3 = false) AND (v63a5 = false) AND
          (v63a8 = true)
    []v63a10 := true IF (v63a9 = true)
    []v63a14 := true IF (v63a12 = true) OR ((v63a12 = false) AND (v63a13 = true))
    []v63a15 := true IF (v63a1c = true) AND (v63a3 = false) AND (v63a5 = false) AND
          (v63a8 = false) AND (v63a11 = false) AND (v63a12 = true) AND (v63a14 =
          true)
    []v63a18 := true IF (v63a1c = true) AND (v63a3 = false) AND (v63a5 = false) AND
          (v63a8 = false) AND (v63a11 = true) AND (v63a16 = true) AND (v63a17 =
          true)
    []v63a19 := true IF (v63a1c = true) AND (v63a3 = false) AND (v63a5 = false) AND
          (v63a8 = false) AND (v63a11 = true) AND (v63a16 = true)
    []v63a20 := true IF (v63a1c = true) AND (v63a3 = false) AND (v63a5 = false) AND
          (v63a8 = false) AND (v63a11 = true) AND (v63a16 = true) AND (v63a17 =
          false)
    []v63a21 := true IF (v63a19 = true) OR (v63a20 = true)
    []v63a24 := true IF (v63a22 = true) AND (v63a14 = false) AND (v63a12 = true)
          AND(v63a11 = false) AND (v63a8 = false) AND (v63a5 = false)
          AND(v63a3 = false) AND (v63a1c = true)
    []v63a25 := true IF (v63a22 = false) AND (v63a14 = false) AND (v63a12 = true)
          AND(v63a11 = false) AND (v63a8 = false) AND (v63a5 = false)
          AND(v63a3 = false) AND (v63a1c = true)
    []v63a27 := true IF (v63a26 = true) AND (((v63a23 = true)
          AND (v63a1b = true)) OR(v63b7 = true))
    []v63a28 := true IF (v63a25 = true) OR (v63a15 = true)
    []v63a30 := true IF (((v63a1b = true) AND (v63a23 = true)) OR (v63b7 = true))
```

```
            AND(v63a26 = false)
            AND (v63a29 = true)
    []v63a33 := true IF (v63a32 = false) AND (v63a31 = true) AND (v63a29 = false)
            AND(v63a26 = false)
            AND (v63a23 = true) AND (v63a1b = true)
    []v63a35 := true IF (v63a32 = true) AND (v63a31 = true) AND (v63a29 = true) AND
            (v63a26 = false) AND (v63a23 = true) AND (v63a1b = true)
    []v63a36 := true IF (v63a34b = true) AND (v63a31 = false) AND (v63a29 = false)
            AND (v63a26 = false) AND (v63a23 = true) AND(v63a1b = true)
    []v63a37 := true IF (v63a30 = true) AND (v63a33 = false) AND (v63a35 = false)
            AND (v63a38 = true)
    []v63a38 := true IF (v63a34a = true) AND (v63a31 = false) AND (v63a29 = false)
            AND (v63a26 = false)
            AND (v63a23 = true) AND (v63a1b = true)
    []v63a39 := true IF (v63a36 = true)
TRACE
    v63a2, v63a4, v63a6, v63a7, v63a9, v63a10, v63a14, v63a15, v63a18, v63a19,
    v63a20, v63a21, v63a24, v63a25, v63a27, v63a28, v63a30, v63a33, v63a35, v63a36,
    v63a37, v63a38, v63a39
PRINT
    v63a2, v63a4, v63a6, v63a7, v63a9, v63a10, v63a14, v63a15, v63a18, v63a19,
    v63a20, v63a21, v63a24, v63a25, v63a27, v63a28, v63a30, v63a33, v63a35, v63a36,
    v63a37, v63a38, v63a39
END.
```


为了在SUN 3工作站上执行EQL程序，对于程序的INIT部分所给出的一个特定的传感器输入值集合，采用eqtc翻译器（eqtc<example>example）将其翻译成C语言程序。使用cc编译器可以编译程序，然后执行来获得稳定的输出值（如果存在不动点）。注意，一个调度表被用来决定下一个触发的可行规则，程序将会继续执行直到到达该不动点。这里忽略了生成的C程序，因为这个程序与10.5节给出的程序是相似的。

为了对传感器输入值特定组合下的程序性能进行分析，使用ptf翻译器的命令（ptf <example>example.fsg），将EQL程序（包括给定的输入变量）转换成一个有限的状态-空间图。这期间还会产生一个CTL时态逻辑公式，以检查程序在给定输入值情况下能否在限定时间内到达一个不动点。所产生的文件mc.in用来作为模型检测器和时间分析器的输入。

```
Finite State Space Graph Corresponding to Input Program:
------------------------------------------------------------
state   next states
------  -----------
```

```
rule # 1 2 3 4 5 6 7 8 9 10 11 12 13 14 15 16 17 18 19 20 21 22 23
0:      1 2 0 0 0 0 3 0 0 0 0 0 0 0 4 0 0 0 0 0 0 0 0
1:       1 5 1 1 1 1 6 1 1 1 1 1 1 1 7 1 1 1 1 1 1 1 1
2:      5 2 2 2 2 2 8 2 2 2 2 2 2 2 9 2 2 2 2 2 2 2 2
3:      6 8 3 3 3 3 3 3 3 3 3 3 3 3 10 3 3 3 3 3 3 3 3
4:      7 9 4 4 4 4 10 4 4 4 4 4 4 4 4 4 4 4 4 4 4 4 4
5:      5 5 5 5 5 5 11 5 5 5 5 5 5 5 12 5 5 5 5 5 5 5 5
6:       6 11 6 6 6 6 6 6 6 6 6 6 6 6 13 6 6 6 6 6 6 6 6
7:      7 12 7 7 7 7 13 7 7 7 7 7 7 7 7 7 7 7 7 7 7 7 7
8:      11 8 8 8 8 8 8 8 8 8 8 8 8 8 14 8 8 8 8 8 8 8 8
9:      12 9 9 9 9 9 14 9 9 9 9 9 9 9 9 9 9 9 9 9 9 9 9
10:    13 14 10 10 10 10 10 10 10 10 10 10 10 10 10 10 10 10 10 10 10 10 10
11:    11 11 11 11 11 11 11 11 11 11 11 11 11 11 15 11 11 11 11 11 11 11 11
12:    12 12 12 12 12 12 15 12 12 12 12 12 12 12 12 12 12 12 12 12 12 12 12
13:    13 15 13 13 13 13 13 13 13 13 13 13 13 13 13 13 13 13 13 13 13 13 13
14:    15 14 14 14 14 14 14 14 14 14 14 14 14 14 14 14 14 14 14 14 14 14 14
15:    15 15 15 15 15 15 15 15 15 15 15 15 15 15 15 15 15 15 15 15 15 15 15
State Labels:
-------------
state (v63a2, v63a4, v63a6, v63a7, v63a9, v63a10, v63a14, v63a15, v63a18,
       v63a19, v63a20, v63a21, v63a24, v63a25, v63a27, v63a28, v63a30,
       v63a33, v63a35, v63a36, v63a37, v63a38, v63a39, v63a1a, v63a1b,
       v63a1c, v63a3, v63a5, v63a8, v63a11, v63a12, v63a13, v63a16, v63a17,
       v63a22, v63a23, v63a26, v63a29, v63a31, v63a32, v63a34a, v63a34b,
       v63b7)
0      0 0 0 0 0 0 0 0 0 0 0 0 0 0 0 0 0 0 0 0 0 0 0 1 1 1 1 1 1 1 1 1 1 1 1
       0 1 0 1 0 1 1 1
1      1 0 0 0 0 0 0 0 0 0 0 0 0 0 0 0 0 0 0 0 0 0 0 1 1 1 1 1 1 1 1 1 1 1 1
       0 1 0 1 0 1 1 1
2      0 1 0 0 0 0 0 0 0 0 0 0 0 0 0 0 0 0 0 0 0 0 0 1 1 1 1 1 1 1 1 1 1 1 1
       0 1 0 1 0 1 1 1
3      0 0 0 0 0 0 1 0 0 0 0 0 0 0 0 0 0 0 0 0 0 0 0 1 1 1 1 1 1 1 1 1 1 1 1
       0 1 0 1 0 1 1 1
4      0 0 0 0 0 0 0 0 0 0 0 0 0 1 0 0 0 0 0 0 0 0 0 1 1 1 1 1 1 1 1 1 1 1 1
       0 1 0 1 0 1 1 1
5      1 1 0 0 0 0 0 0 0 0 0 0 0 0 0 0 0 0 0 0 0 0 0 1 1 1 1 1 1 1 1 1 1 1 1
       0 1 0 1 0 1 1 1
6      1 0 0 0 0 0 1 0 0 0 0 0 0 0 0 0 0 0 0 0 0 0 0 1 1 1 1 1 1 1 1 1 1 1 1
       0 1 0 1 0 1 1 1
7      1 0 0 0 0 0 0 0 0 0 0 0 0 1 0 0 0 0 0 0 0 0 0 1 1 1 1 1 1 1 1 1 1 1 1
       0 1 0 1 0 1 1 1
8      0 1 0 0 0 0 1 0 0 0 0 0 0 0 0 0 0 0 0 0 0 0 0 1 1 1 1 1 1 1 1 1 1 1 1
```

```
      0 1 0 1 0 1 1 1
9     0 1 0 0 0 0 0 0 0 0 0 0 0 0 1 0 0 0 0 0 0 0 1 1 1 1 1 1 1 1 1 1 1 1
      0 1 0 1 0 1 1 1
10    0 0 0 0 0 0 1 0 0 0 0 0 0 0 1 0 0 0 0 0 0 0 1 1 1 1 1 1 1 1 1 1 1 1
      0 1 0 1 0 1 1 1
11    1 1 0 0 0 0 1 0 0 0 0 0 0 0 0 0 0 0 0 0 0 0 1 1 1 1 1 1 1 1 1 1 1 1
      0 1 0 1 0 1 1 1
12    1 1 0 0 0 0 0 0 0 0 0 0 0 0 1 0 0 0 0 0 0 0 1 1 1 1 1 1 1 1 1 1 1 1
      0 1 0 1 0 1 1 1
13    1 0 0 0 0 0 1 0 0 0 0 0 0 0 1 0 0 0 0 0 0 0 1 1 1 1 1 1 1 1 1 1 1 1
      0 1 0 1 0 1 1 1
14    0 1 0 0 0 0 1 0 0 0 0 0 0 0 1 0 0 0 0 0 0 0 1 1 1 1 1 1 1 1 1 1 1 1
      0 1 0 1 0 1 1 1
15    1 1 0 0 0 0 1 0 0 0 0 0 0 0 1 0 0 0 0 0 0 0 1 1 1 1 1 1 1 1 1 1 1 1
      0 1 0 1 0 1 1 1
```

文件 mc.in 包含了有限状态空间图的邻接矩阵表示和一个用于检查能否到达不动点的 CTL 公式。


```
16
1 1 1 1 1 0 0 0 0 0 0 0 0 0 0 0
0 1 0 0 0 1 1 1 0 0 0 0 0 0 0 0
0 0 1 0 0 1 0 0 1 1 0 0 0 0 0 0
0 0 0 1 0 0 1 0 1 0 1 0 0 0 0 0
0 0 0 0 1 0 0 1 0 1 1 0 0 0 0 0
0 0 0 0 0 1 0 0 0 0 0 1 1 0 0 0
0 0 0 0 0 0 1 0 0 0 0 1 0 1 0 0
0 0 0 0 0 0 0 1 0 0 0 0 1 1 0 0
0 0 0 0 0 0 0 0 1 0 0 1 0 0 1 0
0 0 0 0 0 0 0 0 0 1 0 0 1 0 1 0
0 0 0 0 0 0 0 0 0 0 1 0 0 1 1 0
0 0 0 0 0 0 0 0 0 0 0 1 0 0 0 1
0 0 0 0 0 0 0 0 0 0 0 0 1 0 0 1
0 0 0 0 0 0 0 0 0 0 0 0 0 1 0 1
0 0 0 0 0 0 0 0 0 0 0 0 0 0 1 1
0 0 0 0 0 0 0 0 0 0 0 0 0 0 0 1
0 n1 ;
1 n1 ;
2 n1 ;
3 n1 ;
4 n1 ;
5 n1 ;
6 n1 ;
```

```
7 n1 ;
8 n1 ;
9 n1 ;
10 n1 ;
11 n1 ;
12 n1 ;
13 n1 ;
14 n1 ;
15 f1 ;
(au n1 f1)
0
```

时态逻辑模型检查器 mcf 通过使用特定的开始状态(mcf<mc.in)来分析这个有限状态-空间图，进而确定它在一个有限次数的迭代中能否到达一个不动点。为了证实程序在给定任何合法的输入值组合情况下都能到达一个不动点，所有有限状态-空间图(每个都有不同的开始状态)都必须被模型检查器分析。因此，如果所有针对 20 个输入值的组合都被允许的话，上述图会包含 2^{20} 种需要被模型检查器检查的可能图集。工具 ptaf 依据 EQL 程序，自动地在所有状态-空间图上执行上述的翻译和分析。

最后，调用时间分析器 fptime 以确定对于一个特定的输入值集，如果至少存在一个 fptime< mc.in，则规则的执行数和执行顺序都趋于一个不动点。下面是来自 fptime 的部分输出：

```
> initial state: 0
> fixed - point state(s):
> 15
> initial state: 0 fixed - point state: 15
> maximum number of iterations: 4
> path: 0 1 5 11 15
```

使用全自动的工具 ptaf，得到以下的信息：

```
> The program always reaches a fixed point in finite time.
> The maximum number of iterations to reach a fixed point is 6.
```

即：程序已经在有限时间达到不动点，达到不动点的最大迭代次数是 6。

将之前描述过的转化加到上述程序中，得到下面等价的 EQL 子集程序。它使用一个简单的文本分析轻易地解决了在限定时间内不动点的可达性问题，且不用产生一个相应的状态-空间图表。这个等价的程序拥有早先描述过的特殊形式。注意，所有的左端(LHS)变量都是独一无二的，因此，这个程序里的所有规则都是可相容的，这个程序能够确保在有限次数的迭代后到达某个不动点。

```
PROGRAM cryov63a;
CONST
    true = 1;
    false = 0;
VAR
    v63a2, v63a4, v63a6, v63a7, v63a9, v63a10, v63a14, v63a15, v63a18, v63a19,
    v63a20, v63a21, v63a24, v63a25, v63a27, v63a28, v63a30, v63a33, v63a35,
    v63a36, v63a37, v63a38, v63a39 : BOOLEAN;
INPUTVAR
    v63a1a, v63a1b, v63a1c, v63a3, v63a5, v63a8, v63a11, v63a12, v63a13, v63a16,
    v63a17, v63a22, v63a23, v63a26, v63a29, v63a31, v63a32, v63a34a, v63a34b,
    v63b7 : BOOLEAN;
INIT
    v63a2 := false, v63a4 := false, v63a6 := false, v63a7 := false, v63a9 := false,
    v63a14 := false, v63a15 := false, v63a18 := false, v63a19 := false,
    v63a20 := false,v63a21 := false, v63a10 := false, v63a24 := false,
    v63a25 := false, v63a27 := false,v63a28 := false, v63a30 := false,
    v63a33 := false, v63a35 := false, v63a36 := false,v63a37 := false,
    v63a38 := false, v63a39 := false,

    v63a1a := true, v63a1b := true, v63a1c := true, v63a3 := true,
    v63a5 := true,v63a8 := true, v63a11 := true, v63a12 := true,
    v63a13 := true, v63a16 := true,v63a17 := true, v63a22 := true,
    v63a23 := false, v63a26 := true, v63a29 := false,v63a31 := true,
    v63a32 := false, v63a34a := true, v63a34b := true, v63b7 := true
RULES
    v63a2 := true IF (v63a1a = true)
    []v63a4 := true IF (v63a1c = true) AND (v63a3 = true)
    []v63a6 := true IF (v63a1c = true) AND (v63a3 = false) AND (v63a5 = true)
    []v63a7 := true IF (v63a1c = true) AND (v63a3 = false) AND (v63a5 = true)
    []v63a9 := true IF (v63a1c = true) AND (v63a3 = false) AND (v63a5 = false)
          AND(v63a8 = true)
    []v63a10 := true IF (v63a1c = true) AND (v63a3 = false) AND (v63a5 = false)
          AND(v63a8 = true)
    []v63a14 := true IF (v63a12 = true) OR ((v63a12 = false) AND (v63a13 = true))
    []v63a15 := true IF (v63a1c = true) AND (v63a3 = false) AND (v63a5 = false)
          AND(v63a8 = false) AND (v63a11 = false) AND (v63a12 = true)
          AND((v63a12 = true) OR ((v63a12 = false)
          AND (v63a13 = true)))
    []v63a18 := true IF (v63a1c = true) AND (v63a3 = false) AND (v63a5 = false)
          AND(v63a8 = false) AND (v63a11 = true) AND (v63a16 = true)
          AND(v63a17 = true)
```

```
[]v63a19 := true IF (v63a1c = true) AND (v63a3 = false) AND (v63a5 = false)
        AND(v63a8 = false) AND (v63a11 = true) AND (v63a16 = true)
[]v63a20 := true IF (v63a1c = true) AND (v63a3 = false) AND (v63a5 = false)
        AND(v63a8 = false) AND (v63a11 = true) AND (v63a16 = true)
        AND(v63a17 = false)
[]v63a21 := true IF ((v63a1c = true) AND (v63a3 = false) AND (v63a5 = false)
        AND (v63a8 = false) AND (v63a11 = true) AND (v63a16 = true)) OR
        ((v63a1c = true) AND (v63a3 = false) AND (v63a5 = false) AND
(v63a8 = false) AND (v63a11 = true) AND (v63a16 = true) AND (v63a17 = false))
[]v63a24 := true IF (v63a22 = true) AND ((v63a12 = true) OR ((v63a12 = false)
   AND (v63a13 = true))) AND (v63a12 = true) AND (v63a11 = false) AND (v63a8 =
   false) AND (v63a5 = false) AND (v63a3 = false) AND (v63a1c = true)
[]v63a25 := true IF (v63a22 = false) AND (v63a12 = true) OR ((v63a12 = false)
        AND (v63a13 = true)) AND (v63a12 = true) AND (v63a11 = false)
        AND (v63a8 = false) AND (v63a5 = false) AND (v63a3 = false)
        AND (v63a1c = true)
[]v63a27 := true IF (v63a26 = true) AND (((v63a23 = true) AND (v63a1b = true))
        OR(v63b7 = true))
[]v63a28 := true IF ((v63a22 = false) AND (v63a12 = true) OR ((v63a12 = false)
        AND (v63a13 = true)) AND (v63a12 = true) AND (v63a11 = false)
        AND (v63a8 = false) AND (v63a5 = false) AND (v63a3 = false)
        AND (v63a1c = true)) OR ((v63a26 = true) AND (((v63a23 = true)
        AND (v63a1b = true)) OR (v63b7 = true)))
[]v63a30 := true IF (((v63a1b = true) AND (v63a23 = true)) OR (v63b7 = true))
        AND(v63a26 = false) AND (v63a29 = true)
[]v63a33 := true IF (v63a32 = false) AND (v63a31 = true) AND (v63a29 = false)
        AND(v63a26 = false) AND (v63a23 = true) AND (v63a1b = true)
[]v63a35 := true IF (v63a32 = true) AND (v63a31 = true) AND (v63a29 = true)
        AND(v63a26 = false) AND (v63a23 = true) AND (v63a1b = true)
[]v63a36 := true IF (v63a34b = true) AND (v63a31 = false) AND (v63a29 = false)
        AND (v63a26 = false) AND (v63a23 = true) AND (v63a1b = true)
[]v63a37 := true IF ((((v63a1b = true) AND (v63a23 = true)) OR (v63b7 = true))
        AND(v63a26 = false) AND (v63a29 = true)) AND ((v63a32 = false)
        AND (v63a31 = true) AND (v63a29 = false) AND (v63a26 = false)
        AND (v63a23 = true) AND (v63a1b = true)) AND ((v63a32 = true)
        AND (v63a31 = true) AND (v63a29 = true) AND (v63a26 = false)
        AND (v63a23 = true) AND (v63a1b = true)) AND ((v63a34a = true)
        AND (v63a31 = false) AND (v63a29 = false) AND (v63a26 = false)
        AND (v63a23 = true) AND (v63a1b = true))
[]v63a38 := true IF ((v63a34a = true) AND (v63a31 = false) AND (v63a29 = false)
        AND (v63a26 = false) AND (v63a23 = true) AND (v63a1b = true))
[]v63a39 := true IF (v63a34b = true) AND (v63a31 = false) AND (v63a29 = false)
```

```
        AND (v63a26 = false) AND (v63a23 = true) AND (v63a1b = true)
TRACE
    v63a2, v63a4, v63a6, v63a7, v63a9, v63a10, v63a14, v63a15, v63a18, v63a19,
    v63a20, v63a21, v63a24, v63a25, v63a27, v63a28, v63a30, v63a33, v63a35, v63a36,
    v63a37,v63a38, v63a39
PRINT
    v63a2, v63a4, v63a6, v63a7, v63a9, v63a10, v63a14, v63a15, v63a18, v63a19,
    v63a20, v63a21, v63a24, v63a25, v63a27, v63a28, v63a30, v63a33, v63a35, v63a36,
    v63a37, v63a38, v63a39
END.
```

10.8 综合问题

为了使综合问题规范化，需要引入下面的定义。一个基于等式规则的程序 P_2 是程序 P_1 的一个扩展，当且仅当：(1) P_1 的变量是 P_2 变量的一个子集；(2) P_2 状态空间在 P_1 上的映射与 P_1 有着同样的初始状态，也就是说，如果 P_2 比 P_1 有更多的变量，则只需考虑那些同时也存在 P_1 中的 P_2 变量；(3) P_1 的初始状态和 P_2 中相应的初始状态有相同的终点，需要注意，并不要求 P_1 的状态空间图与 P_2 的完全相同，例如，P_2 中从初始状态到终点的路径可能更短一些。综合问题是：给出一个基于等式规则的程序 P，P 总能够在有限的时间内到达一个安全的不动点，但是对于满足通用调度程序的时间限制还不够快速；那么是否存在一个 P 程序的扩展，其能够同时满足某些调度程序的时间和完整性约束？

对于那些所有变量都属于有限域的程序，由于状态-空间图是有限的，所以可以计算出所有的初始状态所对应的终点。可以按照以下的方法从给定的程序创建一个新程序。新程序和给定的程序有着相同的变量。假设 s 是初始状态，s' 是 s 的一个终点值。创建规则 r，令其被激活的条件是：当且仅当程序从 s 中开始且执行 r 时会导致程序到达状态 s'；也就是说，r 激活的条件就是去匹配 s 中变量的值。r 的多重赋值语句被指定分配给 s' 中变量的对应值。通过这种方式，新程序在一次迭代中总是能够到达一个不动点。因此从理论上来说，对于有限变量情况下的综合问题，总会存在一个解决方案。由于总是存在至少和启动状态数量一样多的指令，即使通过相似于可编程逻辑阵列优化的技术减少指令的数量，这个解决方案也是非常耗费内存的。但是，却必须计算每个初始状态的终点。

希望找到不需要检查程序的整个状态空间就能解决综合问题的方案。下面是两种通用的方法：

(1) 对给定的基于等式规则的程序进行变换（增加、删除和/或修改规则）。

(2) 优化调度器以选择需要执行的规则，使得总能在响应时间限制内到达不动点。这里假设从启动状态到其对应的每个终点，至少有一个足够短的路径存在。

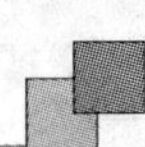

下面针对例 10.1 的程序对两种方法进行阐明。

例 10.7：

```
    initially: object_detected = false, sensor_a_status, sensor_b_status = good
    input: read(sensor_a, sensor_b, sensor_c)
1.object_detected := true IF sensor_a = 1 AND sensor_a_status = good
2.[] object_detected := true IF sensor_b = 1 AND sensor_b_status = good
3.[] object_detected:= false IF sensor_a = 0 AND sensor_a_status = good
4.[] object_detected := false IF sensor_b = 0 AND sensor_b_status = good
5.[] sensor_a_status := bad IF sensor_a ≠sensor_c AND sensor_b_status = good
6.[] sensor_b_status := bad IF sensor_b≠ sensor_c AND sensor_a_status = good
```

在这段程序里，变量 sensor_a_status 和 sensor_b_status 最初设定为 good，变量 object_detected 最初设定为 false。在每次调用的开始，传感器的值会被读入变量 sensor_a、sensor_b、sensor_c。注意，如果 sensor_a 和 sensor_b 读入值 1 和 0，则相对应的规则(1)和规则(4)就会自动地无限次执行，直到规则(5)或规则(6)被执行。同样，如果传感器 sensor_a 和 sensor_b 读入值 0 和 1，则相对应的规则(2)和规则(3)就会自动地无限次执行，直到规则(5)或规则(6)被执行。在这种情况下，sensor_c 通过执行规则(5)或(6)来在规则(1)和(4)，或规则(2)和(3)之间仲裁。(但是，注意，每次调用只能执行规则(5)或者(6)其中的一条，不要让 sensor_c 凌驾于 sensor_a 和 sensor_b 之上。)由于公平性确保规则(5)或规则(6)最终将会被执行，因此这段程序在有限的时间内能够到达一个不动点。

在方法(1)中，通过适当的程序变型，可以确保程序从任意初始状态开始，经过有限次迭代，最终到达一个不动点。首先，要找到可能组成一个执行序列循环的规则。在这个程序中，规则(1)和(4)，或规则(2)和(3)的轮替执行可能组成一个执行序列的循环。注意，执行规则(5)或规则(6)能使规则(1)～(4)中的两条规则失效，因此增加了一条规则(规则 7)和一些额外条件来强迫执行规则(5)或规则(6)，当从 sensor_a 和 sensor_b 读入的值之间存在冲突时，就能够打破这个循环。这个改造过的程序如下，它总能在有限次迭代后确保到达一个不动点：

```
initially:object detected = false, sensor_a_status, sensor_b_status = good
invoke:conflict := true
input: read(sensor_a, sensor_b, sensor_c)
1.object_detected := true IF sensor_a = 1 AND sensor_a _status = good
    AND conflict = false
2. []object_detected := true IF sensor_b = 1 AND sensor_b_status = good
    AND conflict = false
3. [] object_detected := false IF sensor_a = 0 AND sensor_a_status = good
    AND conflict = false
4. [] object_detected := false IF sensor_b = 0 AND sensor_b_status = good
```

```
    AND conflict = false
5. []sensor_a_status := bad IF sensor_a ≠ sensor_c AND sensor_b_status = good
6. [] sensor_b_status := bad IF sensor_b ≠ sensor_c AND sensor_a_status = good
7. []conflict := false IF sensor_a = senso_ b OR sensor_a_status = bad OR
    sensor_b_status = bad
```

程序中,在每次调用的开始,通过执行 EQL 的 invoke 命令,变量 conflict 总是被设置成 true。

方法(2)中,定制了一个优化的调度器,它总能选出从启动状态到终点的最短路径。在例子程序中,可通过一个固定优先级的调度器达到目的,该调度器为规则(5)和规则(6)分配了最高的优先级,也就是说,如果规则(5)或规则(6)被激活,则它们总能够在规则(1)~(4)之前被执行。

应该强调的是,这两种解决综合问题的方法通常不能在多项式时间内完成。确定调度表能否满足一个响应时间限制是 NP 难(NP-hard)问题,如下节所述。

10.8.1 调度基于等式规则程序的时间复杂性

考虑下面基于等式规则的程序:


```
initially:R = 0, t1 = t1 = … = tn = 0
input: read (C)
1.R: = R + q1(t̄)! t1 : = t1 + 1 IF R < C
2. []R: = R + q2(t̄)! t2 : = t2 + 1 IF R < C
⋮
n. [] R: = R + qn(t̄)! tn : = tn + 1 IF R < C
```

在上面的程序中,$\bar{t}$ 是矢量 $(t_1, t_2, \cdots, t_n)$。考虑变量 R(它的初始值为 0)作为规则触发的累计收益(reward),变量 t_i 作为规则 i 已经被触发的次数(对于所有的 n 条规则初始值是 0),函数 $q_i(\bar{t})$ 表示能够被触发规则 i 又一次得到的额外收益。所有的 $q_i(\bar{t})$ 都是关于 $\bar{t}$ 的单调非减函数,假设一些 q_i 返回的值是正数,则程序可能在有限时间到达不动点。

时间预算问题(time-budgeting problem)是指:对于一些给定的 T,确定上述程序能否在 T 次迭代后从 0 增加到大于或等于 C。对于包含 n 个子系统的实时决策系统,当必须在一个响应时间约束 T 之内计算得到输出时,就会引起时间预算问题。为了计算输出,决策系统必须调用一定数量的子系统 $S_i, i=1, \cdots, n$,其中每个子系统计算出一个部分的输出。每个部分输出的质量 q_i 依赖于分配给子系统 S_i 的时间 t_i,并且整体的输出质量依赖于部分输出质量的某个函数。给定一个固定的时间周期 T,时间预算问题的目标是:将 T 分配到 n 个时隙中使整体的质量 $R=q_1+\cdots+q_n$ 最大化,其中每个时隙 $t_i(i=1, \cdots, n)$ 与分配给子系统 S_i 的时间有关。

参照上面的 EQL 程序,时间预算问题显然是 NP 问题,这是由于一个不确定的

算法能够猜测出 n 条规则中的每条应该被触发的次数，并能够在多项式时间检查 $t_1+t_2+\cdots+t_n\leqslant T$ 和 $R\geqslant C$。这种时间预算问题被认为是 NP 完全问题，因为它可以从 NP 完全的背包问题化简得到。背包问题包含一个有限集合 U、一个容量 $s(u)$，对于每个 $u\in U$ 有一个值 $v(u)$、一个容量约束 T，以及一个值的目标 C。所有的值 $s(u)$、$v(u)$、T 和 C 是正整数。这个问题用以判定是否存在某个子集 $U_1\in U$，使得容量 $s(u)\in U_1$ 的和 $\leqslant T$，并且值 $v(u)\in U_1$ 的和大于或等于 C。为了将背包问题转换到时间预算问题，让每项 $u_i\in U$ 与一项唯一的规则 i 相关联，令

$$q_i(\bar{t})=\begin{cases}0 & (t_i<s(u_i))\\ v(u_i) & (t_i\geqslant s(u_i))\end{cases}$$

显然，当且仅当背包问题可以调度规则的一个子集，以触发总共 T 次，使得 $R\geqslant C$ 时，该问题有解。

时间预算问题捕获一类重要实时应用的属性，在这些应用中计算结果的精度和/或确定性可以与计算时间相互权衡。这样，求解这个问题的方法在实际中是有意义的。对于总收益是子系统价值函数之和的情况，能够用一种周知的基于背包问题动态规划求解的伪多项式时间算法解决。因为这种计算是离线的，计算时间的长短并不要紧。然而，如果总收益不是求和而是更复杂的函数，那么动态规划问题可能并不适用。应该提出另外一种次优化的方法，从应对这种复杂的总收益函数。该方法的思想是采用一个连续函数进行插值并且界定每个收益函数，然后采用拉格朗日乘子在给定的时序约束下使总收益最大化。该方法在下一小节中解释。

10.8.2　拉格朗日乘子法求解时间预算问题

假定触发第 i 条规则 t_i 次的收益为 $q_i(t_i)$，并且 T 是允许的最大迭代数，时间预算问题能够被公式化为一种组合优化问题，其中目标是最大化 R，约束是 $t_1+t_2\cdots+t_n-T=0$。对于上述程序，$R(\bar{t})=q_1(t_1)+\cdots+q_n(t_n)$。与需求不同，$t_i$ 必须是整数，这个问题在形式上可以用拉格朗日乘子法求解。在边界条件下 $g(\bar{t})=0$(即在案例中的时间响应时间约束)，为了使收益函数 $f(\bar{t})$最大化(或最小化)，可以在$\nabla H(\bar{t},\lambda)$中求解 $\bar{t}$，其中 λ 是拉格朗日乘子，并且

$$H(\bar{t},\lambda)=f(\bar{t})-\lambda\cdot g(\bar{t})$$

例 10.8： 考虑下面的 EQL 程序，它是带有两个规则的时间预算问题的实例。

```
initially：R = 0, t1 = t2 = 0
input：read(C)
1.R, t1 := R + q1(t̄), t1 + 1 IF R<C
2. []R, t2 := R + q2(t̄), t2 + 1 IF R<C
```

令 T＝10，两个规则的收益函数 q_1 和 q_2 如表 10.1 所列。

表 10.1　离散收益函数 q_1 和 q_2

t_1	1	2	3	4	5	6	7	8	9	10
q_1	4	5	6	7	8	9	10	11	12	12
t_2	1	2	3	4	5	6	7	8	9	10
q_2	6	8	9	9	10	10	10	10	10	10

采用拉格朗日乘子法。首先，对两套数据点的集合进行插值和求边界，得到两个连续且可微的函数 f_1 和 f_2，$f_1(t_1)=4\cdot t_1{}^{1/2}$，$f_2(t_2)=10\cdot(1-\mathrm{e}^{-t_2})$。图 10.7 表示两个离散收益函数和它们相应的连续逼近函数。离散收益函数 q_1 和它相应的逼近函数 f_1 以虚线绘制。离散收益函数 q_2 和它相应的逼近函数 f_2 以实线绘制。

该问题的边界约束是 $t_1+t_2=T=10$。其中 t_1 和 t_2 必须是非负的，因为一个规则不能非负数次的触发。存在：

$$
\begin{aligned}
H(t_1,t_2,\lambda) &= f(\bar{t})-\lambda\cdot g(\bar{t}) \\
&= f_1(t_1)+f_2(t_2)-\lambda\cdot(t_1+t_2-T) \\
&= 4t_1^{1/2}+10(1-\mathrm{e}^{-t_2})-\lambda(t_1+t_2-10)
\end{aligned}
$$

对 $H(t_1,\ t_2,\ \lambda)$ 求关于 t_1、t_2 和 λ 的微分，并设每个偏微分等于 0。得到如下三个方程：

$$\frac{\partial H}{\partial t_1}=2t_1^{-1/2}-\lambda=0 \tag{10.1}$$

$$\frac{\partial H}{\partial t_2}=10\mathrm{e}^{-t_2}-\lambda=0 \tag{10.2}$$

$$\frac{\partial H}{\partial \lambda}=-(t_1+t_2)+10=0 \tag{10.3}$$

联立前两个方程式(10.1)和式(10.2)，得到带有两个未知量的两个方程，对 t_1 和 t_2 求解，得到：

$$
\begin{aligned}
2t_1{}^{-1/2}-10\mathrm{e}^{-t_2} &= 0 \\
t_1+t_2 &= 10
\end{aligned}
$$

t_1 和 t_2 的值分别为 7.391 和 2.609。因为这些优化值不是整数，因此首先将它们截短为 $t_1=7$ 和 $t_2=2$。这样就剩下额外的一个时间单位能够用于触发一次规则。将这个额外的时间单位分配给能够对 R 添加最大边际收益的规则。松弛状态(ties)被任意地打破。在例中的每种情况下，规则(1)和规则(2)触发的边际收益都是 1。选择规则(2)在这一时间触发，以得到总收益 19，其中 $t_1=7$，$t_2=3$。对于带有更多规则的程序，通过截短拉格朗日乘子法的解得到整数解，并使用贪婪算法选择规则以使边际收益最大化。在本例中，也能出现整数优化问题的最优解。

应该考虑，由拉格朗日乘子法得到的解的质量是否普遍好于由贪婪算法解背包问题的解，目前还不清楚。然而，这种方法能够处理更一般的收益函数，更重要的是，它能根据响应时间约束 T 和收益目标 C 使自身得到参数化的解。例如，可以使用二次 B-spline 样条算法进行插值，并界定每组离散收益值的集合，以得到 n 元二次函数。按照拉格朗日乘子法，在进行偏微分之后，可得到 $n+1$ 个线性方程。给定运行时间的 T 和 C 值，这些方程可以有效地求解。例如，可以采用高斯消去法。使用连续函数界定收益，能够更好地保证基于等式规则的程序在有界时间内满足最小的性能指标，这优于专用的贪婪函数，因为后者必须对个体收益函数进行分析。这些特点对于安全关键应用极具重要性。

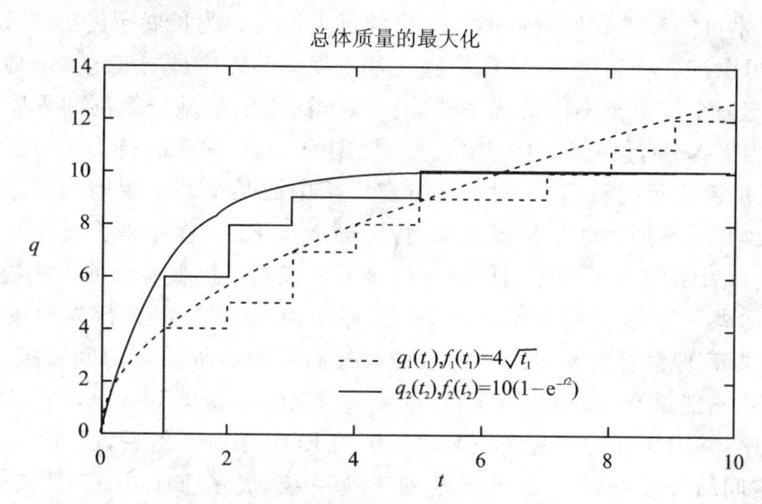

图 10.7 连续函数 f_1 和 f_2 逼近离散函数 q_1 和 q_2

10.9 在 ESTELLA 中规定终止条件

到现在为止，已经介绍了实时专家系统的基本特性和分析框架。现在描述一种更完善的分析方法，以及一种规定基于规则系统的终止条件的语言。在所有可能的情况下，确定专家系统的响应速度是困难的，并且，通常这是一个不可判定问题[Browne，Cheng，and Mok，1988]。

这里的焦点问题是确定一个基于规则的 EQL 程序是否具有有界响应时间。验证一个基于规则的程序能否满足规范（即逻辑正确性检查），该问题已经被非实时系统的研究者和开发者深入研究过。首先，描述一种分析一大类基于规则 EQL 程序的有效分析方法，以确定这些类中的某个程序是否具有有界响应时间。特别介绍几种基本行为约束断言（称为规则的“特殊形式”）的集合，具有如下的属性：某个 EQL 程序若满足在这些约束断言集合之一中的所有约束，则具有有界的响应时间。一旦一个规则集被发现具有有界响应时间，则在参考文献[Cheng，1992b]中的有效算法能够被用于计算该规则集的紧致响应时间界限。

由于这些约束断言的验证是基于EQL规则的静态分析，因此并不需要检查与这些规则执行序列有关的状态空间图，该分析方法使对具有很大数目规则和变量的程序进行分析成为可能。基于这种分析方法的一套计算机辅助软件工程工具已经被实现，并成功地被Mitre公司和NASA用于分析航天飞机和空间站中的几种实时专家系统。

与非时间关键系统和软件的设计和分析不同，实时系统和软件的设计和分析通常需要关注应用的特定知识。对于非常小的系统适用于所有或一大类实时系统和软件的通用技术可能导致它们的性能或工作的巨大损失。为扩展所提出的分析技术的可用性，这里引进一项新措施，这项措施使基于规则的程序员能够定义与应用有关的知识，以确定一个较宽范围内的程序性能。该方法提供给基于规则的程序员一种新的语言，称为Estella，该语言用于规定基于规则的EQL程序的行为约束断言。这些与应用有关的断言可捕获需求，对于在特定应用中的某个基于规则的程序获取一定等级的性能，并且被通用的分析器所采用，以确定该EQL程序是否具有有界响应时间。这些断言表示的关于程序的信息难以被分析工具以机器检测的方法检测到。

首先，回顾一下使用的分析方法，并解释使用Estella定义行为约束断言的目的——这些断言保证任意满足这些约束的程序将具有有界响应时间。接下来，介绍Estella语言，它能够与“通用分析工具”(General Analysis Tool，GAT)一起被用于分析EQL程序，并用来开发带有响应时间保证的EQL系统。然后，通过分析Mitre和NASA为空间站开发的两个基于规则的工业系统，展示Estella-GAT工具的实用性。也讨论了实现Estella-GAT工具的有效算法。

10.9.1　分析方法概述

为描述分析算法，引入如下定义。一种“特殊形式”(special form)是在一个规则集上的行为约束断言的集合。满足某个特殊形式的所有断言的规则集总能确保在有限时间内到达某个不动点。基于规则的程序的“状态空间图(state-space graph)”是一种带有标签的有向图$G=(V,E)$。V是顶点的集合，每个顶点由元组$(x_1,\cdots,x_n,y_1,\cdots,y_m)$作为标签，其中$x_i$是第$i$个输入传感器变量域中的值，$y_j$是第$j$个非输入变量域中的值。当且仅当某个规则的使能条件被顶点i中的变量值元组所满足时，该规则被称为是被使能的(enabled)。E是边的集合，每条边表示规则触发，当且仅当存在一个在顶点i使能的规则R，触发R将修改非输入变量，使之与顶点j上的元组具有相同值时，这样边(i,j)连接顶点i到顶点j。下面说明通用分析算法的主要步骤。实现的细节将在后面给出。

(1) 识别具有特殊形式(通过查找特殊形式目录确定)的某个规则子集，该子集能被独立地处理。当且仅当在不考虑程序中其他规则行为的条件下，就能确定其不动点收敛时，独立地(independent)调用规则子集。

(2) 重写程序，利用如下优势：特殊形式可使一些变量被作为常量。

如果没有识别出特殊形式，就识别规则的独立子集，并检查这些子集的状态空间图以确定能否到达某个不动点。如果可能，重写(1)中的程序，使程序更简化。

对来自(1)或(2)的每个程序进行分析。如果分析者发现EQL程序不能总具有有界响应时间，则它将给出一个规则列表，这些规则可能导致程序中的时序违例。如果在检查规则之后，编程者归纳出在明显时序违例中的这些规则实际上是可以接受的(例如，调度者知道这些循环)，就能够交互地定义附加的行为约束断言(Behavioral Constraint Assertions,BCAs)，并作为分析器的输入，重新分析EQL程序。Estella工具允许编程者裁剪分析工具，使之成为专用的基于规则的程序。图10.8展示了分析EQL程序的Estella-GAT工具。接下来详细描述Estella工具的组件。

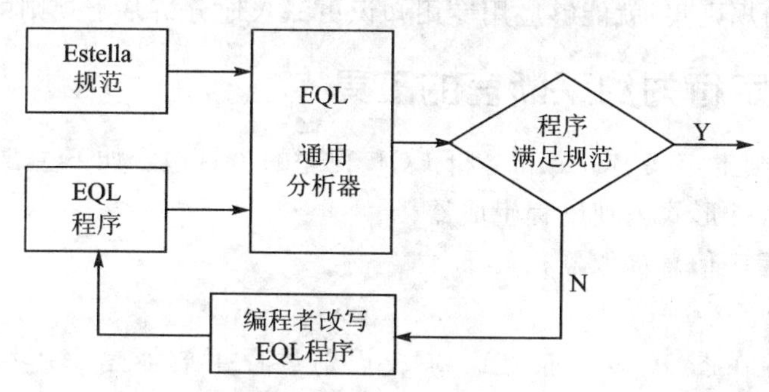

图10.8 分析方法的概述

Estella是一种规定关于EQL程序的行为约束断言的新语言。这些断言描述了一些规则的特性，这些规则满足一定的语法和/或语义结构。对于特定应用中基于规则的程序，该结构被用于捕获需求以得到确定的性能等级。一旦这些与专用BCAs被输入到Estella编译器并且EQL程序被读入GAT分析器，分析器将使用上述通用分析算法、BCA原语和编程者定义的专用BCAs，来确定EQL程序中的规则能否在有界时间内到达不动点。通用分析算法的理论基础在参考文献[Browne, Cheng, and Mok, 1988]中有讨论。

下面的例子展示了Estella工具在基于规则的系统中用于定义行为约束断言。

例10.9：在简单对象检测程序中，规定规则的相容性准则。

如前所述，两对规则不是相容的：rule (1)和rule (4)、rule (2)和rule (3)。让变量sensor_a和sensor_b分别包含由雷达传感器a识别的值和由雷达传感器b识别的值，两者都是搜索天空的同一片区域。现在假设基于规则的程序员知道检查两个传感器状态的检查设备都是失效保险的(fail-safe)，即：当且仅当sensor_x工作正常时，它对于sensor_x_status返回的值是好的，这里$x=a$ or b；当且仅当sensor_x工作不正常或检查设备功能不正常时，它对于sensor_x_status返回的值是坏的。该事实蕴含着：对于rule (1)和rule (4)(以及rule (2)和rule (3))，如果传感器值不一致，则其中一个传感器的状态一定是坏的。因此，在某个时刻只能由一个规则使能，就不会出现无限的触发。这样，两对规则就不需要对这个程序相容，就能在有限次触发后到达某个不动点。定义这个条件的 Estella 声明是：

```
COMPATIBLE_SET = ({ 1, 4 }, { 2,3 })
```

该状态声明：规则对(1)和(4)以及规则对(2)和(3)被规定为相容的，尽管它们不满足前面定义的相容性。这个 Estella 相容性条件能够用于分析工具，将该程序识别为可在有限时间内到达某个不动点。通过这种方式，Estella 允许编程者规定过难的规则，而这些规则不可能被分析工具所检测。

断言(诸如上述相容性条件)的定义依赖于编程者所开发的基于规则程序领域的知识，这是合理的。在下面的章节中会看到，使用分析工具，编程者只需关注于潜在导致时序违例的规则集，就能够应用专用知识更深入地分析基于规则的程序。

10.9.2　规定行为约束断言的工具

在 EQL 规则上定义 BCAs 和分析 EQL 程序的工具包含如下主要组件：

(1) BCA 特殊形式识别过程生成器；

(2) EQL 程序信息提取器；

(3) 通用分析器。

这三种组件在图 10.9 中描述。BCA 识别过程生成器是 Estella 语言编写的 BCA 规范的编译器，能够为识别有界响应次数内的专用 BCA 规则生成相应的过程(procedure)。

EQL 程序信息提取器是过程的集合，这些过程从被分析的 EQL 程序中提取相关的信息。这些过程提供的信息，在形式上能够在 Estella 规范中被使用。例如，ER 图构造器从 EQL 程序建立 ER 图，并提供对象(诸如在 Estella 原语中命名的 ER 环或 ER 边)。信息提取器可以扩充，这样在产生需求时提取信息，以及提供以前没有可用对象时，它能易于安置新的过程。

通用分析工具将信息提取器和 BCA 识别过程生成器生成识别过程的提供信息作为输入，并在它的知识库中保存这些过程。接着，给定一个 EQL 程序，通用分析器决定该程序能否在有限时间内到达某个不动点。当发现潜在的时序违例时，通用分析器就识别规则的子集(在这些规则上编程者需要特别注意)。这对于调试程序的时序违例特别有帮助，因为分析器从一个更大的规则集合中隔离出了相关的规则。

设计 Estella 的主要目地是为了规定以 EQL 语言编写的规则的行为约束断言。它的表达能力足以胜任 EQL 规则的大范围 BCA 的规范，并且它不需要基于规则的程序员了解 Estella 编译器或识别过程实现细节的知识。

Estella 的句法和语义：Estella 允许以 EQL 程序的句法和语义结构将约束规范化。它提供一个结构体的集合，这些结构体被设计用来简化基于规则程序的条件规范。一个规则集满足由程序员定义的所有 BCA 特殊形式，并保证具有有界响应时间。由于分析工具不能验证用户定义的特殊形式的正确性，所以确保所定义的特殊

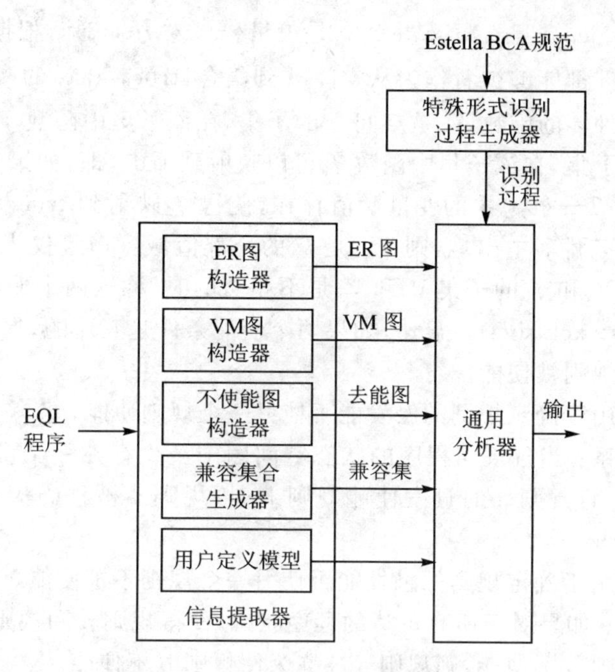

图 10.9　Estella——通用分析工具

形式的正确性是程序员的职责。程序员可以定义带有有界响应时间的规则的不同特殊形式，以作为分析器的输入。

存在两种形式的 BCA——原语 BCA(primitive BCA)和用户定义 BCA(user-defined BCA)，它们都被 Estella 以基本相同的方式定义。程序员可以选择以交互的方式输入 BCA，或是将存储在库文件中事先定义的特殊形式加载到通用分析器。在每一步的分析中，程序员也能够定义应被检查的特殊形式的次序，这样分析过程就能够被优化。

值得特别注意的是，Estella 的一个重要声明是终止条件(break_cycle)的定义，该终止条件用于终止特定图中由特定边构成的循环。

由于每个规则的原语特殊形式具有至少一个条件，该条件约定在一些以图形表示的规则信息中缺少特定的循环类型，或是在特定的图形中循环存在关于信息的表达，因此这个声明是由主要特殊形式条件构成的，这样一个 break_cycle 条件必须存在，它被保证退出这些循环以使得与规则相关的状态空间图中不能出现循环。在与程序相关的状态空间图中，循环表示程序可能不会具有有界响应时间，因为可能存在无界的规则触发序列。

注意，对于特殊的循环类型或是特定的循环，如果循环不会导致与程序相关的状态空间图中的一个循环，则 break 条件可以定义为 TRUE(不需要 break 条件)。

首先提供一种 Estella 的非正式描述，以突出它的特性。下面的定义用于描述 Estella 的语言结构。所定义的互斥关系被用于确定两条规则能否在同一时间使能。

互斥：令 $T=\{v_1, v_2, \cdots, v_n\}$，并令 $\bar{v}$ 是矢量 $\langle v_1, v_2, \cdots, v_n \rangle$。根据这些定义，程序中的每个使能条件都能够被看作为从空间 $\bar{v}$ 到集合{true,false}的函数 $f(\bar{v})$。令 f_a 是对应于使能条件 a 的函数，V_a 是空间 $\bar{v}$ 的子集，在该子集中函数 f_a 被映射到 true。令 $V_{a,i}$ 是 v_i 值的子集，在该子集中函数 f_a 可以映射到 true，即，如果变量 v_i 的值在子集 $V_{a,i}$ 中，则集合 $T-\{v_{il}\}$ 中的变量赋值存在，使得 f_a 映射到 true。注意到，如果变量 v_k 没有在使能条件 a 中出现，则 $V_{a,k}$ 是 v_k 的全部值域。当且仅当两个使能条件 a 和 b 的相应函数 f_a 和 f_b 的子集 V_a 和 V_b 是不相交的时，称这两个使能条件 a 和 b 是互斥的(mutually exclusive)。显然，如果两个使能条件是互斥的，那么在一个时刻只能有一个相应的规则被使能。

下面的定义用于确定规则的触发能否使另一个规则使能。

潜在使能关系：当且仅当程序的状态空间图中至少存在一个可达的状态，使得规则 b 不被使能，且规则 a 的触发使能规则 b 时，规则 a 被称为潜在使能规则(potentially enable rule)b。

下面的定义用于确定规则的触发能否使另一个规则不被使能。

不使能关系：如果对于所有可达的程序状态，使得规则 a 和规则 b 都被使能，且规则 a 触发使规则 b 不使能，则规则 a 被称为使规则 b 不使能。

使能规则图(enable - rule graph)表明在某个程序中的潜在使能关系。它被用来确定由于规则是相互使能的，能否导致出现无限的规则触发。

使能规则图：规则集的使能规则图是一种带有标签的有向图 $G=(V, E)$。其中，V 是顶点的集合，对于每条规则存在一个顶点。E 是边的集合，当且仅当规则 a 潜在使能规则 b 时，连接顶点 a 和顶点 b 的边存在。

变量修正图(Variable - Modification, VM)表明规则的触发能否修改另一规则的 VAL 变量。如前所述，一个规则仅在使能时是可触发的，而且一旦被触发，它将改变 VAR 中的某个变量值。因此，变量修正图用于确定：当至少一个 VAL 变量值改变时，哪个规则集能够被再次触发(通过触发其他不在本规则集中的规则)。

变量修正图：规则集的变量修正图是一种带有标签的有向图 $G=(V, E)$，V 是顶点的集合，每个顶点被标记为一个与不同单赋值子规则(single-assignment subrule)有关的元组(i, j)，其中 i 是规则的编号，j 是在规则 i 中单赋值子规则的编号(在规则中从左到右)。E 是边的集合，每条边表明一对单赋值子规则之间的相互作用，当且仅当 $L_m \cap R_n \neq \emptyset$ 时，这样连接顶点 m 到顶点 n 的边存在。

不被使能的边用于表示不被使能的关系。

不使能边：当且仅当规则 r 的触发总是使规则 s 的使能条件不成立时，一条不使能(disable)边连接顶点 r 到顶点 s。

不使能图展示程序中规则间的不使能关系，并遵循如下的定义。

不使能图：规则集的不使能图是一种带有标签的有向图 $G=(V, E)$，V 是顶点的集合，对于每条规则存在一个顶点。E 是不使能边的集合。

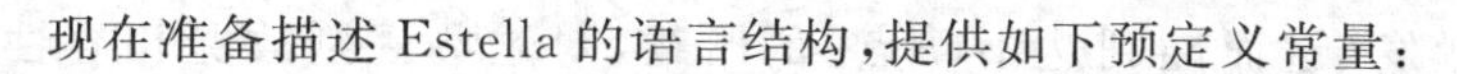

现在准备描述 Estella 的语言结构，提供如下预定义常量：

{} = 空集

Estella 提供下列预定义的集合变量：

L = {v| v 是在 VAR 中出现的变量}
R = {v| v 是在 VAL 中出现的变量}
L = {v| v 是在 VAR 中出现的变量}
T = {v| v 是在 EC 中出现的变量}
$L[i]$ = {v| v 是在规则 i 的 VAR 中出现的变量}
$L[i,j]$ = {v| v 是在规则 i，子规则 j 的 VAR 中出现的变量}
$R[i]$ = {v| v 是在规则 i 的 VAL 中出现的变量}
$R[i,j]$ = {v| v 是在规则 i，子规则 j 的 VAL 中出现的变量}
$T[i]$ = {v| v 是在规则 i 的 EC 中出现的变量}

Estella 提供下列预定义的表达式变量，用于引用实际的表达式，或引用由变量的索引指示位置的 EQL 变量：

LEXP[i, j] = 规则 i，子规则 j 的 VAR
REXP[i, j] = 规则 i，子规则 j 的 VAL
TEXP[i] = 规则 i 的 EC

Estella 提供下列预定义的函数：

- INTERSECT(A, B)：集合 A 和集合 B 的交，其中 A 和 B 是由“{”和“}”封闭的集合变量或元素。
- UNION(A, B)：集合 A 和集合 B 的并，其中 A 和 B 是由“{”和“}”封闭的集合变量或元素。
- RELATIVE_COMPLEMENT(A, B)：相对补(relative complement)＝集合 A－集合 B，其中 A 和 B 是由“{”和“}”封闭的集合变量或元素。

Estella 提供下列预定义的谓词：

- MEMBER(a, B)：a 是集合 B 的成员，其中 a 是一个 EQL 变量，B 是一个被“{”和“}”封闭的变量或元素的集合。
- IN_CYCLE(EDGE(edge_type, a, b))：类型 edge_type 的边 edge(a, b)在循环中被发现。这个谓词仅用于作为谓词 BREAK_CYCLE 中的条件，并且循环是指被 BREAK_CYCLE 引用的循环。
- EQUAL(a, b)：a 等于 b，其中 a 和 b 是集合变量、表达式变量或者值。
- COMPATIBLE(a, b)：规则 a 和 b 是相容的(见 10.6 节)。
- MUTEX(a, b)：规则 a 的使能条件和 b 的使能条件是互斥的。
- COMPATIBLE_SET＝(compatible_sets)：这个谓词定义规则的相容集。在每个相容集中的所有规则对(pairs of rules)被程序员认为是相容的，即使它们不满足预定义的相容性需求。这个谓词允许程序员在知道某些规则不会引起无限次触发（进而能到达不动点）的时候，对这些规则放宽相容性的条件。

- BREAK_CYCLE(graph_type, cycles_list) = break_condition：其中，graph_type 是图的类型；cycles_list 是可选的参数，列出了在 graph_type 的图中的特定的循环；break_condition 是在图 graph_type 中退出某个循环的条件。这个谓词定义一个退出所有循环或特定循环的条件（当第二个参数 cycle_list 被定义时）。这样，满足 break_condition 规定的带有循环的程序（正如在特殊形式原语条件中的规定一样）将不会引起无界的规则触发。

Estella 提供下列原语对象：

- VERTEX：图（ER、VM 或 disable）中的顶点。
- EDGE(ENABLE_RULE, a, b)：使能规则图中从顶点 a 到顶点 b 的边。
- EDGE(VARIABLE_MODIFICATION, a, b)：变量修正图中的边 (a, b)。
- CYCLE(ENABLE_RULE)：使能规则图中的循环。
- CYCLE(VARIABLE_MODIFICATION)：变量修正图中的循环。

Estella 提供下列原语结构：

specification：周知的公式，定义如下。

术语（term）递归定义如下。

(1) 常量是一个术语。

(2) 变量是一个术语。

(3) 如果 f 是一个带有 n 个变量的函数符号，并且 $x_1, \cdots, x_n$ 是一些术语（term），则 $f(x_1, \cdots, x_n)$ 是一个术语。

所有术语可应用规则(1)、(2)和(3)产生。

如果 p 是带有 n 个参数的谓词符号，并且 $x_1, \cdots, x_n$ 是术语，则 $p(x_1, \cdots, x_n)$ 是原子化的公式（atomic formula）。

一个周知的规范被递归定义如下。

(1) 一个原子化的公式是一个规范。

(2) 如果 F 和 G 是规范，则 not(F)、(F OR G)、(F AND G)、($F \rightarrow G$)和($F \leftrightarrow G$)也是规范。

(3) 如果 F 是规范，并且 x_list 是 F 上的自由变量，则 FOR ALL x_list(F)和 EXIST x_list(F)也是规范。

规范仅由有限次应用规则(1)、(2)和(3)生成。

$\{P\}R\{Q\}$

断言：P 和 Q 是在 EQL 程序变量上的谓词，并且 R 是一个或多个规则的序列。该结构表明如果程序是在谓词 P 为真的状态，则根据在 R 上规则的执行，程序将到达一个谓词 Q 为真的状态。注意，一个在 Estella 中的断言，如同其他结构一样，是由程序员定义的约束，并且这个条件必须被某个程序满足，以保证程序具有有界响应时间。分析器将执行如下：给定满足谓词 P 的初始状态，在 R 上执行规则（注意可能没有规则被使能，这样就没有规则触发）并且决定程序能否到达一个满足谓词 Q 的状态。

使用 Estella 规定特殊形式： 本节展示如何使用 Estella 定义三种原语特殊形式，以确保满足这些特殊形式的 EQL 程序总具有有界响应时间。在原语特殊形式中的规则集具有与特殊形式相关联的响应时间界限。一旦发现某个规则集合处于特殊形式，就计算规则触发数的上界。有效的算法在参考文献[Cheng，1992b]中被报道，该算法能够用于计算该规则集的紧致响应时间界限。直到一个规则集被发现处于某种特殊形式时，再确定执行时间的一个紧致上界。如果规则集合不处于特殊形式，则不需要执行第二步。这样通过延迟第二步中的计算强度，使该分析方法效率更高。

谓词的定义： compatible，令 L_x 表示在规则 x 的 VAR 中出现的变量集，当且仅当至少如下条件之一成立时，两个规则 a 和 b 被称为相容的：

(1) 使能条件 a 和使能条件 b 是互斥的。

(2) $L_a \cap L_b = \varnothing$。

(3) 设 $L_a \cap L_b = \varnothing$，则对于在 $L_a \cap L_b$ 中的每个变量 v，在规则 a 和规则 b 中的相同表达式必须被赋值为 v。

COMPATIBLE(a, b)的 Estella 规范：

```
MUTEX(a,b)
or EQUAL(INTERSECT(L[a],L[b]),{ })
or FORALL v (FORALL a.p, b.q ((((MEMBER(v,intersect(L[a],L[b]))
    AND EQUAL(v,LEXP[a.p]))
    AND EQUAL(v,LEXP[b.q]))
    - $ > $ EQUAL(REXP[a.p],REXP[b.q])))
```

compatible 是在 Estella 中预定义的谓词。注意，由于相容条件用于打破一个可能的规则触发循环序列，因此它被认为是一种退出条件。

特殊形式 A 的定义： 对 L 中的所有变量赋予常量术语。

所有规则都是成对相容(compatible pairwise)的。

$L \cap T = \varnothing$

特殊形式 A 的 Estella 规范：

```
SPECIAL_FORM a:
    EQUAL(R,{ });
    FORALL i,j (COMPATIBLE(i,j));
    EQUAL(INTERSECT(L,T), { })
END.
```

特殊形式 B 的定义： 如果下列五个条件成立，则规则集被称为处于特殊形式 B：

(1)在 L 上所有的变量赋为常量，即 $R=\varnothing$。

(2) 所有规则都是成对相容的。

(3) $L \cap T = \varnothing$。

(4) 对于与规则集相关的 ER 图中的每个循环，循环中的规则只能给同一个变量赋同一个表达式。

(5) ER 图中不相交的简单循环(具有至少两个顶点)中的规则，不能对 VAR 中出现的公共变量赋不同的表达式。

特殊形式 B1～B4 的 Estella 规范：

```
SPECIAL_FORM b:
    EQUAL(R,{ });
    FORALL i,j (COMPATIBLE(i,j));
    NOT(EQUAL(INTERSECT(L,T),{ }));
    BREAK_CYCLE(ENABLE_RULE) =
        (NOT(EXIST i,j
            ( ( NOT(EQUAL(i,j)) AND
                ( IN_CYCLE(EDGE(ENABLE_RULE,i,j)) AND
                    EXIST i.p, j.q
                    ( (EQUAL(LEXP[i.p],LEXP[j.q]) AND
                    NOT(EQUAL(REXP[i.p],REXP[j.q])))) ) )
                )
            )
        )
    )
END.
```


特殊形式 C 的定义：如果下列四个条件成立，则规则集被称为处于特殊形式 B。

(1) 在 L 上所有的变量赋为常量，即 $R \neq \varnothing$。

(2) 所有规则都是成对相容的。

(3) $L \cap T = \varnothing$ 。

(4) 对于与规则集相关的变量修正图中的每个循环，至少存在一对规则(子规则)处于由条件 CR1 所确定的(互斥)相容的循环中。

特殊形式 C 的 Estella 规范：

```
SPECIAL_FORM c:
    NOT(EQUAL(R,{ }));
    FORALL i,j (COMPATIBLE(i,j));
    EQUAL(INTERSECT(L,T), { });
    BREAK_CYCLE(VARIABLE_MODIFICATION) =
        (EXIST i, j (EXIST i.k, j.l
            ((IN_CYCLE(EDGE(VARIABLE_MODIFICATION,i.k,j.l)) AND
            MUTEX(i,j))))
```

```
        )
END.
```

10.9.3 用于 Estella 的与语境无关的语法

分析器的顶层指令是：

```
check_command       | 'rp' /* read program */
                    | 'ls' /* load special form */
                    | 'sf' /* new special form */
                    | 'ps' /* print special forms */
                    | 'ds' /* delete special form */
                    | 'vm' /* verbose mode? */
                    | 'cs' /* compatible set */
                    | 'bc' /* break condition */
                    | 'an' /* analyze */
                    | 'ex' /* exit */
                    ;
```


对于 Estella 的与语境无关的语法，由 YACC 语言定义。

```
estella_command     : special_form
                    | exception
                    ;
special_form        : special_form_name special_form_body end_mark
                    ;
special_form_name   :'special_form' IDENTIFIER ':'
                    ;
special_form_body   : conditions
                    ;
end_mark            : 'end' '.'
conditions          : condition
                    | conditions ';' condition
                    ;
condition           : specification
                    | break_condition
                    ;
exception           : compatible_set
                    | break_condition
                    ;
term                : var_set
                    | variable
                    | function_name '(' term arg2')'
```

```
                    ;
elements_list       : element
                    | elements_list ',' element
                    ;
element             : IDENTIFIER
                    | var_set
                    ;
arg2                :
                    | ',' term
                    ;
atom_formula        : predicate_name '(' term arg2 ')'
                    ;
specification       : atom_formula
                    | 'NOT' '(' specification ')'
                    | '(' specification connective specification ')'
                    | quantifier rule_list '(' specification ')'
                    | quantifier subrule_list '(' specification ')'
                    ;
connective          : 'OR'
                    | 'AND'
                    | '->'
                    | '<->'
                    ;
quantifier          : 'FORALL'
                    | 'EXIST'
                    ;
set_variable        : 'L'
                    | 'R'
                    | 'T'
                    | 'L' '[' irule_number ']'
                    | 'L' '[' irule_number '.' isubrule_number ']'
                    | 'R' '[' irule_number ']'
                    | 'R' '[' irule_number '.' isubrule_number ']'
                    | 'T' '[' irule_number ']'
                    ;
exp_variable        : 'l' '[' irule_number '.' isubrule_number ']'
                    | 'r' '[' irule_number '.' isubrule_number ']'
                    | 't' '[' irule_number ']'
                    ;
irule_number        : inumber
                    ;
isubrule_number     : inumber
```

```
                    ;
inumber             : NUMBER
                    | IDENTIFIER
                    ;
graph_variable      : 'edge' '(' graph_type ',' pvertex ',' pvertex ')'
                    | 'cycle' '(' graph_type ')'
                    ;
pvertex             : vertex
                    | vmvertex
                    ;
graph_type          : 'ENABLE_RULE'
                    | 'DISABLE'
                    | 'VARIABLE_MODIFICATION'
                    ;
sets                : set
                    | sets ',' set
                    ;
set                 : '{' list '}'
                    | '{' '}'
                    ;
list                : set_rule_list
                    ;
set_rule_list       : rule_number
                    | set_rule_list ',' rule_number
                    ;
rule_list           : rule
                    | rule_list ',' rule
                    ;
rule                : rule_number
                    ;
subrule_list        : subrule
                    | subrule_list ',' subrule
                    ;
subrule             : IDENTIFIER '.' subrule_number
                    | NUMBER '.' subrule_number
                    ;
compatible_set      : 'COMPATIBLE_SET' '=' '(' sets ')'
                    ;
break_condition     : 'BREAK_CYCLE' '(' graph_type ')' '=' break_cond
                    | 'BREAK_CYCLE' '(' graph_type ',' cycles_list ')'
'=' break_cond
                    ;
```

```
break_cond          : specification
                    | simple_pascal_expression
                    ;
cycles_list         : '{' cycles '}'
                    ;
cycles              : cycle
                    | cycles ',' cycle
                    ;
cycle               : '(' vertex_list ')'
                    | '(' vmvertex_list ')'
                    ;
vertex_list         : vertex
                    | vertex_list ',' vertex
                    ;
vertex              : irule_number
                    ;
vmvertex_list       : vmvertex
                    | vmvertex_list ',' vmvertex
                    ;
vmvertex            : irule_number '.' isubrule_number
                    ;
rule_number         : IDENTIFIER
                    ;
subrule_number      : IDENTIFIER
                    ;
variable            : IDENTIFIER
                    | graph_variable
                    | set_variable
                    | exp_variable
                    ;
function_name       : 'INTERSECT'
                    | 'UNION'
                    | 'RELATIVE_COMPLEMENT'
                    | 'VALUE'
                    ;
predicate_name      : 'MEMBER'
                    | 'IN_CYCLE'
                    | 'EQUAL'
                    | 'COMPATIBLE'
                    | 'MUTEX'
                    ;
pascal_expression   : disjunctive_expr
```

```
                        | pascal_expression 'OR' disjunctive_expr
                        ;
disjunctive_expr        : conjunctive_expr
                        | disjunctive_expr 'AND' conjunctive_expr
                        ;
conjunctive_expr        : simple_expression
                        | conjunctive_expr '=' simple_expression
                        | conjunctive_expr '<>' simple_expression
                        | conjunctive_expr '<=' simple_expression
                        | conjunctive_expr '>=' simple_expression
                        | conjunctive_expr '<' simple_expression
                        | conjunctive_expr '>' simple_expression
                        ;
simple_expression       : term1
                        | simple_expression '+' term1
                        | simple_expression '-' term1
                        ;
term1                   : factor
                        | term1 '*' factor
                        | term1 'DIV' factor
                        | term1 'MOD' factor
                        ;
factor                  : variable
                        | NUMBER
                        | '(' pascal_expression ')'
                        | 'NOT' factor
                        | '+' term1
                        | '-' term1
                        ;
simple_pascal_expression : '(' simple_exp ')'
                           ;
simple_exp              : exp
                        | simple_exp 'AND' exp
                        ;
exp                     : IDENTIFIER '=' value
                        ;
value                   : IDENTIFIER
                        | NUMBER
                        ;
```

10.10 两个工业例子

为了展示 Estella-GAT 的用法，下面用它分析 Mitre 公司和 NASA 组织的两个专家系统。

10.10.1 为分析 ISA 专家系统而规定循环和退出条件

综合状态评估(Integrated Status Assessment，ISA)专家系统的目的是确定网络中的故障组件。它是由 Mitre 公司为 NASA 空间站开发的一个实时专家系统。组件可以是实体(entity，即“节点”)，也可以是联系(relationship，即“链路”)。联系是一条连接两个实体的有向边。组件处于以下三个状态之一：正常(nominal)、存疑(suspect)和失效(failed)。一个失效的实体能被可用的备份实体所替代。专家系统使用简单的策略在网络中跟踪失效的组件。ISA 专家系统的 EQL 版本包含 35 条规则、46 个变量(其中的 29 个是输入变量)和 12 条约束。

分析器在读取 ISA 程序之后，检查这些规则以确定每组规则对是否满足相容条件。其中，有两对不相容的规则被识别出来：规则(8)和规则(32)，以及规则(9)和规则(33)。此时，程序员能够采取以下措施之一：

(1) 修改 ISA 程序，使上述规则对相容；

(2) 采用一个特殊形式(该形式不需上述规则相容)，以进行深入分析；

(3) 如果程序员认为这些规则在其应用领域内是相容的，就使用 COMPATIBLE_SET 谓词来规定上述规则是相容的。

设程序员选择第(3)种措施，则指令 cs(compatible set)用来规定规则的相容集合。

```
command > cs
compatible set specification >
    COMPATIBLE\_SET = ({8,32}, {9,33})
compatible sets entered
```

现在加载两个预定义的特殊形式(存储在文件 sfA 和 sfB 中)，并用 ls(load special form)指令加载到分析器：

```
command > ls
special form file name > sfA
special form file sfA entered
command > ls
special form file name > sfB
special form file sfB entered
```

特殊形式也能够交互使用 sf(new special form)指令。在通用分析的第一次迭代中，与 ISA 专家系统相关的一个恶性循环被识别出来，即(10，18，34)。

```
Step 1:
9 strongly connected components in dependency graph.
Bad cycle: 34 ->10 ->18
Independent special form subset is empty.
Analysis stops.
```

这表示当程序至少以一个初始状态开始时，可能不能到达一个不动点。下面给出与这个 ER 循环和其他 ER 循环有关的规则。

```
(* 10 *)
[] state3 := failed IF find_bad_things = true AND
state3 = suspect AND
NOT (rel1_state = suspect AND rel1_mode = on AND
rel1_type = direct) AND
NOT (rel2_state = suspect AND rel2_mode = on AND
rel2_type = direct)

(* 18 *)
    [] state3 := nominal ! reconfig3 := true
IF state3 = failed AND mode3 <> off AND config3 = bad

(* 34 *)
[] sensor3 := bad ! state3 := suspect IF state1 = suspect AND
rel1_mode = on AND rel1_type = direct AND
state3 = nominal AND rel3_mode = on AND
rel3_type = direct AND state4 = suspect AND
find_bad_things = true

(* 35 *)
[] sensor3 := bad ! state3 := suspect IF state2 = suspect AND
rel2_mode = on AND rel2_type = direct AND
state3 = nominal AND rel3_mode = on AND
rel3_type = direct AND state4 = suspect AND
find_bad_things = true
```

现在假设：因为可以使用调度器永远防止这些规则触发，所以编程者知道这些规则将不会无限触发。在特殊形式 B 的使能规则图中，循环的通用退出条件需要放松这些规则。并不真正调整这些通用的退出条件，而是利用排除指令 bc(break cycle condition)去定义一个与应用有关的断言。为了说明这一点，上述三个规则将不能无限制地触发。下列 Estella 声明用来规定程序使能图的循环(10，18，34)的退出条件为 TRUE，并且这个 ER 循环将不引发无界的规则触发。当通过检查规则集是否以特殊形式包含这三个规则时，通用分析器将忽略这个循环。在 Estella 工具中，退出条件定义如下：

```
command > bc
with respect to special form > b
break condition specification >
BREAK_CYCLE(ENABLE_RULE,{(10,18,34)}) = TRUE
```

10.10.2　为分析 FCE 专家系统而规定断言

燃料电池专家系统(Fuel Cell Expert System,FCE System)的目标是：基于当前传感器的读数和以前的系统状态值，确定燃料电池系统中不同组件的状态，然后根据系统不同组件状态的评估显示相应的诊断。这个专家系统的 EQL 版本包含 101 条规则、56 个程序变量、130 个输入变量和 78 条约束。

FCE 程序分为三个主要部分：(1)元规则部分(testFCE1. eql)；(2)12 类普通规则(testFCE2. *. eql)；(3)输出部分(testFCE3. eql)。

燃料电池专家系统的元规则：


```
(* 1 *)
    work_rule_base := fc_exit_t7_3d
    IF NOT (tce = last_tce AND cool_rtn_t = last_cool_rtn_t AND
    koh_in_conc = last_koh_in_conc AND
    koh_out_conc = last_koh_out_conc AND
    prd_h20_lnt = last_prd_h20_lnt)
(* 2 *)
    [] work_rule_base := fc_stack_t7_1b
    IF NOT (cool_rtn_t1 = last_cool_rtn_t1 AND
    cool_rtn_t2 = last_cool_rtn_t2 AND
    cool_rtn_t3 = last_cool_rtn_t3 AND
    fc_mn_dv = last_fc_mn_dv AND
    mn_bus = last_mn_bus AND
    fc_mn_conn = last_fc_mn_conn AND
    status = last_status AND
    su_atr = last_su_atr AND
    voltage = last_voltage AND
    voltage1 = last_voltage1 AND
    voltage2 = last_voltage2 AND
    voltage3 = last_voltage3 AND
    stk_t_status = last_stk_t_status AND
    stk_t_status2 = last_stk_t_status2 AND
    stk_t_status3 = last_stk_t_status3 AND
    stack_t = last_stack_t AND
```

```
    delta_v = last_delta_v AND
    stk_t_rate = last_stk_t_rate AND
    cool_rtn_t = last_cool_rtn_t AND
    stk_t_disconn2 = last_stk_t_disconn2 AND
    stk_t_disconn3 = last_stk_t_disconn3 AND
    amps1 = last_amps1 AND
    amps2 = last_amps2 AND
    amps3 = last_amps3)
(* 3 *)
[] work_rule_base := cool_pump7_1a
    IF NOT (cntlr_pwr = last_cntlr_pwr AND
    cool_pump_dp = last_cool_pump_dp AND
    fc_rdy_for_ld = last_fc_rdy_for_ld AND
    status = last_status AND
    tce = last_tce)
(* 4 *)
[] work_rule_base := fc_amps7_3c
    IF NOT (status = last_status AND
    mn_bus = last_mn_bus AND
    load_status = last_load_status AND
    voltage = last_voltage AND
    amps = last_amps AND
    fc_mn_conn = last_fc_mn_conn)
(* 5 *)
[] work_rule_base := fc_delta_v7_4_1_4
    IF NOT (ss1_dv = last_ss1_dv AND
    ss2_dv = last_ss2_dv AND
    ss3_dv = last_ss3_dv AND
    ss1_dv_rate = last_ss1_dv_rate AND
    ss2_dv_rate = last_ss2_dv_rate AND
    ss3_dv_rate = last_ss3_dv_rate)
(* 6 *)
[] work_rule_base := fc_ech7_3_1_2
    IF NOT (fc_rdy_for_ld = last_fc_rdy_for_ld AND
    end_cell_htr1 = last_end_cell_htr1 AND
    end_cell_htr2 = last_end_cell_htr2 AND
    fc_mn_conn = last_fc_mn_conn AND
    fc_ess_conn = last_fc_ess_conn)
(* 7 *)
[] work_rule_base := fc_purge7_2
    IF NOT (purge_vlv_sw_pos = last_purge_vlv_sw_pos AND
    auto_purge_seq = last_auto_purge_seq AND
```

```
    h2_flow_rate = last_h2_flow_rate AND
    o2_flow_rate = last_o2_flow_rate AND
    purge_htr_sw_pos = last_purge_htr_sw_pos AND
    fc_purge_alarm = last_fc_purge_alarm AND
    fc_purge_seq_alarm = last_fc_purge_seq_alarm AND
    fc_purge_t_alarm = last_fc_purge_t_alarm)
(* 8 *)
[] work_rule_base := fc_cool_p7_3e
    IF NOT (cool_p = last_cool_p AND
    cool_p_rate = last_cool_p_rate AND
    h2_flow_rate = last_h2_flow_rate AND
    o2_flow_rate = last_o2_flow_rate AND
    cool_pump_dp = last_cool_pump_dp AND
    purge_vlv_sw_pos = last_purge_vlv_sw_pos AND
    auto_purge_seq = last_auto_purge_seq AND
    o2_reac_vlv = last_o2_reac_vlv AND
    h2_reac_vlv = last_h2_reac_vlv AND
    fc_mn_conn = last_fc_mn_conn AND
    bus_tie_status = last_bus_tie_status AND
    delta_v = last_delta_v AND
    status = last_status AND
    cool_ph20_p = last_cool_ph20_p)
(* 9 *)
[] work_rule_base := fc_h20_vlvt7_3g
    IF NOT (h20_rlf_vlv_t = last_h20_rlf_vlv_t AND
    h20_rlf_t_msg = last_h20_rlf_t_msg AND
    h20_rlf_sw_pos = last_h20_rlf_sw_pos AND
    h20_rlf_timer = last_h20_rlf_timer AND
    h20_vlv_t_rate = last_h20_vlv_t_rate)
(* 10 *)
[] work_rule_base := prd_h20_lnt7_3f
    IF NOT (prt_h20_lnt = last_prt_h20_lnt AND
    prd_h20_sw_pos = last_prd_h20_sw_pos AND
    fc_mn_conn = last_fc_mn_conn AND
    amps = last_amps)
(* 11 *)
[] work_rule_base := fc_reacs7_1_1_1
    IF NOT (fc_rdy_for_ld = last_fc_rdy_for_ld AND
    o2_reac_vlv = last_o2_reac_vlv AND
    h2_reac_vlv = last_h2_reac_vlv AND
    o2_flow_rate = last_o2_flow_rate AND
    h2_flow_rate = last_h2_flow_rate AND
```

```
    cool_p = last_cool_p)
(* 12 *)
[] work_rule_base := fc_general
    IF NOT (cool_p = last_cool_p AND
    cool_pump_dp = last_cool_pump_dp AND
    h2_reac_vlv = last_h2_reac_vlv AND
    o2_reac_vlv = last_o2_reac_vlv AND
    fc_rdy_for_ld = last_fc_rdy_for_ld AND
    fc_mn_conn = last_fc_mn_conn AND
    fc_ess_conn = last_fc_ess_conn AND
    status = last_status AND
    cntlr_pwr = last_cntlr_pwr)
(* 13 *)
[] work_rule_base := fc_volts7_3b
    IF NOT (status = last_status AND
    delta_v = last_delta_v AND
    fc_mn_conn = last_fc_mn_conn AND
    fc_pripl_conn = last_fc_pripl_conn AND
    mn_pripl_conn = last_mn_pripl_conn AND
    bus_tie_status = last_bus_tie_status AND
    amps = last_amps AND
    voltage = last_voltage AND
    load_status = last_load_status AND
    cntlr_pwr = last_cntlr_pwr AND
    mna_voltage = last_mna_voltage AND
    mnb_voltage = last_mnb_voltage AND
    mnc_voltage = last_mnc_voltage)
```

分析器在读取 FCE 程序之后，检查规则以确定每个规则对是否满足相容条件。下列规则对已经被识别为不相容的：

```
Incompatible rule pairs: (R1,R2) (R1,R3) (R1,R4) (R1,R5) (R1,R6) (R1,R7)
(R1,R8) (R1,R9) (R1,R10) (R1,R11) (R1,R12) (R1,R13) (R2,R3) (R2,R4) (R2,R5)
(R2,R6) (R2,R7) (R2,R8) (R2,R9) (R2,R10) (R2,R11) (R2,R12) (R2,R13) (R3,R4)
(R3,R5) (R3,R6) (R3,R7) (R3,R8) (R3,R9) (R3,R10) (R3,R11) (R3,R12) (R3,R13)
(R4,R5) (R4,R6) (R4,R7) (R4,R8) (R4,R9) (R4,R10) (R4,R11) (R4,R12) (R4,R13)
(R5,R6) (R5,R7) (R5,R8) (R5,R9) (R5,R10) (R5,R11) (R5,R12) (R5,R13) (R6,R7)
(R6,R8) (R6,R9) (R6,R10) (R6,R11) (R6,R12) (R6,R13) (R7,R8) (R7,R9) (R7,R10)
(R7,R11) (R7,R12) (R7,R13) (R8,R9) (R8,R10) (R8,R11) (R8,R12) (R8,R13)
(R9,R10) (R9,R11) (R9,R12) (R9,R13) (R10,R11) (R10,R12) (R10,R13) (R11,R12)
(R11,R13) (R12,R13) (R18,R26) (R18,R47) (R18,R48) (R18,R49) (R18,R50)
(R18,R51) (R30,R31) (R43,R44) (R43,R45) (R43,R46) (R44,R45) (R44,R46)
(R45,R46) (R47,R49) (R48,R49) (R57,R63) (R63,R66) (R63,R67)
```

元规则部分包含高层控制规则，这些规则用于确定哪些普通规则类应该被使能。根据FCE专家系统的有关文档，尽管规则是不相容的，每个元规则也最多触发一次，然而在有界时间内将到达一个不动点。下列Estella声明捕获这个专用的断言：

```
COMPATIBLE SET = ({1,2,3,4,5,6,7,8,9,10,11,12,13})
```

该声明说明，在元规则部分中所有13条规则是成对相容的，尽管它们不满足预定义的相容性需求。在Estella工具中，这些相容性条件规定如下：

```
command > cs
compatible set specification >
    COMPATIBLE\_SET = ({1,2,3,4,5,6,7,8,9,10,11,12,13})
compatible sets entered
```

如前所述，现在使用ls（加载特殊形式）将两种预定义的特殊形式加载到分析器。接下来分析元规则部分：

```
command > an
Select the rules to be analyzed:
    1. the whole program
    2. a continuous segment of program
    3. separated rules
Enter your choice: 2

Enter the first rule number:1
Enter the last rule number:13
Step 1:
    S.C.C.: R13 R12 R11 R10 R9 R8 R7 R6 R5 R4 R3 R2 R1
    1 strongly connected components in dependency graph.
    independent subset: 1 2 3 4 5 6 7 8 9 10 11 12 13
    13 rules in special form a.
0 rules remaining to be analyzed:
Textual analysis is completed.
The program always reaches a fixed point in bounded time.
```


当修改FCE程序并使剩余的不相容非元规则相容之后，分析器报告整个程序将确保在有界时间内到达一个不动点。对大型程序的经验分析也在开展之中，对Estella-GAT系统的实验感兴趣的读者可以与作者联系，获得最新的版本。

10.11　Estella——通用分析工具

本节描述实现Estella-GAT的有效算法。

10.11.1　通用分析算法

通用分析工具允许程序员在程序中选择规则的一个子集进行分析。该子集可以包含一个相连的列表，也可以包含分离的规则。这种措施通过使分析器集中检查程序员认为可能发生时序违例的问题源头，进而减少分析时间。下面展示分析器如何使用组件分解技巧将程序分为几个独立的集合，而不必每次都分析整个程序。

算法 GA_Estella_Compiler

输入：一个完整的 EQL 程序或一个 EQL 规则集；在 Estella 中规定的一个特殊形式和异常情况的列表（如果有）。

输出：如果程序将总是在有界时间内到达一个不动点，则输出 yes。如果根据分析，程序可能不会在有界时间内到达不动点，则输出 no 和规则（在可能的时序违例中所涉及的）。

（1）解释特殊形式的规范和异常情况，然后生成相应的 BCA 识别过程（recognition procedure）。

（2）根据相应的 EQL 程序，构造高阶依赖图（high-level dependency graph）。

（3）执行 WHILE…DO 循环，即：当需要分析更多规则时，则执行如下过程。

识别特殊形式规则的一些前向独立集（forward-independent set）。如果找到至少一个特殊形式的规则集，则存在多条规则需要分析。随后将这些前向独立集打上记号，以表示它们已被检查（这样在后续分析中可以很方便地将它们去除）。由于特殊形式的原因，一些变量能被作为常量考虑，因此要重写剩余的规则，并重复这个步骤。如果不存在需要分析的规则，则输出 yes（EQL 规则具有有界响应时间）并且退出 WHILE 循环。如果不存在具有特殊形式的独立规则集，但在某个规则集上变量具有有限域，则采用基于状态的模型检查算法[Clarke，Emerson，and Sistla，1986]（参见第 4 章）来检查这个规则集能否在有界时间内到达某个不动点。如果确定这个规则集将总在有界时间内到达某个不动点，则重复此步骤。如果规则集不能总是在有界时间内到达不动点，则给出报告，说明这些规则涉及时序违例。

提示用户新的特殊形式或异常情况。如果没有新的特殊形式或异常情况被输入，则输出 no（EQL 规则没有有界响应时间）并退出 WHILE 循环。结束 WHILE。

在原语特殊形式中的规则集具有与该特殊形式相关的响应时间界限。在通用分析器已经确定某个程序具有有界响应时间之后，为了更精确地计算这个界限，分析工具将调用特定算法来计算程序的紧致响应时间界限。限于篇幅的限制，这里不讨论这些算法，有兴趣的读者可参考文献[Cheng，1992b]。

10.11.2　独立规则集的选择

为了确定规则集之间是否相互独立，选择算法使用如下的定理。

定理 1（独立的充分条件）　令 S 和 Q 是两个不相交的规则集，如果下列条件成立，则 S 对于 Q 是独立(independent)的(但 Q 可能不对 S 独立)。

(1) $L_S \cap L_Q = \emptyset$。

(2) 规则 Q 不潜在地使能 S 中的规则。

(3) $R_S \cap L_Q = \emptyset$。

定理1的证明　条件(1)保证，在集合 Q 中任意规则的触发将不能改变在 L_S 中任何变量的内容(这些变量已经被设置为稳定值)。这是因为变量 L_S 的集合和变量 L_Q 的集合是不相交的。

条件(2)保证，在集合 Q 中任意规则的触发不能使能在 S 中的任意规则。

对于被指派到集合 L_S 中变量，条件(3)保证在集合 Q 中任意规则的触发将不能改变含有这些变量的任意表达式的值。条件(1)保证一旦在 S 中的一些规则已经到达不动点，在 L_S 中变量的任何内容将不会改变。由此，如果没有一条规则 R 中的表达式改变其值(由于该规则的上次触发)，则在 S 上的规则将不会再次触发。但是，因为 $R_S \cap L_Q = \emptyset$，所以尽管存在 Q，R_S 中表达式的值也不会改变。

为了确定规则 a 是否潜在地使能规则 b，使用了近似使能检查函数(approximately enable checking function)。如果规则 a 潜在地使能规则 b，或者信息不完全(如果程序的整个状态空间不被检查，就不能得到使能条件部分的一些表达式值)，则该函数返回 true；否则它返回 false。

近似潜在使能关系： 给定两个不同的规则 a 和 b。令 $x_i (i=1,\cdots,n)$ 是集合 $L_a \cap T_Q$ 中的变量。如果规则 a 将值 m_i 赋给变量 x_i，使得 $m_i \in V_{b,i} (i=1,\cdots,n)$ 并且 $n \geqslant 1$，则规则 a 被称为近似潜在使能(approximately enalbe)规则 b。

注意到，潜在使能关系的定义蕴含着这个定义。近似潜在使能关系易于在多项式时间内被检查，而潜在使能关系的检查可能需要状态空间的穷尽搜索。这种近似不会影响任何特殊形式描述的有效性，因为近似潜在使能关系是潜在使能关系的超集。因此，采用近似构建的 ER 图(用于特殊形式 B)可以比采用“实际的”潜在使能关系构建的 ER 图包含更多的边。这是可以接受的，因为多增加的边可能造成更多的 ER 循环，接下来可能导致分析器拒绝一些带有有界响应时间的程序，但是却不会对一个具有无界响应时间的程序错误地得出它具有有界响应时间的结论。

依赖图的构造和检查： 在检查以确定一个规则的子集是否具有特殊形式之前，分析算法首先基于上述条件构造一个高阶依赖图，用以建立一个规则集对于另一个规则集的独立性。在 EQL 程序中的每个规则，以其编号所标识，这些规则编号根据规则在程序中的位置设定。

算法 Construct_HLD_Graph： 构造高阶依赖图。

输入：一个 EQL 程序。

输出：与输入 EQL 程序相关的高阶依赖图。

(1) 对于 EQL 程序中的每个规则，创建一个带有规则编号的顶点。

(2) 令 S 包含规则 i，并令 Q 包含规则 j，$i \neq j$。如果条件(1)、(2)或(3)之一不成

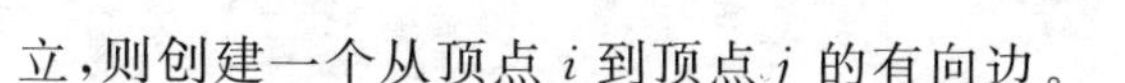

立，则创建一个从顶点 i 到顶点 j 的有向边。

(3) 对于(1)、(2)两步构造的依赖图 $G(V, E)$，找到其中每个强连接组件(strongly connected component)。

(4) 令 $C_1, C_2, \cdots, C_m$ 是依赖图 $G(V, E)$ 中的强连接组件，定义 $\overline{G}(\overline{V}, \overline{E})$ 如下：

$$\overline{V} = \{C_1, C_2, \cdots, C_m\}$$

$$\overline{E} = \{(C_i, C_n) \mid i \neq j, (x, y) \in E, x \in C_i, \quad y \in C_j\}$$

称 $\overline{V}$ 为输入 EQL 程序的高阶依赖图(high-level dependency graph)，每个在高阶依赖图中的顶点 C_i 被称为前向独立(forward independent)集。

高阶依赖图如图 10.10 所示。

定理 2　任意 EQL 程序的高阶依赖图都是一个有向非循环图。

定理 2 的证明　假设 $\overline{G}$ 不是一个非循环图，但 $\overline{G}$ 具有一个有向的回路。然而，该图上的一些强连接组件本该成为一个强连接组件，因此导致矛盾。

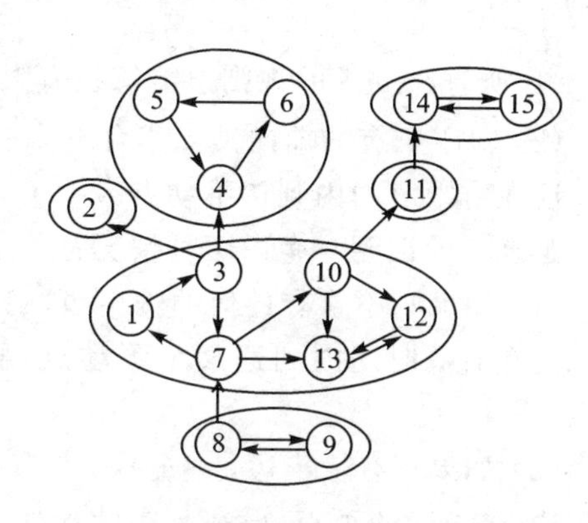

图 10.10　高阶依赖图和它的强连接组件

时间和存储空间需求： 本章中给出的所有用于算法的图均由邻接表表示。令 n 为节点(或规则)的数目，e 为步骤(1)、(2)构造的 G 中边的数目。步骤(1)能够在 $O(n)$ 的时间内执行。因为每对规则必须被检查，步骤(2)在 $O(n^2)$ 的时间内完成。三个条件中每个均可被有效地检查。使用学者 Tarjan[Tarjan, 1972]提出的深度优先搜索的强相连组件算法，步骤(3)能够在 $O(\mathrm{MAX}(n, e))$ 的时间内完成。在最坏的情况下(G 中所有的边必须被检验)，步骤(4)中创建的边能够在 $O(e)$ 时间内完成。

下面描述一种在高阶依赖图中识别特殊形式的算法。

识别特殊形式集： 生成程序规则的所有组合，然后检查每个组合中的规则，以观察它们是否属于特殊形式是识别规则集的蛮干方法。而且，这种方法没有考虑 EQL 程序的句法和语义结构，并具有指数型的时间复杂度。这里提出的算法，可通过检查由 Construct_HLD_Graph 算法生成的高阶依赖图来识别特殊形式集。

算法 Identify_SF_Set：识别特殊形式集。

输入：与一个 EQL 程序相关的高阶依赖图 $\overline{G}$。

输出：规则集，如果存在这样的集合，它们被以某些原语特殊形式或用户定义的特殊形式被识别出来。

(1) 在高阶依赖图 $\overline{G}$ 中对顶点进行排序，得到一个顶点的拓扑逆序。从第一个没有输出边的顶点开始，顶点 v_i 的标签为 $i=1, 2, \cdots, m$，其中 m 是 $\overline{G}$ 中顶点的总数。这能够采用递归深度优先搜索算法完成，恰好在从每个单元退出之前，该算法将顶点打上如上所述的标签。

(2) 对于每个顶点 v_i 包含的规则集(其中 v_i 没有任何的输出边),判定规则集是否是特殊形式目录中的一种。

当规则不满足特殊形式条件时,对它们进行报告。

时间需求:使用标准递归深度优先搜索算法[Aho, Hopcroft, and Ullman, 1974],步骤(1)能够在 $O(\mathrm{MAX}(n, e))$ 时间内完成。步骤(2)的时间和存储空间的需求依赖于特殊形式的检查次序以及用于识别每种单独特殊形式所用认知算法的复杂度。

定理 3　在前向独立集中的所有规则,v_i 总能在有界时间内保证到达某个不动点的条件是:

(1)所有在 v_i 中的规则总能够在有限时间内到达不动点。

(2) 对于所有的前向独立集合 v_j,在 $\overline{G}$ 存在一条边(v_i, v_j),在 v 的所有规则总被保证在有限时间内到达不动点。

定理 3 的证明　考虑两种情况:

(1) 如果 v_i 不含有任何的输出边,则 v_i 独立于任何 $i \neq j$ 的 v_j。如果在它上的规则总能在有界时间内到达某个不动点,显然 v_i 总能保证在有界时间内到达某个不动点。

(2) 如果 v_i 有输出边,则 v_i 不是与其他顶点独立的。令 $v_j(j=1,2,\cdots,p)$ 是 G 中每条边(v_i, v_j)的顶点,设在 v_i 中的规则可能不能在有界时间内到达某个不动点。则必定至少存在一个在 L 中 v_i 的值 v_1,这个值无限频繁地变化。然而,设定的是在 v_i 中的规则总是能够在有界的时间内到达某个不动点,因此,必定存在另一个顶点 v_k,使得 v_i 不独立于 v_k,并且在 v_k 中的规则不能在有界时间内到达某个不动点。但是,这与每个 v_j 总被保证在有界时间内到达某个不动点的假设相矛盾。所以,如果条件(1)和条件(2)都被满足,则在 v_i 中的规则总能被保证在有界时间内到达某个不动点。

定理 4　令 $v_j(j=1,2,\cdots,p)$ 是 p 个相互独立的规则集的列表。假设对于任意的 v_j,v 不是独立的。如果 v 总能保证在有界时间内到达某个不动点,则每个 v_j 总能被保证在有界时间内到达某个不动点,所有在 $v \cup v_1 \cup v_2 \cup \cdots \cup v_p$ 中的规则总能保证在有界时间内到达某个不动点。

定理 4 的证明　考虑在 v_j 的列表中两个不同的规则集 v_a 和 v_b。因为 v_a 和 v_b 是相互独立的,在 v_a 中规则的触发不能使能 v_b 中的规则。因此,尽管 v_a 出现,v_b 中的规则也将在有界时间内到达某个不动点。同样的讨论适用于 v_a。将推理扩展到 v_j 的列表中多于两个的集合,能够总结出在 $v \cup v_1 \cup v_2 \cup \cdots \cup v_p$ 中,能够保证在有界时间内到达某个不动点。

令 $K=v_1 \cup v_2 \cup \cdots \cup v_p$,因为 v 不与 v_j 列表中的每个集合独立,它在 K 中也不是独立的。然而,在 K 中的规则与 v 中的规则是独立的。这样,在 v 中规则的触发不会使能 K 中的规则。所以,尽管 v 出现,在 K 中的规则也将在有界时间内到达某

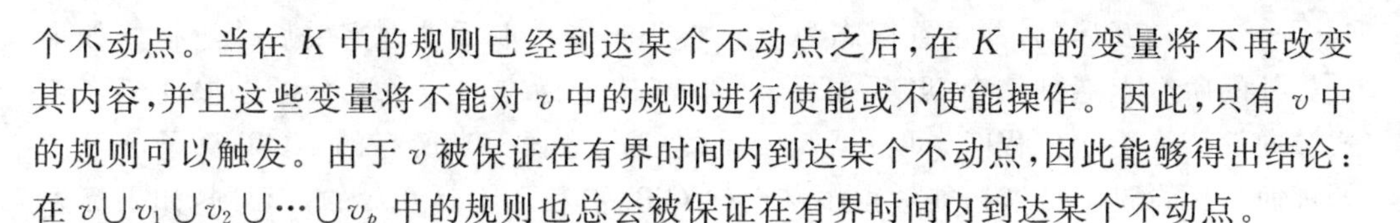

个不动点。当在 K 中的规则已经到达某个不动点之后,在 K 中的变量将不再改变其内容,并且这些变量将不能对 v 中的规则进行使能或不使能操作。因此,只有 v 中的规则可以触发。由于 v 被保证在有界时间内到达某个不动点,因此能够得出结论:在 $v \cup v_1 \cup v_2 \cup \cdots \cup v_p$ 中的规则也总会被保证在有界时间内到达某个不动点。

10.11.3　相容条件的检查

检查相容性的第二个条件(CR2)或第三个条件(CR3)能否被一对规则满足是比较容易做到的,只需比较集合和表达式。所以这里只讨论第一个条件(互斥)的检查。

布尔函数 mutex(e_1,e_2)用于决定两个布尔表达式 e_1 和 e_2 是否互斥。该函数的目的不是克服所有的通用互斥问题,而是试图有效地检查尽可能多的互斥。当它返回 true 时,意味着两个表达式是互斥的。但是,当返回 false 时,意味着要么它们不是互斥的,要么缺乏足够信息(没有执行规则或是没有输入变量的先验知识)以确定它们互斥。所以,尽管 mutex 返回 false,两个表达式仍然有可能是互斥的。

这种近似不影响所描述的任意特殊形式(所有这些特殊形式使用互斥检查相容性条件)的有效性,因为近似互斥关系是互斥关系的子集。因此,当使用近似互斥检查时,某些互斥的使能条件对(pairs of enabling conditions)可能不被识别。这是可以接受的,因为被近似互斥检查识别的每对使能条件都被保证是互斥的,所以,分析者不会得出某个具有无界响应时间的程序是有界响应时间程序的错误结论。相反,会出现以下情况:由于至少一对规则之间的互斥关系可能不能使用近似方法被判别,所以有些具有有界响应时间的程序可能被拒绝。

受到下列观察到的事实的启发,函数 mutex 使用分而治之的策略。令 e_1、e_2、e_3 是任意布尔表达式。当(e_1 AND e_2)和 e_3 互斥时,e_1 或 e_2(或都是)必须与 e_3 是互斥的。当(e_1 OR e_2)和 e_3 互斥时,e_1 和 e_2 必须都是与 e_3 是互斥的。所以能够继续将问题分解为子问题,直到每个布尔表达式都是简单表达式。

当算子 NOT 出现在表达式中时,会引起一个细节问题。例如,为了判定表达式(NOT e_1)和 e_2 是否互斥,不能简单地对 mutex(e_1, e_2)的返回值求反,因为当 mutex(e_1, e_2)返回 false 的时候可能出现错误,意味着 e_1 和 e_2 可能或不可能互斥。假设这些表达式中的括号位置是正确的。定义一个算子的"阶"(level)作为这个算子范围的单侧括号数,没有括号的范围为 0 阶。然后,这个问题就能够采用 DeMorgan 法则求解(见第 2 章)为相应的表达式(NOT 算子被移动到最低的阶)。

具体实现时,在调用函数 mutex 之前,并不显式改写表达式。相反,可采用一个标志(flag)关联到 mutex 中的每个表达式,用来指示是否需要特殊的 NOT 算子,并跟踪 NOT 算子的净效果(net effect),即从顶层到 NOT 出现的阶数。如果 mutex(e_1,e_2)返回 true,则(NOT e_1)和 e_2 不是互斥的;这样标志被初始化为 false,以表示不需要特殊的取反处理(special negation processing)。否则,如果 mutex(e_1, e_2)返回 true,则在没有附加信息的情况下,就不能确定(NOT e_1)和 e_2 是否互斥。假设这两个表达式是互斥的，并设置标志为true标识来专用取反处理需要后续进行。如果在另外的阶数上遇到一个NOT算子，就取消这个标志位。当这个标志根据子表达式被向下传递给子例程时，可根据需要重复这个过程。当所有的NOT算子已经被处理而且标志是false时，能够得出结论（NOT e_1）和 e_2 不是互斥的。否则，如果标志是true，则结论得不到保证。

函数smutex(s_1，s_2)用于处理两个简单表达式 s_1 和 s_2 的互斥检查。简单表达式是如下情形之一：

- 一个布尔变量，例如：sensor_a_good；
- 一个约束，例如：FALSE；
- 一个关系测试，其算子可以是"="、"0"、">"、"<"、">="、"<="之一，其操作数可以是变量或算术表达式。

尽管乏味冗长，smutex能够一个一个地进行检测。它也调用函数eval(e)，该函数用于确定给定表达式 e 能否被评价，如果能被评价，函数eval还返回评价结果。

应该注意，相容性独立于任何的特殊形式。当分析器确定规则a和规则b是相容的，或是用户指定这一相容的实施时，这两个规则在任意语境下（被任意特殊形式识别过程检查）都被认为是相容的。

时间需求：根据算子的数目，函数eval的复杂性与被评估表达式的长度呈线性比例关系。尽管互斥检测的一般问题具有指数性复杂度，函数mutex仍能在二次方时间内得到实施。

10.11.4 循环退出条件的检查

循环退出条件被保存在一个列表里，列表头部放置最新定义的退出条件，列表尾部放置最早定义的退出条件。新定义的退出条件被最先检查，并作为异常对待。由于特殊形式的条件可以规定不同类型的图，所以对于每个类型的图存在一个列表。用图来表示有关一个程序的一些信息，如果在程序的状态空间图中不引起一个循环，则称图中的任何循环是可以接受的(acceptable)。如果它在程序的状态空间图中可能导致一个循环，则循环是不可接受的(unacceptable)。一个任意循环退出条件(arbitary cycle－breaking condition)的方法评估如下：

算法 Eval_CB_Conditions：评估通用循环退出条件。

```
当在类型为 graph_type 的图中找到一个循环时：
初始化，设循环是可接受的；
if (cycles_list 没有被定义 or
     该循环在定义的 cycles_list 中被找到)
then if(break_condition 被评估为 FALSE)
     then 该循环是不可接受的
     else 该循环是可接受的
else if(cycles_list 被定义，但在其中没有找到该循环)
```

then 对于该 graph_type 类型，在退出条件列表中检查下一个退出条件（break_condition）（如果存在下一个）

else 循环是可接受的

在表示程序句法和语义结构的一个任意图中，为了允许检查每个循环的任意退出条件，检查算法可能需要执行任意图的穷尽搜索。这种蛮力方法用于确定图中的每个循环并且检查所找到的循环能否满足退出条件。如果$|E| \ll |V|$，这里$|E|$和$|V|$分别是图（如 ER 图、VM 图）中与程序相关的边数和顶点数，则这个方法还是有实际作用的。选择算法 construct_HLD_graph（见 10.11.2 小节）描述了将程序分解为前向独立模块，这些模块能够被独立地分析。这有效地将一个大图（与整体程序相关）分为一系列更小的图（与规则的独立模块相关），每个小图更容易有效地分析处理。注意，一个在前向独立集合中与规则相关的任意图可能与依赖图（一个强连接组件）不同。这样，任意图可能被进一步分解为更小组件以便于分析。

而且，应该注意，对程序而言，用于静态分析的图类的规模远小于其状态空间图，例如，在程序中与某条专门的规则相对应的 ER 图中的每个顶点。如果一个程序具有 n 条规则，则在相应的 ER 图中具有 n 个顶点，并且最多有 $n(n-1)/2$ 条边。相反，在状态空间图中每个顶点代表一个不同的矢量，该矢量涉及程序中所有的变量。例如，对于一个具有 m 个变量的有限域上的程序，最坏情况下状态空间图中的状态总数（即所有变量取值的组合都是可能的）是：

$$\prod_{i=1}^{i=m} |X_i|$$

其中$|X_i|$是第 i 个变量域的大小。如果所有变量都是二进制的，则这个数值为 2^m。所以，对比那些主要基于传统状态空间检查的技术[Emerson et. al.，1990]，这里的静态分析技术有了明显的改进。

为了进一步改进循环退出条件检查的效率，开发了下面的策略，这些策略可以用于一些退出条件类和循环。在应对 NP 完全的图论问题的绝大多数策略中，这里的策略利用了图类和退出条件特殊形式的特定特征。寻找任意图和任意退出条件的检查算法，这方面的努力看起来都是没有希望的。

对于可表示循环中两规则之间关系的退出条件类，能够首先确定这些（违反被检查的退出条件）规则对。接着，对这些规则中的每对规则，检查与规则有关的顶点对是否在一个循环中。如果答案是 true，则能够立即得出结论，即被检测的循环不会被退出条件打断。

对于某些图类和某类退出条件，可能首先在图中裁剪可接受的循环，并不实际查找循环中的所有节点，然后再采用一种通用循环检查算法。这将极大地减少必须检查的循环数。

10.12 定量时序分析算法

现在提出定量算法，以确定最差情况下EQL程序的最坏情况执行时间(the Worst-Case Execution Time,WCET)。如前所述，给定一个程序 p，响应时间分析问题(response time analysis problem)用来确定 p 的响应时间。这个问题包括：(1)确定 p 的执行是否在有界时间内完成；(2) 计算 p 的最大执行时间。

如果程序变量具有无限域，则响应时间分析问题是不可判定的；如果所有变量具有有限域，则响应时间分析问题是多项式空间难的(PSPACE-hard)。然而，当共同使用简单句法、语义与其他诸如状态空间检查技术来进行程序检查时，能够显著地减少分析时间。句法和语义的约束断言集是存在的，由此，如果规则集 S 满足它们中的任何部分，则 S 的执行总是在有限时间内停止。这些句法和语义的约束断言集中的每一个都被称为一种特殊形式。

本节的其余部分证明两种特殊形式的正确性，并且确定基于EQL规则程序的紧致响应时间上界。对于每个已知的特殊形式，提出一个算法用于计算(满足该特殊形式的)程序的最大响应时间。此外，为了扩大所提算法的可用性，这里展示通用分析算法(general analysis algorithm)是如何与这些算法一起使用的。

10.12.1 概 述

前面已经描述了一系列用于分析EQL程序的基本工具，这些内容在参考文献[Browne, Cheng, and Mok 1988]中也被报道。这些工具的功能是检查给定EQL程序执行能否总在有界数量的规则触发内完成。一些实际的基于规则的实时程序已经被改写为EQL形式，并且被这些工具分析(如航天飞机压力控制系统的低温氢压力故障处理过程[Helly, 1984]、综合状态评估专家系统[Marsh, 1988]、燃料电池专家系统)。

为了避免在确定程序响应时间上界时进行状态穷举和路径搜索，引入了句法和语义的约束断言集，这样如果EQL程序 p 满足它们中的任何部分，则 p 总能在有限时间内执行完成。这些句法和语义的约束断言集中的每一个都被称为一种特殊形式。工具Estella已被开发并集成到分析工具中，使用Estella工具能够规定特殊形式和与应用有关的知识[Cheng and Wang, 1990; Cheng et al. 1993]。学者Cheng和Chen [Cheng 1992b]报道了一种基于特殊形式概念的响应时间界限分析方法。

这里证明存在两种特殊形式(并给出相应的算法)用以确定(满足某一特殊形式的)EQL程序的响应时间上界。采用静态方法实现一种先验句法和语义检查，以观察强制的时序约束是否被满足。两种定量的算法——算法Algorithm_A和算法Algorithm_D用来计算(满足某一特殊形式的)EQL程序的最大响应时间。

为了提升算法的可用性，并进一步缩短分析EQL程序所需的时间，通用分析算法[Cheng and Wang，1990]被提出并用于将程序分区，这样可以每次仅仅只需检查给定程序的一小部分。通用分析算法将程序 p 分为规则的层次化集合，其中高阶集合的执行与低阶集合是独立的。这样程序 p 的执行就能够被认为是一系列 p 的规则子集的顺序执行。对于每个子集 S，在 S 上句法和语义的检查被引入，以观察 S 是否处于某种特殊形式。如果 S 处于某种已知的特殊形式，则相应的算法被用来确定在执行 p 时 S 规则触发数的上界；否则，前面提到的时态逻辑模型检查器和时序分析器将被用来对 S 的状态空间进行穷尽的检查，以得到 S 规则触发数的上界。如果 S 没有规则触发数的有限上界，则 p 也没有上界。然后，通用分析算法将报告此状态并停止。如果 p 没有规则触发数的有限上界，那么文献[Zupan and Cheng，1994b；Zupan and Cheng，1998]给出了一种优化方法，该方法可将 p 转换为具有响应时间上界的程序。

因为这里的方法在大多数情况下不需要手工检查系统的全部状态空间，这使得对具有大量规则和变量的系统进行分析变得可行。已经实现了一套基于这种分析方法的计算机辅助软件工程工具，它已经成功地用于分析前面提到的由 Mitre 和 NASA 为航天飞机和空间站[Cheng and Wang，1990；Cheng et al.，1993]开发的实时基于规则的专家系统。

这套工具单独应用于分析前面所述的航天飞机压力控制系统的低温氢压力故障处理过程[Browne，Cheng，and Mok，1988]，工具耗时 2 s，而其他那些主要依赖于状态空间穷举的图搜索工具则耗时 2 周，比较的结果说明了该套分析工具在时间和空间上展现出巨大的优势。

简要地回顾 EQL 的句法和语义以及特殊形式的概念，接下来证明存在两种特殊形式。给出两种算法，用来获取（满足所提特殊形式的）程序的响应时间上界。最后，讨论通用分析算法如何用于提升算法的可用性。

10.12.2　等式逻辑语言

一个 EQL 程序包含一个规则集，这些规则用于更新变量，以表示所控物理系统的状态。一条规则的触发至少为一个变量赋予新值，用来反映被传感器检测到的外界环境的变化。传感器读数被周期地采样，每次取得传感器读数，变量会根据一些规则的触发被迭代而重新计算，直到作为规则触发结果的变量不发生进一步变化，这时，EQL 程序被称为到达某个不动点。本质上，在 EQL 程序中的规则被用于表示约束和系统的目标。如果到达不动点，则变量已经被设置了一系列值，这些取值与被规则表达的约束和目标相一致。

令 p 表示一个 EQL 程序，p 包含一个规则的有限集和一个变量（表示系统的状态）的有限集。变量的集合被称为状态变量（state variable）ξ，这些状态变量包含两部分：输入变量和非输入变量。即：

$$\xi = [X,Y] = [x_1, x_2, \cdots, x_n, y_1, y_2, \cdots, y_m]$$

其中，对于每个 i，x_i 是第 i 个输入变量，对于每个 j，y_j 是第 j 个非输入变量。输入变量的值通过对传感器读数的周期性采样得到，并且在 p 的执行中不会改变，而非输入变量可以在系统推进时被改变。

规则的集合被用于修改状态变量，以反映系统的推进。对于每个在 p 中的 r，它由赋值(assignment)和使能条件(enable condition)组成，一般形式为

$$e_1 \mid \cdots \mid e_d \text{ IF EC}$$

其中 $d \geqslant 1$ 且符号"|"表示并行的"AND"，即这些赋值是同时进行的。对于每个 i，$1 \leqslant i \leqslant d$，$e_i$ 表示这个形式的一次赋值，如：$a_i := b_i$，a_i 是一个非输入变量，如果规则 r 被触发，则 a_i 将被赋予算数/布尔表达式 b_i 的值。EC 是一个在程序变量上的谓词，称为使能条件，可看作是从 V 到{true, false}的一种映射形式，其中 V 表示状态变量可能值的集合。存在一个子集 V_r，$V_r \subset V$，这样对于每个 $s \in V_r$，r 的 EC 的值为"真"。同样，对于每个变量 x，当且仅当存在 $s \in V_r$ 且它的 x 分量(x - component)等于 z 的值时，存在集合 $V_{r,x}$ 使得数量 z 被限制在 $V_{r,x}$ 之内。

如果规则 r 只包含一个赋值表达式，则它是一个单赋值规则(single - assignment rule)，否则它是一个多赋值规则(multiple - assignment rule)。为了便于解释，规则 r 的记法如下：

- LHS：赋值表达式的左手部分。
- RHS：赋值表达式的右手部分。
- EC：使能条件。

出现在 r 中的变量通常被分成三个集合(类似程序 p 用于 L_p、R_p 和 T_p 的定义)：

- $L_r = \{v \mid v$ 出现在 r 的 LHS 部分$\}$；
- $R_r = \{v \mid v$ 出现在 r 的 RHS 部分$\}$；
- $T_r = \{v \mid v$ 出现在 r 的 EC 部分$\}$。

当且仅当规则 r 的使能条件的值为 true 时，它才被使能，否则，它不被使能。当且仅当规则 r 是使能的，并且 r 的触发改变 L_r 中的某个值时，规则 r 是可触发的(fireable)。如果 r 被选定(被调度)运行，则它被触发(fired)。规则 r 的触发包括以下几个行为：以并行方式评价 r 的所有 RHS 表达式，然后更新相应的 LHS 变量。注意如下的事实：r 可触发，并不意味着在执行中 r 一定被触发，其他规则的触发可能使 r 在被选定触发之前变为不使能。另外，在执行中，一个规则可以被触发多次。

规则 r 的第 i 条子规则记为 r_i，形式为"$a_i := b_i$ IF EC"，它是一个单赋值规则，包含第 i 个赋值表达式和 r 的使能条件。这样，规则 r 能够被认为包含一个或多个具有相同使能条件的子规则。对于每条子规则 r_i，当 r 被触发时，如果新的值被赋给 L_r 中的变量，则称 r_i 被触发。当 r 被触发时，可以有多个子规则被触发。

10.12.3 互斥和相容

如果 r 和 r' 不能被同时使能，则它们是互斥的(mutually exclusive)。互斥图被

用来展示规则之间的互斥属性。

互斥图： 令 S 表示规则集。互斥(ME)图 $G_S^{ME}=(V,E)$ 是一个标签图。V 是一个顶点的集合，用来表示规则。由此，当且仅当在 S 中存在一个规则 r 时，V 中有一个被标记为 r 的顶点。E 是表示互斥属性的边集。由此，当且仅当 r 和 r' 是互斥的时，E 中存在连接顶点 r 到顶点 r' 的边 (r, r')。

根据变量调整(in terms of modifying the variables)时，当且仅当下述条件之一成立(在本节的剩余部分，两个规则相容是指这两个规则根据变量的调整是相容的)时，规则 r 和规则 r' 根据是相容的。

CR1：r 和 r' 是互斥的(根据使能)。

CR2：$L_r \cap L_r{}' = \emptyset$。

CR3：对于在 $L_r \cap L_r{}'$ 中的每个变量，r 和 r' 允许表达式被赋值为 x。

为了在一个含有 n 条规则的集合中检查相容性属性，需要 $O(n^2)$ 的时间检查条件 CR2 和条件 CR3，并且，在最坏情况下，检查条件 CR1 以及构造 ME 图需要指数量级的时间。在分析工具中，该互斥检查过程使用逼近算法实现，得到二次方量级的条件 CR1 检查时间。对于所有的测试程序，它都能得到正确的结果。

10.12.4　高阶依赖图

程序的高阶依赖(HLD)图展示在这个程序中规则子集之间的依赖性，并以此为基础将优先级赋予规则。在 HLD 图中的每个顶点表示规则子集，称为前向独立集(forward-independent set)。

如果 $L_r{}' \cap T_r = \emptyset$ 且 $L_r{}' \cap (L_r \cup R_r) = \emptyset$，则规则 r(和规则 r 的触发结果)的触发能力不会受到 r' 的影响。第一个条件确保 r' 的触发不会影响 r 的使能，同时也意味着，对每个变量 $x \in L_r$，r' 的触发也不会影响 x 的值。如果规则 r(和规则 r 的触发结果)的触发能力在 p 的执行中不会被 r' 的触发所影响，则称 r 独立(independent)于 r'。

假设 S 和 S' 是两个规则集。如果对于任意一对规则 $r \in S$ 和 $r' \in S'$，r 独立于 r'，则称集合 S 独立于集合 S'。因此，如果 $L_{S'} \cap (T_S \cup L_S \cup R_S) = \emptyset$ [Cheng et al., 1993](这构造了独立的一个充分但不必要条件)，则集合 S 独立于集合 S'。如果 S 和 S' 不满足上述的独立条件，则相应的 HLD 图包含一个从表示 S 的顶点到表示 S' 的顶点的有向边，并且 S 中的规则被赋予低于 S' 中的规则的优先级。在同一前向独立集中的规则被赋予相同的优先级。

文献[Cheng et al., 1993]报道了一个 HLD 图的构造过程，如下所示：

输入：一个 EQL 规则的集合 p。

输出：高阶依赖图 $\overline{G_p}$。

(1) 对于每个属于 p 的规则 r，创建一个顶点，打上标签 r。

(2) 令 S 包含规则 i，S' 包含规则 j，$i \neq j$。如果条件 $L_{S'} \cap (T_S \cup L_S \cup R_S) = \emptyset$ 未

被满足，则创建一条从顶点 i 到顶点 j 的有向边。

(3) 找到在步骤(1)和步骤(2)中创建的依赖图 $G(V, E)$的每个强连接组件。令 $C_1, C_2, \cdots, C_m$ 为 $G(V, E)$中的强连接组件。

(4) 定义$\overline{G_p}(\overline{V}, \overline{E})$如下：

$$\overline{V} = \{C_1, C_2, \cdots, C_m\}$$

$$\overline{E} = \{(C_i, C_j) \mid i \neq j, (x, y) \in E, x \in C_i, y \in C_j\}$$

这个过程需要 $Q(n^2)$的时间复杂度去构造带有 n 个规则程序的 HLD 图。关于 HLD 图更详细的说明，读者可参考文献[Cheng et al., 1993]。

例 10.10：下面是一个 EQL 程序例子，其中符号“[]”作为两个规则之间的分隔符。


```
PROGRAM Program_1
VAR
    c, d, e, f, g, h : integer;
    x, y, z : boolean;
INPUTVAR
    a, b : integer;
INIT
    c:= 0, d := 0, e := 0, f := 0, g := 0, h := 0,
    x:= true, y := true, z := true
INPUT
    read(a, b)
RULES
    (*1*)c := 1 IF a > 0 and b > 0
    (*2*) []c := 2 IF a > 0 and b ⩽ 0
    (*3*) []d := 2 IF a ⩽ 0
    (*4*) []d := c IF a > 0
    (*5*) []e := c + 1 IF c ⩽ 1 and b > 0
    (*6*) []f := c + 1 | e := c - 1 IF c ⩽ 1 and b ⩽ 0
    (*7*) []f := c - 1 IF c ⩾ 0
    (*8*) []g := 1 | h := 1 IF f > 1 and d > 1
    (*9*) []g := 2 | h := 2 IF f ⩽ 1 and e > 1
    (*10*) []x := true IF g = 2 and y = true
    (*11*) []x := false IF g = 1
    (*12*) []y := true IF h = 2 and x = false
    (*13*) []y := false IF h = 1
    (*14*) []z := true IF x = true and y = true
END.
```

将 HLD 图构造过程应用于 Program_1，得到的 HLD 为$\overline{G_{\text{Program_1}}}$，如图 10.11 所示。规则(1)和规则(2)被赋予高于规则(3)和规则(4)的优先级，而接下来规则(3)和规则(4)的优先级高于规则(8)和规则(9),以此类推。注意规则(3)和规则(4)被赋予与规则(5)、规则(6)和规则(7)相同的优先级。

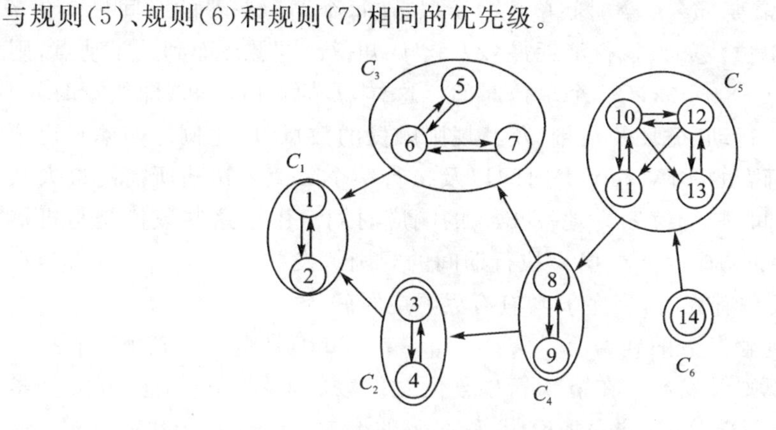

图 10.11　Program_1 的 HLD 图

10.12.5　程序执行和响应时间

n-规则程序 p 的执行(excution)是一个“认知-行动”(recognize - act)循环的序列。每个“认知-行动”循环包含两个阶段:匹配(match)和触发(fire)。

- 在匹配阶段,引进一个评价序列,使得 p 的规则根据其优先级被评价,以决定最高优先级的可触发规则。享有相同优先级的评价规则的次序是非确定性的,由运行时的调度器决定。接下来 r 被检查。r 的使能条件被首先评价,以检查 r 是否为使能的。如果 r 不是使能的,则 r 被确定将是不可触发的,并检查另一规则(如果存在未检查的规则);否则,所有 r 的 RHS 表达式以并行方式被评价,并且与相应的 LHS 变量比较数值结果,以检查 r 的触发是否改变了某个变量值。如果 r 是使能的,且 r 的触发改变某个变量的值,则 r 是可触发的。这种评价持续进行,直到要么一个规则被发现是可触发的,要么所有的规则被发现都是不可触发的。
- 在触发阶段,所选可触发规则的所有赋值表达式被并行执行。

“认知-行动”循环持续进行,直到没有规则是可触发的。如果 p 的规则没有可触发的,则 p 到达某个不动点。当 p 到达某个不动点时,p 的执行终止。

由于所有规则可能不具有相同数量的赋值表达式和相同容量的使能条件,因此不同规则的评价和触发可能消耗不同的时间。然而,对于每个规则 $r, r \in p$,它的时间消耗只取决于评价 r 的使能条件的固定时间量,因为 r 的使能条件的容量是有限的。另外,选择某条规则去评价的时间也是有限的,因为被选规则的数量是有限的。假设选定并评价一条规则的最大可能时间量是 x 个单位时间,由于在 p 中有 n 条规则,则匹配阶段需要最多 $n \times x$ 个单位时间。

而且,因为赋值表达式的数量上限是固定的,该数量记为 m,所以触发阶段也仅消耗固定数量的时间。设需要执行一个赋值表达式的最大时间数量是 y 个时间单位，则触发阶段最多需要 $m \times y$ 个时间单位。所以，在每个循环花费的时间最多为 $n \times x + m \times y$ 个时间单位。如果执行消耗最多 l 个"认知-行动"循环而到达不动点，则相应时间最多为 $l \times (n \times x + m \times y)$ 个单位时间。这样，p 的响应时间（即执行时间）与 p 执行期间"认知-行动"循环的数量（及其规则触发的数量）成比例。如果知道选择并评价一个规则所需的实际（actual）时间以及执行一个赋值表达式所需的最大数量的实际（actual）时间，则能够容易地算出 p 的响应时间。由于这些数值是与机器相关的，所以这里 p 的响应时间根据 p 执行期间的规则触发数来衡量。当且仅当在 p 的执行中规则触发数有界时，程序 p 具有有界响应时间。

在 p 执行中规则触发数的确切上界（exact upper bound）是整数 i，表示在 p 执行中可能发生的最大规则触发数。在 p 执行中规则触发数的上界（upper bound）是整数 j，$j \geqslant i$。在本节余下部分，除非另加说明，程序 p 的上界（upper bound for the program p）是指 p 执行中规则触发数的上界。令 T^p 表示程序 p 的上界。

10.12.6 状态空间图

p 的执行能够被 p 的状态空间图（state-space graph）建模。这种图与参考文献[Aiken, Widom, and Hellerstein, 1992]采用的执行图（execution graph）类似，图中的路径表示 p 执行中所有可能的触发序列。

状态空间图： p 的状态空间图是一个带有标签的有向图 $G_p = (V, E)$。V 是不同顶点（表示状态）的集合。由此，当且仅当 v 是状态变量的可能值时，V 包含一个带有标签 v 的顶点。注意到每个标签 v 是一个 $(n+m)$ 元组，其中 n 是输入变量的数量，m 是非输入变量的数量。E 是边的集合，表示规则触发。由此，当且仅当在顶点 i 规则 r 是使能的，并且在顶点 i，r 的触发导致状态变量具有与 j 相同的值时，E 包含从顶点 i 到顶点 j 的边 (i, j)。

当且仅当根据 i 的标签值，它的使能条件评价是 ture 时，在顶点（状态）i 规则是使能的；否则它在 i 是不使能的。对于状态图 G_p 中的每个顶点 v，标签 v 与状态变量的某个值相关，该状态变量包含两个部分：输入变量 X 的集合 v^i 和非输入变量 Y 的集合 v^o。如果标签 v 的内容等于状态变量的初始值，或者作为执行的结果 v^i 是输入变量集的潜在取值并且 v^o 是非输入变量集的潜在取值时，则顶点 v 是一个起始状态（launch state）。另一方面，如果 v 不具有到另一个顶点的输出边，则它是最终状态（final state，即不动点）。对于每个规则 $r \in p$，当 p 可以到达某个最终状态时，则 r 不是可触发的。

如果存在某个状态 s，在这个状态 r' 不被使能，在 s 状态触发 r 使得 r' 的使能条件的值为 true，则称为规则 r 潜在使能（potential enable）r'。另一方面，如果对于每个状态 s，规则 r 和 r' 都被使能，则在 s 规则 r 的触发使 r' 的使能条件的值为 false，称为 r 不使能（disable）r'。

10.12.7　响应时间分析问题和特殊形式

给定一个程序 p,响应时间分析问题(response-time analysis problem)用来确定 p 的响应时间。问题包括两部分:(1)检查 p 的执行是否总是在有界数目的规则触发内结束;(2)如果规则触发数有界,则在 p 的执行中,获取该规则触发数的上界。注意如果 p 的执行不总是在有界数的规则触发内结束,则 p 最大的响应时间是无限的。

如果算法 α 能够确定 p 的执行是否总是在有界数的规则触发之内终止,则在算法 α 下 p 是可分析的(analyzable)。通常,如果程序变量具有无限域,则分析问题是不可判定的(undecidable);分析问题在所有变量具有有限域[Browne, Cheng, and Mok, 1988]的情况下是多项式空间难的(PSPACE-hard)。这样,即使在所有变量都具有有限域的情况下,分析系统所需的时间通常也是非常长的。

然而,作者已经注意到:存在句法和语义的约束断言集,使得如果规则集 S 满足任意其中之一,则 S 的执行总是在有界时间内终止。特殊形式(special form)是在一个规则集上的句法和语义的约束断言集。满足所有特殊形式 $\mathscr{F}$ 的规则集被称为"处于"(in)特殊形式 $\mathscr{F}$,并且被保证总能在有界时间内到达某个不动点。目前已经观测到了两种特殊形式,并且针对其中每个都已经开发了一种算法用来计算满足其程序的响应时间上界。这样,如果一个程序(或程序的部分)被确定是某个已知的特殊形式,则相应的响应时间上界算法就能够被使用。这样能够避免使用代价很高的穷举型状态空间图检查方法。

10.12.8　特殊形式 A 和 Algorithm_A

第一个句法和语义的约束断言集被称为特殊形式 A(Special Form A),其中只允许常量表达式被赋予非输入变量。另外,对于在特殊形式 A 程序 p 中的每个规则 r,在 p 的执行中 r 能够被至少触发一次。

10.12.9　特殊形式 A

特殊形式 A: 令 S 表示规则集。如果下列条件成立,则 S 处于特殊形式 A。

A1: $R_S=\emptyset$ 。

A2: 对于 S 中每对不同的规则 r 和 r',r 和 r' 是相容的。

A3: $L_S \cap T_S=\emptyset$。

为检查一个 n 条规则的集合是否处于特殊形式 A,识别过程需要 $O(n)$的时间复杂度来检查是否满足条件 A1,并且需要 $O(k^2)$的时间复杂度来检查是否满足条件 A3,其中 k 是该规则集中的变量数目。另外,还需要二次方形式的时间复杂度来检查是否满足条件 A2。

定理 5　如果 p 处于特殊形式 A,则 p 的执行总会在 n 条规则触发之内结束,其

中 n 是 p 中的规则数。

定理 5 的证明　证明见 10.12.12 小节。

算法 A： 采用探寻规则之间互斥属性的方法来优化上界。如果 r 和 r' 在互斥性上是相容的，则至少它们其中之一（比如说是 r）在执行 p 时的任意时刻不被使能。这样，规则 r 在整个 p 的执行中不会被触发。这意味着，应用上述定理可以将 n 值减少 1，以得到一个更紧致（并且更好）的 p 的上界。如果集合中包含有 m 个规则，其中的每对不同规则都是在互斥性上相容的，则应用上述定理于集合中的每对规则（即在该集合中最多只有一条规则被使能并被触发）。这意味着能够从 n 中减去 $m-1$，以得到更好的上界。

令 G_1 和 G_2 是 ME 图 G_p^{ME} 的完全（complete）子图，当且仅当 $V(G_1)\cap V(G_2)=\emptyset$ 时，称 G_1 和 G_2 是相互独立的。G_1 和 G_2 都能够在导出更好的响应时间上界方面作出贡献。对于每个独立的完全 ME 子图 G_i，如果 G_i 包含 m_i 个顶点，则可以从 n 中减去 m_i-1。

设 k 是独立完全 ME 子图的数目，并且 m_i 是在第 i 个子图中规则的数目。如前所述，在 p 执行期间，与独立完全 ME 子图相关的每个规则集最多存在一次规则触发。这样，k 的值越小，可能触发数就越小。为了以规则触发数导出一个更紧致的界限，需要找到一个最小的（minimal）k 值，即：

$$
\begin{aligned}
T^p &= n-\sum_{i=1\cdots k}(m_i-1)\\
&= n-\sum_{i=1\cdots k}m_i+\sum_{i=1\cdots k}1\\
&= n-n+k\\
&= k
\end{aligned}
$$

输入：特殊形式 A 的程序 p。

输出：一个整数，代表找到的上界。

(1) 构造 ME 图 G_p^{ME}。

(2) 找到 G_p^{ME} 的独立完全子图的最小数量 k。

(3) 输出(k)。

采用上述策略的算法 A(Algorithm_A)，如下所示。

如上所述，Algorithm_A 需要二次方的时间以执行步骤(1)以构造 ME 图。对于每个步骤(2)，易于证明：找到最小数量的独立完全子图问题可以通过划分图为很多部分来解决（后者是 NP 完全问题，参见[Garey and Johnson，1979]）。这样，使用一种近似方法对每条边的存在性检查最多一次，以将 ME 图划分为一个独立完全子图集。因为在 ME 图中最多仅存在 $n(n-1)/2$ 条边，其中 n 是规则数，所以步骤(2)也只需要最多二次方量级的时间。步骤(3)需要常数时间以输出 k 的值。

例 10.11：下面是一个特殊形式 A 程序的例子。

```
PROGRAM Program 2
VAR
    c, d, e, f, g, h : integer;
    x, y, z : boolean;
INPUTVAR
    a, b : integer ;
INIT
    c:= 0, d := 0, e := 0, f := 0, g := 0, h := 0,
    x:= true, y := true, z := true
INPUT
    read(a, b)
RULES
    (*1*)c := 1 IF a > 0 and b > 0
    (*2*) []c := 2 IF a > 0 and b ≤ 0
    (*3*) []c := 3 IF a ≤ 0 and b > 0
    (*4*) []c := 4 IF a ≤ 0 and b ≤ 0
    (*5*) []e := 1 | f := 1 IF a ≤ 0 or b ≤ 0
    (*6*) []d := 1 | f := 1 IF a ≤ 0 or b > 0
    (*7*) []d := 1 | e := 1 IF a > 0 or b > 0
END.
```


对于 Program_2 采用 Algorithm_A，通过步骤(1)构造 ME 图 $G^{ME}_{Program\_2}$，它可以在步骤(2)被分成 4 个子图：G_1 包含 4 个顶点(规则)，每个 G_2、G_3 和 G_4 只包含一个节点，如图 10.12 所示。这样，步骤(3)确定在执行 Program_2 时最多有 4 个规则触发。

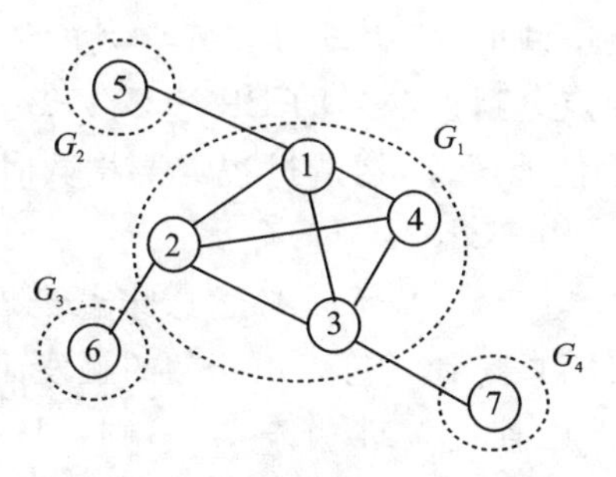

图 10.12 Program_2 的 ME 图

10.12.10 特殊形式 D 和 Algorithm_D

特殊形式 D 是特殊形式 A 的放宽版本，因为它允许在 T_p 和 R_p 中出现变量 L_p，其中 p 是特殊形式 D 程序。对于在 p 中的每个规则 r，r 可以在 p 的执行过程中被动态使能和不使能。这意味着，r 可以在到达某个不动点之前被触发超过一次。另一方面，r 被使能不是必然意味着 r 在 p 到达某个不动点之前 r 将被触发。也可能出现下面的情况：在 r 得到某个机会被触发之前，其他规则的触发被 r 成为不使能。

1. 规则依赖图

如果(1)r 潜在使能 r'，或 $L_r \cap R_{r'} \neq \emptyset$ 或者(2)$L_r \cap R_{r'} \neq \emptyset$，则 r 的触发可能导致 r' 的触发。两个条件中的任一条件表示一个潜在的触发序列包括 r 的触发，及紧接着 r' 的触发。前者是因为 r 的 LHS 和 r' 的 EC 之间的依赖关系，而后者是因为 r 的 LHS 和 r' 的 RHS 之间的依赖关系。规则依赖图被用来展示 EQL 程序的潜在触发序列。

规则依赖图：令 S 表示某个规则集。规则依赖(Rule-Dependency，RD)图 $G_S^{RD}=(V, M, N)$ 是一种带有标签的有向图。V 是顶点的集合，表示子规则。由此，当且仅当 S 中有一个子规则 r_i 时，V 包含一个带有标签 r_i 的顶点。M 是一个有向边的集合，被称为 ER 边。由此，当且仅当 r_i 潜在地使能 r'_j 时，M 包含边 $\langle r_i, r'_j \rangle$。$N$ 是有向边的集合，被称为 VM 边，由此，当且仅当下列两种情况成立时，N 包含边 $\langle r_i, r'_j \rangle$：

(1) $L_{r_i} \cap R_{r'_j} \neq \emptyset$。

(2) 如果 r_i 和 r'_j 不是互斥的，r_i 不导致 r'_j 不使能；或者如果 r_i 和 r'_j 是互斥的，r_i 潜在使能 r'_j。

在 G_S^{RD} 中的循环 C 被分类如下：

- 如果它仅包含 ER 边，为 ER 循环(ER cycle)；
- 如果它仅包含 VM 边，为 VM 循环(VM cycle)；
- 如果包含两种类型的边，为 EV 循环(EV cycle)。

可能存在一个变量 $x_i \in (L_{r_i} \cap T_{r'_j})$，它不能以文本形式决定由 r_i 赋给 x_i 的值是否在 $V_{r'_j, x_i}$ 中存在。如果是这种情况，假设由 r_i 赋给 x_i 的值在 $V_{r'_j, x_i}$ 中存在，则在 RD 图的实际实现中，存在从顶点 r_i 到顶点 r'_j 的 ER 边 $\langle r_i, r'_j \rangle$。另外，在最坏的情况下，为了检查互斥性和使能/不使能属性，构造过程需要指数时间(该时间是构造 RD 图子规则数的函数)。

尽管在 G_S^{RD} 中存在 ER 边 $\langle r_i, r'_j \rangle$，不是必然意味着子规则 r'_j 将作为子规则 r_i 的触发结果而被使能，但它确实意味着 r'_j 可以由于 r_i 的触发而被使能(并且接下来被触发)。另一方面，如果在 G_S^{RD} 中存在 VM 边 $\langle r_i, r'_j \rangle$，则 r_i 将一个值赋给变量 $x \in R_{r'_j}$，这样 r'_j 的 RHS 值可以由于 r_i 触发而改变。由此，r_i 的触发也可以引起 r'_j 的触发。如果存在一条在 G_S^{RD} 中的路径 $\langle r_i, r'_j, \cdots, w_k, b_m, d_l \rangle$，则 r_i 的触发可能最终导致 d_l 的触发。另外，如果在 G_S^{RD} 中存在某个循环 $C=\langle r_i, r'_j, \cdots, w_k, b_m, d_l, r_i \rangle$，则在 C 中子规则可以逐个以无限次数重复地触发，这样 S 不会在任意有界时间到达某个不动点。

现在，令 r_i 和 r'_j 是 S 的两个子规则，形式分别为

$$x = f_1(y) \text{ IF } E_1$$

以及

$$y = f_2(x) \text{ IF } E_2$$

G_S^{RD} 包含一个只有 r_i 和 r'_j 的 VM 循环 C。等式断言 $x==f_1(y)$ 必须在 r_i 触发之后立即为 true，并且等式断言 $y==f_2(x)$ 必须在 r'_j 触发之后立即为 true。如果这两个等式断言能够以这样的方式重写，则它们就是相同的；如果没有其他的子规则触发，则在 r_i 和 r'_j 中最多存在一个子规则触发。例如，设 $f_1(y)=y+1$ 和 $f_2(x)=x-1$。每个子规则的触发（例如 r_i），将阻止其他规则（r'_j）被触发，因为在 r_i 触发之后 r'_j 的立即触发并没有改变变量值。因此，下述情况不可能出现：r_i 和 r'_j 将无限次数交替触发，使 S 不能在有界时间内到达某个不动点。如果是这种情况，C 被称为会聚循环（convergent cycle）。会聚循环是一个 VM 循环，只包含两个分属不同规则的子规则（顶点）。

2. 特殊形式 D

特殊形式 D 的第一个条件确保规则中每对规则不能以无限次数交替改变变量的值，而其他条件确保规则不能循环地触发。

特殊形式 D： 令 S 表示一个规则集。如果下列条件成立，则 S 处于特殊形式 D：

D1. 对于 S 中每对不同的规则 r 和 r'，r 和 r' 是兼容的。

D2. 规则依赖图 G_S^{RD} 不包含 EV 循环。

D3. 对于 G_S^{RD} 中的每个 ER 循环，不存在一对子规则 r 和 r'，它们在赋值给变量 $x\in(L_{r_i}\cap L_{r'_j})$ 的表达式上不一致。

D4. 不存在一对子规则 $r_i\in C^1$ 和 $r'_j\in C^2$，其中 C^1 和 C^2 是不同的在 G_S^{RD} 的简单 ER 循环，以致于 r_i 和 r'_j 在赋值给变量 $x\in(L_{r_i}\cap L_{r'_j})$ 的表达式上不一致。

D5. 对于在 G_S^{RD} 上每个简单的 VM 循环 C，C 要么是一个会聚循环，要么是子规则（顶点），这些子规则包含在 C 中，不能在同一时刻（即 $\bigcap_{r\in C}V_r=\varnothing$）都被使能。

为了检查规则集是否属于特殊形式 D，在最坏的情况下，识别过程需要指数时间，因为其需要指数时间以确定有向图中的所有有向循环[Garey and Johnson, 1979]。然而，RD 图通常是稀疏的，所以检查特殊形式 D 条件满足性的时间只是所需状态空间检查的一小部分。

设 p 是一个特殊形式 D 程序。通过定义特殊形式 D，p 不包含一个赋值表达式形式"$x:=f(x)$"的规则；否则，G_p^{RD} 中将存在一个单顶点 VM 循环，因为 C 只包含一个顶点，所以 C 违反条件 D5。同理，不存在 G_p^{RD} 中的循环 C，使得所有在 C 中的子规则（顶点）属于 p 中的同一个规则。如果确实存在这样的一个 C，那么所有这些子规则本该具有同样的使能条件，将违反条件 D5。

定理 6 如果 p 处于特殊形式 D，则 p 的执行总是在有界数目的规则触发内终止。

定理 6 的证明 证明见 10.12.12 小节。

Algorithm_D：设 p 是一个 n -规则特殊形式D的程序。为了找到在 p 执行中规则触发数的上界，这里采用分而治之策略。对于每个规则 $r\in p$，r 是可触发的（并且因此被触发），这是因为启动状态（launch state）使 r 可触发，或者其他规则的触发使 r 可触发。根据程序执行的定义，p 的执行是一个规则触发序列。从规则触发计数的角度，这个规则触发序列能够被认为包括子序列（subsequence）的交织，每个这样的子序列起始于在发射状态某个可触发规则的触发（即：称这个规则在 p 的执行中初始化了一个规则触发的子序列）。注意以下情况是可能的，一个规则能够初始化规则触发的子序列，并且在同样的执行中由其他规则的触发初始化。

由于 p 中存在 n 个规则，所以在 p 的执行中最多存在 n 个规则触发的子序列。在 p 执行中规则触发数等于在各自子序列中规则触发数之和。根据定理6，p 的执行总是在有界规则触发数之内终止。这意味着每个子序列至多包括有界的规则触发数，并且在每个子序列的规则触发数存在一个有限上界。令 NI_r 表示由 r 初始化的每个子序列中规则触发数的有限上界，对于每个规则 $r\in p$，有一个 NI_r，NI_r 的和是在 p 执行中规则触发数的上界。即：

$$T^p=\sum_{r\in p}\mathrm{NI}_r \tag{10.4}$$

为了得到 NI_r，还是采用分而治之的策略。因为每个子规则可能对其他规则产生影响，这样会直接或间接地引发其他规则的触发，r 的每个子规则 r_i 可以初始化一个规则触发的子子序列（sub-subsequence）。令 NI_{r_i} 表示由 r_i 触发初始化的子子序列的规则触发数的上界。那么对于 r 所属的每个 r_i 所对应的 NI_{r_i}，其和是由 r 触发初始化的子序列中规则触发数的上界。即：

$$\mathrm{NI}_r=\sum_{r_i\in r}\mathrm{NI}_{r_i} \tag{10.5}$$

通过定义规则触发和子规则触发，规则 g 的子规则被触发（由于 r_i 的触发）的次数之和不小于规则 g 触发（由于 r_i 的触发）的次数。这样前者的上界也是后者的上界。令 $\mathrm{NI}_{r_i}^{g_j}$ 表示 g_j 作为 r_i 触发的结果而被触发的次数的上界。对应规则 g 的每个子规则 g_j 有一个 $\mathrm{NI}_{r_i}^{g_j}$，$\mathrm{NI}_{r_i}^{g_j}$ 的和是 g 作为 r_i 触发的结果而被触发的次数的上界。令 $\mathrm{NI}_{r_i}^{g}$ 表示这个上界。每条规则 $g\in p$ 对应一个 $\mathrm{NI}_{r_i}^{g}$，这样所有 $\mathrm{NI}_{r_i}^{g}$ 的和是由 r_i 触发初始化的子子序列中规则触发数目的上界。即：

$$\mathrm{NI}_{r_i}=\sum_{g\in p}\mathrm{NI}_{r_i}^{g}=\sum_{g_j\in p}\mathrm{NI}_{r_i}^{g_j} \tag{10.6}$$

现在展示如何计算 $\sum_{g_j\in p}\mathrm{NI}_{r_i}^{g_j}$ 的值。从现在起，简化所用的记法，对于所有的 i，令 r_i 表示 p 的一些规则的子规则。另外，r_i 和 r_j 不必一定是同一个规则的子规则。如前所述，如果在 G_p^{RD} 存在边 (r_1, r_2)，则 r_1 的触发将导致 r_2 的触发，这是因为 r_1 要么给 R_{r2} 中的变量赋一个新值（这样改变 r_2 的RHS值），要么潜在使能 r_2。如果在 G_p^{RD} 中存在一条路径 $\langle r_1, r_2, \cdots, r_k\rangle$，则 r_1 的触发可能最终导致 r_k 的触发。这样，任意在 G_p^{RD}

中能够由 r_1 可达的顶点(子规则)可能作为 r_1 触发的结果被触发(即可能在被 r_1 触发初始化的子子序列中)。更进一步,如果在 G_p^{RD} 中存在从顶点 r_1 到顶点 r_k 的多条路径,那么由于 r_1 的触发,r_k 可以被触发多于一次;并且在 r_1 和 r_k 之间的路径数是作为 r_i 触发结果的 r_k 触发的可能数。这是由于存在沿着每一条这样的路径 r_k 可能被 r_i 调用的事实。

现在,假设在 G_p^{RD} 中的循环中,$C=\langle r_1,r_2,\cdots,r_{k-1},r_k,r_1\rangle$。因为 G_p^{RD} 不包含 EV 循环(即条件 D2),所以 C 必须要么是 ER 循环,要么是 VM 循环。

- 如果 C 是 ER 循环,那么对于每个 $i,1\leqslant i\leqslant k-1,r_{i+1}$ 可能由于 r_i 的触发被使能。如果可能,从 r_i 开始,按照子规则在 C 中的顺序,它们被一个接一个地触发。因为条件 D3,C 中的变量没有被 C 中的不同子规则赋予不同值。那么,当顺着路径 $\langle r_1,r_2,\cdots,r_k\rangle$ 的触发序列之后,L_{r_1} 中的变量将不能被 r_1 的二次触发赋予一个新值,这是因为没有被 C 中的其他子规则赋予一个不同的值。这意味着 r_1 的触发不能引发 r_1 的下一次触发。

- 如果 C 是 VM 循环,那么对于每个 $i,1\leqslant i\leqslant k-1$,顺着 C 的路径,r_{i+1} 可能是可触发的,这是因为 r_i 的触发改变了 $R_{r_{i+1}}$ 中的变量值。然而,由于条件 D5,所以 C 包含至少一个子规则(比如 r_j),当 r_1 使能时它不被使能。另外,作为任意在 C 中子规则触发的结果,r_j 不能被使能;否则,就不存在 EV 循环,这违反了条件 D2。所以,r_1 的触发能够不使顺着 C 的路径的 r_j 触发。这也意味着 r_1 的触发不能够引发 r_1 的其他触发。

更近一步,假设存在形式为"$x:=f$ IF EC"的子规则 r_i,那么 r_i 潜在使能 r_j,并且 $x\in R_{r_j}$。不仅存在一条 ER 边 $\langle r_i,r_j\rangle$,而且在 G_p^{RD} 中存在一条 VM 边 $\langle r_i,r_j\rangle$。然而,通过这两条边,r_i 触发对 r_j 的影响会同时发生。这两条边应该根据潜在触发序列一起被作为一条边对待。通过这样把连接同一对顶点的边组合为一条边,首先将 RD 图变换为一个简化的(simplified)RD 图(SRD 图)G_p^{SRD}。

基于上述事实,采用参考文献[Aho, Hoproft, and Ullman, 1974]给出的标准深度搜索算法的变体,来遍历简化的 RD 图,并得到由源顶点触发所导致的子规则触发的最大数目。下面展示了这种改进的深度优先搜索算法:

```
Procedure DFS(v);
Begin
    counter:= counter + 1;
    For each edge ⟨v,w⟩ ∈ G_p^RD Do
        If w is not an ancestor of v, then
            Begin
                DFS(w);
            End;
End ;
```

设 r_i 是源顶点。一个全局变量 counter(初始化为 0)被用于记录顶点被访问的次数,表示由触发 r_i 产生的子规则触发的可能次数。这种算法始于 r_i 的搜索过程。每次访问一个顶点,就能够找到一条从 r_i 到这个顶点的新路径。通常,假设 x 是最近访问到的顶点,通过选择一条未被搜索到的边 $\langle x, v\rangle$ 持续进行搜索。如果 v 不是 x 的“祖先”(ancestor),则 v 将被再次访问,变量 counter 将被加 1,并且将从 v 开始一次新的搜索;否则,其他没有被探索到从 x 出发的输出边(out-going)将被选中。这个过程持续进行,直到所有从 x 出发的输出边都被探索到。当遍历结束时,counter 的值代表由触发 r_i 而产生的子规则(和该规则)的最大可能触发数目,即:$\mathrm{NI}_{r_i}=$ counter。

一旦得到 p 中子规则所有的 NI_{r_i},就能够利用等式(10.4)和(10.5)得到在 p 执行中规则触发数目的上界。而且,能够通过在这些规则中探索互斥属性,使这个上界更紧致,正如在 Algorithm_A 中的情况一样。

如果某个规则在程序执行的发射状态不被使能,那么它就不能在这次特定的执行中初始化一个子序列。如果 r 和 r' 是根据互斥属性相互兼容的,则它们中的至少一个(例如 r)在启动状态不被使能。这意味着在 p 执行期间 r 不能初始化一个规则触发的子序列。所以,NI_r 不应被计入 p 的上界计算中。如果存在含有 m 个规则的集合,且集合中每对不同规则是根据互斥属性兼容的,则上述讨论适用于该集合的每对规则(即在该集合中最多一个规则初始化一条规则触发子序列)。这意味着,在这个集合中与规则相关的 NI_r,只应该计算其中的一个。

所以,为了得到更紧致上界的目的,ME 图被划分为最小数目的独立完全子图,这样只需要计数最少的 NI_r 数。假设 k 是 G_p^{ME} 中独立完整 ME 子图的最小数目,且 p_i 是与第 i 个独立完整 ME 子图相关的规则集合。对于每个 p_i,$1\leqslant i\leqslant k$,最多存在一条规则能够在 p 的执行中初始化规则触发的一条子序列。尽管事先不知道在 p_i 中哪条规则能够初始化规则触发的子序列,但可以知道被这条规则初始化的规则触发数不可能大于 $\max\limits_{r\in p_i}(\mathrm{NI}_r)$。这样,得到下列 p 的上界:

$$T^p=\sum_{p_i,1\leqslant i\leqslant k}\max_{r\in p_i}(\mathrm{NI}_r) \tag{10.7}$$

下面展示了应用上述策略得到的算法:

输入 特殊形式 D 的程序 p。

输出 一个整数,为 p 的上界。

(1) 对于每个子规则 $r_i\in G_p^{\mathrm{SRD}}$,对 r_i 应用深度搜索算法得到 NI_{r_i}。

(2) 对于每个规则 r,得到 $\mathrm{NI}_r=\sum\limits_{r_i\in r}\mathrm{NI}_{r_i}$。

(3) 将 G_p^{ME} 划分为一个最小数目为 k 的独立完全子图。

(4) 输出 $T^p=\sum\limits_{p_i,1\leqslant i\leqslant k}\max\limits_{r\in p_i}(\mathrm{NI}_r)$。

步骤(1)在最坏的情况下需要 $O(\prod_i m_i)$ 的时间复杂度,其中 m_i 是在深度优先搜索算法中第 i 层边的数目。在实验中,SRD 图通常是稀疏的,这样 m_i 的值通常很小。步骤(2)和步骤(4)需要线性的时间复杂度以执行求和和输出操作。步骤(3)需要二次型的时间复杂度,正如在 Algorithm_A 中的情况一样。

例 10.12: 下面是一个特殊形式 D 程序的样本。

```
PROGRAM Program 3
VAR
    w,x, y, z, t, v : integer;
INPUTVAR
    g, h, i : integer;
INIT
    w: = 1, x : = 1, y : = 1, z : = 1, t : = 1, v : = 1
INPUT
    read(g, h, i )
RULES
    (*1*) x := 1 | w := y IF g = 0 and y = 1
    (*2*) []x := 0 | w := y IF g = 1
    (*3*) []y := 1 | t := x IF h = 0 and x = 1
    (*4*) []z := 2 * t IF t > 0
    (*5*) []v := 0 IF x = 0 and i = 0
    (*6*) []v := 1 IF x = 0 and i = 1
    (*7*) []v := 1 IF x = 1 and i = 1
END.
```

Program_3 中的 RD 图和简化的 RD 图分别如图 10.13(a)和 10.13(b)所示。对于每个子规则 r_i,采用 Algorithm_D,通过步骤(1)找到所有可能的从触发 r_i 出发的触发序列。图 10.14 展示了由子规则 1_1 可达的子规则(并且这样可能被作为 1_1 触发的结果而被触发),即:步骤(1)决定 $NI_{1_1}=7$。同理 $NI_{1_2}=1$、$NI_{2_1}=5$、$NI_{2_2}=1$、$NI_{3_1}=7$、$NI_{3_2}=2$、$NI_{4_1}=1$、$NI_{5_1}=1$、$NI_{6_1}=1$,以及 $NI_{7_1}=1$。

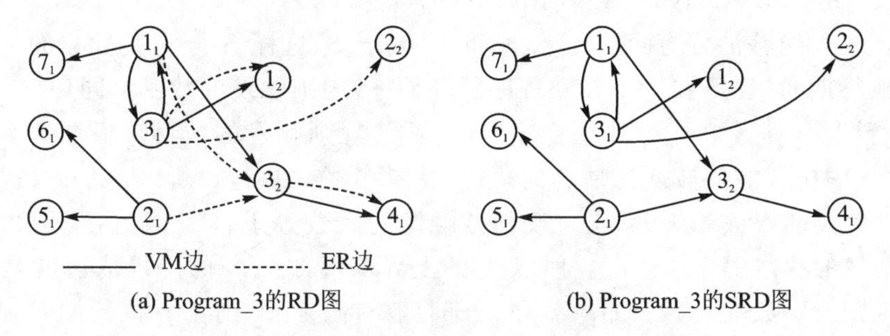

图 10.13　Program_3 的 RD 图和 Program_3 的 SRD 图

步骤(2)导出：

$NI_1 = NI_{1_1} + NI_{1_2} = 7 + 1 = 8$

$NI_2 = NI_{2_1} + NI_{2_2} = 5 + 1 = 6$

$NI_3 = NI_{3_1} + NI_{3_2} = 7 + 2 = 9$

$NI_4 = NI_{4_1} = 1$

$NI_5 = NI_{5_1} = 1$

$NI_6 = NI_{6_1} = 1$

$NI_7 = NI_{7_1} = 1$

接着，在步骤(3)中，Program_3 的 ME 图被分为 4 个子图，如图 10.15 所示。最后，由步骤(4)得出：

$$T_p = \max(NI_1, NI_2) + \max(NI_3, NI_5) + \max(NI_4) + \max(NI_6, NI_7) = 8 + 9 + 1 + 1 = 19$$

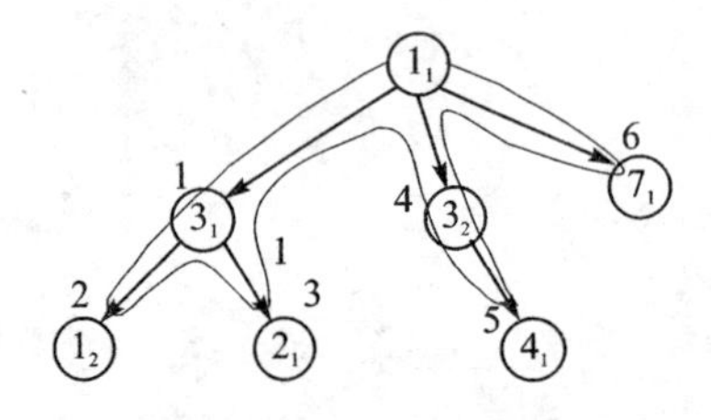

图 10.14 子规则 1_1 的遍历次序

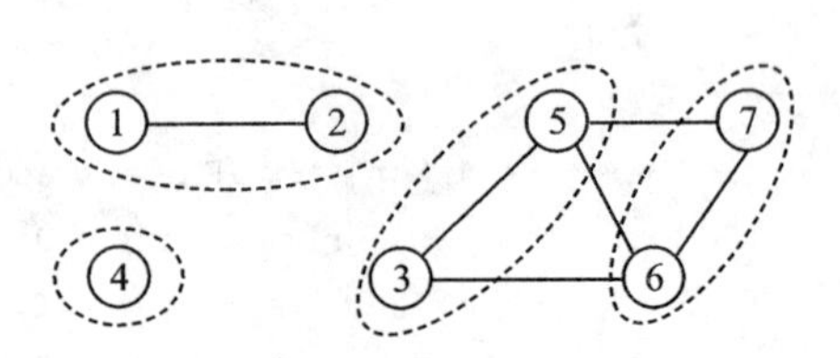

图 10.15 Program_3 的 ME 图

10.12.11 通用分析算法

前述章节展示了两种特殊形式的存在，并提出了两种算法以得到在这两种特殊形式下程序的规则触发数。然而，对于任意 EQL 程序 p，很少存在整个 p 都是某种已知特殊形式的情况。换言之，通常的情形是：p 能够被划分为层次化的规则集，那么，这些集合中的一部分具有某些已知特殊形式。为了充分利用这个属性，并且扩展所提出的两种算法的可用性，参考文献[Cheng and Wang, 1990]发展并给出了通用分析算法(General Analysis Algorithm，GAA)。

设程序 p 能够被分为两个集合，S 和 $S' = p - S$，这样 S 与 S' 是独立的。令 t_S 表示在 S 执行期间(且 S 在一个独立程序的环境下)规则触发的数目。同理，令 $t_{S'}$ 表示在 S' 执行期间(且 S' 在一个独立程序的环境下)规则触发的数目。根据基本执行模型，程序 p 的执行能够被认为是 S 的执行，并紧接着 S' 执行。所以，在 p 执行期间，S 中规则被触发的次数等于 t_S，S' 中规则被触发的次数等于 $t_{S'}$。因此在 p 执行期间，规则被触发的次数等于 $t_S + t_{S'}$。所以，t_S 的上界取值加上 $t_{S'}$ 的上界取值就是在 p 执行期间规则触发数的上界。如果 t_S 和 $t_{S'}$ 都具有有限上界，则在 p 执行期间规则触发数也存在有限上界反之如果 t_S 或 $t_{S'}$ 均不存在有限上界，则在 p 执行期间规则触发数就不存在有限上界。所以，当且仅当 t_S 和 $t_{S'}$ 都具有有界响应时间时，p 具有有界的响

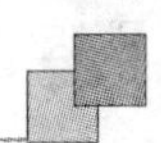

应时间。图10.16展示了GAA算法[Cheng et al., 1991]，充分利用了上面的讨论成果并且使用了HLD图。

假设p是被分析的程序。首先，构造HLD图$\overline{G_p}$。在分析过程中，p和$\overline{G_p}$被改进以反映分析的进程。通常，假设p是在分析中某个步骤点时将被分析的剩余部分的规则集，$\overline{G_p}$是与之相对应的HLD图。在每次迭代中，GAA从p选择（或删除）一个规则子集S，该子集与一个在$\overline{G_p}$中没有输出边的顶点相关（并且相应地修改$\overline{G_p}$），这是因为子集中的规则具有剩余部分规则中的最高优先级，并且这个子集的执行不受其他子集执行的影响。

接下来，对照已知特殊形式对S进行检查，以确认S是否为其中的一种。如果是，则采用相应的响应时间算法，以得到S的上界；否则，采用前述时态逻辑模型检查器和时序分析器对S的状态空间进行蛮力搜索式的检查，以得到上界。如果S不具有规则触发数的有限上界，则p也没有；否则，得到的上界被累加到一个寄存器。p的分析过程重复进行，直到没有剩余规则或是发现一个子集不具有有限上界。

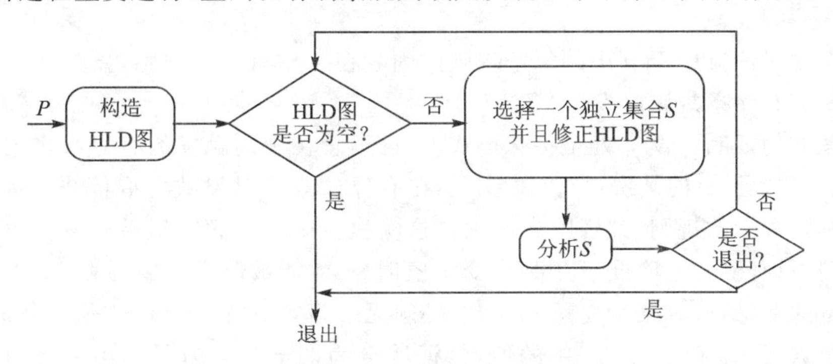

图10.16　通用分析算法

尽管在某些情况下，GAA还需使用穷举搜索状态空间图的检查方法，但在特殊形式的帮助下，在大多数情况下被检查状态空间的规模已经被有效地缩小，使分析基于规则的实时系统的时间消耗明显地缩短。通过采用GAA，已经成功精简了前面提到的真实世界中基于规则的实时系统。例如，航天飞机压力控制系统低温氢压力故障处理过程的完整EQL程序，包含36条规则、31个传感器输入变量，以及32个非输入变量。对于主要依赖于穷举搜索的工具，检查完成需要两周的时间。然而，GAA证实该程序能够被划分为前向独立子集，这样每个子集都处于特殊形式A。使用基于GAA算法的工具后（只对特殊形式A）完成了分析，事实说明这有利于大规模地缩减所需的时间——从两周缩减为2 s。

当发现不具有有限上界的情况时，GAA的另一个优点，是子集的划分导致这个属性从其他属性之中被隔离开来，因为一旦发现某个子集没有有界上界，GAA就会停止分析。

10.12.12 一些证明

定理 5 的证明 设 p 处于特殊形式 A，r 是 p 中的规则。由于条件 A3，即 $L_p \cap T_p = \varnothing$，$r$ 的使能条件的值在整个 p 的执行过程中保持不变。那么，在引用 p 时，如果使能（或不使能）r，则 r 在 p 的执行过程中将保持使能（或不使能）。

- 如果 r 在引用 p 时是不使能的，那么它将不会在 p 的执行中被触发。所以，它的规则触发次数将持续为 0。
- 如果 r 在引用中使能，那么它在 p 执行中可能被触发，也可能不被触发，这依赖于系统的演化。如果在 p 的执行期间不触发，则它的规则触发次数还将持续为 0。如果它被触发，那么由于条件 A1，它将不会再重新触发，除非有另一个规则 r' 在之后触发，并对 $L_r \cap L_{r'}$ 中的一个变量赋予一个不同值。然而，由于条件 A2，如果 r' 赋给 $L_r \cap L_{r'}$ 中某个变量的值与 r 不一致，则 r' 不被使能。那么，r 将在 p 的执行过程中最多只被触发一次，相应的规则触发次数将保持为 1。

将上面讨论应用于 p 中的每条规则。因为在 p 中有 n 条规则，显然在 p 的执行过程中最多有 n 条规则触发，即 $T^p = n$。

定理 6 的证明 设 p 处于特殊形式 D，且不总在规则触发的有界数之内到达不动点。这意味着，p 的某次执行可能不会在有界的规则触发数之内停止。因为在 p 中只有有限数量的规则，某规则 r^1 必须在这次执行中无限频繁地被触发。根据基本执行模型，只有触发 r' 改变 p 中某个变量值时，r^1 才能被触发。因为在 L_{r^1} 上只存在有限数量的变量，所以某个变量 $x_1 \in L_{r^1}$ 必须无限频繁地被子规则 r_i^1 赋予新值。

基于 $R_p \cap L_p$ 和 $T_p \cap L_p$ 中的值，将证明分为四部分。为了简化下面用到的符号，除非另加说明，记法 r_*^i 用于代表规则 r^i 中的特殊子规则，该子规则对推理中涉及的某个变量赋值。例如，在没有歧义的情况下，子规则 r_i^1 被引用为 r_*^i。

(1) $R_p \cap L_p = \varnothing$ 并且 $T_p \cap L_p = \varnothing$。$p$ 也是一个特殊形式 A 程度。根据定理 5，p 总是在有界的触发数目之内到达一个不动点。

(2) $R_p \cap L_p = \varnothing$ 并且 $T_p \cap L_p \neq \varnothing$。由于 $R_p \cap L_p = \varnothing$，$r_*^1$ 总是对 x_1 赋予常量 m^1。如果不存在另一个子规则给 x_1 赋予一个不同的值，单独的 r_*^1 只能最多一次改变 x_1 的值。所以，必然存在一个规则 $r^{1'}$。且带有一个子规则 $r^{1'}{}_*$，给 x_1 赋予一个不同的值 $m^{1'}$，并无限频繁地触发。

由于条件 D1，r_*^1 和 $r_*^{1'}$ 互斥。必然有一个变量 x_2，它的值被无限频繁地改变，并且决定了 r_*^1 和 $r_*^{1'}$ 使能是永不结束的。现在这个讨论适用于 x_1 也适用于 x_2，这意味着存在一对子规则：r_*^2 和 $r_*^{2'}$，无限频繁地将不同的值赋给 x_2。其中之一，比如 r_*^2，潜在使能 r_*^1，而另一个则潜在使能 $r_*^{1'}$。这样，在 RD 图 G_p^{RD} 中就存在边 $\langle r_*^2, r_*^1 \rangle$ 和 $\langle r_*^{2'}, r_*^{1'} \rangle$。另外，该讨论也适用于 r_*^1 和 $r_*^{1'}$ 对，以及 r_*^2 和 $r_*^{2'}$ 对。下面继续采用同样的方法讨论遇到的变量和规则。

寻找到两条路径，$S=\langle r_*^k, r_*^{k-1}, \cdots, r_*^2, r_*^1\rangle$ 和 $S'=\langle r_*^{k'}, r_*^{(k-1)'}, \cdots, r_*^{2'}, r_*^{1'}\rangle$。然而，因为在 p 中只有有限数量的规则（子规则的数目也是有限的），最终，对于某个 k，r_*^k 和 $r_*^{k'}$ 都将变成总是在前面遇到的子规则。以下三种情况之一将会发生：

(a) $r_*^k \in \langle r_*^{k-1}, r_*^{k-2}, \cdots, r_*^2, r_*^1\rangle$ 并且 $r_*^{k'} \in \langle r_*^{(k-1)'}, r_*^{(k-2)'}, \cdots, r_*^{2'}, r_*^{1'}\rangle$。假设 $r_*^k=r_*^i$ 并且 $r_*^{k'}=r_*^{j'}$，则 $\langle r_*^k=r_*^i, r_*^{k-1}, \cdots, r_*^{i+1}, r_*^i\rangle$ 形成一个循环，而 $\langle r_*^{k'}=r_*^{j'}, r_*^{(k-1)'}, \cdots, r_*^{(j+1)'}, r_*^{j'}\rangle$ 形成另一个循环，如图 10.17(a)所示。显然，r_*^k 和 $r_*^{k'}$ 分别被包含在不相交的循环中，且对 x_k 赋予不同的值，这与条件 D4 相矛盾。

(b) r_*^k 和 $r_*^{k'}$ 都属于 $\langle r_*^{k-1}, r_*^{k-2}, \cdots, r_*^2, r_*^1\rangle$。这里有以下两种情况：

- $r_*^k=r_*^i$ 并且 $r_*^{k'}=r_*^j$，其中 $j>i$。在这种情况下，$\langle r_*^k=r_*^i, r_*^{k-1}, \cdots, r_*^j=r_*^{k'}, \cdots, r_*^i\rangle$ 形成循环 C，如图 10.17(b)所示。所以，r_*^k 和 $r_*^{k'}$ 被包含在 C 中，并且分别将不同的值赋给 x_k，这与条件 D3 矛盾。
- $r_*^k=r_*^i$ 并且 $r_*^{k'}=r_*^{j'}$，其中 $j<i$。在这种情况下，$\langle r_*^k=r_*^i, r_*^{k-1}, \cdots, r_*^{i+1}, r_*^i\rangle$ 形成循环 C，如图 10.21(c)所示。r_*^i 和 $r_*^{j'}$ 分别将不同的值赋给 x_k。注意，该讨论适用于 r_*^i 和 r_*^j 对。而且，此时存在一个从 r_*^i 到 r_*^j 的路径。所以，从 r_*^i 和 r_*^j 出发，可引进一条新的推理序列，产生另外一条新的推理序列。

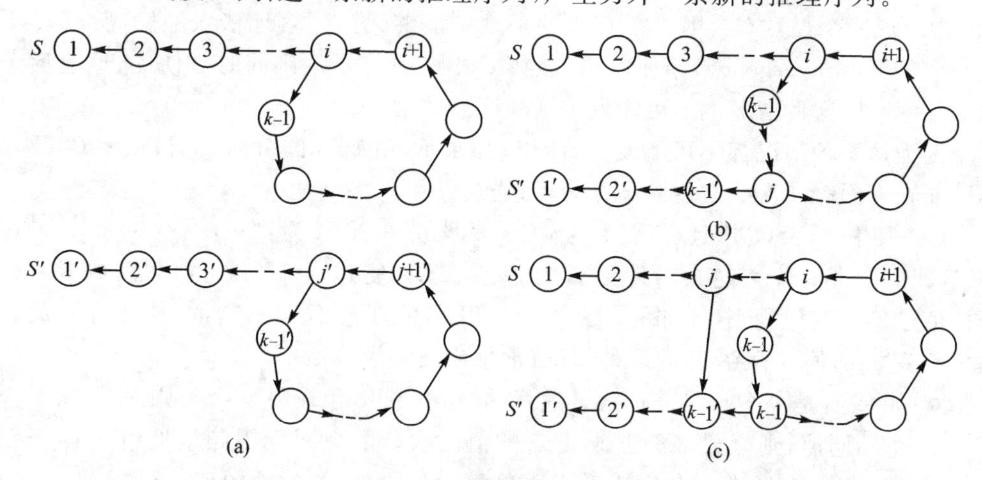

图 10.17　规则使能模式

继续采用同样的方法讨论遇到的子规则对。将会找到一条路径序列，其中每条路径连接了一个子规则对（该子规则与变量所赋表达式不一致）。最终，因为在 p 中只存在有限数量的规则，前面遇到的规则将再次出现。因此将找到一个包含与变量所赋表达式不一致的规则的循环，这与条件 D3 矛盾。

(c) r_*^k 和 $r_*^{k'}$ 都属于 $\langle r_*^{(k-1)'}, r_*^{(k-2)'}, \cdots, r_*^{2'}, r_*^{1'}\rangle$。用 $\langle r_*^{(k-1)'}, r_*^{(k-2)'}, \cdots, r_*^{2'}, r_*^{1'}\rangle$ 替换 $\langle r_*^{k-1}, r_*^{k-2}, \cdots, r_*^2, r_*^1\rangle$，前面的讨论也适用于这种情况。所以，这种情况也不会发生。

因为上述三种情况都不可能发生，所以如果 $R_p \cap L_p=\varnothing$ 并且 $T_p \cap L_p \neq \varnothing$，则 p

不可能在有限的触发次数之内到达某个不动点。

(3) $R_p \cap L_p \neq \emptyset$ 并且 $T_p \cap L_p = \emptyset$。假设 r^1 的形式是"$x := f$ | … IF EC"。由于D1,以及 $T_p \cap L_p = \emptyset$,所以任何 x 表达式赋值中与 r^1 不符的规则,在 p 本次执行中都保持不使能状态。事实上,r^1 无限频繁地给 x 赋一个新值,意味着 f 无限频繁地改变它的值,否则,x 是一个常量表达式,不能改变它的值。f 作为带有变量的函数,只有两种情况可能存在。现在讨论这两种情况并证明它们都不可能出现。

(a) 如果 f 是变量 x 上的函数(即 r 的形式为"$x := f(x)$ | … IF EC")。然而,如果这样的一条 r 确实存在,这意味着,在 G_p^{RD} 中存在一个单顶点的循环 C。因为 C 只包含一个顶点,所以,在 C 中不可能具有一对子规则,且它们以互斥特性兼容,这将违反条件D5。所以,这种情况不可能出现。

(b) 如果 f 是变量 y 上的函数,y 不同于变量 x(即 r 的形式为"$x := f(y)$ | … IF EC"),那么就存在一条形式为"$x := f(y)$ | IF EC"的子规则 r_*^1,并且 y(亦即 $f(x)$)无限频繁地改变它的值。必然存在某个规则 r^2(和一条子规则 r_*^2)给 y 赋值并无限频繁地触发。现在,适用于 r^1 的讨论也适用于 r^2。继续对每条遇到的规则采用同样的论证。最终,因为在 p 中只存在有限数目的规则,所以遇到的子规则在图 G_p^{RD} 中形成一个循环 C。因为在 C 中的子规则能够无限频繁地依次触发,所以 C 不是一个会聚(convergency)循环,也不会在 C 中的所有子规则同时被使能,这违反条件D5。所以,这种情况也不可能发生。

因为这两种情况都不可能发生,所以,如果 $R_p \cap L_p \neq \emptyset$ 并且 $T_p \cap L_p = \emptyset$,则 p 不可能在有限触发次数之内到达某个不动点。

(4) $R_p \cap L_p \neq \emptyset$ 并且 $T_p \cap L_p \neq \emptyset$。假设 r^1 的形式为:"… | $x := f_1$ | … IF EC",其中 f_1 是一个表达式。只有 f_1 的值已经改变使其不等于 x_1 的旧值,或者一个新的值已经由其他规则(比如 $r^{1'}$)赋给 x_1 使得 x_1 的新值不等于 f_1 的值,此时 r_1 的触发才改变 x_1 的值。存在 f_1 的两种情况:常量或非常量。

- 如果 f_1 是一个常量表达式。这意味着,如果不存在另一个规则对 x_1 赋予一个不同值,则 r^1 最多能够改变 x_1 的值一次。因为 r^1 无限频繁地给 x_1 赋予新值,必然存在另一条规则 $r^{1'}$ 无限频繁地给 x_1 赋予不同的值。根据D1,r^1 和 $r^{1'}$ 互斥。所以,存在一个变量 x_2,它的值无限频繁地改变,并且决定 r^1 和 $r^{1'}$ 是无穷尽使能的。那么,接下来意味着存在一条规则 r^2,无限频繁地赋给 x_2 新值并且潜在使能 r^1。这样,在 G_p^{RD} 中就存在ER边 $\langle r^2, r^1 \rangle$。该讨论适用于 x_1 和 r^1 对,也适用于 x_2 和 r^2 对。
- 如果 f_1 不是一个常量表达式。那么 f_1 必须是在 x_1 上(或不在 x_1 上)的变量表达式。

① 如果 f_1 是 x_1 上的表达式(即 r^1 的形式为:"… | $x_1 := f(x_1)$ | … IF EC")。然而,如果这样的 r 存在,则意味着在 G_p^{RD} 应该存在一个单顶点VM循环。如前所述,这违反条件D5。所以,这种情况不会发生。

② 如果 f_1 不是 x_1 上的表达式。那么 f_1 必须是一个不同于 x_1 的变量(记为 x_2)的表达式(即 r^1 的形式为："… | $x_1 := f(x_2)$ | … IF EC")。所以，存在一个形式为" $x_1 := f(x_2)$ IF EC"的子规则 r^1_*，而且 x_2 的值(而且接下来是 $f(x_2)$)无限频繁地改变。可能存在规则 r^2，它将赋给 x_2 一个新值并无限频繁地触发。所以，在 G_p^{RD} 中存在一条 VM 边 $\langle r^2, r^1\rangle$。现在适用于 r^1 和 x_1 的讨论同样适用于 r^2 和 x_2。

继续将上面的论证应用于每个遇到的规则和变量对。将找到 ER 边的路径或 VM 的路径，或两者都被找到。最终，因为在 p 中只有有限数量的规则，以前遇到的某个规则和变量对将再次遇到，所以，必将找到一个循环 C。将出现下列三种情况之一(为了简化，如果变量 x 被 C 中的子规则赋予一个值，则称 x 在 C 中)：

(a) 如果 C 是一条 EV 循环。但是，一条 EV 循环的存在违反条件 D2。所以，这种情况将不会出现。

(b) 如果 C 是一条 ER 循环。对于每个在 C 中的 r^i_* 和 x_i 对，被 r^i_* 赋给 x_i 的是 f_i 的值，它是常量。这意味着，x_i 也被另外一个规则 $r^{i'}_*$ 无限频繁地赋予不同的值，该规则 $r^{i'}_*$ 使能 $r^{(i-1)'}_*$。那么，在 G_p^{RD} 中也存在 ER 边 $\langle r^{i'}_*, r^{(i-1)'}_*\rangle$，在 G_p^{RD} 中也应该存在包含 $\langle r^{i'}_*, r^{(i-1)'}_*, \cdots, r^{2'}_*, r^{1'}_*\rangle$ 的路径。因为在 p 中只有有限数量的规则，故最后将遇到如在本证明第(2)部分中所出现的情况。这意味着这种情况也将不会出现。

(c) 如果 C 是一条 VM 循环。那么对于每个在 C 中的 x_i，因为通过 r^i_* 给 x_i 赋值的表达式 $f(x_{i+1})$ 无限频繁地改变，x_i 将得到一个新值。因为 C 中的子规则能够以它们在 C 中出现的次序无限次被逐个依次地触发。显然，C 不是收敛循环。另外，对每个在 C 中的子规则 r^i_*，必须在它将要被触发的时刻被使能。如果所有在 C 中的子规则能够在同一个时刻被使能，则违反条件 D5。另一方面，如果在 C 中包含的所有子规则(顶点)不能同时被使能，则必然在任意时刻至少有一个不使能的规则。设在考虑的执行过程中 r^k_* 在某些时刻不使能，那么，必然存在一条子规则(比如 g^1_*)，它的触发将使能 r^k_*。这存在以下两种需要考虑的情况：

- 如果 g^1_* 也在 C 中，如图 10.18(a)所示。那么在 G_p^{RD} 中存在一条 EV 循环，违反条件 D2。因此，g^1_* 不可能在 C 中。
- 如果 g^1_* 不在 C 中，如图 10.18(b)所示。这适用于 r^1 的论证也适用于 g^1。将找到另一条 VM 循环 C_2。接下来将被初始化另一条推理序列，该序列起始于 C_2 中可使能子规则的某条子规则。继续采用该论证，将找到由 ER 边连接的 VM 循环的序列，因为在 p 中只有有限数量的规则。这样，一条包含从这些 VM 循环出发的边，以及包含连接这些 VM 循环的 ER 边的某个 EV 循环将被找到，这违反了条件 D2。

因为这两种情况都违反了条件 D2，故这两种情况也是不可能出现的。

因为上面的各种情况中，没有一种情况可能出现，所以 r_1 不可能无限频繁地被触发。所以，总结得出结论：如果 p 是特殊形式 D 程序，p 总在有限次数的规则触发

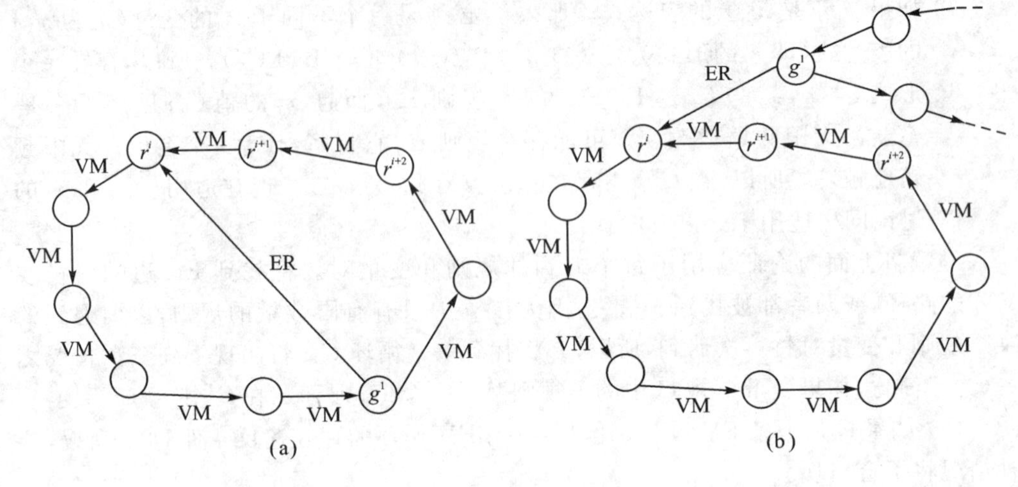

图 10.18 VM 循环

之内到达某个不动点。

10.13 历史回顾和相关研究

20 世纪 80 年代,基于规则的实时系统的研究已经开始引人注意,例如文献[Benda, 1987]、[Helly, 1984]、[Koch et al., 1986]、[O'Reilly and Cromarty, 1985]、[Laffey et al., 1988],但很少有涉及性能保证验证的工作。笔者的工作是[Michalski and Winston, 1986]和[Haddawy, 1986 ; Haddawy, 1987]可变精度逻辑(Variable Precision Logic, VPL)方法的补充。VPL 作为一种工具用以描述某个推断符合某条时序约束的确信程度。VPL 的推断系统能够作为一种灵活的算法,这种算法能够描述一条推断的确性程度,权衡到达该推断所需的时间。然而,这里强调必须确保在运行时间之前(before run-time),根据基于规则程序所作决策的质量确实能够在可用时间预算之内达成。注意,在 EQL 中的不动点可能与系统状态某种可接受的近似有关,并不必须要是确切的状态。该问题的公式表达具有充分的通用性,以允许可变精度算法的使用。

一些研究者着手开始调研实时专家系统。文献[Benda, 1987]和[Kock et al., 1986]描述了航天工业中基于知识的实时系统的需求。文献[O'Reilly and Cromarty, 1985]是最早解释执行速度的增长不一定保证专家系统能够满足实时性能约束的文献之一。文献[Helly, 1984]展示了一种优化可编程逻辑阵列所实现的监视航天飞机氢燃料系统的专家系统。文献[Laffey et al., 1988]给出了一个实时专家系统的概述并且描述了确保实时性能的技术,例如,提出更多的确定性控件(诸如控制变量)以及更严格的冲突解决策略,以作为缩短专家系统实际执行时间的方法。文献[Payton and Bihari, 1991]论述了智能控制系统的不同层次(规划、基于知识的评估、计算、传感)必须紧密地协作以获得实时性能和适用性。

许多研究者也研究了并行化方法对优化专家系统性能的影响,但通常不考虑满足硬实时约束。例如,文献[Ishida, 1991]提出了一种并行的规则触发模型OPS5,包含三个组件:一个推理分析工具,用于探测案例,在这些案例中并发的规则触发取得与串行触发不同的结果;一个并行触发算法,用于在一个多处理器体系结构下并行触发规则;以及一个并行编程环境,用于提供语言工具,以便使程序员能够利用并行化的好处。文献[Gupta, 1987]提出了一种并行Rete算法*,以非常细的粒度利用并行机制降低在处理开销上的可变程度,而这种开销是受到每次识别动作(recognize-act)循环影响的产生式(production)开销;该文献还描述了一个调度细粒度循环的硬件任务调度器。文献[Oshisanwo and Dasiewicz, 1987]论证了不是所有的并行效果都能够在编译的时候被确定,这必须采用在线技术从运行时间的产生式系统提取更高程度的并发机制。已经开发出简单的检查方法,可以在运行时间中检测出由并行规则触发引发的干扰。文献[Schmolze, 1991]描述了在同步并行产生式系统中保证可串行化结果的技巧。文献[Cheng, 1993b]引入了从基于规则的程序中自动提取规则等级的并行方法。

文献[Wang, Mok, and Emerson, 1992]表明很少有正式的研究涉及响应时间问题。文献[Lark et al., 1990]考虑了在开发Lockheed飞行员辅助系统中的设计与实现问题,其支持使用试验和分析的方法,根据扩展试验向应用程序员要求设置处理持续时间的上界,以保证实时性;但是并没有说明如何验证系统对上限的满足。文献[Aiken, Widom, and Hellerstein, 1992]提出了一种静态分析方法以确定数据库产生式的任意集合是否满足给定的属性(包括停机),检查了一种展示规则间触发关系的有向图,以观测相应规则集的执行是否被保证并停机。并引入了一些保证停机属性的条件。但是却没有提供算法获取规则集的执行时间(或者执行时间的上界),该规则集被发现具有停机属性。文献[Abiteboul and Simon, 1991]论述了数据日志(Datalog)及其扩展语境中的停机属性,并且展示了这种属性通常是不可判定的。尽管该讨论涉及了一个给定语言是否具有停机属性的问题,但却没有讨论如何确定一个任意程序是否具有停机属性。

大量的工作没有涉及响应时间分析问题,而是集中于提高执行的速度。文献[Ceri and Widom, 1991]开发了一种方法,利用在数据库语境下的增量维护技术自动地导出有效的视图维护(view-maintenance)产生式规则。文献[Brant et al., 1991]研究了状态空间大小在规则系统上推断机制性能的影响效果,声称可以消除一些状态,并通过使用懒匹配算法(lazy matching algorithm)代替对所有活动规则进行评估,以提升性能。

此外,还进行了利用并发机制的广泛讨论,几种并发处理技术已经被提出并应用

* Rete是拉丁语,意为"网"(net)。

于增强基于规则系统的性能[Ishida，1991；Ishida and S. Stolfo，1985；Kuo and Moldovan，1991；Schmolze，1991；Stoyenko，Hamacher，and Holt，1991]。例如，文献[Ishida，1991]提出了一种并行OPS5规则触发模型，该模型基于数据相关性的分析技术，以检测多规则触发之间的干扰。还给出一种并行多处理器体系结构下触发规则的并行触发算法。文献[Stoyenko，Hamacher，and Holt，1991]也提出了一种基于规则的并行语言PARULEL，它基于一种内在的并行执行语义。该文献论证了顺序化规则语言在规则程序解决的任务中内在地"隐藏"着许多并发机制。文献[Kuo and Moldovan，1991]研究了多规则触发系统，识别了由于干扰规则导致的兼容性问题，以及由于违反问题解策略导致的收敛问题。声称为了解决这些问题，仅仅将一个程序看成规则集并且并发地触发其兼容规则是不充分的，考虑多规则触发对问题求解策略的影响也是必要的。

然而，与快速执行不同，实时系统最重要的属性应该是满足时序约束。快速执行帮助满足紧缺型的时序约束，但快速执行本身不能保证满足时序约束。

在本章中，基于规则的程序收敛到不动点所需的时间根据规则触发数来度量。更准确的度量应该考虑每次规则触发的实际执行时间以及随后被接着触发的规则的实际评估(匹配)时间。这里提出一种有效的匹配算法[Wang，Mok，and Cheng，1990]。这种新的匹配算法用于对专家系统执行的匹配部分进行时间界限编译期间的分析，它很适用于一些空间/时间权衡的优化技术。为了进一步控制专家系统的响应时间，可设置一些接受新工作存储器单元的准则，进而通过这些准则限制工作存储空间的容量。能够采取一种滤波器实现。通过从含有噪声的传感器去掉可靠性低的数据，这种滤波器可以动态地调整以保持(可管理)工作存储器的大小。

文献[Cheng et al.，1991]首先提出了Estella语言，用于规定特殊形式和专用知识。随后，文献[Cheng et al.，1993]对Estella进行了改进，并描述了一种分析工具。文献[Zupan，Cheng，and Bohanec，1995a；Zupan，Cheng，and Bohanec，1995b]描述了一种用于模糊规则链实时系统的静态稳定性分析方法。

10.14 总　结

本章的主要目的是讨论一个实时决策系统能否充分快速地满足苛刻的响应时间需求。已经提出了一种形式化框架，其针对基于命题逻辑规则的程序来分析这个问题。这里的公式应用基于规则程序的状态空间表示，并将系统响应时间与状态空间图中系统到不动点路径的长度相联系。如果一个给定的程序总是能够在有界数量的规则触发之内到达某个不动点，则该分析问题将被确定。综合问题是指如何使不够快速的程序满足响应时间约束。

分析问题通常是不可判定的，对于带有有限域的程序，它是PSPACE完全的。已经发展了一种通用策略去应对这种分析问题，该策略同时采用了穷举型的状态空间搜索和(通过文本分析方式的)规则子集的特殊形式识别。该综合问题通常是NP难(NP-hard)的,并且与时间预算问题有关。已经提出了一种新方法,即使用拉格朗日乘子法来解决这个综合问题。

为了支持带有苛刻时序和整数约束的实时决策系统的发展,已经为原型化程序开发了一套工具,该原型化程序采用了基于等式规则的语言(称为EQL)。该工具已经实现了如下方面的功能:①将一个EQL程序翻译为C语言程序;②将一个EQL程序转换为状态空间图;③验证关于EQL程序的以时态逻辑(计算树逻辑)表示的断言;④确定最大迭代数和规则序列(当EQL程序到达一个安全不动点时)。已经使用这些工具分析了航天飞机压力控制系统低温氢压力故障处理过程的大部分子集。第12章描述了一些从满足不了响应时间约束的程序到综合程序(synthesize program)的算法。

接下来描述了一种规范工具(称为Estella),用于定义关于实时EQL程序的行为约束断言。这种工具允许定制分析工具,这样它们就能够被应用于分析基于规则的系统。Estella工具允许程序员规定基于规则程序的有关信息,这些信息难以被通用分析器所检测。作为一种计算机辅助软件工程工具,Estalla通用分析工具的开发是重要的一步,它可用于具有响应时间保证的专家系统的快速原型构建和开发。特别的,程序员可使用分析工具将注意力集中到那些潜在引发时序违例的规则集,这样就能够采用专用知识进一步分析基于规则的程序。考虑到基于规则系统的复杂性和不可预测性,该工具在调试已检测到的时序违例时尤为有用。考虑到基于规则实时系统的全自动分析和综合是众所周知的难题,本章提出并实现的这项技术对这些系统的时序分析作出了重要的贡献。

在本章中,基于规则的程序收敛到不动点所需的时间根据规则触发数目来度量。更准确的度量应该考虑每次规则触发的实际执行时间以及随后能够被接着触发的规则的实际评估(匹配)时间。提出了一种有效的匹配算法[Wang, Mok, and Cheng, 1990],这种新匹配算法用于对专家系统执行的匹配部分进行时间界限编译期间的分析,它很适用于一些空间/时间权衡的优化技术。

基于规则的实时系统在传统上已经由专用技术来设计和构建,这导致了在形式化验证系统响应时间方面的巨大困难。时间需求的形式化分析经常被忽略。与之相反,大量的研究集中于改进系统的响应时间。然而,单纯的快速计算不是实时系统的充分条件。在设计基于规则的实时系统时,满足所需的时序约束才应该是最重要的目标。

本章强调的是确定基于规则实时系统的响应时间上限。提出了一种采用先验句法和语义检查的静态方法。

尽管某些类型的实时决策系统的响应时间是可以预测的,但是分析这些系统以预测其响应时间所需的时间通常非常长的。所幸作者已经发现如何使用简单的句法和语义对程序进行检查,配合诸如状态图检查的其他技术,能够极大地缩减分析这些系统所需的时间。已经发现存在句法和语义的约束断言集,使得如果 p 满足其中的任意断言，则 p 的执行总是在有界时间内终止。句法和语义约束断言的每个集合被称为特殊形式。那么满足特定特殊形式的程序集是所有程序类的子类。

EQL 程序已经被证明存在两种特殊形式，称为特殊形式 A 和特殊形式 D。针对每种特殊形式，已经开发出相应算法以获得满足这种特殊形式程序的响应时间上限。每种算法都有意识地利用了子类的特性。由此，尽管特殊形式 A 中程序的子类实际上是特殊形式 D 中程序子类的子集，前者也可被单独作为一种子类由 Algorithm_A 处理，进而得到更好的上限。另一个使用特殊形式 A 的好处是，能够检查具有非循环变量依赖的程序以确定它是否具有有界响应时间，而这种检查可以不采用穷举状态空间图的搜索方法[Cheng, 1993b]。

为了提高所提算法的可用性，采用通用分析算法，这样所提到的算法就可以一起用于分析某个程序(作为一个整体，并不是某种已知特殊形式)。尽管通用分析算法在一些情况下采用某种耗尽的状态空间检查，但在大多数情况下被检查的状态空间图已经被有效地缩减，使分析基于规则实时系统的时间明显地缩短。

将所提方法应用于三种系统(即 SSV 程序、ISA 程序和 FCE 程序)，发现程序可以被分为子集，而大多数子集属于已知的特殊形式。不属于特殊形式的规则子集，实际上包含导致无界规则触发的规则。到目前为止，能够被特殊形式方法分析的程序的百分比等相关统计数据是未知的，但是从所进行的几项实验来看，这是缩短分析时间的一种可行方法。

第 11 章将描述基于谓词逻辑规则语言的时序分析，这种时序分析更加具有表现力。例如 OPS5 [Forgy, 1981]和 MRL[Wang, 1990a]，它们两者都允许使用结构化变量。

习　题

1. 为什么基于规则系统的时序分析比顺序程序的时序分析更加困难?

2. 根据图 10.1 中展示的实时决策系统模型，描述在 10.2(对象检测)中以基于规则程序表示的系统。

3. 构造例 10.2 中基于规则程序相应的状态空间图。

4. 一个模型检查算法(例如使用计算树逻辑的那一种)如何被用于分析带有有限域变量的基于 EQL 规则系统的响应时间?

5. 考虑下列 EQL 程序：

```
   arbiter := b ! wake_up = false IF (error = a)
[] object_detected := true
   IF (sensor_a = 1) AND (arbiter = a) AND (wake_up = true)
[] object_detected := false
   IF (sensor_a = 0) AND (arbiter = a) AND (wake_up = true)
[] arbiter := a ! wake_up = false IF (error = b)
```

```
[] object_detected := true
    IF (sensor_b = 1) AND (arbiter = b) AND (wake_up = true)
[] object_detected := false
    IF (sensor_b = 0) AND (arbiter = b) AND (wake_up = true)
```

使用通用分析策略分析这个程序并报告分析结果。

6. 针对下列规则，构造使能规则图(enable-rule graph)并识别简单循环(如果有的话)。

```
state3 := failed IF find_bad_things = true AND
            state3 = suspect AND
            NOT (rel1_state = suspect AND rel1_mode = on AND
                rel1_type = direct)
[] state4 := nominal ! reconfig4 := true
            IF state4 = failed AND mode4 <> off AND config4 = bad
[] state3 := nominal ! reconfig3 := true
            IF state3 = failed AND mode3 <> off AND config3 = bad
[] sensor3 := bad ! state3 := suspect IF state1 = suspect AND
        rel1_mode = on AND rel1_type = direct AND
        state3 = nominal AND rel3_mode = on AND
        rel3_type = direct AND state4 = suspect AND
        find_bad_things = true
```


7. 在 Estella 规范语言中规定特殊形式 D。

8. 解释检查两个使能条件为互斥条件的难点。描述所提出的近似算法是如何应对这种分析的复杂性的。

9. 某种 EQL 程序将含有变量的表达式赋给左边的变量，为什么这种 EQL 程序的响应时间分析比那些只有常量赋值的程序难得多？

10. 针对下面的 EQL 程序，根据规则的触发数目来确定执行时间的上界。

```
PROGRAM Example 1
INPUTVAR
    a,b : INTEGER;
VAR
    c,d,e,f,g,h:INTEGER;
INIT
    c:=0,d:=0,e:=0,f:=0,g:=0,h:=0
RULES
    (*r1*) c:=1 IF a>0 and b>0
    (*r2*)[] c:=2 IF a>0 and b<=0
    (*r3*)[] d:=2 IF a<=0
    (*r4*)[] d:=c IF a>0
    (*r5*)[] e:=c+1 IF c<=1 and b>0
    (*r6*)[] f:=c+1! e:=c-1 IF c<=1 and b<=0
    (*r7*)[] f:=c-1 IF c>=0
    (*r8*)[] g:=1! h:=1 IF f>1 and d>1
    (*r9*)[] g:=2! h:=2 IF f<=1 and e>1
END.
```

第 11 章

基于谓词逻辑规则系统的时序分析

基于规则的专家系统被广泛应用于新的应用领域(比如实时系统),如何确保它们在安全关键(safety-critical)和时间关键(time-critical)的环境中满足严格的时序约束,成为一个具有挑战性的问题。正如第十章所述,在这些系统中,环境的改变可能引起大量的规则触发(rule firings)以计算出一个恰当的响应。如果计算的时间太长,那么专家系统可能没有足够的时间来应对环境的变化,导致计算的结果无用甚至损害被监控的系统。为了评估和控制实时专家系统的性能,有必要把专家系统计算响应的性能和可用的计算时间联系起来。

即使在响应时间不是主要问题或者没有截止期限的情况下,可预见性仍然是所期望的特性,因为它可能提高资源利用率和用户生产力。例如,如果程序员有工具来测量最大程序响应时间的上界,就不必猜测程序是否运行到一个无限循环或者程序需要很长的执行时间,从而避免程序执行不必要的等待,或程序中断的执行。这尤其适用于生成系统,因为这种系统中的规则触发模式依赖于初始工作内存中的内容。

不幸的是,基于规则的专家系统计算昂贵而且缓慢。此外,由于上下文敏感的控制流和非确定性,它们被认为是较难预测和分析的。为了纠正这个问题,一些文献中提出了两种解决方案。第一种方案是在 MRA [Brownstonet al., 1986]循环的匹配阶段和/或触发阶段,通过并行化处理以减少计算时间。一些文献[Cheng, 1993b; Ishida, 1994; Kuo and Moldovan, 1991; Pasik, 1992; Schmolze, 1991]对这一方法进行了研究。当不能找到响应时间时,可采用第二种方案,即通过修改或者综合规则库来优化专家系统[Zupan and Cheng,1994a; Zupan and Cheng, 1998]。

本章将提出更多的方法来分析基于规则的专家系统的响应时间。特别的,是研究基于谓词逻辑(predicate-logic-based)OPS5 语言[Forgy, 1981](以及其他 OPS5 风格的语言)程序的时间属性。虽然 OPS5 语言的设计不被用于实时领域,但是它却在实践中广泛应用。第 10 章介绍了实时应用程序的基于命题逻辑(propositional-logic-based)规则语言 EQL(基于等式规则的语言)。EQL 是一个简单的、基于规则的、且语义定义良好的语言,已被大量用于开发实际实时应用程序。

OPS5 展示出比 MRL 更高增长的可表达性[Wang, Mok, and Cheng, 1990; Wang, 1990a],与较新的基于规则的面向对象语言相比,它并不复杂,已经被成功用于各种应用程序中[Forgy, 1985]。MRL 被设计用于 EQL 的延伸,它包括设置变量

(工作内存)及其逻辑量词。然而,MRL 的工作内存当中不包含定时标签,因此很多冲突解决策略(比如 LEX 和 MEA)不能用于 MRL 程序中。保证任何激励序列都是正常的执行流,这是程序员的责任。在这种情况下,程序员通常需要避免在规则中出现干扰;否则,程序很可能难以调试和维护。

OPS5 被用于实现一些工业专家系统,包括 MILEX(Mitsui 实时专家系统)以及 XCON/R1,其中 XCON/R1 被认为是工业上第一个成功的专家系统。

我们的目标是获得一个更严格的接近真实上界的执行时间。文献[Payton and Bihari, 1991]中,一个 OPS5 专家系统程序构成某个实时监控系统的决策模块,此实时系统周期地获取传感器输入读数,然后,嵌入式专家系统必须基于这些输入值以及系统之前调用的状态值来产生一个决策,以确保实时系统及环境(包括获取下一传感器输入值之前的环境)的安全和进度。所以,专家系统的执行时间上界不能超过两个连续传感器输入读数的周期长度[Cheng et al., 1993; Chen and Cheng, 1995b]。因此,我们的目标是:在运行时期之前,确定每次读取传感器输入值之后接着调用专家系统的执行时间的严格上界。

为了分析 OPS5 程序的时间特性,首先要规范化基于规则程序的图形表示。规范化的高级数据依赖图能够描述程序中所有可能的逻辑控制路径。基于该图,设计了一个终止检测算法来确定 OPS5 程序是否总是在限定的时间内终止。如果针对所有初始状态,OPS5 程序没有被检测到终止发生,那么将提取出导致无法终止的"罪魁祸首"条件以帮助程序员修改程序,并确保修改程序能够终止。注意,这个修改是离线的,在专家系统执行前执行,而且修改后的版本必须满足逻辑正确性的约束。另一方面,如果 OPS5 程序的终止是有保障的,那么就继续确定其执行时间的上界。建立一个工具来辅助 OPS5 专家系统的时序分析,该工具没有采用静态分析,生成一组导致程序消耗最长时间的工作内存元素(WMEs)。把这组元素 WMEs 作为最初的工作内存(WM),并测试程序以确定最大执行时间。在实际应用中,最初的 WM 通常被限制在某个定义域内,在这个约束下的 OPS5 程序能够正常执行。因此,通常也要考虑这些约束信息。然后,用户可以向该工具提供对初始化 WM 的需求,从而减小生成的 WMEs,进而产生更精确的分析结果。

下一节对 OPS5 语言进行简要介绍。然后,描述 Cheng-Tsai 分析方法,该方法对 OPS5 程序的控制路径采用图形化表示。接着,提出基于一组不同定量算法的 Cheng-Chen 分析方法。

11.1 OPS5 语言

本节对 OPS5 语言进行了概述,并提出了例子,描述了决定规则实例化(instantiations)的 Rete 匹配网络。

11.1.1 概　述

一个基于规则的 OPS5 程序[Forgy，1981；Brownston et al.，1986；Cooper and Wogrin，1988]是由限个规则组成的，每个规则如下所示。

```
(p  rule-name
  (condition-element-1)
  (condition-element-2)
          ⋮
  (condition-element-m)
 - ->
  (action-1)
          ⋮
  (action-n))
```

还有一个断言(assertions)数据库，每个断言如下所示。

```
(class-name    ^attribute-1 value-1
               ^attribute-2 value-2
                       ⋮
               ^attribute-pvalue-p)
```


符号"^"表示其后有一个属性名称。这一组规则被称为生产内存(Production Memory,PM)，断言数据库被称为工作内存(WM)。

一个规则由三部分组成：

- 规则的名字，rule-name。
- 左部分(Left-Hand-Side,LHS)，即条件要素的合取。条件要素可以是积极的，也可以是消极的。
- 右部分(Right-Hand-Side,RHS)，即动作。每个动作可以制造、修改或者删除一个 WME，也可以执行 I/O，或者停止。

除非被放在变量括号"< >"当中，否则所有的元素都是文字。变量的范围是一个单一的规则。WME 是一个元素类的实例。元素类定义一个 WME 结构的方式，这与 C 程序中 C 数据类型定义实体结构的方法是一样的。元素类是实例产生的模板，它是由 class-name 和一组与实体相关的属性描述特征所定义的。下面的 OPS5 规则来自一个雷达系统，用于处理传感器信息。

```
(p  radar-scan;an OPS5 rule
  (region-scan    ^sensor  object) ;positive condition element
  (region-scan    ^sensor  object) ;positive condition element
  (status-check   ^status  normal) ;positive condition element
 -(interrupt  ^status  on)         ;negative condition element
 {< Uninitialized-configuration >  ;positive condition element
```

```
  (configuration  ^object - detected  0)}
- ->
(modify < Uninitialized - configuration >  ^object - detectd - 1))   ;action
```

如果两个雷达(region-scan1)和(region-scan2)都探测到了目标,雷达系统的状态是正常的,没有中断产生,且在元素类 configuration 中的特性 object-detected 的值为 0,则给 object-detected 分配值 1。符号<name>WME 用于为动作匹配的 WME 命名。因此,< Uninitialized-configuration >是指在 LHS 中匹配的"configuration"WME。否则,LHS 匹配条件的数量可能用于修改和删除命令。分号后面给出了对应的注释。当工作内存包含如下 WMEs,而不包含 WME(interrupt ^status on)时,就说上面的规则匹配成功:

```
(region - scan1  ^sensor  object)
(region - scan2  ^sensor  object)
(status - check  ^status   normal)
(configuration  ^object - detected  0)
```

更确切地说,如果一个规则的每个积极条件要素在工作内存中和 WME 匹配,而且每个消极条件要素不和工作内存中任何 WME 匹配,那么规则就是可行的。规则触发是指 RHS 动作按照其在规则中的顺序来执行。通过修改元素类 configuration 当中的属性 object-detected(使其值为 1),可使上述规则触发(fire)。

条件要素可由测试值组成,除了相等性,测试必须满足 WME 值的匹配。这些测试可使用以下的特定组件。考虑 WME (airport ^airport-terminals 3 ^vacancies 3)是元素类 airport 的一个实例。

● 变量:变量在括号中指定并用于匹配 WMEs 值,或者用于定义两个值之间的关系。在规则 LHS 和 RHS 之上,变量是隐式存在的。注意,下例需要变量 airport-terminals 和 vacancies 具有相同的值。

```
^airport - terminals <terminals - available> ^vacancies <terminals - available>
```

● 谓词运算符:用于限制可匹配值的范围。

```
^airport - terminals > 0
```

● 析取:用于指定一个值列表,其中必有一个值和 WME 当中的值相等。

```
^airport - terminals << 1 2 3 >>
```

● 合取:用于指定一组测试值,测试必须满足 WME 的一个值。

```
^airport - terminals{ > 1 < > nil }
```

● 变量语义限制:通过将谓词包含在花括号中,任何变量都可用这些谓词得到进一步限制,比如

(airport ^airport - terminals { <terminals - available>> 0 })。

OPS5 程序的执行被称为 MRA 循环[Brownston et al.,1986],由推理机来实现。MRA 循环包含三个阶段:

- 匹配(Match):对于每个规则,决定所有与规则中条件要素相匹配的 WMEs 集合。注意一个规则可能和多个匹配。成功匹配的结果就称之为例示(instantiation)。所有满足例示的规则集合称为冲突集。
- 解决(Resolve)(选择):根据一些冲突解决策略,从冲突集中选择单个例示规则。两个常见的策略是 LEX(lexicographic ordering)和 MEA(means-end analysis)。
- 行为(Act):所选的例示规则在行为阶段执行。所选规则中的动作按照它们在规则中出现的顺序执行。

生成系统重复 MRA 循环,直至冲突集为空或者执行了明确的停止指令。

11.1.2　Rete 网络

在上面的三个阶段中,匹配阶段是到目前为止最费时的阶段,在一些试验中占了超过 90% 的执行时间[Forgy, 1982; Gupta,1987; Ishida, 1994]。因此,为了使 OPS5 程序的效率最大化,需要一个快速匹配算法。Rete 匹配算法首次在[Forgy, 1982]中引入,并已经成为了标准的序列匹配算法。[Forgy, 1985]引入其新版本 ReteⅡ。

Rete 算法把生产规则的 LHS 模式编译成为一个鉴别网络(扩充数据流网络)[Miranker, 1987]。所有匹配状态都存储在 Rete 网络的存储节点中。由于触发规则例示之后,工作内存的改变数量是有限的,所以只有小部分匹配状态需要改变。因此,Rete 不是通过检查每个规则来决定哪些规则与每个识别-行为(recognize-act)循环的 WM 匹配,而是通过触发规则例示来维护已匹配规则的列表,并决定这些匹配如何根据 WM 的修改而改变。Rete 网络最顶层包含测试链以执行所选操作。令牌(token)在这些链中传递,而这些链需要与特定条件要素部分匹配,然后令牌被存储在 alpha-memory 节点中。Alpha-memory 节点与两个输入节点相连接,这两个输入节点能找到条件要素之间的部分绑定(binding)。带有一致性变量绑定的令牌被存储在 beta-memory 节点中。两个输入节点最终到达终端节点(terminal nodes),终端节点意味着找到了特殊规则的一致性绑定。然后终端节点把规则绑定发送到冲突集中。一个 Rete 网络的例子如图 11.1 所示。

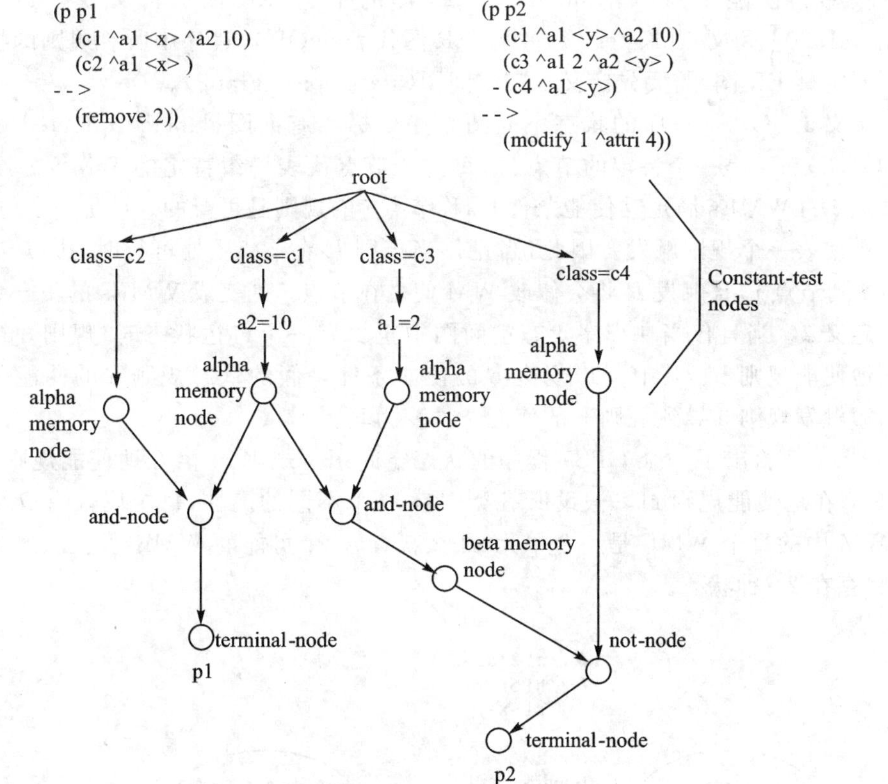

图 11.1　Rete 网络示例

11.2　CHENG - TSAI 时序分析方法

11.2.1　OPS5 控制路径的静态分析

出于测试和调试的目的，开发出过程化程序的几个图形化表示方法。其中一个比较直观的表示就是物理规则流图(physical rule flow graph)。在这种图中，节点代表规则，从节点 a 指向节点 b 的边表示：规则 b 在规则 a 执行完之后立即执行。这种图不适用于基于规则的程序，因为 OPS5 程序的执行顺序不能被静态确定。另一方面，基于规则程序的控制流应当被当作逻辑路径来考虑，物理规则流图并不能给出最合适的抽象。另一种表示控制路径的方法是因果关系图(causality graph)。因果关系图中的节点同样代表规则，但是节点 a 指向节点 b 的边表示：规则 a 导致了规则 b 的触发(fire)。规则 a 的 RHS 断言和规则 b 的所有 LHS 条件要素匹配。由于一个规则的 LHS 条件通常产生于很多规则的 RHS 动作，因此该图不能充分捕获所有逻辑路径。也就是说，一些规则的组合可能会“导致”另一个单任务的触发。这引出了一种被称为使能规则(Enable Rule,ER)图的定义,ER 图引自文献[Cheng and Wang, 1990]和文献[Kiper, 1992]。ER 图代表了 OPS5 程序中所有规则的控制信息。要定义 ER 图,需要先定义状态空间图(state-space graph)。

定义 1　OPS5 程序的状态空间图是一个标签有向图(labeled directed graph) $G=(V,E)$。V 是一个特定的节点集,每一个节点代表一组特定的 WMEs。当且仅当节点 i 的 WMEs 满足其使能条件时,称节点 i 的规则是可行的。E 是一个边集,每一个边代表一个规则触发。因此,当且仅当规则 R 在节点 i 处可行时,边 (i,j) 连接节点 i 到节点 j,且触发 R 将会修改 WM 使之在节点 j 处变成 WMEs 的集合。

定义 2　当且仅当在程序状态空间图中至少有一个可达状态时,规则 a 被称为潜在地使能规则 b。其中:(1)规则 b 的使能条件是假的;(2)规则 a 的使能条件为真;(3)触发规则 a 导致规则 b 的使能条件变为真。

图 11.2 给出了一个 OPS5 程序的状态空间图。规则 r1 潜在地使能规则 r2,规则 r3 潜在地使能规则 r1。假设所有类中有 m 个不同的属性,每个属性有 n 个数据项,WM 中的每个 WME 是一个单元,那么就有 n^m 个可能的 WMEs。在状态空间图中,将存在 2^{n^m} 种状态。

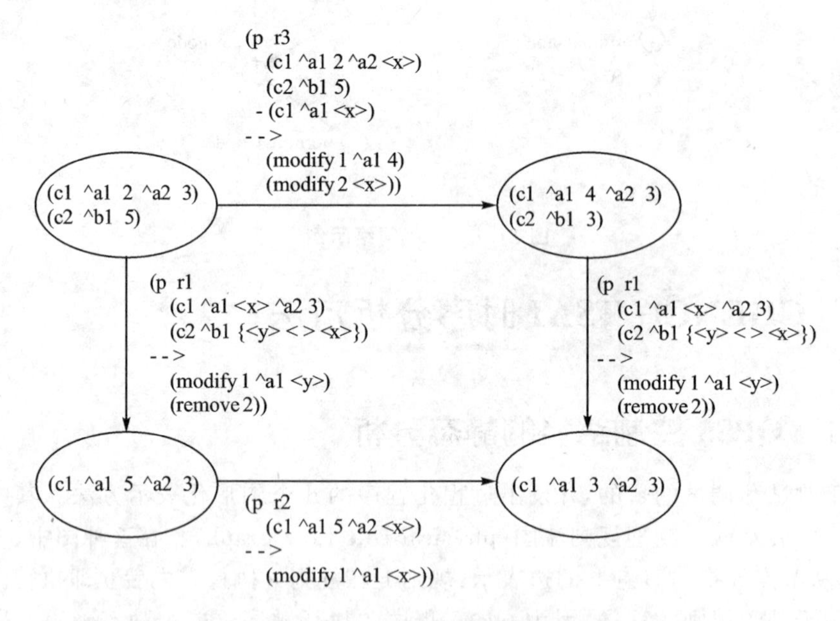

图 11.2　一个 OPS5 程序的状态空间图

如果程序没有运行所有允许的初始状态,那么状态空间图是无法得到的,因此,用符号模式匹配来决定规则之间的潜在使能关系。当且仅当 WME 的符号形式被规则 a 的一个动作所修改,即规则 a 和规则 b 的一个使能条件要素匹配时,规则 a 潜在使能规则 b。这里,符号表代表了一组 WMEs,其形式为:

```
(classname  ^attribute1 v1 ^attribute2 v2 … ^attributen vn)
```

其中 v1,v2,…,vn 是变量或者常量值,且每个属性都可被忽略。比如,(class ^a1 3 ^a2 ＜x＞)可以是下列 WMEs 的符号表:

```
(class ^a1 3 ^a2 4)
(class ^a1 3 ^a2 8 ^a3 4)
(class ^a1 3 ^a2 ＜y＞ ^a3 ＜z＞)
```

为了确定一个规则能否使能而不是潜在使能另一个规则,从而确定规则的条件要素是否真的匹配,这就需要知道工作内存在运行时期的内容。这种 WM 的先验知识不能被静态获取,因此用上述潜在使能关系近似替代。例 11.1 说明了这种潜在的使能关系。因为规则 a 的第一个动作创建了一个 WME(class_c ^c1 off ^c2 ＜x＞),它匹配了规则 b 的使能条件(class_c ^c1 ＜y＞),因此规则 a 潜在地使能了规则 b。同时,有一点需要注意,因为变量＜y＞的范围在＜＜open close＞＞中,所以规则 a 的第二个动作和规则 b 的第一个使能条件(class_a ^a1 ＜x＞ ^a2 off)不匹配。

例 11.1: a 潜在使能 b 的例子。

```
(p a
  (class_a ^a1 ＜x＞ ^a2 3)
  (class_b ^b1 ＜x＞ ^b2 {＜y＞ ＜＜open close＞＞})
- ->
  (make class_c ^c1 off ^c2 ＜x＞)
  (modify 1 ^a2 ＜y＞))
(p b
  (class_a ^a1 ＜x＞ ^a2 off)
  (class_c ^c1 ＜y＞ )
- ->
  (modify 1 ^a2 open))
```

符号匹配方法实际上通过检查属性范围检测了使能关系。这些信息可以通过分析规则的语义得到。

定义 3　一组规则的 ER 图是一个标签有向图 $G=(V,E)$。V 是一组顶点,每个规则都有一个顶点。E 是一个边集,当且仅当规则 a 潜在使能规则 b 时,每一个边连接顶点 a 和顶点 b。

注意,ER 图中从 a 到 b 的一条边并不意味着规则 b 将在规则 a 之后立即触发。事实是规则 b 被潜在使能,仅仅指其例示会被添加到冲突集中以被触发。

前面的分析是有用的,因为它仅需知道可静态获得的工作内存内容。

11.2.2　终止分析

实时专家系统执行时间的上界不能超过传感器两次连续输入读数的周期[Cheng et al., 1993; Chen and Cheng, 1995b],因此,我们的目标是确定在运行之前，每次读取传感器输入值之后，调用专家系统的执行时间的严格上界。分析的第一步是确定专家系统在何处终止。基于规则的专家系统程序是数据驱动的，但它并非为所有可能的数据域所设计。在程序中，需要明确的数据输入以指导控制流。许多控制技术都是通过这种方式实现的，缺乏明确的 WMEs 或者特定的 WMEs 顺序需要生成初始的 WM。如果这些 WMEs 没有出现在预期的数据域中，则程序将发生异常行为，通常会导致程序流的循环。

Ullman[Ullman and Van Gelder, 1988]研究了递归关系，描述了逆向链接程序的终止条件。这里考虑基于规则的前向链接程序的终止条件。检查 OPS5 程序的 ER 图以检测终止条件。如果发现 OPS5 程序的所有初始程序状态都未终止，则会提取出导致程序不终止的条件以帮助程序员纠正程序。

终止检测：如果一个 OPS5 程序的最大触发规则数是有限的，那么它是可终止的(terminating)。因此在可终止的程序中，一个规则能够触发的最大数也是有限的。如果一个规则的触发次数始终是有限的，则称其为可终止的。为了检测程序终止，我们使用 ER 图，它能够提供 OPS5 程序逻辑路径的信息。特别使用 ER 图来跟踪程序的控制流信息。因为我们知道规则之间的潜在使能关系，所以可以检测 OPS5 程序中每个规则的触发是否为可终止的。为了描述规则终止的条件，还需要下面的定义。

定义 4 假设规则 a 潜在使能规则 b。在 ER 图中有一条从节点 a 到节点 b 的边。规则 b 的匹配(matched)条件要素是其使能条件要素中的一个，可以通过执行规则 a 的一个动作实现匹配。此处，规则 a 被称为匹配条件要素的使能规则。

定义 5 一个不匹配(unmatched)条件要素是规则的一个使能条件规则，它不能通过触发任何规则得到。

注意，一个不匹配的条件仍然可以通过初始化工作内存实现匹配。

例 11.2： 匹配与不匹配条件要素。

```
(p a
  (c1 ^a1 5)
  (c2 ^a2 <x> ^a3 2)
- ->
  (modify 2 ^a2 3))
(p b
  (c2 ^a2 <x>)
  (c3 ^a4 <x> ^a5 <y>)
- ->
  (modify 1 ^a2 <y>))
```

在例 11.2 中，假设任何其他规则的触发都不能和规则 a 的第二个条件要素匹配。在 ER 图中，规则 b 将潜在使能规则 a。规则 a 的第一个条件要素(c2 ^a2 <x>)是一个匹配的条件要素，因为它可以被触发规则 b 匹配。规则 a 的第二个条件要素(c3 ^a4 <x> ^a5 <y>)是不可匹配的，因为它不可以通过触发其他规则而匹配。

基于规则 OPS5 系统的一个重要性质叫做折射(refraction),它确保相同的例示不会被执行超过一次。

接下来,导出一个定理来检测程序的终止。预测终止条件的方法之一是确保在状态空间图中每个状态的到达次数不能超过一次。但是,由于扩大到整个状态空间图的计算代价很高,因此使用 ER 图来检测这个属性。

定理1　如果以下条件中的一个得到满足,那么规则 r 将会终止(在有限的激励中终止):

C0:没有规则潜在使能规则 r。

C1:规则 r 的动作能够修改或者移除至少一个不匹配条件要素。

C2:规则 r 的动作能够修改或者移除至少一个匹配的条件要素,并且所有的匹配条件要素的使能规则能够以有限的激励终止。

C3:所有使能规则 r 的规则能够以有限的激励终止。

注意,条件 C1 对于 OPS5 规则不是必须的,因为 OPS5 的折射性质将阻止规则在一次激励之后再次激励。当然,如果规则 r 是自使能的,那么条件 C2 就不再满足。

证明:

C0:如果没有规则潜在使能规则 r,那么规则 r 的例示只能通过初始化 WM 来形成。由于初始 WM 中的 WMEs 数量是有限的,因此规则 r 的激励次数也是有限的。

C1:由于任何规则的激励不能够和不匹配(unmatched)的条件要素相匹配,唯一能够和不匹配条件要素匹配的 WMEs 是初始化 WMEs。此外,由于规则 r 的动作改变了这些 WMEs 中的内容,因此当规则 r 被触发之后,WMEs 又无法和不匹配条件要素相匹配了。否则,不匹配条件要素将通过激励规则 r 被匹配,这就和不匹配条件要素的定义相矛盾了。因为初始化 WMEs 的数量是有限的,每次初始化 WME 和非匹配条件要素的匹配会导致规则 r 触发至多一次。因此规则 r 能以有限次的激励终止。

C2:因为匹配条件要素的使能规则能够以有限次激励终止,通过移除这些规则,可以将匹配条件要素视为非匹配条件要素。根据 C1 可知,规则 r 能以有限次激励终止。

C3:使能规则 r 的所有规则都能以有限次激励终止。在这些规则终止之后,没有其他规则能够引起规则 r 的触发。因此,规则 r 也能够终止。

例 11.3:一个以有限次激励终止的规则。

```
(p a
  (c1 ^a1  1 ^a2  <x>)
  (c2 ^a1  4 ^a2  <x>)
- ->
  (modify 2 ^a1 3))
```

在例 11.3 当中,假设第二个条件要素(c2 ^a1 4 ^a2 <x>)不能通过触发任何规则实现匹配,包括触发自身规则,那么这个条件要素就是一个非匹配条件要素。假设在初始工作内存中有三个 WMEs 和这个条件要素匹配,那么这个条件要素至多能和三个 WMEs 匹配。当规则 a 触发的时候,它的动作会修改这三个 WMEs,因此,规则 a 最多可以触发三次。

例 11.4: 嵌入了循环的两个规则。

```
(p p1
  (class1 ^a11 { <x> < > 1 } )
  (class2 ^a21 <y>)
- ->
  (modify 1 ^a11 <y>))

(p p2
  (class1 ^a11 <x>)
  (class2 ^a21 { <x> << 2 3 >> } ^a22 <y>)
- ->
  (modify 1 ^a11 <y>))
```


例 11.5: 修改变量之后的例 11.4。

```
(p p1
  (class1 ^a11 { <x-1> < > 1 } )
  (class2 ^a21 <y-1>)
- ->
  (modify 1 ^a11 <y-1>))
(p p2
  (class1 ^a11 <x-2>)
  (class2 ^a21 { <x-2> << 2 3 >> } ^a22 <y-2>)
- ->
  (modify 1 ^a11 <y-2>))
```

循环使能条件:采用上述终止检测算法,可通过检查程序的 ER 图来确定是否一个 OPS5 程序总能在有界的时间内终止。如果 ER 图中没有循环存在或者每个循环都能被打破,也就是说,每个循环能够在循环中禁用一个或多个 LHS 规则的激励后退出[Cheng et al., 1993],然后可知 OPS5 程序中每个规则的激励都是有限的,而后终止被检测到。然而,如果对于所有初始程序状态 OPS5 程序都没有检测到终止,那么就会提取出导致不终止的因素以帮助程序员改进程序。这是通过在 ER 图中检查没有退出条件的循环来实现的。另外,完全由有限次激励终止(因此有了退出的条件)规则组成的循环不需要被检查。

接下来讨论激励规则循环序列产生的条件。假设规则 $p_1, p_2, \cdots, p_n$ 在 ER 图中构成一个循环,W 是一组 WMEs,同时 W 使得规则 $p_1, p_2, \cdots, p_n$ 按照循环的顺序触发。如果按照这个顺序触发 $p_1, p_2, \cdots, p_n$ 将会导致 W 再次生成，则 W 被称为此循环的使能条件。如果每个属性的数据都是文字的，那么可以通过符号追踪来找到 W。例 11.4 说明了这个观点。

规则 p_1 和 p_2 在 ER 图中构成一个循环。为了区分不同规则中的不同变量，为不同变量分配不同的名字，在例 11.5 中对程序进行了重写。每个变量都建有一个符号表，符号表根据使能条件的语义来界定。这里，表 11.1 是一个符号表，其中绑定空间(binding-space)指的是来自规则条件的变量约束语义施加的限制条件。

为了获得一个可接受的循环使能条件，下面的算法首先假设它是循环中规则所有使能条件的组合。然后，移除冗余条件以达到程序员检查的合适条件，即通过进一步向规则的 LHS 中引入条件，查看循环是否能被打破。因此，W 是

```
(class1 ^a11 <x-1>)
(class2 ^a21 <y-1>)
(class1 ^a11 <x-2>)
(class2 ^a21 <x-2> ^a22 <y-2>)
```

每个变量只在符号表中出现一次。

现在，首先通过触发 p_1 来跟踪执行；p_1 通过和第一个条件匹配而使能 p_2。由于规则 p_2 的第一个条件可以由规则 p_1 得到，因此它能够从 W 中移除。变量 $x-2$ 现在被 $y-1$ 代替，W 为

```
(class1 ^a11 <x-1>)
(class2 ^a21 <y-1>)
(class2 ^a21 <y-1> ^a22 <y-2>)
```

由于 $x-2$ 被绑定在 2 和 3 之间，$y-1$ 也同样被绑定在 2 和 3 之间。符号表就被修改成表 11.2。一般来说，Binding-space 限制的合取被替换了。

在执行规则的 p_2 动作之后，W 变为

```
(class1 ^a11 <y-2>)
(class2 ^a21 <y-1>)
(class2 ^a21 <y-1> ^a22 <y-2>)
```

要使这个 WM 按照之前的顺序再次触发 p_1 和 p_2，WME (class1 ^a11 <y-2>)必须和 p_1 的第一个条件匹配。因此，变量 $y-2$ 被绑定在 $x-1$ 的绑定空间。符号表见表 11.3。W 为

```
(class1 ^a11 <y-2>)
(class2 ^a21 <y-1>)
(class2 ^a21 <y-1> ^a22 <y-2>)
    where y-2<>1 and y-1 = 2,3
```

表 11.1　符号表 1

Variable	Binding-space
$x-1$	<>1
$y-1$	none
$x-2$	2,3
$y-2$	none

表 11.2　符号表 2

Variable	Binding-space
$x-1$	<>1
$y-1$	2,3
$x-2$	2,3
$y-2$	none

表 11.3　符号表 3

Variable	Binding-space
$x-1$	<>1
$y-1$	2,3
$x-2$	2,3
$y-2$	<>1

接下来介绍检测循环使能条件的详细算法。

算法 1： 循环使能条件的检测。

前提： 每个属性的数据域是文字。

目的： 规则 $p_1,p_2,\cdots,p_n$ 在 ER 图中构成一个循环。找到一组 WMEs 组成 W，按照循环的顺序触发 $p_1,p_2,\cdots,p_n$，以使这些激励不能在有限的激励中终止。

(1) 给不同规则的变量分配不同的名字。

(2) 把 W 初始化为 $p_1,p_2,\cdots,p_n$ 所有使能条件的集合。

(3) 为变量建立符号表。每个变量的绑定集被限制在指定规则使能条件的约束中。

(4) 按照循环中的顺序模拟 $p_1,p_2,\cdots,p_n$ 的触发。

① 每个规则 p_i 的使能条件是从最初的 WM 匹配的，除非它能够由规则 p_{i-1} 得到。

② 如果规则 p_i 的使能条件要素 w 可以通过触发 p_{i-1} 得到，那么就从 W 中移除 w。用 p_{i-1} 的变量 v_{i-1} 替代对应的 p_i 的变量 v_i。

③ 修改符号表中 v_{i-1} 的绑定空间为 v_i 和 v_{i-1} 限制的合取。

(5) 如果 p_1 的使能条件要素可以通过 p_n 得到，则用 p_n 的变量 v_n 替代对应的 p_1 的变量 v_1。修改符号表中 v_n 的绑定空间。

(6) 在步骤(4)和步骤(5)中，用 p_{i-1} 的变量替代 p_i 的变量时，检查 p_i 和 p_{i-1} 变量的绑定空间的交集。如果交集为空，那么终止算法：循环在有限的激励中终止。

(7) 假设 W_n 是激励 $p_1,p_2,\cdots,p_n$ 之后的 WM。如果 W_n 能够和 W 匹配，那么 W 是循环 $p_1,p_2,\cdots,p_n$ 的使能条件。

需要注意的是，如 4.4 节中所解释的，特定的条件是其他条件的子集。

阻止循环　如果对于 OPS5 程序的所有初始状态都没有检测到终止，那么导致不终止的因素会被用来帮助程序员改正程序。在完成对一个循环的使能条件 W 的检测之后，加入规则 r′，并将 W 作为 r′的使能条件。这样，一旦工作内存中有和循环使能条件匹配的 WMEs，控制流就能够从循环切换到 r′。在例 11.4 中，r′是

```
(p loop - rule1
  (class1 ^a11 { <y - 2> <> 1 } )
```

```
  (class2 ^a21 { <y-1> << 2 3 >> } )
  (class2 ^a21 <y-1> ^a22 <y-2>)
- ->
  action . . .
```

如果循环不是无限循环或者是满足需要的(比如在周期控制和监控应用程序中),则可能不需要添加规则 r′。r′的动作由程序来决定,且取决于当程序流将要进入循环时应用程序所需要的反应。脱离循环最简单的方法是停止。

为了确保程序流从循环中切换出来,额外的规则 r′应该比正常规则有更高的优先级。为了实现这一目标,使用 MEA 控制策略并修改每个正常规则的使能条件。

在程序开始的时候,向 WM 中添加两个 WMEs 且强制执行 MEA。

```
(startup
  . . . . . .
  (strategy mea)
  (make control ^rule regular)
  (make control ^rule extra))
```

条件(control ^rule regular)被添加到每个常规规则中,作为第一使能条件要素,(control ^rule extra)被添加到每个额外规则中,也作为第一使能条件要素。由于 MEA 策略被执行,例示的顺序是基于第一次时间标记的早晚顺序(recency),条件(control ^rule regular)的早晚顺序低于条件(control ^rule extra)。因此,额外规则的例示早于常规规则的例示被选择并执行。例 11.6 是例 11.4 修改之后的结果。

例 11.6:例 11.4 修改后的结果。

```
(startup
  (strategy mea)
  (make control ^rule regular)
  (make control ^rule extra))
(p p1
  (control ^rule regular)
  (class1 ^a11 { <x> < > 1 } )
  (class2 ^a21 <y>)
- ->
  (modify 2 ^a11 <y>))
(p p2
  (control ^rule regular)
  (class1 ^a11 <x>)
  (class2 ^a21 { <x> << 2 3 >> } ^a22 <y>)
- ->
  (modify 2 ^a11 <y>))
(p loop-rule1
```

```
  (control ^rule extra)
  (class1 ^a11 { <y-2> < > 1 } )
  (class2 ^a21 { <y-1> << 2 3 >> } )
  (class2 ^a21 <y-1> ^a22 <y-2>)
- ->
  (halt))
```

通常,程序并不希望出现循环。因此,一旦检测到程序进入循环,这个程序就可以被丢弃。因此,在ER图中找到所有循环以后,程序会确保终止。在例11.6中,额外规则的动作可以是

```
(remove 2 3 4)
```

由于移除了与循环使能条件相匹配的WMEs,因此也同样会移除循环中的例示。然后,日程表中的其他例示能够被触发激励。

另一个程序修改的例子,用于分析航天飞机轨道操纵和反应控制系统的阀门与开关分类专家系统(Space Shuttle Orbital Maneuvering and Reaction Control Systems' Valve and Switch Classification Expert System,OMS)[Barry and Lowe,1990]的分析。为了打破循环而修改了一个非终止(non-terminating)规则,从而保证了这个规则和程序的终止。

程序精炼(Refinement) 由于其复杂性,ER图通常包含很多的循环。此外,即使对于单个循环,也可能存在超过一个使能条件触发此循环。这样就导致修改后的程序有大量的额外规则,因此降低了运行时期的性能。为了解决这个问题,冗余条件和规则必须在修改之后被移除。

冗余条件 在算法1中,符号跟踪之后,一些变量将被取代,同时绑定空间也可能被修改。这可能导致在循环的使能条件间产生子集关系。在额外规则中,如果条件要素 C_i 是条件要素 C_j 的子集,那么 C_j 能够被忽略,以简化使能条件。在例11.6中,条件(class2 ^a21 <y−1> ^a22 <y−2>)是条件(class2 ^a21 <y−1>)的子集。因此(class2 ^a21 <y−1>)可以被忽略。

```
(p loop-rule1
  (control ^rule extra)
  (class1 ^a11 { <y-2> < >1 } )
; (class2 ^a21 { <y-1> << 2 3 >> } ) ;omitted
  (class2 ^a21 <y-1> << 2 3 >> ^a22 <y-2>)
- ->
  (halt))
```

冗余的额外规则 在某些情况下,如果一些额外规则的动作可以被忽略,那么就把这些额外规则移除。比如,带有“停止”或者“打印”动作的规则可以被忽略。由于每个循环都是独立被分析的,因此额外规则相当于带有不同使能条件的循环。如果

规则 r_i 的使能条件是规则 r_j 使能条件的子集，那么触发 r_i 必然会触发 r_j，因此 r_i 可以被移除。规则 r_j 的循环信息中包含规则 r_i 的循环信息，因此，对于更多一般信息的需求已经满足了。在许多情况下，如果由节点 P_i 的集合组成的循环 C_i 是由节点 P_j 的集合组成的循环 C_j 的子集，那么 C_j 的使能条件就是 C_i 使能条件的子集。当循环由许多节点组成的时候，这种情形变得更加明显。因此，我们可以删除那些使能条件来自大循环的额外规则。

在例 11.7 中，规则(1)的第一个以及第三个条件要素分别与规则(3)中第一和第四个条件要素一样。与规则(3)中第二个条件要素匹配的 WMEs 也与规则(1)第二个条件的要素匹配，反之则不然。规则(3)中第三个条件要素不包含在规则(1)中，这使得规则(3)的 LHS 比规则(1)的 LHS 限制更大，因此规则(3)的使能条件是规则(1)使能条件的子集。相类似，规则(2)的第一、第二和第四个条件要素与规则(4)的第一、第二和第四个条件要素分别对应相同。与规则(4)第三个条件要素匹配的 WMEs 也与规则(2)第三个条件要素匹配，反之则不匹配。规则(4)的第四个条件要素不包含在规则(2)中，使得规则(4)的 LHS 比规则(2)的 LHS 限制更大，因此规则(4)的使能条件是规则(2)使能条件的子集。所以，规则(3)和规则(4)可以被移除。

例 11.7： 冗余的规则。


```
(p 1
  (control ^rule extra)
  (class1 ^a13 { <y-1> < > 1 } )
  (class2 ^a22 <y-1>)
- ->
  action . . .
(p 2
  (control ^rule extra)
  (class1 ^a13 { <x-1> < > 1 } )
  (class2 ^a22 <y-1>)
  (class4 ^a41 2 ^a42 <x-3>)
- ->
  action . . .
(p 3 ;规则 1 的冗余规则
  (control ^rule extra)
  (class1 ^a13 { <y-1> << 2 3 >> } )
  (class4 ^a41 { <y-4> < > 1 } ^a42 <y-1>)
  (class2 ^a22 <y-1>)
- ->
  action . . .
(p 4 ;规则 2 的冗余规则
  (control ^rule extra)
  (class1 ^a13 { <x-1> < > 1} )
```

```
 (class2 ^a22 { <y-1> << 2 3 >> }
 (class4 ^a41 <y-4> ^a42 <y-1>)
 (class4 ^a41 2 ^a42 <x-3>)
- ->
 action . . .
```

举例：接下来把上述方法应用到一个完整的例子中。

例 11.8：一个 ER 图中嵌有循环的 OPS5 程序。

```
(p p1
  (class1 ^a13 { <x> < > 1 } )
  (class2 ^a22 <y>)
- ->
  (modify 1 ^a13 <y>))
(p p2
  (class3 ^a31 <x> ^a32 <y>)
  (class4 ^a41 <x> ^a42 <y>)
- ->
  (modify 1 ^a31 2 ^a32 <x>)
  (make class1 ^a11 1 ^a12 2 ^a13 3))
(p p3
  (class1 ^a11 <x> ^a12 <y>)
  (class4 ^a41 2 ^a42 <x>)
- ->
  (modify 1 ^a11 <y>))
(p p4
  (class1 ^a13 { <x> << 2 3 >> } )
  (class4 ^a41 <y> ^a42 <x>)
- ->
  (modify 1 ^a13 <y>))
(p p5
  (class1 ^a11 <x>)
  (class3 ^a31 1  ^a32 <y>)
- ->
  (modify 2 ^a31 2 ^a32 <x>)
  (make class2 ^a21 2 ^a22 3))
```


首先，检测程序是否能够在有限次激励中终止。发现规则 p5 包含了非匹配条件(unmatched condition)，因此 p5 能够终止。接下来，找到了每个循环的使能条件，并把额外规则加到程序当中(例 11.9)。这里所有额外规则的动作都是 halt，因此，删除冗余规则而不用考虑额外规则之间的干扰。删除冗余规则之后，额外规则的数量从 16 减少到 9 个。

例 11.9：例 11.8 中的额外规则(包含冗余规则)。

```
(p  loop - rule1                    ;cycle: 4
  (control ^rule extra)
  (class1 ^a13 {<y - 4> << 3 2 >>} )
  (class4 ^a41 <y - 4> ^a42 <y - 4> )
- ->
  ; cycle information
(p loop - rule2                     ;cycle: 3
  (control ^rule extra)
  (class1 ^a11 <y - 3> ^a12 <y - 3> )
  (class4 ^a41 2 ^a42 <y - 3> )
- ->
  ; cycle information
(p loop - rule3                     ;cycle: 2
  (control ^rule extra)
  (class3 ^a31 2 ^a32 2)
  (class4 ^a41 2 ^a42 2)
- ->
  ; cycle information
(p loop - rule4                     ;cycle: 1
  (control ^rule extra)
  (class1 ^a13 {<y - 1> < > 1} )
  (class2 ^a22 <y - 1> )
- ->
  ; cycle information
(p loop - rule5                     ;cycle: 3 4
  (control ^rule extra)
  (class1 ^a11 <x - 3> ^a12 <y - 3> )
  (class4 ^a41 2 ^a42 <x - 3> )
  (class4 ^a41 <y - 4> ^a42 {<x - 4> << 3 2 >>} )
- ->
  ; cycle information
(p loop - rule6                     ;cycle: 1 4
  (control ^rule extra)
  (class1 ^a13 {<y - 4> < > 1} )
  (class2 ^a22 {<y - 1> << 3 2 >>} )
  (class4 ^a41 <y - 4> ^a42 <y - 1> )
- ->
  ; cycle information
(p loop - rule7                     ;cycle: 4 3
  (control ^rule extra)
```

```
  (class1 ^a13 <x-4> << 3 2 >> )
  (class4 ^a41 <y-4> ^a42 <x-4> )
  (class4 ^a41 2 ^a42 <x-3> )
- ->
  ; cycle information
(p loop-rule8                       ;cycle: 1 3
  (control ^rule extra)
  (class1 ^a13 {<x-1> <> 1} )
  (class2 ^a22 <y-1> )
  (class4 ^a41 2 ^a42 <x-3> )
- ->
  ; cycle information
(p loop-rule9                       ;cycle: 4 1
  (control ^rule extra) ;redundant with loop-rule1
  (class1 ^a13 {<y-1> << 3 2>>} )
  (class4 ^a41 {<y-4> <> 1} ^a42 <y-1> )
  (class2 ^a22 <y-1> )
- ->
  ; cycle information
(p loop-rule10                      ;cycle: 3 1
  (control ^rule extra)
  (class1 ^a11 <x-3> ^a12 <y-3> )
  (class4 ^a41 2 ^a42 <x-3> )
  (class2 ^a22 <y-1> )
- ->
  ; cycle information
(p loop-rule11                      ;cycle: 1 4 3
  (control ^rule extra) ;redundant with loop-rule8
  (class1 ^a13 {<x-1> <> 1} )
  (class2 ^a22 {<y-1> << 3 2 >>} )
  (class4 ^a41 <y-4> ^a42 <y-1> )
  (class4 ^a41 2 ^a42 <x-3> )
- ->
  ; cycle information
(p loop-rule12                      ;cycle: 3 4 1
  (control ^rule extra) ;redundant with loop-rule10
  (class1 ^a11 <x-3> ^a12 <y-3> )
  (class4 ^a41 2 ^a42 <x-3> )
  (class4 ^a41 {<y-4> <> 1} ^a42 {<x-4> << 3 2 >>} )
  (class2 ^a22 <y-1> )
- ->
  ; cycle information
```

```
(p loop - rule13                  ;cycle: 1 3 4
  (control ^rule extra) ;redundant with loop - rule8
  (class1 ^a13 {<y - 4> < > 1} )
  (class2 ^a22 <y - 1> )
  (class4 ^a41 2 ^a42 <x - 3> )
  (class4 ^a41 <y - 4> ^a42 {<x - 4> << 3 2 >>} )
- ->
  ; cycle information
(p loop - rule14                  ;cycle: 4 3 1
  (control ^rule extra) ;redundant with loop - rule7
  (class1 ^a13 {<y - 1> << 3 2 >>} )
  (class4 ^a41 <y - 4> ^a42 <y - 1> )
  (class4 ^a41 2 ^a42 <x - 3> )
  (class2 ^a22 <y - 1> )
- ->
  ; cycle information
(p  loop - rule15                 ;cycle: 3 1 4
  (control ^rule extra) ;redundant with loop - rule5
  (class1 ^a11 <x - 3> ^a12 <y - 3> )
  (class4 ^a41 2 ^a42 <x - 3> )
  (class2 ^a22 {<y - 1> << 3 2 >>} )
  (class4 ^a41 <y - 4> ^a42 <y - 1> )
- ->
  ; cycle information
(p loop - rule16                  ;cycle: 4 1 3
  (control ^rule extra) ;redundant with loop - rule7
  (class1 ^a13 {<x - 4> << 3 2 >>} )
  (class4 ^a41 {<y - 4> < > 1} ^a42 <x - 4> )
  (class2 ^a22 <y - 1> )
  (class4 ^a41 2 ^a42 <x - 3> )
- ->
  ; cycle information
```

实现和复杂性 对于一个有 n 个规则的 OPS5 程序，潜在的 $O(n!)$ 个循环也嵌入在 ER 图中。然而，在实际检测的实时专家系统中，却发现循环并不包含大量的节点。如果检测发现在 ER 图中没有路径包含有 m 个节点，那么超过 m 个节点的循环就不需要再测试。这样既降低了计算复杂度也减少了内存空间。

为了进一步缩短确定循环的计算时间，我们把规则的信息存储起来，这些规则并不以某种顺序形成路径。这种非路径(non-path)被称为不可能路径。如果不存在按照规则 $p_1, p_2, \cdots, p_n$ 顺序执行构成的路径，那么就没有包含这些规则的循环。因此，不需要检查上述规则组成的路径(不可能路径)的循环。ER 图实际上代表了两个规则之间所有的可能路径,因此可以构造一个线性列表来存储超过两个规则以上的所有不可能路径。由于存储这些不可能路径需要存储空间,实际上是用空间换取了时间。我们的工具最多可以存储带有九个节点的不可能路径。

此工具已经在 RISC/Ultrix 的 DEC5000/240 工作站中实现,并用该工具检测了两个实际的专家系统。该工具将应用于更加实际且综合性的 OPS5 专家系统,以评估此工具在运行时期的性能以及可扩展性。

工业应用的例子:ISA 专家系统上的实验。综合状态评估(Integrated Status Assessment,ISA)专家系统的目的是确定网络中的故障部分[Marsh, 1988]。它包含 15 个生产规则和一些 Lisp 函数定义,其组件可以是实体(节点)或者关系(链接)。一个关系就是连接两个实体的有向边。组件始终处于以下三种状态之一:标称、可疑或者失效。一个失效的实体可以被一个有效的实体备份替换。这个专家系统使用简单的策略在网络中追踪失效的组件。

在实验中,找到了一个在有限次激励中终止的规则,检测到了 125 个循环,在移除冗余规则之后还剩下 4 个循环。

工业应用的例子:OMS 专家系统上的实验。OMS 专家系统[Barry and Lowe, 1990]的目的是分类设置阀门和开关。它识别设置的特殊模式并创建中间断言。根据设置和新断言,它能推测并创建更多的断言,直到无法推导出更多的断言为止。最后,设置和断言会与用户提供的期望值作比较,再报告所有的匹配和不匹配。

试验中没有任何规则在有限激励中终止。然而,在检查完所有的可能路径之后,只找到一个循环。此循环的使能条件在规则 loop-rule1 中,如下所示:

```
(control ^rule extra)
(device ^mode {<x-4> < > void } ^domain <y-4>
      ^compnt <v-4> ^desc {<w-4> << closed open >>} )
(valve_groups ^vtype <v-4> ^valve_a <v-4> ^valve_b <v-4> )
```

此循环仅仅包含 4 个规则。这意味着其他的规则能够在有限的激励中终止。这 4 个规则是:

```
(p check - group
  (device ^mode { <x> < > void } ^domain <y>
        ^compnt <z1> ^desc { <w> << open closed >> })
  (device ^mode <x> ^domain <y> ^compnt <z2> ^desc <w>)
  (valve_groups ^vtype <v> ^valve_a <z1> ^valve_b <z2>)
 - ->
  (modify 1 ^compnt <v>)
  (modify 2 ^mode void))
```

然后检查非终止规则以及循环的使能条件。我们发现当规则 check-group 中的变量<z1>和变量<z2>相等时,程序流能够进入循环中。这种情况和预期的正常执行流不一样，因此我们必须修改此规则的 LHS，以使得变量<z1>不等于<z2>。

```
(p check - group
  (device ^mode { <x> < > void } ^domain <y>
        ^compnt <z1> ^desc { <w> << open closed >> })
  (device ^mode <x> ^domain <y>  ^compnt { <z2> < > <z1> } ^desc <w>)
  (valve_groups ^vtype <v> ^valve_a <z1> ^valve_b <z2>)
- ->
  (modify 1 ^compnt <v>)
  (modify 2 ^mode void))
```

这个修改打破了循环，因此保证了规则和程序的终止。在接下来的部分中，将介绍确定 OPS5 程序执行时间的技术。

11.2.3　时序分析

现在介绍分析 OPS5 程序时序特性的技术，并讨论用静态分析(static-analytic)方法来预测程序执行时间的时序界限。ER 图是静态分析的基本结构。我们根据规则触发的数量来预测时序。文献[Wang and Mok, 1993]中已经针对 MRL 做了相似的工作，我们将指出静态分析的问题，并描述一个工具，该工具用于时序分析以及运行时期的性能分析。

在分析问题之前，需要先作以下假设：

- 程序可以终止。
- 所有属性的数据域是有限的。
- 在 WM 中没有重复的 WMEs。

第一个假设是很明显的，因为一个有无限激励的程序是无法找到时序界限的。第二个假设基于以下事实：无限域程序问题的分析一般是不可预期的。第三个假设实际上是第二个假设的延伸。不同于 MRL，OPS5 的 WMEs 不是通过其内容来识别，而是通过时间标记来识别的。因此，以下两个 WMEs 在 OPS5 中被认为是两个不同的项目，其中第一个 WME 的产生早于第二个 WME。然而在 MRL 中，WM 中不允许相同的 WMEs 共存。

时间标记	WMEs
#3	(class ^a1 3 ^a2 4)
#6	(class ^a1 3 ^a2 4)

OPS5 系统能够在每个循环中使用哈希表，以快速定位 WM 中的重复 WMEs，防止冗余。如果一组 WMEs 满足第一触发规则的使能条件，则能按照所需的次数来生成相同的 WMEs。换句话说，可以按照所需的次数来触发第一条触发规则。这表明了规则的触发次数没有上界，因而程序不能在有限次规则触发中终止。因此，需要执行第三个假设来帮助分析。

11.2.4　静态分析

触发规则数量的预测：由于基于规则程序的执行是数据驱动的，所以 WM 被用于预测触发规则的数量。为了预测每个规则触发的次数，可估计冲突集中例示的次数。如例 11.10 所示，一个规则例示的最大次数可以被估计。

例 11.10：最大次数例示的例子。

```
(p a
  (class_a ^a1 <x> ^a2 <y>)
  (class_b ^b1 <x> ^b2 <z>)
  (class_c ^c1 <z>)
- ->
action without changing the instantiations of rule a . . .
```

假设域<x>、<y>和<z>各自包含最多 x、y 和 z 个实例，那么规则 a 在冲突集中最多有 xyz 个例示。假设规则 a 的动作没有移除 a 的任何一个例示，则会有两种情形能够触发规则 a：(1)初始 WM 中包含 a 的例示；(2)其他规则触发了规则 a。

在第一种情形中，在初始化 WM 中最多有 xyz 个例示。这样的话，规则 a 在被其他规则触发之前，能够被触发最多 xyz 次。

在第二种情形中，其他规则创建或者修改了 WME (w)，使之和规则 a 的一个或多个使能条件要素相匹配。如果 w 和第一个条件要素(class a ^a1 <x> ^a2 <y>)匹配，由于变量<x>和<y>与 w 的属性值是绑定的，那么规则 a 至多有 z 个例示会被添加到冲突集中，因此规则 a 在被其他规则再次触发之前能够触发最多 z 次。同样，如果 w 匹配(class b ^b1 <x> ^b2 <z>) 或者 (class c ^c1 <z>)，则规则 a 在被其他规则再次触发之前，最多分别能够触发 y 或者 xy 次。

此外，规则的动作部分能够影响规则的例示。例如，在例 11.10 中的规则可以为

```
(p a
  (class_a ^a1 <x> ^a2 <y>)
  (class_b ^b1 <x> ^b2 <z>)
  (class_c ^c1 <z>)
- ->
  (modify 3 ^c1 <y>))
```

一旦属性^c1 的值被改变，则与第三个条件要素(class c ^c1 <z>)相关联的例示将被移除。因此最大的激励数就是<z>的实例个数 z 个。同时，最大激励个数从 xyz 减少到了 z。如果规则 a 随着第三个条件要素(class c ^c1 <z>)的匹配被触发，则规则 a 在再次触发之前最多触发一次。

算法 2：　规则 r 激励次数的上界检测。

前提：终止检测算法 1 能够在限定的时间内检测到规则 r 的终止。

假设在初始化 WM 中规则 r 有多达 I_r 个例示，则规则 r 的激励的上界可以通过下列条件来估计。

(1) 规则 r 满足定理 1 的第一个条件：规则 r 的激励的上界为 I_r。初始化 WMEs 的最大数量受到每个属性域大小的约束。

(2) 规则 r 满足定理 1 的第二个条件：规则 $r_1, r_2, \cdots, r_n$ 是规则 r 的匹配条件要素的使能条件。这些规则分别能够在 $f_1, f_2, \cdots, f_n$ 次激励中终止。当规则 r 被规则 $r_1, r_2, \cdots, r_n$ 触发时，最多有 $I_1, I_2, \cdots, I_n$ 个例示。规则 r 的激励数的上界为

$$I_r + \sum_{j=1}^{n} (f_j \times I_j)$$

(3) 规则 r 满足定理 1 的第三个条件：在 ER 图中指向规则 r 的规则 $r_1, r_2, \cdots, r_m$ 分别能够在 $f_1, f_2, \cdots, f_m$ 次激励中终止。当规则 r 被 $r_1, r_2, \cdots, r_m$ 触发的时候，它最多有 $I_1, I_2, , \cdots, I_m$ 个例示。规则 r 激励数的上界为

$$I_r + \sum_{j=1}^{m} (f_j \times I_j)$$

例 11.3 说明了这个算法的第一个条件。例 11.11 说明了这个算法的第二个条件。

例 11.11：一个满足算法 2 的第二个条件的规则。

```
(p a
  (c1 ^a1 1 ^a2 <y>)
  (c2 ^a1 <x> ^a2 <y>)
- ->
  (modify 2 ^a2 <x>))
```

假设变量<x>和<y>分别有 x 和 y 个项目，第二个条件要素(c2 ^a1 <x> ^a2 <y>)是匹配条件要素，此条件要素的使能规则分别能够在 $f_1, f_2, \cdots, f_m$ 次激励中终止。在初始化 WM 中，规则 a 有多达 I_a 个例示。由于此动作不会影响满足第一个条件要素(c1 ^a1 1 ^a2 <y>)的 WMEs，所以当规则被一个使能条件触发的时候至多有 y 个例示。规则 a 的激励数的上界为

$$I_a + \sum_{j=1}^{n} (f_j \times y)$$

存在的问题：算法 2 是基于 ER 图的。然而，在 ER 图中，我们使用符号匹配方法来检测使能关系。由于 WMEs 的内容和相互关系不能被静态地确定，这就有可能导致悲观的估计(pessimistic estimation)，如例 11.12 所示。

例 11.12：悲观估计的规则。

```
(p a
  (class_a ^a1 7 ^a2 <x>)
  (class_b ^b1  <x> ^b2 6)
```

```
  - ->
    (make class_b ^b1 5 ^b2 4))
  (p b
    (class_a ^a1 { <x> < > <y> } ^a2 <y>)
  - (class_a ^a1 <y> ^a2 <x>)
    (class_b ^b1 <x> ^b2 <y>)
    (class_b ^b1 <y> ^b2 <x>)
  - ->
    (modify 3 ^b2 <x>))
```

首先,规则 b 的使能条件受到很大的限制,它们实际上意味着 class_a 和 class_b 的 WMEs 之间的紧密关系。相比较其他规则,触发此规则的可能性很低。然而,由于规则 a 创建了 WME(class b ^b1 5 ^b2 4),而此 WME 能够单独和规则 b 的第三个和第四个条件要素匹配,因此规则 a 还是有可能使能规则 b 的。

其次,因为变量^b2 的限制是恒定的,规则 a 修改之后的 WME 不能和规则 b 的第二个条件要素(class b ^b1 <x> ^b2 6)匹配。然而,由于规则 a 的变量<x>没有语义上的限制,因此仍保留有较弱的使能关系。

此外,算法 2 并不考虑控制策略(LEX 或者 MEA)。这些控制策略需要 WM 中每个 WME 的时间标记,以确定冲突集中每个例示的优先级。在运行之前,WMEs 的时间标记很难预测。不知道 WMEs 的时间标记,就很难预测例示之间的干扰,因此要作一个保守的估计,就必须假设例示之间没有干扰,而如果域过大的话,估计就会变得很悲观。图 11.3 就说明了这种情况。例如,规则 c 能被规则 e、f、g 和 h 触发。可触发规则 c 的四个规则的例示共同存在冲突集中是很罕见甚至不可能的,因为触发这些规则中的一个可能阻止其他规则触发。例如,触发规则 e 的例示可能会移除规则 f 的例示。由于我们无法预测规则 e、f、g 和 h 之间的干扰关系,因此就必须假设这四个规则的所有例示都能够被执行。相同的条件也被用于规则 a、b 和 d。可以看到,规则 b 继承了规则 c 和 d 的激励界限,即悲观的激励估计,它使得规则 b 的激励界限预测不精确,规则 a 的激励估计甚至比规则 b 的估计还要糟糕。通常来说,在 ER 图中节点 v 之前链接的节点数越多,节点 v 的激励估计就越差。因此,我们不可能期望从静态分析中得到严格的估计。下面将提出另一种方法。

11.2.5 WM 生成

通过生成一组 WMEs 作为初始化 WM,以最大化程序的执行时间,而不再使用静态分析。采用这种方式,不仅提供了 OPS5 程序的时间界限,而且能从 OPS5 环境所获得的时间报告中找到最耗时的部分。这个报告能够帮助程序员修改计算开销最大的规则来实现程序最优化。基于规则系统自动优化的初步结果见参考文献[Zupan and Cheng, 1994a; Zupan and Cheng,1998]。

最大化匹配时间：能够使匹配时间最大化的 WMEs 组合是数据域当中所有可能的 WMEs组合。在 Rete 网络中，开销最大的计算就是对一个双输入节点中左输入节点的 WMEs 和右输入节点的 WMEs 进行比较，也就是所谓的向量积(cross - product)效应[Kuo and Moldovan，1992]。如果每个在 Rete 网络最顶层的单输入节点有最大数量的元组(tuples)，那么可以确保测试内存已经满了。因此，每个双输入节点的时间消耗最大。

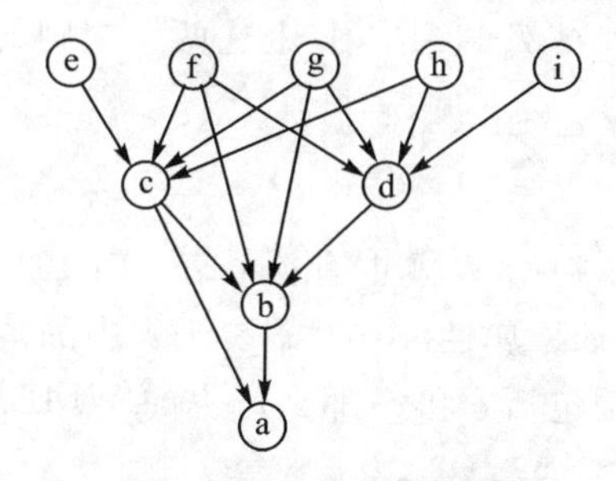

图 11.3　带悲观估计的使能关系

最大化规则激励：为了触发程序达到最大数量的规则激励，一个方法就是获取尽可能多的满足每个规则 LHS 条件的初始 WM。初始化 WM 能够由每个规则的所有积极的条件要素联合形成。考虑以下规则：

```
(p p1
  (c1 ^a1 <x> ^a2 <y>)
  (c2 ^a1 3)
- (c3 ^a1 <y> ^a2 <z>)
- ->
  action . . .
(p p1a
  (c1 ^a1 <x> ^a2 <y>)
  (c2 ^a1 3)
- ->
  action . . .
```

规则 p1 的 LHS 条件是规则 p1a 的 LHS 条件的子集。选择规则 p1a 代替规则 p1 作为测试规则。因为 p1a 的激励数量至少是 p1 的激励数，因此这种方式是做了一个保守的估计。

例 11.13：积极条件要素联合的例子。

```
(p p1
  (c1 ^a1 <x> ^a2 { <y> << 1 2 >> } )
  (c2 ^a1 3 ^a2 <x>)
- ->
  action ...
(p p2
  (c1 ^a1 3 ^a2 1)
- (c2 ^a1 <x> ^a2 2)
- ->
  action ...
```

在例11.13中，上述两个规则的积极条件要素的联合为

```
(c1 ^a1 <x> ^a2 { <y> << 1 2 >> } )
(c2 ^a1 3 ^a2 <x>)
```

初始WM也有符号表，实际的WMEs是根据属性域对变量扩展而得到的。例如，如果属性^a1的域在c1类中的范围包括a、b和c，同时属性^a2的域在c1类中的范围包括b和c，那么产生的WMEs如下：

```
(c1 ^a1 b ^a2 1)
(c1 ^a1 b ^a2 2)
(c1 ^a1 c ^a2 1)
(c1 ^a1 c ^a2 2)
(c2 ^a1 3 ^a2 b)
(c2 ^a1 3 ^a2 c)
```

注意到属性^a1在c1类中没有形成值a，因为其变量<x>和c2类中属性^a2的值绑定，而属性^a2在c2类中的值的范围包括b和c。

生成的WMEs能够匹配程序中所有的积极条件要素，然而，有些WMEs可能不会在程序执行期间被使用，因为与它们相关联的例示可能在触发其他例示的时候被移除了。考虑以下规则：


```
(p a
  (c1 ^a1 <x> ^a2 1)
  (c2 ^b1 <z> ^b2 <y> ^b3 <x>)
  (c3 ^c1 <y> ^c2 4)
- ->
  (remove 2)
  (modify 1 ^a2 <x>))
```

假设变量<x>、<y>和<z>各有10个项目，可能有10个、1000个和10个WMEs分别匹配第一个、第二个和第三个条件要素。令w为匹配第一个条件要素(c1 ^a1 <x> ^a2 1)的10个WMEs中的一个，那么，实际上w和此规则的100个例示相关联。与w关联的第一个例示执行之后，第一个动作移除这些与第二个条件要素匹配的WMEs(W_2)。因此，此规则在初始化WM中的例示最多有10个能被执行。此规则的第二个动作会改变w的内容，变量<y>和<z>实际上没有影响此规则的时间属性。因为在测试程序中没有消极条件要素，移除W_2的动作将不会导致附加的规则触发，因此，不可能生成所有的满足第二个条件要素(c2 ^b1 <z> ^b2 <y> ^b3 <x>)的WMEs。规则a的这个动作没有修改的那些WMEs(W_3)和第三个条件要素匹配。如果W_3也和规则b的其他积极条件要素匹配，则W_3就能在规则b中生成；否则，就没有必要生成所有满足(c3 ^c1 <y> ^c2 4)的WMEs。

从上面的分析可知，要生成所需的WMEs，只需扩大<x>。变量<y>和<z>

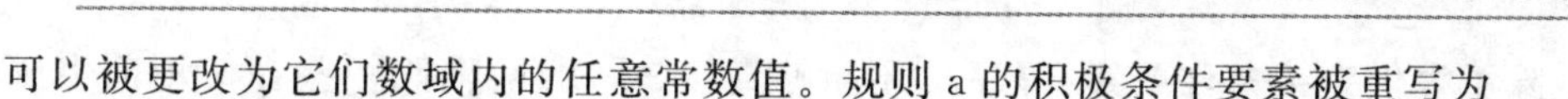

可以被更改为它们数域内的任意常数值。规则 a 的积极条件要素被重写为

```
(c1 ^a1 <x> ^a2 1)
(c2 ^b1 7 ^b2 5 ^b3 <x>)
(c3 ^c1 5 ^c2 4)
```

变量<y>和<z>分别被更改为 5 和 7,因此分别有 10、10 和 1 个 WMEs 与这三个条件要素相关联。

接下来描述生成初始化 WM 的算法。因为大多数基于规则的程序被用于符号化的数据应用,因此要限制数据类型为文字的(literal)。

算法 3:生成 WMEs 以导致最大规则激励数。

前提:每个属性的数据域是“文字的”。

目的:给定一个 OPS5 程序 P,找出一组积极条件要素 C。把 C 扩展为一组 WMEs(W),以使得 P 有最大的规则激励数。

(1) 把 C 初始化为空集。

(2) 对于每个规则 r,采取如下措施。

对于规则 r 的每个积极条件要素,如果 c 不是 C 中任何元素的子集,进行如下步骤:

(a) 如果规则 r 的动作不能修改满足 c 的 WMEs,那么对于每个在 c 中和属性 a 相关联的变量 v,将其改变为一个常数 x。其中 x 在属性 a 的数据域中。

(b) 把 c 添加到 C 中。

(c) 对于 C 中的每个元素 pc,如果 pc 是 c 的子集,则从 C 中移除 pc。

(3) 扩展积极条件要素 C 到 W。

在规则不产生任何例示但却有非常高匹配开销的情况下,匹配时间必须用文献[Chen and Cheng, 1995a]中提出的方法来检查。注意,此算法的临界点是步骤(a)。

复杂性与空间减少:现在分析算法 3 的复杂性。一般来说,因为每次在检查子集关系的时候往 C 中加入了一个新的积极条件要素 c,因此需要 $O(n^2)$的算法复杂度来生成积极条件元素 C。

WMEs 集 W 的规模是指数型的。如果 W 有 k 个变量且每个变量有 m 个数据项,则将会有 m^k 个 WMEs 作为初始 WM,其规模可以按照算法 3 所述的方法来减小。

分析时,会考虑每个变量的整个域。但是,在实际的应用程序中,初始化 WM 的范围不可能包含整个数据域。由于基于规则的程序是数据驱动的,因此需要确定的输入数据以引导程序的控制流,程序员通常在程序中嵌入需要移除的 WMEs 或者嵌入需要特定 WMEs 顺序的控制技术。因此,如果能够知道初始 WMEs 的时序顺序或者不会在初始 WM 中出现的 WMEs,那将会更有帮助。

对于这个问题,会采用特别的解决方法。允许程序员提供消极条件要素的信息,使算法从最初生成的 WM 中移除与这些条件要素相关的 WMEs,因此减小了初始

WM。除了提供消极条件要素，程序员还能够直接(手动地)消除一些在使用前生成的 WMEs，用以确定激励序列。

初始化 WMEs 排序：为了找到基于规则的最大执行时间(在规则激励数量和匹配时间方面)，在给定初始 WM 时，需要确定规则的激励顺序。由于从冲突集中选定例示的策略基于 WMEs 的早晚次序，因此初始化 WMEs 生成的顺序成为决定激励序列的一个因素，除非每个规则的 LHS 条件是独立的。考虑下面的例子：

```
(p p1
  (c1 ^a1 <x> ^a2 <y>)
  (c2 ^a1 3 ^a2 <x>)
- ->
  (remove 1))
(p p2
  (c1 ^a1 <x> ^a2 1)
  (c2 ^a1 <x> ^a2 <y>)
- ->
  (modify 1 ^a2 <y>))
```


假设 I_1 和 I_2 分别是规则 p1 和 p2 的两个例示。WME (c1 ^a1 1 ^a2 1)与 I_1 和 I_2 都相关联。触发这两个例示中的一个，将会从冲突集中移除另一个。确定哪个规则被先触发取决于满足两个规则的第二个条件要素(即(c2 ^a1 3 ^a2 <x>) 和 (c2 ^a1 <x> ^a2 <y>))WMEs 的时间标记。因此，如果按照不同的顺序生成满足这两个条件要素的 WMEs，则会产生不同的时序分析结果。

然而，当程序员设计系统的时候，不可能考虑 WMEs 的时间标记。如果程序员知道时间标记，他们就应该知道初始 WM 中 WMEs 的生成顺序，就能够直接手动排列。通常会使用一些控制技术来确定哪个例示被选中执行。在上述两个规则中，如果程序员不能预测 WMEs 的时间标记特性，则将无法确定哪个规则的例示会被执行。不确定程序的控制流将会导致调试和维护的问题。已经提出一些控制技术[Brownston et al.，1986；Cooper and Wogrin，1988]并在很多应用程序中实现，许多技术都需要额外的 WMEs，也称之为控制 WMEs(control WMEs)。这些 WMEs 不属于应用程序的数据域，但是它们通过时间标记或者判断其存在与否来管理程序流。控制 WMEs 的信息应当是最先知道的，然后将信息交给时序分析仪。也可以像生成初始 WM 一样，把信息放在消极条件要素中，或者直接编辑生成后的初始化 WM。

11.2.6　实现和实验

此工具被应用于 DEC 5000/240 工作站上。程序在 RISC/Ultrix OPS5 环境下被测试。

实现：给定一个 OPS5 程序文件 file. ops，此工具首先请求每个属性的可能数据量。如果每个属性的数据项在文件 file. dom 中给定，则 WMEs 的属性域将基于此文件。file. dom 的描述如下：

```
domain :: = entity+
entity :: = classname attribute constant+ #
```

例子如下所示：

```
entity name R-A-0 R-A-1 T-A-0 T-A-1 #
entity state nominal failed suspect #
entity mode on off #
entity backup R-A-0 R-A-1 T-A-0 T-A-1 #
relationship from R-A-0 R-A-1 T-A-0 T-A-1 #
relationship to R-A-0 R-A-1 T-A-0 T-A-1 #
relationship state nominal failed suspect #
relationship mode on off #
relationship type direct #
problem entity R-A-0 R-A-1 T-A-0 T-A-1 #
answer name R-A-0 R-A-1 T-A-0 T-A-1 #
answer ans yes no #
step label find_bad_things printed_good #
```

如果没有找到 file. dom，则此工具会从程序的语义限制条件中自动搜索每个属性可能的数据项。属性 attri 出现的每个常数值将被分配为属性 attri 的一个数据项。例如，在以下规则中：

```
(p p1
  (a ^a1 A ^a2 <x>)
  (a ^a1 B ^a2 <x>)
-->
  (make b ^b1 C ^b2 D)
  (modify 1 ^a1 C))
```

由于 *A*、*B* 和 *C* 以属性^a1 的值的方式出现，因此它们被分配为属性^a1 的数据项。*C* 也被分配为属性^b1 的数据项，*D* 被分配给属性^b2。

如果数据项的个数小于输入数，那么工具就生成任意的常数作为剩下的数据项。比如，如果输入类 a 中属性^a1 的 5 个数据项，在^a1 的域中就有三项，另外两项是任意生成的，比如 &a1－1 和 &a1－2。由于这些任意的常数仅仅和 LHS 变量匹配，因此不影响时序特性。所有的 LHS 常数项可以在前面的搜索中生成。

用户的消极条件元素在一个分离文件 file. usr 中给出。消极条件元素的 Backus-Naur 形式(BNF)描述以及变量范围如下所示：

```
neg-cond-elements ::= -(classname attributes-values* )
attributes-values ::= ↑attribute op value| ↑ attribute value
op                ::= = | <>
value             ::= variable|constant
variable-range    ::= variable constant+ #
```

还有一些术语没有被定义。classname 和 attribute 必须在原始程序的声明当中定义，定义在 variable-range 中的 variable 必须在 value 中定义，neg-cond-elements 指明了消极条件要素，variable-range 指明了变量的界限。

以下文件都是由此工具生成的：file. WM、file. All 以及 filetest. ops。文件 file. WM 包含一组由所有的 LHS 条件要素联合得到的初始化 WMEs。文件 file. All 包含数据域中所有可能的 WMEs。没有文件可以包含满足用户消极条件要素的 WMEs。在文件 file. All 中的这组 WMEs 导致了最大的匹配时间，并会导致最大规则激励数。用户能够修改 file. WM 和 file. All，以移除不需要的 WMEs 或者重新排列这些 WMEs 的顺序。文件 filetest. ops 是测试程序，它移除了消极条件要素并修改了对应规则的 RHS 的条件数。

工业应用的例子：OMS 上的 OPS5 程序实验。oms. dom 中没有数据，因此此工具自动从语义中搜索可用的数据项。oms. WM 生成了 6 192 个 WMEs。规则触发的时序报告和 CPU 时间如图 11.4 所示。

RULE NAME	# FIRINGS	LHS TIME	RHS TIME
CHECK-GROUP	333	228	130
CHECK-GROUP-MANIFOLDS	0	5	0
SECURE-ARCS	0	1	0
VALVE-CL	190	17	109
RCS-REGS	7	11	12
VALVE-OP	187	5	80
OMS-REGS	7	1	3
SWITCH-ON	190	12	49
	914	280	383

图 11.4 OMS 专家系统的 CPU 时序报告

LHS时间是通过测量在导致规则例示的每个双输入节点上 CPU 时间消耗量来确定的，与规则被触发的次数无关。因此，长的 LHS 时间可能意味着规则没有有效地匹配以产生例示，或者表明可能发生了大量的局部的（也许是不必要的）匹配[Cooper and Wogrin, 1988]。

规则的 RHS 时间是 CPU 消耗在此规则激励的时间的总和。消耗在 RHS 的时间由此规则 RHS 动作的总匹配时间来衡量。RHS 时间除以规则触发数等于触发此

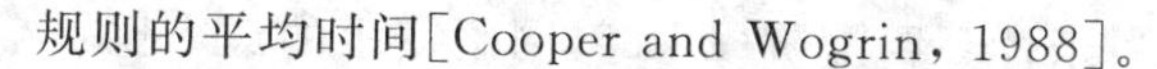

规则的平均时间[Cooper and Wogrin，1988]。

在测试数据中，随机生成了6组WMEs。表11.4所列为时序分析的结果。

表11.4 OMS专家系统的测试结果

# WMEs	Firings	LHS Time	RHS Time
6 192	914	280	383
1 150	738	150	226
917	500	108	205
3 874	545	109	189
1 132	730	254	354
205	50	9	17

11.3 CHENG-CHEN时序分析方法

接下来介绍另一种决定基于谓词逻辑规则程序的先验最大响应时间的方法。给定一个程序 p，响应时间分析问题(response-time analysis problem)是决定 p 的最大响应时间。同样，在OPS5生成系统的环境下来研究这个问题。程序响应时间有两个方面需要考虑，最大规则激励数以及在程序执行期间由Rete网络产生的最大基本比较次数。

响应时间分析问题通常是不可判定的，但是，如果程序规则的激励模式满足特定的条件，那么程序就能在有限的时间内终止。这里为OPS5生成系统提出4个这样的终止条件，同时给定一个算法用于计算规则激励数的上界。提出一个更好的计算执行期间时间需求的算法：根据Rete网络产生的最大比较次数来计算匹配阶段的最大时间需求。由于匹配阶段消耗了近90%的执行时间，因此这个测量是很充分的。

11.3.1 介 绍

虽然一般情况下响应时间的分析问题是不可判定的，但是我们观察到，通过适当的分类，存在几类终止性能得到保障的生成系统，其中每一类生成系统的特点是有一个执行终止条件。因此，如果可能的话，解决响应时间的分析问题，必须先确定给定的系统是否具有执行终止性能，然后再计算最大响应时间的上界。

潜在例示图(potential instantiation graph)展示了潜在的规则触发模式，用于OPS5程序的分类依据。如果一个程序的潜在例示图是无循环的，那么它总是在有界次数的识别-动作(recognize-act)循环中终止。给定一个算法A，此算法用于计算程序执行期间的识别-动作循环数的上界，也用于计算在程序执行期间可能和规则的单个(individual)条件元素匹配的各个工作内存元素的最大数。这些数目对于决定执行期间匹配阶段的时间需求至关重要。众所周知，匹配阶段消耗近90%的执行时间，因此提出一个算法 M，使用这些数目来计算匹配阶段 Rete 网络产生的最大比较数[Ishida，1994]。此外，还发现几类带有循环潜在例示图的程序也具有有界的响应时间，将在后面展示如何把这些算法应用到一个非循环类的程序中。

另一方面，带有循环潜在规则激励模式的程序的响应时间通常依赖于运行时的数据值，而此值无法预先知道，然而要开发一个算法来预测带循环潜在规则激励模式程序的响应时间的上界是不现实的。现在最多能做的事情是决定一个带循环潜在规则激励模式的程序是否总能够终止。

给定程序的终止性能取决于其所有的潜在规则激励循环能否都终止。由于缺乏运行时的信息，而此信息对于决定条件要素的可满足性是至关重要的，因此不得不用传统的静态分析方法来确定内容（值）未知的工作内存元素是否满足条件要素。潜在例示图作为静态分析的结果而产生，通常包含许多不存在的边。这反过来就意味着，在潜在例示图中发现的很多循环是不存在的。在程序员的帮助下，能够检测到一些不存在的边/循环并且从潜在例示图中移除。后面将会讨论程序员如何帮助改善/调整潜在例示图。

当基于知识的系统或者生成系统被用于时间严格的应用程序时，在执行之前预测实际执行期间的最坏响应时间是至关重要的。对基于命题逻辑（propositional-logic-based）规则的系统（比如 EQL[Cheng et al.，1993]）来说，这个静态时序分析问题是十分困难的；对于基于谓词逻辑规则的系统（比如用 OPS5 以及 OPS5 风格的语言实现的系统），很少有实际的静态分析方法是可用的。和 Cheng-Tsai 方法一样，这个方法也作出了重要贡献，它通过提出一个形式框架以及一个预测 OPS5 与类 OPS5 生成系统最坏响应时间的工具集，进而解决静态时序分析问题。该分析技术基于下面两点：(1)通过对规则库中规则之间关系的语义分析而实现对终止条件的检测；(2)匹配网络中系统令牌（token）的追踪。相比于其他方法（在基于规则系统相一致的状态转换（state-transition）系统中，依赖于最长路径（longest-path）的分析），这些方法更加有效。

本节的其余部分组织如下：首先定义了潜在例示图，并用其对 OPS5 程序分类；然后，给出 OPS5 生成系统的响应时间分析；先给出带非循环的潜在例示图程序的终止性能分析；之后介绍计算此类 OPS5 生成系统响应时间的两个算法；接下来，研究带循环潜在例示图的程序；展示了如何将这些算法应用到此类带周期例示图的程序的方法，并介绍了两个循环类程序的终止性能；最后，对实验的结果进行描述。

11.3.2　OPS5 程序的分类

令 r_1 和 r_2 表示两个 OPS5 规则，A 表示 r_1 的 RHS 中的一个动作，e 表示 r_2 的 LHS 中的一个条件要素。如果 A 的执行产生/移除一个和 e 匹配的 WME，那么动作 A 和条件要素 e 匹配。根据 A 和 e 的类型，A 和 e 的匹配有以下四种情况：

(1) A 的执行产生了一个和非否定（nonnegated）条件要素 e 相匹配的 WME。

在这种情况下，r_2 可能作为 r_1 触发的结果而被实例化。

(2) A 的执行产生了一个和否定(negated)条件要素 e 相匹配的 WME。如果在这种情况下，系统将处于 r_2 无法在 r_1 激励之后立即实例化的状态。

(3) A 的执行移除了一个和非否定(nonnegated)条件要素 e 相匹配的 WME。在这种情况下，如果超过一个 WME 在激励之前和 e 匹配，那么 r_2 可能仍会在触发 r_1 之后被实例化。另一方面，如果 r_2 没有在触发 r_1 之前实例化，那么它就不能在触发 r_1 之后立即实例化。

(4) A 的执行移除了一个和否定(negated)条件要素 e 相匹配的 WME。在这种情况下，r_2 可能作为 r_1 触发的结果而被实例化。

如果在 r_1 触发之后的每个状态都没有 r_2 的例示存在，就称 r_1 不可实例化(dis-instantiate)r_2。在上面的四种情况中，只有第二种能保证 r_2 不会作为 r_1 触发的结果而被实例化。因此，当且仅当 r_1 的 RHS 包含一个能够产生和 r_2 的 LHS 中否定条件要素相匹配的 WME 动作时，r_1 不可实例化 r_2。如果 r_2 的例示作为 r_1 触发的结果而存在，那就称 r_1 潜在实例化(potentially instantiate)r_2。因此，如果第二种情况没有发生而第一种或者第四种中任一个发生，那么 r_1 潜在实例化 r_2。也就可得出下面结论：

- r_1 的 RHS 没有包含一个产生和 r_2 的 LHS 中否定条件要素相匹配的 WME 动作。
- r_1 的 RHS 包含一个动作，它产生一个和 r_2 的否定条件要素相匹配的 WME 或者移除和 r_2 的 LHS 中否定条件要素相匹配的 WME。

定义 6(潜在例示图)： 令 p 表示一组生产规则。潜在例示(PI)图 $G_p^{PI}=(V,E)$ 是一个有向图，它展示了 p 的潜在规则触发模式。V 是一组顶点，每个顶点表示一个规则，因此当且仅当在 p 中有一个规则名称为 r 时，V 中包含一个称为 r 的顶点。E 是一组有向边，因此当且仅当规则 r_1 潜在实例化规则 r_2 时，E 中包含边 $\langle r_1, r_2\rangle$。

定义 7(循环分类)： 令 $\langle r_1, r_2\rangle$ 表示 G_p^{PI} 中的一个边。边 $\langle r_1, r_2\rangle$ 按照以下分类：

- p(positive)类型边，如果 r_1 不包含某种动作，该动作能够移除与 r_2 的否定条件要素匹配的 WME。
- n(negative)类型边，如果 r_1 不包含某种动作，该动作能够产生与 r_2 的非否定条件要素匹配的 WME。
- m(mixed)类型边，既不是 p 类型边又不是 n 类型边。

一个路径被表示为 $\langle r_i, r_{i+1}, \cdots, r_k\rangle$，其中 $\langle r_j, r_{j+1}\rangle \in G_p^{PI}$ 且 $j=i,\cdots,k-1$。一个循环是一个路径 $\langle r_i, r_{i+1}, \cdots, r_k\rangle$，且 $r_i=r_k$。一个循环 $C\in G_p^{PI}$，如果包含一个 p 类型边，则它就是 p 类型循环；如果包含一个 n 类型边，则它就是 n 类型循环；如果既不包含 p 类型边也不包含 n 类型边，它就是 m 类型循环，如图 11.5 所示。

例 11.14： 考虑以下三种情况，每种情况给出了一个不同的边类型。

Case 1：(P r_1(E_1…) (E_2…)⟶ (make E_3 ↑name ⟨N1⟩ ↑state good)

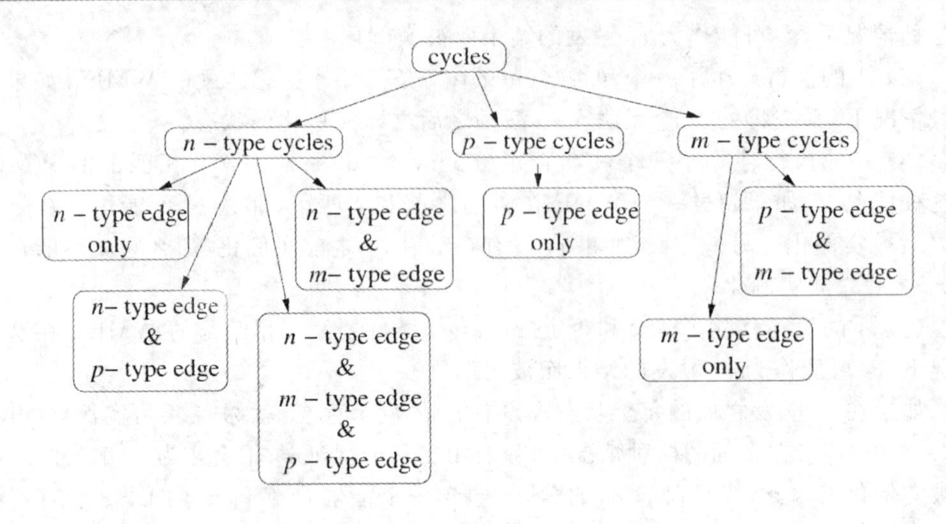

图 11.5　循环分类 PI 图

(remove 1))

(P r_2 (E_2 ⋯) (E_3 ↑ state good)⟶ (⋯) (⋯))

r_1 不能包含某种动作，该种动作能够产生与 r_2 的否定条件要素匹配的 WME。此外，触发 r_1 会产生一个 E_3 类的 WME，该 WME 与 r_2 的一个非否定条件要素匹配，且 r_1 不包含移除（与 r_2 否定条件要素匹配的）WME 的动作。因此，r_1 潜在实例化 r_2。G_p^{PI} 包含 p 类型边 $\langle r_1, r_2\rangle$。

Case 2：(P r_3 (E_1 ↑ dept Math) (E_2 ⋯)⟶ (make E_3 ⋯) (modify E_2 ⋯) (remove 1))

(P r_4 (E_4 ⋯) －(E_1 ↑ dept Math)⟶(⋯) (⋯))

触发 r_3 产生了一个 E_3 类的 WME，该 WME 与 r_4 的非否定条件要素 E_4 不匹配。此外，r_3 包含一个移除动作，此动作删除旧的 WME E_2 并产生新的 WME E_2，且新的 WME 与 r_4 的非否定条件要素 E_4 不匹配。因此，边 $\langle r_3, r_4\rangle$ 是一个 n 类型边。

Case 3：(P r_5 (E_1 ↑ dept Math)⟶(make E_3 ↑ name N1 ↑ state good) (remove 1))

(P r_6 (E_2 ⋯) －(E_1 ↑ dept Math) (E_3 ↑ state good)⟶ (⋯) (⋯))

由于 r_5 包含一个移除动作，此动作移除与 r_6 的否定条件要素 E_1 相匹配的 E_1。同时包含一个生成动作，此动作生成和 r_6 的非否定条件要素 E_3 相匹配的 E_3。可见边 $\langle r_5, r_6\rangle$ 既不是 p 类型边也不是 n 类型边，而是 m 类型边。

例 11.15：展示如何建立 Waltz 程序段的 PI 图。

(1) Waltz 程序段如下所示：

(P r_1 (stage ↑ value duplicate) (line ↑ p1 ⟨p1⟩ ↑ p2 ⟨p2⟩)⟶(make edge ↑

p1 ⟨p1⟩ ↑ p2 ⟨p2⟩ ↑ jointed false) (make edge ↑ p1 ⟨p2⟩ ↑ p2 ⟨p1⟩ ↑ jointed false) (remove 2))

(P r_2 (stage ↑ value duplicate) -(line) ⟶ (modify 1 ↑ value detect_ junctions))

(P r_3 (stage ↑ value detect_junctions) (edge ↑ p1 ⟨base_point⟩ ↑ p2 ⟨p1⟩ ↑ jointed false) (edge ↑ p1⟨base_point⟩ ↑ p2 {⟨p2⟩⟨⟩⟨p1⟩} ↑ jointed false) (edge ↑ p1 ⟨base_point⟩ ↑ p2 {⟨p3⟩⟨⟩⟨p1⟩⟨⟩⟨p2⟩} ↑ jointed false) ⟶ (make junction ↑ type arrow ↑ base point ⟨base_point⟩) (modify 2 ↑ jointed true) (modify 3 ↑ jointed true) (modify 4 ↑ jointed true))

(P r_4 (stage ↑ value detect_junctions) (edge ↑ p1⟨base_point⟩ ↑ p2 ⟨p1⟩ ↑ jointed false) (edge ↑ p1⟨base_point⟩ ↑ p2 {⟨p2⟩⟨⟩⟨p1⟩} ↑ jointed false) -(edge ↑ p1 ⟨base_point⟩ ↑ p2 {⟨⟩⟨p1⟩⟨⟩⟨p2⟩}) ⟶ (make junction ↑ type L ↑ base_point ⟨base_point⟩ ↑ p1 ⟨p1⟩ ↑ p2 ⟨p2⟩) (modify 2 ↑ jointed true) (modify 3 ↑ jointed true))

(P r_5 (stage ↑ value detect junctions) -(edge ↑ jointed false) ⟶ (modify 1 ↑ value find_initial_boundary))

(P r_6 (stage ↑ value find_initial_boundary) (junction ↑ type L ↑ base_point ⟨base_point⟩ ↑ p1 ⟨p1⟩ ↑ p2 ⟨p2⟩) (edge ↑ p1 ⟨base_point⟩ ↑ p2 ⟨p1⟩ ↑ label nil) (edge ↑ p1 ⟨base_point⟩ ↑ p2 ⟨p2⟩ ↑ label nil) -(junction ↑ base_point > ⟨base_point⟩) ⟶ (modify 3 ↑ label B) (modify 4 ↑ label B) (modify 1 ↑ value find_second_boundary))

(P r_7 (stage ↑ value find_initial_boundary) (junction ↑ type arrow ↑ base_point ⟨bp⟩ ↑ p1 ⟨p1⟩ ↑ p2 ⟨p2⟩ ↑ p3 ⟨p3⟩) (edge ↑ p1 ⟨bp⟩ ↑ p2 ⟨p1⟩ ↑ label nil) (edge ↑ p1 ⟨bp⟩ ↑ p2 ⟨p2⟩ ↑ label nil) (edge ↑ p1 ⟨bp⟩ ↑ p2 ⟨p3⟩ ↑ label nil) -(junction ↑ base_point > ⟨bp⟩) ⟶ (modify 3 ↑ label B) (modify 4 ↑ label plus) (modify 5 ↑ label B) (modify 1 ↑ value find_second_boundary))

(P r_8 (stage ↑ value find_second_boundary) (junction ↑ type L ↑ base_point ⟨base_point⟩ ↑ p1 ⟨p1⟩ ↑ p2 ⟨p2⟩) (edge ↑ p1 ⟨base_point⟩ ↑ p2 ⟨p1⟩ ↑ label nil) (edge ↑ p1 ⟨base_point⟩ ↑ p2 ⟨p2⟩ ↑ label nil) -(junction ↑ base_point < ⟨base_point⟩) ⟶ (modify 3 ↑ label B) (modify 4 ↑ label B) (modify 1 ↑ value labeling))

(P r_9 (stage ↑ value find_second_boundary) (junction ↑ type arrow ↑ base_point ⟨bp⟩ ↑ p1 ⟨p1⟩ ↑ p2⟨p2⟩ ↑ p3 ⟨p3⟩) (edge ↑ p1 ⟨bp⟩ ↑ p2 ⟨p1⟩ ↑ label nil) (edge ↑ p1 ⟨bp⟩ ↑ p2 ⟨p2⟩ ↑ label nil) (edge ↑ p1 ⟨b⟩ ↑ p2 ⟨p3⟩ ↑ label nil) -(junction ↑ base_point < ⟨bp⟩) ⟶ (modify 3 ↑ label B) (modify 4 ↑ label plus) (modify 5 ↑ label B) (modify 1 ↑ value labeling))

(P r_{10} (stage ↑ value labeling) (edge ↑ p1 ⟨p1⟩ ↑ p2 ⟨p2⟩ ↑ label {⟨label⟩

〈plus minus B〉} ↑ plotted nil) (edge ↑ p1 〈p2〉 ↑ p2 〈p1〉 ↑ label nil ↑ plotted nil)
⟶(modify 2 ↑ plotted t) (modify 3 ↑ label 〈label〉 ↑ plotted t))

(2) 根据定义 6 和定义 7,这些规则可转换为潜在例示图。

(3) Waltz 程序段的 PI 图为：

	r_1	r_2	r_3	r_4	r_5	r_6	r_7	r_8	r_9	r_{10}
r_1	—	[m]	p	p	—	p	p	p	p	p
r_2	—	—	p	p	p	—	—	—	—	—
r_3	—	—	—	—	m	p	p	p	p	p
r_4	—	—	—	—	m	p	p	p	p	p
r_5	—	—	—	—	—	[p]	p	—	—	—
r_6	—	—	—	—	—	—	—	p	p	p
r_7	—	—	—	—	—	—	—	p	p	p
r_8	—	—	—	—	—	—	—	—	—	p
r_9	—	—	—	—	—	—	—	—	—	p
r_{10}	—	—	—	—	—	—	—	—	—	—

p 表示存在一个 p 类型边,m 表示存在一个 m 类型边,“—”表示不存在任何边。例如,$\langle r_1, r_2 \rangle$是一个 m 类型边,而$\langle r_5, r_6 \rangle$是一个 p 类型边。

(4) 然后将 PI 图转换为 n 部(n-partite)PI 图,如图 11.6 所示。分析工具能够自动构建程序的 PI 图。

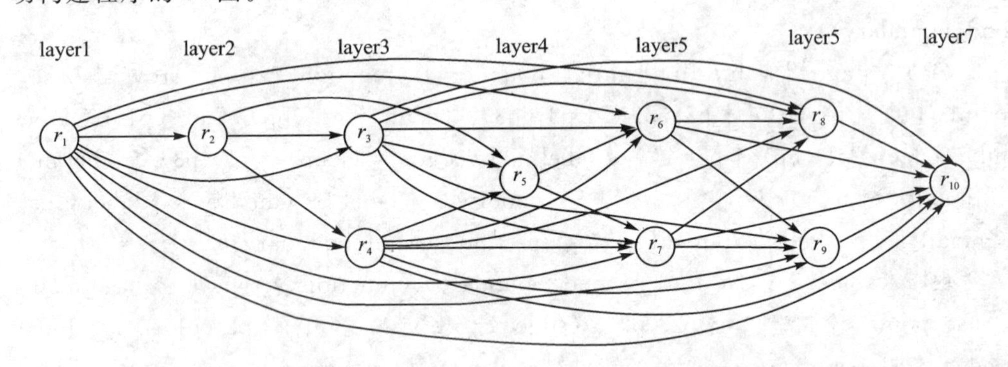

图 11.6 Waltz 程序段的 PI 图

OPS5 程序的静态时序分析框架如下：首先,通过潜在例示图表示来提取程序内规则间的语义关系;然后,根据构建的 PI 图的类型来决定程序是否满足终止条件。如果满足,就继续根据规则触发和匹配比较数来检测最坏情况下的执行时间。对于有潜在循环的程序,程序员能够计算一个保守的响应时间上界。

11.3.3 OPS5系统响应时间

本小节研究 OPS5 生成系统上下文中的响应时间分析问题。研究分为两个方面:最大规则激励数和程序执行期间由 Rete 网络产生的最大基本比较数。将给出一些保证程序终止的条件,每一组条件都代表了一类程序。对于解决响应时间分析问题,首先决定给定的系统是否属于执行终止类系统,然后计算最大响应时间的上界。

带非周期潜在例示图的程序属于执行终止类系统,其响应时间有界。已经介绍了计算此类程序响应时间上界的算法。

定理2 令 p 表示一组规则。如果潜在例示图 G_p^{PI} 是非循环的,则 p 的执行总是在有界数量的识别-动作循环中终止。

证明:此证明和文献[Aiken, Widom, and Hellerstein, 1992]中的终止证明相似。基本上,潜在例示图和文献[Aiken, Widom, and Hellerstein, 1992]中提到的触发图(triggering graph)有相似的用法。

推论1:令 p 表示一组规则。如果 p 的执行不会在有界数量的识别-动作循环中终止,那么潜在例示图 G_p^{PI} 中就存在一个循环 C。令 $C=\langle r_1,\cdots,r_k,r_{k+1}\rangle$ 且 $r_1=r_{k+1}$。r_i 潜在实例化 r_{i+1},其中 $i=1,\cdots,k$,且 r_i 经常会产生无限激励。

接下来提出一个响应时间上界算法,该算法用于计算执行期间可能存在的最大例示数,并将其作为最大规则触发数返回。算法的直接结果是,所获得的上界不会受识别-动作循环的选择阶段所使用的解决策略影响。不论使用什么解决策略,在执行期间存在的例示数不会超过最大例示数。因此,可能存在的最大例示数是执行期间识别-动作循环数的上界。

规则触发数:生成系统的主要特征之一就是取决于初始工作内存中内容的执行时间。不仅初始 WMEs 的类(或类型)影响执行时间,而且每个类的 WMEs 个数也对执行时间有所影响。例如,带有某类 3 个 WMEs 的初始工作内存与带有该类 30 个 WMEs 的初始工作内存相比,可能需要不同的时间来完成生成系统的执行。此外,不同的执行也可能会用于不同的初始工作内存,并对系统产生影响。

虽然初始 WMEs 的数量和种类只有在运行时才能知道,但通常会作一种合理假设,即有经验的软件开发人员(或用户)知道程序可能产生的每一类的最大可能的初始 WMEs 数。此外,所提出的响应时间上界算法是基于对最大例示数的计算,而相对于每一类的 WMEs 数而言,最大例示数是在不断增加的。该算法得到的是系统的响应时间上界,因为所有执行拥有的 WMEs 数量,不可能超过(已知的)最大可能 WMEs 数。因此,要获得 OPS5 生成系统的响应时间的上界,开发者(或用户)需要把算法应用于由每个类最大可能 WMEs 数组成的初始工作内存。

令 r 表示带非循环 PI 图的规则 p,c_r^i 表示 r 的 LHS 中第 i 个非否定条件要素。为了简化后面的解释,工作内存元素如果在调用期间存在,则被归类为旧的(old) WME;否则,它作为规则触发的结果被归类为新的(new) WME。与 c_r^i 匹配的

WMEs 被称为 c_r^i 的匹配(matching)WMEs。如果一个 WME 是规则 r 中 LHS 某个条件要素的匹配 WME,那么此 WME 就是 r 的匹配 WME。

只有当 r 实例化之后才能被触发,且 r 的每个例示最多能够被触发一次。根据定理 2,p 的执行总是在有界次数的识别-动作循环中终止。所以 r 最多能够被触发的次数是有界的。因此,在 p 的执行期间,r 只有有界数量的例示存在。这意味着在 p 的执行期间,只有有界数量的 WMEs 和 r 匹配。r 的匹配 WMEs 只有两种:存在于调用期间的 r 的旧匹配 WMEs(old matching WMEs of r),由执行期间的规则调度得到 r 的新匹配 WMEs(new matching WMEs of r)。r 的匹配 WMEs 的个数等于 r 的旧匹配 WMEs 个数加上 r 的新匹配 WMEs 个数。因此,两者和的上界等于 r 的匹配 WMEs 个数的上界。

由于 G_p^{PI} 是非循环的,r 的新匹配 WMEs 源自于 G_p^{PI} 中其前继的触发。为了找出新匹配的 WMEs 个数,G_p^{PI} 被从左到右画成 n 部图。假设在 G_p^{PI} 中有 n 层(layers),这些层在 G_p^{PI} 中被从左到右标记为 layer 1,layer 2,…,layer n。对于每个 i,$1 \leqslant i \leqslant n$,令 p_i 表示在 i 层中的规则集,其中 n 是 G_p^{PI} 中的层数(如图 11.6 所示)。假设 r 在 i 层,如果 $i=1$,则触发规则不会产生 r 的新匹配 WMEs;如果 $i>1$,只有那些在第 1 层直到(through)第 $i-1$ 层的触发规则可以产生 r 的新匹配 WMEs;如果这些新的 r 的 WMEs 数都已经被估算,那么也能较容易计算 r 的匹配 WMEs 的数量。一旦获得了 r 的匹配 WMEs 的数量,就能够计算 r 的激励数的上界。此外,如果 $i<n$,则可以计算由 r 的激励得到的第 $i+1$ 层直到第 n 层规则的新的 WMEs 数的上界。因此,独立规则的匹配 WMEs 数以及规则激励数的上界可按照规则在 G_p^{PI} 中的位置顺序被计算。从左到右,第 1 层规则的匹配 WMEs 数(以及激励数的上界)最先被计算,然后是第 2 层规则,以此类推。

r 的激励数上界:假设在 r 的 LHS 中有 k 个非否定条件要素(忽略否定条件要素)。对每个 i,$1 \leqslant i \leqslant k$,令 N_r^i 表示 c_r^i 的匹配 WMEs 数,d_r^i 表示由于 r 的一次触发而从工作内存中移除的 c_r^i 的匹配 WMEs 数,那么相对于工作内存,r 最多有 $N_r^1 * N_r^2 * \cdots * N_r^k$ 个例示。然而,如果 d_r^i 不等于 0,则在 c_r^i 的所有匹配 WMEs 作为激励的结果而被删除之前,r 最多有 $\lceil N_r^i/d_r^i \rceil$ 个激励。这就是说 r 的激励最多有

$$I_r = \min(N_r^1 * N_r^2 * \cdots * N_r^k, \lceil N_r^1/d_r^1 \rceil, \lceil N_r^2/d_r^2 \rceil, \cdots, \lceil N_r^k/d_r^k \rceil) \quad (11.1)$$

除非规则的激励导致新的 WMEs 而产生新的 r 的例示。注意,如果 d_r^i 等于 0,那么 $\lceil N_r^i/d_r^i \rceil \equiv \infty$。

例 11.16: 假设在当前的工作内存中有 3 个 E_1 类的 WMEs,有 4 个 E_2 类的 WMEs 和 3 个 E_3 类的 WMEs。考虑以下两个在生产内存中的规则。

(P r_1(E_1…) (E_2…) (E_2…) - (E_3…)⟶(make…) (make…))

(P r_2(E_1…) (E_2…) (E_3…)⟶(make E_4…) (remove 2))

不用知道这些 WMEs 的内容,工作内存中最多有 $N_{r_1}^1 * N_{r_1}^2 * N_{r_1}^3 = 3*4*4=48$ 个 r_1 的例示。由于 r_1 的每个激励没有删除任何 WME,故 r_1 最多存在有 48 个激励。

类似地，对于工作内存最多有 $N_{r_2}^1 * N_{r_2}^2 * N_{r_2}^3 = 3*4*3 = 36$ 个 r_2 的例示。然而，r_2 的每次激励都从 E_2 类中移除一个 WME，因此，工作内存中最多有 $\min(36, \lceil 4/1 \rceil) = 4$ 个 r_2。

最大新匹配 WMEs 数：假设(用上述方法)在 p 的执行期间 r 最多有 I_r 个可能的例示/激励。一个命令为 make 的 RHS 动作导致一个新的 WME 并增加了特定类中 WMEs 的个数，一个命令为 modify 的 RHS 动作修改一个 WME 的内容并且不改变特定类中 WMEs 的个数，一个命令为 remove 的 RHS 动作移除一个 WME 并减少了一个特定类中的 WMEs 的个数。由于 r 最多有 I_r 个可能的例示，故 r 总共能被触发 0 到 I_r 次，也会出现 I_r 的可能例示中没有一个存在的情况。如果是这种情况，则 r 将不会被触发。这就意味着尽管 r 的 RHS 包含有 remove 命令的动作，每个类的 WMEs 数也不会被 r 在最坏情况下称 WMEs 数的减少所影响。另一方面，如果 r 的 RHS 在 E 类中包含有 x 个 make 命令的动作，r 的每次激励都会导致产生 E 类中 x 个新 WMEs。也就是说，E 类中最多的($x * I_r$)个新 WMEs 可能是 r 激励结果产生的。因此，为了获得影响规则的实例化能力(instantiatibility)的最大 WMEs 数，只需要考虑包含 make 命令的动作。令 $\overline{N_E^r}$ 表示在 r 的 RHS 中的动作数，且该动作包含 make 命令并产生 E 类的 WMEs。

例 11.17： 假设在当前的工作内存中有 2 个 E_1 类的 WMEs、2 个 E_2 类的 WMEs 和 1 个 E_3 类的 WMEs。令下面的 r_3 为生产内存中的一个规则。

(Pr_3 (E_1⋯) (E_2⋯) (E_2⋯)⟶(modify 1⋯) (remove 2) (make E_3⋯))

对于此工作内存，最多有 $\min(2*2*2, \lceil 2/1 \rceil) = 2$ 个 r_3 的激励。r_3 的每一个激励产生一个 E_3 类的新 WME。r_3 的激励结果最多产生 $m_{r_3}^3 * I_{r_3} = 1*2 = 2$ 个 E_3 类的新 WMEs。因此，在 r_3 的这些激励产生以后，最多有 2 个 E_1 类的 WMEs、2 个 E_2 类的 WMEs 和 3 个 E_3 类的 WMEs。

对于 i 层中的每一个规则 r，计算每一个工作内存元素类由 r 的激励产生的最大新 WMEs 数。对每个类 E 而言，分别由 i 层中规则激励产生的最大 E 类的新 WMEs 数的总和是 i 层产生的 E 类的新 WMEs 数的上界。应用上述方法，能够找到每个类作为规则激励产生的新 WMEs 的最大数。然而，并不是所有的新 WMEs 都是由一个规则的激励产生的，比如 r_1 可能是所有其他规则的新匹配 WMEs。令 r_1 表示一个规则，其 RHS 包含(在 r_2 的 LHS 中的)一个非否定条件要素匹配的动作。如果 r_1 所在的层高于 r_2 所在的层，那么作为 r_1 的激励结果产生的 WMEs 不能用于 r_2 的实例化；否则在 G_p^{PI} 中将会有一条从 r_1 到 r_2 的路径，即 r_1 所在的层低于 r_2 所在的层。因此，只有对较高层的规则，其激励才能够产生新 WMEs。

假设 r_1 所在的层比 r_2 低。(在 r_2 的 LHS 中的)一个非否定条件要素 $c_{r_2}^i$ 的匹配 WME 可能是由于(r_1 的 RHS 中和 $c_{r_2}^i$ 匹配的)包含命令 make 和 modify 的动作(称为 $a_{r_1}^j$)产生的。如果 $a_{r_1}^j$ 是一个 make 动作，则产生的 WME 是一个 $c_{r_2}^i$ 的新匹配 WME。也就是说，由于 $a_{r_1}^j$(作为 r_1 每次激励的结果)的原因，$c_{r_2}^i$ 的新匹配 WMEs 数

应该增加一个。如果 r_1 的 RHS 包含 x 个与 $c_{r_2}^i$ 匹配的 make 动作，那么 $c_{r_2}^i$ 的新匹配 WMEs 数作为 r_1 激励的结果应该增加 $x * I_{r_1}$。

如果 $a_{r_1}^j$ 是与 $c_{r_2}^i$ 匹配的 WME 上的 modify 动作，那么 $a_{r_1}^j$ 的存在不会改变 $c_{r_2}^i$ 的匹配 WMEs 数。如果 $a_{r_1}^j$ 是与 $c_{r_2}^i$ 不匹配的 WME 上的 modify 动作，那么产生的 WME 就是 $c_{r_2}^i$ 的新匹配 WME。这就是说，由于 $a_{r_1}^j$（作为 r_1 每次激励的结果）的原因，$c_{r_2}^i$ 的新匹配 WMEs 数也应该增加一个。如果 r_1 的 RHS 包含 x 个 modify 动作，那么匹配 $c_{r_2}^j$，以及修改和 $c_{r_2}^i$ 不匹配的 WMEs，$c_{r_2}^i$ 的新匹配 WMEs 数（作为 r_1 的触发结果）都应该增加 $x * I_{r_1}$。

算法 Algorithm_A：基于上述策略，开发了下面的算法 Algorithm_A：

(1) 把 B 设为 0，对于每个类 E_C，令 N_{E_C} 为旧 WMEs 数。

(2) 对每个规则 $r \in$ layer 1，把每 k 个条件要素初始化为 N_r^k。

(3) 确定所有的 $\overline{N_{r_j,r_i}^k}$ 和所有的 $\overline{N_E^{r_i}}$。

(4) 建立 PI 图 G_p^{PI}。令 n 为 G_p^{PI} 中的层数。

(5) 对于 $l:=1$ 到 n，

对于每个规则 $r_i \in$ layer l，

(a) $I_{r_i}:=\min(N_{r_i}^1 * N_{r_i}^2 * \cdots * N_{r_i}^k, \lceil N_{r_i}^1/d_{r_i}^1 \rceil, \lceil N_{r_i}^2/d_{r_i}^2 \rceil, \cdots, \lceil N_{r_i}^k/d_{r_i}^k \rceil)$；

(b) $B:=B+I_{r_i}$；

(c) 对每个类 E_C，令 $N_{E_C}:=N_{E_C}+I_{r_i} * \overline{N_{E_C}^{r_i}}$；

(d) 对每个规则 $r_j \in$ layer $m, m>l$，对所有的 k，令 $N_{r_j}^k:=N_{r_j}^k+\overline{N_{r_j,r_i}^k} * I_{r_i}$。

(6) 输出(B)

来计算 OPS5 程序执行期间识别-动作循环数的上界。$\overline{N_{i,j}^k}$ 表示 r_j 的一次触发产生 r_i 时，r_i 的第 k 个条件要素的新匹配 WMEs 数。

举例：接下来分析 Waltz 程序段，Waltz 是一个可实现 Waltz labeling[Winston, 1977]算法的专家系统。此系统可分析二维图的队列，并像三维对象那样对它们进行标记。被分析的程序段是一个带有 10 个 Waltz 规则的子集，Waltz 有 33 个规则来证明此算法。这些规则执行查找对象的边界和连接的任务，它们唯一的目的是证明所提出的分析算法，因此不必要理解 Waltz 算法（或程序）的语义。

假设在调用期间，工作内存由队列类的 20 个 WMEs 和以下 WME(stage duplicate)组成。按照 Algorithm_A，可建立此程序段的潜在例示图，如图 11.6 所示。

输入：一个 OPS5 程序，p。

输出：p 的激励数的上界，B。

表 11.5 和 11.6 显示了此程序段的一些特征。对于规则 r_i 的每个条件要素 $c_{r_i}^j$，r_i 一次触发而移除的 $c_{r_i}^j$ 的匹配 WMEs 数也被表示出来。同时也显示了每个类的新 WMEs 数以及（由单个规则触发而产生的规则的条件要素的）新匹配 WMEs 数。例如，表 11.5 表明，r_4 的每一次触发，会从 r_4 的第二和第三个条件要素中移除两个匹

配 WMEs。同时也表明，r_4 的每一次触发可能使类连接的 WMEs 数增加一个。

表 11.5　Waltz 程序段的程序特性 1

	Matching WMEs removed					WMEs increment			
	$d^1_{r_i}$	$d^2_{r_i}$	$d^3_{r_i}$	$d^4_{r_i}$	$d^5_{r_i}$	$\overline{N^{r_i}_{E_s}}$	$\overline{N^{r_i}_{E_l}}$	$\overline{N^{r_i}_{E_e}}$	$\overline{N^{r_i}_{E_j}}$
r_1	0	1				0	0	2	0
r_2	1					0	0	0	0
r_3	0	3	3	3		0	0	0	1
r_4	0	2	2			0	0	0	1
r_5	1					0	0	0	0
r_6	1	0	2	2		0	0	0	0
r_7	1	0	3	3	3	0	0	0	0
r_8	1	0	2	2		0	0	0	0
r_9	1	0	3	3	3	0	0	0	0
r_{10}	0	2	2			0	0	0	0

表 11.6　Waltz 程序段的程序特性 2

	由单个规则产生的新匹配 WMEs 数
r_1	$\overline{N^2_{r_3,r_1}}, \overline{N^3_{r_3,r_1}}, \overline{N^4_{r_3,r_1}}, \overline{N^2_{r_4,r_1}}, \overline{N^3_{r_4,r_1}}, \overline{N^3_{r_6,r_1}}, \overline{N^4_{r_6,r_1}}, \overline{N^3_{r_7,r_1}}, \overline{N^4_{r_7,r_1}},$ $\overline{N^5_{r_7,r_1}}, \overline{N^3_{r_8,r_1}}, \overline{N^4_{r_8,r_1}}, \overline{N^3_{r_9,r_1}}, \overline{N^4_{r_9,r_1}}, \overline{N^5_{r_9,r_1}}, \overline{N^2_{r_{10},r_1}}, \overline{N^3_{r_{10},r_1}}$:2
r_2	$\overline{N^1_{r_3,r_2}}, \overline{N^1_{r_4,r_2}}, \overline{N^1_{r_5,r_2}}$:1
r_3	$\overline{N^2_{r_7,r_3}}, \overline{N^2_{r_9,r_3}}$:1
r_4	$\overline{N^2_{r_6,r_4}}, \overline{N^2_{r_8,r_4}}$:1
r_5	$\overline{N^1_{r_6,r_5}}, \overline{N^1_{r_7,r_5}}$:1
r_6	$\overline{N^1_{r_8,r_6}}, \overline{N^1_{r_9,r_6}}$:1　　$\overline{N^2_{r_{10},r_6}}$:2
r_7	$\overline{N^1_{r_8,r_7}}, \overline{N^1_{r_9,r_7}}$:1　　$\overline{N^2_{r_{10},r_7}}$:3
r_8	$\overline{N^1_{r_{10},r_8}}$:1　　$\overline{N^2_{r_{10},r_8}}$:2
r_9	$\overline{N^1_{r_{10},r_9}}$:1　　$\overline{N^2_{r_{10},r_9}}$:3
r_{10}	

此外，另一个表被建立，用来说明对于所有规则的 N_r^k 初始值，该表在整个分析过程中会被修改。由于空间的限制，该表格就不在此展示。取而代之，把 N_r^k 的最后结果合并到表 11.7 中。从表 11.6 中可以看出，如果在调用时只有 1 个阶段类的 WME 以及 20 个连接类的 WME，则 Algorithm_A 决定了在执行期间最多有 82 个规则被此程序段触发。

匹配时间：在本节中，根据 Rete 算法在匹配阶段所产生的比较数来计算时间需求的上界[Forgy, 1982]。每一个比较都是一个基本测试操作，比如判断测试属性"↑age"的值是否大于 20，"↑sex"的值是否是 M 等。

Rete 网络：Rete Match 算法是一个把一组 LHS 和一组元素相比较以找出所有例示的算法。给定的 OPS5 程序被编译为 Rete 网络，其接收工作内存的改变（作为输入）产生对冲突集的修改（作为输出）。对工作内存改变的描述称为令牌，一个令牌包含一个标签和一个工作内存元素。令牌的标签用来表示令牌的工作内存的元素增加或者删除。当某个元素被修改时，两个令牌会被发送到网络中：一个令牌带有标签"－"，表示旧元素已从工作内存中被删除，另一个令牌带有标签"＋"，表示新元素已经被添加。

表 11.7　分析结果

	匹配 WMEs 数					触发后的 WMEs 数				触发数	
	$N_{r_i}^1$	$N_{r_i}^2$	$N_{r_i}^3$	$N_{r_i}^4$	$N_{r_i}^5$	N_{E_s}	N_{E_l}	N_{E_e}	N_{E_j}	I_{r_i}	B
Invocation						1	20	0	0		
Layer 1　r_1	1	20				1	20	40	0	20	20
Layer 2　r_2	1					1	20	40	0	1	21
Layer 3　r_3	1	40	40	40		1	20	40	14	14	
r_4	1	40	40			1	20	40	20	20	
						1	20	40	34	55	
Layer 4　r_5	1					1	20	40	34	1	56
Layer 5　r_6	1	20	40	40		1	20	40	34	1	
r_7	1	14	40	40	40	1	20	40	34	1	
						1	20	40	34	58	
Layer 6　r_8	2	20	40	40		1	20	40	34	2	
r_9	2	14	40	40	40	1	20	40	34	2	
						1	20	40	34	62	
Layer 7　r_{10}	4	55	40			1	20	40	34	20	82

Rete 算法使用树形结构网络（见图 11.7）。每个 Rete 网络有一个根节点和许多终端节点。传到网络中的令牌由根节点分配到其他节点。每个终端节点报告一些规则的 LHS 的满意度。除了根节点和终端节点，Rete 网络中还存在另外两类节点：单

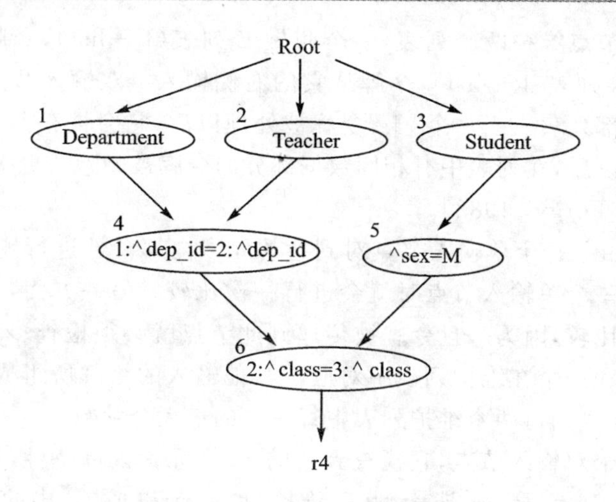

图 11.7 r_4 的 Rete 网络

输入节点和双输入节点。每个单输入节点测试到达的元素内部特性，而每个双输入节点测试元素间特性。每个内部元素特性只包含一个工作内存元素。元素间的特性条件包含多个工作内存元素。

例 11.18：考虑以下规则

```
(P r4
  (Department ↑ dep _id ⟨D⟩)
  (Teacher ↑ dep_ id ⟨D⟩ ↑ class ⟨C⟩)
  (Student ↑ sex M ↑ class ⟨C⟩)
→
…)
```

规则 r_4 被编译到 Rete 网络中，如图 11.7 所示。在图 11.7 中，网络的根(Root)节点接收被送往网络的令牌，并在它所有的继承节点中传递令牌的副本。Root 节点的继承是检查类节点，即节点 1、2 和 3。满足检查类测试的令牌被传递给 Root 节点的继承节点(测试元素的类别是 Department、Teacher 或者 Student)。检查类节点的继承节点是一个单输入节点(节点 5)和一个双输入节点(节点 4)。单输入节点测试元素内部特性(测试“↑sex”属性)并把令牌发送给其继承者。双输入节点比较不同路径的令牌，如果它们满足 LHS 的元素间的约束(测试“↑dep_ id”属性)，就将它们结合以产生更大的令牌。节点 6 是一个双输入节点，如果来自节点 4 和节点 5 的令牌满足元素间的特性(测试“↑class”属性)，就将它们结合。终端节点(节点 r_4)将接收 r_4 的 LHS 实例化的令牌。终端节点发出冲突集必须被改变的信息。实际上，Rete 算法通过在一个时刻处理一个令牌和深度优先(depth - first)的方法遍历整个网络来实现匹配。

Rete 网络必须维护状态信息，因为它必须知道从工作内存中增加或删除了什么。每个双输入节点维护两个列表，一个叫做L列表(L-list)，令牌从它的左侧输入，另一个叫做R列表(R-list)，令牌从它的右侧输入。双输入节点使用标记来决定如何修改其内部列表。当一个"+"令牌被处理以后，它会被存储进列表。当一个"-"令牌被处理以后，在列表中有相同数据部分的令牌被删除。更多关于Rete网络的细节参见文献[Forgy，1982]。

比较次数：由于每个单输入节点对到达的元素内部特性进行测试，因此每当一个令牌被传递给一个单输入节点时就会进行一次比较。另一方面，一个双输入节点可能进行很多次比较，因为一旦令牌被传递到此节点就必须检查多对令牌。每一对令牌由输入令牌和一个在维护列表中对应于其他输入的令牌所组成。因此，对于每个双输入节点，需要知道两个维护列表中每一个的最大令牌数。

假设 v 是一个双输入节点，它检查到达的 v_x 个元素内部特性，即对每对令牌进行 v_x 次比较。令 L_v 和 R_v 分别表示由 v 维护的L-list和R-list中的最大令牌数。因此，如果一个令牌进入 v 的左节点，就需要用最大数 R_v 对令牌进行检查，这就意味着当一个令牌进入 v 的左节点时，需要进行 $R_v v_x$ 次比较；如果一个令牌进入 v 的右输入节点，就需要用最大数 L_v 对令牌进行检查，意味着需要进行 $L_v v_x$ 次比较。此外，每个 v 的继承者L-list最多有 $R_v L_v$ 个令牌。

如果进入 v 的右节点的令牌是E类的，那么在执行期间可能存在 R_v 的值等于E类的最大WMEs数的情况。如果 v 的左输入节点能够从一个单输入节点接收令牌，且该单输入节点能够检查某些类(比如说E′)的令牌，则 L_v 值等于E′类在执行期间可能的最大WMEs数。如果 v 的左输入节点从一个双输入节点(比如说 v')接收令牌，则 L_v 的值等于 $R_{v'} L_{v'}$。

例11.19：假设执行期间，在工作内存中有最多50个Student类的WMEs、20个Teacher类的WMEs和5个Department类的WMEs。因此，$L_4=5$，$R_4=20$，$L_6=100$，$R_6=50$(见图11.7)。通过将一个Department类的令牌传递到Rete网络来计算最大比较数，如下所述。Department类的令牌从节点6的左输入进入，最多需要检查50个Student类的令牌，同时在节点6中还进行了一次比较(检查"↑class"属性)，即最多需要进行50×1次比较。对于节点4也是如此，那么最多要执行20×1次比较(一次比较是检查"↑dep_ id"属性)，然后这20个令牌从节点6的左侧输入。因此，一个从节点4传递到节点6的Department类的令牌的最大比较数为20+20×50=1 020。有三个检查类节点：一个传递到Rete网络中的Department类的令牌最多进行1 023次比较。同样，如果一个Teacher类和Student类的令牌被传递到此网络中，此网络将分别进行258次和104次比较。除了Student、Teacher和Department类之外的任何一个类的令牌仅会引起网络进行三次比较，这是由于令牌在三个检查类节点中会被丢弃。

基于上面的讨论，下面计算在匹配阶段产生的比较数的上界。假设 p 是一个 n 个规则的OPS5程序。对于每个规则 r，令 R_r 表示与 r 相符合的Rete子网络。对于每个α类的令牌，首先计算在匹配阶段由R_r产生的比较数的上界。令T_r^α表示此上界。当一个α类的令牌被 Rete 网络处理时，T_r^α的总和（每一个T_r^α对应于一个规则$r \in p$）是由 Rete 网络产生的比较数的上界。令T^α表示此上界。则有

$$T^\alpha = \sum_{r \in p} T_r^\alpha \tag{11.2}$$

由于在每个规则的 RHS 中的动作数是有限的，所以一个规则每次触发产生的令牌数也是有限的。然后，每一个令牌被传递到 Rete 网络并被处理。获得了所有的T^α之后，对于每个规则$r \in p$，可以通过$n_r^\alpha * T^\alpha$来计算（作为规则r的触发结果的）网络产生的比较数的上界。这里对于每个α，n_r^α表示（由于规则r的触发所导致的）从类α中增加或者删除的令牌数。例如，假设有三个 WMEs 类，E_1、E_2和E_3。

```
(P r1
  (E1 ↑ value duplicate)
  (E2 ↑ p1〈P1〉 ↑ p2〈P2〉)
→
  (make E3 ↑ p1〈P1〉 ↑ p2〈P2〉)
  (make E3 ↑ p1〈P2〉 ↑ p2〈P1〉)
  (modify 1 ↑ value detect_junctions)
  (remove 2))
```


作为r_1的触发结果，$n_{r_1}^{E_1}$为 2，$n_{r_1}^{E_2}$为 1，$n_{r_1}^{E_3}$为 2。$n_{r_1}^{E_1}$为 2 是因为当一个E_1类的元素被修改后，产生了两个令牌，一个令牌表明旧的元素表已经从 WM 中删除了，另一个令牌表示新的元素表被添加进 WM 中。$n_{r_1}^{E_2}$为 1，是因为E_2类的一个元素从 WM 中被移除，产生了一个令牌来表示这个删除。$n_{r_1}^{E_3}$为 2，是因为两个元素被添加进 WM 中，产生了两个令牌来表示此添加。令T_r表示此上界。则有

$$T_r = \sum_{\alpha} n_r^\alpha * T^\alpha \tag{11.3}$$

在这种情况下，可以通过表达式(11.3)计算$T_{r_1} = n_{r_1}^{E_1} * T^{E_1} + n_{r_2}^{E_2} * T^{E_2} + n_{r_3}^{E_3} * T^{E_3}$。令$T_p$表示 Rete 网络在执行期间产生的比较数的上界。由于通过应用算法 Algorithm_A 可以得到每个规则触发的最大数，因此可以较容易计算出T_p的值：

$$T_p = \sum_{r \in p} I_r * T_r \tag{11.4}$$

算法 Algorithm_M：当一个令牌被传递到 Rete 网络R_p并被R_p处理时，为了计算R_p在每个识别-动作循环产生的最大比较数，需要分别增加由R_p中单独节点产生的比较数。假设一个α类的令牌被传递到R_p。令牌从网络的顶端传递到底端，但是T_r^α的计算却是从 Rete 网络的底端到顶端。对每个类而言，当一些子节点有不同类型的相同属性时，函数 comparisons_of_children 就把最大比较数增加到T_r^α中。由于不同类型的相同属性的条件是排他性的，所以它在一个时刻只存在一个，比如“↑Grade_year”。例如，如果你是大一新生，那么你就不能是二年级或者其他年级的学生。算法 Algorithm_M 如下：

输入：OPS5 程序 p 的 Rete 网络 R_p。

输出：由 Rete 网络产生的比较次数的上界 T_p。

(1) 令 T_r^α 为规则 r 产生的类 α 的最大比较数。

(2) 对于传递到 R_p 中的每个 α 类的令牌，

① 对于每个规则 r,进行如下计算。

(a) 把 T_r^α 设为 0。

(b) 令 X_v 为在节点 v 的比较次数。

(c) 对于每个双输入节点 v,如果 α 从 v 的右侧输入,则 NT_v 分配给从 v 的左侧输入的令牌数;否则,NT_v 被分配给从 v 的右侧输入的令牌数。

(d) 令 comparisons_of_children(v)为计算节点 v 的子节点($v_1,\cdots,v_k$)的比较数的函数,C_v 为在节点 v 的最大比较数,令 D_j 为 $v_1,\cdots,v_k$ 中每个不同的检查属性的比较数,其中 $1\leqslant j\leqslant k$,且 $D_j=\max(C_{v_a},C_{v_{a+1}},\cdots,C_{v_{a+l}})$。$v_a,\cdots,v_{a+l}$的属性检查也一样。

comparisons_of_children(v)= $\sum_j D_j$。

(e) 对每个节点 v,对 R_p 进行从底部到顶部的详细研究(traverse)。

- 若 v 是一个双输入节点且无子节点,则计算 $C_v=X_v * NT_v$。
- 若 v 是一个双输入节点且有子节点 $v_1,\cdots,v_k$,则计算 C_v=(X_v+ comparisons_of_children(v) * NT_v)。
- 若 v 是一个单输入节点且有子节点 $v_1,\cdots,v_k$,则计算 C_v= comparisons_of_children(v)+X_v。
- 若 v 是一个类检查节点且有子节点 $v_1,\cdots,v_k$,令 X 为类检查节点的个数,计算 $T_r^\alpha=T_r^\alpha$+ comparisons_of_children(v)+X。

② 计算 $T^\alpha = \sum_{r\in p} T_r^\alpha$。

(3) 对于每个规则 $r\in p$,计算 $T_r = \sum_\alpha n_r^\alpha * T^\alpha$。

(4) 输出($T_p = \sum_{r\in p} T_r * T_r$)。

Waltz 的分析：接下来把算法 Algorithm_M 应用到前面提到的 Waltz 程序段中。对应的 Rete 网络如图 11.8 所示。注意,表 11.7 显示了单独规则的条件要素的最大匹配 WMEs 数。每一个数字对应于进入单输入节点序列的最大令牌数。因此这些数字可以用于确定双输入节点的 L－list 和 R－list 的大小。对于否定条件要素,使用单独类的最大 WMEs 数。

应用这些值,步骤(1)决定了由每个节点维护的列表中的最大令牌数,如表 11.8 所列。对于每个令牌类,步骤(2)计算此类中一个令牌被传递到 Rete 网络后产生的最大比较数。可得 $T^{E_S}=19\ 757\ 929$,$T^{E_l}=4$,$T^{E_e}=1\ 416\ 364$,以及 $T^{E_j}=2\ 822\ 566$。步骤(3)决定了由单独规则的触发而产生的令牌数。然后计算(单独规则触发的)

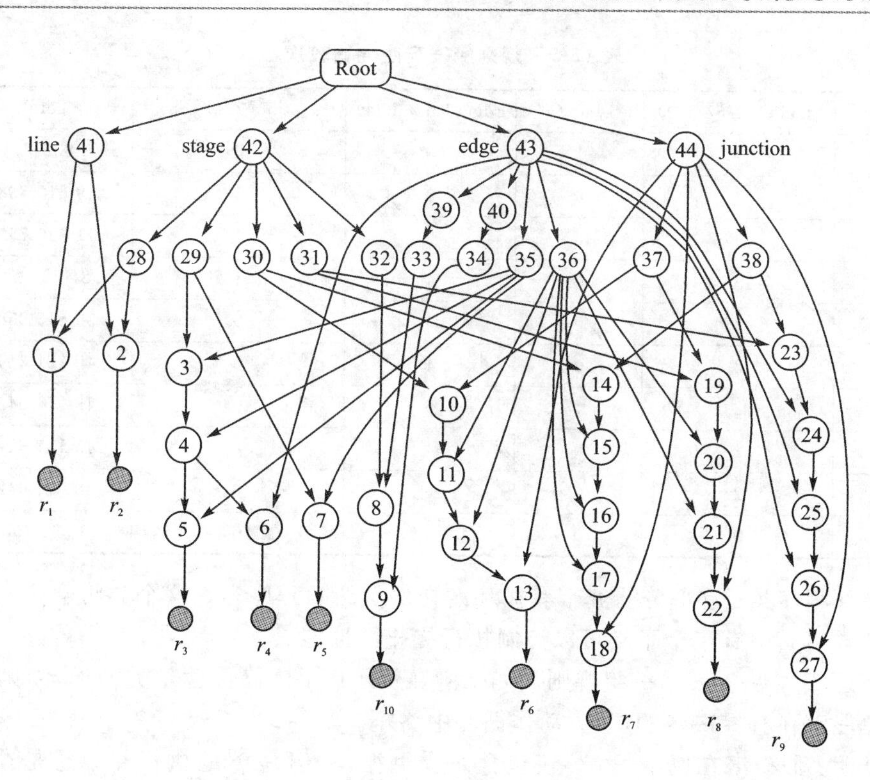

图 11.8　Waltz 程序段的 Rete 网络

Rete 网络产生的最大比较数，如表 11.9 所列。与执行期间规则的最大触发数一起（如表 11.7 所列），步骤(4)决定了在执行期间 Rete 网络最多产生大约 293 000 000 次比较。

表 11.8　Waltz 程序段节点维护的令牌数

节　点	1	2	3	4	5	6	7	8	9	10	11	12	13	14	15
最大比较数	0	0	0	2	3	3	0	0	2	0	2	2	1	0	2
L-list	20	20	1	40	1 600	1 600	1	1	55	1	20	800	32 000	1	14
R-list	1	1	40	40	40	40	40	55	40	20	40	40	20	14	40

节　点	16	17	18	19	20	21	22	23	24	25	26	27
最大比较数	2	2	1	0	2	2	1	0	2	2	2	1
L-list	40	40	896 000	2	40	40	64 000	2	40	40	40	1 792 000
R-list	560	22 400	20	20	40	1 600	20	14	28	1 120	44 800	20

表 11.9 规则触发产生的比较次数

	Stage(19 757 929)	Line(4)	Edge(1 416 364)	Junction(2 822 566)	Total
r_1	0	1	2	0	2 832 732
r_2	2	0	0	0	39 515 858
r_3	0	0	6	1	11 320 750
r_4	0	0	4	1	8 488 022
r_5	2	0	0	0	39 515 858
r_6	2	0	4	0	45 181 314
r_7	2	0	6	0	48 014 042
r_8	2	0	4	0	45 181 341
r_9	2	0	6	0	48 014 042
r_{10}	0	0	4	0	5 665 456

循环程序类：这部分研究带有循环潜在例示图的程序类。这个类将会进一步划分为子类。其中有三个子类可以控制执行终止的性能。

定理 3 令 p 表示一组规则。如果潜在例示图 G_p^{PI} 仅包含 n 类型循环，则 p 的执行总能够在有界次数的识别-动作循环中终止。

证明：假设潜在例示图 G_p^{PI} 仅包含 n 类型循环，但是 p 的执行并不总是在有界次循环中终止。根据推论1，可以在 G_p^{PI} 中找到一个循环 C。令 $C=\langle r_1,\cdots,r_k,r_{k+1}\rangle$，且 $r_1=r_{k+1}$。r_i 潜在实例化 r_{i+1}，其中 $i=1,\cdots,k$。由于 C 中所有规则的触发是无限次的，r_i 将产生新的 r_{i+1} 的匹配 WMEs，也将导致 r_{i+1} 的新的实例化。因此在 G_p^{PI} 中的每一条边都不是 n 类型边，所以 C 就不是一个 n 类型循环，和假设条件 G_p^{PI} 只包含 n 类型循环矛盾。

因此，可以推断出如果潜在例示图 G_p^{PI} 仅包含 n 类型循环，则 p 的执行总能够在有界次数的循环中终止。

定理 4 令 p 表示一组规则。p 的执行总能在有界次的识别-动作循环中终止的条件是，对于每个循环 $C\in G_p^{PI}$，满足：(1) C 是一个 p 类型循环；(2)包含一对规则 r_1 和 r_2，使得 r_1 不能实例化 r_2。

证明：假设 G_p^{PI} 满足条件(1)和(2)，但是 p 的执行不是总能在有界次循环中终止。根据推论1，可以找到一个 G_p^{PI} 中的循环 C。令 $C=\langle r_1,\cdots,r_k,r_{k+1}\rangle$，且 $r_1=r_{k+1}$。r_i 潜在实例化 r_{i+1}，其中 $i=1,\cdots,k$。根据条件(1)，G_p^{PI} 中的每一条边都是 p 类型边。

根据条件2，包含一个规则(称为 r_i)不可实例化其他规则(称为 r_j)，且 r_j 也包含在 C 中。因此，每次 r_i 被触发，它将产生一个新的和 r_j 的一个否定条件要素相匹配的 WME(称为 w)。

由于 C 是 p 类型循环，根据条件(1)，在 C 中 r_j 之前的规则不会移除 w。必然存

在一个规则 g_1 潜在实例化 r_j，并且常常被无限触发以使 g_1 的触发移除这些 w，如图11.9(a)或(b)中所示。这意味着 G_p^{PI} 包含的边 $\langle g_1, r_j \rangle$ 不是 p 类型边。此外，在 G_p^{PI} 中必存在一个路径 $\langle g_1, \cdots, r_j \rangle$ 具有以下特性，即在路径中的每个规则潜在实例化它的直接继承者。在 G_p^{PI} 中将会找到一个非 p 类型循环和条件(1)相矛盾，如图11.9所示。因此，可以推断 p 的执行总是在有界次的识别-动作周期循环中终止的条件是，对于每个循环 $C \in G_p^{PI}$，C 是一个 p 类型循环且包含一对规则 r_1 和 r_2，以致 r_1 不可实例化 r_2。

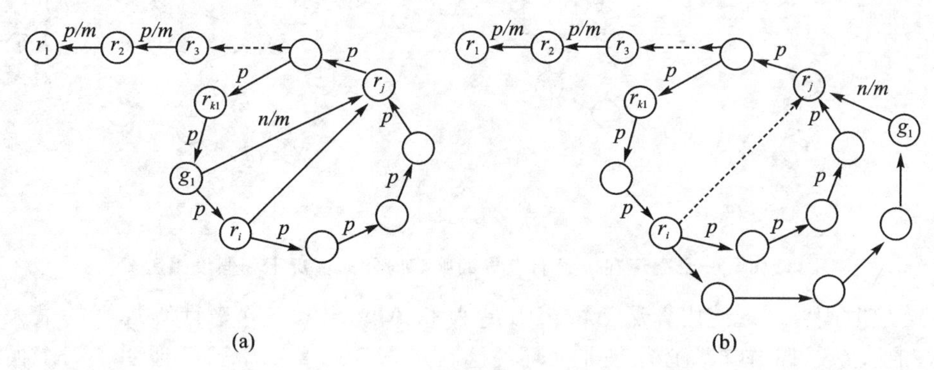

图11.9　r_i 不可实例化 r_j

定理5　令 p 表示一组规则。p 的执行总是在有界次的识别-动作循环中终止的条件为：对于每个循环 $C \in G_p^{PI}$，C 包含一对规则 r_1 和 r_2，满足：(1) r_i 的触发移除一个和 r_j 的非否定条件要素匹配的 WME；(2) C 中没有规则能够产生 r_j 的新 WME。

证明：假设每个循环 $C \in G_p^{PI}$ 包含一对满足条件(1)和(2)的规则 r_i 和 r_j，但 p 的执行不能总是在有界次循环中终止。根据推论1，可以在 G_p^{PI} 中找到一个循环 C。令 $C = \langle r_1, \cdots, r_k, r_{k+1} \rangle$ 且 $r_1 = r_{k+1}$。r_i 潜在实例化 r_{i+1}，其中 $i = 1, \cdots, k$。

C 包含一个规则 r_i，此规则移除与规则 $r_j \in C$ 中的非否定条件要素 e_{rj} 相匹配的 WME。此外，在 C 中没有规则能产生和 e_{rj} 匹配的 WME。每一次 r_i 被触发，一个和 e_{rj} 匹配的 WME 就会被移除。如果单独考虑 C，最后将没有 WME 和 e_{rj} 匹配，且 r_j 会停止触发。

由于通常 r_i 是无限触发的，所以必须有一些规则 g_1 的触发能产生和 e_{rj} 匹配的新 WME。由于在 C 中没有规则能产生和 e_{rj} 匹配的 WME，g_1 未包含在 C 中。因此可以找到 $\langle g_1, r_j \rangle$ 在另一个循环 C_1 或者路径 $\langle h_a, h_{a-1}, \cdots, g_1, r_j \rangle$ 的一个路径中，同时 $\langle h_a, h_{a-1} \rangle$ 在一些循环 C_2 中(分别如图11.10(a)和(b)所示)。然后把相同的论证运用到找到的规则与循环中，如同 r_i 和 g_1 一样。最后，由于在 p 中只存在有限数的规则，因此将遇到一个在前面提到的两种情况下的规则，而循环产生无限次数的 WMEs 和这个规则相匹配，因此和假设相违背。

因此，可以推断出的 p 执行总是在有界次数的识别动作周期中终止的条件为：对于每个循环 $C\in G_p^{\mathrm{PI}}$，C 包含一对规则 r_i 和 r_j，满足 r_i 的触发能够移除和 r_j 的一个非否定条件要素相匹配的 WME 且在 C 中没有规则能够产生 r_j 的新匹配 WME。

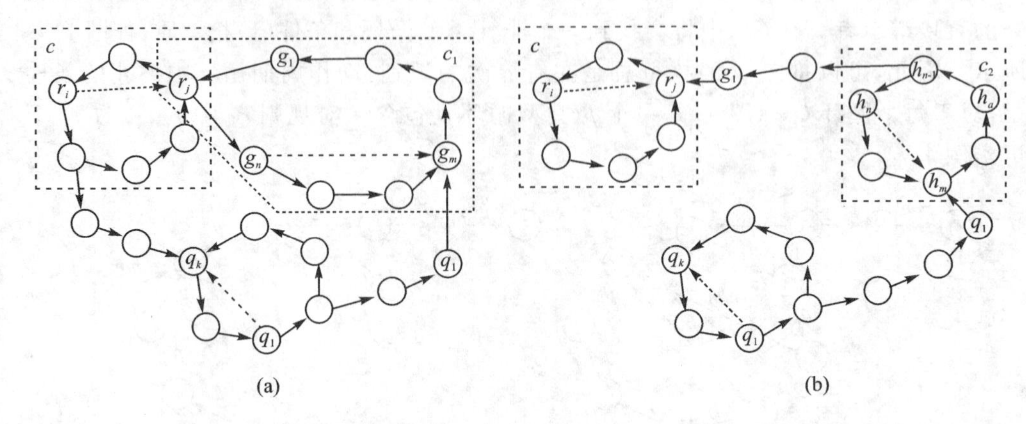

图 11.10　一个循环在 p 没有有界的响应时间的情况下和假设相违背

响应时间：为了使用算法 Algorithm_A 和 Algorithm_M 来计算规则的最大触发数和比较数，PI 图 G_p^{PI} 必须是非循环的。在定理 3、4 和 5 中已经证明了三个循环程序的子类可以实现执行终止。假设 PI 图 G_p^{PI} 仅包含 n 类型循环。令 $\langle r_1,r_2\rangle\in G_p^{\mathrm{PI}}$ 表示一个 n 类型边。根据定义 7，r_1 的 RHS 不包含产生和 r_2 的非否定条件要素相匹配的 WME 的动作，r_2 的新 WMEs 不能通过 r_1 的触发得到。因此，边 $\langle r_1,r_2\rangle$ 应该从 G_p^{PI} 中被移除。由于 G_p^{PI} 中的每一个循环都是 n 类型循环，故在每个循环中至少有一个 n 类型边。这也就意味着在 G_p^{PI} 的每个循环中至少有一个边被移除，G_p^{PI} 中所有的循环因此被打破，从而导致 PI 图变为非循环的。定理 4 总结了，G_p^{PI} 仅包含 p 类型循环，对于每个循环 $C\in G_p^{\mathrm{PI}}$，C 包含一对规则 r_i 和 r_j，以致 r_i 不可实例化 r_j。这意味着每次 r_i 被触发，r_j 的触发将产生一个和 r_j 的否定条件要素匹配的 WME。然后在每个循环中可以移除一条边，因此所有的循环就被打破了。在定理 5 中，推断出 p 的执行在有界次识别-动作循环中终止的条件是，对于每个 $C\in G_p^{\mathrm{PI}}$，C 包含一对规则 r_i 和 r_j，以致 r_i 触发移除和 r_j 的一个非否定条件要素相匹配的 WME，且在 C 中没有规则能够产生 r_j 的新匹配 WME。因此，可以将算法 Algorithm_A 和 Algorithm_M 应用到满足上述条件的程序中。

11.3.4　符号列表

下面对使用的符号进行总结：

- G_p^{PI}：OPS5 程序 p 的一个潜在例示图。
- N_r^i：c_r^i 的匹配 WMEs 个数。
- d_r^i：由于规则 r 的触发而从工作内存中移除的 c_r^i 的匹配 WMEs 个数。
- c_r^i：规则 r 的第 i 个条件要素。

- I_r：规则 r 的最大触发数。
- B：OPS5 程序触发的最大规则数。
- $\overline{N_E^{r_i}}$：规则 r_i 产生的 WMEs 数。
- $\overline{N_{i,j}^k}$：规则 r_j 的一次触发产生的规则 r_i 的第 k 个条件要素的新匹配 WMEs 数。
- N_{E_c}：每个工作内存元素的个数。
- R_v、L_v：在节点 v 的 R 列表和 L 列表中的最大令牌数。
- v_x：在节点 v 执行的比较次数。
- T_r^α：当一个 α 类的令牌被 Rete 网络处理时，规则 r 执行的类 α 的最大比较数。
- T^α：当一个 α 类的令牌被整个网络处理时，Rete 网络在一个识别-动作周期产生的最大比较次数。
- n_r^α：由规则 r 的触发而增加或者删除的 α 类的令牌数。
- T_r：由规则 r 的触发而使得 Rete 网络产生的最大比较数。
- T_p：在执行期间 Rete 网络产生的最大比较数。
- R_p：Rete 网络。

11.3.5 实验结果

表 11.10 中给出了在 OPS5 程序 Callin、Manners 和 Waltz 中的实验结果。在支持 DEC OPS5 Version 4.0 的 DEC 5000/240 工作站上运行这三个 OPS5 程序，同时也用这些程序来运行分析工具。Callin 用于计算$\lfloor \log_2 N \rfloor$，Waltz 是一个基准标记算法，Manners 是一个基准程序，它给桌子周围的人分配席位。表 11.10 表明 Callin 使用 DEC 产生的实际规则触发数比分析工具提供的数量多，因为在 Callin 程序中有一个规则触发循环。对一个循环的 OPS5 程序使用该分析工具是不恰当的，因为它的结果可能不正确。对于 Manners 程序，则调用三个 Guest 类的 WME，一个 Seating 类的 WME、一个 Context 类的 WME 和一个 Count 类的 WME。从 DEC 中观察到的实际规则触发数为 7，分析工具给出的规则触发数是 9。对于 Waltz 程序，每个初始化 WME 由一个 Stage 类的 WME 和 20 个 Line 类的 WME 组成。程序的实际规则触发数为 47，分析工具给出的触发数为 82。Manners 和 Waltz 实验结果表明了算法 algorithm_A 的上界预测的紧密性。DEC 没有提供获得比较数的函数，所以通过手动模拟比较在 DEC 中的运行来获得比较次数。在 Manners 程序中，实际比较数量是 315，分析工具给出的是 365。当使用每个类的实际初始化 WMEs 数来运行此程序时，两种情况下的结果十分相近。在 Waltz 程序中，实际比较数为 273 367，工具给出的是 293 000 000。这是因为假设了每个类的最大可能初始化 WMEs 数。虽然这两个结果之间的差距相当大，考虑到分析工具使用了运行时间前(pre-run-time)静态分析，因此这个结果作为比较数的上界是可接受的。

表 11.10　使用算法 Algorithm_A 和 Algorithm_M 的实验结果

	DEC		分析工具	
	规则触发数	比较数	规则触发数	比较数
Callin	7	44	2	14
Manners	7	315	9	365
Waltz	47	273 367	82	293 million

11.3.6　程序员辅助移除循环

目前已经使用了一个分析工具来预测带有非循环潜在例示图 OPS5 程序的规则触发数的上界。然而，实际的 OPS5 程序常常包含潜在例示循环。一些种类的循环不会改变程序的终止性能，而另一些则会改变程序的终止性能，在这种情况下，工具只能自动删除某一个类型的循环。

带有周期潜在规则触发模式程序的响应时间通常依赖于运行时的数据值，而此值是不可预知的。例如，考虑下列规则：


```
(p make_new_data2
  (upperlimit ↑ value⟨n⟩)
  (data1 ↑ xvalue{⟨x1⟩⟨n⟩})
→
  (modify 2 ↑ xvalue (compute ⟨x⟩ + 1))
  (make data2 ↑ yvalue⟨x1⟩))
```

属性“↑ value”的值只有在运行时才知道。虽然知道此规则会终止，但是却无法事先知道此规则会被触发多少次。

为预测带周期潜在规则触发模式程序的响应时间的上界，去开发一个算法的做法是不现实的，这种情况下能做的最多的，是确定一些带周期潜在规则触发模式的程序的终止特性。

一个给定程序的终止性能取决于其所有的潜在规则触发循环能否都终止，因此，有必要检查每个循环是否总能终止。由于缺少运行时的信息，而运行时的信息对于决定条件要素的可满足性是至关重要的，因此必须采用一个保守的静态分析方法来确定一个数值(内容)无法预知的工作内存要素能否满足一个条件要素。作为静态分析的结果而产生的潜在例示图通常包含大量不存在的边，也就是说，在潜在例示图中找到的许多循环其实是不存在的。在程序员的帮助下，能够检测到大量不存在的边(循环)，且能将其从潜在例示图中删除。

通常情况下会用一个特殊用途的工作内存元素来控制程序执行的进度。一个 OPS5 生成系统包含一个如下形式的工作内存元素(stage ↑ value)，其中属性“↑ value”可能包含的值有 stage1、stage2…stage n。与此同时，程序中的每个规则包含一个和这个特殊工作内存要素相匹配的条件要素。规则在不同的调用阶段需要不同的上述工作内存要素的属性“↑value”的值。

分析工具不知道上面的特殊工作内存要素能否用于控制执行流，但是上述这个功能可消除大量的潜在循环。分析工具不能假设某个工作内存要素以及某个规则的条件要素能否提供特殊的功能而被区别对待，因此在这个分析工具中，所有的工作内存要素以及所有的条件要素必须被平等对待。另一方面，程序员能够很容易地认识到这个特殊工作内存要素是被用于控制执行的进程，决定潜在规则触发循环实际上是不可能存在的。

例如，当整个 Waltz 程序被工具分析时，所发现的许多规则触发的潜在循环是不存在的，如下所述。这个程序使用前面提到的特殊工作内存要素来控制程序的执行流。规则从编号 0 到 32。图 11.11 显示了潜在例示图的矩阵表示，其中 p 代表存在一个 p 类型边，n 表示存在一个 n 类型边，“—”表示不存在任何边。检测到一个 p 类

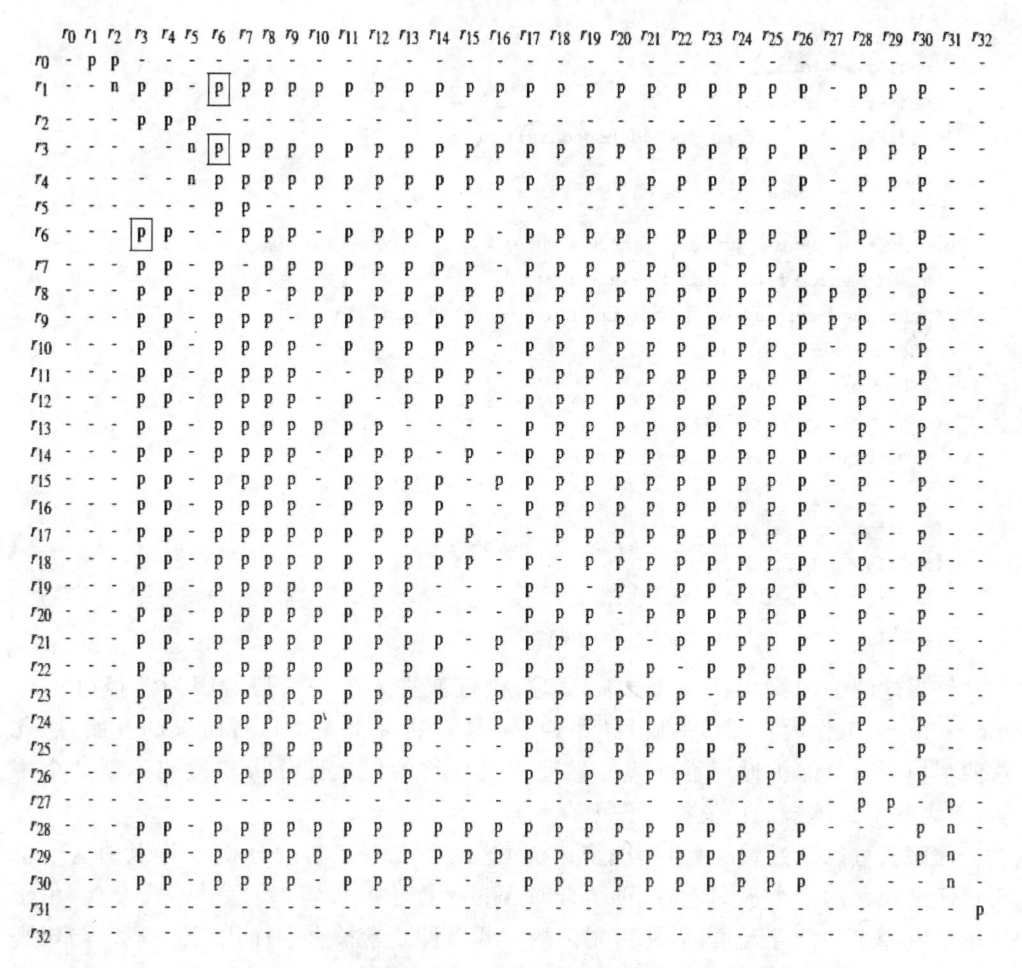

	r_0	r_1	r_2	r_3	r_4	r_5	r_6	r_7	r_8	r_9	r_{10}	r_{11}	r_{12}	r_{13}	r_{14}	r_{15}	r_{16}	r_{17}	r_{18}	r_{19}	r_{20}	r_{21}	r_{22}	r_{23}	r_{24}	r_{25}	r_{26}	r_{27}	r_{28}	r_{29}	r_{30}	r_{31}	r_{32}
r_0	-	p	p	-	-	-	-	-	-	-	-	-	-	-	-	-	-	-	-	-	-	-	-	-	-	-	-	-	-	-	-	-	-
r_1	-	-	n	p	p	-	p	p	p	p	p	p	p	p	p	p	p	p	p	p	p	p	p	p	p	p	p	-	p	p	p	-	-
r_2	-	-	-	p	p	p	-	-	-	-	-	-	-	-	-	-	-	-	-	-	-	-	-	-	-	-	-	-	-	-	-	-	-
r_3	-	-	-	-	-	n	p	p	p	p	p	p	p	p	p	p	p	p	p	p	p	p	p	p	p	p	p	-	p	p	p	-	-
r_4	-	-	-	-	-	n	p	p	p	p	p	p	p	p	p	p	p	p	p	p	p	p	p	p	p	p	p	-	p	p	p	-	-
r_5	-	-	-	-	-	-	p	p	-	-	-	-	-	-	-	-	-	-	-	-	-	-	-	-	-	-	-	-	-	-	-	-	-
r_6	-	-	-	p	p	-	-	p	p	p	-	p	p	p	p	p	-	p	p	p	p	p	p	p	p	p	p	-	p	-	p	-	-
r_7	-	-	-	p	p	-	p	-	p	p	p	p	p	p	p	p	-	p	p	p	p	p	p	p	p	p	p	-	p	-	p	-	-
r_8	-	-	-	p	p	-	p	p	-	p	p	p	p	p	p	p	p	p	p	p	p	p	p	p	p	p	p	p	p	-	p	-	-
r_9	-	-	-	p	p	-	p	p	p	-	p	p	p	p	p	p	p	p	p	p	p	p	p	p	p	p	p	p	p	-	p	-	-
r_{10}	-	-	-	p	p	-	p	p	p	p	-	p	p	p	p	p	-	p	p	p	p	p	p	p	p	p	p	-	p	-	p	-	-
r_{11}	-	-	-	p	p	-	p	p	p	p	-	-	p	p	p	p	-	p	p	p	p	p	p	p	p	p	p	-	p	-	p	-	-
r_{12}	-	-	-	p	p	-	p	p	p	p	-	p	-	p	p	p	-	p	p	p	p	p	p	p	p	p	p	-	p	-	p	-	-
r_{13}	-	-	-	p	p	-	p	p	p	p	p	p	p	-	-	-	-	p	p	p	p	p	p	p	p	p	p	-	p	-	p	-	-
r_{14}	-	-	-	p	p	-	p	p	p	p	-	p	p	p	-	p	-	p	p	p	p	p	p	p	p	p	p	-	p	-	p	-	-
r_{15}	-	-	-	p	p	-	p	p	p	p	-	p	p	p	p	-	p	p	p	p	p	p	p	p	p	p	p	-	p	-	p	-	-
r_{16}	-	-	-	p	p	-	p	p	p	p	-	p	p	p	p	-	-	p	p	p	p	p	p	p	p	p	p	-	p	-	p	-	-
r_{17}	-	-	-	p	p	-	p	p	p	p	p	p	p	p	p	p	-	-	p	p	p	p	p	p	p	p	p	-	p	-	p	-	-
r_{18}	-	-	-	p	p	-	p	p	p	p	p	p	p	p	p	p	-	p	-	p	p	p	p	p	p	p	p	-	p	-	p	-	-
r_{19}	-	-	-	p	p	-	p	p	p	p	p	p	p	p	-	-	-	p	p	-	p	p	p	p	p	p	p	-	p	-	p	-	-
r_{20}	-	-	-	p	p	-	p	p	p	p	p	p	p	p	-	-	-	p	p	p	-	p	p	p	p	p	p	-	p	-	p	-	-
r_{21}	-	-	-	p	p	-	p	p	p	p	p	p	p	p	p	-	p	p	p	p	p	-	p	p	p	p	p	-	p	-	p	-	-
r_{22}	-	-	-	p	p	-	p	p	p	p	p	p	p	p	p	-	p	p	p	p	p	p	-	p	p	p	p	-	p	-	p	-	-
r_{23}	-	-	-	p	p	-	p	p	p	p	p	p	p	p	p	-	p	p	p	p	p	p	p	-	p	p	p	-	p	-	p	-	-
r_{24}	-	-	-	p	p	-	p	p	p	p	p	p	p	p	p	-	p	p	p	p	p	p	p	p	-	p	p	-	p	-	p	-	-
r_{25}	-	-	-	p	p	-	p	p	p	p	p	p	p	p	-	-	-	p	p	p	p	p	p	p	p	-	p	-	p	-	p	-	-
r_{26}	-	-	-	p	p	-	p	p	p	p	p	p	p	p	-	-	-	p	p	p	p	p	p	p	p	p	-	-	p	-	p	-	-
r_{27}	-	-	-	-	-	-	-	-	-	-	-	-	-	-	-	-	-	-	-	-	-	-	-	-	-	-	-	-	p	p	-	p	-
r_{28}	-	-	-	p	p	-	p	p	p	p	p	p	p	p	p	p	p	p	p	p	p	p	p	p	p	p	p	-	-	-	p	n	-
r_{29}	-	-	-	p	p	-	p	p	p	p	p	p	p	p	p	p	p	p	p	p	p	p	p	p	p	p	p	-	-	-	p	n	-
r_{30}	-	-	-	p	p	-	p	p	p	p	-	p	p	p	-	-	-	p	p	p	p	p	p	p	p	p	p	-	-	-	-	n	-
r_{31}	-	-	-	-	-	-	-	-	-	-	-	-	-	-	-	-	-	-	-	-	-	-	-	-	-	-	-	-	-	-	-	-	p
r_{32}	-	-	-	-	-	-	-	-	-	-	-	-	-	-	-	-	-	-	-	-	-	-	-	-	-	-	-	-	-	-	-	-	-

图 11.11 Waltz 的旧 PI 图

型循环为⟨r_1,r_6⟩、⟨r_6,r_3⟩和⟨r_3,r_6⟩(如图 11.11 所示),这种类型的循环不能被分析工具移除,但程序员可以决定是否移除这些边。

从图中可以清楚的看到,在执行期间有许多潜在规则触发循环发生。这些潜在循环中,有许多都可以被程序员移除。分析工具可以发现所有这些循环并且对每一个检测到的潜在循环给程序员一个提示信息,然后程序员检查每个潜在循环并确定是否存在一个特殊用途的工作内存要素可以打破循环。

例如,图 11.11 中显示有一个潜在循环只包含规则 6 和规则 7,这两个规则分别为

```
(p initial_boundary_junction_L ; rule #6
  (stage ↑ value find_initial_boundary)
  (junction ↑ type L ↑ base_point ⟨base_point⟩ ↑ p1 ⟨p1⟩ ↑ p2 ⟨p2⟩)
  (edge ↑ p1⟨base_point⟩ ↑ p2⟨p⟩)
  (edge ↑ p1⟨base_point⟩ ↑ p2⟨p2⟩)
  -(junction ↑ base_point > ⟨base_point⟩)
→
  (modify 3 ↑ label B)
  (modify 4 ↑ label B)
  (modify 1 ↑ value find_second_boundary))
```


以及

```
(p initial boundary_junction_arrow ; rule #7
  (stage ↑ value find_initial_boundary)
  (junction ↑ type arrow ↑ base_point bp ↑ p1p1 ↑ p2p2 ↑ p3p3)
  (edge ↑ p1⟨bp⟩ ↑ p2⟨p1⟩)
  (edge ↑ p1⟨bp⟩ ↑ p2⟨p2⟩)
  (edge ↑ p1⟨bp⟩ ↑ p2⟨p3⟩)
  -(junction ↑ base_point > ⟨bp⟩)
→
  (modify 3 ↑ label B)
  (modify 4 ↑ label P)
  (modify 5 ↑ label B)
  (modify 1 ↑ value find_second_boundary))
```

每当这两个规则中任一个被触发时,执行就进入下一阶段。因为流控(flow-controlling)工作内存元素的属性"↑ value"被设置为下一个执行阶段的开始,因此这两个规则不可能被循环性触发。然而工具执行的依赖性分析却检测不到这个事实,因为此工具不能假设流控工作内存元素的存在。

程序员可以通过重写(但不改变语义)这两个规则来帮助分析工具识别这个事实。仔细观察这两个规则之后,再结合对 Waltz 算法的理解,程序员不难发现:由于使用了流控工作内存元素,而使得规则的一些条件要素被合理简化了。例如,与规则 6 的第三个条件要素相匹配的工作内存元素,其实际形式为

(edge ↑p1⟨base_point⟩ ↑p2⟨p1⟩ ↑label nil ↑plotted nil)

由于使用了流控工作内存元素，因此所考虑的条件要素不会明确地为最后两个属性指定所需值。任何工作内存元素类(其边的“↑label”值为B或者P)将不会被用于产生规则6的例示，因为在工作内存元素的属性“↑label”被设置为B或者P之后，规则6或者规则7的任一触发都会使程序的执行进入下一阶段。因此，对规则6和规则7进行如下重写：

```
(p initial boundary_junction_L ;rule 6
  (stage ↑value find_initial_boundary)
  (junction ↑type L ↑base_point ⟨base_point⟩ ↑p1⟨p1⟩ ↑p2⟨p2⟩)
  (edge ↑p1⟨base_point⟩ ↑p2⟨p1⟩ ↑label nil ↑ plotted nil)
  (edge ↑p1⟨base_point⟩ ↑p2⟨p2⟩ HERE ↑label nil ↑plotted nil)
  -(junction ↑base_point > ⟨base_point⟩)
→
  (modify 3 ↑label B)
  (modify 4 ↑label B)
  (modify 1 ↑value find_second_boundary))
```

以及

```
(p initial boundary_junction_arrow ; rule #7
  (stage ↑value find_initial_boundary)
  (junction ↑type arrow ↑base_point ⟨bp⟩ ↑p1 ⟨p1⟩ ↑p2 ⟨p2⟩ ↑p3 ⟨p3⟩)
  (edge ↑p1 ⟨b⟩ ↑p2 ⟨p1⟩ ↑label nil ↑plotted nil)
  (edge ↑p1 ⟨bp⟩ ↑p2 ⟨p2⟩ ↑label nil ↑plotted nil)
  (edge ↑p1 ⟨bp⟩ ↑p2 ⟨p3⟩ ↑label nil ↑plotted nil)
  -(junction ↑base point > ⟨bp⟩)
→
  (modify 3 ↑label B)
  (modify 4 ↑label P)
  (modify 5 ↑label B)
  (modify 1 ↑value find_second_boundary))
```

在可能的情况下检查每个循环，并通过明确指定每个条件要素属性的所需值来重写规则。图11.12显示了当程序结果被分析之后所获得的新潜在例示图。图中还是有很多循环需要更复杂的方法来分析，但是循环的数量和旧PI图(见图11.11)中相比已经显著减少了。

程序员可以通过对程序流语义的理解进一步提供帮助，也可以确定一些循环的终止。例如，一个消耗某一类工作内存要素的循环最终会终止的条件是，在执行期间存在有限数量的此类工作内存要素。

例11.20：下面是分析工具对Manners基准程序分析的输出结果，该基准程序的功能是为桌子周围的人分配座位。注意，因为程序员理解了程序流的语义，因此能移除

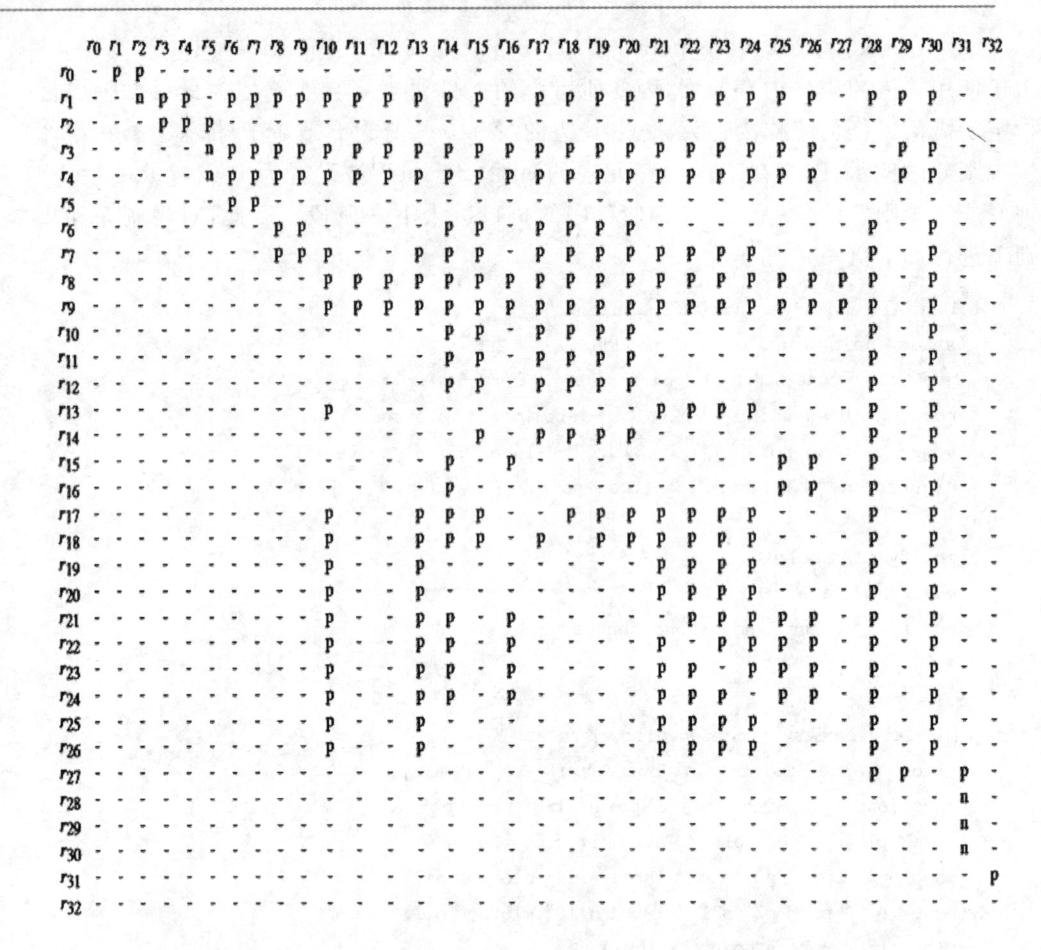

	r0	r1	r2	r3	r4	r5	r6	r7	r8	r9	r10	r11	r12	r13	r14	r15	r16	r17	r18	r19	r20	r21	r22	r23	r24	r25	r26	r27	r28	r29	r30	r31	r32
r0	-	p	p	-	-	-	-	-	-	-	-	-	-	-	-	-	-	-	-	-	-	-	-	-	-	-	-	-	-	-	-	-	-
r1	-	-	n	p	p	-	p	p	p	p	p	p	p	p	p	p	p	p	p	p	p	p	p	p	p	p	p	-	p	p	p	-	-
r2	-	-	-	p	p	p	-	-	-	-	-	-	-	-	-	-	-	-	-	-	-	-	-	-	-	-	-	-	-	-	-	-	-
r3	-	-	-	-	-	n	p	p	p	p	p	p	p	p	p	p	p	p	p	p	p	p	p	p	p	p	p	-	-	p	p	-	-
r4	-	-	-	-	-	n	p	p	p	p	p	p	p	p	p	p	p	p	p	p	p	p	p	p	p	p	p	-	-	p	p	-	-
r5	-	-	-	-	-	-	p	p	-	-	-	-	-	-	-	-	-	-	-	-	-	-	-	-	-	-	-	-	-	-	-	-	-
r6	-	-	-	-	-	-	-	-	p	p	-	-	-	-	p	p	-	p	p	p	p	-	-	-	-	-	-	-	p	-	p	-	-
r7	-	-	-	-	-	-	-	-	p	p	p	-	-	p	p	p	-	p	p	p	p	p	p	p	p	-	-	-	p	-	p	-	-
r8	-	-	-	-	-	-	-	-	-	-	p	p	p	p	p	p	p	p	p	p	p	p	p	p	p	p	p	p	p	-	p	-	-
r9	-	-	-	-	-	-	-	-	-	-	p	p	p	p	p	p	p	p	p	p	p	p	p	p	p	p	p	p	p	-	p	-	-
r10	-	-	-	-	-	-	-	-	-	-	-	-	-	-	p	p	-	p	p	p	p	-	-	-	-	-	-	-	p	-	p	-	-
r11	-	-	-	-	-	-	-	-	-	-	-	-	-	-	p	p	-	p	p	p	p	-	-	-	-	-	-	-	p	-	p	-	-
r12	-	-	-	-	-	-	-	-	-	-	-	-	-	-	p	p	-	p	p	p	p	-	-	-	-	-	-	-	p	-	p	-	-
r13	-	-	-	-	-	-	-	-	-	-	p	-	-	-	-	-	-	-	-	-	-	p	p	p	p	-	-	-	p	-	p	-	-
r14	-	-	-	-	-	-	-	-	-	-	-	-	-	-	-	p	-	p	p	p	p	-	-	-	-	-	-	-	p	-	p	-	-
r15	-	-	-	-	-	-	-	-	-	-	-	-	-	-	p	-	p	-	-	-	-	-	-	-	-	p	p	-	p	-	p	-	-
r16	-	-	-	-	-	-	-	-	-	-	-	-	-	-	p	-	-	-	-	-	-	-	-	-	-	p	p	-	p	-	p	-	-
r17	-	-	-	-	-	-	-	-	-	-	p	-	-	p	p	p	-	-	p	p	p	p	p	p	p	-	-	-	p	-	p	-	-
r18	-	-	-	-	-	-	-	-	-	-	p	-	-	p	p	p	-	p	-	p	p	p	p	p	p	-	-	-	p	-	p	-	-
r19	-	-	-	-	-	-	-	-	-	-	p	-	-	p	-	-	-	-	-	-	-	p	p	p	p	-	-	-	p	-	p	-	-
r20	-	-	-	-	-	-	-	-	-	-	p	-	-	p	-	-	-	-	-	-	-	p	p	p	p	-	-	-	p	-	p	-	-
r21	-	-	-	-	-	-	-	-	-	-	p	-	-	p	p	-	p	-	-	-	-	-	p	p	p	p	p	-	p	-	p	-	-
r22	-	-	-	-	-	-	-	-	-	-	p	-	-	p	p	-	p	-	-	-	-	p	-	p	p	p	p	-	p	-	p	-	-
r23	-	-	-	-	-	-	-	-	-	-	p	-	-	p	p	-	p	-	-	-	-	p	p	-	p	p	p	-	p	-	p	-	-
r24	-	-	-	-	-	-	-	-	-	-	p	-	-	p	p	-	p	-	-	-	-	p	p	p	-	p	p	-	p	-	p	-	-
r25	-	-	-	-	-	-	-	-	-	-	p	-	-	p	-	-	-	-	-	-	-	p	p	p	p	-	-	-	p	-	p	-	-
r26	-	-	-	-	-	-	-	-	-	-	p	-	-	p	-	-	-	-	-	-	-	p	p	p	p	-	-	-	p	-	p	-	-
r27	-	-	-	-	-	-	-	-	-	-	-	-	-	-	-	-	-	-	-	-	-	-	-	-	-	-	-	-	p	p	-	p	-
r28	-	-	-	-	-	-	-	-	-	-	-	-	-	-	-	-	-	-	-	-	-	-	-	-	-	-	-	-	-	-	-	n	-
r29	-	-	-	-	-	-	-	-	-	-	-	-	-	-	-	-	-	-	-	-	-	-	-	-	-	-	-	-	-	-	-	n	-
r30	-	-	-	-	-	-	-	-	-	-	-	-	-	-	-	-	-	-	-	-	-	-	-	-	-	-	-	-	-	-	-	n	-
r31	-	-	-	-	-	-	-	-	-	-	-	-	-	-	-	-	-	-	-	-	-	-	-	-	-	-	-	-	-	-	-	-	p
r32	-	-	-	-	-	-	-	-	-	-	-	-	-	-	-	-	-	-	-	-	-	-	-	-	-	-	-	-	-	-	-	-	-

图 11.12　Waltz 新 PI 图

一些边,从而导致一些循环被打破。因为采用保守的方法,所以得到的上界非常宽松。

```
**************** Analysis results **************

***PI graph

   r0 r1 r2 r3 r4 r5 r6 r7
r0 -  p  p  -  p  -  p  -
r1 -  p  p  p  p  -  p  -
r2 -  -  p  -  -  -  p  -
r3 -  p  -  -  p  p  p  -
r4 -  -  -  -  -  -  p  p
r5 -  p  -  -  -  -  -  -
r6 -  n  n  -  -  -  -  -
r7 -  -  -  -  -  -  -  -
```

```
After removing n-type cycles...

***PI graph

   r0 r1 r2 r3 r4 r5 r6 r7
r0 -  p  p  -  p  -  p  -
r1 -  p  p  p  p  -  p  -
r2 -  -  p  -  -  -  p  -
r3 -  p  -  -  p  p  p  -
r4 -  -  -  -  -  -  p  p
r5 -  p  -  -  -  -  -  -
r6 -  -  -  -  -  -  -  -
r7 -  -  -  -  -  -  -  -

Do you want to break cycles manually? (y/n) y
1 -- 1
Remove edge <1,1>? y
2 -- 2
Remove edge <2,2>? y
1 -- 3 -- 1
Remove edge <1,3>? n
Remove edge <3,1>? y
1 -- 3 -- 5 -- 1
Remove edge <1,3>? n
Remove edge <3,5>? n
Remove edge <5,1>? y

***PI graph
   r0 r1 r2 r3 r4 r5 r6 r7
r0 -  p  p  -  p  -  p  -
r1 -  -  p  p  p  -  p  -
r2 -  -  -  -  -  -  p  -
r3 -  -  -  -  p  p  p  -
r4 -  -  -  -  -  -  p  p
r5 -  -  -  -  -  -  -  -
r6 -  -  -  -  -  -  -  -
r7 -  -  -  -  -  -  -  -

----npartite-------
0
1
2 3
4 5
6 7
```

```
after layer #0 (r0 )  B = 1
numbers of classes of WMEs
3 0 2 1 1 0 1

after layer #1 (r1 )  B = 2
numbers of classes of WMEs
3 0 3 1 2 1 1

after layer #2 (r2 r3 )  B = 5
numbers of classes of WMEs
3 0 3 1 4 1 1

after layer #3 (r4 r5 )  B = 7
numbers of classes of WMEs
3 0 3 1 4 1 1

after layer #4 (r6 r7 )  B = 9
numbers of classes of WMEs
3 0 3 1 4 1 1

*** maximal number of rule firings = 9
```


11.4 历史回顾和相关研究

很多业界的研究者已经研究了专家系统中满足实时约束的问题。文献[O'Reilly and Cromarty, 1985]最早解释了增加执行速度并不一定能够保证专家系统满足实时性能的约束。文献[Laffey et al., 1988] 概述了实时专家系统,并描述了确保实时性能的技术。然而它们没有提供这些技术的细节,也没有对它们的性能进行评估。文献[Strosnider and Paul, 1994]认为 Laffey 等对实时性的研究是巧合的,因此试图提供一种更加结构化的方式来设计智能实时系统,然而却并没有给出基于规则系统的响应时间的分析。文献[Benda, 1987] 和[Koch et al., 1986]描述了航空航天业对基于知识的实时系统的需求。文献[Payton and Bihari, 1991]认为,不同级别的智能控制系统必须紧密合作,以实现实时性和自适应性。

不同于运行前预测,文献[Barachini et al., 1988; Barachini, 1994]提出了几种运行时的预测方法,来评估被执行规则的 RHS 动作的需求时间。当一个令牌被传递到 Rete 网络后,Rete 网络就对时间需求进行估计。它们认为,嵌入式专家系统的执行时间预测可以以更小的粒度(finer granularity)执行。然而,预测整个专家系统的执行时间却是不能以可跟踪的方式获得的。

但是,很少有能够正式解决响应时间分析问题的研究。文献[Abiteboul and Simon, 1991]讨论了在数据记录及其扩展情况下的终止性能,并表明了该性能通常是不可判定的。虽然解决了判断是否所有给定语言的程序拥有终止特性的问题,但是却并没有解决如何确定它。文献[Lark et al., 1990]考虑了 Lockheed 驾驶员辅助系统的设计和实现问题,主张通过实验和分析来保证实时性,而这需要程序开发者通过广泛的实验来对进程持续时间设置一个上界,但是没有表明如何验证系统以满足这个上界。文献[Aiken, Widom, and Hellerstein, 1992]提出了一个静态分析方法,用来确定任意一组数据库生产规则能否满足包括终止性能在内的某个性能,检查了描述规则间触发关系的有向图,用来确定对应规则集能否确定终止,介绍了某些保证终止特性的条件。基于该方法,我们获得了一个规则行为的特性。

文献[Wang and Mok, 1995]研究了(带有固定大小工作内存的)基于 EQL 规则系统的响应时间的界限。表明将更具一般意义的专家系统(有动态工作内存)用于时间关键(time-critical)应用是不可行的,因为缺乏一个工具来分析这些系统,以预测它们的响应时间。

本章考虑了一类带有动态工作内存的专家系统,提出了运行前静态分析算法,并用来预测这些系统的响应时间。同时,也针对基于规则程序是否具有有界响应时间这一问题,讨论了一些形式化研究。文献[Browne, Cheng, and Mok, 1988; Cheng et al., 1993; Cheng and Wang, 1990; Wang, Mok, and Cheng, 1990]介绍了第一个形式化的框架。文献[Wang and Mok, 1993]介绍了一个正式的分析方法以预测 MRL 程序的时间特性。文献[Wang, 1989]和[Shaw, 1992]提出了一个方法,将 OPS5 程序转换为 MRL 程序以用于响应时间界限的分析。然而,文献[Wang, Mok, and Emerson, 1993b]中的时间预测是基于静态分析的,静态分析结果和实际执行时间界限的近似度不大。注意,对于一个运行在实时环境中的专家系统而言,最坏情况的分析仍然是有必要的[Musliner et al., 1995]。本章中也描述了文献[Tsai and Cheng, 1994; Cheng and Chen, 2000]提出的两种分析方法。

11.5　总　结

本章的重点是解决谓词逻辑专家系统的时间特性分析。随着越来越多基于知识的系统被应用于需要确保响应时间的实时系统中,因此有必要在执行前预测其实际执行时最坏情况下的响应时间。如第 10 章所述,静态时间分析问题是相当困难的,即使对于像 EQL 一样基于命题逻辑规则的系统也是如此。对于基于谓词逻辑规则的系统,比如用 OPS5 语言(或者 OPS5 类的语言)实现的系统,几乎不存在实用的静态分析方法。

提出的第一个方法:OPS5 系统 Cheng-Tsai 时序分析方法。该方法使用了一个数据相关图(ER 图)。ER 图捕获基于规则程序的所有逻辑路径。ER 图可检测 OPS5 程序能否在有限执行时间内终止。更具体地说,该方法是检测激励次数有限的规则。一旦检测到不可终止,就提取 ER 图中的每个循环并确定循环的使能条件,然后向程序员提供“罪魁祸首”条件，以允许添加额外规则进而改正程序。

程序员可以通过移除基于这些条件的循环来改正程序，或者让分析工具自动向程序中增加循环破坏规则。如果程序员选择后者，那么在找到一个循环的使能条件 W 之后，工具就把以 W 为使能条件的规则 r' 增加到程序中。通过这样做，一旦工作内存中有和一个循环的使能条件匹配的 WMEs，控制流就能够从循环中切换到 r'。然而，为了确保程序流切换到 r'，它会被修改以使得 r' 有比常规规则有更高的优先级。移除冗余条件和规则，能够进一步精简额外规则。注意，修改是离线进行的，并先于专家系统的执行，此外，修改后的版本还必须满足逻辑正确性的约束。

如第10章所述，对于有限域的程序而言，时间分析问题通常不可判定且是P-空间完全的(PSPACE-complete)，这里采用了静态分析策略处理分析问题。类似的策略已经成功用于EQL语言[Browne, Cheng, and Mok, 1988; Cheng et al., 1993; Cheng andWang, 1990]。然而，对于像MRL以及OPS5这种有动态数据域规模的复杂语言，静态时间分析可能并不合适。我们开发了一个工具来确定程序执行时间的上界，该工具生成了一组导致OPS5程序有最大时间开销的WMEs。此外，工具中嵌入了一个选择策略模块，用于避免产生时间无关(timing-irrelevant)的WMEs。

此工具也接收用户的数据，以确保能够紧跟正常的程序流。由OPS5系统产生的一组带有时间报告的WMEs，能够帮助程序员改善时间性能。该方法需要程序员协助以检查潜在的循环。尽管在某些情况下，为了确保终止而修改规则库可能是不可行的，但是，本章的方法给出了基于规则实时系统响应时间分析方法的重要一步。在工具中，可以使用特殊表格来描述OPS5程序类并进行分析，其中OPS5程序的分类基于EQL程序开发技术[Cheng et al.,1993]。

许多方法可用来改善生成系统的性能。分成三类[Kuo and Moldovan, 1992]：(1)通过更快速的顺序匹配算法加快匹配阶段；(2)通过并行处理技术加快匹配阶段；(3)在一个产生循环中，通过触发多规则例示来产生并行的动作阶段。这些方法或者改变生成系统的结构，或者支持并行硬件和软件为不同处理器分配规则集。这些方法的效果是明显加速。虽然缺乏形式验证，但是这种高性能可确保系统满足严格的响应时间需求。然而，并行生成系统开发仍然处于早期阶段，这些大多数方法都只是通过仿真结果来评估，而没有实际实现。这些并行系统满足时间约束的能力仍然不清楚，因此还需更多研究。

由于我们的时间分析是基于程序语义结构的，所以采用的策略也应该使用这些并行架构以便了解其时间特性。并行模型时序要求的形式验证可基于我们的方法进行研究。此外，文献[Zupan and Cheng, 1994a; Zupan and Cheng, 1998]也作了一些尝试，研究了基于规则程序能够被优化问题的形式化。基于规则程序的优化被认为比并行模型的实现更为经济，尽管不能期望它获得像并行模型那样高的提速。因此，该问题也应该是一个重要的研究领域。

另一个问题是扩展此技术来分析(基于更新更强规则语言实现的)专家系统。这

些新的语言[Forgy, 1985]合并了新的冲突解决策略,其程序(面向对象)风格类似于非规则(non-rule-based)语言。首要的评价标准是,这些语言是否支持技术改进以处理不同的冲突解决策略。然而,通过引入抽象和确定明确的控制流,过程式和面向对象的专家系统,比纯粹的基于规则的专家系统更容易分析[Shaw, 1989]。

我们的第二个方法:Cheng-Chen 时间分析方法。此方法对解决静态时间分析问题有重要贡献,它针对一类 OPS5 和 OPS5 风格的生成系统,给出其最坏情况下响应时间预测的形式框架。此分析技术基于以下两点:(1)对规则库中规则间关系的语义进行分析,进而实现终止条件的检测;(2)对匹配网络中的令牌进行全面的跟踪。与那些(用于给定基于规则系统相对应的状态转换系统中的)最长路径分析技术相比,这些技术更加有效。

考虑到时间分析问题的难度,为了决定一类 OPS5 和 OPS5 风格的基于规则系统的执行时间上界,此方法提供了一个实用技术的集合,并以一个工具集的形式实现。根据总规则触发数以及在每次匹配时产生的比较数来表示这个上界,以确定可触发的规则。其中第二个指标特别重要,因为 90%的执行时间都消耗在匹配阶段。进行执行时间分析时,并没有实际运行被分析的程序。预测的执行时间以及相关结果可用于优化程序以加速程序执行。通常来说,这个分析问题是不可判定的。事实上,能够分析标准的基准程序就表明了这个工具集的实用性。作为解决 OPS5 程序静态分析问题的首要一步,提出了四个 OPS5 程序的终止条件,用来确定一个程序能否在有限时间内终止。通过对程序采用快速语义分析而不是状态空间分析,可以实现对这些条件的检查。然后,只有当程序被发现是非循环(程序中无循环)时,才能对其进行响应时间的分析。

特别的,如果一个 OPS5 程序的规则触发模式满足观测的条件之一,则此程序的执行总能在有限时间内终止。开发了一种算法用来计算非循环规则触发模式的程序在执行期间识别-动作周期数的上界,还提供了一种算法来计算在执行期间由 Rete 网络产生的比较数的上界。根据经验,由算法 Algorithm_A 获得的上界似乎很好,而算法 Algorithm_M 则不然。因此需要开发一种更加准确的方法,来估计双输入节点中所维持的令牌数。

还展示了如何将提出的算法应用到一类(带有循环触发模式的)程序中。由于缺乏运行时的信息,分析工具采用了保守的方法来确定条件要素的可满足性,因此分析工具产生的潜在例示图通常包含大量的不存在边(循环)。出于同样的原因,要开发一个算法来计算(带有循环潜在规则触发模式的)OPS5 程序的响应时间是不现实的,但是,程序员能帮助检测潜在例示图中的不存在边(循环)。考虑到完全自动分析工具的开发是相当困难的,我们的工具集通过关注潜在高运行时间消耗的规则集来为程序员提供帮助。

我们研究了生成系统的其他特征(比如规则的非触发(distriggering)模式),以查看这些特征能否被用来改进当前算法,并扩展了算法在循环规则触发模式程序中的适用性。新终止条件的开发也在进行当中。此外，还扩展了算法 Algorithm_M，用以分析(在 OPS/R2 中使用的)Rete II 匹配算法[Forgy，1985]的执行时间，相信算法 Algorithm_M 检查 Rete 网络中令牌移动的方式也可以被应用到 Rete II 中，而 Rete II 能够更有效地处理复杂 LHS 条件以及大量 WMEs，并仍然保留基本的网络结构。

习　题

1. 为什么基于规则的系统的时间分析难于顺序程序系统的时序分析?

2. 为什么在基于谓词逻辑规则的系统中使用模式(结构化)变量来进行时间分析，相对于基于命题逻辑规则系统中的时间分析更为困难? 与使用简单(非结构化)变量的基于命题逻辑规则系统相比，为什么这些模式变量的使用使得匹配过程变得更为复杂?

3. 构造相应例子中的基于规则程序的状态空间图。

4. 模型检查算法(比如用于计算树逻辑)如何被用于分析带有限域变量的基于规则系统的响应时间?

5. 基于谓词逻辑规则语言(如 OPS5)所写的程序能够被重写为基于命题逻辑规则语言(如 EQL)的程序吗? 如果可以，这种转化是总能执行，还是在一定条件下才能执行? 解释原因。

6. 列出 Cheng-Tsai 分析法和 Cheng-Chen 分析法的类似和不同之处。

第 12 章

基于规则系统的优化

正如第 10 章和 11 章所述，对于实时应用，基于规则的嵌入式专家系统必须满足严格的时间限制。接下来介绍一种新方法来缩短基于规则专家系统的响应时间。当一个基于规则的系统不满足特定的响应时间约束时，就需要这种优化。我们的优化方法是构建一个简化的无循环的(cycle-free)有限状态空间图(finite-state space-graph)。和传统的状态空间图推导算法相比，该优化算法从最终状态(固定点，fixed points)开始，逐步扩大状态空间图，直到找到所有可达固定点状态，然后根据构建的状态空间图来综合得到新优化的基于规则的系统。我们提供了几种算法来实现这种优化。这些算法在复杂性、并发性和状态等价性(state-equivalence)等方面有所不同，但目标均是使所优化的状态空间图规模最小。

基于规则系统的最优化通常包括：(1)有更好的响应时间，即到达固定点需要较少的规则激励数；(2)很稳定，即没有导致运行不稳定的循环存在；(3)不包含冗余规则。实际的优化结果取决于所使用的算法。我们也解决确定性执行问题，并提出优化算法来为每一个初始状态生成相应固定点的规则库。

这种综合方法能够确定新系统响应时间的严格上界，且能够识别出原始规则库中的不稳定状态。除了基于规则的实时决策程序本身之外，优化方法没有使用其他信息。优化系统在不依赖调度策略和执行环境的条件下，能够保证计算出正确的结果。

12.1 简　介

基于规则的嵌入式系统必须满足严格的环境时间约束，此约束给规则库的决策/反应时间强加了一个截止期限。在这些系统中，错过截止期限的结果可能是十分严重的。验证任务的目的是证明系统在有界的时间内能够提供充分的性能[Browne, Cheng, and Mok, 1988]。如果情况不是这样，或者实时专家系统太复杂而无法分析，此系统就必须被重新综合。

提出了一种用于基于规则实时系统的新优化方法。优化是针对基于规则程序中的每个独立规则集进行推导，得出其简化、最优、无循环的状态空间图。一旦推导出状态空间图，就不需要进一步的简化和(或)优化了，它可以直接用于新优化的基于规则的程序中，进行重新综合(resynthesis)。

优化方法采用了之前的一些方法和技术，这些方法和技术用于基于规则实时系统的分析和并行执行，也用于最小化状态空间图中状态的协议验证。详细描述如下：

- 通过分别优化每个独立的规则集来降低优化方法的复杂度。这种技术源自文献[Cheng et al.，1993]，同样的方法也被用来降低基于规则实时系统分析的复杂度。
- 文献[Browne，Cheng，and Mok，1988]介绍了代表基于规则实时系统执行的状态空间图。它可用于基于规则系统的分析，但是由于存在可能状态的激增，此方法仅能用于变量较少的系统。如果可以使用简化的状态空间图，将介绍这种表示方法如何用于更大的系统中。为了减少状态数量，可以采用已知的协议分析方法(如用状态空间图中的单个顶点来表示一组等价状态)和基于规则的系统分析方法(如独立规则集内的并行规则激励)。

这里提出的最优化方法是：针对由一组规则产生的状态空间图进行精简和优化，并且对新优化的基于规则的系统进行自下而上(bottom-up)的推导和再综合。详细描述如下：

- 导出一个状态空间图的步骤，首先识别系统的最终状态(固定点)，然后找到所有带有可达固定点的状态，逐步扩大状态空间图。这种自下而上的方法联合广度优先(breadth-first)搜索方法能找到固定点的唯一最小长度(minimal-length)路径。
- 直接构建简化的状态空间图，而不是先导出状态空间图后再精简状态数量。在建立状态空间图时，允许把等价的状态组合到图中的一个单顶点中，并通过标记图中(带有一组并行触发规则)的单个边来实现并发性。
- 状态空间图的推导是受到约束的，它不能包含任何循环。由这样的图得到的基于规则的新系统是无循环的(稳定的)。
- 导出的状态空间图不需要任何进一步的状态精简和(或)优化，就能够直接再综合成一个最优的基于规则的实时系统。

本章描述了几个状态空间推导技术，用来解决如下问题：

- 响应时间优化：所优化的程序从某个状态到达最终状态需要相同或者更少的激励规则数。
- 响应时间估计：对于基于规则的实时系统，不仅能加快执行时间而且能估计其上限，是至关重要的[Browne，Cheng，and Mok，1988；Chen and Cheng，1995b]。
- 稳定性：基于规则系统中的所有导致系统不稳定的循环要被移除。
- 决定与汇合(determinism and confluence)：如果在某个执行阶段有多个规则被允许触发，则最终状态与执行顺序就是独立的。

这里给出的算法是一个二值(two-valued)版本，由基于规则的等式语言EQL(第

10章中描述）所开发。EQL最初用于研究实时环境下基于规则的系统，它与流行的专家系统（如OPS5）不同。OPS5语言的解释（interpretation）由识别-动作循环所定义［Forgy，1981］，而EQL语言的解释是定义为不动点会聚（fixed point convergence）。有许多分析工具实现了对EQL程序的支持，如第10章中所述。

12.2 背　景

在每个基于规则系统的生命周期中，确认和验证（validation and verification）是一个重要的阶段［Eliot，1992］。对于基于规则的实时系统，把确认和验证定义为分析性问题，即确定给定的基于规则系统是否满足指定的完整性和时序约束。这里我们专注于时序约束问题。

为了确定一个系统是否满足特定的时序约束，必须有一个适当的性能指标以及一个估计它的方法，用导致固定点的计算路径来定义基于规则程序的响应时间。这些路径可以从一个状态空间表示中得到，“状态空间表示”包括：一个顶点唯一地定义实时系统的一个状态；一个转移能识别某个规则的单次触发。响应时间的上界根据从初始（开始）状态到固定点路径的最大长度来评估。即使有限域变量的基于规则系统，最坏情况下的计算时间（系统程序中变量数的函数）也是指数型增长的［Browne，Cheng，and Mok，1988］。

我们在某类实时决策系统上实现了这种性能评估方法，其中决策是由一个基于等式规则语言（EQL）程序来计算得到的。采用其他产生式语言（比如MRL［Wang and Mok，1993］和OPS5［Chen and Cheng，1995a］）编写了相应的程序时间估计分析工具。

文献［Abiteboul and Simon，1991］在对演绎（deductive）数据库的研究中，提出了相似的概念。在基于规则系统的术语中，讨论了演绎系统的总特性（totalness）和无环路特性（loop-freeness），描述了系统的稳定性（初始点能否在有限时间内到达固定点）。

如果分析发现给定的基于规则的实时程序能满足完整性但不满足时序约束，则程序就必须优化。我们把这个问题定义为综合问题（synthesis problem），即必须确定是否存在一个原始程序的扩展以满足时序和完整性约束。该问题的解决可采取以下两种方法之一：(1)转换给定的基于等式规则程序；(2)优化调度器，选择触发规则，使得在约束的响应时间内总能到达某个固定点。第二种方法需要作出如下假设：从初始状态到每个终止点至少有一个充分短的路径。第10章给出了这两种方法的例子，但是没有提出对应的算法。

在综合问题的定义中，原始程序应该满足完整性约束。为了使优化的程序满足同样的完整性约束，必须要求优化程序和原程序在每个开始状态有相同的对应固定点。此外，放宽约束会给优化带来便利，所以，对于每个初始状态，优化程序仅需从原系统的固定点集中取出一个对应的固定点。这种系统通常需要有确定的行为。文献[Aiken,Widom, and Hellerstein, 1992]对数据库生产规则的概念进行了形式化处理,并讨论了规则集的可观测确定性(observable determinism of a rule set)。如果执行顺序对可观测动作的出现顺序没有任何影响,那么规则集就是可观测确定性的。类似的概念可以在第9章的进程代数(process-algebraic)方法中找到。

本章组织如下:首先回顾必要的背景知识,详细讨论了基于规则实时系统的分析和综合问题;然后,回顾了基于等式规则的EQL语言、执行模型和状态空间表示;接着,提出了几种优化算法,并用实验的方法来评估这些优化算法;最后,讨论它们的局限性和扩展性。

12.3 基本定义

此处考虑的实时程序属于EQL类的程序。下面对其相关概念进行定义,包括EQL程序的语法及其执行模式、EQL系统响应时间的测量,以及状态空间图的形式化描述。

12.3.1 EQL程序

EQL程序:在程序中,n 个规则($r_1,\cdots,r_n$)用来操纵一组 m 个变量($x_1,\cdots,x_m$)。每个规则都有动作和条件部分,表示如下:

$$F_k(s) \quad \text{IF} \quad \text{EC}_k(s)$$

其中 $k\in\{1,\cdots,n\}$,$\text{EC}_k(s)$是规则 k 的使能条件,$F_k(s)$是一个动作。使能条件和动作均被定义在系统的状态 s 中。每个状态 s 表示为一个多元组,$s=(x_1,\cdots,x_m)$,其中 x_i 代表了第 i 个变量的值。动作 F_k 是通过一系列 $n_k\geqslant 1$ 个子动作给出的(由“!”分隔):

$$F_k \equiv L_{k,1} := R_{k,1}(x_1,\cdots,x_m)!\cdots!$$
$$L_{k,n_k} := R_{k,n_k}(x_1,\cdots,x_m)$$

子动作按从左到右的顺序被解释。每个子动作集将变量 $L_{k,i}\in\{x_1,\cdots,x_m\}$ 的值设置为函数 $R_{k,i}(i\in\{1,\cdots,n_k\})$的返回值。使能条件 $EC_k(s)$是一个二值(two-valued)函数,对于可触发规则的状态来说,它的计算结果为TRUE。

本章只使用二值变量,即 $x_i\in\{0,1\}$。我们将通过EQL(B)来确认EQL子集。任何带有预置变量值的EQL程序都可以被转换为EQL(B)。由于这种转换很简单,这里仅举例说明。考虑以下规则:

```
i := 2  IF  j < 2  AND  i = 3
[ ]j := i  IF  i = 2
```

其中 i 和 j 是四值变量,其值为 $i,j\in\{0,1,2,3\}$。与之对应的使用二值变量 $i1$、$i2$、$i3$

和 $i4$ 的 EQL(B)规则为

```
i0 := TRUE ! i1 := FALSE
    IF (NOT j0 AND NOT j1) OR
        (NOT j0 AND j1) AND (i0 AND i1)
[ ] j0 := i0 ! j1 := i1
    IF (i0 AND NOT i1)
```

此外,假定 EQL(B)在规则的子动作中只使用常数赋值,即 $R_{i,j} \in \{0,1\}$,这样可以潜在地降低优化算法的复杂性(见 12.3.4 小节)。

以下给出了一个 EQL(B)程序的例子:

```
PROGRAM  an_eql_b_program;
VAR
   a, b, c, d : BOOLEAN;
RULES
(* 1 *)          c: = 1 IF a = 0 AND b = 0 AND d = 0
(* 2 *)  [ ]     b: = 1 IF d = 0 AND (a = 1 OR c = 1)
(* 3 *)  [ ]     a: = 1 ! c: = 1 IF a = 0 AND d = 0 AND (b = 1 OR c = 1)
(* 4 *)  [ ]     b: = 0 ! c: = 0 IF d = 0 AND b = 1 AND
                      (a = 0 AND c = 1 OR a = 1 AND c = 0)
(* 5 *)  [ ]     d: = 0 ! a: = 1 IF a = 1 AND c = 1 AND d = 1
END.
```

下面使用该例子作为各种优化效果的示范。为了清晰简洁,示例程序作了简化。在实际应用中,该方法可以用于更高复杂度的系统,可支持几百个规则。

12.3.2　基于 EQL 程序范例的实时决策系统执行模型

基于 EQL 程序范例的实时决策系统通过传感器读数和环境实现交互。决策系统的 EQL 程序中,读数被表示成变量的值。直接从传感器读数导出的变量称之为输入变量,所有其他变量被称为系统变量。设定输入变量后,调用 EQL 程序。在所有启用规则中,采用冲突解决策略来重复地选择一个规则触发。这可能会改变系统的状态,且整个触发进程一直重复,直到没有更多使能规则或者规则的触发不改变系统的状态为止。这个最终状态被称为固定点(fixed point)。此外,变量值也可与环境实现反向通信。

读取传感器变量,调用 EQL 程序以及反向通信并得到固定点的值,这些过程被称为监测循环(monitor cycle)。固定点在重复的 EQL 调用中被确定,这个调用称为决定循环(decide cycle)(见图 12.1)。

如第 10 章所述,EQL 的响应时间是 EQL 程序到达固定点所消耗的时间,或者说是在决定循环所消耗的时间。如果响应时间小于或者等于两个传感器读数的最小时间间隔,则称实时决策系统满足时序约束。可以通过到达固定点的最大触发规则

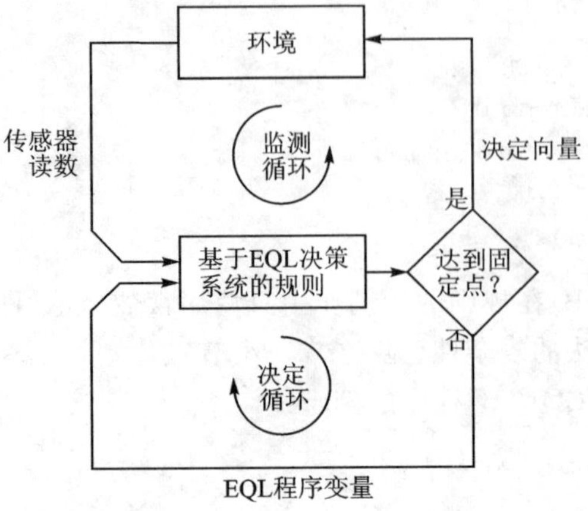

图 12.1 一个基于 EQL 程序的决策系统

数来评估响应时间。如果知道触发规则的识别时间和触发规则本身的时间,就能够完成从触发规则数到响应时间的转换。这些时间取决于特定架构的实现,在这里不作讨论。

12.3.3 状态空间表示法

为了得到一个最优方法,把一个 EQL(B)系统看作为转移系统(transition system)$\mathscr{T}$,用三元组$(S,\mathscr{R},\rightarrow)$表示,其中:

(1) S是一个有限状态集。假设二值变量 $x_1,x_2,\cdots,x_m$ 的有限集合 $\mathscr{V}$ 以及 $\mathscr{V}$ 的排序,S 是这些变量所有 2^m 个笛卡尔积(Cartesian products)的集合。

(2) $\mathscr{R}$ 是在系统规则库中的一组规则 $r_1,r_2,\cdots,r_n$。

(3) $\rightarrow$是和每个 $r_k\in\mathscr{R}$ 相关联的映射,即,一个转移关系$\xrightarrow{r_k}\subseteq S\times S$。如果 r_k 在 $s_1\in S$ 是可行的,且 r_k 在状态 s_1 的触发导致了新的状态 $s_2\in S$,则记为 $s_1\xrightarrow{r_k}s_2$,或者简写为 $s_1\xrightarrow{k}s_2$。

转移系统 $\mathscr{T}$ 的图形表示是一个带有标记的有限的有向转移图或者状态空间图 $G=(V,E)$。V 是顶点集,每个顶点都标明了状态 $s\in S$,E 是标记为 $r_k\in\mathscr{R}$ 的边集。当且仅当 $s_1\xrightarrow{r_k}s_2$ 时,边 r_k 连接顶点 s_1 和 s_2。转移图中的路径是一个顶点序列,对于序列中的每个连续对 s_i 和 s_j,存在一个规则 $r_k\in\mathscr{R}$ 使得 $s_i\xrightarrow{r_k}s_j$。如果从 s_i 到 s_j 存在一个路径,就称从 s_i 到 s_j 是可达的(reachable)。循环是一个顶点到它自身的路径。

12.3.1 小节中 EQL(B)中程序的状态空间图如图 12.2 所示。本章使用以下标记方案:边标记为与转移相关的规则,顶点标记为二值表达式,即,对于一个代表顶点的状态而言,其值为 TRUE。在介绍等价状态(12.4.2 小节)之后,可以将顶点标记为一个二值式(状态集),将边标记为规则集。采用简洁的记法进行二值表达,例如,ab 表示 a 和 b 的合取,$a+b$ 表示 a 和 b 的析取,$\bar{a}$ 表示 a 的否定形式。

每个状态可以属于一个或者多个状态类,这些状态类为:

- 固定点:如果一个状态不包含任何向外的边(out-edges)或者所有向外的边是自循环(self-loops)的,那么这个状态就被称为固定点。对图 12.2 中的状态空间图而言,固定点的例子为 $abc\bar{d}$、$\bar{a}bcd$ 和 $ab\bar{c}d$。
- 不稳定:如果从一个状态出发无法到达任何一个固定点,那么这个状态就是不稳定的。这类状态必须有向外的边(否则它是一个固定点状态),必须被包含在循环中,或者它的可达状态包含在循环中。图 12.2 中的状态 $a\bar{b}\bar{c}\bar{d}$和 $ab\bar{c}\bar{d}$是不稳定的。
- 潜在不稳定:潜在不稳定状态是一个不稳定状态或者一个带有可达固定点的状态,并且被包含在一个循环中或者一个可到达的循环中。图 12.2 中的状态 $\bar{a}\bar{b}\bar{c}\bar{d}$,$\bar{a}\bar{b}c\bar{d}$ 和 $\bar{a}bc\bar{d}$ 是潜在不稳定状态。
- 稳定:稳定状态是一个固定点,或者不能到达(潜在)不稳定状态的状态。例如,图 12.2 中 $a\bar{b}cd$ 和 $abc\bar{d}$ 是稳定状态,而 $\bar{a}\bar{b}c\bar{d}$ 不是。
- 潜在稳定:潜在稳定状态有一个可达的固定点,或者它本身就是固定点。例如,图 12.2 中的 $\bar{a}b\bar{c}\bar{d}$ 和 $\bar{a}bc\bar{d}$ 就是潜在稳定状态。
- 启动:程序被调用的状态称为启动状态。

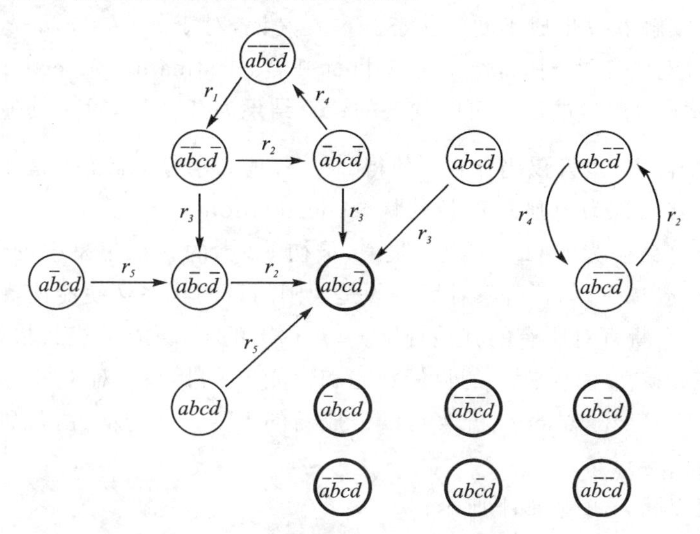

图 12.2　12.3.1 小节中的 EQL(B)程序的状态空间图

稳定状态是潜在稳定状态的子集。不稳定状态是潜在不稳定状态的子集。没有不稳定状态是潜在稳定的。任何有效的状态是潜在稳定的或者不稳定的。

使用这些术语来定义前面所描述系统的响应时间,即用任意启动状态和对应固定点之间的最大顶点数来表示响应时间。这个定义在稳定启动状态下很清楚。如果系统包含不稳定启动状态,那么响应时间是无限的。对于一个有潜在不稳定启动状态的系统,如果没有冲突解决策略,就无法确定响应时间。

通用的 EQL 系统不会区分输入变量和系统变量,因此,系统中的所有状态都被认为是潜在启动状态。另外,我们的优化策略不使用系统可能使用的冲突解决策略知识,提供给优化程序的唯一信息就是 EQL 程序本身。

12.3.4　固定点的导出

状态 s 是固定点的条件为下面两者之一:

F1. 没有规则在 s 使能。

F2. 对于所有在 s 使能的规则,每个规则的触发将再次导致相同的状态 s。

可以考虑将使能条件作为状态的断言,在某个状态下,如果规则可行就得到 TRUE,如果不可行就得到 FALSE。该方法没有明确地找出固定点(这需要详细地搜索所有 2^m 个合法状态),更确切地说,是构造了一个断言:是固定点则为 TRUE,是其他所有状态则为 FALSE。

固定点(F1)的断言,定义为

$$FP_1 := \bigwedge_{i=1}^{n} \overline{EC_i}$$

为了获得 F2 的断言,必须使用 EQL(B) 程序的一个重要性能:带有常量赋值的规则不能被连续触发以生成不同的状态。也就是说,对于 $a \neq b \neq c$,$a \xrightarrow{r} b \xrightarrow{r} c$ 不存在。此外,针对每个规则 r_i,定义一个目标断言(destination assertion)D_i。D_i 对于由规则 r_i 所触发产生的所有可能状态的计算结果为 TRUE,对于其他的计算结果为 FALSE。换言之,当且仅当存在 s' 使得 $s' \xrightarrow{r_i} s$ 时,D_i 对于状态 s 是 TRUE。如果这个 s' 存在,s 就被称为规则 r_i 的目的状态(destination state)。

FP_2 的断言最初为 FALSE,也就是说,最初 F2 类的状态集是空的。然后,对于每个规则 r_i,构造一个断言 S:只对那些既是规则的目的状态又使能该规则的状态为 TRUE。然后,此断言对所有的其他规则 r_j(最内部的 For 循环)进行检查,算法专门提供断言 S 来排除那些不是 r_j 的目标状态和使能 r_j 的状态。对于每个规则,断言 S 与当前的 FP_2 分离(disjuncted 析取),以生成新的 FP_2。换句话说,规则 r_i 的 F2 类型状态被加进固定点集。

导出固定点断言 FR_2 如下所示:

```
Procedure Derive_FP₂
Begin
    FP₂ : = FALSE
    For i : = 1 To n Do
        S = Dᵢ ∧ ECᵢ
        If S≠FALSE Then
```

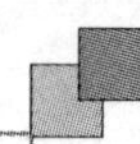


```
            For j := 1 To n Do
                If i≠j and EC_j ∧ S Then
                    S := (S ∧ ¬EC_j) ∨ (S ∧ EC_j ∧ D_j)
                End If
            End For
        End If
        FP_2 := S ∨ FP_2
    End For
End
```

最后,固定点的断言是一个析取,$FP=FP_1 \vee FP_2$。在接下来的讨论中,使用这个隐式断言,即:当分配某个顶点使之包括所有固定点时,顶点实际存储的是断言而不是状态集。由于涉及大量的细节,这里忽略相关的证明和算法,具体细节参见文献[Zupan, 1993]。

12.4 优化算法

我们的优化方法包含两个主要步骤:有限状态空间(finite-state-space)图的构建和新的基于 EQL 规则专家系统的综合。这两个阶段[Cheng, 1993b]都具有潜在的指数复杂性,可以通过在某时刻只优化单个独立的规则集来减少复杂性。优化算法如下所示:

```
Procedure Optimize
Begin
    Read in the original EQL(B) program 𝒫
    Construct high level dependency (HLD) graph
    Using HLD graph, identify independent rule - set in 𝒫
    Forall independent rule - set in 𝒫 Do
        Construct optimized state - space graph 𝒯
        Synthesize optimized EQL(B) program O from 𝒯
        Output O
    End Forall
End
```

在本节中,首先介绍基于规则的 EQL(B)分解技术。然后提出了不同的优化方法,所有这些方法都有共同的思想:从固定点向上生成转移系统。但是,这些方法中所生成的状态空间图中的顶点和边的复杂性有所区别。实现简单但执行复杂度高的方法被首先列出。最后,对状态空间图生成算法(用于被优化 EQL(B)程序的综合)进行了总结。

12.4.1 EQL(B)程序的分解

文献[Cheng, 1993b]给出了一种用于 EQL 的分解算法并将其修改用于 EQL

(B)的情况，此算法基于规则独立(rule independence)的概念。

分解算法使用变量集 L_k(出现在规则 k 的多重赋值语句的左侧 LHS，比如，对于在 12.3.1 小节中的 EQL(B)程序，$L_5=\{a,d\}$)。如果(D1a ∨ D1b) ∧ D2 成立，则称规则 a 独立于(independent)规则 b，其中：

D1a. $L_a \cap L_b = \emptyset$。

D1b. $L_a \cap L_b \neq \emptyset$ 且对于每个变量 $v \in L_a \cap L_b$，相同的表示必须被分配给规则 a 和规则 b 中的 v，同时 D_2 成立。

D2. 规则 a 没有潜在使能规则 b，即，规则 a 可行而规则 b 不可行的状态，以及触发 a 能够使能 b 的状态不存在。

首先，此算法构建了规则依赖(rule-dependency)图。它包含顶点(每个规则一个顶点)和有向边。如果规则 a 不是独立于规则 b，那么有向边连接顶点 a 到 b。然后，所有属于同一个强连接组件的顶点被分组到单个顶点。导出的图称为高层依赖图(High-Level Dependency Graph，HLD)且每个顶点存储前向独立规则集(Forward-Independent Rule-set)。图 12.3 给出了 12.3.1 小节中 EQL(B)程序的一个 HLD 图的例子。

可以通过遵循顶点(规则集)的拓扑顺序来实现规则的触发。对于每个顶点，对应的规则将被触发，直到到达固定点为止。如果 EQL 程序被保证从每个启动状态都能到达固定点，那么上述规则调度同样会保证程序到达固定点[Cheng，1993b]。

如果优化技术能够维持对每个独立规则集的固定点可达性的断言，那么每个规则集都能被独立优化。上述分解方法在文献[Cheng，1993b]中被评估，其结果能有效地减少优化程序的复杂性。

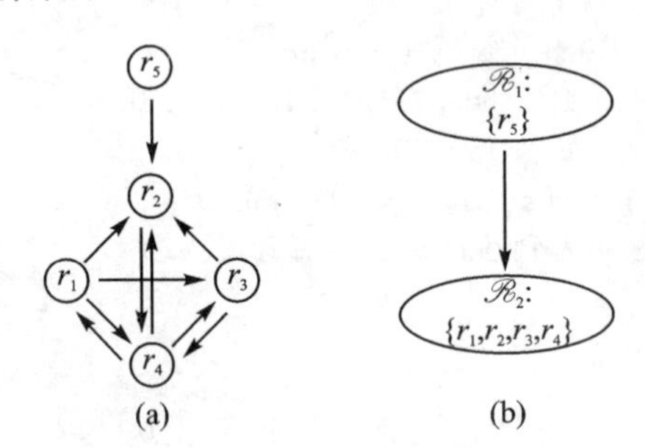

图 12.3　12.3.1 小节中的 EQL(B)程序的规则依赖图以及对应的高层依赖图

12.4.2　最优状态空间图的导出

EQL(B)优化的核心是构建一个对应的状态空间图。构建策略是采用自下而上的方法从固定点开始推导。这种方法的主要优势是：它很容易移除循环以及识别到达固定点最小触发规则数的路径。

这里没有使用冲突解决策略的概念。对于每个稳定或者潜在不稳定状态，所有对应的固定点是平等对待的。换言之，如果对于每个启动状态，系统能收敛到一个固定点（从一组对应的固定点集合中任意选取），那么 EQL(B)执行是有效的。

自下而上的推导：优化转移系统可直接从一组 EQL(B)规则推导而来。推导算法结合了自下而上和广度优先的搜索策略。它从固定点开始，并逐渐扩大到每个固定点，直到所有的稳定和潜在不稳定状态被找到。注意，稳定和潜在不稳定状态构成了所有状态（拥有一个或多个可达固定点）的集合。

扩展(expansion)是指把一个新顶点 s' 和一个新边 r 增加到状态空间图的算法步骤。对于 $s' \xrightarrow{r} s$，状态 s 被称为可扩展状态(expanded state)。

优化算法 BU 如下所示：

```
Procedure BU
Begin
    Let ν be a set of fixed points
    Let ε be an empty set
    Let χ be ν
    Repeat
        Let χ* be an empty set
        Forall rules r∈ℛ such that s' --r--> s,
              Wheres∈ χ ,s'∈ S,and s'∉ν  Do
            Adds' to ν
            Adds' --r--> s to ε
            Adds' to χ*
        End Forall
        Let χ be χ*
    Until χ is an empty set
End
```


算法使用变量 ν 和 ε 来存储当前状态空间图的顶点和边。固定点通过使用固定点断言来确定（见 12.3.4 节）。不同于遍历整个状态空间（2^m 个状态）的方法来寻找固定点，该算法通过检查固定点断言直接确定对应的状态。例如，规则集 $R_1=\{r_1, r_2, r_3, r_4\}$ 自身有 FP$=a$ AND b AND c OR d。在第一个术语中变量 d 是无关的，因此固定点为 $abcd$ 和 $abc\bar{d}$。从第二个术语中导出的固定点是由值为 1 的变量 d 和其他变量 a、b 和 c 的值组合而成的，共得到 $2^3=8$ 个不同的固定点。

最优状态空间图中没有循环。这是由于限制了系统状态至多有一个向外转移(out-transition)的结果，也就是说，没有两个规则 $r_1, r_2 \in \mathcal{R}$ 存在，使得 $s' \xrightarrow{r_1} s_1$ 且 $s' \xrightarrow{r_2} s_2$。因此，在最终系统中每个状态只有一个可达固定点。

广度优先搜索方法使用两个集合：χ 和 χ^*。χ 存储用于扩展的潜在候选状态，χ

中用于扩展的状态被添加到 χ^* 中。当 χ 中的状态穷尽以后，继续对已经存储在 χ^* 中的状态进行扩展。注意，每个时刻集合中存储的状态到固定点的距离是相同的，也就是说，可以通过触发相同数量的规则而达到一个固定点。

广度优先的搜索方法可以保证系统可以通过最少数量的规则触发到达所有固定点。换言之，对于原始系统中的每个不稳定状态，新系统中的唯一可达固定点应该是相对于规则触发数最小的一个。

自下而上的方法只能发现稳定状态或者潜在不稳定状态，但是，所有的不稳定状态以及不稳定状态的循环要从系统中移除。

图 12.4 显示了由 EQL(B)示例程序导出的一个优化转移系统。和图 12.2 相比，优化消除了循环 $\bar{a}\bar{b}c\bar{d} \xrightarrow{2} \bar{a}bc\bar{d} \xrightarrow{4} \bar{a}\bar{b}\bar{c}\bar{d} \xrightarrow{1} \bar{a}\bar{b}c\bar{d}$ 和 $a\bar{b}\bar{c}\bar{d} \xrightarrow{2} ab\bar{c}\bar{d} \xrightarrow{4} a\bar{b}\bar{c}\bar{d}$，且移除了不稳定状态 $a\bar{b}\bar{c}\bar{d}$ 和 $ab\bar{c}\bar{d}$。由于优化解决了选择哪个规则用于扩展的问题，因此有相同响应时间的备选系统会存在一个转移 $\bar{a}\bar{b}c\bar{d} \xrightarrow{3} a\bar{b}c\bar{d}$，而不是 $\bar{a}\bar{b}c\bar{d} \xrightarrow{2} \bar{a}bc\bar{d}$。

等价状态：尽管上述自下而上方法可以通过移除不稳定状态减少检查状态的数量，但是状态空间图中的顶点数可能仍然较多，需要进一步减少。解决该问题的思路就是在新优化算法中加入等价状态。新优化算法能导出状态空间图，这些状态图带有能够表示一个或多个等价状态的顶点，而这些顶点用能够识别顶点等价状态的表示来标记。

为了区分单状态的顶点和带有状态集的顶点，分别使用符号 s 和 S。因此，对一个顶点 S，$S=\{s:s\in S\}$，S 中所有的 s 是等价的(equivalent)。同样，从集合 S_i 到集合 S_j 的转移 r 也意味着，对于 S_i 中的任何状态，有一个转移 $s_i \xrightarrow{r} s_j$，使得 $s_i\in S_i$ 且 $s_j\in S_j$。

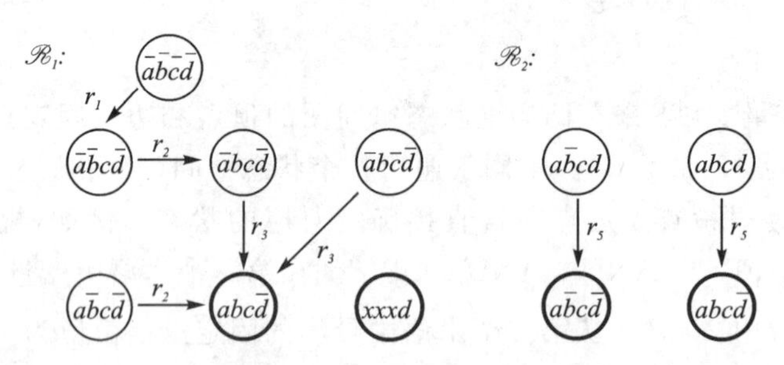

注：xxx d 表示所有的 8 个状态，变量 d 的值为 1。

图 12.4 使用 BU 算法按照 12.3.1 小节中 EQL(B)程序生成的独立规则集 $\mathscr{R}_1$ 和 $\mathscr{R}_2$ 的状态空间图

下面是把 BU 算法生成的状态空间图转换为分组等价状态图的算法：

```
ProcedureJoin_Equivalent_States(vertex S)
Begin
```

```
    Forall rules r∈ℛ such that s --r--> S exits Do
        LetS* be a set of all states s ,for which s --r--> S
        Call Join_Equivalent_States(S*)
    End Forall
End

Procedure Transform_BU
Begin
    LetSf be a set of fixed points
    Call Join_Equivalent_States(Sf)
End
```

等价性是基于相同的单规则到单状态的转移标记。转换的开始是通过调用 Transform_BU 实现的。显示了将 12.4.2 小节中导出的状态空间图转换为等效状态图的递归算法。注意，转换过程中使用了操作符 $s' \xrightarrow{r} S$，表示对于 $s \in S$，存在转换 $s' \xrightarrow{r} s$。

不同于采用转换方法来优化状态空间图，我们使用 ES 算法来直接导出带有等价状态的系统，算法如下：

```
Procedure ES
Begin
    Let ν be a set of fixed points
    Let ε be an empty set
    Let χ be ν
    Repeat
        Let χ* be an empty set
        Repeat
            Construct a set 𝒯 of all possible expansion tS,r,S* ,
                Such that for every tS,r,S* and every s∈S:
                ⋃s∉S' if S'∈ν and
                ⋃s --r--> s* where s* ∈S* and S* ∈ χ .
            If set 𝒯 is not empty Then
                Choose tS,r,S* from 𝒯 such that S includes
                    The biggest number of states
                Add S to ν
                Add S --r--> S* to ε
                Add S to χ *
            End If
        Until 𝒯 is an empty set
```

```
        Let χ be χ *
    Until χ is an empty set
End
```

该算法从固定点开始使用自下而上的方法以及广度优先的搜索方法来导出(以规则触发数为指标的)最优系统。算法每次为系统扩展一个新顶点，然后考虑其所有可能的扩展，并选择具有最大等价状态数的顶点。这种贪婪式方法有助于进一步最小化状态空间图的规模。

例如，假设有两个状态 S_1 和 S_2 被用作扩展。令两个暂未包含在状态空间图中的状态 s_a 和 s_b，使得 $s_a \xrightarrow{r} s_1$，$s_b \xrightarrow{r} s_1$，$s_b \xrightarrow{r} s_2$，其中 $s_1 \in S_1$ 且 $s_2 \in S_2$。这个贪婪算法会生成一个集合 $S_3=\{s_a, s_b\}$，并建立一个转换 $S_3 \xrightarrow{r} S_1$，而不是使用 $S_3=\{s_b\}$ 来扩展 S_2。

图 12.5 显示了一个使用 ES 优化算法构建的状态空间图(带有等价状态)。注意，图中不存在状态 $\bar{a}bc\bar{d}$ 和 $\bar{a}b\bar{c}\bar{d}$，而是存在一个新状态 $\bar{a}b\bar{d}$(不仅向单个顶点中加入固定点，而且两个等价状态也被找到)，且 R_2 的状态数量也减半了(识别出了两对等价状态)。

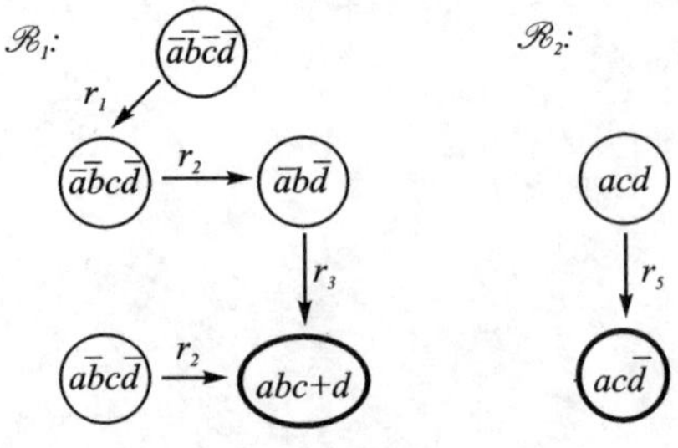

图 12.5　使用 ES 算法按照 12.3.1 小节 EQL(B)程序生成的独立规则集 $\mathscr{R}_1$ 和 $\mathscr{R}_2$ 的状态空间图

多规则转移：为了进一步减少状态空间图的顶点数，引入内在规则集并行性(intra-rule-set parallelism)[Cheng, 1993b]的概念并采用并发以防止状态激增[Godefroid, Holzmann, and Pirottin, 1992]的观点。与 BU 算法和 ES 算法相反，此处允许用规则集 R 来标记转移，而不是用单个规则 r 标记。

对于状态空间图中的每个可扩展顶点 S，找出所有可能的规则集，使得对于某个特定集合 R，每个规则 $r \in \mathscr{R}$ 能够被用于扩展 S。换言之，对于所有的规则 $\mathrm{r} \in \mathrm{R}$，应该存在 S′，使得 $\mathrm{S}' \xrightarrow{\mathrm{r}} \mathrm{S}$，且 S′中没有状态包含在转移系统中。

此外，对于每一对规则 $\mathrm{r_i}, \mathrm{r_j} \in \mathscr{R}$，$\mathrm{r_i} \neq \mathrm{r_j}$，以下条件成立：

*M*1. 规则 $\mathrm{r_i}$ 和规则 $\mathrm{r_j}$ 不能潜在相互使能。

*M*2. $\mathrm{L_{ri}} \cap \mathrm{L_{rj}} = \emptyset$，或者 $\mathrm{L_{ri}} \cap \mathrm{L_{rj}} \neq \emptyset$ 且规则 $\mathrm{r_i}$ 和 $\mathrm{r_j}$ 为子集 $\mathrm{L_{ri}} \cap \mathrm{L_{rj}}$ 中的变量分配相同的值。

$M1$ 遵循内部规则集并行性的观念[*Cheng*，1993*b*]。如果存在两个规则都使能的状态，且触发 r_i 会导致 r_j 被禁用，那么规则 r_i 潜在禁用 r_j。$M2$ 保证了对于 S′中的状态而言，$\mathscr{R}$ 中的规则触发是无循环的，其中 $S' \xrightarrow{\mathscr{R}} S$（详细的证明见文献[*Zupan*，1993]）。

自下而上的生成（带有等价状态和多规则转换的）优化系统的算法如下：

```
Procedure ESM
Begin
    Let ν be a set of fixed points
    Let ε be an empty set
    Let χ be ν
    Repeat
        Let χ* be an empty set
        Repeat
            Construct a set 𝒯 of all possible expansion tS,R,S*,
                Such that for every tS,R,S* and every s∈S
                ∪s∉S' if S'∈ν,
                ∪rules in ℛ can fire in parallel, and
                ∪forall r∈ℛ, s --r--> s*, where s*∈S* and S*∈χ.
            If set 𝒯 is not empty Then
                Choose tS,ℛ,S* from 𝒯 such that S includes
                        the biggest number of states
                Add S to ν
                Add S --ℛ--> S* to ε
                Add S to χ*
            End If
        Until 𝒯 is an empty set
        Let χ be χ*
    Until χ is an empty set
End
```

此算法使用了状态等价性并允许多规则转换。它使用自下而上的方法和广度优先的搜索方法。作为一种贪婪方法，它在每个步骤会将最大等价状态集添加至图中。

对于我们的示例 EQL(*B*)程序，使用 ESM 算法的最优状态空间图如图 12.6 所示。注意到规则集 $\mathscr{R}_1$ 的顶点数减少到了 3 个，规则 r_2 和 r_3 可以并行触发。

多规则转换方法的引入可以使转移系统的状态数最小，但也导致系统失去了确定性。图 12.7(a)中，一个虚构状态空间图的双顶点（two-vertex）解释了这个观点。顶点 S_2 包括 6 个状态，使用了三个可以并行触发的规则 $\mathscr{R}=\{a,b,c\}$，使得 $S' \xrightarrow{\mathscr{R}} S$。比如，规则 a 和规则 b 在状态 2 和 3 是可行的，同时从启动状态 2 开始，有两个不同

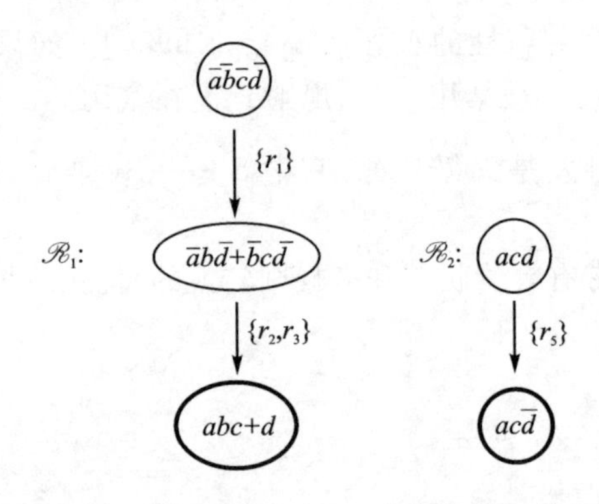

图 12.6 使用 ESM 算法按照 12.3.1 小节中 EQL(B)程序生成的独立规则集 $\mathscr{R}_1$ 和 $\mathscr{R}_2$ 的状态空间图

的状态 8 和 9 是可达的，且能够潜在产生两个不同的稳定状态(固定点)。

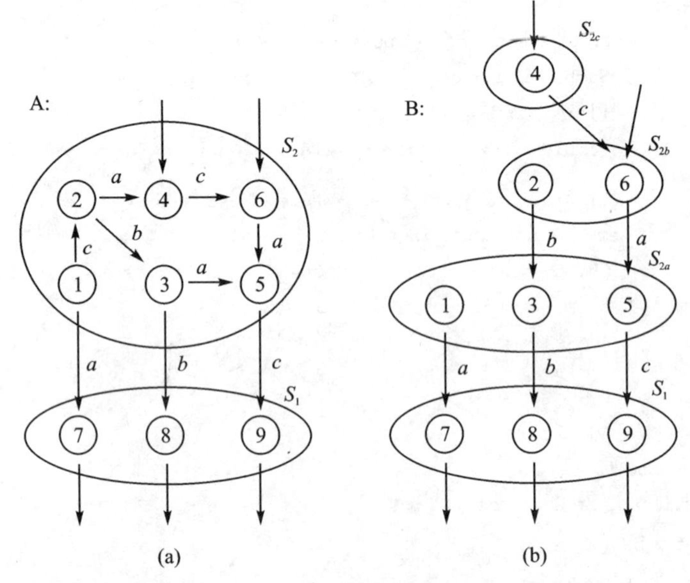

图 12.7 转移系统 $S_2 \xrightarrow{\{a,b,c\}} S_1$ 的非确定性部分以及对应的确定部分 $S_{2c} \xrightarrow{\{c\}} S_{2b} \xrightarrow{\{b,a\}} S_{2a} \xrightarrow{\{a,b,c\}} S_1$ 举例

ESM 算法不能保证所生成的状态空间图有最小的响应时间，这是因为 ESM 没有对相同顶点状态的规则触发进行优化。通过增加 ES 的方法，对每个节点进行优化来解决该问题。优化后的图形相当于只用 ES 方法产生的图形。由于状态空间图过大会导致 ES 方法使用代价过高，因此，会权衡考虑综合使用这两种方法。

带有多规则转移的确定状态图：为了在有多规则(标记单边)的状态图中保持确定性，必须要施加额外的约束。约束应该强制结果规则中使能条件的互斥排他性(mutual exclusivity)，也就是说，优化转移系统的每个状态最多只能有一个可触发规则。例如，图 12.7(a)中的系统可以有一个相应的确定性系统，如图 12.7(b)所示。

而这个代价就是增加了状态空间图的复杂性：在示例的确定性系统中，增加了两个顶点和一个转换。

为了导出确定性系统，可以修改 ESM 算法。对某个并行触发规则集提出了一组约束。如果 S 是一个将被扩展的顶点，那么当且仅当下列条件成立时，规则 a 和 b 能够并行触发且一起出现在顶点 S 某个边事件的标记中：

I1. 使得 $s_a \xrightarrow{a} s$ 和 $s_b \xrightarrow{b} s$ 的状态 s_a 和 s_b 不存在，其中 s 是 S 中的状态。

I2. 使得 $s' \xrightarrow{a} s_a$ 和 $s' \xrightarrow{b} s_b$ 的状态 s' 不存在，其中 s_a 和 s_b 是 S 中的状态。

I3. 规则 a 和规则 b 互相不使能，即如果规则 a 被禁用，则触发规则 b 不会使能规则 a，反过来也是如此。

I1 保证了这两个规则的可达状态集是互斥的。此外，因为 I2 和 I3 的约束，这两个规则不能在 S' 的相同原始(primitive)状态被使能，这里 $S' \xrightarrow{\mathcal{R}} S$ 且 $a, b \in \mathcal{R}$。把该修改的算法称为 ESMD。

除了上述提到的约束集之外，其他相似的集合可能导致相似或者更好的结果。

12.4.3 优化 EQL(B)程序的综合

一个新的 EQL(B)程序是从所构造的优化转移系统综合而成的。对于独立规则集中的每个规则，新的使能条件是通过扫描整个状态空间图来确定的，因此对于规则 r_i，新的使能条件为：

$$EC_i^{New} = \left(\bigvee_{S \xrightarrow{\mathcal{R}} S',\, r_i \in \mathcal{R}} \right) \wedge EC_i$$

S 和 S' 是状态空间图中两个顶点的标记，它们与标记 r_i 的边或者与包含 r_i 的集合有关。当状态空间图的所有边均为单规则时，上述表达式中的合取术语 EC_i 可以被忽略。

然后生成新的规则，新规则和原始规则有相同的赋值部分以及新的使能条件。没有包含在任何状态空间图中的规则是多余的，因此不会被添加到新规则库中。

EQL(B) 优化程序使用 BU 或者 ES 优化算法来构建，如下所示：

```
PROGRAM  an_optimized_eql_b_program_1;
VAR
  a, b, c, d : BOOLEAN;
RULES
(* 1 *)        c: = 1 IF a = 0 AND b = 0 AND c = 0 AND d = 0
(* 2 *) [ ]    b: = 1 IF b = 0 AND c = 1 AND d = 0
(* 3 *) [ ]    a: = 1 ! c: = 1 IF a = 0 AND b = 1 AND d = 0
(* 5 *) [ ]    d: = 0 ! a: = 1 IF a = 1 AND c = 1 AND d = 1
END.
```

由于规则 r_3 的使能条件包含状态 $\bar{a}b\bar{c}\bar{d}$，优化算法 ESM 导出的结果稍有不同，使用 ESM 算法从 12.3.1 小节中的程序生成的最优 EQL(*B*)程序如下：

```
PROGRAM  an_optimized_eql_b_program_2;
VAR
a, b, c, d : BOOLEAN;
RULES
(* 1 *)          c: = 1 IF a = 0 AND b = 0 AND c = 0 AND d = 0
(* 2 *)[]        b: = 1 IF b = 0 AND c = 1 AND d = 0
(* 3 *)[]        a: = 1 ! c: = 1 IF a = 0 AND b = 1 AND d = 0 OR
                                 a = 0 AND c = 1 AND d = 0
(* 5 *)[]        d: = 0 ! a: = 1 IF a = 1 AND c = 1 AND d = 1
END.
```

12.5　实验评估

本节尝试在两组计算机生成的 EQL 程序和一个商业基于规则的专家系统中，对这些优化算法的性能进行实验评估。

因为对于基于规则的实时系统而言，一般的分析工具不可用，所以很难评估这里提出的优化方法的性能。所需的分析工具不仅能得到原始程序和优化程序的可到达固定点的触发规则数，还能分析程序的稳定性。对于基于 EQL 规则的程序，Estella 分析工具(在第 10 章中介绍)有潜力来评估这两项。Estella 能够发现潜在的循环，如果没有循环存在，Estella 能够估计到达固定点的触发规则数的上界。不幸的是，Estella 对 EQL 程序的规则强加了一些约束，即使这些约束得到了满足，它也可能会发现一个不存在的潜在循环。Estella 对稳定性的评估是充分而不必要的。也就是说，如果没有发现潜在的循环，程序保证是稳定的，但是潜在循环可能不能确保循环真的存在。

为了清楚地指出原始程序和优化程序的不同，需要一个明确的到达固定点的触发规则数的上界。因此，建立了一个和文献[Browne, Cheng, and Mok, 1988]中所描述系统相似的系统，选取一个 EQL 程序并将其转换为 C 语言程序，用它来构建一个精确的状态空间图。然后，系统执行一个耗尽搜索来检查 EQL 是否稳定，同时获得一个精确的到达固定点的触发规则数的上界。在有循环的情况下，给定了一个界限作为从某些状态到达固定点而不进入触发循环的最大触发规则数。一方面，这个界限估计是悲观的，因为它假设由触发规则调度器来选择触发规则，进而导致它无法找到到达固定点的最优最短路径；另一方面，这个估计结果也可能是乐观的，因为它假设调度器会避免任何循环。

尽管上述分析方法是通用的，且可以用于任何 EQL(B)程序，但由于需要大量计算机资源并且具有高时间复杂性，因此它只对带有较少变量的 EQL(B)程序起作用。因此，下面例子中两组相对简单的 EQL(B)程序由计算机生成，它们允许这种分析，但却足够复杂，以比较由计算机生成优化方法的优劣。

12.5.1 无循环的 EQL(B)程序

计算机生成了一组 5 个无循环的 EQL(B)程序。生成器在程序中给出了规则数和变量数，以及期望的动作和条件部分的平均复杂度。动作部分的复杂度与作业数成正比，使能条件的复杂度与规则使能条件中的布尔运算(Boolean operations)数成正比。所有生成的测试程序只包含一个独立规则集。添加了额外的约束，以满足程序特殊形式的需求，因此对于 Estella 工具的分析来说是可接受的。Estella 以及上面描述的基于状态空间图的精确分析，都会被用于估计和获得精确的触发规则数的上界。

表 12.1 非优化(U)程序 P1～P5 和对应的用 ES 和 ESM 优化算法得到的优化程序的分析结果

	#R			#V	#rules to fire			#oper/rule			#vars/rule			#vertices	
	U	ES	ESM		U	ES	ESM	U	ES	ESM	U	ES	ESM	ES	ESM
P1	5	4	3	5	3(5)	2(4)	2(5)	1.8	10.0	13.0	1.8	4.7	4.3	6	4
P2	5	5	4	5	3(4)	3(3)	3(4)	7.2	7.8	10.0	3.8	3.8	4.0	12	4
P3	5	5	4	5	4(5)	3(3)	3(4)	1.5	11.8	8.6	1.6	4.7	4.8	9	3
P4	10	9	7	5	4(5)	4(5)	4(5)	2.3	11.7	8.0	2.1	5.0	4.0	18	2
P5	10	9	8	10	6(7)	5(7)	4(7)	7.2	114.4	143.7	4.5	9.6	9.9	37	6

注：#R：程序中的规则数；#V：程序中使用的变量；#rules to fire：到达固定点的最大规则触发数（给出一个精确的规则触发数，Estella 的估计值在括号中给出）；#oper/rule：估计一个规则的使能条件的操作所需要的平均逻辑 AND、OR、NOT 的数量；#vars/rule：一个规则的使能条件中使用的平均变量数；#vertices：优化算法生成的状态空间图中的顶点数。

表 12.1 给出了生成的 EQL(B)程序及其对应的优化版本的分析结果。ES 算法和 ESM 算法被用于优化过程中。可观察到如下结果：

- 优化总能以相同的(P2 和 P4)或者更低的(P1、P3 和 P5)触发规则数导致程序到达一个固定点。
- 对于每个示例程序，优化后会发现一些规则是冗余的。
- 规则使能条件的复杂性指标(#oper/rule 和 #vars/rule)表明，优化程序有更复杂的使能条件。因为优化实际上是一个移除不稳定状态(带有导致循环的转移)的过程，优化之后，满足使能条件的状态等于或者小于(通常)原始程序的状态数。尽管已经对结果使能条件进行了布尔最小化运算(Boolean minimization)，但是由此增加的特殊化处理通常提高了使能条件的复杂性。
- 与预期一致，相比于 ES 算法，ESM 算法总能找到一个带有较少顶点的更简洁的状态空间图。
- 所有的优化程序满足 Estella 约束，使之能够用于分析。有一个特殊情况，即虽然无循环，但是最优化程序并不总能满足 Estella 约束。此外，由于 Estella 分析的近似特性，可能不足以充分判定到达一个固定点的触发规则数的最优上界。例如,基于 Estella 的唯一分析,可以总结出 ES 算法优化了程序 P2,但是没有优化 P5,这与基于精确的触发规则数上界的导出方法相矛盾。然而在所有情况下,Estella 都能发现稳定的优化程序,这是基于优化方法的本质,所以结果与预期一致。

12.5.2 带循环的 EQL(B)程序

和表 12.1 中的程序相似,生成一组 6 个不稳定 EQL(B)程序(见表 12.2)。这些程序的状态空间图包含不稳定或者潜在不稳定状态。原始程序和优化程序的到达固定点的触发规则数的上界可按照前小节中所述的生成方法得到。

表 12.2 非优化(U)程序 S1～S6 和对应的用 ES 和 ESM 优化算法得到的优化程序的分析结果

	#R			#V	#rules to fire			#oper/rule			#vars/rule			#vertices		
	U	ES	ESM		U	ES	ESM	U	ES	ESM	U	ES	ESM	ES	ESM	%pus
S1	5	3	2	4	2	1(1)	1(1)	6.2	5.7	6.5	2.8	4.0	4.0	3	2	50
S2	9	9	5	5	7	4	3(4)	5.7	5.7	8.2	3.9	3.9	4.2	8	2	87.5
S3	5	5	4	5	5	3	3	1.8	11.2	10.5	1.8	4.6	4.7	7	5	28.1
S4	5	3	3	5	4	2	2	1.8	10.7	10.7	1.8	5.0	5.0	5	4	52.5
S5	10	9	8	10	10	4	4	7.2	97.6	58.7	4.5	9.6	9.6	24	4	69.9
S6	10	6	8	5	8	4	4(5)	2.3	11.0	9.2	2.1	5.0	4.5	15	2	50.0

注:%pus 为在非优化程序中的潜在不稳定状态占总的状态的百分比。表中所使用的其他缩写的解释同表 12.1。

根据表 12.2 中的实验结果,可以得出和前小节相似的结论。最重要的是,优化总是减少到达固定点的触发规则数。同样,与 ES 算法相比,ESM 导出的状态空间图中具有相当少的顶点。同时,由于规则的特殊化,优化后的规则有比未优化的规则更复杂的使能条件。

一些优化程序(S1、S2 和 S6)满足 Estella 的约束并使能 Estella 来估计触发规则数的上界。使能 Estella 特殊用法所带来的优化效果并没有普遍意义,但是使用它是有用的。

表 12.1 和 12.2 中的程序也都使用 ESMD 算法进行了优化。与使用 ES 算法相似的结果,即:此算法生成的状态空间图拥有的顶点数,远高于使用 ESM 算法生成的状态空间图中的顶点数。这是因为 ESMD 算法为了生成确定的状态空间图,把高特殊性约束强加给了并行触发规则。

12.5.3 工业应用举例:综合状态评估专家系统的优化

为了演示所提出的优化技术的适用性,采用该技术优化了综合状态评估专家系统(Integrated Status Assessment Expert System,ISA)[Marsh, 1988]。这个实时专家系统最初由 Mitre 公司用 OPS5 语言编写,被用于 NSSA 空间站计划,以识别其故障组件。文献[Cheng et al., 1993]介绍了其 EQL 等价版本,在这里,将其转换为一个由 35 个规则和 46 个变量组成的 EQL(B)程序。

优化的第一步，ISA 被分解为 17 个独立的规则集。Estella 工具分析表明：对 4 个规则集来说，要么到达固定点的潜在触发规则数大于一个规则集，要么这个规则集包含循环或者此规则集中的规则无法用 Estella 分析。表 12.3 列出了这些规则集中的规则 ID，并给出了每个规则集中使用的变量数。

表 12.3 规则集 ISA1～ISA4

	IDs of rules in a subset	＃vars
ISA1	＃3、＃6、＃18、＃34、＃35	40
ISA2	＃11、＃19	9
ISA3	＃9、＃17	6
ISA4	＃8、＃16、＃32、＃33	16

注：＃vars 为在规则集中使用的变量数。

对于规则集 ISA1，Estella 分析工具可识别涉及规则＃34、＃10 和＃18 的可能循环(对于 ISA 中潜在循环的相似分析可参见文献[Cheng et al.，1993])。对于 ISA2 和 ISA3，Estella 估计了到达固定点的触发规则数的上界为 2。ISA4 中的规则不满足 Estella 的约束，无法用 Estella 进一步分析。

对于在提出的由计算机生成的 EQL(B)程序能否导出到达固定点的触发规则数的精确上界，是精确地评估优化效果所必需的。由于使用了相对较少的变量，采用完整状态空间图的精确推导来分析 ISA2，ISA3 和 ISA4 是可行的。为了对 ISA1 作出尽可能的精确分析，需要改变其规则以获得一个等价且可分析的系统。也就是说，可以观察到多个变量只出现在 ISA1 的使能条件中，且一些变量对可以被单个变量替换。例如，如果表达式 a＝TRUE AND b＝TRUE 和 a＝FALSE AND b＝FALSE 唯一包含 a 和 b，并出现在某特定子集的规则中，则一个新变量 c 可被引入代替 a 和 b，以使 c＝FALSE 表示 a 和 b 都是 FALSE 且 c＝TRUE 表明 a 和 b 都是 TRUE。包含 a 和 b 的两个表达式分别被改变为 c＝TRUE 和 c＝FALSE。这样，规则的更改减少了 ISA1～ISA4 中所使用的变量数。

然后，将 ES 和 ESM 优化算法用于这四个 ISA 规则集。通过对其完整状态空间图进行准确分析，结果如下：

- 如 Estella 分析，对于 ISA1，非优化规则集实际上是不稳定的。从某些状态到不含循环的固定点的最长路径需要触发 4 个规则，对应的优化规则集是无循环的，且到达固定点最多触发 3 个规则。“平均逻辑操作数”用于评估规则的使能条件，该平均逻辑操作数(AND、OR 和 NOT)从 15.6 增加到 58.8。ES 算法和 ESM 算法导出的图包含 5 个顶点。
- 对于 ISA4，非优化规则集是无循环的，且到达固定点需要触发最多 5 个规则，对应的优化集合需要触发最多 4 个规则。平均逻辑操作数从 4 次增加到

24次。ESM算法导出一个由9个顶点组成的状态空间图，而ES算法导出的状态空间图用了14个顶点。

- 对于ISA2和ISA3，优化规则集仍需触发最多2个规则以到达一个固定点，因此原始规则集不需要优化。

12.6 优化方法的评价

本节提供了一个对优化方法的定性比较，评价了优化算法所需的EQL语言约束，且考虑了其他基于规则的实时系统的优化。

12.6.1 优化方法的定性比较

前面提出了一些技术，用于基于规则系统的优化。它们都是基于自下而上的方法来导出优化状态空间图，并都删除了不稳定状态且生成了只含稳定状态的状态图。对于非优化程序中的潜在不稳定状态，通过移除导致循环的转移可被转换成优化程序中的稳定状态。优化改变了规则的使能条件，对动作部分未作处理。虽然这些方法表现出很多相似之处，但它们具有不同的复杂性（执行时间和所需的内存空间）和优化结果。

表12.4对优化方法进行了定性比较，显示了最小化触发规则数和最小化状态空间图大小之间的权衡。BU和ES算法能够保证最小化规则触发数，而由ESM算法生成的状态空间图中的顶点数预计将更低。ESMD最小化了规则触发数，但是，它在降低状态空间图复杂性方面的表现并不好。

表12.4 优化算法与其特性

特 性	优化算法			
	BU	ES	ESM	ESMD
利用状态等价性	no	yes	yes	yes
利用并发规则触发	no	no	yes	yes
移除循环和不稳定状态	yes	yes	yes	yes
稳定潜在不稳定的状态	yes	yes	yes	yes
最小化规则触发数	yes	yes	no	yes
生成确定的转换系统	yes	yes	no	yes

12.6.2 优化算法所需的EQL语言约束

为了启用提出的优化算法，强加给基于EQL规则的程序一些限制。首先，使用了EQL语言的二值（布尔）EQL(B)变量。12.3.1小节表明，从多值EQL程序转换到对应的双值EQL(B)程序是很简单的。EQL(B)规则被进一步限制，只能在子动作中使用常数赋值(见12.3.1小节)。这简化了固定点的推导,然后被隐式的用于一些条件,这些条件包括:基于规则的分解D1a、D1b和D2(见12.4.1小节)以及并行规则的触发M1和M2(见12.4.2小节)。为了在带有非常数赋值的EQL(B)程序中使用所提出的优化技术,一个可能的解决方法是把它们转换为对应的带有常数赋值的程序。这种转换非常简单,下面通过一个例子来说明。考虑以下规则:

```
v1 := Exp1 ! v2 := Exp2 IF EC
```

其中Exp1和Exp2是非常数表达式,EC是使能条件。这个规则能够被转换为常数赋值,等效于:

```
v1 :=    TRUE ! v2 := TRUE
         IF Exp1 AND Exp2 AND EC
[ ] v1 := TRUE ! v2 := FALSE
         IF Exp1 AND (NOT Exp2) AND EC
[ ] v1 := FALSE ! v2 := TRUE
         IF (NOT Exp1) AND Exp2 AND EC
[ ] v1 := FALSE ! v2 := FALSE
         IF (NOT Exp1) AND (NOT Exp2) AND EC
```

一般来说,对于一个有k个非常数赋值的规则,可被转换为2^k个新的带有常数赋值的规则。

另一个方法允许EQL(B)程序带有非常数赋值,但也会改变优化算法来处理这种情况。这将需要一个更复杂的固定点导出算法——Derive_FP$_2$(见12.3.4小节)。需要新的约束来处理带非常数赋值的任务分解和并行规则触发,该新约束来自对现有约束的适应性修改,而现有约束通常被用于这种规则集的分析和并行化处理,如文献[Cheng et al., 1993]和[Cheng, 1993b]所述。

几个强加的限制条件影响了状态空间图的生成,并定义了哪个状态可能被并入某个单顶点进而减小状态空间图的顶点数。通过实验评估(见12.5节),已经证明这个限制仍然可能允许构建一个简化的低复杂度的状态空间图。

12.6.3 其他基于规则实时系统的优化

基于等式规则的EQL语言最初被用于研究实时环境中基于规则的系统。EQL的简单性是由于它使用了零阶(zero-order)逻辑。为了增加这种生产语言的表达力,可从EQL导出一个相似的固定点,该固定点可由使用一阶逻辑的基于宏(Macro)规则的语言(MRL)所解释[Wang, Mok, and Cheng, 1990]。因此,许多EQL的算法被替换为MRL [Wang and Mok, 1993],算法的内容包括分解、响应时间分析和并行化(见文献[Cheng et al., 1993; Chen and Cheng, 1995b; Cheng, 1993b])。结果表明,MRL的表现力和流行的OPS5生产语言的表现力是一样的,为了允许使用适合OPS5的响应时间分析工具,提出了OPS5与MRL之间相互转换的方法 [Wang,

1990c]。此外,开发的源自 EQL 的分析工具和源自 MRL 的分析工具也被用于 OPS5(见第 11 章)。

对于方法的普遍性而言,上述工作的重要性在于:用于 EQL 的相关概念(分解,响应时间分析和并行化),其中大多数都被采用,然后被定义并用于 MRL 和 OPS5 生产系统中。例如,MRL 的优化可能会使用状态空间图,其状态空间图将从固定点开始被导出,并被逐步扩展以排除循环。另外,广度优先搜索方法将优化 MRL 的响应时间,并通过到达固定点的触发规则数来评估。实现这种优化的主要困难在于,EQL 和 MRL 使用了不同的逻辑:即 EQL 基于零阶逻辑,而 MRL 使用一阶逻辑。换句话说,将 EQL 的优化方法用于 MRL 的主要工作是:处理表达式(逻辑运算符、最小化)的符号操作程序的重新实现。这可能是一项十分困难的任务,但是一旦实现,将会面向 MRL 及其类似的一阶逻辑生产语言,开启所述优化方法的发展。

12.7　历史回顾和相关研究

时序分析问题类似于协议可达性分析(protocol reachability analysis)的问题。可达性分析试图生成并检查系统的所有可达状态(从给定的初始状态集出发)[Holzmann, 1991]。这个自下而上的方法需要一组给定的初始状态,或者要求导出初始状态的环境模型是已知的,如文献[Valmari and Jokela, 1989]中所述。可达性分析工具使用多种算法,如无冲突散列法(hashing without collision)、状态空间散列法(state-space hashing)以及其他相似方法,这些方法均用于减少存储在工作内存中的状态数。由于这些方法仅仅生成部分状态空间图,仅用于系统分析,因此限制了其在综合和优化方面的可用性。文献[Bouajjani, Fernandez, and Halbwachs, 1991; Bouajjani et al., 1992] 提出了一个有效的方法,该方法基于对等价状态的识别,从而降低状态空间图的复杂性。文献[Godefroid, Holzmann, and Pirottin, 1992]表明,大多数由于并发性建模而导致的状态激增是可以避免的。状态空间图(带有休眠集(sleep sets))的顶点被注释。如果某个状态中的规则被使能同时也包含在此状态的休眠集中,那么它的触发将导致产生某个状态,该状态在可达性分析的早期阶段已被检查过。

为了克服状态空间图的超高复杂度问题,文献[Cheng et al., 1993]提出了一种静态分析法来决定一个程序是否有有限的响应时间。已经鉴别了一些特殊形式的规则:如果程序的所有规则都属于这些形式中的某一种,那么程序的响应时间就是有限的。文献[Chen and Cheng, 1995b]关注于这个方法的扩展研究,即根据到达固定点的触发规则数来估计程序的响应时间。

文献[Cheng, 1993b]提出了一种将基于规则的系统分解为独立规则集的方法,这将允许对每个规则集进行独立分析。然后,整体的响应时间来自于各个独立规则集的响应时间。文献[Browne et al., 1994]也给出了一个相似的模块化方法,用于分析和综合基于规则的系统。

另一种响应时间的优化方法是通过并行规则(parallel-rule)执行来加速基于规则的系统。例如,文献[Kuo and Moldovan, 1991]提出了一个并行 OPS5 规则触发模型,该模型使用了上下文的概念,即对互相干扰的规则进行分组。一些上下文如果是相互独立的,那么它们可以并行执行。文献[Cheng, 1993b]针对 EQL 程序提出了一个相似的规则触发模型,并进一步研究了属于相同上下文规则的并行触发的可能性。考虑到综合方面的问题,规则库可以被重写以提高并行性。文献[Pasik, 1992]引入了被称为"罪魁祸首"规则的约束副本,因此均衡了并行工作并减少了相应的工作量。"罪魁祸首"规则需要足够的计算时间,与其他规则相比,它们的条件要素需要对更多的工作要素进行比较。虽然"罪魁祸首"规则有一个修改后的条件部分,但是它们的动作部分与产生出它们的前序规则的动作部分是一样的。另一个加速生产系统执行的例子是 Ishida 的算法[Ishida, 1994],它针对类 OPS(OPS-like)系统,列举了可能的节点构造并选取最佳的一个。

尽管 Pasik 和 Ishida 都解决执行时间问题,但是,所提出的方法都没有明确地解决时序约束的满足问题,也没有估计执行时间的上界。上面提到的增加并行化和加速执行可以用于减小执行时间,但是,如文献[Browne, Cheng, and Mok, 1988]所述,并没有为实时系统的综合和优化问题给定一个合适的解决方法。文献[Zupan and Cheng, 1994a;Zupan and Cheng, 1994b]首先提出了文中所述的优化技术,随后,文献[Zupan and Cheng, 1998]对其进行了精炼和扩展。

12.8 总 结

本章提出了基于规则专家系统的新的优化方法。所提出的几种方法都是针对所输入的基于规则系统,构建相应的简化状态空间图。优化方法专注于改变规则的使能条件而保留其赋值部分不变。

新优化的基于规则的专家系统是从所导出的状态图综合而来的。状态图的顶点之间是互相排斥的,再加上状态图的无循环特性,就促成了由状态图构建的基于规则系统的特殊属性。与原始系统相比,优化的基于规则系统到达固定点需要触发相同或者更少规则。它们不包含循环,因此本质上是稳定的。在原始系统中出现的冗余规则也被移除。其中,四分之三的优化方法需要推导出一个确定系统,即系统中每一个启动状态总有单固定点与之对应,这是通过强制在每个状态只使能一个规则而得到的。出于同样的原因,这种系统不再需要使用冲突解决策略。

所提出的优化策略同样也可以用于分析。也就是说,它们都隐式地揭示了系统的不稳定状态。所有稳定状态和最初潜在不稳定状态被包含在优化规则的使能条件中。可从包含在非优化规则的使能条件的状态中去除这些状态,以识别非稳定状态。

本章假定 EQL 程序类只有常数赋值。对于无约束的程序,也可以使用相同的方法。唯一主要的区别是固定点的识别。为了避免状态空间的穷举搜索，文献[Zupan，1993]表明了一个低复杂度固定点导出算法存在的条件：规则集属于某个具体的特殊形式。相比于常数赋值的约束情况，这个约束较小。

除了EQL程序之外，优化方法不需要任何其他信息，因此，可能受益于环境以及执行约束，比如，不可能状态或禁止状态的知识，或者规则触发禁止序列的知识。这种约束可以有效地降低优化执行复杂度以及状态空间图的生成复杂度。

Mitre开发了一个基于规则的实时专家系统和一些随机生成的基于规则的程序，以实现优化方法的评估[Marsh，1988]。实验证明了所提出的优化技术的确可以减少触发规则数，并使系统变得稳定。实验还表明，所提出的优化方法，不应该被单独使用，而应该和分析工具结合使用。基于规则系统的优化应该是一个迭代过程，通过此迭代过程发现要优化的规则集(或者规则集中的某组规则)，并根据所需的特性或优化的特殊偏好决定使用哪种优化方法。

习 题

1. 描述两种基于规则系统的优化方法。

2. 高层依赖(High-Level Dependency，HLD)图是如何实现将相关规则组合在一起而进入某规则集的顶点中的？

3. 将下列EQL程序转换为等价EQL(B)程序。令所有的变量为四值变量，变量的取值∈{-1,0,1,2}。

```
PROGRAM EQL1
INPUTVAR
        a, b : INTEGER;
VAR
        c : INTEGER;
INIT
        c:= 0
RULES
        (*r1*)    c:= 1 IF a>0 and b>0
        (*r2*)[]  c:= 2 IF a>0 and b<=0
END.
```

```
PROGRAM EQL2
INPUTVAR
        a : INTEGER;
VAR
        d, g, h : INTEGER;
```

```
INIT
        d:= 0,g:= 0,h:= 0
RULES
        (*r1*)      d:= 2 IF a<= 0
        (*r2*)[]    g:= 1! h:= 1 IF a>1 and b>1
        (*r3*)[]    g:= 2! h:= 2 IF a<= 1
END.
```

4. 构造习题 2 中所获得的 EQL(B)程序的状态空间图。
5. 构造习题 2 中所获得的 EQL(B)程序的规则依赖图和 HLD 图。
6. 描述非常数赋值 EQL(B)程序的优化算法的扩展,或者提出一个新的算法。

参考文献

参见北京航空航天大学出版社网站(www.buaapress.com.cn)的“下载专区”相关页面。